DIE GRUNDLEHREN DER
MATHEMATISCHEN WISSENSCHAFTEN
IN EINZELDARSTELLUNGEN MIT BESONDERER BERÜCKSICHTIGUNG DER ANWENDUNGSGEBIETE

GEMEINSAM MIT

W. BLASCHKE
HAMBURG

M. BORN
GÖTTINGEN

C. RUNGE
GÖTTINGEN

HERAUSGEGEBEN VON

R. COURANT
GÖTTINGEN

BAND XVII

ANALYTISCHE DYNAMIK

VON

E. T. WHITTAKER

Springer-Verlag Berlin Heidelberg GmbH

1924

ANALYTISCHE DYNAMIK DER PUNKTE UND STARREN KÖRPER

MIT EINER EINFÜHRUNG IN DAS DREIKÖRPERPROBLEM UND MIT ZAHLREICHEN ÜBUNGSAUFGABEN

VON

E. T. WHITTAKER
PROFESSOR DER MATHEMATIK AN DER UNIVERSITÄT EDINBURGH

NACH DER ZWEITEN AUFLAGE ÜBERSETZT VON

DR. F. UND K. MITTELSTEN SCHEID
IN MARBURG A. D. LAHN

Springer-Verlag Berlin Heidelberg GmbH

1924

ISBN 978-3-662-24567-5 ISBN 978-3-662-26714-1 (eBook)
DOI 10.1007/978-3-662-26714-1

Vorwort.

Whittakers Lehrbuch der Dynamik ist längst als eine der besten Darstellungen seines Gegenstandes bekannt. Es bedarf daher keiner besonderen Begründung, wenn mit der vorliegenden Übersetzung der Versuch gemacht wird, dieses Werk im deutschen Sprachgebiet zugänglicher zu machen. Die Auswahl des Stoffes von den Elementen bis tief in die Probleme der höheren Mechanik, die eindringende und klare Gedankenentwicklung, die gründlichen historischen und literarischen Verweisungen, die reiche Fülle der Beispiele und Aufgaben werden dem Werke auch bei dem Deutsch lesenden Publikum einen hervorragenden Platz sichern.

Herr und Frau Dr. Mittelsten Scheid, die sich in dankenswerter Weise der Übersetzungsaufgabe unterzogen haben, sind dabei weitgehend von Dr. H. Kneser unterstützt worden.

Besonderer Dank gebührt dem Autor und der Cambridge University Press für ihr Entgegenkommen bei der Überlassung des Übersetzungsrechtes.

Der Herausgeber.

Inhaltsverzeichnis.

Erstes Kapitel.

Einleitendes aus der Kinematik.

Zweites Kapitel.

Die Bewegungsgleichungen.

Drittes Kapitel.

Integrationsprinzipien.

Viertes Kapitel.

Die lösbaren Probleme der Punktdynamik.

Fünftes Kapitel

Das dynamische Verhalten starrer Körper.

Sechstes Kapitel.

Die lösbaren Probleme der Dynamik starrer Körper.

Siebentes Kapitel.

Theorie der Schwingungen.

Achtes Kapitel.

Nicht-holonome Systeme. Systeme mit Energiezerstreuung.

Neuntes Kapitel.

Die Prinzipien der kleinsten Wirkung und kleinsten Krümmung.

Zehntes Kapitel.

Hamiltonsche Systeme und ihre Integralinvarianten.

Elftes Kapitel.

Die Transformationstheorie der Dynamik.

Zwölftes Kapitel.

Die Eigenschaften der Integrale dynamischer Systeme.

Dreizehntes Kapitel.

Die Reduktion des Dreikörperproblems.

Vierzehntes Kapitel.

Die Sätze von Bruns und Poincaré.

Fünfzehntes Kapitel.

Allgemeine Theorie der Bahnkurven.

Sechszehntes Kapitel.

Integration durch trigonometrische Reihen.

Erstes Kapitel.

Einleitendes aus der Kinematik.

§ 1. Die Bewegung starrer Körper.

Die *analytische Mechanik* untersucht mit den Hilfsmitteln der mathematischen Analysis die Bewegung materieller Körper, wie sie sich aus ihrer Einwirkung aufeinander ergibt.

Es liegt nahe, von den Ursachen der Bewegung zunächst abzusehen und mit der Betrachtung der verschiedenen möglichen Bewegungsformen zu beginnen. Diese Problemstellung ist die der *Kinematik*. Ihr gehören die in diesem Kapitel hergeleiteten Lehrsätze an, die für die späteren Untersuchungen von Nutzen sein werden.

Die Kinematik ist selbst eine umfangreiche Wissenschaft, für deren Studium der Leser auf besondere Darstellungen verwiesen sei, z. B. auf das von Koenigs (Paris, 1897). Im folgenden beschränken wir uns auf solche Lehrsätze, die für die Anwendung der Kinematik auf die Dynamik von Bedeutung sind.

Ein materieller Körper heiße *starr*, wenn der gegenseitige Abstand je zweier seiner Punkte unveränderlich ist, so daß der Körper sich weder ausdehnen, noch zusammenziehen, noch sich sonst deformieren, wohl aber seine Lage in bezug auf seine Umgebung ändern kann.

Geht ein starrer Körper aus einer Lage in eine andere über, so heißt die Lagenänderung eine *Bewegung* des Körpers. Einige besondere Bewegungsarten haben eigene Namen erhalten: bleiben alle auf einer Geraden L gelegenen Punkte des Körpers im Raume fest, so heißt die Bewegung eine *Drehung* (*Rotation*) *um die Gerade* L; bleibt ein Punkt P des Körpers im Raume fest, so heißt die Bewegung eine *Drehung* (*Rotation*) *um den Punkt* P; sind die Verbindungslinien der Anfangs- und Endlage eines jeden Punktes des Körpers parallele Strecken von der Länge l, so daß die Orientierung des Körpers im Raum ungeändert bleibt, dann heißt die Bewegung eine *Schiebung* (*Translation*) *in Richtung der Verbindungslinien um die Strecke* l.

§ 2. Der Eulersche Satz von der Drehung um einen Punkt.

Ein Punkt eines starren Körpers sei auf irgend eine Weise im Raume festgehalten; der Körper soll sich beliebig um diesen Punkt bewegen können; wir betrachten zwei beliebige Lagen des Körpers und bezeichnen sie als die Lagen P bzw. Q. Wir beweisen nun, daß sich der Körper aus der Lage P in die Lage Q durch eine Drehung um eine bestimmte Gerade durch den festen Punkt überführen läßt, *daß also eine Drehung um einen Punkt gleichwertig ist einer Drehung um eine Gerade durch den Punkt.*

Zum Beweise dieses von Euler[1]) herrührenden Satzes bezeichnen wir den festen Punkt mit O. OA und OB seien Strecken auf zwei im Körper festen, mitbewegten Geraden durch O in der Lage P, OA' und OB' die entsprechenden Strecken derselben Geraden in der Lage Q. Wir legen senkrecht zu der Ebene AOA' die Halbierungsebene des Winkels AOA' und senkrecht zu der Ebene BOB' die Halbierungsebene des Winkels BOB'. OC sei die Schnittgerade der beiden Ebenen, wenn sie nicht zusammenfallen, andernfalls verstehen wir unter OC die Schnittgerade der Ebenen OAB und $OA'B'$.

In beiden Fällen steht die Gerade OC zu den Geraden OA', OB' in derselben Beziehung wie zu den Geraden OA und OB, d. h. die Winkel AOC und BOC sind bezüglich gleich den Winkeln $A'OC$ und $B'OC$. Folglich bleibt die Lage von OC ungeändert, wenn das System $OABC$ so um O rotiert, daß die Geraden OA und OB in die Lagen OA' und OB' kommen. Da die Bewegung die Gerade OC fest läßt, kann sie dargestellt werden als eine Drehung um OC durch einen bestimmten Winkel. Damit ist der Satz bewiesen.

Ein Körper bewege sich um einen seiner Punkte, der im Raume fest sei. Nach dem Eulerschen Satz kann man die Bewegung aus der Lage zur Zeit t in die Lage zur Zeit $t + \Delta t$ durch Rotation des Körpers um eine bestimmte Gerade durch den festen Punkt erhalten. Die Grenzlage dieser Geraden für ein verschwindend kleines Zeitintervall Δt heißt die *momentane Rotationsachse* des Körpers zur Zeit t.

Bewegt sich ein Körper um einen seiner Punkte, der im Raume fest ist, so ist der Ort der momentanen Rotationsachsen im Körper ein Kegel, dessen Scheitel in dem festen Punkt liegt; der Ort der momentanen Rotationsachsen im Raume ist ebenfalls ein Kegel, dessen Scheitel in dem festen Punkt liegt. Man zeige, daß man die Bewegung des Körpers erhalten kann durch Abrollen des ersten mit dem Körper starr verbundenen Kegels auf dem zweiten im Raume festen Kegel. (Poinsot.)

Ein ähnlicher Beweis zeigt, daß *eine ebene Figur aus einer gegebenen Lage in eine vorgeschriebene Lage in derselben Ebene durch Rotation um einen Punkt der Ebene oder durch eine Verschiebung übergeführt werden kann.* Dieser Punkt heißt das *Rotationszentrum.*

Bewegt sich der Körper stetig, so kann die in einem unendlich kleinen Zeitintervall stattfindende Verrückung im allgemeinen durch eine Rotation um einen Punkt hervorgebracht werden. Dieser Punkt heißt das *momentane Rotationszentrum.*

Aufgabe 1. Ein ebenes Flächenstück bewege sich beliebig in seiner Ebene. Man zeige, daß in jedem Augenblick der geometrische Ort derjenigen Punkte,

[1]) *Novi Comment. Petrop.* Bd. 20, S. 189, § 25. 1776.

die in Wendepunkten ihrer Bahn angekommen sind, ein Kreis ist, der den geometrischen Ort der momentanen Rotationszentren auf dem Flächenstück und in der Ebene berührt.

Aufgabe 2. Ein zweidimensionaler starrer Körper wird nacheinander zwei endlichen Verrückungen in seiner Ebene unterworfen. Es sei D_2 die Verbindungslinie der beiden Rotationszentren, D_1 diejenige Gerade, die durch die halbe erste Verrückung, d. h. durch Drehung durch den halben Winkel, in die Lage D_2 gebracht wird, endlich D_3 diejenige Lage, in die D_2 durch die halbe zweite Verrückung gebracht wird. Man zeige, daß der Schnittpunkt von D_1 und D_3 das Zentrum der Gesamtrotation ist.

§ 3. Der Satz von Rodrigues und Hamilton[1]).

Zwei beliebige aufeinander folgende Rotationen um einen festen Punkt können durch eine einzige Rotation ersetzt werden auf Grund des folgenden Satzes:

Drei aufeinander folgende Rotationen um drei im Raum feste Achsen durch einen Punkt vom Betrage der doppelten Winkel der durch die Achsen bestimmten Ebenen führen einen Körper in seine Ausgangslage zurück.

Die Achsen seien OP, OQ, OR. Man errichte im Punkte O die Lote Op, Oq, Or auf den Ebenen QOR, ROP, POQ. Dreht sich der Körper durch zwei Rechte um Oq und durch zwei Rechte um Or, so kehrt OP in seine ursprüngliche Lage zurück, während Oq in sein Spiegelbild in bezug auf die Gerade Or übergeführt wird. Bezeichnet RPQ den Winkel der Ebenen PR und PQ, so ist die Gesamtwirkung die einer Drehung um OP durch den doppelten Winkel RPQ. Daraus ergibt sich, daß aufeinander folgende Rotationen um OP, OQ, OR durch die doppelten Winkel RPQ, PQR, QRP gleichwertig sind mit aufeinander folgenden Rotationen durch zwei Rechte um die Geraden Oq, Or, Or, Op, Op, Oq. Diese Rotationen bewirken aber zusammengenommen keine Lagenänderung des Körpers. Damit ist der Satz bewiesen.

§ 4. Die Zusammensetzung entgegengesetzt gleicher Drehungen um parallele Achsen.

Von besonderem Interesse ist der Fall, in dem ein Körper nacheinander zwei Drehungen von gleichem Betrag, aber entgegengesetztem Sinn um zwei parallele Achsen unterworfen wird. Bei keiner der beiden Bewegungen wird ein Punkt des Körpers in einer Richtung parallel zu den Achsen verschoben; dies gilt daher auch für die resultierende Bewegung. Eine Gerade des Körpers in einer zu den Achsen senkrechten Ebene erfährt überdies bei der ersten Bewegung eine Drehung durch den

[1]) Rodrigues, O.: *Journ. de Math.* Bd. 5. S. 380. 1840; Hamilton: *Lectures on Quaternions*, § 344; der hier wiedergegebene Beweis rührt von Burnside her: *Acta Math.* Bd. 25. 1902.

Rotationswinkel und bei der zweiten Bewegung dieselbe Drehung im umgekehrten Sinn. Ihre Endlage ist also parallel zur Anfangslage. Dies kann für eine beliebige Gerade senkrecht zu den Achsen nur dann gelten, wenn die Gesamtbewegung einer Translation äquivalent ist. Demnach sind zwei aufeinander folgende gleich große und entgegengesetzt gerichtete Drehungen um parallele Achsen einer Translation senkrecht zu den Achsen äquivalent; mit anderen Worten: *Eine Rotation um eine Achse kann ersetzt werden durch eine Rotation von gleichem Winkel um eine beliebige parallele Achse zusammen mit einer Translation senkrecht zu den Achsen.*

Es gilt auch die Umkehrung: *Eine Rotation eines starren Körpers um eine Achse zusammen mit einer Translation senkrecht zu dieser Achse ist einer Rotation des Körpers um eine parallele Achse äquivalent.* Der Satz ist im wesentlichen gleichbedeutend mit dem Ergebnis des § 2, daß jede Bewegung in einer Ebene als Drehung um einen Punkt dieser Ebene aufgefaßt werden kann. Betrachtet man die Winkel zwischen der Anfangs- und Endlage einer beliebigen im Körper festen und mitbewegten Geraden senkrecht zur Achse, so sieht man, daß die Rotationswinkel um die beiden Achsen gleich sind.

§ 5. Der Chaslessche Satz von der allgemeinsten Bewegung eines starren Körpers[1]).

Wir betrachten nun Bewegungen von allgemeinerem Charakter. Offenbar kann ein frei beweglicher starrer Körper aus einer beliebigen Anfangslage P im Raum auf folgende Art in eine beliebige Endlage Q gebracht werden: man führt zunächst einen beliebigen Punkt des Körpers aus seiner Lage in P in seine Lage in Q über, während alle anderen Punkte des Körpers parallel verschoben werden (so daß die Orientierung des Körpers im Raum dieselbe bleibt). Sodann dreht man den Körper um diesen Punkt, bis er die Lage Q erreicht hat. Nach dem Eulerschen Satz kann die letztere Bewegung einfach durch eine Drehung des Körpers um eine Gerade durch den Punkt bewirkt werden. *Die allgemeinste Bewegung eines starren Körpers läßt sich also aus einer Translation und einer Rotation um eine Gerade zusammensetzen.*

Wir zeigen nun: *Die Rotationsachse kann so gewählt werden, daß die Translation parallel zu ihr erfolgt.* Es sei nämlich A die Anfangslage eines willkürlich gewählten Punktes, B seine Lage nach Ausführung der Translation. AK sei die Parallele durch A zur Rotationsachse, K sei der Fußpunkt des Lotes von B auf AK. Dann kann die Translations-

[1]) Mozzi: *Discorso matematico sopra il rotamento momentaneo dei corpi.* Neapel 1763; Cauchy: *Exercices de Math.* Bd. II, S. 87. Paris 1827; *Oeuvres* (2) Bd. VII, S. 94; Chasles: *Bulletin Univ. des Sciences* (*Férussac*) Bd. 14, S. 321. 1830; *Comptes Rendus de l'Acad.* Bd. 16, S. 1420. 1843.

bewegung offenbar in zwei Schritten ausgeführt werden; eine Translation parallel zur Rotationsachse bringt den Punkt A in die Lage K, und eine weitere Translation senkrecht zur Rotationsachse bringt den Punkt K in die Lage B. Nach § 4 ist aber die zweite Translation zusammen mit der auf sie folgenden Rotation einer einfachen Rotation um eine zur ersten parallele Achse äquivalent. Nimmt man daher als Ausgangspunkt A einen Punkt dieser Achse, so kann die ganze Bewegung zusammengesetzt werden aus einer Translation des Körpers in Richtung einer bestimmten Geraden durch diesen Punkt und einer Rotation um diese Gerade. Damit ist der Satz bewiesen.

Die Zusammensetzung einer Translation und einer Rotation um eine Achse parallel zur Translationsrichtung heißt eine *Schraubung*; das Verhältnis der Größe der Translation zum Winkel der Rotation heißt die *Höhe* der Schraube. Offenbar ist bei einer Schraubung die Reihenfolge von Translation und Rotation gleichgültig.

§ 6. Halphens Satz von der Zusammensetzung zweier beliebiger Bewegungen.

Halphen hat eine geometrische Konstruktion für die Schraubenbewegung angegeben[1]), die aus zwei gegebenen Schraubungen hervorgeht.

Seien A_1, A_2 die Achsen der beiden gegebenen Schraubungen, A_{12} ihr gemeinsames Lot. Sei B_1 diejenige Gerade, die in die Lage A_{12} durch die halbe erste Schraubung gebracht wird (d. h. durch die halbe Translation und Rotation durch den halben Winkel). B_2 sei diejenige Gerade, in die A_{12} durch die halbe zweite Schraubung übergeführt wird. C sei die gemeinsame Normale der Geraden B_1 und B_2. Halphen findet nun: *Die Achse der resultierenden Schraubenbewegung ist C, und die Schraubung ist die doppelte derjenigen, die B_1 in B_2 überführt.*

Sind nämlich D_1 und D_2 so gewählt, daß die halben gegebenen Schraubungen die Gerade A_{12} in die Lage D_1 bzw. D_2 in die Lage A_{12} überführen, und sei C' die gemeinsame Normale von D_1 und D_2, so fallen die so entstandene Figur und die aus ihr durch Drehung um die Achse A_{12} durch zwei Rechte hervorgehende offenbar zusammen. Daraus folgen die Relationen:

Abschnitt auf B_1 durch A_1 und C = Abschnitt auf D_1 durch A_1 und C',
Abschnitt auf B_2 durch A_2 und C = Abschnitt auf D_2 durch A_2 und C',
Abschnitt auf C durch B_1 und B_2 = Abschnitt auf C' durch D_1 und D_2,
Winkel der Ebenen $A_1 B_1$, $B_1 C$ = Winkel der Ebenen $A_1 D_1$, $D_1 C'$,
Winkel der Ebenen $A_2 B_2$, $B_2 C$ = Winkel der Ebenen $A_2 D_2$, $D_2 C'$,
Winkel der Geraden B_1 und B_2 = Winkel der Geraden D_1 und D_2.

Daraus folgt, daß die Schraubung um A_1 die Gerade C in die ursprüngliche Lage von C' überführt, da der Schnittpunkt von B_1 und C in die ursprüngliche Lage des Schnittpunkts von D_1 und C' gebracht wird, und daß die Schraubung um A_2 die Gerade C' in die ursprüngliche Lage von C überführt, da der Schnittpunkt von D_2 und C' in die ursprüngliche Lage des Schnittpunktes von B_2 und C gebracht wird. Also ist C die Achse der resultierenden Schraubung, und die Translation beträgt das Doppelte der auf C durch B_1 und B_2 abgeschnittenen Strecke.

[1]) *Nouvelles Annales de Math.* (3) Bd. 1, S. 298. 1882. Der hier wiedergegebene Beweis ist von Burnside: *Mess. of Math.* Bd. 19, S. 104. 1889.

Ferner wird die Gerade B_1, die durch die erste Schraubung in die Lage D_1 gebracht wird, durch die zweite in eine Lage übergeführt, in der sie den gleichen Winkel mit B_2 einschließt, wie B_2 mit B_1. Mithin beträgt die Rotation der resultierenden Schraubung das Doppelte des Winkels zwischen B_2 und B_1. Damit ist der Satz von Halphen bewiesen.

Aufgabe: Man zeige, daß jede infinitesimale Bewegung eines starren Körpers aus zwei infinitesimalen Rotationen um Gerade zusammengesetzt werden kann, und daß eine der beiden Geraden willkürlich wählbar ist.

§ 7. Die analytische Darstellung einer Bewegung.

Wir gehen nun zu der analytischen Darstellung einer beliebigen Bewegung eines starren Körpers über.

$Oxyz$ sei ein rechtwinkliges, im Raume festes Koordinatensystem. Es sei ein Rechtssystem, d. h. wenn Oz senkrecht aufwärts und Oy nach Norden zeigt, dann weise Ox nach Osten. Die betrachtete Bewegung setze sich zusammen aus einer Rotation vom Winkel ω um eine Achse mit den Richtungswinkeln α, β, γ durch einen Punkt A mit den Koordinaten a, b, c und einer Translation um die Strecke d in Richtung dieser Achse. Der Winkel ω ist mit dem richtigen Vorzeichen zu nehmen: bei senkrecht aufwärts gerichteter Achse (α, β, γ) ist er positiv, wenn die Drehung von Süden nach Norden über Osten geht. Der Punkt P mit den Koordinaten x, y, z werde durch die Bewegung in den Punkt Q (X, Y, Z) übergeführt; durch die Translation allein werde P in den Punkt R (ξ, η, ζ) gebracht. Dann gilt offenbar:

$$\xi = x + d\cos\alpha, \qquad \eta = y + d\cos\beta, \qquad \zeta = z + d\cos\gamma.$$

K sei der Fußpunkt des Lotes aus R (oder Q) auf die Rotationsachse, und L sei der Fußpunkt des Lotes aus Q auf KR. Dann ist $X - \xi$ gleich der Projektion des Linienzuges RLQ auf die Achse Ox; dabei sind die Projektionen mit dem richtigen Vorzeichen zu nehmen, so daß die Projektion einer Strecke AB auf die x-Achse gleich $x_B - x_A$, nicht gleich $x_A - x_B$ ist.

Nun ist die Projektion von KR auf die x-Achse

$$\xi - a - (\text{Projektion von } AK \text{ auf die } x\text{-Achse})$$

oder

$$\xi - a - \cos\alpha\,\{(\xi - a)\cos\alpha + (\eta - b)\cos\beta + (\zeta - c)\cos\gamma\},$$

und da $RL = -(1 - \cos\omega)\,KR$ ist, so folgt: die Projektion von RL auf die x-Achse ist

$$-(1 - \cos\omega)\,[\xi - a - \cos\alpha\,\{(\xi - a)\cos\alpha + (\eta - b)\cos\beta + (\zeta - c)\cos\gamma\}].$$

Überdies steht die Strecke LQ senkrecht auf der Ebene RKA; ihre Richtungskosinus sind daher proportional den Größen

$$(\zeta - c)\cos\beta - (\eta - b)\cos\gamma, \qquad (\xi - a)\cos\gamma - (\zeta - c)\cos\alpha,$$
$$(\eta - b)\cos\alpha - (\xi - a)\cos\beta.$$

Da die Summe der Quadrate dieser drei Größen dividiert durch $\{(\xi - a)^2 + (\eta - b)^2 + (\zeta - c)^2\}$ das Quadrat des Sinus des Winkels RAK darstellt, so ist die Summe der drei Quadrate gleich $(KR)^2$, und die drei Größen selbst sind die Achsenprojektionen der in Richtung der Geraden LQ aufgetragenen Strecke $\pm KR$. Wegen $LQ = \pm KR \sin\omega$ ist die Projektion von LQ auf die x-Achse

$$\pm \sin\omega \{(\zeta - c)\cos\beta - (\eta - b)\cos\gamma\}.$$

Hierin ist das obere Vorzeichen zu wählen, wie man erkennt, wenn man die Rotationsachse z. B. in die z-Achse legt. Also ergibt sich

$$\begin{aligned} X - \xi &= -(1-\cos\omega)\{(\xi-a) - \cos^2\alpha(\xi-a) - \cos\alpha\cos\beta(\eta-b) - \cos\alpha\cos\gamma(\zeta-c)\} \\ &\quad + \sin\omega\{\cos\beta(\zeta - c) - \cos\gamma(\eta - b)\}. \end{aligned}$$

Drücken wir ξ, η, ζ durch x, y, z aus, so erhalten wir

$$\begin{aligned} X &= x + d\cos\alpha \\ &\quad - (1 - \cos\omega)\{(x - a)\sin^2\alpha - \cos\alpha\cos\beta(y - b) - \cos\alpha\cos\gamma(z - c)\} \\ &\quad + \sin\omega\{\cos\beta(z - c) - \cos\gamma(y - b)\}. \end{aligned}$$

Ähnlich ergibt sich

$$\begin{aligned} Y &= y + d\cos\beta \\ &\quad - (1 - \cos\omega)\{(y - b)\sin^2\beta - \cos\beta\cos\gamma(z - c) - \cos\beta\cos\alpha(x - a)\} \\ &\quad + \sin\omega\{\cos\gamma(x - a) - \cos\alpha(z - c)\} \end{aligned}$$

und

$$\begin{aligned} Z &= z + d\cos\gamma \\ &\quad - (1 - \cos\omega)\{(z - c)\sin^2\gamma - \cos\gamma\cos\alpha(x - a) - \cos\gamma\cos\beta(y - b)\} \\ &\quad + \sin\omega\{\cos\alpha(y - b) - \cos\beta(x - a)\}. \end{aligned}$$

Diese Gleichungen stellen die neuen Koordinaten X, Y, Z als Funktionen der Koordinaten x, y, z der Anfangslage des Punktes und der Größen dar, die die Bewegung charakterisieren.

§ 8. Die Zusammensetzung infinitesimaler Rotationen.

Wir wenden das vorstehende Ergebnis auf eine Bewegung an, die aus einer infinitesimalen Rotation um eine Achse durch den Koordinatenursprung ohne Translation besteht. An die Stelle von ω trete $\delta\psi$, wo $\delta\psi$ eine kleine Größe ist, deren Quadrat vernachlässigt werden kann. Die Gleichungen des letzten Paragraphen gehen dann über in

$$\begin{aligned} X &= x + (z\cos\beta - y\cos\gamma)\,\delta\psi, \\ Y &= y + (x\cos\gamma - z\cos\alpha)\,\delta\psi, \\ Z &= z + (y\cos\alpha - x\cos\beta)\,\delta\psi. \end{aligned}$$

Die nämlichen Gleichungen erhalten wir aber, wenn wir den Körper nacheinander in beliebiger Reihenfolge infinitesimalen Rotationen

$\cos\alpha\cdot\delta\psi$ um Ox, $\cos\beta\cdot\delta\psi$ um Oy, $\cos\gamma\cdot\delta\psi$ um Oz unterwerfen. *Jede infinitesimale Rotation $\delta\psi$ um eine Gerade OK ist also äquivalent den aufeinander folgenden infinitesimalen Rotationen $\delta\psi\cdot\cos KOx$ um Ox, $\delta\psi\cdot\cos KOy$ um Oy, $\delta\psi\cdot\cos KOz$ um Oz, wo Ox, Oy, Oz irgend drei zueinander senkrechte Geraden durch einen beliebigen Punkt O von OK sind.*

§ 9. Eulers Parameterdarstellung der Rotation um einen Punkt[1]).

Der analytische Ausdruck für die in einer Bewegung enthaltene Translation ist, wie wir sahen, außerordentlich einfach; weniger einfach ist der Ausdruck für die Rotation, mit dem wir uns weiter beschäftigen. Ein starrer Körper erfahre eine Drehung vom Winkel ω um eine Achse durch den Ursprung mit den Richtungswinkeln α, β, γ. Nach § 7 sind die Koordinaten X, Y, Z der neuen Lage eines Punktes mit den Anfangskoordinaten x, y, z gegeben durch die Gleichungen

$$\begin{aligned}
X &= x - 2\sin^2\tfrac{1}{2}\omega\,(x\sin^2\alpha - y\cos\alpha\cos\beta - z\cos\alpha\cos\gamma)\\
&\quad + 2\sin\tfrac{1}{2}\omega\cos\tfrac{1}{2}\omega\,(z\cos\beta - y\cos\gamma)\,,\\
Y &= y - 2\sin^2\tfrac{1}{2}\omega\,(y\sin^2\beta - z\cos\beta\cos\gamma - x\cos\beta\cos\alpha)\\
&\quad + 2\sin\tfrac{1}{2}\omega\cos\tfrac{1}{2}\omega\,(x\cos\gamma - z\cos\alpha)\,,\\
Z &= z - 2\sin^2\tfrac{1}{2}\omega\,(z\sin^2\gamma - x\cos\gamma\cos\alpha - y\cos\gamma\cos\beta)\\
&\quad + 2\sin\tfrac{1}{2}\omega\cos\tfrac{1}{2}\omega\,(y\cos\alpha - x\cos\beta)\,.
\end{aligned}$$

Wir führen nun Parameter ξ, η, ζ, χ ein durch die Definitionsgleichungen

$$\xi = \cos\alpha\sin\tfrac{1}{2}\omega\,,\qquad \eta = \cos\beta\sin\tfrac{1}{2}\omega\,,$$
$$\zeta = \cos\gamma\sin\tfrac{1}{2}\omega\,,\qquad \chi = \cos\tfrac{1}{2}\omega\,.$$

Zwischen ihnen besteht offenbar die Relation

$$\xi^2 + \eta^2 + \zeta^2 + \chi^2 = 1\,.$$

Die obigen Gleichungen lassen sich dann in der Form darstellen

$$\begin{aligned}
X &= (\xi^2 - \eta^2 - \zeta^2 + \chi^2)x + 2(\xi\eta - \zeta\chi)y + 2(\xi\zeta + \eta\chi)z\,,\\
Y &= 2(\xi\eta + \zeta\chi)x + (-\xi^2 + \eta^2 - \zeta^2 + \chi^2)y + 2(\eta\zeta - \xi\chi)z\,,\\
Z &= 2(\xi\zeta - \eta\chi)x + 2(\eta\zeta + \xi\chi)y + (-\xi^2 - \eta^2 + \zeta^2 + \chi^2)z\,.
\end{aligned}$$

Wenn daher die Koordinatenachsen mit $OXYZ$ bezeichnet werden und ein bewegliches Achsensystem, das vor der Bewegung mit dem ersten zusammenfällt, durch die gegebene Rotation in die Lage $Oxyz$ gedreht wird, so bestimmen sich die Richtungskosinus der beiden Achsentripel in bezug aufeinander aus dem folgenden Schema:

---

[1]) *Novi Comment. Petrop.* Bd. 20, S. 208, § 6ff. 1776.

	X	Y	Z
x	$\xi^2 - \eta^2 - \zeta^2 + \chi^2$	$2(\xi\eta + \zeta\chi)$	$2(\xi\zeta - \eta\chi)$
y	$2(\xi\eta - \zeta\chi)$	$-\xi^2 + \eta^2 - \zeta^2 + \chi^2$	$2(\eta\zeta + \xi\chi)$
z	$2(\xi\zeta + \eta\chi)$	$2(\eta\zeta - \xi\chi)$	$-\xi^2 - \eta^2 + \zeta^2 + \chi^2$

Man erkennt leicht, daß die Parameter $\xi'', \eta'', \zeta'', \chi''$ der Resultierenden zweier aufeinander folgender Drehungen $\xi', \eta', \zeta', \chi'$ und ξ, η, ζ, χ bestimmt sind durch

$$\begin{aligned}
\xi'' &= \xi\chi' + \eta\zeta' - \zeta\eta' + \chi\xi', \\
\eta'' &= -\xi\zeta' + \eta\chi' + \zeta\xi' + \chi\eta', \\
\zeta'' &= \xi\eta' - \eta\xi' + \zeta\chi' + \chi\zeta', \\
\chi'' &= \chi\chi' - \xi\xi' - \eta\eta' - \zeta\zeta'.
\end{aligned}$$

Diese Formeln, die unabhängig voneinander und zu verschiedenen Zeiten von Gauss, Rodrigues, Hamilton und Cayley gefunden wurden, stellen zugleich das *Multiplikationsgesetz der Quaternionen* dar. Denn χ, ξ, η, ζ, können als Komponenten einer Quaternion[1]) $\chi + \xi i + \eta j + \zeta k$ aufgefaßt werden, wo i, j, k den Gleichungen genügen

$$i^2 = j^2 = k^2 = -1, \qquad ij = -ji = k, \qquad jk = -kj = i, \qquad ki = -ik = j.$$

Die obigen Formeln sind dann alle in der einen Gleichung enthalten

$$\chi'' + \xi'' i + \eta'' j + \zeta'' k = (\chi + \xi i + \eta j + \zeta k)(\chi' + \xi' i + \eta' j + \zeta' k).$$

Der mit der Quaternionentheorie vertraute Leser wird bemerken, daß die Wirkung einer Rotation auf einen beliebigen Vektor ϱ darin besteht, ihn in den Vektor $q\varrho q^{-1}$ zu transformieren, wo q die Quaternion $\chi + \xi i + \eta j + \zeta k$ bedeutet. Diese selbst ist *nicht* der Rotationsoperator.

§ 10. Die Eulerschen Winkel.

Die praktisch wertvollste Methode der Parameterdarstellung für die Rotation eines starren Körpers um einen festen Punkt stammt ebenfalls von Euler[2]). Zwar hat sie den Nachteil mangelnder Symmetrie; aber sie ist sonst sehr einfach und bequem anwendbar.

Sei O der feste Punkt, um den die Rotation stattfindet, $OXYZ$ ein im Raume festes rechtwinkliges rechtshändiges Achsensystem. $Oxyz$ sei ein im Körper festes mitbewegtes rechtwinkliges Achsensystem, das so gewählt ist, daß vor der Bewegung die Systeme $OXYZ$ und $Oxyz$ zusammenfallen. OK sei die Normale auf der Ebene zOZ und zeige nach Osten, wenn OZ senkrecht nach oben und die Projektion von Oz senkrecht zu OZ nach Süden gerichtet ist. Die Winkel zOZ, YOK, yOK seien mit bzw. ϑ, φ, ψ bezeichnet. Diese drei *Eulerschen Winkel* legen die Richtung der Achsen $Oxyz$ gegen die Achsen $OXYZ$ fest.

Zur Bestimmung der Richtungskosinus von Ox, Oy, Oz gegen OX bemerken wir, daß sie gleich den Projektionen der auf OX abgetragenen

[1]) Der Tensor dieser Quaternion ist gleich der Einheit.

[2]) *Novi Comment. Petrop.* Bd. 20, S. 189. 1776.

Einheitsstrecke auf die Geraden Ox, Oy, Oz sind. Diese Einheitsstrecke hat die Projektionen $\cos\varphi$ auf OL und $-\sin\varphi$ auf OK, wenn OL die Schnittlinie der Ebenen XOY und ZOz ist. Die Strecke $\cos\varphi$ auf OL hat die Projektionen $\cos\varphi\sin\vartheta$ auf Oz und $\cos\varphi\cos\vartheta$ auf OM, wenn OM die Schnittlinie der Ebenen xOy und ZOz ist. Die Strecke $\cos\varphi\cos\vartheta$ auf OM hat die Projektionen $\cos\varphi\cos\vartheta\cos\psi$ auf Ox und $-\cos\varphi\cos\vartheta\sin\psi$ auf Oy. Die Strecke $-\sin\varphi$ auf OK hat die Projektionen $-\sin\varphi\sin\psi$ auf Ox und $-\sin\varphi\cos\psi$ auf Oy. Endlich sind also die Projektionen der Einheitsstrecke längs OX

$$\begin{array}{ll} \cos\varphi\cos\vartheta\cos\psi - \sin\varphi\sin\psi & \text{auf } Ox, \\ -\cos\varphi\cos\vartheta\sin\psi - \sin\varphi\cos\psi & \text{auf } Oy, \\ \cos\varphi\sin\vartheta & \text{auf } Oz. \end{array}$$

Auf diese Weise erhalten wir für die Richtungskosinus der beiden Achsentripel gegeneinander das folgende Schema:

	X	Y	Z
x	$\cos\varphi\cos\vartheta\cos\psi - \sin\varphi\sin\psi$	$\sin\varphi\cos\vartheta\cos\psi + \cos\varphi\sin\psi$	$-\sin\vartheta\cos\psi$
y	$-\cos\varphi\cos\vartheta\sin\psi - \sin\varphi\cos\psi$	$-\sin\varphi\cos\vartheta\sin\psi + \cos\varphi\cos\psi$	$\sin\vartheta\sin\psi$
z	$\cos\varphi\sin\vartheta$	$\sin\varphi\sin\vartheta$	$\cos\vartheta$

§ 11. Zusammenhang der Eulerschen Winkel mit den Parametern ξ, η, ζ, χ.

Man kann die Relationen zwischen den Eulerschen Winkeln ϑ, φ, ψ und den Parametern ξ, η, ζ, χ des § 9 durch Vergleich der Tabellen für die Richtungskosinus in den §§ 9 und 10 erhalten; direkt findet man sie folgendermaßen.

Das Achsensystem $Oxyz$ gehe aus dem festen System $OXYZ$ hervor durch eine Rotation vom Winkel ω um eine Gerade OR mit den Richtungswinkeln α, β, γ. Wir legen um O als Mittelpunkt die Einheitskugel, die also von Ebenen durch O in größten Kreisen und von Geraden in Punkten geschnitten wird. Dann hat das sphärische Dreieck RZz die Seiten γ, γ, ϑ, und der Winkel bei R ist ω. Daraus folgt die Beziehung:

$$\sin\tfrac{1}{2}\vartheta = \sin\gamma\sin\tfrac{1}{2}\omega.$$

Weiter soll ν den Winkel RZY bezeichnen, so daß $RZz = \frac{1}{2}\pi - \varphi - \nu$ wird. Dann wird der Bogen RZ in die Lage Rz gebracht durch die sukzessiven Rotationen φ um Z, ϑ um den Pol von Zz und ψ um z. Die erste transformiert RZ in einen Bogen, der im Punkt Z mit Zz den Winkel $\frac{1}{2}\pi - \varphi - \nu + \varphi = \frac{1}{2}\pi - \nu$ einschließt; die zweite führt diesen in einen Bogen über, der denselben Winkel $\frac{1}{2}\pi - \nu$ mit Zz einschließt, aber durch den Punkt z geht; nach der dritten Rotation schließt der Bogen durch den Punkt z den Winkel $\frac{1}{2}\pi - \nu + \psi$ mit Zz ein. Aber dieser

Winkel muß gleich $\pi - RzZ$ oder $\pi - RZz$ oder $\pi - (\frac{1}{2}\pi - \varphi - \nu)$ oder $\frac{1}{2}\pi + \varphi + \nu$ sein; also haben wir

$$\tfrac{1}{2}\pi + \varphi + \nu = \tfrac{1}{2}\pi - \nu + \psi$$

oder

$$\nu = \tfrac{1}{2}(\psi - \varphi).$$

Daraus folgt, da das sphärische Dreieck RZX die Seiten α, γ, $\frac{1}{2}\pi$ und bei Z den Winkel $\frac{1}{2}\pi - \nu$ oder $\frac{1}{2}(\pi - \psi + \varphi)$ hat,

$$\cos\alpha = \sin\gamma \sin\tfrac{1}{2}(\psi - \varphi).$$

Setzt man für $\sin\gamma$ den schon gefundenen Wert ein, so ergibt sich

$$\cos\alpha \sin\tfrac{1}{2}\omega = \sin\tfrac{1}{2}\vartheta \sin\tfrac{1}{2}(\psi - \varphi)$$

oder

$$\xi = \sin\tfrac{1}{2}\vartheta \sin\tfrac{1}{2}(\psi - \varphi).$$

Entsprechend erhalten wir aus dem sphärischen Dreieck RZY

$$\cos\beta = \sin\gamma \cos\tfrac{1}{2}(\psi - \varphi),$$

und nach Elimination von $\sin\gamma$

$$\cos\beta \sin\tfrac{1}{2}\omega = \sin\tfrac{1}{2}\vartheta \cos\tfrac{1}{2}(\psi - \varphi)$$

oder

$$\eta = \sin\tfrac{1}{2}\vartheta \cos\tfrac{1}{2}(\psi - \varphi).$$

Da wir gezeigt haben, daß das sphärische Dreieck RZz die Seiten γ, γ, ϑ und die Winkel $\frac{1}{2}(\pi-\psi-\varphi)$, $\frac{1}{2}(\pi - \psi - \varphi)$, ω besitzt, erhalten wir überdies die Relationen

$$\cos\tfrac{1}{2}\omega = \cos\tfrac{1}{2}\vartheta \cos\tfrac{1}{2}(\psi + \varphi)$$

und

$$\sin\tfrac{1}{2}\omega \cos\gamma = \cos\tfrac{1}{2}\vartheta \sin\tfrac{1}{2}(\psi + \varphi)$$

oder

$$\chi = \cos\tfrac{1}{2}\vartheta \cos\tfrac{1}{2}(\psi + \varphi),$$
$$\zeta = \cos\tfrac{1}{2}\vartheta \sin\tfrac{1}{2}(\psi + \varphi).$$

Die vier Parameter ξ, η, ζ, χ werden daher als Funktionen der Eulerschen Winkel ϑ, φ, ψ dargestellt durch die Gleichungen:

$$\xi = \sin\tfrac{1}{2}\vartheta \sin\tfrac{1}{2}(\psi - \varphi),$$
$$\eta = \sin\tfrac{1}{2}\vartheta \cos\tfrac{1}{2}(\psi - \varphi),$$
$$\zeta = \cos\tfrac{1}{2}\vartheta \sin\tfrac{1}{2}(\psi + \varphi),$$
$$\chi = \cos\tfrac{1}{2}\vartheta \cos\tfrac{1}{2}(\psi + \varphi).$$

§ 12. Zusammenhang der Rotationen mit den linearen Transformationen; die Cayley-Kleinschen Parameter.

Auf der Oberfläche einer Kugel seien beliebige Figuren S gezeichnet. Durch stereographische Projektion, für die etwa der höchste Punkt der Kugel zum Projektionszentrum, die Tangentialebene im tiefsten Punkt zur Projektionsebene gewählt sei, sollen den Figuren S die Figuren P der Ebene entsprechen. Die Kugel vollführe eine Drehung von bestimmtem Winkel um einen ihrer Durchmesser; die Figuren S seien in der neuen Lage mit S' bezeichnet. Durch stereographische Projektion aus demselben Zentrum auf dieselbe Ebene seien ihnen die Figuren P' zugeordnet. Der Rotation der Kugel, die S in S' überführt, entspricht dann in der Ebene eine *Transformation*, die P in P' überführt. Diese Transformation wollen wir näher untersuchen.

Ist eine der Figuren P in der Ebene ein Kreis, so ist auch die zugehörige Figur S auf der Kugel ein Kreis, da die stereographische Projektion Kreise in Kreise überführt. Also ist auch S' ein Kreis und desgleichen P'. *Den Rotationen der Kugel entsprechen mithin Transformationen der Ebene, die Kreise in Kreise überführen.*

Jede derartige Transformation läßt sich folgendermaßen analytisch darstellen[1]):

Sei $z = x + iy$, wo x, y die rechtwinkligen Koordinaten eines beliebigen Punktes der Ebene sind, so daß diesem Punkt ein bestimmter Wert der komplexen Veränderlichen z zugeordnet ist. Entsprechend sei $z' = x' + iy'$, wo x', y' demjenigen Punkt zugehören, in den (x, y) durch die Transformation übergeht. *Dann kann jede umkehrbar eindeutige Transformation der Ebene, die Kreise in Kreise verwandelt*[2]), *definiert werden durch eine Gleichung von der Form*

$$z' = \frac{az + b}{cz + d},$$

wo a, b, c, d reelle oder komplexe Konstanten bedeuten, mit der noch eine Spiegelung an einer der Koordinatenachsen verbunden werden kann.

Eine durch eine Gleichung von der Form

$$z' = \frac{az + b}{cz + d}$$

charakterisierte Transformation bezeichnet man als *linear*. Mithin entsprechen gewisse lineare Transformationen einer Ebene den Rotationen eines starren Körpers um einen festen Punkt derart, daß vermöge der Zuordnung zweier linearer Transformationen zu zwei Rotationen die aus den beiden Transformationen resultierende lineare Transformation der Resultierenden der beiden Rotationen entspricht[3]).

Wir wenden uns nun der analytischen Darstellung des Zusammenhanges zwischen linearen Transformationen und Rotationen zu. Dazu ersetzen wir die Parameter ξ, η, ζ, χ durch Parameter $\alpha, \beta, \gamma, \delta$ vermöge der Gleichungen

$$\xi = \frac{\beta - \gamma}{2}, \qquad \eta = \frac{\beta + \gamma}{2i}, \qquad \zeta = \frac{\alpha - \delta}{2i}, \qquad \chi = \frac{\alpha + \delta}{2}.$$

Der Zusammenhang mit den Eulerschen Winkeln ϑ, φ, ψ ist dann gegeben durch

$$\alpha = \cos\frac{\vartheta}{2} \cdot e^{\frac{i}{2}(\varphi + \psi)}, \qquad \gamma = i\sin\frac{\vartheta}{2} \cdot e^{\frac{i}{2}(\psi - \varphi)},$$

$$\beta = i\sin\frac{\vartheta}{2} \cdot e^{\frac{i}{2}(\varphi - \psi)}, \qquad \delta = \cos\frac{\vartheta}{2} \cdot e^{\frac{i}{2}(-\varphi - \psi)}.$$

Diese Parameter, die sogenannten *Cayley-Kleinschen Parameter*, genügen offenbar der Relation

$$\alpha\delta - \beta\gamma = 1.$$

Drückt man in der Tabelle der Richtungskosinus aus § 9 die ξ, η, ζ, χ als Funktionen der $\alpha, \beta, \gamma, \delta$ aus, so erhält man für die Richtungskosinus als Funktionen der $\alpha, \beta, \gamma, \delta$ die folgende Tabelle:

---

[1]) Vgl. L. R. Ford: *An introduction to the theory of automorphic functions.* London 1915.

[2]) Eine Gerade ist als Kreis aufzufassen.

[3]) Klein: *Ges. math. Abh.* Bd. 2, S. 275; Cayley: *Math. Ann.* Bd. 15, S. 238. 1879.

	X	Y	Z
x	$\frac{1}{2}(\alpha^2+\beta^2+\gamma^2+\delta^2)$	$\frac{i}{2}(-\alpha^2-\beta^2+\gamma^2+\delta^2)$	$i(\alpha\gamma+\beta\delta)$
y	$\frac{i}{2}(\alpha^2-\beta^2+\gamma^2-\delta^2)$	$\frac{1}{2}(\alpha^2-\beta^2-\gamma^2+\delta^2)$	$-\alpha\gamma+\beta\delta$
z	$-i(\alpha\beta+\gamma\delta)$	$-\alpha\beta+\gamma\delta$	$\alpha\delta+\beta\gamma$

Man beweist leicht, daß die Parameter $\alpha'', \beta'', \gamma'', \delta''$ der Resultante zweier aufeinanderfolgender Bewegungen $(\alpha', \beta', \gamma', \delta')$ und $(\alpha, \beta, \gamma, \delta)$ durch die Gleichungen gegeben sind:

$$\alpha'' = \alpha'\alpha + \gamma'\beta, \qquad \beta'' = \alpha\beta' + \beta\delta',$$
$$\gamma'' = \gamma\alpha' + \delta\gamma', \qquad \delta'' = \gamma\beta' + \delta\delta'.$$

Diese Gleichungen zeigen, daß die Transformation

$$z' = \frac{\alpha'' z + \beta''}{\gamma'' z + \delta''}$$

die Resultierende der beiden nacheinander ausgeführten Transformationen

$$z' = \frac{\alpha' z + \beta'}{\gamma' z + \delta'} \quad \text{und} \quad z' = \frac{\alpha z + \beta}{\gamma z + \delta}$$

darstellt; damit ist der Zusammenhang der Rotationen und der linearen Transformationen analytisch zum Ausdruck gebracht.

Ein Vorteil der Cayley-Kleinschen Parameter gegenüber den Parametern ξ, η, ζ, χ besteht darin, daß sie ähnlich einfache Kompositionsregeln haben, dazu aber nur das übliche Symbol $i = \sqrt{-1}$ verwenden an Stelle der ungebräuchlichen i, j, k der Hamiltonschen Quaternionen.

Aufgabe 1. ϑ, φ, ψ seien die Eulerschen Winkel. Der Vektor aus dem Koordinatenursprung durch einen mit dem Achsensystem $Oxyz$ bewegten Punkt habe vor der Bewegung die Winkel ϑ_1, φ_1, nach der Bewegung die Winkel ϑ_1', φ_1' in bezug auf das feste System $OXYZ$. Man bezeichne $e^{i\varphi_1}\operatorname{tg}\frac{1}{2}\vartheta_1$ mit ζ_1, $e^{i\varphi_1'}\operatorname{tg}\frac{1}{2}\vartheta_1'$ mit ζ_1' und zeige, daß

$$\zeta_1 e^{i\psi} = \frac{\zeta_1' e^{-i\varphi}\cos\frac{1}{2}\vartheta - \sin\frac{1}{2}\vartheta}{\zeta_1' e^{-i\varphi}\sin\frac{1}{2}\vartheta + \cos\frac{1}{2}\vartheta}.$$

Aufgabe 2. Man bilde mit Hilfe der Gleichungen

$$X_1 = \alpha x_1 + \beta x_2,$$
$$X_2 = \gamma x_1 + \delta x_2$$

die Größen X_1^2, X_2^2, X_1X_2 und fasse sie als reine Rechengrößen auf. Dann ersetze man $X_1^2, X_2^2, X_1X_2, x_1^2, x_2^2, x_1x_2$ durch $-Y+iX$, $Y+iX$, Z, $-y+ix$, $y+ix$, z. Man zeige, daß man so die Gleichungen erhält

$$-Y + iX = \alpha^2(-y+ix) + 2\alpha\beta z + \beta^2(y+ix),$$
$$Y + iX = \gamma^2(-y+ix) + 2\gamma\delta z + \delta^2(y+ix),$$
$$Z = \alpha\gamma(-y+ix) + (\alpha\delta+\beta\gamma)z + \beta\delta(y+ix),$$

und daß diese Gleichungen den Zusammenhang der Koordinaten X, Y, Z eines Punktes im System $OXYZ$ mit seinen Koordinaten x, y, z im System $Oxyz$ wiedergeben.

Aufgabe 3. Es sei

$$-y+ix : y+ix : z = \lambda\lambda' : 1 : \tfrac{1}{2}(\lambda+\lambda')$$

und

$$-Y+iX : Y+iX : Z = \lambda_1\lambda_1' : 1 : \tfrac{1}{2}(\lambda_1+\lambda_1').$$

Man zeige, daß

$$\lambda_1 = \frac{\alpha\lambda+\beta}{\gamma\lambda+\delta} \quad \text{und} \quad \lambda_1' = \frac{\alpha\lambda'+\beta}{\gamma\lambda'+\delta}.$$

§ 13. Vektoren.

Wir gehen nunmehr zu der Untersuchung der wesentlichen Eigenschaften der Translationsbewegung eines festen Körpers über.

Die Translation an sich, ohne Beziehung auf den festen Körper, hat folgende Eigenschaften:

1. Sie ist vollständig bestimmt durch eine der einander gleichen und parallelen Strecken des Raumes von gegebener Länge und Richtung, nämlich der Länge und Richtung der Translation, da eine solche Strecke alle zu der Beschreibung der Operation notwendigen Bestimmungsstücke liefert.

2. AB sei eine solche Strecke und $ACDE \dots KB$ ein ihre Endpunkte verbindender gebrochener Streckenzug. Dann ist die durch AB dargestellte Operation äquivalent der Summe der durch AC, CD, DE, ... KB dargestellten Operationen.

Diese Eigenschaften 1. und 2. hat die Translation mit vielen Operationen und Größen gemein; eine solche Operation oder Größe heißt *Vektorgröße* oder *Vektor*.

Nach 2. ist ein Vektor der Summe dreier Vektoren AK, KL, LB äquivalent, die zu drei gegebenen rechtwinkligen Koordinatenachsen parallel sind und die Punkte in einem gebrochenen Streckenzuge verbinden. Diese drei Vektoren nennt man die *Komponenten* des Vektors AB in bezug auf die gegebenen Achsen. Hat der Vektor AB die Länge l und die Richtungswinkel α, β, γ, so haben die Vektorkomponenten offenbar die Länge $l\cos\alpha$, $l\cos\beta$, $l\cos\gamma$, da sie die Projektionen von AB auf die Achsen sind.

Ein einzelner Vektor, der einer Anzahl gegebener Vektoren äquivalent ist, heißt ihre *Resultante*.

Betrachtet man einen Vektor in seiner Abhängigkeit von einem Parameter (etwa der Zeit), so ist die Differenz der zu zwei Werten des Parameters gehörenden Vektoren wieder ein Vektor. Daher ist der Differentialquotient des Vektors nach dem Parameter auch ein Vektor. Seine Komponenten sind die Differentialquotienten der entsprechenden Komponenten. Er heißt die *Ableitung des Vektors nach dem Parameter*.

§ 14. Geschwindigkeit und Beschleunigung; ihr Vektorcharakter.

Ein Körper vollführe eine stetige, nicht notwendig immer gleichgerichtete Translationsbewegung, ohne seine Orientierung zu ändern. Seine Gesamttranslation zu der Zeit t ist eine Vektorgröße; das Verhältnis, in dem sie sich mit der Zeit ändert, also ihre zeitliche Ableitung, ist demnach wieder ein Vektor, der die *Geschwindigkeit* des Körpers heißt. Sind x, y, z die Koordinaten eines im Körper festen, mit ihm bewegten Punktes in einem festen Achsensystem, dann sind die Komponenten der Geschwindigkeit nach diesen Achsen die Ableitungen von x, y, z, nämlich $\dot{x}, \dot{y}, \dot{z}$ (wo ein Punkt die Differentiation nach der Zeit bedeutet).

Entsprechend ist die Ableitung der Geschwindigkeit wieder ein Vektor mit den Komponenten $\ddot{x}, \ddot{y}, \ddot{z}$ (wo zwei Punkte die zweimalige Differentiation nach der Zeit andeuten); er heißt die *Beschleunigung* des Körpers.

Bewegen sich zwei Punkte P, Q, so ist offenbar der Vektor, der die Translation (oder Geschwindigkeit oder Beschleunigung) von Q darstellt, die Summe des Vektors, der die Translation (oder Geschwindigkeit oder Beschleunigung) von P darstellt, und desjenigen Vektors, der die Translation (oder Geschwindigkeit oder Beschleunigung) von Q *relativ zu* P darstellt, d. h. von Q, bezogen auf ein Achsensystem, dessen Ursprung sich mit P bewegt und dessen Richtungen fest sind.

§ 15. Die Winkelgeschwindigkeit; ihr Vektorcharakter.

Wir betrachten nun einen Körper, der sich stetig um eine Gerade dreht. Ist ϑ der zu der Zeit t durchlaufene Winkel, so stellt $\dot{\vartheta}$ die Geschwindigkeit der Umdrehung zu der Zeit t dar. Trägt man auf der Rotationsachse von einem willkürlich gewählten Punkt aus eine Strecke von der Länge $\dot{\vartheta}$ ab, so charakterisiert diese Strecke vollkommen die Rotationsbewegung zur Zeit t oder, wie man gewöhnlich sagt, die *Winkelgeschwindigkeit* des Körpers. Die Richtung der abgetragenen Strecke ergibt sich aus dem Drehsinn der Rotation auf Grund der Übereinkunft, daß die Rotation von Süden über Osten nach Norden geht, wenn die Strecke senkrecht aufwärts gerichtet ist.

Eine Winkelgeschwindigkeit wird demnach durch eine Strecke von bestimmter Länge und Richtung dargestellt. Nun kann nach § 8 die Bewegung eines Körpers, der eine infinitesimale Drehung $\delta\psi$ um eine beliebige Gerade OK durch einen festen Punkt O des Körpers erfährt, durch eine Folge von Rotationen $\delta\psi\cos\alpha$, $\delta\psi\cos\beta$, $\delta\psi\cos\gamma$ um bezügliche Achsen Ox, Oy, Oz ersetzt werden. $Oxyz$ ist ein Rechtwinkelsystem durch O, in dem OK die Richtungswinkel α, β, γ besitzt. Daraus folgt, daß eine durch eine Strecke $\dot{\psi}$ auf OK dargestellte Winkelgeschwindigkeit ersetzt werden kann durch Strecken $\dot{\psi}\cos\alpha$, $\dot{\psi}\cos\beta$, $\dot{\psi}\cos\gamma$, die auf den bezüglichen Achsen Ox, Oy, Oz abgetragen sind.

Dies ist aber eine Fundamentaleigenschaft der Vektoren, so daß wir sagen können: *Winkelgeschwindigkeiten lassen sich zerlegen und zusammensetzen wie Vektoren.*

Zu bemerken ist jedoch, daß eine Winkelgeschwindigkeit nicht alle Definitionseigenschaften eines Vektors besitzt: eine Winkelgeschwindigkeit um eine Gerade ist nicht äquivalent einer Winkelgeschwindigkeit von gleicher Größe um eine parallele Gerade. Eine Winkelgeschwindigkeit muß daher als ein *Vektor auf einer bestimmten Geraden* aufgefaßt werden.

Aufgabe. Ein gerader Kreiskegel vom halben Öffnungswinkel β rolle ohne zu gleiten auf einer Ebene. Man bestimme seine momentane Rotationsachse und seine Winkelgeschwindigkeit um diese Achse als Funktion der Winkelgeschwindigkeit der Berührungsgeraden in der Ebene.

Da alle Punkte der Seitenlinie des Kegels, die die Ebene berührt, in momentaner Ruhe sind, weil keine Gleitbewegung stattfindet, ist diese Seitenlinie die momentane Rotationsachse des Kegels. Sei ω die Winkelgeschwindigkeit des Kegels um diese Seitenlinie, $\dot{\vartheta}$ die Winkelgeschwindigkeit der Berührungsgeraden in der Ebene. Dann kann die Bewegung der Kegelachse durch eine Winkelgeschwindigkeit $\dot{\vartheta}$ um die Normale der Ebene dargestellt werden; aus dieser Bewegung aber und einer Rotation um seine Achse setzt sich die Gesamtbewegung des Kegels zusammen. Folglich hat die Komponente der Winkelgeschwindigkeit des Kegels um eine Senkrechte zur Kegelachse durch den Scheitel die Größe $\dot{\vartheta}\cos\beta$; sie muß gleich der Komponente $\omega\sin\beta$ von ω in dieser Richtung sein. Also gibt

$$\omega = \dot{\vartheta}\operatorname{ctg}\beta$$

die gesuchte Beziehung zwischen ω und $\dot{\vartheta}$.

§ 16. Die Komponenten der Winkelgeschwindigkeit eines Systems als Funktionen der Eulerschen Winkel bzw. der Eulerschen Parameter.

Die momentane Lage eines starren Körpers, der sich stetig um einen festen Punkt dreht, beschreibt man am besten mit Hilfe zweier rechtwinkliger Achsensysteme: $OXYZ$ sei im Raume fest, $Oxyz$ im Körper fest und mitbewegt. Die Lage des Körpers ist dann bestimmt durch die drei Eulerschen Winkel ϑ, φ, ψ, die die Lage des Systems $Oxyz$ gegen das System $OXYZ$ festlegen. Wir berechnen für einen beliebigen Zeitpunkt die Komponenten der Winkelgeschwindigkeit des Körpers in Richtung der mitgeführten Achsen.

OK sei die Schnittlinie der Ebenen XOY und xOy. Die Winkelgeschwindigkeit des Körpers setzt sich offenbar zusammen aus den Winkelgeschwindigkeiten $\dot{\vartheta}$ um OK, $\dot{\varphi}$ um OZ, $\dot{\psi}$ um Oz. Nach den Vektorgesetzen kann man die erste zerlegen in Winkelgeschwindigkeiten $\dot{\vartheta}\sin\psi$ um Ox und $\dot{\vartheta}\cos\psi$ um Oy, die zweite in Winkelgeschwindigkeiten $-\dot{\varphi}\sin\vartheta\cos\psi$ um Ox, $\dot{\varphi}\sin\vartheta\sin\psi$ um Oy und $\dot{\varphi}\cos\vartheta$ um Oz. Sind endlich ω_1, ω_2, ω_3 die Komponenten der Winkelgeschwindigkeit des Körpers in Richtung der Achsen Ox, Oy, Oz, so haben wir

$$\begin{aligned}
\omega_1 &= \dot{\vartheta}\sin\psi - \dot{\varphi}\sin\vartheta\cos\psi,\\
\omega_2 &= \dot{\vartheta}\cos\psi - \dot{\varphi}\sin\vartheta\sin\psi,\\
\omega_3 &= \dot{\psi} + \dot{\varphi}\cos\vartheta.
\end{aligned}$$

Aus diesen Gleichungen können wir die Werte von ω_1, ω_2, ω_3 als Funktionen der symmetrischen Parameter ξ, η, ζ, χ des § 9 herleiten. Denn wir haben

$$\dot{\varphi} = \frac{d}{dt}\left(\frac{\psi+\varphi}{2}\right) - \frac{d}{dt}\left(\frac{\psi-\varphi}{2}\right)$$
$$= \frac{d}{dt}\left(\operatorname{arctg}\frac{\zeta}{\chi}\right) - \frac{d}{dt}\left(\operatorname{arctg}\frac{\xi}{\eta}\right)$$
$$= \frac{\xi\dot{\eta} - \eta\dot{\xi}}{\xi^2+\eta^2} + \frac{\chi\dot{\zeta} - \zeta\dot{\chi}}{\zeta^2+\chi^2}.$$

Entsprechend ergibt sich

$$\dot{\psi} = \frac{-\xi\dot{\eta} + \eta\dot{\xi}}{\xi^2+\eta^2} + \frac{\chi\dot{\zeta} - \zeta\dot{\chi}}{\zeta^2+\chi^2},$$

und es ist

$$\cos\vartheta = -\xi^2 - \eta^2 + \zeta^2 + \chi^2.$$

Führen wir diese Werte in die Gleichung $\omega_3 = \dot{\psi} + \dot{\varphi}\cos\vartheta$ ein, so folgt

$$\omega_3 = 2(\eta\dot{\xi} - \xi\dot{\eta} + \chi\dot{\zeta} - \zeta\dot{\chi}).$$

Die Werte von ω_1 und ω_2 erhält man daraus durch zyklische Vertauschung, und so werden die Komponenten der Winkelgeschwindigkeit gegeben durch die Gleichungen:

$$\omega_1 = 2(\chi\dot{\xi} + \zeta\dot{\eta} - \eta\dot{\zeta} - \xi\dot{\chi}),$$
$$\omega_2 = 2(-\zeta\dot{\xi} + \chi\dot{\eta} + \xi\dot{\zeta} - \eta\dot{\chi}),$$
$$\omega_3 = 2(\eta\dot{\xi} - \xi\dot{\eta} + \chi\dot{\zeta} - \zeta\dot{\chi}).$$

§ 17. Die zeitliche Ableitung eines Vektors, dessen Komponenten nach bewegten Achsen gegeben sind.

Ein Vektor sei in jedem Zeitpunkt t gegeben durch seine Komponenten ξ, η, ζ in bezug auf die augenblickliche Lage eines rechtshändigen Achsensystems $Oxyz$, das seinerseits in Bewegung ist. Zu bestimmen ist derjenige Vektor, der die zeitliche Ableitung des gegebenen Vektors darstellt.

ω_1, ω_2, ω_3 seien die Komponenten der Winkelgeschwindigkeit des Systems $Oxyz$ in bezug auf die augenblickliche Lage der Achsen Ox, Oy, Oz.

Die zeitliche Ableitung des gegebenen Vektors ist die Vektorsumme der zeitlichen Ableitungen der einzelnen Komponenten ξ, η, ζ. Der Vektor ξ aber wächst im Zeitintervall dt auf die Länge $\xi + \dot{\xi}dt$ an und ändert gleichzeitig seine Lage durch die Bewegung der Achsen. Infolge der Winkelgeschwindigkeit um die Achse Oy wird er aus seiner Lage in der ursprünglichen Ebene zOx um den Winkel $\omega_2 dt$ von Oz weggedreht, infolge der Winkelgeschwindigkeit um die Achse Oz aus seiner Lage in der ursprünglichen Ebene xOy um den Winkel $\omega_3 dt$ auf Oy zu. Die Koordinaten seines Endpunktes nach Ablauf des Zeitintervalles dt in bezug auf die Lage der Achsen zu Beginn des Intervalles dt sind deshalb (unter Vernachlässigung der unendlich kleinen Größen von höherer als erster Ordnung)

$$\xi + \dot{\xi}\,dt, \qquad \omega_3 \xi\,dt, \qquad -\omega_2 \xi\,dt.$$

Also sind die Vektorkomponenten der zeitlichen Ableitung von ξ

$$\dot{\xi}, \qquad \omega_3 \xi, \qquad -\omega_2 \xi.$$

Entsprechend erhält man die Vektorkomponenten der zeitlichen Ableitung von η bzw. ζ zu

$$-\omega_3 \eta, \qquad \dot{\eta}, \qquad \omega_1 \eta$$

und

$$\omega_2 \zeta, \qquad -\omega_1 \zeta, \qquad \dot{\zeta}.$$

Durch Addition findet man endlich *die Komponenten der zeitlichen Ableitung des gegebenen Vektors*

$$\begin{aligned} &\dot{\xi} - \eta\,\omega_3 + \zeta\,\omega_2, \\ &\dot{\eta} - \zeta\,\omega_1 + \xi\,\omega_3, \\ &\dot{\zeta} - \xi\,\omega_2 + \eta\,\omega_1. \end{aligned}$$

Dies Ergebnis kann unmittelbar zur Bestimmung der Geschwindigkeit und Beschleunigung eines Punktes benutzt werden, dessen Koordinaten x, y, z zur Zeit t in bezug auf Achsen gegeben sind, die eine Winkelgeschwindigkeit mit den Komponenten ω_1, ω_2, ω_3 in Richtung dieser Achsen selbst besitzen.

Denn setzen wir diese Werte in die vorstehenden Formeln ein, so werden die Geschwindigkeitskomponenten

$$\dot{x} - y\,\omega_3 + z\,\omega_2, \qquad \dot{y} - z\,\omega_1 + x\,\omega_3, \qquad z - x\,\omega_2 + y\,\omega_1.$$

Wenden wir nun dieselben Formeln auf den Fall an, daß der Vektor, dessen zeitliche Ableitung gesucht wird, die Geschwindigkeit ist, so erhalten wir die Komponenten der Beschleunigung des Punktes in der Form

$$\begin{aligned} &\frac{d}{dt}(\dot{x} - y\,\omega_3 + z\,\omega_2) - \omega_3(\dot{y} - z\,\omega_1 + x\,\omega_3) + \omega_2(\dot{z} - x\,\omega_2 + y\,\omega_1), \\ &\frac{d}{dt}(\dot{y} - z\,\omega_1 + x\,\omega_3) - \omega_1(\dot{z} - x\,\omega_2 + y\,\omega_1) + \omega_3(\dot{x} - y\,\omega_3 + z\,\omega_2), \\ &\frac{d}{dt}(\dot{z} - x\,\omega_2 + y\,\omega_1) - \omega_2(\dot{x} - y\,\omega_3 + z\,\omega_2) + \omega_1(\dot{y} - z\,\omega_1 + x\,\omega_3). \end{aligned}$$

Findet die Bewegung in einer Ebene statt, die wir zur x-y-Ebene wählen, so haben wir nur zwei Koordinaten x, y und eine Komponente $\dot{\vartheta}$ der Winkelgeschwindigkeit. Dabei bedeutet ϑ den Winkel der bewegten

Achsen gegen ihre Lage zu einer bestimmten Zeit. Setzt man also in den obigen Ausdrücken z_1, ω_1 und ω_2 gleich Null, so erhält man für diesen Spezialfall die Geschwindigkeitskomponenten

$$\dot{x} - y\dot{\vartheta} \qquad \text{und} \qquad \dot{y} + x\dot{\vartheta}.$$

Die Komponenten der Beschleunigung sind

$$\ddot{x} - 2\dot{y}\dot{\vartheta} - y\ddot{\vartheta} - x\dot{\vartheta}^2 \qquad \text{und} \qquad \ddot{y} + 2\dot{x}\dot{\vartheta} + x\ddot{\vartheta} - y\dot{\vartheta}^2.$$

Aufgabe. Man zeige, daß es bei der Bewegung eines starren Körpers im allgemeinen in jedem Zeitpunkt einen *bestimmten* in *endlicher* Entfernung gelegenen Punkt gibt, der, wenn man ihn als mit dem Körper starr verbunden betrachtet, keine momentane Beschleunigung besitzt. „Im allgemeinen" heißt dabei, daß die Richtung der Schraubachse im Augenblick nicht stationär ist.

§ 18. Spezielle Komponentenzerlegung der Geschwindigkeit und Beschleunigung.

Die Ergebnisse des letzten Paragraphen setzen uns in den Stand, viel benutzte Formeln für die Komponenten der Geschwindigkeit und Beschleunigung eines bewegten Punktes nach verschiedenen ausgezeichneten Richtungen anzugeben.

1. Geschwindigkeit und Beschleunigung in Polarkoordinaten.

Die Lage eines Punktes sei durch Polarkoordinaten r, ϑ, φ bestimmt, die mit den Koordinaten X, Y, Z des Punktes in einem festen Achsensystem $OXYZ$ durch die Gleichungen verknüpft sind

$$X = r \sin\vartheta \cos\varphi,$$
$$Y = r \sin\vartheta \sin\varphi,$$
$$Z = r \cos\vartheta.$$

Gesucht sind die Komponenten der Geschwindigkeit und der Beschleunigung des Punktes in Richtung des Radiusvektors r, in der dazu senkrechten Richtung in der durch r und OZ bestimmten Ebene (man nennt sie gewöhnlich *Meridianebene*) und in der Richtung senkrecht zu der Meridianebene. Diese drei Richtungen werden häufig kurz als r-, ϑ-, φ-Richtung bezeichnet. Man wähle eine Gerade durch den Ursprung O parallel der ϑ-Richtung als bewegliche x-Achse, eine Gerade durch O parallel der φ-Richtung als y-Achse und eine Gerade durch O parallel der r-Richtung als z-Achse. Die drei Eulerschen Winkel, die die Lage des bewegten Systems $Oxyz$ gegen das feste System $OXYZ$ bestimmen, sind $\vartheta, \varphi, 0$. Also sind (§ 16) die Komponenten der Winkelgeschwindigkeit des Systems $Oxyz$ nach den Achsen Ox, Oy, Oz selbst

$$\omega_1 = -\dot{\varphi}\sin\vartheta, \qquad \omega_2 = \dot{\vartheta}, \qquad \omega_3 = \dot{\varphi}\cos\vartheta.$$

Der bewegte Punkt hat im bewegten System die Koordinaten $0, 0, r$. Folglich sind nach § 17 die Komponenten der Geschwindigkeit des Punktes nach den bewegten Achsen

$$r\dot{\vartheta}, \qquad r\dot{\varphi}\sin\vartheta, \qquad \dot{r},$$

und die Komponenten der Beschleunigung in der ϑ-, φ- und r-Richtung, wiederum nach § 17,

$$\frac{d}{dt}(r\dot\vartheta) - r\dot\varphi^2 \sin\vartheta\cos\vartheta + \dot r\dot\vartheta \qquad \text{oder} \qquad r\ddot\vartheta + 2\dot r\dot\vartheta - r\dot\varphi^2\sin\vartheta\cos\vartheta,$$

$$\frac{d}{dt}(r\dot\varphi\sin\vartheta) + \dot r\dot\varphi\sin\vartheta + r\dot\vartheta\dot\varphi\cos\vartheta \qquad \text{oder} \qquad \frac{1}{r\sin\vartheta}\frac{d}{dt}(r^2\sin^2\vartheta\,\dot\varphi),$$

und

$$\ddot r - r\dot\vartheta^2 - r\dot\varphi^2\sin^2\vartheta.$$

Bewegt sich der Punkt in einer Ebene, so können wir die z-Achse in diese Ebene legen und zum Ausgangsstrahl $\vartheta = 0$ eines Systems ebener Polarkoordinaten wählen, die mit den bisher benutzten Größen r und ϑ übereinstimmen. Die Größen r und ϑ werden dann gewöhnliche ebene Polarkoordinaten. Da $\dot\varphi$ verschwindet, sind die Komponenten der Geschwindigkeit und Beschleunigung in der r- und ϑ-Richtung

$$\dot r \quad \text{und} \quad r\dot\vartheta$$

und

$$\ddot r - r\dot\vartheta^2 \quad \text{und} \quad r\ddot\vartheta + 2\dot r\dot\vartheta.$$

2. Geschwindigkeit und Beschleunigung in Zylinderkoordinaten. Die Zylinderkoordinaten z, ϱ, φ eines Punktes sind mit seinen Koordinaten X, Y, Z in einem festen rechtwinkligen Achsensystem verknüpft durch die Gleichungen

$$X = \varrho\cos\varphi, \qquad Y = \varrho\sin\varphi, \qquad Z = z,$$

Gesucht sind die Komponenten der Geschwindigkeit und Beschleunigung des Punktes parallel zur z-Achse, in Richtung des Lotes aus dem Punkt auf die z-Achse und in der zu diesen beiden senkrechten Richtung. Man bezeichnet sie gewöhnlich kurz als z-, ϱ- und φ-Richtung. Die Koordinate φ heißt das *Azimut* des Punktes.

In diesem Falle legen wir die bewegten Achsen Ox, Oy, Oz durch den Nullpunkt parallel zur ϱ-, φ- bzw. z-Richtung. Die Komponenten der Winkelgeschwindigkeit des Systems $Oxyz$ in bezug auf die Achsen Ox, Oy, Oz selbst sind offenbar

$$\omega_1 = 0, \qquad \omega_2 = 0, \qquad \omega_3 = \dot\varphi.$$

Die Koordinaten des bewegten Punktes im bewegten System sind $\varrho, 0, z$. Nach § 17 ergibt sich für die Komponenten der Geschwindigkeit des Punktes in diesen Richtungen

$$\dot\varrho, \qquad \varrho\dot\varphi, \qquad \dot z,$$

für die Komponenten der Beschleunigung

$$\ddot\varrho - \varrho\dot\varphi^2, \qquad \varrho\ddot\varphi + 2\dot\varrho\dot\varphi, \qquad \ddot z.$$

3. Geschwindigkeit und Beschleunigung als Funktionen der natürlichen Koordinaten.

Wir benutzen die Formeln des § 17 ferner dazu, die Komponenten der Geschwindigkeit und Beschleunigung eines im Raume beliebig bewegten Punktes nach der Tangente, Haupt- und Binormalen seiner Bahnkurve zu bestimmen.

Wir betrachten zunächst den Fall der Bewegung eines Punktes in einer Ebene. Durch einen festen Punkt O legen wir als x- und y-Achse Parallele zu der Tangente und inneren Normalen der Bahnkurve des Punktes. Diese Achsen rotieren um O mit der Winkelgeschwindigkeit $\dot{\varphi}$, wenn φ der Winkel der Tangente an die Bahnkurve mit einer beliebigen festen Richtung in der Ebene ist. Bezeichnet v die Geschwindigkeit des Punktes, s das zur Zeit t durchlaufene Bogenstück, ϱ den Krümmungsradius der Bahnkurve, so haben wir

$$v = \frac{ds}{dt}, \qquad \varrho = \frac{ds}{d\varphi};$$

die Winkelgeschwindigkeit der Achsen läßt sich demnach in der Form $\frac{v}{\varrho}$ schreiben.

Da die Komponenten der Geschwindigkeit in Richtung der bewegten Achsen v, 0 sind, so folgt aus § 17, daß die Komponenten der Beschleunigung in Richtung der gleichen Achsen $\dot{v}$ und $\frac{v^2}{\varrho}$ sind. Wegen

$$\dot{v} = \frac{dv}{dt} = \frac{ds}{dt}\frac{dv}{ds} = v\frac{dv}{ds}$$

ergibt sich, daß die Beschleunigung des bewegten Punktes in Richtung der Tangente der Bahnkurve die Größe $v\frac{dv}{ds}$, in Richtung der inneren Normalen die Größe $\frac{v^2}{\varrho}$ hat.

Nun ist die Geschwindigkeit eines bewegten Punktes bekannt, wenn man zwei aufeinander folgende Lagen des Punktes kennt; die Beschleunigung ist daher durch drei aufeinander folgende Lagen bestimmt. Wenn nun auch die Bahnkurve des Punktes nicht mehr eben ist, so kann man sie doch zur Bestimmung der Beschleunigung in jedem Augenblick als in ihrer Schmiegungsebene gelegen auffassen, da diese Ebene ja drei benachbarte Bahnpunkte enthält. Deshalb sind die Komponenten der Beschleunigung des Punktes in Richtung der Tangente, Haupt- und Binormalen

$$v\frac{dv}{ds}, \quad \frac{v^2}{\varrho}, \quad 0.$$

4. Die Beschleunigung in Richtung des Radiusvektors und der Tangente.

Für die Beschleunigung eines Punktes mit ebener Bahnkurve läßt sich noch eine andere Komponentenzerlegung angeben[1]). Sei r der Radiusvektor von einem fest gewählten Koordinatenursprung der Ebene nach dem bewegten Punkt, p das Lot aus dem Ursprung auf die Tangente der Bahnkurve, s das zur Zeit t durchlaufene Bogenstück der Bahn, ϱ der Krümmungsradius der Kurve in dem Punkt, v oder $\dot{s}$ die Geschwindigkeit des Punktes zur Zeit t, h das Produkt $p\,v$. *Dann kann die Beschleunigung des Punktes in eine Komponente* $\frac{h^2 r}{p^3 \varrho}$ *in Richtung des Radiusvektors zum Ursprung und eine Komponente* $\frac{h}{p^2}\frac{dh}{ds}$ *in Richtung der Tangente zerlegt werden.*

Denn die Beschleunigung kann in Komponenten $v\frac{dv}{ds}$ in Richtung der Tangente und $\frac{v^2}{\varrho}$ in Richtung der Normalen zerlegt werden. Nun läßt sich ein Vektor F, der in Richtung des Radiusvektors nach außen weist, zusammensetzen aus den Vektoren $-F\frac{p}{r}$ in Richtung der inneren Normalen und $F\frac{dr}{ds}$ in Richtung der Tangente. Der in Richtung der inneren Normalen weisende Vektor $\frac{v^2}{\varrho}$ hat daher in Richtung des Radiusvektors nach innen die Komponente $\frac{r v^2}{\varrho p}$, in Richtung der Tangente die Komponente $\frac{r v^2}{\varrho p}\frac{dr}{ds}$. Die Beschleunigung hat mithin die Komponenten

$$v\frac{dv}{ds} + \frac{r v^2}{\varrho p}\frac{dr}{ds}$$

in Richtung der Tangente und

$$\frac{r v^2}{\varrho p}$$

in Richtung des Radiusvektors nach innen.

Die letztere Komponente ist $\frac{h^2 r}{p^3 \varrho}$, und die erstere läßt sich in der Form darstellen

$$\frac{1}{2}\frac{dv^2}{ds} + \frac{v^2}{p}\frac{dp}{ds} \quad \text{oder} \quad \frac{1}{2p^2}\frac{d(v^2 p^2)}{ds} \quad \text{oder} \quad \frac{h}{p^2}\frac{dh}{ds}.$$

Damit ist Siaccis Ergebnis bestätigt.

Aufgabe 1. *Man bestimme die Komponenten der Beschleunigung eines Punktes, der sich auf der Ringfläche*

$$x = (c + a\sin\vartheta)\cos\varphi, \quad y = (c + a\sin\vartheta)\sin\varphi, \quad z = a\cos\vartheta$$

bewegt, in Richtung der Meridiankurve, der Normalen und des Breitenkreises.

---

[1]) Sie stammt von Siacci: *Atti della R. Acc. di Torino* Bd. 14, S. 750.

P habe die Koordinaten ϑ, φ; O sei der Mittelpunkt der Ringfläche, C der Mittelpunkt des Meridianschnittes, auf dem P liegt. Die Polarkoordinaten von C in bezug auf O sind c, φ, und die Polarkoordinaten von P in bezug auf C sind a, ϑ, φ. Also sind die Komponenten der Beschleunigung von C gegen O

$c\ddot{\varphi}$ in Richtung des Breitenkreises

und

$-c\dot{\varphi}^2$ in Richtung von OC nach außen, d. h.

$-c\dot{\varphi}^2 \sin\vartheta$ in Richtung der Normalen

und

$-c\dot{\varphi}^2 \cos\vartheta$ in Richtung des Meridians.

Die Komponenten der Beschleunigung von P gegen C sind

$a\ddot{\vartheta} - a\dot{\varphi}^2 \sin\vartheta\cos\vartheta$ in Richtung des Meridians,

$\frac{a}{\sin\vartheta}\frac{d}{dt}(\sin^2\vartheta\cdot\dot{\varphi})$ in Richtung des Breitenkreises,

$-a\dot{\vartheta}^2 - a\dot{\varphi}^2\sin^2\vartheta$ in Richtung der Normalen.

Daraus bestimmen sich endlich die Komponenten der Beschleunigung von P im Raum:

$a\ddot{\vartheta} - (c + a\sin\vartheta)\dot{\varphi}^2\cos\vartheta$ in Richtung des Meridians,

$-a\dot{\vartheta}^2 - a\dot{\varphi}^2\sin^2\vartheta - c\dot{\varphi}^2\sin\vartheta$ in Richtung der Normalen,

$c\ddot{\varphi} + \frac{a}{\sin\vartheta}\frac{d}{dt}(\sin^2\vartheta\cdot\dot{\varphi})$ in Richtung des Breitenkreises.

Aufgabe 2. *Die Tangential- und Normalkomponente der Beschleunigung eines in einer Ebene beweglichen Punktes seien konstant. Man beweise, daß die Bahnkurve des Punktes eine logarithmische Spirale ist.*

Die Voraussetzungen besagen:

$v\frac{dv}{ds} = a$, wo a konstant ist,

also $v^2 = as$

und $\frac{v^2}{\varrho} = c$, wo c konstant ist,

also $s = C\varrho$, wo C konstant ist,

oder $s = C\frac{ds}{d\varphi}$, wo φ den Winkel der Tangente mit einer festen Richtung bedeutet.

Durch Integration dieser Gleichung folgt

$$s = A\,e^{B\varphi},$$

wo A und B konstant sind. Dies ist die natürliche Gleichung der logarithmischen Spirale.

Aufgabe 3. *Die Beschleunigung eines Punktes zu bestimmen, der sich auf einer logarithmischen Spirale mit konstanter Winkelgeschwindigkeit um den Pol bewegt.*

Nach dem Satze von Siacci sind die Komponenten der Beschleunigung $\frac{h^2 r}{p^3\varrho}$ in Richtung des Radiusvektors und $\frac{h}{p^2}\frac{dh}{ds}$ in Richtung der Tangente. Ist aber ω die konstante Winkelgeschwindigkeit, so wird $h = \omega r^2$. Also sind die Komponenten der Beschleunigung:

$$\frac{\omega^2 r^5}{p^3\varrho} \quad \text{und} \quad \frac{2\omega^2 r^3}{p^2}\frac{dr}{ds}.$$

Da $\frac{r}{p}$, $\frac{r}{\varrho}$ und $\frac{dr}{ds}$ auf der Spirale konstant sind, sind beide Beschleunigungskomponenten dem Radiusvektor direkt proportional.

Übungsaufgaben.

1. Die momentane Rotationsachse eines um einen festen Punkt beweglichen Körpers sei in dem Körper fest. Man zeige, daß sie dann auch im Raume fest ist, daß also die Bewegung eine Drehung um eine feste Achse ist.

2. Ein Punkt sei auf rechtwinklige Achsen Ox, Oy bezogen, die um den Ursprung mit der Winkelgeschwindigkeit ω rotieren.

Er habe gegen den Punkt $x = a$, $y = 0$ eine Beschleunigung vom Betrage $n^2\omega^2$ mal Abstand. Man zeige, daß die Bahnkurve alsdann folgendermaßen konstruiert werden kann:

1. Man nimmt einen Punkt $x = n^2 a/(n-1)$, $y = 0$;
2. eine gleichförmige Kreisbewegung mit der Winkelgeschwindigkeit $(n-1)\omega$ um diesen Punkt;
3. eine gleichmäßige Kreisbewegung mit der Winkelgeschwindigkeit $(n+1)\omega$ in entgegengesetztem Sinn um die letztere.

3. Die Geschwindigkeit eines Punktes in einer Ebene ist die Resultierende einer Geschwindigkeit v in Richtung des Radiusvektors nach einem festen Punkt und einer Geschwindigkeit v' parallel zu einer festen Richtung. Man beweise, daß

$$\frac{dv}{dt} + \frac{v v'}{r}\cos\vartheta \quad \text{und} \quad \frac{dv'}{dt} + \frac{v v'}{r}$$

die zugehörigen Beschleunigungen sind, wo ϑ der Winkel des Radiusvektors mit der festen Richtung ist.

4. Ein in einer Ebene beweglicher Punkt sei bezogen auf schiefwinklige Koordinatenachsen, die mit einer festen Richtung in der Ebene die Winkel α, β bilden, wo α, β gegebene Funktionen der Zeit sind. Man zeige, daß

$$\dot{x} - x\dot{\alpha}\operatorname{ctg}(\beta-\alpha) - \frac{y\dot{\beta}}{\sin(\beta-\alpha)} \quad \text{und} \quad \dot{y} + y\dot{\beta}\operatorname{ctg}(\beta-\alpha) + \frac{x\dot{\alpha}}{\sin(\beta-\alpha)}$$

die Komponenten der Geschwindigkeit des Punktes sind und berechne die Komponenten der Beschleunigung.

5. Ein Punkt bewegt sich in einer Ebene. ϑ sei der Logarithmus des Quotienten seiner Abstände von zwei festen Punkten der Ebene, φ der von ihnen eingeschlossene Winkel, $2k$ der Abstand der beiden festen Punkte. Man zeige, daß

$$\frac{k\sqrt{\dot{\vartheta}^2 + \dot{\varphi}^2}}{\operatorname{Cof}\vartheta - \cos\varphi}$$

die Geschwindigkeit des Punktes ist.

6. Ein Punkt durchlaufe zweimal dieselbe Bahnkurve, und das Produkt der Geschwindigkeiten in entsprechenden Stellen der beiden Durchlaufungen sei konstant. Man zeige, daß die Beschleunigungen sich wie die Quadrate der Geschwindigkeiten verhalten und daß sie gleich große aber entgegengesetzt gerichtete Winkel mit der Normalen der Bahnkurve bilden. (J. v. Vieth.)

7. Ein Punkt bewege sich auf einer Parabel vom Parameter $4a$. Im Abstand r vom Brennpunkt hat er die Geschwindigkeit v. Man zeige, daß sich seine Beschleunigung zusammensetzt aus Beschleunigungen R und N in Richtung des Radiusvektors und der Normalen, wo

$$R = v\frac{dv}{dr}, \qquad N = \frac{a^{\frac{1}{2}}}{2r^{\frac{1}{2}}}\frac{d}{dr}(v^2 r).$$

8. Die Achsen x und y rotieren mit den Winkelgeschwindigkeiten ω_1 bzw. ω_2 und schließen den Winkel ψ ein. Man zeige, daß der Punkt (x, y) die Komponenten der Beschleunigung

$$\ddot{x} - x\,\omega_1^2 - (x\,\dot{\omega}_1 + 2\,\dot{x}\,\omega_1)\operatorname{ctg}\psi - (y\,\dot{\omega}_2 + 2\,\dot{y}\,\omega_2)\frac{1}{\sin\psi},$$

$$\ddot{y} - y\,\omega_2^2 - (x\,\dot{\omega}_1 + 2\,\dot{x}\,\omega_1)\frac{1}{\sin\psi} + (y\,\dot{\omega}_2 + 2\,\dot{y}\,\omega_2)\operatorname{ctg}\psi$$

in Richtung der Achsen besitzt.

9. Die Geschwindigkeit eines Punktes setze sich zusammen aus Komponenten u, v in Richtungen, die mit einer festen Geraden die bezüglichen Winkel ϑ, φ bilden. Man beweise, daß die Komponenten f, f' der Beschleunigung des Punktes in diesen Richtungen gegeben sind durch

$$f = \dot{u} - u\,\dot{\vartheta}\operatorname{ctg}\chi - \frac{v\,\dot{\varphi}}{\sin\chi},$$

$$f' = \dot{v} + \frac{u\,\dot{\vartheta}}{\sin\chi} + v\,\dot{\varphi}\operatorname{ctg}\chi,$$

wo χ der Winkel der beiden Bezugsrichtungen ist. Haben die Verbindungslinien des bewegten Punktes mit zwei festen Punkten die Längen r, s und die Neigungen ϑ, φ gegen die Verbindungsgerade der beiden festen Punkte, so bestimme man die Beschleunigung des Punktes als Funktion von ω, ω', den Ableitungen von ϑ, φ.

10. A, B, C seien drei feste Punkte, u, v, w die Geschwindigkeitskomponenten eines Punktes P in bezug auf die Richtungen PA, PB, PC. Man leite für die Beschleunigungen in den nämlichen Richtungen den Ausdruck

$$\dot{u} + u\,v\left(\frac{1}{PB} - \frac{\cos APB}{PA}\right) + u\,w\left(\frac{1}{PC} - \frac{\cos APC}{PA}\right)$$

und zwei entsprechende ab.

11. Die Bewegung eines ebenen Flächenstückes ist gegeben durch die Winkelgeschwindigkeit ω und die Geschwindigkeitskomponenten u, v des Ursprungs in Richtung der Achsen Ox, Oy auf dem Flächenstück. Zu bestimmen sind die Geschwindigkeitskomponenten eines beliebigen Punktes (x, y) des Flächenstückes. Man zeige, daß die Gleichungen

$$\frac{d}{dt}\operatorname{arctg}\left(\frac{u - y\,\omega}{v + x\,\omega}\right) = \pm\,\omega$$

zwei Kreise auf dem Flächenstück darstellen. Der eine ist der geometrische Ort derjenigen Punkte, die auf Rückkehrpunkten ihrer Bahnen in der Ebene angekommen sind; der andere ist der geometrische Ort der Krümmungsmittelpunkte der in der Ebene gelegenen Hüllkurven aller Geraden des Flächenstückes.

12. Ein Punkt beschreibt eine Raumkurve. Man zeige, daß seine Beschleunigung in zwei Komponenten zerlegt werden kann: eine in Richtung des Radiusvektors aus der Projektion eines festen Punktes auf die Schmiegungsebene, eine in Richtung der Tangente. Ihr Wert ist

$$\frac{r}{p^3}\,\frac{T^2}{\varrho} \qquad \text{und} \qquad \frac{T}{p^2}\,\frac{dT}{ds} + \frac{T^2}{p^4}\,q\,\frac{dq}{ds}.$$

Darin ist ϱ der Krümmungsradius, q der Abstand des festen Punktes von seiner Projektion auf die Schmiegungsebene; r und p sind die Abstände dieser Projektion von dem bewegten Punkt und der Tangente, T ist eine willkürliche Funktion (das Produkt aus p und der Geschwindigkeit) und s der Bogen. (Siacci).

13. Ein Kreis, eine Gerade und ein Punkt liegen in einer Ebene. Die Lage des Punktes ist bestimmt durch die Länge t der von ihm an den Kreis gezogenen Tangente und die Länge p des aus ihm auf die Gerade gefällten Lotes. Seine Ge-

schwindigkeit habe die Komponenten u, v in den durch die beiden Strecken t, p bestimmten Richtungen, die miteinander den Winkel ϑ einschließen mögen. Man zeige, daß

$$\dot{u} - uv\cos\vartheta/t \quad \text{und} \quad \dot{v} + uv/t$$

die Komponenten der Beschleunigung in den Richtungen t, p sind.

14. Ein Punkt durchläuft einen Kreisbogen. r, r' seien die Abstände des Punktes P von den Endpunkten A, B einer festen Sehne. Man zeige, daß P in den Richtungen AP, BP die Beschleunigungen

$$\frac{dv}{dt} + \frac{vv'}{rr'}(r - r\cos\alpha) \quad \text{und} \quad \frac{dv'}{dt} + \frac{vv'}{rr'}(r' - r\cos\alpha)$$

hat, wenn man mit v, v' die Geschwindigkeiten in den Richtungen r, r' und mit α den Winkel APB bezeichnet.

Ein Punkt beschreibt einen Halbkreis unter der Wirkung von Beschleunigungen, die ständig auf die Endpunkte eines Durchmessers hin gerichtet und in jedem Punkt den Abständen r, r' von den Endpunkten des Durchmessers umgekehrt proportional sind. Man zeige, daß die Beschleunigungen den Wert

$$\frac{4a^4V^2}{r^3r'^2} \quad \text{und} \quad \frac{4a^4V^2}{r^2r'^3}$$

haben, wo a den Radius des Kreises und V die Geschwindigkeit des Punktes in Richtung des Durchmessers bedeutet.

15. Die Bewegung eines starren Körpers in zwei Dimensionen ist definiert durch die Geschwindigkeit u, v eines beliebigen Punktes C des Körpers und seine Winkelgeschwindigkeit ω. Man bestimme die Koordinaten eines Punktes I gegen C, der die Geschwindigkeit 0 hat, und zeige, daß sich jeder andere Punkt P senkrecht zu PI bewegt.

Man bestimme ferner die Koordinaten eines Punktes I von verschwindender Beschleunigung und stelle die Beschleunigung von P als Funktion seiner Koordinaten in bezug auf den Punkt I dar.

16. Ein Punkt auf einer Ebene bewegt sich mit konstanter Geschwindigkeit V gegen die Ebene, die sich gleichzeitig um eine zu ihr senkrechte Gerade mit der Winkelgeschwindigkeit ω dreht. Man zeige, daß die Bahn des Punktes gegeben ist durch die Gleichung

$$\frac{V\vartheta}{\omega} = \sqrt{r^2 - a^2} + \frac{V}{\omega}\arccos\frac{a}{r},$$

wo r und ϑ in bezug auf feste Achsen gemessen sind und a der kürzeste Abstand des Punktes von der Rotationsachse ist.

17. Die Beschleunigung eines bewegten Punktes Q sei in jedem Augenblick durch ωa dargestellt, wo ω ein fester Punkt ist und a sich gleichförmig auf einem Kreis mit dem Mittelpunkt ω bewegt. Man beweise, daß in jedem Augenblick die Geschwindigkeit von Q durch Op dargestellt wird, wo O ein fester Punkt ist und p sich gleichförmig auf einem Kreis bewegt. Man bestimme die Bahnkurve von Q. (Camb. Math. Tripos, Part I, 1902).

18. Ein Punkt bewegt sich auf der Durchdringungskurve des Ellipsoids $\frac{x^2}{a^2} + \frac{y^2}{b^2} + \frac{z^2}{c^2} = 1$ und des einschaligen Hyperboloids $\frac{x^2}{a^2 - \lambda} + \frac{y^2}{b^2 - \lambda} + \frac{z^2}{c^2 - \lambda} = 1$, und seine Geschwindigkeit in dem Punkt, wo die Bahnkurve das zweischalige Hyperboloid $\frac{x^2}{a^2 - \mu} + \frac{y^2}{b^2 - \mu} + \frac{z^2}{c^2 - \mu} = 1$ trifft, ist

$$h\left\{\frac{\mu(\mu - \lambda)}{(a^2 - \mu)(b^2 - \mu)(c^2 - \mu)}\right\}^{\frac{1}{2}},$$

wo h konstant ist. Man bestimme die Beschleunigungskomponente des Punktes in Richtung der Flächennormalen des Ellipsoids zu

$$\frac{h^2 a b c (\mu - \lambda)}{(a^2 - \mu)(b^2 - \mu)(c^2 - \mu)\sqrt{\lambda \mu}}.$$

19. Ein starrer Körper rollt, ohne zu gleiten, auf einer Ebene. Seine Winkelgeschwindigkeit hat in jedem Augenblick die Komponenten ω_1, ω_2 in Richtung der Tangenten an die Krümmungslinien im Berührungspunkt des Körpers, ω_3 in Richtung der Normalen seiner Oberfläche. Man zeige, daß der berührende Punkt des Körpers die Beschleunigungskomponenten

$$-R_2 \omega_1 \omega_3, \qquad -R_1 \omega_2 \omega_3, \qquad R_1 \omega_2^2 + R_2 \omega_1^2$$

besitzt, wo R_1, R_2 die Hauptkrümmungsradien der Oberfläche des Körpers im Berührungspunkt sind.

Zweites Kapitel.

Die Bewegungsgleichungen.

§ 19. Die Begriffe der Ruhe und Bewegung.

In dem vorhergehenden Kapitel haben wir häufig von „ruhenden" und „bewegten" Systemen gesprochen. Solange es sich um rein kinematische Betrachtungen handelte, war es nicht notwendig, auf den letzten Sinn dieser Worte einzugehen. Wir verstanden unter der „Bewegung" eines Systems nichts weiter als eine Änderung seiner ursprünglichen Konfiguration in bezug auf ein anderes als „ruhend" bezeichnetes System, ohne uns Rechenschaft darüber abzulegen, was absolute „Ruhe" bedeutet.

Gehen wir aber dazu über, die Bewegung der Körper als Folge bestimmter Ursachen zu betrachten, so dürfen wir diese Frage nicht länger unbeachtet lassen.

In der Umgangssprache gebraucht man das Wort „ruhend" von irdischen Dingen gewöhnlich, um zum Ausdruck zu bringen, daß sie eine unveränderliche Lage in bezug auf die Erdoberfläche an der betreffenden Stelle einnehmen. Aber die Erde dreht sich um ihre Achse und läuft gleichzeitig um die Sonne, während die Sonne ihrerseits mitsamt allen Planeten sich mit großer Geschwindigkeit in einer nicht sehr genau bekannten Richtung im Raume fortbewegt. Deshalb scheint jeder Versuch, irgend etwas tatsächlich „Ruhendes" zu finden, aussichtslos zu sein.

Im neunzehnten Jahrhundert hielt man den Äther im Raum, den Träger des Lichtes und der elektrischen und magnetischen Erscheinungen, abgesehen von kleinen Schwingungen, für ruhend. Damit hatte man eine Basis für absolute Ruhe. Dieser Auffassung wurde jedoch durch das moderne *Relativitätsprinzip*[1]) die Grundlage entzogen. Dieses besagt nämlich, daß es selbst im Bereich der elektromagnetischen Erscheinungen unmöglich ist, absolute Ruhe von einer allen Teilen des Systems eigenen gleichförmigen Translationsbewegung zu unterscheiden.

Demgemäß setzen wir auch in der Dynamik, wenn wir von der Bewegung der Körper sprechen, immer die Existenz eines Koordinaten-

---

[1]) Vgl. Whittaker: *History of the Theories of Aether and Electricity*, Kap. 12. London 1910; oder Conway: *Relativity*. London 1915.

systems voraus, in bezug auf welches die Bewegung betrachtet wird. Es ist üblich, dies *Bezugssystem* als „ruhend" zu bezeichnen, ohne damit absolute Ruhe behaupten zu wollen. Betrachten wir die Bewegungen irdischer Körper an einer Stelle der Erdoberfläche, so nehmen wir das Bezugssystem als ruhend gegen die Erde an. Es zeigt sich, daß alsdann die im folgenden anzugebenden Gesetze die Beobachtungstatsachen mit einem genügenden Grad von Genauigkeit erklären. Mit andern Worten: die durch die Bewegung der Erde verursachte Störung ist so gering, daß man sie bei der Bewegung irdischer Körper in den meisten Fällen vernachlässigen darf.

Weiter müssen wir uns über den Sinn klar werden, der dem Wort „Zeit" beizulegen ist. In dem vorhergehenden Kapitel bezeichnete es nur einen Parameter, von dem die Konfiguration des betrachteten Systems stetig abhing. Das Relativitätsprinzip enthüllt die großen Schwierigkeiten, mit denen jeder Versuch einer Erklärung des Zeitbegriffs behaftet ist. Insbesondere ist es durchaus nicht leicht, die *Gleichzeitigkeit* zu definieren, also zu erklären, was man unter der Aussage versteht, daß zwei Ereignisse an verschiedenen Stellen des Raumes „gleichzeitig" stattfinden. Jedoch können wir die folgende Methode der Zeitmessung angeben, die mit den gebräuchlichen Instrumenten ausführbar ist und unsern gegenwärtigen Zwecken genügt: Wir nehmen an, daß das Zeitintervall zwischen zwei Ereignissen gemessen wird durch den Winkel, den die Erde bei ihrer Achsendrehung zwischen dem Eintritt der beiden Ereignisse durchläuft. Dabei wird der Winkel gegen die Fixsterne gemessen, deren kleine Eigenbewegungen bei dieser Beobachtung vernachlässigt werden können. Diese Winkelmessung kann in die übliche Messung in mittleren Sonnenstunden, -minuten und -sekunden umgerechnet werden, wenn man den Winkel von $360°$ der Zeitdauer von $\frac{24 \cdot 365\frac{1}{4}}{366\frac{1}{4}}$ Stunden gleichsetzt.

§ 20. Die Gesetze der Bewegung[1]).

Als einfachsten Fall der Bewegung irdischer Körper mit der Erde *als Bezugssystem betrachten wir die Bewegung eines freien Massenpunktes* im Vakuum, d. h. eines sehr kleinen materiellen Körpers, der sich vollkommen unabhängig von seiner Umgebung bewegt. Man beobachtet die zu verschiedenen Anfangsbedingungen der Bewegung gehörenden Bahnen des Massenpunktes und berechnet daraus, nach den Methoden des vorangehenden Kapitels, die Beschleunigung in beliebigen Punkten der Bahnen. Dabei ergibt sich, daß die Beschleunigung für alle Bahnen

[1]) Die Bewegungsgesetze wurden von Newton gefunden. *Philosophiae naturalis principia mathematica.* London 1687, S. 12. (Im folgenden zitiert als *Principia.*)

konstante Größe und Richtung — senkrecht abwärts — besitzt. Diese Beschleunigung heißt *Schwere* oder *Gravitation* und wird allgemein mit g bezeichnet. Ihre Größe beträgt in unseren Breiten ungefähr $981 \frac{\text{cm}}{\text{sec}^2}$.

Auf Grund dieser Erfahrungstatsache können wir die Bahn eines beliebigen freien irdischen Massenpunktes im Vakuum berechnen, sobald die Anfangsbedingungen bekannt sind. Die Rechnung führen wir an dieser Stelle nicht aus, da sie in ein späteres Kapitel gehört.

Der nächst einfache Fall einer Bewegung ist der zweier Massenpunkte, die durch einen gewichtslosen undehnbaren Faden verbunden sind und sich im Vakuum an der Erdoberfläche bewegen können. Solange der Faden ungespannt ist, bewegt sich jeder der beiden Massenpunkte mit der Schwerebeschleunigung, als ob der andere nicht vorhanden wäre. Sobald der Faden aber gespannt ist, beeinflussen sie ihre Bewegung gegenseitig. Wir können, wie zuvor, die Bahn eines der beiden beobachten und daraus die Beschleunigung berechnen, die seine Bewegung in jedem Augenblick erfährt. Daraus ergibt sich das Erfahrungsgesetz: *Die Beschleunigung läßt sich in jedem Augenblick als Resultante zweier Vektoren darstellen, von denen einer die Beschleunigung g ist und der andere in die momentane Richtung des Fadens fällt.*

Die Wirkung des einen Massenpunktes auf die Bewegung des anderen äußert sich also darin, daß der Schwerebeschleunigung eine andere Beschleunigung überlagert wird, die in Richtung der Verbindungslinie der beiden Punkte wirkt und sich mit der Schwere vektoriell zusammensetzt. Aus den beobachteten Bahnen der mit A und B bezeichneten Punkte können wir die Größe der momentanen Beschleunigung f_1 bzw. f_2 berechnen, die A durch B bzw. B durch A erfährt. Diese Rechnung ergibt, daß das *Verhältnis* $f_1 : f_2$ *während der Bewegung konstant* ist. Untersuchen wir Bewegungen mit verschiedenen Anfangsgeschwindigkeiten, bei verschiedenen Temperaturen u. dgl., so kommen wir zu dem Ergebnis, daß *dieses Verhältnis eine den Körpern A, B eigentümliche physikalische Konstante ist*[1]).

Aus der Beobachtung komplizierterer Systeme ergibt sich, daß diese experimentell gewonnenen Gesetze sich so verallgemeinern lassen, daß sie eine ausreichende Grundlage sowohl für die irdische als auch für die kosmische Dynamik bilden. Das verallgemeinerte Erfahrungsgesetz läßt sich so aussprechen: *Bei der Bewegung eines Systems untereinander verbundener Massenpunkte setzt sich die Beschleunigung eines einzelnen Massenpunktes zusammen aus derjenigen, die der Punkt bei völlig freier Bewegung haben würde, und aus Beschleunigungen in Richtung der Ver-*

---

[1]) Dieses Verhältnis ist tatsächlich der Quotient der Gewichte von B und A. Das Verhältnis der an der gleichen Stelle der Erdoberfläche beobachteten Gewichte zweier irdischer Körper ist eine wohldefinierte Größe und variiert nicht mit dem Beobachtungsort.

bindungslinien mit den übrigen Massenpunkten, die seine Bewegung beeinflussen. Überdies kann man den Punkten A, B, C . . . Zahlen m_A, m_B, m_C . . . *zuordnen derart, daß die Beschleunigung in der Richtung AB, die von der Einwirkung von B auf A herrührt, zu der Beschleunigung in der Richtung BA, die von der Einwirkung von A auf B herrührt, im Verhältnis* $m_B : m_A$ *steht. Die Quotienten der Zahlen* m_A, m_B . . . *sind physikalische Konstanten der Massenpunkte.*

Die durchgängige Übereinstimmung der Beobachtungsresultate mit den auf dieses Gesetz gegründeten Rechnungen der Dynamik ist als Beweis für seine Gültigkeit anzusehen.

Man beachte, daß durch das Gesetz nur die *Quotienten* der Zahlen $m_A, m_B \ldots$ bestimmt sind. Man legt nun einem bestimmten Punkt A die *Einheit der Masse* bei und bezeichnet dann die Quotienten m_B/m_A, $m_C/m_A, \ldots$ als die *Massen* der Punkte $B, C, \ldots$

Es ergibt sich, daß die Masse eines aus zwei oder mehr materiellen Punkten zusammengesetzten Massenpunktes die Summe der Massen der einzelnen Punkte ist. Infolge dieser additiven Eigenschaft der Masse kann man von der Masse eines endlich ausgedehnten Körpers beliebiger Größe und Gestalt sprechen. Nach Übereinkunft wählt man als Masseneinheit die Masse des tausendsten Teiles eines gewissen Platinstücks, des *Urkilogramms.* Diese Einheit heißt ein *Gramm,* und die Zahl, die das Verhältnis der Masse eines beliebigen Körpers zu dieser Masseneinheit angibt, ist die *in Gramm ausgedrückte Masse des Körpers.*

§ 21. Kraft.

Wir haben gesehen, daß die gegenseitige Einwirkung zweier Massenpunkte A und B sich immer in der Entstehung einer Beschleunigung f_A von A und einer Beschleunigung f_B von B äußert, und daß diese Beschleunigungen den Massen m_A bzw. m_B umgekehrt proportionale Vektoren in Richtung AB bzw. BA sind. Die Vektorgröße $m_A f_A$ ist daher gleich der Vektorgröße $m_B f_B$, hat aber entgegengesetzte Richtung. $m_A f_A$ heißt die von dem Massenpunkt B auf den Massenpunkt A ausgeübte *Kraft,* $m_B f_B$ die von dem Massenpunkt A auf den Massenpunkt B ausgeübte Kraft.

Mit Hilfe dieser Ausdrucksweise können wir das Gesetz der gegenseitigen Einwirkung in einem System verbundener Massenpunkte so aussprechen: *Die gegenseitigen Kräfte eines jeden Paares verbundener Massenpunkte aufeinander sind gleich und entgegengesetzt.* Man bezeichnet es als das *Gesetz von Aktion und Reaktion.*

Setzt man die Kräfte, die auf einen Massenpunkt A infolge seiner Verbindung mit anderen Massenpunkten wirken, vektoriell zusammen, so ergibt die resultierende Kraft den Gesamteinfluß der übrigen Punkte auf A. Durch m_A geteilt ist sie gleich der Beschleunigung, die A durch die andern Punkte erfährt; die Resultierende dieser Beschleunigung und derjenigen, die A in völlig freiem Zustand haben würde (z. B. infolge der Schwere), stellt die wirkliche Beschleunigung des Massenpunktes A dar.

Allgemein gilt das Folgende: Erfährt ein Punkt der Masse m infolge irgendwelcher Ursachen eine durch einen Vektor f dargestellte Beschleunigung, so heißt der Vektor mf die infolge jener Ursache auf den Massenpunkt wirkende *Kraft*[1]). Die Resultierende aller infolge beliebiger Ursachen wirkenden Kräfte heißt die auf den Punkt wirkende *Gesamtkraft*. Sind also in einem beliebigen Augenblick X, Y, Z die Komponenten der gesamten auf den Punkt wirkenden Kraft nach festen rechtwinkligen Achsen, $\ddot{x}, \ddot{y}, \ddot{z}$ die Komponenten der Beschleunigung, mit der die Bahn beschrieben wird, so bestehen die Gleichungen

$$m\ddot{x} = X, \qquad m\ddot{y} = Y, \qquad m\ddot{z} = Z.$$

Wir führen hier noch zwei andere häufig benutzte Begriffe ein.

Unter dem *Moment* einer Kraft um eine Gerade L versteht man das Folgende: Die vom Angriffspunkt der Kraft ausgehende Strecke K, deren Richtung und Länge die Richtung und Größe der Kraft darstellt, wird senkrecht auf eine Ebene senkrecht zu L projiziert. Das Produkt der Länge der Projektion in den Abstand der Geraden L von der K enthaltenden Geraden heißt das *Moment* der Kraft um die Gerade L.

Sind die Komponenten X, Y, Z der Kraft auf einen einzelnen freien Massenpunkt x, y, z gegebene Funktionen der Koordinaten des Punktes, so definieren sie ein *Kraftfeld*.

§ 22. Arbeit.

Wir betrachten nun ein System von Massenpunkten, dessen Bewegung entweder vollkommen frei oder gewissen Beschränkungen unterworfen ist. Diese Beschränkungen rühren entweder von einem gegebenen Zusammenhang der Massenpunkte untereinander her oder von Bindungen, die durch nicht zu dem System gehörende Massenpunkte verursacht werden. Ein Punkt der Masse m habe bei einer bestimmten Konfiguration des Systems die rechtwinkligen Koordinaten x, y, z. X, Y, Z seien die Komponenten der dabei auf ihn wirkenden Gesamtkraft. $x + \delta x$, $y + \delta y$, $z + \delta z$ seien die Koordinaten eines dem Punkt x, y, z benachbarten Punktes, in den der Massenpunkt m ohne Verletzung der dem System auferlegten Bedingungen verschoben werden kann. (Ist m z. B. gezwungen, sich auf einer gegebenen Fläche zu bewegen, so müssen beide Punkte auf der Fläche liegen.) Dann heißt

$$X\delta x + Y\delta y + Z\delta z$$

---

[1]) Die Kraft ist die *vis motrix* in Newton: *Principia* I. def. 8.

die *Arbeit*[1]), die an dem Punkt m von den darauf wirkenden Kräften während der infinitesimalen Verschiebung aus der Lage (x, y, z) in die Lage $(x + \delta x, y + \delta y, z + \delta z)$ geleistet wird.

Offenbar kann man diesen Ausdruck physikalisch deuten als das Produkt der Strecke, um die der Punkt verschoben ist, und der Komponente der Kraft (X, Y, Z) in dieser Richtung.

Da Kräfte sich vektoriell zusammensetzen, ist die Summe der Komponenten beliebig vieler in einem Punkt angreifender Kräfte in einer bestimmten Richtung gleich der Komponente ihrer Resultierenden in dieser Richtung. *Daher ist die Arbeit einer Kraft an einem Punkt bei einer gegebenen Verrückung gleich der Summe der Arbeitsmengen, die bei der gleichen Verrückung von Kräften geleistet werden, in die die gegebene Kraft zerlegt werden kann.*

Der Massenpunkt m werde im Verlauf einer Bewegung des Systems aus einer beliebig gewählten *Anfangslage* in eine in endlichem Abstand befindliche *Endlage* übergeführt. Als die während der endlichen Verrückung an dem Punkt von den auf ihn wirkenden Kräften geleistete Arbeit definieren wir die Summe der Arbeitsmengen, die bei den sukzessiven infinitesimalen Verrückungen geleistet werden, aus denen die endliche Bewegung zusammengesetzt gedacht werden kann. Diese Arbeit wird also dargestellt durch das Integral

$$\int \left(X \frac{dx}{ds} + Y \frac{dy}{ds} + Z \frac{dz}{ds} \right) ds,$$

wo die Integration zwischen der Anfangs- und Endlage über den Bogen s der von dem Massenpunkt beschriebenen Bahn zu erstrecken ist.

Diese Definitionen können nun auf das gesamte Punktsystem ausgedehnt werden. Aus einer beliebigen Anfangskonfiguration heraus mögen die Massenpunkte irgendwelche Verrückungen erfahren, die mit dem Zusammenhang des Systems und den darin bestehenden Bindungen verträglich sind. Unter der an dem System von den darauf wirkenden Kräften bei der Bewegung geleisteten *Gesamtarbeit* verstehen wir dann die Summe der an den Punkten des Systems geleisteten Arbeitsmengen.

§ 23. Kräfte, die keine Arbeit leisten.

In dynamischen Systemen kommen häufig Kräfte vor, die dadurch charakterisiert sind, daß sie während der Bewegung an dem System keine Arbeit leisten.

Wir erwähnen unter ihnen:

1. Die Reaktionskräfte ruhender glatter Oberflächen; das Wort *glatt* besagt, daß die Reaktionskraft senkrecht zur Fläche

[1]) Newton definiert die *actio agentis* als Produkt der Geschwindigkeit in die Komponente der Kraft in Richtung der Bewegung; sie ist offenbar der Differentialquotient der Arbeit nach der Zeit. Vgl. *Principia* Bd. I, S. 25. ed. 1687.

wirkt und daß aus diesem Grund bei jeder infinitesimalen Verrückung der Punkt, in dem die Reaktionskraft angreift, senkrecht zur Richtung der Reaktionskraft verschoben wird, so daß keine Arbeit geleistet wird.

2. Die Reaktionskräfte ruhender vollkommen rauher Oberflächen; die Bezeichnung *vollkommen rauh* besagt, daß ein die Fläche berührender Körper darauf nur rollen, nicht gleiten kann und daß aus diesem Grunde der Punkt, in dem die Reaktionskraft angreift, bei einer infinitesimalen Verrückung bis auf unendlich kleine Größen von höherer als erster Ordnung nicht verlagert wird, so daß keine Arbeit geleistet wird.

3. Die gegenseitigen Reaktionskräfte zweier starr verbundener Massenpunkte; es seien nämlich x_1, y_1, z_1 und x_2, y_2, z_2 die Koordinaten dieser Massenpunkte und X, Y, Z die Komponenten der Kraft, die der erste Punkt auf den zweiten ausübt, so daß $-X, -Y, -Z$ die Komponenten der von dem zweiten Punkt auf den ersten ausgeübten Kraft sind. Dann ist die Gesamtarbeit dieser Kräfte bei einer willkürlichen Verrückung

$$X(\delta x_2 - \delta x_1) + Y(\delta y_2 - \delta y_1) + Z(\delta z_2 - \delta z_1).$$

Da der Abstand der beiden Punkte fest bleibt, haben wir

$$\delta\{(x_2 - x_1)^2 + (y_2 - y_1)^2 + (z_2 - z_1)^2\} = 0$$

oder

$$(x_2 - x_1)(\delta x_2 - \delta x_1) + (y_2 - y_1)(\delta y_2 - \delta y_1) + (z_2 - z_1)(\delta z_2 - \delta z_1) = 0.$$

Weil die Kraft in Richtung der Verbindungslinie der Massenpunkte wirkt, ist

$$X : Y : Z = (x_2 - x_1) : (y_2 - y_1) : (z_2 - z_1).$$

Die beiden letzten Gleichungen ergeben zusammen

$$X(\delta x_2 - \delta x_1) + Y(\delta y_2 - \delta y_1) + Z(\delta z_2 - \delta z_1) = 0.$$

Also wird an dem System durch die gegenseitige Kraft der Punkte aufeinander keine Arbeit geleistet.

4. Vom Standpunkt der Dynamik aus wird ein *starrer Körper* als System von Massenpunkten aufgefaßt, die untereinander so verbunden sind, daß ihr gegenseitiger Abstand unveränderlich ist. Aus 3. folgt, daß die Reaktionskräfte zwischen den Punkten, die bewirken, daß diese Bedingung erfüllt ist (man nennt sie *Molekularkräfte* im Gegensatz zu *äußeren* Kräften wie etwa die Schwere), bei einer beliebigen Bewegung des Körpers keine Arbeit leisten.

5. Die Reaktionskräfte in einem ruhenden Zapfen, um den ein Körper des Systems drehbar ist, in einem Schraubengewinde oder einem Scharnier zwischen zwei Körpern gehören offenbar ebenfalls zu den Kräften, die keine Arbeit leisten.

Bei der Berechnung der Gesamtarbeit aller an einem System während einer beliebigen Verrückung angreifenden Kräfte sind derartige Kräfte zu vernachlässigen.

§ 24. Die Koordinaten eines dynamischen Systems.

Vom Standpunkt der Dynamik aus besteht ein materielles System aus Massenpunkten, die Bindungen und Zusammenhängen verschiedener Art unterworfen sind. So wird ein starrer Körper als ein System von Massenpunkten angesehen, die durch geeignete innere Reaktionskräfte in unveränderlichem Abstand voneinander gehalten werden.

Ist die Konstitution eines solchen Systems gegeben, nämlich Gestalt, Größe und Masse seiner Teile und die darauf wirkenden Zwangskräfte, so kann seine Konfiguration zu beliebiger Zeit als Funktion gewisser Größen angegeben werden, die mit der Konfiguration variieren und die *Koordinaten* des Systems heißen. So ist die Lage eines einzelnen freien Massenpunktes im Raum vollkommen festgelegt durch seine drei rechtwinkligen Koordinaten x, y, z, bezogen auf irgend ein ruhendes Achsensystem. Die Lage eines einzelnen Massenpunktes, der sich nur in einer ruhenden, beliebig gebogenen engen Röhre bewegen kann, ist durch eine Koordinate völlig bestimmt, nämlich durch die Länge s des Röhrenbogens zwischen dem Punkt und einem als Nullpunkt gewählten beliebigen Punkt der Röhre. Die Lage eines starren Körpers, von dem ein Punkt festgehalten wird, ist durch drei Koordinaten völlig bestimmt, nämlich durch die drei Eulerschen Winkel ϑ, φ, ψ des § 10. Die Lage zweier durch einen gespannten undehnbaren Faden verbundener Punkte kann durch fünf Koordinaten festgelegt werden, nämlich durch die drei rechtwinkligen Koordinaten eines der Punkte und zwei der Richtungskosinus des Fadens; denn wenn diese fünf Größen bekannt sind, ist die Lage des zweiten Punktes eindeutig bestimmt.

Aufgabe. Wieviel unabhängige Koordinaten bestimmen die momentane Lage eines starren Körpers, der bei seiner Bewegung ständig eine gegebene ruhende glatte Fläche berühren muß?

Wir werden gewöhnlich die Anzahl der zur Bestimmung der Konfiguration eines Systems erforderlichen Koordinaten, der *Lagenkoordinaten*, mit n bezeichnen und uns auf solche Systeme beschränken, für die n endlich ist. Die Koordinaten selbst bezeichnen wir mit $q_1, q_2, \ldots, q_n$. Wenn die Bindungen des Systems mit der Zeit variieren (wenn das System z. B. aus einem Massenpunkt besteht, der sich auf einer Fläche bewegen muß, die ihrerseits mit konstanter Winkelgeschwindigkeit um eine feste Achse rotiert), so kann es zur Bestimmung der Konfiguration des Systems notwendig werden, den Koordinaten $q_1, q_2, \ldots, q_n$ die Zeit t hinzuzufügen.

Die Größen $\dot{q}_1, \dot{q}_2, \ldots, \dot{q}_n$ werden häufig die den Koordinaten $q_1, q_2, \ldots, q_n$ entsprechenden *Geschwindigkeiten* genannt.

Ein schwerer biegsamer Faden, der sich frei im Raum bewegen kann, ist ein Beispiel für diejenigen dynamischen Systeme, die durch die Beschränkung auf endliches n ausgeschlossen sind; denn die Konfiguration des Fadens läßt sich nicht mit Hilfe endlich vieler Parameter darstellen.

§ 25. Holonome und nichtholonome Systeme.

Wir müssen nun zwei Arten dynamischer Systeme auseinanderhalten, deren Verschiedenheit für die analytische Behandlung der Bewegung große Bedeutung hat. Der Unterschied möge an einem einfachen Beispiel erläutert werden.

Wir betrachten die Bewegung einer Kugel von gegebenem Radius, die zwangläufig eine gegebene feste Ebene berührt, die wir zur x-y-Ebene machen. Die Lage der Kugel ist in jedem Augenblick durch fünf Koordinaten völlig bestimmt, nämlich durch die beiden rechtwinkligen Koordinaten x, y des Kugelmittelpunktes und die drei Eulerschen Winkel ϑ, φ, ψ des § 10, die die Drehung der Kugel um ihren Mittelpunkt festlegen. Die Kugel kann jede beliebige Lage annehmen, sofern sie in Berührung mit der Ebene bleibt; daher können die fünf Koordinaten x, y, ϑ, φ, ψ völlig willkürliche Werte haben.

Ist nun die Ebene glatt, so ist die Verrückung aus einer Lage mit den Koordinaten $x, y, \vartheta, \varphi, \psi$ in eine benachbarte, die durch die Koordinaten $x + \delta x, y + \delta y, \vartheta + \delta\vartheta, \varphi + \delta\varphi, \psi + \delta\psi$ definiert ist, wo δx, δy, $\delta\vartheta$, $\delta\varphi$, $\delta\psi$ willkürliche unabhängige infinitesimale Größen sind, eine *mögliche* Bewegung, d. h. die Kugel kann sie ausführen, ohne die dem System auferlegten Bedingungen zu verletzen. Ist die Ebene aber vollkommen rauh, so ist dies bei willkürlicher Wahl von $\delta x, \delta y, \delta\vartheta, \delta\varphi, \delta\psi$ nicht mehr der Fall. Denn nun muß die Verrückung des Berührungspunkts (bis auf Glieder höherer als erster Ordnung) verschwinden. Dies besagt, daß die Größen δx, δy, $\delta\vartheta$, $\delta\varphi$, $\delta\psi$ nicht mehr unabhängig sind. In der Tat müssen sie zwei nicht-integrablen linearen Differentialgleichungen genügen. *Für eine Kugel auf einer vollkommen rauhen Ebene ist also eine durch willkürliche infinitesimale Koordinatenänderungen definierte Bewegung nicht notwendig eine mögliche Bewegung.*

Ein dynamisches System heißt *holonom*, wenn eine durch willkürliche infinitesimale Koordinatenänderung dargestellte Bewegung stets eine mögliche Bewegung ist (Beispiel: die Kugel auf der glatten Ebene); wenn diese Bedingung nicht erfüllt ist, heißt es *nicht-holonom* (Beispiel: die Kugel auf der rauhen Ebene).

Die willkürlichen infinitesimalen Koordinatenänderungen

$$\delta q_1, \delta q_2, \ldots, \delta q_n$$

eines dynamischen Systems, die für ein holonomes System stets eine mögliche Bewegung definieren, müssen für ein nicht-holonomes System eine Anzahl, etwa m, Bedingungsgleichungen erfüllen, um einer möglichen Bewegung zu entsprechen. Die Zahl $n - m$ heißt die *Anzahl der Freiheitsgrade des Systems*. Holonome Systeme sind also dadurch charakterisiert, daß die Anzahl der Freiheitsgrade gleich der Anzahl der unabhängigen Koordinaten ist, die die Konfiguration des Systems festlegen.

§ 26. Die Lagrangeschen Bewegungsgleichungen eines holonomen Systems[1]).

Wir betrachten nun die Bewegung eines holonomen Systems mit n Freiheitsgraden. Seine Konfiguration zur Zeit t sei durch die Koordinaten $q_1, q_2, \ldots, q_n$ bestimmt. x_i, y_i, z_i seien die Koordinaten eines Punktes mit der Masse m_i in einem ruhenden rechtwinkligen Achsensystem. Diese Koordinaten eines einzelnen Systempunktes sind (vermöge unserer Kenntnis der Konstitution des Systems) bekannte Funktionen der Lagenkoordinaten $q_1, q_2, \ldots, q_n$ und möglicherweise der Zeit. Diese Abhängigkeit sei dargestellt durch die Gleichungen

$$x_i = f_i\,(q_1, q_2, \ldots, q_n, t),$$
$$y_i = \varphi_i(q_1, q_2, \ldots, q_n, t),$$
$$z_i = \psi_i(q_1, q_2, \ldots, q_n, t).$$

Es seien X_i, Y_i, Z_i die Komponenten der gesamten (molekularen und äußeren) auf den Punkt m_i einwirkenden Kraft. Dann lauten die Bewegungsgleichungen dieses Punktes

$$m_i \ddot{x}_i = X_i, \qquad m_i \ddot{y}_i = Y_i, \qquad m_i \ddot{z}_i = Z_i.$$

Wir multiplizieren diese Gleichungen bezüglich mit

$$\frac{\partial f_i}{\partial q_r}, \qquad \frac{\partial \varphi_i}{\partial q_r}, \qquad \frac{\partial \psi_i}{\partial q_r},$$

addieren sie und summieren über alle Punkte des Systems. So erhalten wir

$$\sum_i m_i \left(\ddot{x}_i \frac{\partial f_i}{\partial q_r} + \ddot{y}_i \frac{\partial \varphi_i}{\partial q_r} + \ddot{z}_i \frac{\partial \psi_i}{\partial q_r}\right) = \sum_i \left(X_i \frac{\partial f_i}{\partial q_r} + Y_i \frac{\partial \varphi_i}{\partial q_r} + Z_i \frac{\partial \psi_i}{\partial q_r}\right),$$

wo das Symbol $\sum$ die Summation über alle Punkte des Systems bedeutet, also entweder eine Integration (wenn die Punkte starren Körpern angehören), oder eine Summation über eine Anzahl Punkte. Es ist aber

$$\frac{\partial \dot{x}_i}{\partial \dot{q}_r} = \frac{\partial}{\partial \dot{q}_r}\left(\frac{\partial f_i}{\partial q_1}\dot{q}_1 + \frac{\partial f_i}{\partial q_2}\dot{q}_2 + \ldots + \frac{\partial f_i}{\partial q_n}\dot{q}_n + \frac{\partial f_i}{\partial t}\right) = \frac{\partial f_i}{\partial q_r},$$

also

$$\begin{aligned}
\ddot{x}_i \frac{\partial f_i}{\partial q_r} &= \ddot{x}_i \frac{\partial \dot{x}_i}{\partial \dot{q}_r} \\
&= \frac{d}{dt}\left(\dot{x}_i \frac{\partial \dot{x}_i}{\partial \dot{q}_r}\right) - \dot{x}_i \frac{d}{dt}\left(\frac{\partial x_i}{\partial q_r}\right) \\
&= \frac{d}{dt}\left(\dot{x}_i \frac{\partial \dot{x}_i}{\partial \dot{q}_r}\right) - \dot{x}_i \left(\frac{\partial^2 f_i}{\partial q_1 \partial q_r}\dot{q}_1 + \frac{\partial^2 f_i}{\partial q_2 \partial q_r}\dot{q}_2 + \ldots + \frac{\partial^2 f_i}{\partial q_n \partial q_r}\dot{q}_n + \frac{\partial^2 f_i}{\partial t \partial q_r}\right) \\
&= \frac{d}{dt}\left(\dot{x}_i \frac{\partial \dot{x}_i}{\partial \dot{q}_r}\right) - \dot{x}_i \frac{\partial \dot{x}_i}{\partial q_r} \\
&= \frac{d}{dt}\left\{\frac{\partial}{\partial \dot{q}_r}\left(\frac{1}{2}\dot{x}_i^2\right)\right\} - \frac{\partial}{\partial q_r}\left(\frac{1}{2}\dot{x}_i^2\right);
\end{aligned}$$

[1]) Lagrange: *Mécanique Analytique* 1788, Seconde Partie, Section IV. Die Gleichungen finden sich zuerst in einer früheren Abhandlung von Lagrange: *Miscell. Taurin.* Bd. 2. 1760.

daher ist

$$\sum m_i\left(\ddot{x}_i \frac{\partial f_i}{\partial q_r} + \ddot{y}_i \frac{\partial \varphi_i}{\partial q_r} + \ddot{z}_i \frac{\partial \psi_i}{\partial q_r}\right)$$

$$= \frac{1}{2}\sum m_i \frac{d}{dt}\left\{\frac{\partial}{\partial \dot{q}_r}(\dot{x}_i^2 + \dot{y}_i^2 + \dot{z}_i^2)\right\} - \frac{1}{2}\sum m_i \frac{\partial}{\partial q_r}(\dot{x}_i^2 + \dot{y}_i^2 + \dot{z}_i^2)\,.$$

Nun stellt die Größe

$$\tfrac{1}{2}\sum m_i (\dot{x}_i^2 + \dot{y}_i^2 + \dot{z}_i^2)$$

die Summe der Massen aller Punkte des Systems dar, jede multipliziert mit dem halben Quadrat der zugehörigen Geschwindigkeit. Diesen Ausdruck bezeichnet man als die *kinetische Energie* des Systems[1]). Vermöge unserer Kenntnis der Konstitution des Systems können wir die kinetische Energie als Funktion von

$$q_1, q_2, \ldots, q_n, \dot{q}_1, \dot{q}_2, \ldots, \dot{q}_n, t$$

berechnen[2]). Wir bezeichnen sie künftig mit

$$T(\dot{q}_1, \dot{q}_2, \ldots, \dot{q}_n, q_1, q_2, \ldots, q_n, t)$$

und setzen voraus, daß sie als Funktion ihrer Argumente bekannt ist. Da

$$\dot{x}_i = \frac{\partial f_i}{\partial q_1}\dot{q}_1 + \frac{\partial f_i}{\partial q_2}\dot{q}_2 + \ldots + \frac{\partial f_i}{\partial q_n}\dot{q}_n + \frac{\partial f_i}{\partial t}$$

ist und $\dot{y}_1$ und $\dot{z}_i$ gleichfalls lineare Funktionen von $\dot{q}_1, \dot{q}_2, \ldots, \dot{q}_n$ sind, erweist sich T als quadratische Funktion von $\dot{q}_1, \dot{q}_2, \ldots, \dot{q}_n$. Wenn die Funktionen f, φ, ψ die Zeit nicht explizit enthalten, (was immer der Fall ist, sobald die Bindungen des Systems von der Zeit unabhängig sind), sind $\dot{x}, \dot{y}, \dot{z}$ homogene lineare Funktionen von $\dot{q}_1, \dot{q}_2, \ldots, \dot{q}_n$, und T ist eine *homogene* quadratische Funktion von $\dot{q}_1, \dot{q}_2, \ldots, \dot{q}_n$.

Aus der Definition folgt, daß die kinetische Energie eines Systems wesentlich positiv ist; T ist daher eine *positiv definite* quadratische Form in $\dot{q}_1, \dot{q}_2, \ldots, \dot{q}_n$. Deshalb sind die Diskriminante und ihre Hauptunterdeterminanten beliebiger Ordnung positiv.

Aus den Bewegungsgleichungen haben wir so die Gleichung gewonnen

$$\frac{d}{dt}\left(\frac{\partial T}{\partial \dot{q}_r}\right) - \frac{\partial T}{\partial q_r} = \sum\left(X_i \frac{\partial f_i}{\delta q_r} + Y_i \frac{\partial \varphi_i}{\partial q_r} + Z_i \frac{\partial \psi_i}{\partial q_r}\right).$$

Die linke Seite dieser Gleichung hängt von den einzelnen Punkten des Systems nur noch insoweit ab, als sie zu der kinetischen Energie T beitragen. Wir versuchen nun auch die rechte Seite in eine Form zu bringen, in der die einzelnen Punkte nicht mehr explizit auftreten.

---

1) Das Produkt aus Masse und Quadrat der Geschwindigkeit eines Punktes nannte Leibniz die *vis viva*: *Acta erud.* 1695.

2) Die Methoden zur Ausführung dieser Berechnung für starre Körper werden im 5. Kapitel dargestellt.

Dazu lassen wir das System eine Bewegung ausführen, bei der die Koordinate q_r in $q_r + \delta q_r$ übergeht, während die Koordinaten $q_1, q_2, \ldots, q_{r-1}, q_{r+1}, \ldots, q_n$ und die Zeit — sofern sie als Koordinate auftritt — ungeändert bleiben. Da das System holonom ist, kann dies ohne Verletzung der Systembedingungen geschehen. Die Koordinaten des Punktes m_i gehen bei dieser Bewegung über in

$$x_i + \frac{\partial f_i}{\partial q_r}\delta q_r, \qquad y_i + \frac{\partial \varphi_i}{\partial q_r}\delta q_r, \qquad z_i + \frac{\partial \psi_i}{\partial q_r}\delta \dot{q}_r.$$

Daher ist die Gesamtarbeit aller in den Punkten des Systems angreifenden Kräfte

$$\sum \left(X_i \frac{\partial f_i}{\partial q_r} + Y_i \frac{\partial \varphi_i}{\partial q_r} + Z_i \frac{\partial \psi_i}{\partial q_r}\right)\delta q_r.$$

Unter den auf das System wirkenden Kräften sind nun solche, die keine Arbeit leisten. Zu ihnen gehören, wie wir in § 23 sahen:

1. Die molekularen Kräfte zwischen den Punkten starrer Körper des Systems;

2. Die Druckkräfte in Gelenkstangen invarianter Länge, die Reaktionskräfte in festen Zapfen und die Zugkräfte in gespannten undehnbaren Fäden;

3. Die Reaktionskräfte ruhender glatter Flächen oder Kurven, mit denen Körper des Systems in Berührung bleiben müssen, oder diejenigen rauher Flächen, soweit diese in holonomen Systemen auftreten können;

4. Die Reaktionskräfte glatter Flächen oder Kurven, mit denen Körper des Systems in Berührung bleiben müssen, während diese Flächen oder Kurven selbst vorgeschriebene Bewegungen ausführen. Denn die oben betrachtete Bewegung vollzieht sich unter der Voraussetzung, daß t, sofern es überhaupt als Koordinate auftritt, nicht variiert, d. h. daß die Flächen oder Kurven während des Ablaufs der betrachteten Bewegung ruhen. Damit ist dieser Fall auf den vorigen zurückgeführt.

Die Kräfte, die neben diesen ohne Arbeitsleistung wirkenden Kräften an dem System angreifen, heißen *äußere Kräfte.* Daraus folgt, daß

$$\sum \left(X_i \frac{\partial f_i}{\partial q_r} + Y_i \frac{\partial \varphi_i}{\partial q_r} + Z_i \frac{\partial \psi_i}{\partial q_r}\right)\delta q_r$$

die von den äußeren Kräften geleistete Arbeit bei der Bewegung darstellt, die dem Übergang von q_r zu $q_r + \delta q_r$ entspricht, während die übrigen Koordinaten ungeändert bleiben. Da wir die Konstitution des Systems und die angreifenden Kräfte kennen, ist diese Größe eine bekannte Funktion von $q_1, q_2, \ldots, q_n, t$. Wir bezeichnen sie mit

$$Q_r(q_1, q_2, \ldots, q_n, t).$$

Demnach ist

$$\frac{d}{dt}\left(\frac{\partial T}{\partial \dot{q}_r}\right) - \frac{\partial T}{\partial q_r} = Q_r \qquad (r = 1, 2, \ldots, n).$$

So erhalten wir n gewöhnliche Differentialgleichungen zweiter Ordnung, in denen $q_1, q_2, \ldots, q_n$ die abhängigen Veränderlichen, t die unabhängige Veränderliche sind. Da die Zahl der Differentialgleichungen gleich der Zahl der abhängigen Variablen ist, sind die Gleichungen theoretisch hinreichend zur Bestimmung einer Bewegung mit gegebenen Anfangsbedingungen. Dieses Ergebnis fassen wir folgendermaßen zusammen:

Es sei T die kinetische Energie eines dynamischen Systems und $Q_1\,\delta q_1 + Q_2\,\delta q_2 + \cdots + Q_n\,\delta q_n$ die Arbeit der äußeren Kräfte bei einer willkürlich gewählten Lagenänderung $(\delta q_1, \delta q_2, \ldots, \delta q_n)$, wobei $T, Q_1, Q_2, \ldots, Q_n$ vermöge unserer Kenntnis der Konstitution des Systems bekannte Funktionen der $\dot q_1, \dot q_2, \ldots, \dot q_n, q_1, q_2, \ldots, q_n, t$ sind. Dann kann man die Bewegungsgleichungen des Systems in der Form schreiben

$$\frac{d}{dt}\left(\frac{\partial T}{\partial \dot q_r}\right) - \frac{\partial T}{\partial q_r} = Q_r \qquad (r = 1, 2, \ldots, n).$$

Man nennt sie die *Lagrangeschen Bewegungsgleichungen*. Die unbekannten Reaktionskräfte (z. B. die Zwangskräfte) gehen in die Gleichungen nicht ein. Die Bestimmung dieser Reaktionskräfte ist Aufgabe eines besonderen Zweiges der Mechanik, der *Kinetostatik*[1]). Man kann also sagen: *In den Lagrangeschen Gleichungen sind die kinetostatischen Kräfte eliminiert.*

§ 27. Konservative Kräfte; das kinetische Potential.

Gewisse Kraftfelder haben die Eigenschaft, daß die von den Kräften des Feldes geleistete Arbeit bei der Bewegung eines dynamischen Systems nur von der Anfangs- und Endlage des Systems abhängt; d. h. sie hat denselben Wert, gleichviel aus welcher Folge infinitesimaler Verrückungen die endliche Bewegung sich zusammensetzt.

Die Schwere erzeugt bekanntlich ein Kraftfeld dieser Art. Die Arbeit der Schwerkraft bei der Bewegung eines Punktes der Masse m aus einer Lage in der Höhe h in eine andere Lage in der Höhe k über der Erdoberfläche ist $mg\,(h - k)$, hängt also nicht von dem Weg ab, auf dem der Punkt aus der einen Lage in die andere übergeführt wird.

Kraftfelder dieser Art heißen *konservativ*.

Die Konfiguration eines dynamischen Systems sei durch die Koordinaten $q_1, q_2, \ldots, q_n$ gegeben. Man nimmt eine Konfiguration des Systems, etwa die zu den Koordinaten

$$q_r = \alpha_r \qquad (r = 1, 2, \ldots, n)$$

gehörige, als Grundkonfiguration. Sind die auf das System wirkenden äußeren Kräfte konservativ, so ist die von diesen Kräften bei einer Verrückung des Systems aus der Konfiguration $(q_1, q_2, \ldots, q_n)$ in die Grundkonfiguration geleistete Arbeit eine bestimmte Funktion der

---

[1]) Vgl. Heun: *Jahresber. d. D. Math. V.* Bd. 9, S. 1. 1900.

$q_1, q_2, \ldots, q_n$, die von der Art der Verrückung unabhängig ist. Diese mit $V(q_1, q_2, \ldots, q_n)$ bezeichnete Funktion nennt man die *potentielle Energie*[1]) des Systems in der Konfiguration $(q_1, q_2, \ldots, q_n)$. Die Arbeit der äußeren Kräfte bei einer willkürlichen Lagenänderung $\delta q_1, \delta q_2, \ldots, \delta q_n$ ist dann offenbar gleich der infinitesimalen Abnahme der Funktion V, also gleich

$$-\frac{\partial V}{\partial q_1}\delta q_1 - \frac{\partial V}{\partial q_2}\delta q_2 - \cdots - \frac{\partial V}{\partial q_n}\delta q_n .$$

Die Lagrangeschen Gleichungen nehmen daher die Form an

$$\frac{d}{dt}\left(\frac{\partial T}{\partial \dot q_r}\right) - \frac{\partial T}{\partial q_r} = -\frac{\partial V}{\partial q_r} \qquad (r = 1, 2, \ldots, n).$$

Führen wir eine neue Funktion L der Variablen $q_1, q_2, \ldots, q_n, \dot q_1, \dot q_2, \ldots, \dot q_n, t$ ein vermöge der Gleichung

$$L = T - V,$$

so können wir die Lagrangeschen Gleichungen so schreiben

$$\frac{d}{dt}\left(\frac{\partial L}{\partial \dot q_r}\right) - \frac{\partial L}{\partial q_r} = 0 \qquad (r = 1, 2, \ldots, n).$$

Die Funktion L heißt *kinetisches Potential* oder *Lagrangesche Funktion.* Sofern nur dynamische Untersuchungen in Frage kommen, wird ein holonomes System unter der Einwirkung konservativer Kräfte durch diese Funktion allein vollständig charakterisiert.

§ 28. Die explizite Form der Lagrangeschen Gleichungen.

Wir zeigen nun, wie man aus den Lagrangeschen Gleichungen die zweiten Ableitungen der Koordinaten nach der Zeit explizit erhalten kann.

Die Konfiguration des dynamischen Systems sei durch die Koordinaten $q_1, q_2, \ldots, q_n$ allein, ohne t, völlig bestimmt, so daß die kinetische Energie des Systems eine homogene quadratische Funktion von $\dot q_1, \dot q_2, \ldots, \dot q_n$ wird. Nach § 26 ist dies stets der Fall, wenn die Nebenbedingungen von der Zeit unabhängig sind, im allgemeinen aber nicht, wenn die Nebenbedingungen erzwungene Bewegungen einschließen (wie bei der zwangläufigen Bewegung eines Punktes auf einer rotierenden Kurve).

Die kinetische Energie sei also

$$T = \tfrac{1}{2}\sum_{k=1}^{n}\sum_{l=1}^{n} a_{kl}\,\dot q_k\,\dot q_l ,$$

wo $a_{kl} = a_{lk}$ ist und die Koeffizienten a_{kl} bekannte Funktionen von $q_1, q_2, \ldots, q_n$ sind.

---

[1]) Die Potentialfunktion wurde durch Lagrange 1773 eingeführt: *Oeuvres* Bd. 6, S. 335. Der Name *Potential* rührt von Green her (1828).

Die Lagrangeschen Bewegungsgleichungen des Systems lauten

$$\frac{d}{dt}\left(\frac{\partial T}{\partial \dot{q}_r}\right) - \frac{\partial T}{\partial q_r} = Q_r \qquad (r = 1, 2, \ldots, n)$$

oder

$$\frac{d}{dt}\left(\sum_{s=1}^{n} a_{sr}\dot{q}_s\right) - \frac{1}{2}\sum_{k=1}^{n}\sum_{l=1}^{n}\frac{\partial a_{kl}}{\partial q_r}\dot{q}_k\dot{q}_l = Q_r \qquad (r = 1, 2, \ldots, n)$$

oder

$$\sum_{s=1}^{n} a_{rs}\ddot{q}_s + \sum_{l=1}^{n}\sum_{m=1}^{n}\begin{bmatrix} lm \\ r \end{bmatrix}\dot{q}_l\dot{q}_m = Q_r \qquad (r = 1, 2, \ldots, n)\,,$$

wo das Christoffelsche Symbol[1] $\begin{bmatrix} lm \\ r \end{bmatrix}$ die Größe $\frac{1}{2}\left(\frac{\partial a_{lr}}{\partial q_m} + \frac{\partial a_{mr}}{\partial q_l} - \frac{\partial a_{lm}}{\partial q_r}\right)$ bedeutet.

Da diese Gleichungen linear in den Beschleunigungen sind, können sie nach den $\ddot{q}_s$ aufgelöst werden. D sei die Determinante

$$\begin{vmatrix} a_{11} & a_{12} & \ldots & a_{1n} \\ a_{21} & a_{22} & \ldots & a_{2n} \\ \ldots & \ldots & \ldots & \ldots \\ a_{n1} & a_{n2} & \ldots & a_{nn} \end{vmatrix}$$

und A_{rs} ihre zu a_{rs} gehörende Unterdeterminante. Multiplizieren wir die n Gleichungen des obigen Systems mit $A_{1\nu}, A_{2\nu}, \ldots, A_{n\nu}$, addieren wir sie und berücksichtigen wir, daß $\sum A_{r\nu}a_{rs}$ den Wert D oder Null hat, je nachdem, ob $s = \nu$ oder $s \neq \nu$ ist, so erhalten wir

$$D\ddot{q}_\nu + \sum_{l=1}^{n}\sum_{m=1}^{n}\sum_{r=1}^{n} A_{r\nu}\begin{bmatrix} lm \\ r \end{bmatrix}\dot{q}_l\dot{q}_m = \sum_{r=1}^{n} A_{r\nu}Q_r$$

oder

$$\ddot{q}_\nu = -\frac{1}{D}\sum_{l=1}^{n}\sum_{m=1}^{n}\sum_{r=1}^{n} A_{r\nu}\begin{bmatrix} lm \\ r \end{bmatrix}\dot{q}_l\dot{q}_m + \frac{1}{D}\sum_{r=1}^{n} A_{r\nu}Q_r \quad (\nu = 1, 2 \ldots, n)\,.$$

Diese n Gleichungen, die $\ddot{q}_1, \ddot{q}_2, \ldots, \ddot{q}_n$ explizit als Funktionen von $\dot{q}_1, \dot{q}_2, \ldots, \dot{q}_n, q_1, q_2, \ldots, q_n$ darstellen, sind den Lagrangeschen Bewegungsgleichungen äquivalent.

§ 29. Die Bewegung eines Systems, das gezwungen ist, gleichförmig um eine Achse zu rotieren.

In vielen dynamischen Systemen ist ein Teil durch äußere Einwirkung gezwungen, sich mit konstanter Winkelgeschwindigkeit um eine ruhende Achse zu drehen. Die Bewegung einer Glasperle auf einem rotierenden Draht ist ein einfaches Beispiel dafür. Zwar kann man, wenn das System holonom ist, auch dann die Lagrangeschen Gleichungen

---

[1]) Das Symbol wurde von Christoffel eingeführt: *Journal für Math.* Bd. 70. 1869; es ist von Bedeutung für die Theorie der quadratischen Differentialformen.

benutzen. Bequemer ist jedoch oft die Anwendung des im folgenden abgeleiteten Satzes, der die Untersuchung eines derartigen Systems auf die eines solchen zurückführt, in dem keine erzwungene Rotation stattfindet.

Das System möge, ohne Berücksichtigung der erzwungenen Rotation, n Freiheitsgrade haben. Wählen wir die gegebene Achse als z-Achse, und rechnen wir das Azimut φ von einer durch diese Achse gehenden Ebene an, die mit der vorgeschriebenen Winkelgeschwindigkeit rotiert, so können die Zylinderkoordinaten eines beliebigen Punktes m des Systems als von der Zeit t unabhängige Funktionen der Koordinaten $q_1, q_2, \ldots, q_n$ dargestellt werden, in die die Zeit t nicht eingeht. Ist dann T die kinetische Energie des Systems bei der tatsächlichen Bewegung und $Q_1 \delta q_1 + Q_2 \delta q_2 + \ldots + Q_n \delta q_n$ die Arbeit der äußeren Kräfte bei einer willkürlichen infinitesimalen Bewegung, wo $Q_1, Q_2, \ldots, Q_n$ nur von den Koordinaten $q_1, q_2, \ldots, q_n$ abhängen sollen, und ist T_1 die kinetische Energie des Systems, wenn die erzwungene Winkelgeschwindigkeit gleich Null gesetzt wird, so ist

$$T = \tfrac{1}{2} \sum m \{\dot{z}^2 + \dot{r}^2 + r^2 (\dot{\varphi} + \omega)^2\},$$
$$T_1 = \tfrac{1}{2} \sum m \{\dot{z}^2 + \dot{r}^2 + r^2 \dot{\varphi}^2\}.$$

Da wir das System kennen, ist $\frac{1}{2} \sum m r^2 = W$ eine bekannte Funktion von $q_1, q_2, \ldots, q_n$. Die Größe $\sum m r^2 \dot{\varphi}$ ist ebenfalls eine bekannte Funktion der $q_1, q_2, \ldots, q_n, \dot{q}_1, \dot{q}_2, \ldots, \dot{q}_n$, und zwar ist sie linear in $\dot{q}_1, \dot{q}_2, \ldots, \dot{q}_n$. Sie wird Null, wenn bei verschwindendem ω kein Punkt eine Bewegungskomponente in der φ-Richtung besitzt. Ist $n = 1$, also nur eine Koordinate q vorhanden, so wird die Größe die totale Ableitung einer Funktion von q nach t. Diese beiden Fälle kommen am häufigsten vor, und wir tragen beiden Rechnung durch die Annahme, daß $\sum m r^2 \dot{\varphi}$ die Form $\frac{dY}{dt}$ hat, wo Y eine gegebene Funktion der Koordinaten $q_1, q_2, \ldots, q_n$ ist. Daher ist

$$T = T_1 + \omega \frac{dY}{dt} + \omega^2 W,$$

und die Lagrangeschen Gleichungen

$$\frac{d}{dt}\left(\frac{\partial T}{\partial \dot{q}_r}\right) - \frac{\partial T}{\partial q_r} = Q_r \qquad (r = 1, 2, \ldots, n)$$

können in der Form geschrieben werden

$$\frac{d}{dt}\left(\frac{\partial T_1}{\partial \dot{q}_r}\right) + \frac{d}{dt}\left(\omega \frac{\partial Y}{\partial q_r}\right) - \frac{\partial T_1}{\partial q_r} - \omega \frac{d}{dt}\left(\frac{\partial Y}{\partial q_r}\right) - \omega^2 \frac{\partial W}{\partial q_r} = Q_r \quad (r = 1, 2, \ldots, n)$$

oder

$$\frac{d}{dt}\left(\frac{\partial T_1}{\partial \dot{q}_r}\right) - \frac{\partial T_1}{\partial q_r} = - \frac{\partial}{\partial q_r} (- \omega^2 W) + Q_r \quad (r = 1, 2, \ldots, n).$$

Diese Gleichungen zeigen, daß *die betrachtete Bewegung sich so vollzieht, als wäre die erzwungene Winkelgeschwindigkeit Null und als erhielte die potentielle Energie das Zusatzglied* $-\frac{1}{2}\sum m r^2 \omega^2$. Durch eine Abänderung der potentiellen Energie können wir also von einem System mit erzwungener Rotation um eine gegebene Achse zu einem solchen ohne diese Rotation übergehen. Die Scheinkräfte, mit deren Hilfe man hier die Wirkung der erzwungenen Rotation darstellt, bezeichnet man auch als *Zentrifugalkräfte*.

§ 30. Die Lagrangeschen Gleichungen in Quasi-Koordinaten.

In der in § 26 gegebenen Form der Lagrangeschen Gleichungen sind die Variablen die Koordinaten $q_1, q_2, \ldots, q_n$ und die Zeit t. Da die Kenntnis dieser Größen zusammen mit der des Systems zur Bestimmung der Lage jedes Systempunktes hinreicht, bezeichnet man $q_1, q_2, \ldots, q_n$ als *wahre Koordinaten* des Systems. Welche Form nehmen aber die Lagrangeschen Gleichungen an, wenn wir die Beschränkung auf wahre Koordinaten fallen lassen[1]?

Ein durch n wahre Koordinaten $q_1, q_2, \ldots, q_n$ definiertes System habe die kinetische Energie T. Die Arbeit der äußeren Kräfte bei einer Verrückung $(\delta q_1, \delta q_2, \ldots, \delta q_n)$ sei $Q_1 \delta q_1 + Q_2 \delta q_2 + \ldots + Q_n \delta q_n$. Dann lauten die Lagrangeschen Gleichungen

$$(1) \qquad \frac{d}{dt}\left(\frac{\partial T}{\partial \dot{q}_\varkappa}\right) - \frac{\partial T}{\partial q_\varkappa} = Q_\varkappa \qquad (\varkappa = 1, 2, \ldots, n).$$

Es seien n voneinander unabhängige Linearkombinationen $\omega_1, \omega_2, \ldots, \omega_n$ der Geschwindigkeiten $\dot{q}_1, \dot{q}_2, \ldots, \dot{q}_n$ definiert durch die Gleichungen

$$(2) \qquad \omega_r = \alpha_{1r}\dot{q}_1 + \alpha_{2r}\dot{q}_2 + \ldots + \alpha_{nr}\dot{q}_n \qquad (r = 1, 2, \ldots, n),$$

wo $\alpha_{11}, \alpha_{21}, \ldots, \alpha_{nn}$ gegebene Funktionen der $q_1, q_2, \ldots, q_n$ bedeuten. Ferner seien n Linearkombinationen $d\pi_1, d\pi_2, \ldots, d\pi_n$ der Differentiale $dq_1, dq_2, \ldots, dq_n$ definiert durch die Gleichungen

$$d\pi_r = \alpha_{1r}\,dq_1 + \alpha_{2r}\,dq_2 + \ldots + \alpha_{nr}\,dq_n \qquad (r = 1, 2, \ldots, n),$$

deren Koeffizienten α mit denen des vorstehenden Gleichungssystems übereinstimmen.

Diese letzteren Gleichungen würden unmittelbar integrabel sein, wenn die Relationen $\frac{\partial \alpha_{\varkappa r}}{\partial q_m} = \frac{\partial \alpha_{mr}}{\partial q_\varkappa}$ für alle Werte $\varkappa, r, m$ erfüllt wären. In diesem Falle würden wahre Koordinaten π_r existieren. Da die Glei-

[1]) Spezielle Fälle des in diesem Abschnitt behandelten Satzes waren Lagrange und Euler bekannt. Die verallgemeinerte Form der Gleichungen ist von Boltzmann: *Wiener Sitzungsberichte* Bd. 111, S. 1603. 1902; und Hamel: *Zeitschr. f. Math. u. Phys.* Bd. 50, S. 1. 1904.

chungen aber nicht notwendig integrabel sind, sind auch $d\pi_1, d\pi_2, \ldots, d\pi_n$ nicht notwendig Differentiale von Koordinaten $\pi_1, \pi_2, \ldots, \pi_n$. Wir bezeichnen sie als *Differentiale von Quasi-Koordinaten.*

Die nach $\dot q_1, \dot q_2, \ldots, \dot q_n$ aufgelösten Relationen (2) mögen die Gleichungen

$$\dot q_\varkappa = \beta_{\varkappa 1}\,\omega_1 + \beta_{\varkappa 2}\,\omega_2 + \ldots + \beta_{\varkappa n}\,\omega_n \qquad (\varkappa = 1, 2, \ldots, n), \tag{3}$$

ergeben. Durch Multiplikation der Lagrangeschen Gleichungen (1) mit $\beta_{1r}, \beta_{2r}, \ldots, \beta_{nr}$ und Addition erhalten wir

$$\sum_\varkappa \beta_{\varkappa r}\left\{\frac{d}{dt}\left(\frac{\partial T}{\partial \dot q_\varkappa}\right) - \frac{\partial T}{\partial q_\varkappa}\right\} = \sum_\varkappa \beta_{\varkappa r} Q_\varkappa .$$

Nun ist $\sum\limits_\varkappa Q_\varkappa\,\delta q_\varkappa$ die Arbeit der äußeren Kräfte an dem System bei einer willkürlichen Verrückung, daher $\sum\limits_\varkappa \beta_{\varkappa r} Q_\varkappa\,\delta\pi_r$ die Arbeit bei einer Verrückung, bei der alle Größen $\delta\pi$ mit Ausnahme von $\delta\pi_r$ verschwinden. Wenn also die Arbeit der äußeren Kräfte an dem System bei einer willkürlichen infinitesimalen Verrückung $(\delta\pi_1, \delta\pi_2, \ldots, \delta\pi_n)$ gleich

$$\Pi_1\,\delta\pi_1 + \Pi_2\,\delta\pi_2 + \ldots + \Pi_n\,\delta\pi_n$$

ist, so haben wir

$$\sum_\varkappa \beta_{\varkappa r}\left\{\frac{d}{dt}\left(\frac{\partial T}{\partial \dot q_\varkappa}\right) - \frac{\partial T}{\partial q_\varkappa}\right\} = \Pi_r .$$

Vermöge der Gleichungen (3) können wir $\dot q_1, \dot q_2, \ldots, \dot q_n$ aus der Funktion T eliminieren, so daß T eine Funktion von $\omega_1, \omega_2, \ldots, \omega_n$, $q_1, q_2, \ldots, q_n$ wird. (Zur Vereinfachung nehmen wir an, daß t in T nicht explizit vorkommt.) Diese Form von T werde mit $\overline{T}$ bezeichnet. Dann ist

$$\frac{\partial T}{\partial \dot q_\varkappa} = \sum_s \frac{\partial \overline{T}}{\partial \omega_s}\,\alpha_{\varkappa s},$$

und deshalb

$$\sum_\varkappa \beta_{\varkappa r}\left\{\sum_s \alpha_{\varkappa s}\frac{d}{dt}\left(\frac{\partial \overline{T}}{\partial \omega_s}\right) + \sum_s \frac{\partial \overline{T}}{\partial \omega_s}\frac{d\alpha_{\varkappa s}}{dt} - \frac{\partial T}{\partial q_\varkappa}\right\} = \Pi_r .$$

Nun ist

$$\sum_\varkappa \beta_{\varkappa r}\,\alpha_{\varkappa s} = \begin{cases} 0 \text{ für } r \neq s, \\ 1 \text{ für } r = s. \end{cases}$$

Daher erhalten wir

$$\frac{d}{dt}\left(\frac{\partial \overline{T}}{\partial \omega_r}\right) + \sum_\varkappa \sum_s \beta_{\varkappa r}\frac{d\alpha_{\varkappa s}}{dt}\,\frac{\partial \overline{T}}{\partial \omega_s} - \sum_\varkappa \beta_{\varkappa r}\frac{\partial T}{\partial q_\varkappa} = \Pi_r .$$

Außerdem ist

$$\frac{\partial T}{\partial q_\varkappa} = \frac{\partial \overline{T}}{\partial q_\varkappa} + \sum_s \frac{\partial \overline{T}}{\partial \omega_s}\,\frac{\partial \omega_s}{\partial q_\varkappa} = \frac{\partial \overline{T}}{\partial q_\varkappa} + \sum_s \sum_m \frac{\partial \overline{T}}{\partial \omega_s}\,\frac{\partial \alpha_{ms}}{\partial q_\varkappa}\,\dot q_m ,$$

folglich

$$\frac{d}{dt}\left(\frac{\partial \overline{T}}{\partial \omega_r}\right) + \sum_{\varkappa}\sum_{s}\sum_{m} \beta_{\varkappa r} \frac{\partial \overline{T}}{\partial \omega_s} \dot{q}_m \left(\frac{\partial \alpha_{\varkappa s}}{\partial q_m} - \frac{\partial \alpha_{m s}}{\partial q_\varkappa}\right) - \sum_{\varkappa} \beta_{\varkappa r} \frac{\partial \overline{T}}{\partial q_r} = \Pi_r .$$

$\sum_{\varkappa} \beta_{\varkappa r} \frac{\partial \overline{T}}{\partial q_\varkappa}$ oder $\sum_{\varkappa} \frac{\partial \overline{T}}{\partial q_\varkappa} \frac{\partial q_\varkappa}{\partial \pi_r}$ würden nun $\frac{\partial \overline{T}}{\partial \pi_r}$ darstellen, wenn π_r eine wahre Koordinate wäre. Wir benutzen dafür das Symbol $\frac{\partial \overline{T}}{\partial \pi_r}$, gleichviel ob π_r eine wahre Koordinate ist oder nicht. Der Ausdruck

$$\sum_{\varkappa}\sum_{m} \beta_{\varkappa r} \beta_{m l} \left(\frac{\partial \alpha_{\varkappa s}}{\partial q_m} - \frac{\partial \alpha_{m s}}{\partial q_\varkappa}\right)$$

hängt nur von der Beziehung zwischen den wahren Koordinaten und den Differentialen der Quasi-Koordinaten ab und ist unabhängig von der Beschaffenheit und Bewegung des Systems. Wir bezeichnen ihn mit γ_{rsl}. Somit erhalten wir

$$\frac{d}{dt}\left(\frac{\partial \overline{T}}{\partial \omega_r}\right) + \sum_{s}\sum_{l} \gamma_{rsl}\, \omega_l \frac{\partial \overline{T}}{\partial \omega_s} - \frac{\partial \overline{T}}{\partial \pi_r} = \Pi_r \qquad (r = 1, 2 \ldots, n).$$

Diese n Gleichungen sind die Bewegungsgleichungen in Quasi-Koordinaten. Sind die Quasi-Koordinaten wahre Koordinaten, so sind die Größen γ_{rsl} alle Null, da die Bedingungen $\frac{\partial \alpha_{\varkappa r}}{\partial q_m} = \frac{\partial \alpha_{m r}}{\partial q_\varkappa}$ erfüllt sind, und die Gleichungen reduzieren sich auf die gewöhnlichen Lagrangeschen Gleichungen

$$\frac{d}{dt}\left(\frac{\partial T}{\partial \dot{\pi}_r}\right) - \frac{\partial T}{\partial \pi_r} = \Pi_r \qquad (r = 1, 2, \ldots, n).$$

Aufgabe. Ein starrer Körper sei um einen seiner Punkte drehbar. Als Koordinaten des Körpers kann man die drei Eulerschen Winkel ϑ, φ, ψ wählen, die (§ 10) die Lage der im Körper festen mitbewegten Achsen $Oxyz$ gegen die im Raum festen Achsen $OXYZ$ bestimmen. Die willkürliche Bewegung ($\delta\vartheta$, $\delta\varphi$, $\delta\psi$) des Körpers sei der Resultante der infinitesimalen Rotationen $\delta\pi_1$, $\delta\pi_2$, $\delta\pi_3$ um Ox, Oy, Oz äquivalent, so daß man $d\pi_1$, $d\pi_2$, $d\pi_3$ als Differentiale von Quasi-Koordinaten wählen kann. ω_1, ω_2, ω_3 seien die Komponenten der momentanen Winkelgeschwindigkeit des Körpers nach den Achsen $Oxyz$, so daß $d\pi_1$, $d\pi_2$, $d\pi_3$ die den Geschwindigkeiten ω_1, ω_2, ω_3 entsprechenden Differentiale der Quasi-Koordinaten sind. Man beweise, daß die Bewegungsgleichungen des Körpers lauten

$$\frac{d}{dt}\left(\frac{\partial \overline{T}}{\partial \omega_1}\right) - \omega_3 \frac{\partial \overline{T}}{\partial \omega_2} + \omega_2 \frac{\partial \overline{T}}{\partial \omega_3} - \frac{\partial \overline{T}}{\partial \pi_1} = \Pi_1 ,$$

$$\frac{d}{dt}\left(\frac{\partial \overline{T}}{\partial \omega_2}\right) - \omega_1 \frac{\partial \overline{T}}{\partial \omega_3} + \omega_3 \frac{\partial \overline{T}}{\partial \omega_1} - \frac{\partial \overline{T}}{\partial \pi_2} = \Pi_2 ,$$

$$\frac{d}{dt}\left(\frac{\partial \overline{T}}{\partial \omega_3}\right) - \omega_2 \frac{\partial \overline{T}}{\partial \omega_1} + \omega_1 \frac{\partial \overline{T}}{\partial \omega_2} - \frac{\partial \overline{T}}{\partial \pi_3} = \Pi_3 .$$

Darin ist $\overline{T}$ die kinetische Energie des Körpers, dargestellt als Funktion von $\omega_1, \omega_2, \omega_3, \vartheta, \varphi, \psi$; Π_1, Π_2, Π_3 sind die Momente der auf den Körper wirkenden äußeren Kraft um die Achsen Ox, Oy, Oz. Unter $\frac{\partial \overline{T}}{\partial \pi_r}$ ist zu verstehen:

$$\frac{\partial \overline{T}}{\partial \vartheta}\frac{\partial \vartheta}{\partial \pi_r} + \frac{\partial \overline{T}}{\partial \varphi}\frac{\partial \varphi}{\partial \pi_r} + \frac{\partial \overline{T}}{\partial \psi}\frac{\partial \psi}{\partial \pi_r}.$$

Später wird sich zeigen, daß $\overline{T}$ nur von $\omega_1, \omega_2, \omega_3$ abhängt, so daß die Glieder $\frac{\partial \overline{T}}{\partial \pi_r}$ wegfallen.

§ 31. Kräfte, die aus einer von den Geschwindigkeiten abhängigen Potentialfunktion entspringen.

Gelegentlich kann eine Potentialfunktion oder die potentielle Energie auch für solche dynamische Systeme eingeführt werden, deren wirkende Kräfte nicht allein von der Lage, sondern auch von den Geschwindigkeiten und Beschleunigungen des Körpers abhängen.

Ein dynamisches System habe die Lagenkoordinaten $q_1, q_2, \ldots, q_n$. Die Arbeit der äußeren Kräfte bei einer willkürlichen Verrückung $\delta q_1, \delta q_2, \ldots, \delta q_n$ sei

$$Q_1 \delta q_1 + Q_2 \delta q_2 + \cdots + Q_n \delta q_n.$$

Läßt Q_r sich dann in der Form darstellen

$$Q_r = -\frac{\partial V}{\partial q_r} + \frac{d}{dt}\frac{\partial V}{\partial \dot{q}_r} \qquad (r = 1, 2, \ldots, n),$$

wo V eine gegebene Funktion von $\dot{q}_1, \dot{q}_2, \ldots, \dot{q}_n, q_1, q_2, \ldots, q_n$ ist, so werden die Lagrangeschen Bewegungsgleichungen

$$\frac{d}{dt}\left(\frac{\partial T}{\partial \dot{q}_r}\right) - \frac{\partial T}{\partial q_r} = -\frac{\partial V}{\partial q_r} + \frac{d}{dt}\left(\frac{\partial V}{\partial \dot{q}_r}\right) \qquad (r = 1, 2, \ldots, n).$$

Definieren wir daher ein kinetisches Potential L durch die Gleichung

$$L = T - V,$$

so erhalten die Gleichungen die übliche Gestalt

$$\frac{d}{dt}\left(\frac{\partial L}{\partial \dot{q}_r}\right) - \frac{\partial L}{\partial q_r} = 0 \qquad (r = 1, 2, \ldots, n).$$

Die Funktion V kann als eine Verallgemeinerung der potentiellen Energie aufgefaßt werden. Ein Beispiel für ein derartiges System gibt die Bewegung eines Punktes, der dem Weberschen Gesetz der elektrodynamischen Anziehung[1]) nach einem festen Punkt unterworfen ist. Dabei wirkt auf den Punkt die Kraft pro Masseneinheit

$$\frac{1}{r^2}\left(1 - \frac{\dot{r}^2 - 2r\ddot{r}}{c^2}\right),$$

---

[1]) Weber, W.: *Annalen d. Phys.* Bd. 73, S. 193. 1848. Vgl. Whittaker: *History of the Theories of Aether and Electricity* S. 226—231.

wo r den Abstand des Punktes von dem Anziehungszentrum bedeutet. In diesem Fall ist

$$V = \frac{1}{r}\left(1 + \frac{\dot{r}^2}{c^2}\right).$$

Aufgabe. Die Kräfte $Q_1, Q_2, \ldots, Q_n$ eines dynamischen Systems mit den Lagenkoordinaten $q_1, q_2, \ldots, q_n$ leiten sich aus einer verallgemeinerten Potentialfunktion V ab, so daß

$$Q_r = -\frac{\partial V}{\partial q_r} + \frac{d}{dt}\left(\frac{\partial V}{\partial \dot{q}_r}\right).$$

Man beweise, daß $Q_1, Q_2, \ldots, Q_n$ lineare Funktionen von $\ddot{q}_1, \ddot{q}_2, \ldots, \ddot{q}_n$ sind, die den $n(2n-1)$ Gleichungen genügen

$$\frac{\partial Q_i}{\partial \ddot{q}_k} = \frac{\partial Q_k}{\partial \ddot{q}_i},$$

$$\frac{\partial Q_i}{\partial \dot{q}_k} + \frac{\partial Q_k}{\partial \dot{q}_i} = \frac{d}{dt}\left(\frac{\partial Q_i}{\partial \ddot{q}_k} + \frac{\partial Q_k}{\partial \ddot{q}_i}\right),$$

$$\frac{\partial Q_i}{\partial q_k} - \frac{\partial Q_k}{\partial q_i} = \frac{1}{2}\frac{d}{dt}\left(\frac{\partial Q_i}{\partial \dot{q}_k} - \frac{\partial Q_k}{\partial \dot{q}_i}\right).$$

Über die allgemeinen Bedingungen für die Existenz eines kinetischen Potentials der Kräfte vgl.

Helmholtz: *Journal für Math.* Bd. 100. 1896.
Mayer: *Ber. d. Sächs. Ges. d. Wiss., Math.-phys. Kl.* Bd. 40. 1896.
Hirsch: *Math. Annalen* Bd. 50. 1898.

§ 32. Anfangsbewegungen.

Im allgemeinen lassen sich die Bewegungsgleichungen eines dynamischen Systems nicht in geschlossener Form durch bekannte Funktionen lösen. Jedoch kann man ein System von Differentialgleichungen immer (außer in der Umgebung gewisser Singularitäten, die wir hier nicht zu betrachten brauchen) durch *Potenzreihen* integrieren, d. h. für die abhängigen Variablen $q_1, q_2, \ldots, q_n$ Ausdrücke der Form

$$\begin{aligned} q_1 &= a_1 + b_1 t + c_1 t^2 + d_1 t^3 + \ldots, \\ q_2 &= a_2 + b_2 t + c_2 t^2 + d_2 t^3 + \ldots, \\ &\cdots\cdots\cdots\cdots \\ q_n &= a_n + b_n t + c_n t^2 + d_n t^3 + \ldots \end{aligned}$$

finden. In der Tat bestimmen sich die Koeffizienten $a, b \ldots$ durch Einsetzen dieser Reihen in die Differentialgleichungen und Nullsetzen der Koeffizienten der verschiedenen Potenzen von t. Die Entwicklungen konvergieren im allgemeinen für Werte von t innerhalb eines bestimmten Konvergenzkreises der komplexen t-Ebene.

Offenbar geben diese Reihen völligen Aufschluß über den Anfangscharakter der Bewegung; denn wenn man t vom Beginn der Bewegung an rechnet, so sind $a_1, b_1, \ldots$ die bezüglichen Anfangswerte von $q_1, \dot{q}_1, \ldots$ Das folgende Beispiel zeigt, wie man nach dieser Methode die Anfangsbewegung eines Systems untersuchen kann.

Beispiel. Ein Punkt von der Masse 1 sei in einer Ebene beweglich und ursprünglich in Ruhe. Auf ihn wirke ein Kraftfeld, das in einem beliebigen Punkt (x, y) der Ebene die Komponenten X, Y in Richtung fester rechtwinkliger Achsen hat. Man bestimme den Krümmungsradius der Bahn zu Beginn der Bewegung.

Es seien $x + \xi$, $y + \eta$ die Koordinaten eines dem Ausgangspunkt (x, y) benachbarten Punktes, wo ξ und η infinitesimale Größen sind. Dann lauten die Bewegungsgleichungen

$$\begin{aligned} \ddot{\xi} &= X(x + \xi, y + \eta) \\ &= X(x, y) + \xi \frac{\partial X(x, y)}{\partial x} + \eta \frac{\partial X(x, y)}{\partial y} + \cdots, \\ \ddot{\eta} &= Y(x, y) + \xi \frac{\partial Y(x, y)}{\partial x} + \eta \frac{\partial Y(x, y)}{\partial y} + \cdots. \end{aligned}$$

Setzen wir für ξ und η die Entwicklungen an

$$\begin{aligned} \xi &= a t^2 + b t^3 + c t^4 + \cdots, \\ \eta &= d t^2 + e t^3 + f t^4 + \cdots, \end{aligned}$$

(sie enthalten keine niedrigeren Potenzen als t^2, da $\xi, \eta, \dot{\xi}, \dot{\eta}$ für $t = 0$ verschwinden), und führen wir sie in die Differentialgleichungen ein, so ergibt der Vergleich der Koeffizienten der verschiedenen Potenzen von t die Relationen

$$\begin{aligned} a &= \frac{1}{2} X(x, y), \quad & b &= 0, \quad & c &= \frac{1}{24}\left(X \frac{\partial X}{\partial x} + Y \frac{\partial X}{\partial y}\right), \\ d &= \frac{1}{2} Y(x, y), \quad & e &= 0, \quad & f &= \frac{1}{24}\left(X \frac{\partial Y}{\partial x} + Y \frac{\partial Y}{\partial y}\right). \end{aligned}$$

Die Bahn des Massenpunktes in der Umgebung von (x, y) ist daher gegeben durch die Reihen

$$\begin{aligned} \xi &= X u + \frac{1}{6}\left(X \frac{\partial X}{\partial x} + Y \frac{\partial X}{\partial y}\right) u^2 + \cdots, \\ \eta &= Y u + \frac{1}{6}\left(X \frac{\partial Y}{\partial x} + Y \frac{\partial Y}{\partial y}\right) u^2 + \cdots, \end{aligned}$$

wo $u = \frac{1}{2} t^2$ ist.

Sind die Koordinaten ξ, η einer Kurve Funktionen des Parameters u, so ist der Krümmungsradius im Punkte u bekanntlich

$$\frac{\left\{\left(\frac{d\xi}{du}\right)^2 + \left(\frac{d\eta}{du}\right)^2\right\}^{\frac{3}{2}}}{\frac{d^2\eta}{du^2}\frac{d\xi}{du} - \frac{d^2\xi}{du^2}\frac{d\eta}{du}}.$$

Der gesuchte Krümmungsradius der Bahnkurve im Anfangspunkte $u = 0$ ist daher

$$\frac{3\,(X^2 + Y^2)^{\frac{3}{2}}}{\left(X \frac{\partial Y}{\partial x} + Y \frac{\partial Y}{\partial y}\right) X - \left(X \frac{\partial X}{\partial x} + Y \frac{\partial X}{\partial y}\right) Y}.$$

§ 33. Ähnlichkeit dynamischer Systeme[1]).

Zu irgend einem System miteinander verbundener Massenpunkte und starrer Körper kann man auf Grund veränderter Maßstäbe ein

---

[1]) Newton: *Principia* Lib. II, Sect. 7, Prop. 32.

ähnliches System konstruieren. Stehen die Massen bzw. Kräfte der beiden Systeme, die wir das *Urbild* und *Abbild* nennen können, je in festem Verhältnis zueinander, so sind die Wirkungen beider Systeme ähnlich, erfolgen aber nicht mit derselben Geschwindigkeit, sondern mit Geschwindigkeiten, die in konstantem Verhältnis zueinander stehen.

Wir bestimmen die Beziehung zwischen den verschiedenen Maßstabsänderungen. Die linearen Abmessungen des Urbilds und Abbilds mögen sich wie $x:1$ verhalten, die Massen entsprechender Punkte wie $y:1$, die Geschwindigkeiten wie $z:1$, so daß die Zeiträume zwischen entsprechenden Phasen im Verhältnis $1:z$ stehen. Die Kräfte endlich mögen sich wie $w:1$ verhalten.

Jeder Massenpunkt genügt einer Bewegungsgleichung der Form

$$m\ddot{x} = X.$$

Ändert sich also m im Verhältnis $y:1$, $\ddot{x}$ im Verhältnis $xz^2:1$, X im Verhältnis $w:1$, so muß

$$w = xyz^2$$

sein. Dies ist die gesuchte Beziehung zwischen den Zahlen x, y, z, w.

Beispiel. Sind die wirkenden Kräfte die der Schwere, so ist $w = y$ und folglich $xz^2 = 1$. Die Geschwindigkeiten verhalten sich also umgekehrt wie die Quadratwurzeln aus den linearen Dimensionen.

Sind die Kräfte diejenigen der gegenseitigen Gravitation der Punkte, so daß jeder Punkt jeden anderen mit einer Kraft anzieht, die dem Produkt aus den Massen und dem reziproken Quadrat der Entfernung proportional ist, so wird $w = \frac{y^2}{x^2}$. Die Geschwindigkeiten stehen daher im Verhältnis $y^{\frac{1}{2}} : x^{\frac{1}{2}}$.

§ 34. Bewegung bei Umkehrung der Kraftrichtung.

Wir betrachten den speziellen Fall der Ähnlichkeit $w = -1$.

Die Bewegung eines Systems, dessen Bindungen von der Zeit unabhängig sind und dessen wirkende Kräfte nur von der Lage des Massenpunktes abhängen, ist bestimmt durch die Lagrangeschen Gleichungen

$$\frac{d}{dt}\left(\frac{\partial T}{\partial \dot{q}_r}\right) - \frac{\partial T}{\partial q_r} = Q_r \qquad (r = 1, 2, \ldots, n).$$

Darin ist die kinetische Energie T eine homogene quadratische Funktion der Geschwindigkeiten $\dot{q}_1, \dot{q}_2, \ldots, \dot{q}_n$, die noch beliebig von den Koordinaten $q_1, q_2, \ldots, q_n$ abhängt, während Q_r eine Funktion der Lagenkoordinaten $q_1, q_2, \ldots, q_n$ allein ist. Wir führen eine neue unabhängige Variable ein durch die Gleichung $\tau = it$, wo $i = \sqrt{-1}$ ist. Akzente sollen Differentiationen nach dieser neuen Variablen τ andeuten. Da $\frac{d}{dt}\left(\frac{\partial T}{\partial \dot{q}_r}\right)$ und $\frac{\partial T}{\partial q_r}$ homogen vom $(-2)^{\text{ten}}$ Grade in dt sind, gehen die obigen Gleichungen über in

$$\frac{d}{d\tau}\left(\frac{\partial \mathfrak{T}}{\partial q_r'}\right) - \frac{\partial \mathfrak{T}}{\partial q_r} = -Q_r \qquad (r = 1, 2, \ldots, n),$$

wo $\mathfrak{T}$ in derselben Weise von $q_1', q_2', \ldots, q_n', q_1, q_2, \ldots, q_n$ abhängt wie T von $\dot{q}_1, \dot{q}_2, \ldots, \dot{q}_n, q_1, q_2, \ldots, q_n$.

Bedeutet aber τ an Stelle von t die Zeit, so sind die letzteren Gleichungen die Bewegungsgleichungen des ursprünglichen Systems unter der Einwirkung gleich großer, aber entgegengesetzt gerichteter Kräfte. Sind überdies $\alpha_1, \alpha_2, \ldots, \alpha_n, \beta_1, \beta_2, \ldots, \beta_n$ die Anfangswerte von $q_1, q_2, \ldots, q_n, \dot{q}_1, \dot{q}_2, \ldots, \dot{q}_n$ für eine spezielle Bewegung des ursprünglichen Systems, so sind $\alpha_1, \alpha_2, \ldots, \alpha_n, -i\beta_1, -i\beta_2, \ldots, -i\beta_n$ die entsprechenden Werte in dem transformierten Problem. So erhalten wir den Satz: *In einem beliebigen dynamischen System, dessen Bindungen von der Zeit unabhängig und dessen wirkende Kräfte Funktionen der Lagenkoordinaten allein sind, bleiben die Integrale der Bewegungsgleichungen reell, wenn man t durch $i\tau$ und die Anfangsgeschwindigkeiten $\beta_1, \beta_2, \ldots, \beta_n$ durch $-i\beta_1, -i\beta_2, \ldots, -i\beta_n$ ersetzt. Die so erhaltenen Ausdrücke stellen die Bewegung des Systems für den Fall dar, daß an ihm, unter sonst gleichen Anfangsbedingungen, gleich große, aber entgegengesetzt gerichtete Kräfte angreifen.*

§ 35. Stoßbewegung.

In bestimmten Fällen, z. B. bei dem Stoß starrer Körper, ändern sich die Geschwindigkeiten der Massenpunkte eines dynamischen Systems so schnell, daß die dabei verstrichene Zeit in der analytischen Darstellung des Vorganges vernachlässigt werden kann.

Die Gesetze[1]) derartiger „impulsiver Bewegungen" zeigen weitgehende Analogie mit denen der Bewegung infolge endlicher Kräfte und lassen sich folgendermaßen aussprechen. Das Produkt aus dem Betrag der Masse des Punktes und dem Vektor seiner momentanen Geschwindigkeit ist ein Vektor auf einer Geraden durch den Punkt und wird als die momentane *Bewegungsgröße* des Punktes bezeichnet[2]). Die Bewegungsgröße eines Punktes mit der Masse m und den rechtwinkligen Koordinaten x, y, z hat daher in Richtung der Achsen die Komponenten $m\dot{x}, m\dot{y}, m\dot{z}$. Als *Komponente der Bewegungsgröße eines Systems von Massenpunkten* in einer bestimmten Richtung bezeichnet man die Summe der Komponenten der Bewegungsgrößen aller Punkte in dieser Richtung. Die impulsive Geschwindigkeitsänderung in einem System kann damit erklärt werden, daß den einzelnen Systempunkten plötzlich Bewegungsgrößen erteilt worden sind.

Die Größe einer Einwirkung, die eine impulsive Bewegung eines Systems verursacht, ist durch diejenige Bewegungsgröße zu messen,

---

[1]) Sie waren in den von Wallis und Wren 1668 entdeckten Stoßgesetzen enthalten: *Phil. Trans.* Nr. 43, S. 864, 867.

[2]) Bewegungsgröße ist die *quantitas motus* in Newton: *Principia* Buch I, Def. 2. Die Idee kann bis auf Descartes zurück verfolgt werden.

die sie einem einzelnen freien Massenpunkte erteilen würde. Hat ein Punkt der Masse m vor dem Impuls die Geschwindigkeitskomponenten u_0, v_0, w_0 in Richtung im Raume fester Achsen, nach dem Impuls die Geschwindigkeitskomponenten u, v, w, dann stellt der Vektor mit den Komponenten

$$m(u - u_0), \quad m(v - v_0), \quad m(w - w_0)$$

auf einer Geraden durch den Punkt den auf den Massenpunkt wirkenden Impuls dar.

Für die Diskussion der impulsiven Bewegung eines Systems verbundener Punkte ist offenbar ein Erfahrungsgesetz notwendig, ähnlich dem Gesetz der Aktion und Reaktion endlicher Kräfte. Wir können es so aussprechen: *Der Gesamtimpuls auf einen Massenpunkt des Systems setzt sich zusammen aus dem äußeren Impuls auf den Punkt und aus Impulsen in Richtung seiner Verbindungslinien mit allen Punkten des Systems, die durch Bindungen seine Bewegung beeinflußen. Der äußere, d. h. der dem Punkt von außerhalb des Systems erteilte Impuls wird dabei gemessen durch die Bewegungsgröße, die er als freier Punkt erhalten würde, und die von zwei verbundenen Massenpunkten einander erteilten Impulse sind von gleicher Größe, aber entgegengesetzter Richtung.*

Werden die Komponenten eines Impulses als Zeitintegrale der Komponenten einer gewöhnlichen endlichen Kraft von außerordentlicher Größe, aber sehr kurzer Wirkungsdauer aufgefaßt, so steht das soeben ausgesprochene Gesetz im Einklang mit dem Gesetz der Aktion und Reaktion endlicher Kräfte.

Änderung der kinetischen Energie infolge von Impulsen.

Die Änderung der kinetischen Energie eines dynamischen Systems, auf dessen Punkte eine gegebene Impulsfolge einwirkt, kann folgendermaßen bestimmt werden.

Ein Punkt der Masse m erleide einen Impuls I, dessen Richtungskosinus gegen feste Koordinatenachsen λ, μ, ν sind. Seine ursprüngliche Geschwindigkeit v_0 in einer durch die Kosinus L_0, M_0, N_0 bestimmten Richtung werde in eine Geschwindigkeit v in Richtung L, M, N übergeführt. Die Gleichungen der impulsiven Bewegungen sind

$$m(vL - v_0 L_0) = I\lambda, \quad m(vM - v_0 M_0) = I\mu, \quad m(vN - v_0 N_0) = I\nu.$$

Multipliziert man diese Gleichungen beziehungsweise mit

$$\tfrac{1}{2}(vL + v_0 L_0), \quad \tfrac{1}{2}(vM + v_0 M_0), \quad \tfrac{1}{2}(vN + v_0 N_0)$$

und addiert, so erhält man

$$\tfrac{1}{2}mv^2 - \tfrac{1}{2}mv_0^2 = \tfrac{1}{2}Iv(L\lambda + M\mu + N\nu) + \tfrac{1}{2}Iv_0(L_0\lambda + M_0\mu + N_0\nu).$$

Die Änderung der kinetischen Energie des Systems ist daher gleich dem Produkt aus dem Impuls und dem Mittelwert der Geschwindigkeitskomponenten des Massenpunktes vor und nach dem Stoß in Richtung des Impulses.

Wir betrachten nun ein dynamisches System, das aus verbundenen Massenpunkten und starren Körpern zusammengesetzt ist, denen gegebene Impulse erteilt werden. Wenden wir unser Resultat auf jeden einzelnen Bestandteil des Systems an und summieren, so ergibt sich: *Die Änderung der kinetischen Energie des Systems ist gleich der Summe der ihm erteilten Impulse, deren jeder multipliziert ist mit dem*

Mittelwert der Geschwindigkeitskomponenten des betreffenden Angriffspunktes vor und nach dem Impuls in Richtung des Impulses. Dabei können offenbar die gegenseitigen Impulskräfte der Moleküle der starren Körper des Systems vernachlässigt werden.

§ 36. Die Lagrangeschen Gleichungen der Stoßbewegung.

Die Gleichungen der Stoßbewegung eines dynamischen Systems können in eine Form[1]) gebracht werden, in der sie den Lagrangeschen Gleichungen der Bewegung unter dem Einfluß endlicher Kräfte analog sind.

Es seien X_i, Y_i, Z_i die Komponenten des gesamten (äußeren und molekularen) Impulses auf einen Massenpunkt m_i des Systems mit den Koordinaten x_i, y_i, z_i. Die Gleichungen der impulsiven Bewegung des Punktes sind dann

$$m_i(\dot{x}_i - \dot{x}_{i0}) = X_i, \qquad m_i(\dot{y}_i - \dot{y}_{i0}) = Y_i, \qquad m_i(\dot{z}_i - \dot{z}_{i0}) = Z_i,$$

wo $\dot{x}_{i0}$, $\dot{y}_{i0}$, $\dot{z}_{i0}$ und $\dot{x}_i$, $\dot{y}_i$, $\dot{z}_i$ die Geschwindigkeitskomponenten des Massenpunktes vor und nach dem Impuls bedeuten.

Sind $q_1, q_2, \ldots, q_n$ die n unabhängigen Lagenkoordinaten des Systems, so ist daher

$$\sum_i m_i \left\{(\dot{x}_i - \dot{x}_{i0})\frac{\partial x_i}{\partial q_r} + (\dot{y}_i - \dot{y}_{i0})\frac{\partial y_i}{\partial q_r} + (\dot{z}_i - \dot{z}_{i0})\frac{\partial z_i}{\partial q_r}\right\} =$$

$$= \sum_i \left(X_i \frac{\partial x_i}{\partial q_r} + Y_i \frac{\partial y_i}{\partial q_r} + Z_i \frac{\partial z_i}{\partial q_r}\right),$$

wo die Summation über alle Punkte des Systems zu erstrecken ist.

Führt man die Summation auf der rechten Seite dieser Gleichung aus, so ergibt sich wie in § 26, daß die molekularen Impulse zwischen Massenpunkten des Systems fortgelassen werden können. Die Größe

$$\sum_i \left(X_i \frac{\partial x_i}{\partial q_r} + Y_i \frac{\partial y_i}{\partial q_r} + Z_i \frac{\partial z_i}{\partial q_r}\right)$$

kann daher leicht bestimmt werden, wenn die äußeren Impulse bekannt sind. Wir bezeichnen sie mit Q_r. Dann wird also

$$\sum_i m_i \left\{(\dot{x}_i - \dot{x}_{i0})\frac{\partial x_i}{\partial q_r} + (\dot{y}_i - \dot{y}_{i0})\frac{\partial y_i}{\partial q_r} + (\dot{z}_i - \dot{z}_{i0})\frac{\partial z_i}{\partial q_r}\right\} = Q_r.$$

Wie in § 26 ist aber

$$\frac{\partial x_i}{\partial q_r} = \frac{\partial \dot{x}_i}{\partial \dot{q}_r}, \quad \text{also} \quad \dot{x}_i \frac{\partial x_i}{\partial q_r} = \frac{\partial}{\partial \dot{q}_r}\left(\frac{1}{2}\dot{x}_i^2\right)$$

und entsprechend

$$\dot{x}_{i0}\frac{\partial x_i}{\partial q_r} = \frac{\partial}{\partial \dot{q}_{r0}}\left(\frac{1}{2}\dot{x}_{i0}^2\right),$$

[1]) Vgl. Lagrange: *Méc. Anal.* (2e éd.) Bd. 2, S. 183.

wo $\dot{q}_{r0}$ und $\dot{q}_r$ die zu der Koordinate q_r gehörenden Geschwindigkeiten vor und nach dem Stoß bedeuten. Ist also

$$T = \tfrac{1}{2} \sum_i m_i (\dot{x}_i^2 + \dot{y}_i^2 + \dot{z}_i^2)$$

die kinetische Energie des Systems nach dem Impuls, so kann die obige Gleichung in der Form geschrieben werden

$$\frac{\partial T}{\partial \dot{q}_r} - \left(\frac{\partial T}{\partial \dot{q}_r}\right)_0 = Q_r,$$

wo $\left(\frac{\partial T}{\partial \dot{q}_r}\right)_0$ der Größe $\frac{\partial T}{\partial \dot{q}_r}$ im Augenblick vor dem Impuls entspricht.

Analoge Gleichungen ergeben sich für die übrigen Koordinaten $q_1, q_2, \ldots, q_n$. Wir erhalten daher das *System der n Lagrangeschen Gleichungen der Stoßbewegung*

$$\frac{\partial T}{\partial \dot{q}_r} - \left(\frac{\partial T}{\partial \dot{q}_r}\right)_0 = Q_i \qquad (r = 1, 2, \ldots, n).$$

Es sind algebraische Gleichungen zur Bestimmung von $\dot{q}_1, \dot{q}_2, \ldots, \dot{q}_n$ als Funktionen von $\dot{q}_{10}, \dot{q}_{20}, \ldots, \dot{q}_{n0}$, nicht Differentialgleichungen wie die Lagrangeschen Gleichungen für endliche Kräfte, da die zweiten Ableitungen der Koordinaten nach der Zeit nicht eingehen.

Übungsaufgaben.

1. Zwei im Raum bewegliche starre Körper sind durch einen gespannten undehnbaren Faden verbunden, der von einem Punkt des einen zu einem Punkt des anderen führt. Außerdem ist einer der Körper gezwungen, auf einer gegebenen ruhenden Fläche zu rollen ohne zu gleiten. Wie viele Freiheitsgrade hat das System, und durch wie viele unabhängige Koordinaten ist seine Konfiguration bestimmt?

2. Ein Punkt sei auf krummlinige Koordinaten a, b, c bezogen, und das Quadrat seiner Geschwindigkeit sei

$$2T = A\dot{a}^2 + B\dot{b}^2 + C\dot{c}^2 + 2F\dot{b}\dot{c} + 2G\dot{c}\dot{a} + 2H\dot{a}\dot{b}.$$

Man zeige, daß die Geschwindigkeitskomponenten p, q, r in Richtung der Tangenten an die Koordinatenkurven durch drei Gleichungen vom Typus

$$\frac{d}{dt}\left(\frac{\partial T}{\partial \dot{a}}\right) - \frac{\partial T}{\partial a} = p\sqrt{A} + \frac{H}{\sqrt{B}} q + \frac{G}{\sqrt{C}} r$$

gegeben sind.

3. Ein im Raum frei beweglicher Punkt sei ursprünglich im Nullpunkt in Ruhe und unterliege der Einwirkung eines Kraftfeldes, dessen Komponenten X, Y, Z in einem willkürlichen Punkt (x, y, z) durch die Entwicklungen gegeben sind:

$X = a + bx +$ quadratische und höhere Glieder in x, y, z,
$Y = cx +$ quadratische und höhere Glieder in x, y, z,
$Z = dx^2 +$ kubische und höhere Glieder in x, y, z.

Man bestimme die Krümmung und Torsion der Bahnkurve im Nullpunkt.

Drittes Kapitel.

Integrationsprinzipien.

§ 37. Durch Quadraturen lösbare Probleme.

Im letzten Kapitel haben wir gezeigt, daß die Bestimmung der Bewegung eines holonomen dynamischen Systems mit einer endlichen Anzahl von Freiheitsgraden von der Lösung eines Systems gewöhnlicher Differentialgleichungen abhängt. Sind $q_1, q_2, \ldots, q_n$ die Koordinaten, die die Konfiguration des Systems zur Zeit t bestimmen, und ist n die Anzahl der Freiheitsgrade, so besteht das System der Bewegungsgleichungen aus n Differentialgleichungen zweiter Ordnung mit $q_1, q_2, \ldots, q_n$ als abhängigen Veränderlichen, t als unabhängiger Veränderlicher. Das Gleichungssystem ist von der *Ordnung* $2n$; dabei versteht man unter der *Ordnung* des Systems die Summe der Ordnungen der höchsten in den Gleichungen auftretenden Ableitungen der abhängigen Veränderlichen. Aus der Theorie der gewöhnlichen Differentialgleichungen ist bekannt, daß die Anzahl der willkürlichen Integrationskonstanten in der allgemeinen Lösung eines Systems von Differentialgleichungen gleich der Ordnung des Systems ist. *Folglich enthält die allgemeine Lösung eines holonomen dynamischen Problems von n Freiheitsgraden $2n$ Integrationskonstanten.*

Nun kann jedes System k^{ter} Ordnung von Differentialgleichungen auf die Form

$$\frac{dx_r}{dt} = X_r(x_1, x_2, \ldots, x_k, t) \qquad (r = 1, 2, \ldots, k)$$

gebracht werden, wo $X_1, X_2, \ldots, X_k$ bekannte Funktionen ihrer Argumente sind. Dazu führt man als neue Veränderliche $x_1, x_2, \ldots, x_k$ die ursprünglichen abhängigen Veränderlichen und ihre Ableitungen ein bis zu den höchsten in den ursprünglichen Gleichungen auftretenden Ableitungen, diese selbst ausgenommen. Z. B. kann das Gleichungssystem vierter Ordnung

$$\frac{d^2 q_1}{dt^2} = Q_1(q_1, q_2, \dot{q}_1, \dot{q}_2), \qquad \frac{d^2 q_2}{dt^2} = Q_2(q_1, q_2, \dot{q}_1, \dot{q}_2)$$

(in dem Q_1, Q_2 beliebig gewählte Funktionen der angegebenen Argumente sein sollen) durch die Substitution

$$x_1 = q_1, \qquad x_2 = q_2, \qquad x_3 = \dot{q}_1, \qquad x_4 = \dot{q}_2$$

in das System

$$\frac{dx_1}{dt} = x_3, \quad \frac{dx_2}{dt} = x_4, \quad \frac{dx_3}{dt} = Q_1(x_1, x_2, x_3, x_4), \quad \frac{dx_4}{dt} = Q_2(x_1, x_2, x_3, x_4)$$

übergeführt werden.

Man kann daher

$$\frac{dx_r}{dt} = X_r(x_1, x_2, \ldots, x_k, t) \qquad (r = 1, 2, \ldots k)$$

als die Normalform eines Differentialgleichungssystems k^{ter} Ordnung betrachten.

Hat eine Funktion $f(x_1, x_2, \ldots, x_k, t)$ die Eigenschaft, daß $\frac{df}{dt}$ verschwindet, wenn man für $x_1, x_2, \ldots, x_k$ beliebige Funktionen von t einsetzt, die den obigen Differentialgleichungen genügen, so heißt die Gleichung

$$f(x_1, x_2, \ldots, x_k, t) = \text{konst.}$$

ein *Integral* des Systems. Die Bedingung dafür, daß eine gegebene Funktion f ein Integral des Systems liefert, ist leicht zu finden. Denn aus der Gleichung $\frac{df}{dt} = 0$ folgt

$$\frac{\partial f}{\partial x_1}\dot{x}_1 + \frac{\partial f}{\partial x_2}\dot{x}_2 + \ldots + \frac{\partial f}{\partial x_k}\dot{x}_k + \frac{\partial f}{\partial t} = 0$$

oder

$$\frac{\partial f}{\partial x_1}X_1 + \frac{\partial f}{\partial x_2}X_2 + \ldots + \frac{\partial f}{\partial x_k}X_k + \frac{\partial f}{\partial t} = 0.$$

Diese Relation muß identisch erfüllt sein, damit die Gleichung

$$f(x_1, x_2, \ldots, x_k, t) = \text{konst.}$$

ein Integral des Systems der Differentialgleichungen sein kann.

Zuweilen bezeichnet man auch die Funktion f selbst, nicht die Gleichung $f = \text{konst.}$, als Integral des Systems.

Die vollständige Lösung des Systems der Differentialgleichungen k^{ter} Ordnung ist gegeben durch k Integrale

$$f_r(x_1, x_2, \ldots, x_k, t) = a_r \qquad (r = 1, 2, \ldots, k)$$

mit den willkürlichen Konstanten $a_1, a_2, \ldots, a_k$, wenn die Integrale *unabhängig* sind, d. h. wenn keines von ihnen eine Folge der übrigen ist. Denn sind

$$x_r = \varphi_r(a_1, a_2, \ldots, a_k, t)$$

die Werte von $x_1, x_2, \ldots, x_k$ als Funktionen von $t, a_1, a_2, \ldots, a_k$, die man aus diesen Gleichungen finden kann, und wählt man dann ein beliebiges System von Funktionen $x_1, x_2, \ldots, x_k$ von t, die den Differentialgleichungen genügen, so hat man nach dem oben gesagten den willkürlichen Konstanten a_r nur geeignete Werte zu erteilen, damit die Gleichungen

$$f_r(x_1, x_2, \ldots, x_k, t) = a_r \qquad (r = 1, 2, \ldots, k)$$

für diese bestimmten Funktionen $x_1, x_2, \ldots, x_k$ erfüllt sind. Daher ist dies System von Funktionen $x_1, x_2, \ldots, x_k$ in den durch die Gleichungen $x_r = \varphi_r$ definierten Funktionen enthalten. Die Lösung eines dynamischen Problems von n Freiheitsgraden ist mithin äquivalent der Bestimmung der $2n$ Integrale eines Systems von Differentialgleichungen $2n^{\text{ter}}$ Ordnung.

So hat z. B. die Differentialgleichung zweiter Ordnung

$$\ddot{q} = -q$$

die beiden Integrale

$$q^2 + \dot{q}^2 = a_1,$$

$$\operatorname{arctg}\frac{q}{\dot{q}} - t = a_2,$$

wo a_1, a_2 willkürliche Konstanten sind. Die Auflösung dieser Gleichungen nach q und $\dot{q}$ ergibt

$$q = a_1^{\frac{1}{2}}\sin(t + a_2),$$

$$\dot{q} = a_1^{\frac{1}{2}}\cos(t + a_2).$$

Diese Gleichungen stellen die Lösung der Differentialgleichung dar.

Wir beschäftigen uns zunächst mit den elementareren Problemen der Dynamik, die durch elementare Funktionen oder unbestimmte Integrale elementarer Funktionen, also durch sogenannte *Quadraturen*, vollständig gelöst werden können. Im allgemeinen sind die Probleme der Dynamik nicht durch Quadraturen lösbar. Diese Möglichkeit ist vielmehr immer durch eine besondere Beschaffenheit des kinetischen Potentials bedingt. Das vorliegende Kapitel erörtert die besonderen Formen, in denen das kinetische Potential der durch Quadraturen lösbaren Probleme am häufigsten auftritt, und den tieferen Grund der Lösbarkeit derselben.

§ 38. Systeme mit zyklischen Koordinaten.

Die Bewegung eines konservativen holonomen dynamischen Systems von n Freiheitsgraden mit den Koordinaten $q_1, q_2, \ldots, q_n$ und dem kinetischen Potential L ist nach § 27 bestimmt durch die Differentialgleichungen

$$\frac{d}{dt}\left(\frac{\partial L}{\partial \dot{q}_r}\right) - \frac{\partial L}{\partial q_r} = 0 \qquad (r = 1, 2, \ldots, n).$$

Die Größe $\frac{\partial L}{\partial \dot{q}_r}$ heißt die zu der Koordinate q_r gehörende *Impulsgröße* oder das *Moment*.

Es kann sein, daß einige der Koordinaten, etwa $q_1, q_2, \ldots, q_k$, in L nicht explizit vorkommen, während die zugehörigen Geschwindigkeiten

$\dot{q}_1, \dot{q}_2, \ldots, \dot{q}_k$ explizit auftreten. Dann bezeichnet man diese Koordinaten als *ignorierbar* oder *zyklisch*. Das Auftreten zyklischer Koordinaten ist, wie sich zeigen wird, eine der häufigsten Ursachen für die Lösbarkeit spezieller Probleme durch Quadraturen.

Zu den k zyklischen Koordinaten gehören die Lagrangeschen Bewegungsgleichungen

$$\frac{d}{dt}\left(\frac{\partial L}{\partial \dot{q}_r}\right) = 0 \qquad (r = 1, 2, \ldots, k).$$

Ihre Integration ergibt

$$\frac{\partial L}{\partial \dot{q}_r} = \beta_r \qquad (r = 1, 2, \ldots, k),$$

wo $\beta_1, \beta_2, \ldots, \beta_k$ Integrationskonstanten sind. Diese Gleichungen sind offenbar k Integrale des Systems.

Wir zeigen nun, wie man mit Hilfe dieser k Integrale die Ordnung des Systems der Lagrangeschen Differentialgleichungen reduzieren kann[1]).

Wir setzen

$$L - \sum_{r=1}^{k} \dot{q}_r \frac{\partial L}{\partial \dot{q}_r} = R.$$

Mit Hilfe der k Gleichungen

$$\frac{\partial L}{\partial \dot{q}_r} = \beta_r \qquad (r = 1, 2, \ldots, k)$$

können wir die den zyklischen Koordinaten entsprechenden Geschwindigkeiten $\dot{q}_1, \dot{q}_2, \ldots, \dot{q}_k$ als Funktionen von

$$q_{k+1}, q_{k+2}, \ldots, q_n, \quad \dot{q}_{k+1}, \dot{q}_{k+2}, \ldots, \dot{q}_n, \quad \beta_1, \beta_2, \ldots, \beta_k$$

darstellen und damit R durch diese Größen ausdrücken.

Nun bezeichne δf den Zuwachs einer Funktion f von

$$q_{k+1}, q_{k+2}, \ldots, q_n, \dot{q}_1, \dot{q}_2, \ldots, \dot{q}_n$$

oder $\quad q_{k+1}, q_{k+2}, \ldots, q_n, \dot{q}_{k+1}, \dot{q}_{k+2}, \ldots, \dot{q}_n, \beta_1, \beta_2, \ldots, \beta_k$

bei willkürlichen infinitesimalen Änderungen

$$\delta q_{k+1}, \delta q_{k+2}, \ldots, \delta q_n, \delta \dot{q}_1, \delta \dot{q}_2, \ldots, \delta \dot{q}_n$$

der Argumente. Dann ist nach der Definition von R

$$\delta R = \delta\left(L - \sum_{r=1}^{k} \dot{q}_r \frac{\partial L}{\partial \dot{}_r}\right).$$

Es ist aber

$$\delta L = \sum_{r=k+1}^{n} \frac{\partial L}{\partial q_r} \delta q_r + \sum_{r=1}^{k} \frac{\partial L}{\partial \dot{q}_r} \delta \dot{q}_r + \sum_{r=k+1}^{n} \frac{\partial L}{\partial \dot{q}_r} \partial \dot{q}_r$$

und

$$\delta\left(\sum_{r=1}^{k} \dot{q}_r \frac{\partial L}{\partial \dot{q}_r}\right) = \sum_{r=1}^{k} \frac{\partial L}{\partial \dot{q}_r} \delta \dot{q}_r + \sum_{r=1}^{k} \dot{q}_r \delta \beta_r,$$

[1]) Die folgende Transformation ist tatsächlich ein Spezialfall der im zehnten Kapitel besprochenen Hamiltonschen Transformation. Sie wurde jedoch von Routh 1876 selbständig entwickelt, etwas später auch von Helmholtz.

wegen
$$\frac{\partial L}{\partial \dot{q}_r} = \beta_r.$$

Daher ist
$$\delta R = \sum_{r=k+1}^{n} \frac{\partial L}{\partial q_r} \delta q_r + \sum_{r=k+1}^{n} \frac{\partial L}{\partial \dot{q}_r} \delta \dot{q}_r - \sum_{r=1}^{k} \dot{q}_r \delta \beta_r.$$

Da die infinitesimalen Größen auf der rechten Seite dieser Gleichung willkürlich und unabhängig sind, ist die Gleichung äquivalent mit dem folgenden. Gleichungssystem
$$\frac{\partial L}{\partial \dot{q}_r} = \frac{\partial R}{\partial \dot{q}_r} \qquad (r = k+1, k+2, \ldots, n),$$
$$\frac{\partial L}{\partial q_r} = \frac{\partial R}{\partial q_r} \qquad (r = k+1, k+2, \ldots, n),$$
$$\dot{q}_r = -\frac{\partial R}{\partial \beta_r} \qquad (r = 1, 2, \ldots, k).$$

Setzen wir diese Werte in die Lagrangeschen Bewegungsgleichungen ein, so folgt
$$\frac{d}{dt}\left(\frac{\partial R}{\partial \dot{q}_r}\right) - \frac{\partial R}{\partial q_r} = 0 \qquad (r = k+1, k+2, \ldots, n).$$

Nun ist R eine Funktion der Veränderlichen
$$\dot{q}_{k+1}, \dot{q}_{k+2}, \ldots, \dot{q}_n, q_{k+1}, q_{k+2}, \ldots, q_n$$
und der Konstanten $\beta_1, \beta_2, \ldots, \beta_k$ allein. Somit haben wir ein neues Lagrangesches Gleichungssystem erhalten, das wir als zu einem neuen dynamischen Problem mit $n-k$ Freiheitsgraden gehörig auffassen können. Die neuen Koordinaten sind $q_{k+1}, q_{k+2}, \ldots, q_n$, das neue kinetische Potential ist R. Sind die Veränderlichen $q_{k+1}, q_{k+2}, \ldots, q_n$ durch die Lösung des neuen dynamischen Problems als Funktionen von t bestimmt, so findet man die übrigen ursprünglichen Koordinaten, nämlich $q_1, q_2, \ldots, q_k$, aus den Gleichungen
$$q_r = -\int \frac{\partial R}{\partial \beta_r} dt \qquad (r = 1, 2, \ldots, k).$$

Ein dynamisches System mit n Freiheitsgraden und k zyklischen Koordinaten kann also auf ein dynamisches Problem mit nur n—k Freiheitsgraden zurückgeführt werden.

Die Grundlage dieser Reduktion ist die Tatsache, daß man, sobald das kinetische Potential nicht explizit von der Koordinate q_r, wohl aber von der zugehörigen Geschwindigkeit $\dot{q}_r$ abhängt, ein Integral der Bewegungsgleichungen unmittelbar angeben kann, nämlich $\frac{\partial L}{\partial \dot{q}_r} = \text{konst.}$ Es ist dies ein Spezialfall eines viel allgemeineren Satzes, den wir später ableiten werden. Er besagt, daß, wenn ein dynamisches System eine bekannte infinitesimale Berührungstransformation gestattet, ein Integral des Systems sofort angegeben werden kann.

Bezieht sich das ursprüngliche Problem auf ein konservatives dynamisches System, dessen Bindungen von der Zeit unabhängig sind, so zerfällt das kinetische Potential L in zwei Teile: die kinetische Energie, die eine homogene quadratische Funktion in $\dot{q}_1, \dot{q}_2, \ldots, \dot{q}_n$ ist und von $q_{k+1}, q_{k+2}, \ldots, q_n$ in beliebiger Weise abhängt, und die potentielle Energie (mit entgegengesetztem Vorzeichen), in der allein $q_{k+1}, q_{k+2}, \ldots, q_n$ auftreten. Aber in dem neuen dynamischen System, das durch die Reduktion entstanden ist, läßt sich das kinetische Potential R nicht derartig zerlegen. Tatsächlich enthält R im allgemeinen die Geschwindigkeiten auch linear. Ganz allgemein gilt: wenn die Lösung eines Systems Lagrangescher Differentialgleichungen auf die Lösung eines zweiten Lagrangeschen Gleichungssystems mit kleinerer Variablenzahl zurückgeführt ist, so zerfällt das kinetische Potential des neuen Systems nicht mehr notwendig in zwei Teile, die einer kinetischen und einer potentiellen Energie entsprechen. Wir bezeichnen gelegentlich Systeme Lagrangescher Gleichungen, deren kinetisches Potential nur Glieder nullten und zweiten Grades in den Geschwindigkeiten enthält, als *natürliche Systeme*, als *nicht-natürliche* diejenigen, die dieser Bedingung nicht genügen.

Als Beispiel führen wir die Reduktion des dynamischen Systems von zwei Freiheitsgraden aus, das die kinetische Energie

$$T = \frac{1}{2}\frac{\dot{q}_1^2}{a + b\,q_2^2} + \frac{1}{2}\dot{q}_2^2$$

und die potentielle Energie

$$V = c + d\,q_2^2$$

besitzt, wo a, b, c, d gegebene Konstanten sind.

Offenbar ist q_1 eine zyklische Koordinate; denn q_1 kommt in T und V nicht explizit vor.

Das kinetische Potential des Systems ist

$$L = \frac{1}{2}\frac{\dot{q}_1^2}{a + b\,q_2^2} + \frac{1}{2}\dot{q}_2^2 - c - d\,q_2^2,$$

das der zyklischen Koordinate entsprechende Integral ist daher

$$\frac{\dot{q}_1}{a + b\,q_2^2} = \beta,$$

wo der Wert der Konstanten β durch die Anfangsbedingungen der Bewegung bestimmt ist.

Das kinetische Potential des neuen durch die Reduktion erhaltenen Systems ist

$$\begin{aligned} R &= L - \dot{q}_1\frac{\partial L}{\partial \dot{q}_1} \\ &= \tfrac{1}{2}\dot{q}_2^2 - c - d\,q_2^2 - \tfrac{1}{2}\beta^2(a + b\,q_2^2), \end{aligned}$$

Das Problem ist demnach zurückgeführt auf die Lösung der einen Gleichung

$$\frac{d}{dt}\left(\frac{\partial R}{\partial \dot{q}_2}\right) - \frac{\partial R}{\partial q_2} = 0$$

oder

$$\ddot{q}_2 + (2d + b\beta^2)\,q_2 = 0.$$

Die Lösung dieser linearen Differentialgleichung mit konstanten Koeffizienten ist

$$q_2 = A\sin\{(2d + b\beta^2)^{\frac{1}{2}}t + \varepsilon\},$$

wo A und ε Integrationskonstanten sind, die sich aus den Anfangsbedingungen der Bewegung bestimmen. Diese Gleichung stellt die Koordinate q_2 als Funktion der Zeit dar; der Wert von q_1 als Funktion der Zeit ergibt sich aus

$$q_1 = \beta \int (a + b q_2^2)\, dt$$

zu

$$q_1 = (\beta a + \tfrac{1}{2} \beta b A^2)\, t - \frac{\beta b A^2}{4\,(2d + b\beta^2)^{\frac{1}{2}}} \sin 2 \left\{(2d + b\beta^2)^{\frac{1}{2}}\, t + \varepsilon\right\}.$$

Damit ist das Problem vollständig gelöst.

§ 39. Spezielle Fälle der Reduktion: die Integrale der Bewegungsgröße und des Moments der Bewegungsgröße.

Wir betrachten nun die beiden häufigsten Typen zyklischer Koordinaten in dynamischen Problemen.

I. Systeme mit einem Integral der Bewegungsgröße.

Ein konservatives holonomes dynamisches System mit n Freiheitsgraden habe die Koordinaten $q_1, q_2, \ldots, q_n$, die kinetische Energie T und die potentielle Energie V. Seine Bewegungsgleichungen sind dann

$$\frac{d}{dt}\left(\frac{\partial T}{\partial \dot{q}_r}\right) - \frac{\partial T}{\partial q_r} = -\frac{\partial V}{\partial q_r} \qquad (r = 1, 2, \ldots, n).$$

Eine Koordinate, etwa q_1, sei zyklisch und habe überdies die Eigenschaft, daß einer Änderung von q_1 um den Wert l, bei der die Koordinaten $q_2, q_3, \ldots, q_n$ ungeändert bleiben, eine Translation des ganzen Systems um die Strecke l in einer bestimmten Richtung im Raum entspricht. Diese Richtung machen wir zur x-Achse eines ruhenden rechtwinkligen Koordinatensystems. Da q_1 eine zyklische Koordinate ist, haben wir das Integral

$$\frac{\partial T}{\partial \dot{q}_1} = \text{konst.}$$

Wir untersuchen nun die physikalische Bedeutung dieser Gleichung. Es ist

$$\frac{\partial T}{\partial \dot{q}_1} = \frac{1}{2} \frac{\partial}{\partial \dot{q}_1} \sum m_i (\dot{x}_i^2 + \dot{y}_i^2 + \dot{z}_i^2),$$

wo die Summation über alle Punkte des Systems zu erstrecken ist, oder

$$\begin{aligned}\frac{\partial T}{\partial \dot{q}_1} &= \sum m_i \left(\dot{x}_i \frac{\partial \dot{x}_i}{\partial \dot{q}_1} + \dot{y}_i \frac{\partial \dot{y}_i}{\partial \dot{q}_1} + \dot{z}_i \frac{\partial \dot{z}_i}{\partial \dot{q}_1}\right)\\ &= \sum m_i \left(\dot{x}_i \frac{\partial x_i}{\partial q_1} + \dot{y}_i \frac{\partial y_i}{\partial q_1} + \dot{z}_i \frac{\partial z_i}{\partial q_1}\right)\\ &= \sum m_i \dot{x}_i,\end{aligned}$$

da in diesem Fall $\dfrac{\partial x_i}{\partial q_1} = 1, \quad \dfrac{\partial y_i}{\partial q_1} = 0, \quad \dfrac{\partial z_i}{\partial q_1} = 0$ ist.

Nun stellt $\sum m_i \dot{x}_i$ nach § 35 die x-Komponente der Bewegungsgröße des Systems der Punkte m_i dar. Dies ist also in diesem Fall die physikalische Bedeutung der Größe $\frac{\partial T}{\partial \dot{q}_1}$.

Daher können wir das Integral

$$\frac{\partial T}{\partial \dot{q}_i} = \text{konst.}$$

folgendermaßen deuten:

Läßt sich ein dynamisches System wie ein starrer Körper in einer gegebenen Richtung verschieben, ohne die Nebenbedingungen zu verletzen, und bleibt die potentielle Energie dabei ungeändert (die Abhängigkeit der kinetischen Energie von den Geschwindigkeiten wird offenbar durch die Translation nicht beeinflußt, so daß die entsprechende Koordinate zyklisch ist), *so ist die Komponente der Bewegungsgröße in dieser Richtung konstant.*

Dies ist der *Satz von der Erhaltung der Bewegungsgröße*[1]). Man sagt, daß Systeme, für die er gilt, ein *Integral der Bewegungsgröße* besitzen.

II. Systeme mit einem Integral des Momentes der Bewegungsgröße.

Wir wählen wieder ein System mit den Koordinaten $q_1, q_2, \ldots, q_n$, der kinetischen Energie T und der potentiellen Energie V; überdies sei die Koordinate q_1 zyklisch und so beschaffen, daß einer Änderung von q_1 um eine Größe α, bei der alle anderen Koordinaten ungeändert bleiben, eine Rotation des gesamten Systems um eine gegebene, im Raum feste Gerade durch den Winkel α entspricht. Diese Gerade sei die z-Achse eines ruhenden rechtwinkligen Koordinatensystems.

Da q_1 eine zyklische Koordinate ist, ergibt sich das Integral

$$(1) \qquad \frac{\partial T}{\partial \dot{q}_1} = \text{konst.},$$

das wir nun physikalisch zu deuten haben.

Wie vorher ist

$$\frac{\partial T}{\partial \dot{q}_1} = \sum m_i \left(\dot{x}_i \frac{\partial x_i}{\partial q_1} + \dot{y}_i \frac{\partial y_i}{\partial q_1} + \dot{z}_i \frac{\partial z_i}{\partial q_1} \right),$$

wo über alle Punkte des Systems zu summieren ist. Setzen wir aber

$$x_i = r_i \cos \varphi_i, \qquad y_i = r_i \sin \varphi_i,$$

so ist

$$d\varphi_i = d q_1,$$

also

$$\frac{\partial x_i}{\partial q_1} = \frac{\partial x_i}{\partial \varphi_i} = -r_i \sin \varphi_i = -y_i, \quad \frac{\partial y_i}{\partial q_1} = \frac{\partial y_i}{\partial \varphi_i} = r_i \cos \varphi_i = x_i, \quad \frac{\partial z_i}{\partial q_1} = 0,$$

---

[1]) Dieses Gesetz ist hervorgegangen aus Newtons Bemerkung (*Principia* Buch I, Einleitung zu Abschnitt XI), daß der gemeinsame Schwerpunkt einer Anzahl starrer Körper, die allein unter der Einwirkung ihrer gegenseitigen Anziehung stehen, in Ruhe ist oder sich gleichförmig geradlinig bewegt.

und daher

$$(2) \qquad \frac{\partial T}{\partial q_1} = \sum m_i\,(-\dot{x}_i y_i + \dot{y}_i x_i)\,.$$

Bedeutet r den momentanen Abstand eines Punktes der Masse m von einer gegebenen Geraden, ω die Winkelgeschwindigkeit des Punktes um die Gerade, so bezeichnet man das Produkt $m r^2 \omega$ als das *Moment der Bewegungsgröße* des Punktes um die Gerade.

Der bewegte Punkt gehe im Zeitintervall dt aus der Lage P in die benachbarte Lage P' über. Dann ist das Moment seiner Bewegungsgröße um eine beliebige Gerade OK durch einen willkürlich gewählten Punkt O offenbar der Grenzwert des Quotienten $\frac{m}{dt} \times$ doppelter Flächeninhalt der Projektion des Dreiecks OPP' auf eine zu OK senkrechte Ebene.

Sind also l, m, n die Richtungskosinus von OK, λ, μ, ν die der Normalen der Ebene OPP', so ist das Moment der Bewegungsgröße um OK gleich dem Produkt von $l\lambda + m\mu + n\nu$ in das Moment der Bewegungsgröße um die Normale der Ebene OPP'. Versteht man daher unter h_1, h_2, h_3 die Momente der Bewegungsgrößen eines Punktes um drei zueinander rechtwinklige Achsen $Oxyz$, so ist nach dem vorigen das Moment der Bewegungsgröße um eine beliebige Gerade durch O mit den Richtungskosinus l, m, n gegen die Achsen

$$l h_1 + m h_2 + n h_3\,.$$

Dieses Ergebnis können wir so aussprechen:

Momente der Bewegungsgrößen um Achsen durch einen Punkt setzen sich wie Vektoren zusammen.

Das Moment der Bewegungsgröße eines dynamischen Systems um eine gegebene Achse wird definiert als die Summe der Momente der Bewegungsgrößen der einzelnen Punkte um die Achse. Insbesondere ist das Moment der Bewegungsgröße eines Systems von Punkten mit den Massen m_i und den Koordinaten x_i, y_i, z_i um die z-Achse $\sum m_i r_i^2 \dot{\varphi}$, wo

$$x_i = r_i \cos\varphi_i\,, \qquad y_i = r_i \sin\varphi_i$$

und die Summation über alle Punkte des Systems erstreckt ist. Dieser Ausdruck für das Moment der Bewegungsgröße eines Systems kann in der Form geschrieben werden

$$\sum m_i\,(\dot{y}_i x_i - \dot{x}_i y_i)\,.$$

Der Vergleich mit Gleichung (2) lehrt, daß das *Moment der Bewegungsgröße des betrachteten Systems um die z-Achse gleich $\frac{\partial T}{\partial \dot{q}_1}$ ist.*

Gleichung (1) besagt daher, daß das Moment der Bewegungsgröße des Systems um die z-Achse konstant ist. Daraus folgt: *Läßt sich ein dynamisches System wie ein starrer Körper um eine gegebene Achse drehen, ohne die Nebenbedingungen zu verletzen, und bleibt die potentielle Energie dabei ungeändert, so ist das Moment der Bewegungsgröße des Systems um diese Achse konstant.*

Dies ist der *Satz von der Erhaltung des Moments der Bewegungsgröße*[1]).

Aufgabe. Ein System von n freien Massenpunkten bewege sich unter dem Einfluß der gegenseitigen Anziehungskräfte. Diese Kräfte seien Ableitungen eines kinetischen Potentials V, das die Koordinaten und Geschwindigkeitskomponenten der Punkte enthält, so daß die Bewegungsgleichungen der Punkte lauten

$$m_r \ddot{x}_r = \frac{\partial V}{\partial x_r} - \frac{d}{dt}\left(\frac{\partial V}{\partial \dot{x}_r}\right) \qquad \text{usw.}$$

Man beweise, daß diese Gleichungen die Integrale besitzen

$$\sum_r \left(m_r \dot{x}_r + \frac{\partial V}{\partial \dot{x}_r}\right) = \text{konst.},$$

$$\sum_r \left(m_r \dot{y}_r + \frac{\partial V}{\partial \dot{y}_r}\right) = \text{konst.},$$

$$\sum_r \left(m_r \dot{z}_r + \frac{\partial V}{\partial \dot{z}_r}\right) = \text{konst.},$$

$$\sum_r \left\{m_r (y_r \dot{z}_r - z_r \dot{y}_r) + y_r \frac{\partial V}{\partial \dot{z}_r} - z_r \frac{\partial V}{\partial \dot{y}_r}\right\} = \text{konst.},$$

$$\sum_r \left\{m_r (z_r \dot{x}_r - x_r \dot{z}_r) + z_r \frac{\partial V}{\partial \dot{x}_r} - x_r \frac{\partial V}{\partial \dot{z}_r}\right\} = \text{konst.},$$

$$\sum_r \left\{m_r (x_r \dot{y}_r - y_r \dot{x}_r) + x_r \frac{\partial V}{\partial \dot{y}_r} - y_r \frac{\partial V}{\partial \dot{x}_r}\right\} = \text{konst.}$$

Diese Integrale können als Verallgemeinerungen der Integrale der Bewegungsgrößen und der Momente der Bewegungsgrößen aufgefaßt werden. (Lévy.)

§ 40. Der allgemeine Satz von dem Moment der Bewegungsgröße.

Der Satz von der Erhaltung des Moments der Bewegungsgröße ist ein Spezialfall eines allgemeineren Satzes, der in der folgenden Weise abgeleitet werden kann.

Wir betrachten ein System aus einer Anzahl freier oder verbundener aufeinander wirkender Massenpunkte. Sind sie noch anderen Bindungen als den gegenseitigen Reaktionskräften unterworfen, so rechnen wir diese zu den äußeren Kräften. Wir nehmen eine beliebige im Raum feste Gerade und wählen eine der Lagenkoordinaten des Systems, etwa q_1, so, daß eine Änderung von q_1 allein, ohne Änderung der übrigen Koordinaten, eine Rotation des Systems als Ganzes um die

[1]) Keplers Gesetz, daß der Radius von der Sonne zu einem Planeten in gleichen Zeiträumen gleiche Flächenräume überstreicht, wurde von Newton auf alle Bewegungen unter dem Einfluß einer Zentralkraft ausgedehnt. Daraus hat sich das Gesetz von der Erhaltung des Moments der Bewegungsgröße entwickelt.

gegebene Gerade bewirkt, und zwar um einen Winkel, der gleich der Änderung von q_1 ist. Die Bindungen der Punkte seien so beschaffen, daß diese Bewegung des Systems möglich ist.

Die Lagrangesche Bewegungsgleichung für die Koordinate q_1 lautet

$$\frac{d}{dt}\left(\frac{\partial T}{\partial \dot{q}_1}\right) - \frac{\partial T}{\partial q_1} = Q_1 .$$

Sie reduziert sich auf

$$\frac{d}{dt}\left(\frac{\partial T}{\partial \dot{q}_1}\right) = Q_1 ,$$

da der Wert von q_1 (zum Unterschied von $\dot{q}_1$) keinen Einfluß auf die kinetische Energie haben kann, so daß $\frac{\partial T}{\partial q_1} = 0$ ist. Nun ist $\frac{\partial T}{\partial \dot{q}_1}$ das Moment der Bewegungsgröße des Systems um die gegebene Gerade, $Q_1 \delta q_1$ ist die Arbeit der äußeren Kräfte an dem System bei einer infinitesimalen Verrückung δq_1, d. h. bei einer infinitesimalen Rotation des Systems um die gegebene Gerade durch den Winkel δq_1. Daraus ergibt sich Q_1 als Moment der äußeren Kräfte um die gegebene Gerade. Wir haben daher den Satz: *Die zeitliche Änderung des Momentes der Bewegungsgröße eines dynamischen Systems um eine gegebene Gerade ist gleich dem Moment der äußeren Kräfte um diese Gerade.* Wenn das Moment der äußeren Kräfte verschwindet, folgt hieraus offenbar der Satz von der Erhaltung des Moments der Bewegungsgröße.

Ähnlich läßt sich der Satz ableiten: *Die zeitliche Änderung der Bewegungsgröße eines dynamischen Systems in einer festen Richtung ist gleich der Komponente der gesamten auf das System wirkenden äußeren Kräfte in dieser Richtung.*

Für impulsive Bewegung gelten die entsprechenden Sätze:

Die impulsive Zunahme der Komponente der Bewegungsgröße eines Systems in einer bestimmten Richtung ist gleich der Komponente aller äußeren auf das System wirkenden Impulse in dieser Richtung.

Die impulsive Zunahme des Moments der Bewegungsgröße eines Systems um eine beliebige Achse ist gleich dem Moment der äußeren auf das System wirkenden Impulse um diese Achse.

§ 41. Die Energiegleichung.

Wir führen nun ein Integral ein, das in allen dynamischen Untersuchungen, ja in allen physikalischen Fragen, eine große Rolle spielt.

Die Bindungen eines konservativen dynamischen Systems mit den Lagenkoordinaten $q_1, q_2, \ldots, q_n$ und das kinetische Potential L seien von der Zeit unabhängig, so daß L eine gegebene Funktion der Variablen $q_1, q_2, \ldots, q_n, \dot{q}_1, \dot{q}_2, \ldots, \dot{q}_n$ allein ist, in der t nicht explizit vorkommt. Weitere Beschränkungen legen wir L zunächst nicht auf; die Untersuchung gilt also sowohl für natürliche Systeme als auch für nicht-natürliche Systeme, die durch Reduktion aus Systemen mit zyklischen Koordinaten entstehen.

Es ist

$$\begin{aligned}\frac{dL}{dt} &= \sum_{r=1}^{n} \ddot{q}_r \frac{\partial L}{\partial \dot{q}_r} + \sum_{r=1}^{n} \dot{q}_r \frac{\partial L}{\partial q_r} \\ &= \sum_{r=1}^{n} \ddot{q}_r \frac{\partial L}{\partial \dot{q}_r} + \sum_{r=1}^{n} \dot{q}_r \frac{d}{dt}\left(\frac{\partial L}{\partial \dot{q}_r}\right) \\ &= \frac{d}{dt}\left(\sum_{r=1}^{n} \dot{q}_r \frac{\partial L}{\partial \dot{q}_r}\right).\end{aligned}$$

Durch Integration ergibt sich den Lagrangeschen Gleichungen zufolge

$$\sum_{r=1}^{n} \dot{q}_r \frac{\partial L}{\partial \dot{q}_r} - L = h,$$

wo h eine Konstante ist. Diese Gleichung ist ein Integral des Systems; man nennt sie das *Integral der Energie* oder das *Gesetz von der Erhaltung der Energie* [1]).

In natürlichen Systemen, deren Bindungen von der Zeit unabhängig sind, läßt sich, wie wir gesehen haben, das kinetische Potential L in der Form $T - V$ darstellen, wo die kinetische Energie T des Systems eine homogene Funktion zweiten Grades in den Geschwindigkeiten ist, während V von den Lagenkoordinaten allein abhängt. In diesem Fall wird also das Integral der Energie

$$\begin{aligned}h &= \sum_{r=1}^{n} \dot{q}_r \frac{\partial L}{\partial \dot{q}_r} - L \\ &= \sum_{r=1}^{n} \dot{q}_r \frac{\partial T}{\partial \dot{q}_r} - T + V \\ &= 2T - T + V = T + V,\end{aligned}$$

da T homogen zweiten Grades in $\dot{q}_1, \dot{q}_2, \ldots, \dot{q}_n$ ist.

Daraus folgt: *In konservativen natürlichen Systemen ist die Summe von kinetischer und potentieller Energie konstant.* Diesen konstanten Wert h bezeichnet man als die *Gesamtenergie* des Systems.

Das vorstehende Ergebnis kann man auch direkt aus den elementaren Bewegungsgleichungen ableiten. Denn aus den Bewegungsgleichungen für einen einzelnen Massenpunkt

$$m_i \ddot{x}_i = X_i, \qquad m_i \ddot{y}_i = Y_i, \qquad m_i \ddot{z}_i = Z_i$$

---

[1]) Galilei war die Tatsache bekannt, daß die Geschwindigkeit eines aus der Ruhelage auf einer schiefen Ebene herabgleitenden Massenpunktes nur von der Höhe des zurückgelegten Fallraumes abhängt. Von diesem elementaren Spezialfall aus entwickelten Huygens, Newton, Johann und Daniel Bernouilli sowie Lagrange das Prinzip.

folgt

$$\sum_i m_i(\dot{x}_i\ddot{x}_i + \dot{y}_i\ddot{y}_i + \dot{z}_i\ddot{z}_i) = \sum_i (X_i\dot{x}_i + Y_i\dot{y}_i + Z_i\dot{z}_i)\,,$$

wo die Summation über alle Punkte des Systems zu erstrecken ist, oder

$$d\sum_i \tfrac{1}{2} m_i(\dot{x}_i^2 + \dot{y}_i^2 + \dot{z}_i^2) = \sum_i (X\,dx + Y\,dy + Z\,dz)\,.$$

Die Zunahme der kinetischen Energie des Systems auf einem infinitesimalen Stück seiner Bahn ist daher gleich der Arbeit der Kräfte an dem System auf dieser Wegstrecke, mithin gleich der Abnahme der potentiellen Energie des Systems. Die Summe von kinetischer und potentieller Energie des Systems ist folglich konstant.

Die Energiegleichung

$$d\,\tfrac{1}{2} m\,(\dot{x}^2 + \dot{y}^2 + \dot{z}^2) = X\,dx + Y\,dy + Z\,dz$$

(wo zur Vereinfachung das System als aus einem einzigen Punkt bestehend angenommen wird) gilt nicht allein, wenn x, y, z Koordinaten in einem ruhenden System bedeuten. Das Bezugssystem kann auch eine gleichförmige Translationsbewegung in einer bestimmten Richtung ausführen.

Es seien nämlich ξ, η, ζ die Koordinaten des Punktes in bezug auf ein im Raum festes System, das dem bewegten System $Oxyz$ parallel ist, so daß

$$x = \xi - at\,, \qquad y = \eta - bt\,, \qquad z = \zeta - ct\,,$$

wo a, b, c die konstanten Geschwindigkeitskomponenten des Ursprungs O des bewegten Systems sind. Nun ist schon bewiesen, daß

$$d\,\tfrac{1}{2} m\,(\dot{\xi}^2 + \dot{\eta}^2 + \dot{\zeta}^2) = X\,d\xi + Y\,d\eta + Z\,d\zeta$$

oder

$$d\,\tfrac{1}{2} m\,\{(\dot{x} + a)^2 + (\dot{y} + b)^2 + (\dot{z} + c)^2\} = X\,(dx + a\,dt) + Y\,(dy + b\,dt) + Z\,(dz + c\,dt)$$

oder

$$d\,\tfrac{1}{2} m\,(\dot{x}^2 + \dot{y}^2 + \dot{z}^2) + d\,m\,(a\dot{x} + b\dot{y} + c\dot{z}) = X\,dx + Y\,dy + Z\,dz + (aX + bY + cZ)\,dt\,.$$

Es ist aber

$$\begin{aligned} d\,m\,(a\dot{x} + b\dot{y} + c\dot{z}) &= m\,(a\ddot{x} + b\ddot{y} + c\ddot{z})\,dt \\ &= m\,(a\ddot{\xi} + b\ddot{\eta} + c\ddot{\zeta})\,dt \\ &= (aX + bY + cZ)\,dt\,, \end{aligned}$$

daher

$$d\,\tfrac{1}{2} m\,(\dot{x}^2 + \dot{y}^2 + \dot{z}^2) = X\,dx + Y\,dy + Z\,dz\,,$$

womit der Satz bewiesen ist.

Es sei noch bemerkt, daß man aus diesem Resultat die drei Bewegungsgleichungen des Punktes ableiten kann. Man setzt nämlich $x = \xi - at$ usw. und zieht die Energiegleichung in den Koordinaten x, y, z von der Energiegleichung in den Koordinaten ξ, η, ζ ab.

§ 42. Reduktion eines dynamischen Problems auf ein Problem mit weniger Freiheitsgraden mit Hilfe der Energiegleichung.

Ein konservatives dynamisches Problem mit nur einem Freiheitsgrad kann auf Grund der Energiegleichung durch Quadraturen allein gelöst werden. Denn ist q die Koordinate, so stellt das Integral der Energie

$$\dot{q}\,\frac{\partial L}{\partial \dot{q}} - L = h$$

eine Beziehung zwischen q und $\dot q$ her. Bestimmt man aus dieser Gleichung $\dot q$ explizit als Funktion von q:

$$\dot q = f(q),$$

so ergibt weitere Integration die Lösung des Problems

$$t = \int \frac{dq}{f(q)} + \text{konst.}$$

Hat das Problem mehr als einen Freiheitsgrad, so reicht das Energieintegral allein für die Lösung nicht aus. Doch kann es, wie die zu zyklischen Koordinaten gehörenden Integrale, zur Reduktion des Systems auf ein System mit weniger Freiheitsgraden benutzt werden[1]).

Dazu ersetzt man in der Funktion L die Größen $\dot q_2, \dot q_3, \ldots, \dot q_n$ durch $\dot q_1 q_2', \dot q_1 q_3', \ldots, \dot q_1 q_n'$, wo $q_r' = \dfrac{dq_r}{dq_1}$ ist. Die resultierende Funktion werde mit $\Omega(\dot q_1, q_2', q_3' \ldots, q_n', q_1, q_2, \ldots, q_n)$ bezeichnet. Durch Differentiation der Gleichung

$$L(\dot q_1, \dot q_2, \ldots, \dot q_n, q_1, q_2, \ldots, q_n) = \Omega(\dot q_1, q_2', q_3', \ldots, q_n', q_1, q_2, \ldots, q_n)$$

folgt

$$(1) \qquad \frac{\partial L}{\partial \dot q_1} = \frac{\partial \Omega}{\partial \dot q_1} - \sum_{r=2}^{n} \frac{\dot q_r}{\dot q_1^2} \frac{\partial \Omega}{\partial q_r'},$$

$$(2) \qquad \frac{\partial L}{\partial \dot q_r} = \frac{1}{\dot q_1} \frac{\partial \Omega}{\partial q_r'} \qquad (r = 2, 3, \ldots, n),$$

$$(3) \qquad \frac{\partial L}{\partial q_r} = \frac{\partial \Omega}{\partial q_r} \qquad (r = 1, 2, 3, \ldots, n).$$

Die Gleichungen (1) und (2) ergeben

$$(4) \qquad \frac{\partial \Omega}{\partial \dot q_1} = \frac{\partial L}{\partial \dot q_1} + \sum_{r=2}^{n} \frac{\dot q_r}{\dot q_1} \frac{\partial L}{\partial \dot q_r}.$$

In dem Integral der Energie

$$\sum_{r=1}^{n} \dot q_r \frac{\partial L}{\partial \dot q_r} - L = h$$

ersetzt man nun $\dot q_r$ durch $\dot q_1 q_r'$ für alle Werte r von 2 bis n einschließlich und berechnet aus dieser Gleichung $\dot q_1$ als Funktion der Größen $q_2', q_3', \ldots, q_n', q_1, q_2, \ldots, q_n$. Mit Hilfe dieses Ausdruckes für $\dot q_1$ stellt man dann die Funktion

$$\sum_{r=1}^{n} \frac{\partial L}{\partial \dot q_r} \frac{\dot q_r}{\dot q_1}$$

als Funktion von $q_2', q_3', \ldots, q_n', q_1, q_2, \ldots, q_n$ dar. Die so erhaltene

[1]) Whittaker: *Mess. of Math.* Bd. 30. 1900.

Funktion werde mit L' bezeichnet. Aus Gleichung (4) ergibt sich dann, daß L' mit $\frac{\partial \Omega}{\partial \dot{q}_1}$ übereinstimmt, nur anders ausgedrückt ist.

Die Energiegleichung, die nach (4) in der Form

$$\dot{q}_1 \frac{\partial \Omega}{\partial \dot{q}_1} - \Omega = h$$

geschrieben werden kann, wird als Relation aufgefaßt, die $\dot{q}_1$ implizit als Funktion der Veränderlichen $q'_2, q'_3, \ldots, q'_n, q_1, q_2, \ldots, q_n$ darstellt, und nach q'_r bzw. q_r differenziert. Dann ergibt sich

$$(5) \qquad \dot{q}_1 \frac{\partial^2 \Omega}{\partial \dot{q}_1^2} \frac{\partial \dot{q}_1}{\partial q'_r} = \frac{\partial \Omega}{\partial q'_r} - \dot{q}_1 \frac{\partial^2 \Omega}{\partial \dot{q}_1 \partial q'_r},$$

$$(6) \qquad \dot{q}_1 \frac{\partial^2 \Omega}{\partial \dot{q}_1^2} \frac{\partial \dot{q}_1}{\partial q_r} = \frac{\partial \Omega}{\partial q_r} - \dot{q}_1 \frac{\partial^2 \Omega}{\partial \dot{q}_1 \partial q_r}.$$

Aus der Differentiation der Gleichung

$$L' = \frac{\partial \Omega}{\partial \dot{q}_1},$$

die als Identität in den Variablen $q'_2, q'_3, \ldots, q'_n, q_1, q_2, \ldots, q_n$ aufgefaßt wird, folgt aber

$$(7) \qquad \frac{\partial L'}{\partial q'_r} = \frac{\partial^2 \Omega}{\partial \dot{q}_1 \partial q'_r} + \frac{\partial^2 \Omega}{\partial \dot{q}_1^2} \frac{\partial \dot{q}_1}{\partial q'_r},$$

$$(8) \qquad \frac{\partial L'}{\partial q_r} = \frac{\partial^2 \Omega}{\partial \dot{q}_1 \partial q_r} + \frac{\partial^2 \Omega}{\partial \dot{q}_1^2} \frac{\partial \dot{q}_1}{\partial q_r},$$

Durch Vergleich von (5) und (7) findet man

$$\frac{\partial L'}{\partial q'_r} = \frac{1}{\dot{q}_1} \frac{\partial \Omega}{\partial q'_r} \qquad (r = 2, 3, \ldots, n),$$

und durch Vergleich von (6) und (8)

$$\frac{\partial L'}{\partial q_r} = \frac{1}{\dot{q}_1} \frac{\partial \Omega}{\partial q_r} \qquad (r = 1, 2, \ldots, n).$$

Kombiniert man diese Gleichungen mit (2) und (3), so wird

$$\frac{\partial L'}{\partial q'_r} = \frac{\partial L}{\partial \dot{q}_r} \qquad \text{und} \qquad \frac{\partial L'}{\partial q_r} = \frac{1}{\dot{q}_1} \frac{\partial L}{\partial q_r}.$$

Die Einführung dieser Werte in die Lagrangeschen Bewegungsgleichungen ergibt das System

$$\frac{d}{dt}\left(\frac{\partial L'}{\partial q'_r}\right) - \dot{q}_1 \frac{\partial L'}{\partial q_r} = 0 \qquad (r = 2, 3, \ldots, n)$$

oder endlich

$$\frac{d}{dt}\left(\frac{\partial L'}{\partial q'_r}\right) - \frac{\partial L'}{\partial q_r} = 0 \qquad (r = 2, 3, \ldots, n).$$

Diese Gleichungen können aber als die Bewegungsgleichungen eines neuen dynamischen Systems angesehen werden, in dem L' das kinetische Potential und $q_2, q_3, \ldots, q_n$ die Koordinaten bedeuten, während q_1 die Rolle der Zeit als unabhängige Veränderliche spielt. Im allgemeinen wird das neue System, ebenso wie die durch Reduktion der Systeme mit zyklischen Koordinaten erhaltenen Systeme, nicht-natürlich sein, d. h. L' wird nicht nur Glieder nullten und zweiten Grades in den Geschwindigkeiten $q_2', q_3', \ldots, q_n'$ enthalten. Da die Gleichungen des Systems aber die Lagrangesche Form haben, sind die meisten Sätze über dynamische Systeme auch hier anwendbar. *Das Energieintegral ermöglicht demnach die Reduktion eines gegebenen dynamischen Systems mit n Freiheitsgraden auf ein anderes dynamisches System mit nur $n - 1$ Freiheitsgraden.*

Im allgemeinen besitzt das neue dynamische System kein Energieintegral, da die unabhängige Veränderliche q_1 in dem neuen kinetischen Potential L' explizit auftritt. Ist aber q_1 in dem ursprünglichen System eine zyklische Koordinate, dann kommt q_1 bei keinem Schritt des vorstehenden Reduktionsprozesses explizit vor, also auch nicht in L'. Daraus folgt, daß in diesem Fall auch das neue System ein Integral der Energie besitzt, nämlich

$$\sum_{r=2}^{n} q_r' \frac{\partial L'}{\partial q_r'} - L' = \text{konst.}$$

Dies kann nun seinerseits benutzt werden, um die Anzahl der Freiheitsgrade des Systems weiter zu vermindern.

Nach den vorangehenden Sätzen kann ein beliebiges konservatives dynamisches System mit n Freiheitsgraden und $n - 1$ zyklischen Koordinaten durch Quadraturen vollständig gelöst werden. Dazu können wir entweder so verfahren, daß wir zunächst die Reduktion mit Hilfe der zyklischen Koordinaten vornehmen und so zu einem System mit nur einem Freiheitsgrad gelangen, das ein Energieintegral besitzt und deshalb in der zu Beginn dieses Paragraphen angegebenen Weise gelöst werden kann. Oder wir erniedrigen zunächst mit Hilfe des Energieintegrals die Anzahl der Freiheitsgrade um 1, mit Hilfe des Energieintegrals des neuen Systems wieder um 1 usw., bis wir endlich ein System von einem Freiheitsgrad erhalten, dessen Lösung wieder in der angegebenen Weise gefunden werden kann.

Aufgabe. Das kinetische Potential eines dynamischen Systems sei

$$L = \tfrac{1}{2} f(q_2)\, \dot{q}_1^2 + \tfrac{1}{2} \dot{q}_2^2 - \psi(q_2)\,.$$

Man zeige, daß die Relation zwischen den Veränderlichen q_1 und q_2 durch die Differentialgleichung

$$\frac{d}{dq_1}\left(\frac{\partial L'}{\partial q_2'}\right) - \frac{\partial L}{\partial q_2} = 0$$

gegeben ist, wo $q_2' = \dfrac{dq_2}{dq_1}$ und L' durch die Gleichung definiert ist

$$L' = \{2h - 2\psi(q_2)\}^{\frac{1}{2}} \{f(q_2) + q_2'^2\}^{\frac{1}{2}}.$$

Man zeige ferner, daß das durch die Differentialgleichung definierte nicht-natürliche System ein Energieintegral besitzt, und löse mit seiner Hilfe das Problem durch Quadraturen.

§ 43. Trennung der Veränderlichen; dynamische Systeme vom Liouvilleschen Typus.

Eine besondere Klasse durch Quadraturen lösbarer dynamischer Gleichungssysteme bilden diejenigen Systeme, deren kinetische und potentielle Energie die spezielle Form haben

$$T = \tfrac{1}{2} v_1(q_1)\,\dot{q}_1^2 + \tfrac{1}{2} v_2(q_2)\,\dot{q}_2^2 + \dots + \tfrac{1}{2} v_n(q_n)\,\dot{q}_n^2,$$
$$V = w_1(q_1) \quad + w_2(q_2) \quad + \dots + w_n(q_n),$$

wo $v_1, v_2, \dots, v_n, w_1, w_2, \dots, w_n$ willkürliche Funktionen ihrer Argumente sind. Das kinetische Potential zerfällt dann in eine Summe von Gliedern, deren jedes nur von einer Veränderlichen und ihrer Ableitung abhängt.

In diesem Falle werden nämlich die Lagrangeschen Gleichungen

$$\frac{d}{dt}\{v_r(q_r)\,\dot{q}_r\} - \tfrac{1}{2} v_r'(q_r)\,\dot{q}_r^2 = -w_r'(q_r) \qquad (r = 1, 2, \dots, n)$$

oder

$$v_r(q_r)\,\ddot{q}_r + \tfrac{1}{2} v_r'(q_r)\,\dot{q}_r^2 = -w_r'(q_r) \qquad (r = 1, 2, \dots, n).$$

Diese Gleichungen können unmittelbar integriert werden und ergeben

$$\tfrac{1}{2} v_r(q_r)\,\dot{q}_r^2 + w_r(q_r) = c_r \qquad (r = 1, 2, \dots, n),$$

wo $c_1, c_2, \dots, c_n$ Integrationskonstanten sind. Diese neuen Gleichungen können wieder integriert werden, da die Veränderlichen q_r und t getrennt sind. So erhalten wir

$$t = \int \left\{\frac{v_r(q_r)}{2c_r - 2w_r(q_r)}\right\}^{\frac{1}{2}} dq_r + \gamma_r \qquad (r = 1, 2, \dots, n),$$

wo $\gamma_1, \gamma_2, \dots, \gamma_n$ Integrationskonstanten sind. Die letzteren Gleichungen stellen die Lösung des Problems dar.

Eine bedeutende Erweiterung dieser Klasse dynamischer Probleme vollzog Liouville[1]); er zeigte, daß alle dynamischen Probleme, deren kinetische und potentielle Energie auf die Form

$$T = \tfrac{1}{2}\{u_1(q_1) + u_2(q_2) + \dots + u_n(q_n)\}\{v_1(q_1)\,\dot{q}_1^2 + v_2(q_2)\,\dot{q}_2^2 + \dots + v_n(q_n)\,\dot{q}_n^2\},$$
$$V = \frac{w_1(q_1) + w_2(q_2) + \dots + w_n(q_n)}{u_1(q_1) + u_2(q_2) + \dots + u_n(q_n)}$$

gebracht werden kann, durch Quadraturen lösbar sind.

Ersetzt man nämlich die Veränderlichen $q_1, q_2, \dots, q_n$ durch die Veränderlichen $q_1', q_2', \dots, q_n'$, wo

$$\int \sqrt{v_r(q_r)}\, dq_r = q_r' \qquad (r = 1, 2, \dots, n)$$

[1]) *Journal de Math.* Bd. 14, S. 257. 1849.

ist, und läßt man dann die Akzente wieder fort, so erhält die kinetische bzw. potentielle Energie die Form

$$T = \tfrac{1}{2} u (\dot{q}_1^2 + \dot{q}_2^2 + \dots + \dot{q}_n^2),$$

$$V = \frac{1}{u} \{w_1(q_1) + w_2(q_2) + \dots + w_n(q_n)\}$$

mit

$$u = u_1(q_1) + u_2(q_2) + \dots + u_n(q_n).$$

Die Lagrangesche Gleichung für die Koordinate q_1 lautet

$$\frac{d}{dt}\left(\frac{\partial T}{\partial \dot{q}_1}\right) - \frac{\partial T}{\partial q_1} = -\frac{\partial V}{\partial q_1}$$

oder

$$\frac{d}{dt}(u \dot{q}_1) - \frac{1}{2}\frac{\partial u}{\partial q_1}(\dot{q}_1^2 + \dot{q}_2^2 + \dots + \dot{q}_n^2) = -\frac{\partial V}{\partial q_1}.$$

Mit $2u\dot{q}_1$ multipliziert ergibt die Gleichung

$$\frac{d}{dt}(u^2 \dot{q}_1^2) - u\dot{q}_1 \frac{\partial u}{\partial q_1}(\dot{q}_1^2 + \dot{q}_2^2 + \dots + \dot{q}_n^2) = -2u\dot{q}_1 \frac{\partial V}{\partial q_1}.$$

Aus dem Energieintegral folgt aber

$$\tfrac{1}{2} u (\dot{q}_1^2 + \dot{q}_2^2 + \dots + \dot{q}_n^2) = h - V,$$

wo h konstant ist. Die Gleichung für die Koordinate q_1 kann daher in der Form geschrieben werden

$$\begin{aligned}\frac{d}{dt}(u^2 \dot{q}_1^2) &= 2(h - V)\dot{q}_1 \frac{\partial u}{\partial q_1} - 2u\dot{q}_1 \frac{\partial V}{\partial q_1}\\ &= 2\dot{q}_1 \frac{\partial}{\partial q_1}\{(h - V)u\}\\ &= 2\dot{q}_1 \frac{\partial}{\partial q_1}\{h u_1(q_1) - w_1(q_1)\}\\ &= 2\frac{d}{dt}\{h u_1(q_1) - w_1(q_1)\}.\end{aligned}$$

Durch Integration folgt

$$\tfrac{1}{2} u^2 \dot{q}_1^2 = h u_1(q_1) - w_1(q_1) + \gamma_1,$$

wo γ_1 eine Integrationskonstante ist. Entsprechende Gleichungen erhalten wir für alle Koordinaten $q_1, q_2, \dots, q_n$. Die zugehörigen Konstanten $\gamma_1, \gamma_2, \dots, \gamma_n$ müssen auf Grund des Energieintegrals des Systems der Bedingung $\gamma_1 + \gamma_2 + \dots + \gamma_n = 0$ genügen.

Die Gleichungen ergeben

$$\begin{aligned}\{h u_1(q_1) - w_1(q_1) + \gamma_1\}^{-\frac{1}{2}} dq_1 &= \{h u_2(q_2) - w_2(q_2) + \gamma_2\}^{-\frac{1}{2}} dq_2 = \dots\\ &= \{h u_n(q_n) - w_n(q_n) + \gamma_n\}^{-\frac{1}{2}} dq_n.\end{aligned}$$

Dieses System von Gleichungen, die sich durch Trennung der Veränderlichen unmittelbar integrieren lassen, gibt die Lösung des Problems.

Für weitere Untersuchungen über diesen Gegenstand sei verwiesen auf Hadamard: *Bull. des Sc. Math.* Bd. 35, S. 106. 1911; und Burgatti: *Rom. Acc. L. Rend.* (5) Bd. 20, S. 108. 1911.

Übungsaufgaben.

1. Auf einen Punkt einer Ebene mit den Koordinaten x, y und der Masse m wirke eine Kraft, deren Komponenten X, Y die Zeit t nicht enthalten. Man zeige, daß durch Elimination von t aus der Differentialgleichung die Lösung des Problems abhängig wird von der Lösung der Differentialgleichung dritter Ordnung

$$\frac{d}{dx}\left\{\frac{Y - X\dfrac{dy}{dx}}{\dfrac{d^2y}{dx^2}}\right\} - 2X = 0.$$

2. Ein System freier Massenpunkte sei in Bewegung. Ihre potentielle Energie, die allein von ihren Lagenkoordinaten abhängt, bleibe ungeändert, wenn das System in beliebiger Konfiguration eine Translation um eine beliebige Strecke in beliebiger Richtung wie ein starrer Körper ausführt. Welche Integrale der Bewegung kann man sofort hinschreiben?

3. In einem dynamischen System mit zwei Freiheitsgraden sei die kinetische Energie

$$T = \frac{\dot q_1^2}{2(a + b q_2)} + \frac{1}{2} q_2^2 \dot q_2^2,$$

die potentielle Energie

$$V = c + d q_2,$$

wo a, b, c, d Konstanten sind. Man zeige, daß q_2 als Funktion der Zeit durch eine Gleichung der Gestalt

$$(q_2 - k)(q_2 + 2k)^2 = h(t - t_0)^2$$

gegeben ist, wo h, k, t_0 Konstanten sind.

4. Das kinetische Potential eines dynamischen Systems ist

$$L = \frac{\dot q_1^2}{a q_2 + b} + \frac{1}{2} \dot q_2^2 + 2 q_2^3 + c q_2,$$

wo a, b, c gegebene Konstanten sind. Man zeige, daß q_2 als Funktion von t durch die Gleichung

$$q_2 = \wp(t + \varepsilon)$$

gegeben ist, wo ε eine willkürliche Konstante und $\wp$ die Weierstraßsche elliptische Funktion ist.

5. Man beweise, daß in einem System mit zyklischen Koordinaten die kinetische Energie die Summe einer quadratischen Funktion T' der Geschwindigkeiten der nicht-zyklischen Koordinaten und einer quadratischen Funktion K der zu den zyklischen Koordinaten gehörenden Impulsgrößen ist.

Im Falle dreier Koordinaten x, y, φ, von denen φ zyklisch ist, bestimme man die Bewegungsgleichungen vom Typ

$$\frac{d}{dt}\left(\frac{\partial T'}{\partial \dot x}\right) - \frac{\partial T'}{\partial x} + \frac{\partial K}{\partial x} + \frac{\partial V}{\partial x} + k\dot y\left\{\frac{\partial}{\partial x}\left(\frac{\partial \dot\varphi}{\partial \dot y}\right) - \frac{\partial}{\partial y}\left(\frac{\partial \dot\varphi}{\partial \dot x}\right)\right\} = 0.$$

Darin bedeutet V die potentielle Energie, K die zyklische Impulsgröße; die Differentialquotienten von $\dot\varphi$ nach $\dot x$ und $\dot y$ sind aus der linearen Gleichung berechnet, durch die K als Funktion von $\dot x$, $\dot y$, $\dot\varphi$ dargestellt wird. (Camb. Math. Tripos, 1904.)

6. Das kinetische Potential eines dynamischen Systems von zwei Freiheitsgraden ist

$$L = \frac{\dot{q}_2^2}{4q_2} + q_2\dot{q}_1^2 + l^2\dot{q}_1^2 .$$

Man zeige unter Benutzung des Energieintegrals, daß die Lösung von der Lösung des Problems mit dem kinetischen Potential

$$L' = \left(\frac{q_2'^2}{4q_2} + q_2 + l^2\right)^{\frac{1}{2}}$$

abhängt. Mit Hilfe des Energieintegrals dieses letzteren Systems zeige man weiter, daß zwischen q_1 und q_2 die Beziehung

$$c\,q_2 = \wp(q_1 + \varepsilon) - \tfrac{1}{3}(2c\,l^2 - 1)$$

besteht, wo c und ε Integrationskonstanten sind und $\wp$ die Weierstraßsche elliptische Funktion bedeutet.

7. Die kinetische Energie eines dynamischen Systems sei

$$T = \tfrac{1}{2}(q_1^2 + q_2^2)(\dot{q}_1^2 + \dot{q}_2^2),$$

die potentielle Energie

$$V = \frac{1}{q_1^2 + q_2^2}.$$

Man zeige (mit Hilfe des Satzes von Liouville oder auf andere Weise), daß zwischen q_1 und q_2 die Beziehung

$$a^2 q_1^2 + b^2 q_2^2 + 2ab\,q_1 q_2 \cos\gamma = \sin^2\gamma$$

besteht, wo a, b, γ Integrationskonstanten sind.

8. Die kinetische Energie eines Massenpunktes mit den rechtwinkligen Koordinaten x, y ist $\frac{1}{2}(\dot{x}^2 + \dot{y}^2)$, die potentielle Energie

$$\frac{A}{x^2} + \frac{A'}{y^2} + \frac{B}{r} + \frac{B'}{r'} + C(x^2 + y^2),$$

wo A, A', B, B', C Konstanten sind und r, r' die Abstände des Punktes (x, y) von den Punkten $(c, 0)$ und $(-c, 0)$ bedeuten, wo c konstant ist. Man zeige durch Einführung der neuen Veränderlichen $\frac{1}{2}(r + r')$ und $\frac{1}{2}(r - r')$, daß das System vom Liouvilleschen Typus ist, und gebe seine Lösung an.

9. Die Beobachtung, daß eine Katze immer auf ihre Füße fällt, gab Anlaß zu dem folgenden Problem:

Ein System, dessen momentaner Zustand durch die Lage und Geschwindigkeit jedes Elements bestimmt ist, habe ursprünglich keine Geschwindigkeit gegen den freien Raum im Vakuum. Kann es in einem späteren Zeitpunkt seine ursprüngliche Konfiguration wiedererlangen, aber mit anderer Orientierung gegen den Raum? Man zeige, daß die Frage zu bejahen ist für ein nicht konservatives System oder für ein System, dessen Kräfte von einem nicht einwertigen Potential abgeleitet sind, daß sie aber zu verneinen ist für konservative Systeme mit einem einwertigen Potential. (Vgl. Painlevé: *Comptes Rendus* Bd. 139, S. 1170. 1904.

Viertes Kapitel.

Die lösbaren Probleme der Punktdynamik.

§ 44. Der Massenpunkt mit einem Freiheitsgrad; das Pendel.

Als Beispiel für die in den voraufgehenden Kapiteln behandelten Methoden diskutieren wir die Fälle der Bewegung eines einzelnen Massenpunktes, die eine Lösung durch Quadraturen gestatten.

Wir betrachten zunächst die Bewegung eines Punktes der Masse m, der sich reibungslos auf einer ruhenden Raumkurve unter Einwirkung von Kräften bewegt, die nur von seiner Lage auf der Kurve abhängen.

Der Punkt sei zur Zeit t um ein Bogenstück s dieser Kurve von einem darauf willkürlich gewählten festen Punkt entfernt. Die Tangentialkomponente der äußeren Kraft sei $f(s)$.

Die kinetische Energie des Punktes ist

$$\tfrac{1}{2} m \dot{s}^2,$$

die potentielle Energie offenbar

$$-\int_{s_0}^{s} f(s)\, ds,$$

wo s_0 eine Konstante ist. Die Energiegleichung lautet daher

$$\tfrac{1}{2} m \dot{s}^2 = \int_{s_0}^{s} f(s)\, ds + c,$$

wo c eine Konstante ist.

Die Integration dieser Gleichung ergibt

$$t = \left(\frac{m}{2}\right)^{\frac{1}{2}} \int_{s_0}^{s} \left\{ \int_{s_0}^{s} f(s)\, ds + c \right\}^{-\frac{1}{2}} ds + l,$$

wo l eine zweite Integrationskonstante ist. Diese Gleichung stellt die Lösung des Problems dar, da sie eine Beziehung zwischen s und t mit zwei Integrationskonstanten ist.

Die Konstanten c und l können mit Hilfe der Anfangsbedingungen der Bewegung des Punktes physikalisch gedeutet werden. Denn bewegt sich der Punkt zur Zeit $t = t_0$ aus dem Punkt $s = s_0$ mit der Geschwindigkeit u, so findet man durch Einsetzen dieser Werte in die Energiegleichung

$$c = \tfrac{1}{2} m u^2$$

und durch Einsetzen derselben Werte in die letzte Gleichung zwischen s und t:

$$l = t_0.$$

Das berühmteste Problem von diesem Typus ist das des *mathematischen Pendels*. Hier hat die Kurve die Gestalt eines Kreises vom Radius a in einer senkrechten Ebene, und die einzige äußere Kraft, die an dem Punkt angreift, ist die Schwere[1]). Bezeichnet ϑ den Winkel des abwärts gerichteten Lotes mit dem Radiusvektor aus dem Kreiszentrum nach dem Massenpunkt, so ist

$$s = a\vartheta \quad \text{und} \quad f(s) = -mg\sin\vartheta,$$

daher die Energiegleichung

$$a\dot{\vartheta}^2 = 2g\cos\vartheta + \text{konst.} = -4g\sin^2\tfrac{1}{2}\vartheta + \text{konst.}$$

Im niedrigsten Punkt des Kreises möge $\frac{a^2\dot{\vartheta}^2}{2g}$ den Wert h haben. Dann kann man die letzte Gleichung in der Form schreiben

$$a^2\dot{\vartheta}^2 = 2gh - 4ga\sin^2\tfrac{1}{2}\vartheta.$$

Für $\sin\frac{1}{2}\vartheta = y$ geht sie über in

$$\dot{y}^2 = \frac{g}{a}(1-y^2)\left(\frac{h}{2a} - y^2\right).$$

Nun gibt es zwei verschiedene Typen von Pendelbewegungen, nämlich die „Oszillationen", bei denen der Massenpunkt um den tiefsten Punkt des Kreises hin- und herschwingt, und die „Kreisbewegung", bei der die Geschwindigkeit des Punktes so groß ist, daß sie ihn über den höchsten Punkt der Bahnkurve hinüberträgt, so daß er den Kreis in demselben Sinne wieder und wieder beschreibt. Wir behandeln diese Fälle getrennt.

1. Bei der oszillatorischen Bewegung kommt der Punkt zur Ruhe, bevor er den höchsten Punkt des Kreises erreicht hat; $\dot{y}$ verschwindet daher für einen Wert $y < 1$. Also muß $\frac{h}{2a} < 1$ sein. Setzen wir

$$h = 2ak^2,$$

wo k eine neue positive Konstante und kleiner als eins ist, so wird die Gleichung

$$\dot{y}^2 = \frac{gk^2}{a}\left(1 - k^2\frac{y^2}{k^2}\right)\left(1 - \frac{y^2}{k^2}\right).$$

---

[1]) Bei einem wirklichen Pendel wird die Kurve durch eine starre Stange ersetzt, die den Punkt mit dem Kreiszentrum verbindet und dem gleichen Zweck dient, den Punkt auf einer Kreisbahn zu halten. — Der Isochronismus kleiner Pendelschwingungen wurde von Galilei 1632 entdeckt; die Formeln für die Periode gab Huygens 1673. Schwingungen endlicher Amplitude untersuchte zuerst Euler (1736).

Ihre Lösung ist[1])

$$y = k \operatorname{sn}\left\{\sqrt{\frac{g}{a}}(t - t_0), k\right\},$$

wo t_0 eine willkürliche Konstante ist.

Diese Gleichung stellt die Lösung des Pendelproblems für die Oszillationen dar. Die beiden willkürlichen Konstanten der Lösung sind t_0 und k; sie müssen aus den Anfangsbedingungen bestimmt werden. Aus den bekannten Eigenschaften der elliptischen Funktion sn ergibt sich, daß die Bewegung periodisch ist. Ihre Periode, d. h. die Zeit zwischen zwei aufeinander folgenden gleichsinnigen Pendeldurchgängen durch denselben Punkt, hat die Größe $4\sqrt{\frac{a}{g}}K$, wo

$$K = \int_0^1 (1 - t^2)^{-\frac{1}{2}} (1 - k^2 t^2)^{-\frac{1}{2}} dt.$$

2. Bei der Kreisbewegung des Pendels ist $h > 2a$. Setzen wir also $2a = hk^2$, so ist $k < 1$.

Die Differentialgleichung wird dann

$$\dot{y}^2 = \frac{g}{a k^2} (1 - y^2)(1 - k^2 y^2).$$

Ihre Lösung ist

$$y = \operatorname{sn}\left\{\sqrt{\frac{g}{a}} \frac{t - t_0}{k}, k\right\}.$$

Die darin auftretenden beiden Konstanten t_0 und k müssen aus den Anfangsbedingungen bestimmt werden.

3. Endlich möge $h = 2a$ sein, so daß der Massenpunkt gerade den höchsten Punkt des Kreises erreicht. Dann lautet die Gleichung

$$\dot{y}^2 = \frac{g}{a}(1 - y^2)^2$$

oder

$$\dot{y} = \sqrt{\frac{g}{a}}(1 - y^2).$$

Ihre Lösung ist

$$y = \mathfrak{Tg}\left\{\sqrt{\frac{g}{a}}(t - t_0)\right\}.$$

Appell[2]) hat bemerkt, daß man mit Hilfe des Satzes aus § 34 einen Einblick in die Bedeutung der imaginären Periode der elliptischen Funktionen bekommt, die in der Lösung des Pendelproblems auftreten. Denn für einen Punkt, der ohne Anfangsgeschwindigkeit in einem Kreispunkt in der Höhe h über dem tiefsten Punkt des Kreises losgelassen wird, ist die Bewegung gegeben durch

$$y = k \operatorname{sn}\left\{\sqrt{\frac{g}{a}}(t - t_0), k\right\}, \qquad \text{wo } k^2 = \frac{h}{2a}.$$

---

[1]) Vgl. Whittaker and Watson: *Modern Analysis* § 22, 11.

[2]) *Comptes Rendus* Bd. 87. 1878.

Würde die Schwere senkrecht aufwärts wirken, so wäre, bei sonst gleichen Anfangsbedingungen, nach § 34 die zugehörige Bewegung gegeben durch

$$y = k \operatorname{sn}\left\{i\sqrt{\frac{g}{a}}(\tau - \tau_0), k\right\}.$$

Diese Bewegung hat aber die gleiche Periode wie eine Bewegung aus der Höhe $2a - h$ bei abwärts gerichteter Schwere. Diese letztere ist gegeben durch

$$y = k' \operatorname{sn}\left\{\sqrt{\frac{g}{a}}(\tau - \tau_0), k'\right\}, \qquad \text{wo } k'^2 = 1 - k^2.$$

Sie hat die reelle Periode $4\sqrt{\frac{a}{g}}\,K'$. Daher muß die Funktion

$$\operatorname{sn}\left\{i\sqrt{\frac{g}{a}}(\tau - \tau_0), k\right\}$$

die Periode $4\sqrt{\frac{a}{g}}\,K'$ haben, die Funktion $\operatorname{sn}(u, k)$ also die Periode $4iK'$. Die doppelte Periodizität der elliptischen Funktionen ist damit aus dynamischen Betrachtungen hergeleitet.

Aufgabe. Ein Punkt der Masse 1 bewegt sich auf einer Epizykloide, die ein Punkt der Peripherie eines Kreises vom Radius b beschreibt, der auf einem festen Kreise vom Radius a rollt. Auf den Punkt wirkt eine abstoßende Kraft μr aus dem Zentrum des festen Kreises, wo r den Abstand vom Zentrum bedeutet. Man zeige, daß die Bewegung periodisch ist und die Periode

$$2\pi\left\{\frac{(a+2b)^2 - a^2}{\mu a^2}\right\}^{\frac{1}{2}}$$

hat. (Dies Resultat erhält man am einfachsten, wenn man die Gleichung der Epizykloide in der Form

$$(a+2b)^2 - r^2 = \frac{a^2 s^2}{(a+2b)^2 - a^2}$$

nimmt, wo der Bogen s vom Scheitel der Epizykloide aus gerechnet ist.)

§ 45. Bewegung eines Punktes auf einer bewegten Kurve.

Wir behandeln nun einige Fälle der reibungslosen Bewegung eines Massenpunktes auf einer gegebenen Raumkurve, die selbst erzwungene Bewegungen ausführt.

1. Gleichförmig rotierende Kurve.

Wir setzen zunächst voraus, daß die Kurve mit gleichförmiger Geschwindigkeit um eine im Raume feste Achse rotiert. Ohne Beschränkung der Allgemeinheit können wir dem Punkt die Masse eins beilegen.

Überdies setzen wir voraus, daß das Feld der äußeren auf den Punkt wirkenden Kraft aus einem Potential abgeleitet werden kann, das in bezug auf die feste Achse symmetrisch ist, sich also als Funktion der Zylinderkoordinaten z und r darstellen läßt, wo z parallel zu der festen Achse gemessen wird und r den Abstand von der Achse bedeutet. Für einen Punkt der Kurve kann die potentielle Energie daher als

Funktion des Bogens s ausgedrückt werden. Wir bezeichnen sie mit $V(s)$ und schreiben die Gleichung der Kurve in der Form

$$r = g(s) .$$

Nach § 29 ist die Bewegung des Punktes die gleiche, als wäre die erzwungene Winkelgeschwindigkeit ω Null, während die potentielle Energie ein Zusatzglied $-\frac{1}{2} r^2 \omega^2$ erhielte. Daher können wir die Energiegleichung angeben:

$$\tfrac{1}{2} \dot{s}^2 - \tfrac{1}{2} \omega^2 \{g(s)\}^2 + V(s) = c ,$$

wo c eine Konstante ist.

Ihre Integration ergibt

$$t = \int^{s} [2c + \omega^2 \{g(s)\}^2 - 2V(s)]^{-\frac{1}{2}} d s + \text{konst.}$$

Diese Relation zwischen t und s stellt die Lösung des Problems dar.

Aufgabe 1. Die rotierende Kurve sei eben, und der Punkt durchlaufe sie mit konstanter Geschwindigkeit, wenn die Rotationsachse senkrecht und in der Ebene der Kurve gelegen ist und das Kraftfeld nur von der Schwere herrührt. Man zeige, daß die Kurve dann die Gestalt einer nach oben geöffneten Parabel mit senkrechter Achse hat.

Aufgabe 2. Ein Massenpunkt bewegt sich unter dem Einfluß der Schwere auf einem Kreis vom Radius a, der gleichförmig um eine senkrechte Achse rotiert, die gegen die Ebene des Kreises um den Winkel α geneigt ist. ϑ sei die in Winkelmaß gemessene Entfernung des Massenpunktes von dem tiefsten Punkt des Kreises. Man zeige, daß

$$\frac{1}{\cos\vartheta} = \frac{a\,\omega^2 \cos\alpha}{6g} + \wp\left\{\sqrt{\frac{g\cos\alpha}{2a}}\,(t - t_0)\right\}$$

ist, wo $\wp$ mit den Wurzeln

$$e_1 = 1 - \frac{a\,\omega^2\cos\alpha}{6g}, \qquad e_2 = -1 - \frac{a\,\omega^2\cos\alpha}{6g}, \qquad e_3 = \frac{a\,\omega^2\cos\alpha}{3g}$$

gebildet und t_0 eine Konstante ist.

2. Die Kurve bewegt sich mit konstanter Beschleunigung in einer festen Richtung.

Wir betrachten nun die Bewegung eines Punktes auf einer Geraden, die gegen die Wagerechte um den Winkel α geneigt und gezwungen ist, sich der durch sie gelegten senkrechten Ebene mit konstanter wagerechter Beschleunigung f zu bewegen.

Nehmen wir die x-Achse wagerecht, die y-Achse senkrecht aufwärts gerichtet und den Nullpunkt in der Anfangslage des Massenpunktes an, so ist die kinetische Energie

$$T = \tfrac{1}{2}(\dot{x}^2 + \dot{y}^2) ,$$

mit

$$x = y \operatorname{ctg}\alpha + \tfrac{1}{2} f t^2 ;$$

also

$$T = \tfrac{1}{2}(\dot{y}\operatorname{ctg}\alpha + f t)^2 + \tfrac{1}{2}\dot{y}^2$$

$$= \frac{1}{2}\dot{y}^2 \frac{1}{\sin^2\alpha} + \dot{y} f t \operatorname{ctg}\alpha + \frac{1}{2} f^2 t^2 .$$

Die potentielle Energie ist
$$V = g y\,.$$

Die Bewegungsgleichung
$$\frac{d}{dt}\left(\frac{\partial T}{\partial \dot{y}}\right) = -\frac{\partial V}{\partial y}$$
ergibt daher
$$\frac{d}{dt}\left(\frac{\dot{y}}{\sin^2\alpha} + f t \operatorname{ctg}\alpha\right) = -g$$
oder
$$\ddot{y} = (-g - f \operatorname{ctg}\alpha)\sin^2\alpha\,.$$

Die Integration unter der Annahme, daß der Punkt ursprünglich in Ruhe ist, ergibt
$$y = \tfrac{1}{2} t^2 (-g \sin\alpha - f\cos\alpha)\sin\alpha$$
und daher
$$x = \tfrac{1}{2} t^2 (-g\cos\alpha + f\sin\alpha)\sin\alpha\,.$$

Diese Gleichungen stellen die Lösung des Problems dar. Das System enthält die Zeit explizit; daher existiert kein Integral der Energie.

§ 46. Bewegung zweier freier Massenpunkte unter gegenseitiger Einwirkung.

Als nächstes Problem untersuchen wir die Bewegung zweier im Raum frei beweglicher Punkte der Massen m_1, m_2 unter dem Einfluß gegenseitiger Anziehung oder Abstoßung, die in der Richtung der Verbindungsgeraden wirken und von dem gegenseitigen Abstand der Punkte abhängen soll.

Das System hat sechs Freiheitsgrade, da die drei rechtwinkligen Koordinaten jedes Punktes beliebige Werte annehmen können. Als Lagenkoordinaten des Systems wählen wir daher die Koordinaten X, Y, Z des Schwerpunkts der beiden Punkte, bezogen auf ein beliebiges festes Achsensystem, und die Koordinaten x, y, z des Punktes m_2 in bezug auf bewegte Achsen, deren Nullpunkt in m_1 liegt und deren Achsen den festen Achsen parallel sind.

Die Koordinaten von m_1 und m_2 in bezug auf die festen Achsen sind
$$X - \frac{m_2 x}{m_1 + m_2}\,, \qquad Y - \frac{m_2 y}{m_1 + m_2}\,, \qquad Z - \frac{m_2 z}{m_1 + m_2}\,,$$
$$X + \frac{m_1 x}{m_1 + m_2}\,, \qquad Y + \frac{m_1 y}{m_1 + m_2}\,, \qquad Z + \frac{m_1 z}{m_1 + m_2}\,.$$

Daher ist die kinetische Energie des Systems
$$T = \frac{1}{2} m_1\left(\dot{X} - \frac{m_2\dot{x}}{m_1 + m_2}\right)^2 + \frac{1}{2} m_1\left(\dot{Y} - \frac{m_2\dot{y}}{m_1 + m_2}\right)^2 + \frac{1}{2} m_1\left(\dot{Z} - \frac{m_2\dot{z}}{m_1 + m_2}\right)^2$$
$$+ \frac{1}{2} m_2\left(\dot{X} + \frac{m_1\dot{x}}{m_1 + m_2}\right)^2 + \frac{1}{2} m_2\left(\dot{Y} + \frac{m_1\dot{y}}{m_1 + m_2}\right)^2 + \frac{1}{2} m_2\left(\dot{Z} + \frac{m_1\dot{z}}{m_1 + m_2}\right)^2$$

oder

$$T = \frac{1}{2}(m_1 + m_2)(\dot{X}^2 + \dot{Y}^2 + \dot{Z}^2) + \frac{1}{2}\frac{m_1 m_2}{m_1 + m_2}(\dot{x}^2 + \dot{y}^2 + \dot{z}^2).$$

Die potentielle Energie des Systems hängt allein von der gegenseitigen Lage der Massenpunkte ab, kann also als Funktion von x, y, z dargestellt werden. Sie werde mit $V(x, y, z)$ bezeichnet.

Die Lagrangeschen Bewegungsgleichungen des Systems sind

$$\ddot{X} = 0, \qquad \ddot{Y} = 0, \qquad \ddot{Z} = 0,$$

$$\frac{m_1 m_2}{m_1 + m_2}\ddot{x} = -\frac{\partial V}{\partial x}, \qquad \frac{m_1 m_2}{m_1 + m_2}\ddot{y} = -\frac{\partial V}{\partial y}, \qquad \frac{m_1 m_2}{m_1 + m_2}\ddot{z} = -\frac{\partial V}{\partial z}.$$

Die drei ersten Gleichungen besagen, *daß der Schwerpunkt sich gleichförmig geradlinig bewegt.* Aus den drei übrigen Gleichungen ergibt sich, *daß m_2 sich so gegen m_1 bewegt, als ob m_1 fest wäre und m_2 mit einer Kraft anzöge, die von der potentiellen Energie $\frac{m_1 + m_2}{m_1} V$ abgeleitet ist*[1]).

Aufgabe. Bewegen sich zwei Punkte frei im Raum nach irgend einem Gesetz gegenseitiger Anziehung, so schneiden die Tangenten an ihre Bahnkurven eine beliebige feste Ebene in zwei Punkten, deren Verbindungslinie durch einen festen Punkt geht. (Mehmke.)

§ 47. Allgemeiner Fall der Zentralkräfte. Der Satz von Hamilton.

Nach dem vorigen Paragraphen läßt sich die gegenseitige Einwirkung zweier freier Massenpunkte aufeinander auf die Anziehung oder Abstoßung eines einzelnen freien Massenpunktes von einem festen Zentrum zurückführen. Dies ist das bekannte *Problem der Zentralkräfte*. Es bedeutet offenbar keine Beschränkung der Allgemeinheit, wenn wir dem Punkt die Einheit der Masse beilegen.

Wird der Punkt zu Anfang in beliebiger Weise fortgeschleudert, so bleibt er immer in der Ebene durch das Kraftzentrum und die Richtung, in der er fortgeschleudert wurde. Denn zu keiner Zeit wirkt eine Kraft auf ihn, die ihn aus dieser Ebene hinaustreiben könnte. Daher läßt sich die Lage des Punktes durch Polarkoordinaten r, ϑ in dieser Ebene festlegen, in der das Kraftzentrum zum Nullpunkt gemacht wird. Es sei P die auf das Zentrum der Kraft gerichtete Beschleunigung. Vorläufig braucht P nicht notwendig eine Funktion von r allein zu sein.

Die kinetische Energie des Punktes ist $T = \frac{1}{2}(\dot{r}^2 + r^2\dot{\vartheta}^2)$, die Arbeit der Kraft bei einer infinitesimalen Verrückung $(\delta r, \delta\vartheta)$ ist

$$-P\,\delta r.$$

---

[1]) Newton: *Principia* Buch I, Abschnitt 11.

Daher sind die Lagrangeschen Bewegungsgleichungen des Punktes

$$\ddot{r} - r\dot{\vartheta}^2 = -P,$$

$$\frac{d}{dt}(r^2\dot{\vartheta}) = 0.$$

Die Integration der zweiten Gleichung ergibt

$$r^2\dot{\vartheta} = h,$$

wo h konstant ist. Dies Integral entspricht der zyklischen Koordinate ϑ und kann physikalisch als das Integral des Moments der Bewegungsgröße um das Kraftzentrum gedeutet werden.

Um die Differentialgleichung der Bahnkurve zu bestimmen, eliminieren wir dt aus der ersten Gleichung mit Hilfe der Relation

$$\frac{d}{dt} = \frac{h}{r^2}\frac{d}{d\vartheta}.$$

So erhalten wir die Gleichung

$$\frac{h}{r^2}\frac{d}{d\vartheta}\left(\frac{h}{r^2}\frac{dr}{d\vartheta}\right) - \frac{h^2}{r^3} = -P$$

oder für $u = \frac{1}{r}$:

$$\frac{d^2u}{d\vartheta^2} + u = \frac{P}{h^2u^2}.$$

Dies ist die Differentialgleichung der Bahnkurve[1]) in Polarkoordinaten. Ihre Integration ergibt neben h zwei neue willkürliche Konstanten. Eine vierte tritt auf bei der Bestimmung von t aus der Gleichung

$$t = \frac{1}{h}\int r^2\,d\vartheta + \text{konst.}$$

Oft wird auch die Differentialgleichung der Bahnkurve in r-p-Koordinaten benutzt. (p bezeichnet den Abstand des Kraftzentrums von der Tangente an die Bahnkurve.) Man erhält sie unmittelbar mit Hilfe des Satzes von Siacci (§ 18). Da das dort eingeführte h hier konstant ist, folgt sofort

$$P = \frac{h^2 r}{p^3 \varrho}$$

oder

$$P = \frac{h^2}{p^3}\frac{dp}{dr}.$$

Dies ist die Differentialgleichung der Bahnkurve.

Da $h = vp$ ist, wo v die Bahngeschwindigkeit bedeutet, so folgt aus dieser Gleichung

$$v^2 = P\frac{\varrho p}{r}$$

---

[1]) Im wesentlichen findet sie sich in Newton: *Principia* Buch I, §§ 2 und 3 und in Clairaut: *Théorie de la Lune* 1765. In der obigen Form ist sie in Whewell: *Dynamics* 1823, enthalten.

oder
$$v^2 = \tfrac{1}{2} P q,$$
wo q die durch das Kraftzentrum gehende Sehne des Krümmungskreises der Bahnkurve ist.

Man fragt häufig nach dem *Kraftgesetz, unter dessen Einfluß ein Massenpunkt eine vorgeschriebene Bahn durchläuft.* Es ist unmittelbar bestimmt durch die Gleichung
$$P = h^2 u^2 \left(u + \frac{d^2 u}{d\vartheta^2}\right),$$
wenn die Gleichung der Bahnkurve in Polarkoordinaten gegeben ist. Ist sie dagegen in r-p-Koordinaten gegeben, so ist die Kraft bestimmt durch
$$P = \frac{h^2}{p^3} \frac{dp}{dr}.$$

Ist die Gleichung der Kurve in rechtwinkligen Koordinaten gegeben, so verfahren wir folgendermaßen:

Das Kraftzentrum sei der Ursprung und $f(x, y) = 0$ die Gleichung der gegebenen Kurve. Das Integral des Moments der Bewegungsgröße ist
$$x\dot{y} - y\dot{x} = h.$$
Differentiation der Kurvengleichung ergibt
$$f_x \dot{x} - f_y \dot{y} = 0, \qquad \text{wo} \qquad f_x = \frac{\partial f}{\partial x}.$$
Mit Hilfe dieser beiden Gleichungen erhalten wir
$$\dot{x} = \frac{-h f_y}{x f_x + y f_y}, \qquad \dot{y} = \frac{h f_x}{x f_x + y f_y}.$$
Eine zweite Differentiation ergibt
$$\ddot{x} = \dot{x} \frac{\partial \dot{x}}{\partial x} + \dot{y} \frac{\partial \dot{x}}{\partial y}$$
$$= \frac{h f_y}{x f_x + y f_y} \frac{\partial}{\partial x}\left(\frac{h f_y}{x f_x + y f_y}\right) - \frac{h f_x}{x f_x + y f_y} \frac{\partial}{\partial y}\left(\frac{h f_y}{x f_x + y f_y}\right).$$
Führt man die Differentiationen aus, so folgt
$$\ddot{x} = \frac{h^2 x \left(-f_y^2 f_{xx} + 2 f_x f_y f_{xy} - f_x^2 f_{yy}\right)}{(x f_x + y f_y)^3}.$$
Daraus ergibt sich aber die gesuchte Kraft P; denn es ist $\ddot{x} = -Px/r$. Daher haben wir
$$P = \frac{h^2 r \left(f_y^2 f_{xx} - 2 f_x f_y f_{xy} + f_x^2 f_{yy}\right)}{(x f_x + y f_y)^3}.$$
Diese Gleichung gibt die gesuchte Zentralkraft.

Der wichtigste Sonderfall ist der, daß die vorgeschriebene Bahnkurve ein Kegelschnitt ist:

$$2f(x, y) = a x^2 + 2 h x y + b y^2 + 2 g x + 2 f y + c = 0 .$$

Dann hat der Ausdruck

$$f_{xx} f_y^2 - 2 f_{xy} f_x f_y + f_{yy} f_x^2$$

für die Punkte des Kegelschnittes den konstanten Wert

$$-(abc + 2fgh - af^2 - bg^2 - ch^2),$$

während die Größe

$$x \frac{\partial f}{\partial x} + y \frac{\partial f}{\partial y}$$

den Wert

$$-(gx + fy + c)$$

hat, also ein konstantes Vielfaches der Senkrechten aus dem Punkt (x, y) auf die Polare des Nullpunkts in bezug auf den Kegelschnitt ist. Für die Zentralkraft, unter deren Einwirkung ein gegebener Kegelschnitt durchlaufen wird, erhalten wir so den folgenden von Hamilton [1]) herrührenden eleganten Ausdruck: *Die Kraft auf den Massenpunkt in der Lage* (x, y) *ist direkt proportional dem Radius aus dem Kraftzentrum nach dem Punkt* (x, y), *umgekehrt proportional der dritten Potenz der Senkrechten aus* (x, y) *auf die Polare des Kraftzentrums.*

Die beiden folgenden Sätze, deren Beweis dem Leser überlassen sei, können zusammen als die Umkehrung des Satzes von Hamilton betrachtet werden.

1. Bewegt sich ein Punkt unter der Wirkung einer Kraft, die auf einen festen Punkt hin gerichtet und dem Abstand von dem festen Punkt direkt, der dritten Potenz des Abstandes von einer gegebenen Geraden umgekehrt proportional ist, so ist die Bahnkurve ein Kegelschnitt.

2. Bewegt sich ein Punkt unter der Wirkung einer auf den Nullpunkt hin gerichteten Kraft von der Größe

$$\mu (x^2 + y^2)^{\frac{1}{2}} (\alpha x^2 + 2 \beta x y + \gamma y^2)^{-\frac{3}{2}},$$

wo x, y rechtwinklige Koordinaten und $\mu, \alpha, \beta, \gamma$ Konstanten sind, so sind die Bahnkurven Kegelschnitte, die die Geraden

$$\alpha x^2 + 2 \beta x y + \gamma y^2 = 0$$

berühren.

Darboux (*Comptes Rendus* Bd. 84, S. 936) hat gezeigt, daß diese beiden Kraftgesetze die einzigen sind, für die die Bahnen immer Kegelschnitte sind, wenn die Kraft nur von der Lage der Punkte abhängt. Suchar (*Nouv. Ann.* Bd. 6, S. 532) hat andere Kraftgesetze gefunden, in die die Geschwindigkeitskomponenten des Punktes eingehen.

Aufgabe 1. Ein Kegelschnitt werde unter der Einwirkung der durch den Hamiltonschen Satz gegebenen Kraft $\frac{\mu r}{p^3}$ beschrieben. Man zeige, daß die Umlaufszeit $\frac{2\pi}{\sqrt{\mu}} p_0^{\frac{3}{2}}$ ist, wo p_0 die Senkrechte aus dem Mittelpunkt des Kegelschnitts auf die Polare des Kraftzentrums bedeutet. (Glaisher.)

Aufgabe 2. Man zeige, daß ein Punkt bei passend gewählter Anfangsgeschwindigkeit unter der Einwirkung der Kraft

$$\frac{\mu r}{(A x^2 + 2 H x y + B y^2 + I)^3}$$

[1]) *Proc. Roy. Irish Acad.* 1846.

einen Kegelschnitt durchläuft, dessen Asymptoten den Geraden

$$A x^2 + 2 H x y + B y^2 = 0$$

parallel sind. (Glaisher.)

§ 48. Durch Quadraturen lösbare Fälle von Zentralbewegung; Integration mit Kreisfunktionen und elliptischen Funktionen.

Der wichtigste Fall der Zentralbewegung ist der, in dem die Größe der Zentralkraft allein von dem Abstand r abhängt. Bezeichnet $f(r)$ die Kraft, so lautet die Differentialgleichung der Bahn

$$\frac{d^2 u}{d\vartheta^2} + u = \frac{f(r)}{h^2 u^2}.$$

Ihre Integration ergibt

$$\left(\frac{du}{d\vartheta}\right)^2 = c - \frac{2}{h^2}\int^r f(r)\, dr - u^2,$$

wo c eine Konstante ist. Durch nochmalige Integration findet man die Gleichung der Bahnkurve in Polarkoordinaten:

$$\vartheta = \int^r \left\{c - \frac{2}{h^2}\int^r f(r)\, dr - \frac{1}{r^2}\right\}^{-\frac{1}{2}} \frac{dr}{r^2}.$$

Ist mit Hilfe dieser Gleichung r als Funktion von ϑ bestimmt, so ergibt sich die Zeit durch das Integral

$$t = \frac{1}{h}\int^{\vartheta} r^2\, d\vartheta + \text{konst.}$$

Das Problem der Zentralbewegung ist also stets durch Quadraturen lösbar, wenn die Kraft von dem Abstand allein abhängt.

Aufgabe. Man zeige, daß die Differentialgleichungen der Bewegung eines Massenpunktes P stets durch Quadratur lösbar sind, wenn die Zentralkraft F die Form hat

$$F = \frac{\Phi(\vartheta)}{r^2(at + b)},$$

wo Φ eine Funktion von ϑ allein ist, während a und b willkürliche Konstanten sind. (Armellini.)

Wir nehmen nun speziell an, daß die Zentralkraft einer positiven oder negativen ganzen Potenz der Entfernung, etwa der n^{ten}, proportional ist, und untersuchen die Fälle, in denen die Quadraturen mit Hilfe bekannter Funktionen ausführbar sind.

Dazu stellen wir zunächst die Probleme auf, die mit Kreisfunktionen gelöst werden können. Das obige Integral zur Bestimmung von ϑ läßt sich in der Form schreiben

$$\vartheta = \int (a + bu^2 + cu^{-n-1})^{-\frac{1}{2}}\, du,$$

wo a, b, c Konstanten sind, ausgenommen den Fall $n = -1$, wo ein Logarithmus an die Stelle von u^{-n-1} tritt. Soll das Problem durch Kreisfunktionen lösbar sein, so darf das Polynom unter der Wurzel des Integranden höchstens den Grad 2 haben. Aus dieser Bedingung folgt:

$$-n-1 = 0, 1, 2,$$

also

$$n = -1, -2, -3.$$

Der Fall $n = -1$ ist jedoch auf Grund des oben Bemerkten auszuschließen. Dagegen ist der Fall $n = 1$ mit aufzunehmen, da der Radikand durch Einführung von u^2 als neuer Veränderlicher in eine quadratische Form übergeführt werden kann.

Sodann bestimmen wir die Fälle, in denen die Integration mit Hilfe elliptischer Funktionen[1]) ausführbar ist. Dazu muß das Polynom unter der Wurzel des Integranden vom dritten oder vierten Grade[2]) in der Integrationsvariablen sein. Diese Bedingung ist aber erfüllt für

$n = 0, -4, -5$, wenn u als unabhängige Veränderliche genommen wird,
$n = 3, \quad 5, -7$, wenn u^2 als unabhängige Veränderliche genommen wird.

Das Problem der Zentralbewegung, deren Kraft der n^{ten} Potenz des Abstandes proportional ist, kann also mit Hilfe von Kreisfunktionen oder elliptischen Funktionen integriert werden in den Fällen:

$$n = 5, 3, 1, 0, -2, -3, -4, -5, -7.$$

Aufgabe. Man zeige, daß das Problem durch elliptische Funktionen gelöst werden kann, wenn n die Werte

$$n = -\tfrac{3}{2}, -\tfrac{5}{2}, -\tfrac{1}{3}, -\tfrac{5}{3}, -\tfrac{7}{3}$$

hat.

Den allgemeinen Fall gebrochener Werte von n diskutierte Nobile: *Giornale di Mat. Bd.* 46, *S.* 313. 1908.

Die Probleme, die mit Kreisfunktionen integriert werden können, die also den Werten $n = 1, -2, -3$ entsprechen, sind von besonderem Interesse. Der Fall $n = -2$ wird im nächsten Paragraphen behandelt. Für $n = 1$ und $n = -3$ kann man folgendermaßen vorgehen:

1. $n = 1$.

Die anziehende Kraft ist

$$f(r) = \mu r,$$

also wird die Gleichung der Bahnkurve

$$\vartheta = -\int^{u}\left(c - \frac{\mu}{h^2 u^2} - u^2\right)^{-\frac{1}{2}} du$$

$$= -\frac{1}{2}\int^{v}\left(c v - \frac{\mu}{h^2} - v^2\right)^{-\frac{1}{2}} dv,$$

---

[1]) Diese Fälle sind zuerst untersucht von Legendre: *Théories des Fonctions Elliptiques* 1825; dann von J. F. Stader: *Journ. f. Math.* Bd. 46, S. 262. 1853.

[2]) Whittaker and Watson: *Modern Analysis* § 22, 7.

wo $u^2 = v$ ist, also

$$2\vartheta = -\int^{v}\left\{\left(\frac{c^2}{4} - \frac{\mu}{h^2}\right) - \left(v - \frac{c}{2}\right)^2\right\}^{-\frac{1}{2}} dv$$

oder

$$2(\vartheta - \gamma) = \arccos \frac{v - \frac{c}{2}}{\left(\frac{c^2}{4} - \frac{\mu}{h^2}\right)^{\frac{1}{2}}},$$

wo γ eine Integrationskonstante ist, oder

$$\frac{1}{r^2} = \frac{c}{2} + \left(\frac{c^2}{4} - \frac{\mu}{h^2}\right)^{\frac{1}{2}} \cos(2\vartheta - 2\gamma).$$

Dies ist die Mittelpunktsgleichung einer Ellipse (wenn $\mu > 0$) oder einer Hyperbel (wenn $\mu < 0$). *Die Bahnen sind mithin Kegelschnitte, deren Mittelpunkt im Kraftzentrum liegt* [1]).

2. $n = -3$.

Die Zentralkraft ist

$$f(r) = \frac{\mu}{r^3},$$

also wird die Gleichung der Bahnkurve

$$\vartheta = -\int^{u}\left\{c + \left(\frac{\mu}{h^2} - 1\right) u^2\right\}^{-\frac{1}{2}} du.$$

Ihre Integration ergibt

$$u = A\cos(k\vartheta + \varepsilon), \quad \text{wo} \quad k^2 = 1 - \frac{\mu}{h^2}, \quad \text{wenn} \quad \mu < h^2,$$

$$u = A\,\mathfrak{Cos}\,(k\vartheta + \varepsilon), \quad \text{wo} \quad k^2 = \frac{\mu}{h^2} - 1, \quad \text{wenn} \quad \mu > h^2,$$

$$u = A\vartheta + \varepsilon, \qquad \text{wenn} \quad \mu = h^2,$$

wo A und ε in allen drei Gleichungen Integrationskonstanten bedeuten. Diese Kurven werden zuweilen als *Cotessche Spiralen* bezeichnet. Die letzte ist die reziproke Spirale [2]).

Im Zusammenhang mit den Kräften, die der dritten Potenz des Abstandes umgekehrt proportional sind, mag noch folgendes bemerkt werden: Sei

$$r = f(\vartheta)$$

die Bahn bei der Einwirkung einer auf den Ursprung hin gerichteten Zentralkraft $P(r)$, dann kann die Bahnkurve

$$r = f(k\vartheta),$$

---

[1]) Newton fand, daß, wenn eine nach einem festen Punkt gerichtete Kraft einen Körper auf einer Ellipse um diesen Punkt als Mittelpunkt führt, die Kraft dem Abstand proportional ist. *Principia* Buch I, § 2, Prop. X.

[2]) Newton: *Principia* Buch I, § 2, Prop. IX; R. Cotes: *Harmonia Mensurarum* S. 31, 98.

wo k eine beliebige Konstante ist, unter dem Einfluß einer Zentralkraft $P(r) + \frac{c}{r^3}$ beschrieben werden, wo c eine Konstante ist. Dabei ist das Zeitintervall, in dem der Radiusvektor aus dem Kraftzentrum nach dem Massenpunkt von dem Wert r_1 zu dem Wert r_2 übergeht, für beide Bahnen gleich groß.

Denn es ist, wenn gestrichene Buchstaben sich auf die zweite Bahnkurve beziehen,

$$P' = h'^2 u^2 \left(u + \frac{d^2 u}{d\vartheta'^2}\right)$$

$$= h'^2 u^3 + \frac{h'^2}{k^2} u^2 \frac{d^2 u}{d\vartheta^2}$$

$$= h'^2 u^3 + \frac{h'^2}{h^2 k^2} (P - h^2 u^3).$$

Wählen wir daher die neue Konstante h' des Moments der Bewegungsgröße so, daß $h' = hk$ wird (diese Gleichung beweist die oben behauptete Gleichheit der Zeitintervalle, denn sie läßt sich in der Form schreiben: $dt'/r'^2 = dt/r^2$), so ist

$$P' = P - \frac{h^2(1 - k^2)}{r^3},$$

womit der Satz bewiesen ist. Man nennt ihn zuweilen *Newtons Satz von den rotierenden Bahnen.*

Die Formen der Zentralbewegung, die zu

$$n = 5, 3, 0, -4, -5, -7$$

gehören, führen, wie wir sahen, auf elliptische Integrale. Kehren wir die Integrale um, so erhalten wir die Lösung in elliptischen Funktionen. Als Beispiel behandeln wir den Fall $n = -5$.

Es sei μu^5 die auf das Zentrum der Anziehung hin gerichtete Kraft. Wir setzen voraus, daß dem Massenpunkt eine geringere Anfangsgeschwindigkeit erteilt wird, als er haben würde, wenn er aus dem Unendlichen bis zum Anfangspunkt der Bewegung fallen würde, so daß seine Gesamtenergie

$$\frac{1}{2}\dot{r}^2 + \frac{1}{2} r^2 \dot{\vartheta}^2 - \frac{\mu}{4r^4}$$

negativ ist. Wir bezeichnen sie mit $-\frac{1}{2}\gamma$.

Die Energiegleichung

$$\dot{r}^2 + r^2\dot{\vartheta}^2 - \frac{\mu}{2r^4} + \gamma = 0$$

und die Gleichung

$$r^2 \dot{\vartheta} = h$$

ergeben zusammen

$$\left(\frac{dr}{d\vartheta}\right)^2 = -\frac{\gamma}{h^2} r^4 - r^2 + \frac{\mu}{2h^2}.$$

Führt man durch die Gleichung

$$r = \left(\frac{\mu}{2}\right)^{\frac{1}{4}} \frac{1}{h(\varrho + \frac{1}{3})^{\frac{1}{2}}}$$

die neue Veränderliche ϱ an Stelle von r ein, so geht die Differentialgleichung über in

$$\left(\frac{d\varrho}{d\vartheta}\right)^2 = 4\left(\varrho + \frac{1}{3}\right)\left(\varrho^2 - \frac{\varrho}{3} - \frac{2}{9} - \frac{\mu\gamma}{2h^4}\right).$$

Die Wurzeln der quadratischen Gleichung

$$\varrho^2 - \frac{\varrho}{3} - \frac{2}{9} - \frac{\mu\gamma}{2h^4} = 0$$

sind reell, wenn γ positiv ist. Ihre Summe ist $\frac{1}{3}$, und die kleinere der beiden ist kleiner als $-\frac{1}{3}$. Bezeichnet man die größere der Wurzeln mit e_1, die kleinere mit e_3 und $-\frac{1}{3}$ mit e_2, so ist

$$e_1 + e_2 + e_3 = 0,$$

$$e_1 > e_2 > e_3,$$

$$\left(\frac{d\varrho}{d\vartheta}\right)^2 = 4(\varrho - e_1)(\varrho - e_2)(\varrho - e_3),$$

also

$$\varrho = \wp(\vartheta - \varepsilon),$$

wo ε eine Integrationskonstante bedeutet und die Funktion $\wp$ mit den Wurzeln e_1, e_2, e_3 gebildet wird. Also ist

$$r = \left(\frac{\mu}{2}\right)^{\frac{1}{2}} \frac{1}{h\{\wp(\vartheta - \varepsilon) + \frac{1}{3}\}^{\frac{1}{2}}}.$$

Nun ist r positiv und kann, wie aus der Energiegleichung folgt, nicht größer als $\sqrt[4]{\frac{\mu}{2\gamma}}$ sein. Daher ist $\wp(\vartheta - \varepsilon) + \frac{1}{3}$ positiv reell und hat eine positive untere Grenze. Wenn aber $e_1 > e_2 > e_3$ ist, so bleibt die Funktion $\wp(\vartheta - \varepsilon)$ reell und über einer endlichen unteren Grenze für alle reellen Werte von ϑ nur dann, wenn ε reell ist. Folglich ist ε reell und kann gleich Null gesetzt werden, wenn ϑ von einer geeigneten Anfangsgeraden aus gerechnet wird. *Daher ist*

$$r = \left(\frac{\mu}{2}\right)^{\frac{1}{2}} \frac{1}{h\{\wp(\vartheta) + \frac{1}{3}\}^{\frac{1}{2}}}$$

die Gleichung der Bahnkurve in Polarkoordinaten[1]).

Die Zeit kann aus der Gleichung

$$t = \frac{1}{h}\int r^2\, d\vartheta$$

oder

$$t = \frac{\mu}{2h^3}\int \frac{d\vartheta}{\wp(\vartheta) - e_2}$$

[1]) Die Bahnkurven wurden diskutiert und klassifiziert von W. D. MacMillan: *Amer. Journ. Math.* Bd. 30, S. 282. 1908.

bestimmt werden. Die Ausführung dieser Integration ergibt für t *die Gleichung*

$$t = -\frac{\mu h^{-3}}{2(e_2 - e_1)(e_2 - e_3)} \left\{ \zeta(\vartheta) + \frac{1}{2} \frac{\wp'(\vartheta)}{\wp(\vartheta) - e_2} + e_2 \vartheta \right\},$$

wo $\zeta(\vartheta)$ die Weierstraßsche Zeta-Funktion ist[1]).

Aufgabe 1. Man zeige, daß die Gleichung der Bahnkurve eines Massenpunktes, der sich unter dem Einfluß einer anziehenden Zentralkraft $\frac{\mu}{r^5}$ bewegt, die Form hat

$$r = a \operatorname{sn}\left(K - \frac{\vartheta}{\sqrt{1+k^2}}, k\right)$$

oder

$$\frac{a}{r} = k \operatorname{sn}\left(K - \frac{\vartheta}{\sqrt{1+k^2}}, k\right),$$

vorausgesetzt, daß $h^2 > 4\mu E > 0$ ist, wo h das Moment der Bewegungsgröße um das Kraftzentrum und E der Überschuß der Gesamtenergie über die potentielle Energie im Unendlichen ist. (*Cambridge Math. Tripos*, Part I. 1894.)

Aufgabe 2. Ein Massenpunkt wird vom Nullpunkt mit konstanter Beschleunigung μ angezogen. Man zeige, daß der Radiusvektor r, das Argument ϑ und die Zeit t als Funktionen eines reellen Hilfswinkels u dargestellt werden können durch Gleichungen von der Form

$$r = \wp(iu + \omega_1) - \wp(\omega_2 + a),$$

$$\left(\frac{\mu}{2}\right)^{\frac{1}{2}} t = i\zeta(\omega_1 + iu) + u\wp(\omega_2 + a) - i\zeta(\omega_1),$$

$$e^{i\vartheta} = e^{-2iu\zeta(\omega_2 + a)} \frac{\sigma(\omega_1 + iu + \omega_2 + a)\,\sigma(\omega_1 - \omega_2 - a)}{\sigma(\omega_1 + iu - \omega_2 - a)\,\sigma(\omega_1 + \omega_2 + a)}.$$

(Schoute.)

Von besonderem Interesse sind die Punkte der Bahnkurve, in denen der Radiusvektor nach zeitweiligem Wachsen abzunehmen oder nach zeitweiliger Abnahme zu wachsen beginnt. Ein Punkt der ersteren Art heißt *Apozentrum*, ein Punkt der letzteren Art *Perizentrum*, beide gemeinsam *Apsiden*. Ist die Apsis kein singulärer Punkt der Bahn, etwa eine Spitze, so gilt dort

$$\frac{dr}{d\vartheta} = 0.$$

Diese Gleichung besagt, daß die Tangente der Bahnkurve auf dem Radiusvektor senkrecht steht.

Ist die Sonne das Kraftzentrum, so bezeichnet man Apozentrum und Perizentrum gewöhnlich als *Aphel* und *Perihel*.

Aufgabe. Ein Massenpunkt wird von einem festen Punkt mit der Kraft

$$\frac{\mu}{r^2} + \frac{\nu}{r^3}$$

angezogen. Man zeige, daß der Winkel zwischen den Radienvektoren nach zwei aufeinanderfolgenden Apsiden die Größe

$$\frac{\pi}{\sqrt{1 - \frac{\nu}{h^2}}}$$

hat, wo h die Konstante des Moments der Bewegungsgröße ist.

[1]) Vgl. Whittaker and Watson: *Modern Analysis* § 20, 4.

§ 49. Bewegung nach dem Newtonschen Anziehungsgesetz[1]).

Von den durch Kreisfunktionen lösbaren Problemen der Zentralbewegung, bei der die Kraft einer ganzen Potenz des Abstandes proportional ist, bleibt noch der Fall $n = -2$ zu untersuchen. Er ist von besonderer Bedeutung für die Himmelsmechanik, da nach dem allgemeinen Newtonschen Gravitationsgesetz die gegenseitige Anziehung zweier Himmelskörper mit dem reziproken Quadrat ihres Abstandes variiert.

I. Die Bahnkurven.

Wir betrachten also die Bewegung eines Massenpunktes, der von einem festen, zum Koordinatenursprung gewählten Punkt mit der Kraft μu^2 angezogen wird. Dabei ist u die reziproke Entfernung von dem festen Punkt. Der Massenpunkt möge in dem Bahnpunkt mit den Polarkoordinaten c, α eine Anfangsgeschwindigkeit von der Größe v_0 haben, die mit c den Winkel γ einschließt, so daß das Moment der Bewegungsgröße den Wert hat

$$h = c v_0 \sin\gamma .$$

Die Differentialgleichung der Bahnkurve ist

$$\frac{d^2 u}{d\vartheta^2} + u = \frac{P}{h^2 u^2} = \frac{\mu}{v_0^2 c^2 \sin^2\gamma} .$$

Diese lineare Differentialgleichung mit konstanten Koeffizienten hat das Integral

$$u = \frac{\mu}{v_0^2 c^2 \sin^2\gamma} \{1 + e\cos(\vartheta - \tilde{\omega})\} ,$$

wo e und $\tilde{\omega}$ Integrationskonstanten sind. Sie ist die Gleichung eines Kegelschnitts in Polarkoordinaten, dessen einer Brennpunkt im Ursprung liegt, dessen Exzentrizität e ist, und dessen Halbparameter l durch die Gleichung

$$l = \frac{v_0^2 c^2 \sin^2\gamma}{\mu}$$

gegeben wird. Die Konstante $\tilde{\omega}$ bestimmt die Lage der Apsidenlinie und heißt *Perihellänge*.

Daß der Brennpunkt des Kegelschnitts mit dem Kraftzentrum zusammenfällt, stimmt mit dem Hamiltonschen Satz überein. Denn dann ist das Lot auf die Polare des Kraftzentrums gleich dem Lot auf die Leitlinie und daher r proportional, so daß nach dem Satz von Hamilton die Kraft proportional $\frac{1}{r^2}$ wird.

Zur Bestimmung der Konstanten e und $\tilde{\omega}$ als Funktionen der Anfangswerte c, α, γ, v_0 bemerken wir, daß zu Beginn der Bewegung

$$\vartheta = \alpha , \qquad u = \frac{1}{c} , \qquad \frac{du}{d\vartheta} = -\frac{1}{c}\operatorname{ctg}\gamma$$

[1]) Newton: *Principia* Buch I, § 3, Prop. XI, XII, XIII.

ist. Führen wir diese Werte in die Gleichung der Bahnkurve und die aus ihr durch Differentiation nach ϑ abgeleitete ein, so folgt

$$v_0^2 c \sin^2\gamma = \mu + \mu e \cos(\alpha - \tilde{\omega}),$$

$$v_0^2 c \sin\gamma \cos\gamma = \mu e \sin(\alpha - \tilde{\omega}).$$

Die Auflösung dieser Gleichungen nach e und $\tilde{\omega}$ ergibt

$$e^2 = 1 + \frac{v_0^4 c^2 \sin^2\gamma}{\mu^2} - \frac{2 v_0^2 c \sin^2\gamma}{\mu},$$

$$\operatorname{ctg}(\alpha - \tilde{\omega}) = \frac{-\mu}{c v_0^2 \sin\gamma \cos\gamma} + \operatorname{tg}\gamma.$$

Ist der Kegelschnitt eine Ellipse, so bezeichnet man die große Halbachse gewöhnlich als die *mittlere Entfernung* a des Punktes. Es ist

$$a = \frac{l}{1 - e^2},$$

und nach Substitution der schon gefundenen Werte von l und e^2 wird

$$v_0^2 = \mu\left(\frac{2}{c} - \frac{1}{a}\right).$$

Diese Gleichung bestimmt a als Funktion der Anfangswerte.

Die Zeit, die der Massenpunkt braucht, um die elliptische Bahn einmal zu durchlaufen, die *Umlaufszeit*, ist

$$\frac{2}{h} \times \text{Flächeninhalt der Ellipse},$$

da h die doppelte Flächengeschwindigkeit ist, mit der die Ellipse von dem Radiusvektor überstrichen wird. Die Umlaufszeit ist daher $\frac{2\pi a b}{h}$, wo b die kleine Halbachse bedeutet. Es ist aber

$$h = v_0 c \sin\gamma = \sqrt{\mu l} = b\sqrt{\frac{\mu}{a}},$$

die Umlaufszeit also gleich $2\pi\sqrt{a^3/\mu}$. Es ist üblich, die Größe $\mu^{\frac{1}{2}} a^{-\frac{3}{2}}$ mit n zu bezeichnen; die Umlaufszeit wird dann $2\pi/n$. n heißt *mittlere Bewegung*, da es der Mittelwert von $\dot{\vartheta}$ für einen vollständigen Umlauf ist.

Bertrand und Koenigs haben gezeigt, daß von allen Kraftgesetzen, bei denen die Kraft im Unendlichen verschwindet, das Newtonsche Gesetz das einzige ist, dessen Bahnkurven sämtlich algebraisch sind, und zugleich das einzige, dessen Bahnkurven sämtlich geschlossen sind.

Aufgabe. Man zeige, daß für eine mit dem reziproken Quadrat der Entfernung variierende abstoßende Kraft die Bahnkurve ein Hyperbelast ist, für den das Kraftzentrum äußerer Brennpunkt ist.

2. Die Geschwindigkeit.

Wir betrachten nun den Fall, daß die Bahnkurve eine Ellipse ist; die Gleichung

$$v_0^2 = \mu\left(\frac{2}{c} - \frac{1}{a}\right)$$

stellt einen Zusammenhang zwischen der mittleren Entfernung a, der Geschwindigkeit v_0 und dem Radiusvektor c im Anfangspunkt der Bewegung her. Da jeder Punkt der Bahn Anfangspunkt sein kann, läßt sich die Gleichung so schreiben

$$v^2 = \mu \left(\frac{2}{r} - \frac{1}{a}\right),$$

wo v die Geschwindigkeit des Massenpunktes in einem Punkt mit dem Radiusvektor r ist.

Ist die Bahnkurve eine Hyperbel mit der großen Halbachse a, so findet man entsprechend

$$v^2 = \mu \left(\frac{2}{r} + \frac{1}{a}\right).$$

Für eine Parabel lautet die Gleichung

$$v^2 = \frac{2\mu}{r}.$$

Daraus folgt, daß die Bahnkurve eine Ellipse, Parabel oder Hyperbel ist, je nachdem $v_0^2 \lesseqgtr \frac{2\mu}{c}$ *ist, d. h. je nachdem die Geschwindigkeit zu Beginn der Bewegung kleiner ist als die infolge eines Falles aus der Ruhelage im Unendlichen in die Anfangslage erreichte, gleich dieser Geschwindigkeit oder größer als sie ist.*

Weiter läßt sich zeigen, daß die Geschwindigkeit in jedem Punkte der Bahn in eine Komponente $\frac{\mu}{h}$ *senkrecht zu dem Radiusvektor und in eine Komponente* $\frac{\mu e}{h}$ *senkrecht zur großen Achse des Kegelschnittes zerlegt werden kann, daß also diese beiden Komponenten konstant sind.*

Denn es sei S das Kraftzentrum, P der Ort des Massenpunktes, G der Schnittpunkt der Normalen des Kegelschnittes in P mit der großen Achse, GL das Lot aus G auf SP, SY das Lot aus S auf die Tangente in P. Dann stehen die Seiten des Dreiecks SPG offenbar senkrecht auf der Geschwindigkeit und auf den Komponenten der Geschwindigkeit in den beiden angegebenen Richtungen. Daher ist die Komponente senkrecht zum Radiusvektor

$$\frac{v \cdot SP}{PG} = \frac{h \cdot SP}{SY \cdot PG} = \frac{h}{PL} = \frac{h}{l} = \frac{\mu}{h}$$

und die Komponente senkrecht zu der Achse gleich der Komponente senkrecht zum Radiusvektor multipliziert mit SG/SP, also gleich $e\mu/h$. Damit ist die Behauptung bewiesen.

Aufgabe 1. Man beweise, daß bei elliptischer Bewegung nach dem Newtonschen Gesetz die Projektionen zweier Geschwindigkeiten auf die äußere Winkelhalbierende der zugehörigen Radienvektoren gleich sind und daß die Summe der Projektionen auf die innere Winkelhalbierende gleich der Projektion einer Strecke konstanter Länge und Richtung ist. (Cailler.)

Aufgabe 2. Man beweise, daß bei elliptischer Bewegung nach dem Newtonschen Gesetz das über einen vollen Umlauf genommene Integral $\int T dt$, wo T die kinetische Energie bedeutet, nur von der mittleren Entfernung, nicht von der Exzentrizität abhängt. (Grinwis.)

Aufgabe 3. In einem bestimmten Punkt einer Ellipsenbahn, die unter der Einwirkung der Kraft $\frac{\mu}{r^2}$ durchlaufen wird, erleidet die Konstante μ plötzlich eine geringe Änderung. Man beweise, daß der Punkt ein Endpunkt der kleinen Halbachse sein muß, wenn die Exzentrizitäten der ursprünglichen und der neuen Bahnkurve übereinstimmen sollen.

3. Die Anomalien bei elliptischer Bewegung.

Beschreibt ein Massenpunkt eine Ellipse unter der Einwirkung einer Zentralkraft im Brennpunkt S, so wird der Winkel ASP, wo A die dem Brennpunkt nächstgelegene Apsis bedeutet, als die *wahre Anomalie* ϑ des Massenpunktes in P bezeichnet. Der zu dem Punkt P gehörende exzentrische Winkel ASQ, wo Q der dem Ellipsenpunkt P entsprechende Punkt auf dem Hilfskreis mit einer der Halbachsen ist, heißt die *exzentrische Anomalie* u des Massenpunktes in P. Wenn n die mittlere Bewegung und t die Zeit bedeutet, in der der Bogen AP durchlaufen wird, so heißt die Größe $n t$ die *mittlere Anomalie* des Massenpunktes in P. Wir suchen nun den Zusammenhang zwischen den verschiedenen Anomalien.

Die *Beziehung zwischen* ϑ *und* u ergibt sich folgendermaßen:

Es ist

$$\frac{l}{r} = 1 + e \cos \vartheta$$

und $r = a - e x$, wo x die rechtwinklige Koordinate von P in bezug auf den Mittelpunkt der Ellipse als Nullpunkt bedeutet, oder

$$r = a(1 - e \cos u).$$

Daraus folgt

$$(1 - e \cos u)(1 + e \cos \vartheta) = 1 - e^2.$$

Diese Gleichung kann in der From geschrieben werden

$$\operatorname{tg} \frac{u}{2} = \left(\frac{1-e}{1+e}\right)^{\frac{1}{2}} \operatorname{tg} \frac{\vartheta}{2}$$

oder

$$\sin u = \frac{(1-e^2)^{\frac{1}{2}} \sin \vartheta}{1 + e \cos \vartheta}.$$

Die *Beziehung zwischen* u *und* $n t$ erhält man so:

Es ist

$$t = \frac{2}{h} \times \text{Flächeninhalt } ASP = \frac{2}{n a b} \frac{b}{a} \times \text{Flächeninhalt } ASQ$$

$$= \frac{2}{n a^2} (\text{Flächeninhalt } ACQ - \text{Flächeninhalt } SCQ),$$

wo C der Mittelpunkt der Ellipse ist,

$$= \frac{2}{n a^2} \left\{\frac{a^2}{2} u - \frac{a^2 e}{2} \sin u\right\},$$

also endlich

$$nt = u - e\sin u\,.$$

Dies ist die sogenannte *Keplersche Gleichung*.

Ein Nomogramm für die Auflösung dieser Gleichung ist von H. Chrétien beschrieben worden: *Assoc. Franç. Congrès Reims* 1907, S. 83. Die Lösung durch Reihenentwicklung ist von vielen Autoren behandelt; eine bedeutende neuere Arbeit über diesen Gegenstand ist von Levi-Civita: *Atti della R. Acc. dei Lincei, Rendiconti* (5) Bd. 13, S. 260. 1904.

Endlich ergibt sich die *Beziehung zwischen* ϑ *und* nt aus

$$nt = u - e\sin u\,.$$

Ersetzt man u durch seinen Wert als Funktion von ϑ, so wird

$$nt = \arcsin\left\{\frac{(1-e^2)^{\frac{1}{2}}\sin\vartheta}{1+e\cos\vartheta}\right\} - \frac{e\,(1-e^2)^{\frac{1}{2}}\sin\vartheta}{1+e\cos\vartheta}$$

die gesuchte Beziehung, die die Zeit als Funktion der wahren Anomalie ϑ des Massenpunktes darstellt.

Eine auf geometrischen Überlegungen beruhende Berechnung der wahren Anomalie aus der mittleren fand sich unter Newtons unveröffentlichten Aufzeichnungen.

Aufgabe 1. Man beweise, daß

$$u = nt + 2\sum_{r=1}^{\infty}\frac{1}{r}\,I_r(re)\sin rnt$$

ist, wo I_r die Besselsche Funktion r^{ter} Ordnung bezeichnet[1]).

Es ist nämlich

$$\frac{1}{n}\frac{du}{dt} = \frac{1}{1-e\cos u}$$

$$= \frac{1}{2\pi}\int_0^{2\pi}\frac{d(nt)}{1-e\cos u} + \sum_{r=1}^{\infty}\frac{\cos rnt}{\pi}\int_0^{2\pi}\frac{\cos rnt\,d(nt)}{1-e\cos u}\;{}^{2)}$$

$$= \frac{1}{2\pi}\int_0^{2\pi}du + \sum_{r=1}^{\infty}\frac{\cos rnt}{\pi}\int_0^{2\pi}\cos\{r(u-e\sin u)\}\,du$$

$$= 1 + 2\sum_{r=1}^{\infty}I_r(re)\cos rnt\;{}^{3)}\,.$$

Die Integration liefert das gewünschte Ergebnis.

Aufgabe 2. Man beweise, daß

$$\vartheta = nt + 2e\sin nt + \tfrac{5}{4}e^2\sin 2nt + \dots$$

---

[1]) Diese Reihenentwicklung wird gewöhnlich nach Bessel benannt, obwohl sie schon von Lagrange stammt: *Oeuvres* Bd. III, S. 130.

[2]) Fouriersche Reihenentwicklung, vgl. Whittaker and Watson: *Modern Analysis* Chapt. 9.

[3]) *Ebenda* Chapt. 17.

Aufgabe 3. Man zeige, daß bei hyperbolischer Bewegung nach dem Newtonschen Gesetz

$$\mu^{-\frac{1}{2}} a^{\frac{3}{2}} t = \log\left\{\frac{(e+1)^{\frac{1}{2}}\cos\frac{1}{2}\vartheta - (e-1)^{\frac{1}{2}}\sin\frac{1}{2}\vartheta}{(e+1)^{\frac{1}{2}}\cos\frac{1}{2}\vartheta + (e-1)^{\frac{1}{2}}\sin\frac{1}{2}\vartheta}\right\} + e\,(e^2-1)^{\frac{1}{2}}\frac{\sin\vartheta}{1+e\cos\vartheta}$$

und daß bei parabolischer Bewegung

$$\left(\frac{\mu}{2p^3}\right)^{\frac{1}{2}} t = \operatorname{tg}\frac{\vartheta}{2} + \frac{1}{3}\operatorname{tg}^3\frac{\vartheta}{2}$$

ist, wo p den Abstand des Brennpunkts vom Scheitel bedeutet.

Aufgabe 4. Man beweise, daß bei elliptischer Bewegung nach dem Newtonschen Gesetz die Summe der vier vom Perihel aus gemessenen Zeiten bis zu den Schnittpunkten der Ellipse mit einem Kreise konstant ist für alle konzentrischen Kreise und konstant bleibt, wenn der Mittelpunkt des Kreises parallel zur großen Achse verschoben wird. (Oekinghaus.)

4. Der Satz von Lambert.

Lambert bewies 1761, daß bei elliptischer Bewegung nach dem Newtonschen Gesetz die Zeit, in der ein Bogenstück durchlaufen wird, nur von der großen Achse, der Summe der Abstände des Kraftzentrums von dem Anfangs- und Endpunkt und von der Länge der Verbindungssehne dieser letzteren beiden Punkte abhängt. Durch diese Bestimmungsstücke ist die Zeit daher festgelegt, unabhängig von der Gestalt der Ellipse[1]).

u und u' mögen die exzentrische Anomalie im Anfangs- und Endpunkt der Bewegung bedeuten. Dann ist

$$\begin{aligned} n \times \text{Durchlaufungszeit} &= u' - e\sin u' - (u - e\sin u) \\ &= (u'-u) - 2e\sin\frac{u'-u}{2}\cos\frac{u'+u}{2}. \end{aligned}$$

Bezeichnet nun c die Länge der Sehne, r und r' die Radienvektoren, so ist

$$\frac{r+r'}{a} = 1 - e\cos u + 1 - e\cos u' = 2 - 2e\cos\frac{u+u'}{2}\cos\frac{u'-u}{2}$$

und

$$\begin{aligned} c^2 &= a^2(\cos u' - \cos u)^2 + b^2(\sin u' - \sin u)^2 \\ &= 4a^2\sin^2\frac{u'-u}{2}\left(1 - e^2\cos^2\frac{u+u'}{2}\right), \end{aligned}$$

also

$$\frac{c}{a} = 2\sin\frac{u'-u}{2}\left(1 - e^2\cos^2\frac{u+u'}{2}\right)^{\frac{1}{2}}.$$

Daher ist

$$\frac{r+r'+c}{a} = 2 - 2\cos\left\{\frac{u'-u}{2} + \arccos\left(e\cos\frac{u+u'}{2}\right)\right\}$$

[1]) Lamberts ursprünglicher Beweis war geometrisch und synthetisch; der Satz wurde verallgemeinert und analytisch bewiesen von Lagrange: *Oeuvres de Lagrange* Bd. IV, S. 559. 1778.

und

$$\frac{r+r'-c}{a} = 2 - 2\cos\left\{-\frac{u'-u}{2} + \arccos\left(e\cos\frac{u+u'}{2}\right)\right\},$$

also[1])

$$2\arcsin\frac{1}{2}\left(\frac{r+r'+c}{a}\right)^{\frac{1}{2}} = \frac{u'-u}{2} + \arccos\left(e\cos\frac{u+u'}{2}\right)$$

und

$$2\arcsin\frac{1}{2}\left(\frac{r+r'-c}{a}\right)^{\frac{1}{2}} = -\frac{u'-u}{2} + \arccos\left(e\cos\frac{u+u'}{2}\right).$$

Führt man die Größen α und β ein durch die Gleichungen

$$\sin\frac{\alpha}{2} = \frac{1}{2}\left(\frac{r+r'+c}{a}\right)^{\frac{1}{2}}, \qquad \sin\frac{\beta}{2} = \frac{1}{2}\left(\frac{r+r'-c}{a}\right)^{\frac{1}{2}},$$

so folgt aus den vorangehenden Gleichungen

$$\alpha - \beta = u' - u, \qquad \cos\frac{\alpha+\beta}{2} = e\cos\frac{u+u'}{2}.$$

Daher ist endlich

$$n \times \text{Durchlaufungszeit} = \alpha - \beta - 2\cos\frac{\alpha+\beta}{2}\sin\frac{\alpha-\beta}{2}$$
$$= (\alpha - \sin\alpha) - (\beta - \sin\beta).$$

Dies ist der *Satz von Lambert.*

Aufgabe 1. Man untersuche den Grenzfall, daß die kleine Halbachse verschwindet, die Bewegung also geradlinig wird.

Aufgabe 2. Welche Form nimmt der Lambertsche Satz für parabolische Bewegung an?

Um diese Frage zu entscheiden, lassen wir den mittleren Abstand a sehr groß, die Winkel α, β also sehr klein werden. Dann wird der Satz von Lambert näherungsweise:

$$\text{gesuchte Zeit} = \frac{\alpha^3 - \beta^3}{6n}$$
$$= \left(\frac{a^3}{\mu}\right)^{\frac{1}{2}} \frac{1}{6}\left\{\left(\frac{r+r'+c}{a}\right)^{\frac{3}{2}} - \left(\frac{r+r'-c}{a}\right)^{\frac{3}{2}}\right\}$$
$$= \frac{1}{6\mu^{\frac{1}{2}}}\left\{(r+r'+c)^{\frac{3}{2}} - (r+r'-c)^{\frac{3}{2}}\right\}.$$

Damit hat man die gesuchte Form[2]).

Aufgabe 3. Man leite den Lambertschen Satz für parabolische Bewegung direkt aus den Formeln für die parabolische Bewegung her.

---

[1]) Man beachte, daß in dem Lambertschen Satz durch das Auftreten der Wurzeln ein Vorzeichen unbestimmt bleibt. Der Leser wird ohne Schwierigkeit entscheiden können, welches Vorzeichen einer gegebenen Anfangs- und Endlage entspricht.

[2]) Dies Resultat gab Euler in seiner *Determinatio Orbitae Cometae Anni 1742* (1743), ehe Lambert den allgemeinen Satz veröffentlichte.

§ 50. Das Feld einer Zentralkraft und das Feld einer Parallelkraft in ihrer Wechselbeziehung.

Befindet sich bei der Zentralbewegung das Kraftzentrum in großer Entfernung von dem betrachteten Teile des Kraftfeldes, so wirkt die Zentralkraft in den verschiedenen Lagen des Massenpunktes nahezu in gleicher Richtung. Im Grenzfall eines unendlich entfernten Kraftzentrums ergibt sich so das Problem der Bewegung eines Massenpunktes in dem Felde einer Parallelkraft.

Für die Untersuchung dieses Problems führen wir in der Ebene der Bewegung rechtwinklige Achsen Ox, Oy ein derart, daß Ox der Kraftrichtung parallel ist. $X(x)$ sei die Größe der Kraft, die von y unabhängig sei. Die Bewegungsgleichungen lauten

$$\ddot{x} = X(x), \qquad \ddot{y} = 0,$$

so daß die Bewegung dargestellt wird durch die Gleichung

$$t = ay + b = \int^{x} \{2\int X(x)\,dx + c\}^{-\frac{1}{2}} dx + l,$$

wo a, b, c, l Integrationskonstanten sind. Ihre Werte bestimmen sich aus den Anfangsbedingungen, d. h. den Anfangswerten von x, y, $\dot{x}$, $\dot{y}$.

Läßt sich so einerseits die Bewegung in dem Feld einer Parallelkraft als Grenzfall der Zentralbewegung behandeln, so genügt anderseits die Lösung jenes spezielleren Problems, um die des allgemeineren angeben zu können. Denn wenn ein Massenpunkt von einer Zentralkraft der Größe P im Koordinatenursprung angezogen wird, sind die Bewegungsgleichungen

$$\ddot{x} = -P\frac{x}{r}, \qquad \ddot{y} = -P\frac{y}{r}.$$

Das Moment der Bewegungsgröße des Massenpunktes um den Ursprung hat den konstanten Wert $x\dot{y} - y\dot{x} = h$. Wir führen neue Koordinaten X, Y ein vermöge der linearen Transformation

$$X = \frac{x}{y}, \qquad Y = \frac{1}{y}$$

und definieren eine weitere neue Veränderliche T durch die Gleichung

$$T = \int \frac{dt}{y^2}.$$

Dann ist

$$\frac{dX}{dT} = \frac{d}{dt}\left(\frac{x}{y}\right)\frac{dt}{dT} = \left(\frac{\dot{x}}{y} - \frac{\dot{y}x}{y^2}\right)y^2 = -h,$$

$$\frac{dY}{dT} = \frac{d}{dt}\left(\frac{1}{y}\right)\frac{dt}{dT} = -\frac{\dot{y}}{y^2}y^2 = -\dot{y},$$

daher

$$\frac{d^2X}{dT^2} = 0, \qquad \frac{d^2Y}{dT^2} = -y^2\ddot{y} = -P\frac{y^3}{r}.$$

Wenn T als die Zeit gedeutet wird, so besagen diese Gleichungen, daß ein Massenpunkt mit den Koordinaten X, Y sich so bewegt, als wirkte auf ihn eine Kraft parallel zur Y-Achse von der Größe $-\frac{P y^3}{r}$. Da man aus der Lösung dieses transformierten Problems die Lösung des ursprünglichen ableiten kann, so folgt, daß sich *das Problem der Zentralbewegung auf das Problem der Bewegung in dem Feld einer Parallelkraft zurückführen läßt.*

Aufgabe 1. Man zeige, daß ein Massenpunkt, der einzig der Schwere unterliegt, eine nach unten geöffnete Parabel mit senkrechter Achse beschreibt.

Aufgabe 2. Man zeige, daß die Größe der zur x-Achse parallelen Kraft, unter deren Einwirkung die Kurve $f(x, y) = 0$ durchlaufen werden kann, ein konstantes Vielfaches der Größe

$$\left(\frac{\partial f}{\partial x}\right)^{-3}\left\{-\frac{\partial^2 f}{\partial x^2}\left(\frac{\partial f}{\partial y}\right)^2+2\frac{\partial^2 f}{\partial x\,\partial y}\frac{\partial f}{\partial x}\frac{\partial f}{\partial y}-\frac{\partial^2 f}{\partial y^2}\left(\frac{\partial f}{\partial x}\right)^2\right\}$$

sein muß.

Aufgabe 3. Beschreibt ein Massenpunkt in dem Feld einer Parallelkraft bei beliebigen Anfangsbedingungen stets einen Kegelschnitt, so ist die Kraft der dritten Potenz des Abstandes von einer Geraden senkrecht zur Kraftrichtung umgekehrt proportional.

§ 51. Der Satz von Bonnet.

Wir untersuchen nun die Bewegung eines Massenpunktes, der von mehreren Kraftzentren gleichzeitig angezogen wird. Die Lösung für unendlich viele Bewegungsprobleme dieses Typus ergibt sich aus dem folgenden Satze von Bonnet[1]):

Wenn eine gegebene Bahnkurve unter dem Einfluß jedes einzelnen von n gegebenen Kraftfeldern beschrieben werden kann, wobei die Geschwindigkeit in einem beliebigen Punkt P der Bahn bzw. $v_1, v_2, \ldots, v_n$ ist, so kann dieselbe Bahn beschrieben werden unter der Wirkung desjenigen Kraftfeldes, das sich aus der Überlagerung aller n Kraftfelder ergibt, wobei die Geschwindigkeit in dem Punkt P nunmehr gleich $(v_1^2 + v_2^2 + \cdots + v_n^2)^{\frac{1}{2}}$ ist.

Wir nehmen an, dem durch Überlagerung der einzelnen Kraftfelder entstandenen Kraftfeld müßte noch eine Zusatzkraft R senkrecht zur Bahnkurve hinzugefügt werden, damit der Massenpunkt die betreffende Bahnkurve beschreibt. Er gehe von einem Bahnpunkt A aus derart, daß das Quadrat der Geschwindigkeit in A gleich der Summe der Quadrate der Geschwindigkeiten ist, die der Massenpunkt an der Stelle A unter der Wirkung der einzelnen Kraftfelder hat. Vergleicht man die Energiegleichung dieser Bewegung mit der Summe der Energiegleichungen der n ursprünglichen Bewegungen, so erweist sich die kinetische Energie als Summe der kinetischen Energien der ursprünglichen Bewegungen. Das bedeutet aber, daß die Geschwindigkeit in einem willkürlichen Punkt P gleich $(v_1^2 + v_2^2 + \cdots + v_n^2)^{\frac{1}{2}}$ ist.

[1]) *Journ. de math.* Bd. 9, S. 113. 1844; und Note IV von Bd. II der letzten Auflage von Lagranges *Méc. Anal.; Oeuvres de Lagrange* Bd. XII, S. 353.

Die Kraft in Richtung der Normalen der Bahnkurve ist daher

$$m\frac{v_1^2 + v_2^2 + \ldots + v_n^2}{\varrho} = F_1 + F_2 + \ldots + F_n + R,$$

wo m die Masse des Punktes, ϱ den Krümmungsradius der Bahn, $F_1, F_2, \ldots, F_n$ die Normalkomponenten der ursprünglichen Kräfte im Punkte P bedeuten.

Da aber

$$\frac{m v_1^2}{\varrho} = F_1, \quad \frac{m v_2^2}{\varrho} = F_2, \ldots, \quad \frac{m v_n^2}{\varrho} = F_n$$

ist, muß die Zusatzkraft $R = 0$ sein. Die gegebene Bahn ist mithin eine mögliche Bahnkurve des durch Überlagerung der ursprünglichen Kraftfelder entstandenen Kraftfeldes.

Aufgabe. Man zeige, daß ein Massenpunkt eine Ellipse durchlaufen kann, wenn in Richtung auf die Brennpunkte die Kräfte wirken

$$\mu\frac{r^3 + 8a^3}{8a^3 r^2} \quad \text{und} \quad \mu\frac{r'^3 + 8a^3}{8a^3 r'^2}.$$

Die Behauptung folgt unmittelbar aus dem Satz von Bonnet, wenn man berücksichtigt, daß die gegebenen Kräfte gleichwertig sind mit den Kräften $\frac{\mu}{r^2}$ bzw. $\frac{\mu}{r'^2}$ in Richtung auf die Brennpunkte zusammen mit einer Kraft $\frac{\mu}{4a^3} \times$ Abstand in der Richtung nach dem Mittelpunkt der Ellipse.

§ 52. Bestimmung des allgemeinsten Kraftfeldes, in dem eine gegebene Kurve oder Kurvenschar beschrieben werden kann.

Die Gleichung einer Kurve sei

$$\Phi(x, y) = c.$$

Faßt man die Konstante c als Parameter auf, so stellt die Gleichung eine Kurvenschar dar. Unter der Voraussetzung, daß die Kraft allein von der Lage des Massenpunktes abhängt, soll das allgemeinste Kraftfeld bestimmt werden, in dem die gegebene Kurvenschar eine Schar möglicher Bahnkurven des Massenpunktes darstellt.

Der Massenpunkt habe die Geschwindigkeit v, die auf die Masseneinheit ausgeübte Kraft die Komponenten X, Y in Richtung der Koordinatenachsen. Da alsdann die Tangential- bzw. Normalkomponente der Beschleunigung gleich $\frac{1}{2}\frac{dv^2}{ds}$ bzw. $\frac{v^2}{\varrho}$ ist, so ergibt sich

$$X = -\frac{v^2}{\varrho}\Phi_x(\Phi_x^2 + \Phi_y^2)^{-\frac{1}{2}} - \frac{1}{2}\frac{dv^2}{ds}\Phi_y(\Phi_x^2 + \Phi_y^2)^{-\frac{1}{2}},$$

$$Y = -\frac{v^2}{\varrho}\Phi_y(\Phi_x^2 + \Phi_y^2)^{-\frac{1}{2}} + \frac{1}{2}\frac{dv^2}{ds}\Phi_x(\Phi_x^2 + \Phi_y^2)^{-\frac{1}{2}}.$$

Wird für $\frac{1}{\varrho}$ sein Wert

$$\frac{\Phi_y^2\,\Phi_{xx} - 2\,\Phi_x\,\Phi_y\,\Phi_{xy} + \Phi_x^2\,\Phi_{yy}}{(\Phi_x^2 + \Phi_y^2)^{\frac{3}{2}}}$$

eingesetzt, so folgt

$$X = -\,\Phi_x v^2\,\frac{\Phi_y^2\,\Phi_{xx} - 2\,\Phi_x\,\Phi_y\,\Phi_{xy} + \Phi_x^2\,\Phi_{yy}}{(\Phi_x^2 + \Phi_y^2)^2} - \frac{1}{2}\,\frac{dv^2}{ds}\,\Phi_y\,(\Phi_x^2 + \Phi_y^2)^{-\frac{1}{2}}$$

Führt man $v^2 = -\,u\,(\Phi_x^2 + \Phi_y^2)$ ein und ersetzt $\frac{d}{ds}$ durch

$$(\Phi_x^2 + \Phi_y^2)^{-\frac{1}{2}}\left(\Phi_x\,\frac{\partial}{\partial y} - \Phi_y\,\frac{\partial}{\partial x}\right),$$

so geht die Gleichung über in

$$X = u\,(\Phi_x\,\Phi_{yy} - \Phi_y\,\Phi_{xy}) + \frac{1}{2}\,\Phi_y\,\frac{du}{ds}\,(\Phi_x^2 + \Phi_y^2)^{\frac{1}{2}}.$$

Nun ist u willkürlich, da es von der Geschwindigkeit abhängt, mit der die gegebenen Bahnkurven durchlaufen werden. Da X, Y Funktionen der Lage des Massenpunktes sein sollen, kann u als willkürliche Funktion von x, y angenommen werden. Es ist daher

$$X = u\,(\Phi_x\,\Phi_{yy} - \Phi_y\,\Phi_{xy}) + \tfrac{1}{2}\,\Phi_y\,(\Phi_x\,u_y - \Phi_y\,u_x)$$

und entsprechend

$$Y = u\,(\Phi_y\,\Phi_{xx} - \Phi_x\,\Phi_{xy}) + \tfrac{1}{2}\,\Phi_x\,(\Phi_y\,u_x - \Phi_x\,u_y)\,,$$

wo u eine willkürliche Funktion von x, y ist. Diese Darstellung des Kraftfeldes, in dem eine gegebene Kurvenschar eine Schar möglicher Bahnkurven ist, wurde zuerst von Dainelli angegeben[1]).

Aufgabe 1. Man zeige, daß ein Massenpunkt eine gegebene Kurve unter der Einwirkung willkürlicher Kräfte P_1, P_2, ... nach gegebenen festen Punkten durchlaufen kann, wenn diese Kräfte den Gleichungen

$$\sum_k \frac{1}{p_k^2}\,\frac{d}{ds}\left(\frac{P_k\,p_k^3\,\varrho}{r_k}\right) = 0$$

genügen; darin ist r_k der Radiusvektor vom k^{ten} gegebenen festen Kraftzentrum, p_k das Lot aus ihm auf die Tangente und ϱ der Krümmungsradius der gegebenen Bahnkurve.

Die Tangential- bzw. Normalkomponente der auf den Punkt wirkenden Kraft ist nämlich

$$T = -\sum_k P_k\,\frac{dr_k}{ds}\,, \qquad N = \sum_k P_k\,\frac{p_k}{r_k}\,.$$

Aus der Gleichung

$$2\,T = \frac{d\,v^2}{ds} = \frac{d}{ds}\,(\varrho\,N)$$

folgt daher

$$\sum_k \left\{2\,P_k\,\frac{dr_k}{ds} + \frac{d}{ds}\left(P_k\,\frac{\varrho\,p_k}{r_k}\right)\right\} = 0$$

[1]) *Giornale di Mat.* Bd. 18, S. 271. 1880.

oder

$$\sum_k \frac{1}{p_k^2} \frac{d}{ds}\left(\frac{P_k p_k^3 \varrho}{r_k}\right) = 0 .$$

Aufgabe 2. Ein Massenpunkt kann eine vorgeschriebene Kurve unter der Wirkung jeder beliebigen der gegebenen Kräfte $\Phi_1, \Phi_2, \ldots$ durchlaufen, die in gegebenen (verschiedenen) Richtungen wirken. Damit dieselbe Kurve unter der vereinten Wirkung von Kräften $F_1, F_2, \ldots$ durchlaufen wird, deren Richtungen mit denen von $\Phi_1, \Phi_2, \ldots$ zusammenfallen, muß die Bedingung erfüllt sein

$$\sum_k c_k \Phi_k\, d\left(\frac{F_k}{\Phi_k}\right) = 0 ,$$

wo c_k die Sehne des Krümmungskreises der Kurve in Richtung von Φ_k bedeutet. (Curtis.)

Aufgabe 3. Ein Punkt bewegt sich in einem zweidimensionalen Kraftfeld mit der Potentialfunktion V. Man zeige, daß eine Kurve konstanten Potentials eine mögliche Bahnkurve ist, wenn V der Gleichung genügt:

$$0 = f(V)\left\{\frac{\partial^2 V}{\partial x^2}\left(\frac{\partial V}{\partial y}\right)^2 - 2\frac{\partial^2 V}{\partial x \partial y}\frac{\partial V}{\partial x}\frac{\partial V}{\partial y} + \frac{\partial^2 V}{\partial y^2}\left(\frac{\partial V}{\partial x}\right)^2\right\} + \left\{\left(\frac{\partial V}{\partial x}\right)^2 + \left(\frac{\partial V}{\partial y}\right)^2\right\}^2 .$$

§ 53. Das Problem der zwei Anziehungszentren.

Im allgemeinen kann man die Gleichungen der Bewegung eines Massenpunktes in einer Ebene unter der Einwirkung willkürlicher Kräfte nicht durch Quadraturen lösen. Neben dem Problem der Zentralbewegung ist das bekannteste lösbare Problem dieser Art das *Problem der zwei Anziehungszentren*: die Bewegung eines Massenpunktes in einer Ebene zu bestimmen, der nach dem Newtonschen Gesetz von zwei festen Punkten der Ebene angezogen wird. Euler entdeckte die Lösbarkeit des Problems[1]).

Der Abstand der beiden Kraftzentren sei $2c$, der Mittelpunkt ihrer Verbindungslinie der Ursprung, die Verbindungslinie selbst die x-Achse. Die Koordinaten der beiden Zentren sind demnach $(c, 0)$ und $(-c, 0)$. Der Punkt, dessen Masse 1 sei, hat dann die potentielle Energie

$$V = -\mu\{(x-c)^2 + y^2\}^{-\frac{1}{2}} - \mu'\{(x+c)^2 + y^2\}^{-\frac{1}{2}},$$

wo die Konstanten μ, μ' ein Maß für die anziehende Kraft der beiden Zentren sind.

Wirkt eines der beiden Kraftzentren allein, so ist jede Ellipse oder Hyperbel, die die beiden Kraftzentren zu Brennpunkten hat, eine mögliche Bahnkurve. Nach dem Satz von Bonnet ist demnach jede dieser konfokalen Ellipsen oder Hyperbeln auch dann eine mögliche Bahnkurve, wenn beide Zentren gleichzeitig wirken. Daher empfiehlt es sich, die Lage des Massenpunktes durch sogenannte elliptische Koordinaten ξ, η

[1]) Euler: *Mém. de Berlin* 1760, S. 228; *Novi Comm. Petrop.* Bd. 10, S. 207. 1764; Bd. 11, S. 152. 1765; Lagrange: *Mém. de Turin* Bd. 4, S. 118, 215. 1766—69, oder *Oeuvres* Bd. II, S. 67.

darzustellen, die mit den rechtwinkligen Koordinaten x, y zusammenhängen durch die Gleichungen

$$x = c \operatorname{Cof} \xi \cos\eta\,, \qquad y = c \operatorname{Sin} \xi \sin\eta\,.$$

Die Gleichungen $\xi = \text{konst.}$, $\eta = \text{konst.}$ stellen dann die konfokalen Ellipsen bzw. Hyperbeln dar, deren Brennpunkte die beiden Kraftzentren sind. Sie bilden eine spezielle Schar von Bahnkurven.

Die potentielle Energie wird als Funktion von ξ, η

$$V = -\frac{\mu}{c(\operatorname{Cof}\xi - \cos\eta)} - \frac{\mu'}{c(\operatorname{Cof}\xi + \cos\eta)}\,,$$

während die kinetische Energie T gegeben ist durch die Gleichung

$$\begin{aligned} T &= \tfrac{1}{2}\dot{x}^2 + \tfrac{1}{2}\dot{y}^2 \\ &= \frac{c^2}{2}(\operatorname{Cof}^2\xi - \cos^2\eta)(\dot{\xi}^2 + \dot{\eta}^2)\,. \end{aligned}$$

Offenbar ist das Problem vom Liouvilleschen Typus (§ 43), kann daher nach den dafür entwickelten Methoden integriert werden. Die Lagrangesche Gleichung für die Koordinate ξ ist

$$c^2 \frac{d}{dt}\{(\operatorname{Cof}^2\xi - \cos^2\eta)\dot{\xi}\} - c^2 \operatorname{Cof}\xi \operatorname{Sin}\xi (\dot{\xi}^2 + \dot{\eta}^2) = -\frac{\partial V}{\partial \xi}$$

oder

$$\begin{aligned} c^2 \frac{d}{dt}\{(\operatorname{Cof}^2\xi - \cos^2\eta)^2\dot{\xi}^2\} - 2c^2 \operatorname{Cof}\xi \operatorname{Sin}\xi (\operatorname{Cof}^2\xi - \cos^2\eta)\dot{\xi}(\dot{\xi}^2 + \dot{\eta}^2) \\ = -2(\operatorname{Cof}^2\xi - \cos^2\eta)\dot{\xi}\frac{\partial V}{\partial \xi} \end{aligned}$$

oder unter Benutzung der Energiegleichung $T + V = h$:

$$\begin{aligned} & c^2 \frac{d}{dt}\{(\operatorname{Cof}^2\xi - \cos^2\eta)^2\dot{\xi}^2\} \\ &= -2(\operatorname{Cof}^2\xi - \cos^2\eta)\dot{\xi}\frac{\partial V}{\partial \xi} + 2(h - V)\dot{\xi}\frac{\partial}{\partial \xi}(\operatorname{Cof}^2\xi - \cos^2\eta) \\ &= 2\dot{\xi}\frac{\partial}{\partial \xi}\{(h - V)(\operatorname{Cof}^2\xi - \cos^2\eta)\} \\ &= 2\dot{\xi}\frac{\partial}{\partial \xi}\left\{h(\operatorname{Cof}^2\xi - \cos^2\eta) + \frac{\mu}{c}(\operatorname{Cof}\xi + \cos\eta) + \frac{\mu'}{c}(\operatorname{Cof}\xi - \cos\eta)\right\} \\ &= 2\frac{d}{dt}\left(h \operatorname{Cof}^2\xi + \frac{\mu + \mu'}{c}\operatorname{Cof}\xi\right). \end{aligned}$$

Die Integration ergibt

$$\frac{c^2}{2}(\operatorname{Cof}^2\xi - \cos^2\eta)^2\dot{\xi}^2 = h \operatorname{Cof}^2\xi + \frac{\mu + \mu'}{c}\operatorname{Cof}\xi - \gamma\,,$$

wo γ eine Integrationskonstante ist.

Zieht man diese Gleichung von der Energiegleichung ab, die sich in der Form schreiben läßt

$$\frac{c^2}{2}(\mathfrak{Cof}^2\xi - \cos^2\eta)^2(\dot{\xi}^2 + \dot{\eta}^2)$$
$$= h(\mathfrak{Cof}^2\xi - \cos^2\eta) + \frac{\mu}{c}(\mathfrak{Cof}\,\xi + \cos\eta) + \frac{\mu'}{c}(\mathfrak{Cof}\,\xi - \cos\eta),$$

so folgt

$$\frac{c^2}{2}(\mathfrak{Cof}^2\xi - \cos^2\eta)^2\dot{\eta}^2 = -h\cos^2\eta - \frac{\mu' - \mu}{c}\cos\eta + \gamma.$$

Durch Elimination von dt zwischen diesen Gleichungen ergibt sich

$$\frac{(d\xi)^2}{h\,\mathfrak{Cof}^2\xi + \frac{\mu + \mu'}{c}\mathfrak{Cof}\,\xi - \gamma} = \frac{(d\eta)^2}{-h\cos^2\eta - \frac{\mu' - \mu}{c}\cos\eta + \gamma}.$$

Nach Einführung einer Hilfsveränderlichen u ist daher

$$u = \int\left\{h\,\mathfrak{Cof}^2\xi + \frac{\mu + \mu'}{c}\mathfrak{Cof}\,\xi - \gamma\right\}^{-\frac{1}{2}} d\xi,$$

$$u = \int\left\{-h\cos^2\eta - \frac{\mu' - \mu}{c}\cos\eta + \gamma\right\}^{-\frac{1}{2}} d\eta.$$

Die Integrale sind elliptisch, also lassen sich ξ, η als elliptische Funktionen des Parameters u darstellen, etwa in der Form

$$\xi = \chi(u), \qquad \eta = \varphi(u).$$

Durch diese Gleichungen, in denen die elliptischen Koordinaten ξ, η als Funktionen eines Parameters u erscheinen, ist die Bahnkurve des Massenpunktes bestimmt[1]).

§ 54. Bewegung auf einer Fläche[2]).

Wir betrachten nun die Bewegung eines Massenpunktes unter der Einwirkung beliebiger Kräfte, wenn der Punkt gezwungen ist, auf einer glatten Fläche zu bleiben.

Die auf den Massenpunkt wirkende äußere Kraft, zu der wir die Zwangskraft, die ihn auf der Fläche hält, nicht rechnen, soll in Richtung fester rechtwinkliger Koordinatenachsen die Komponenten X, Y, Z haben. Der Massenpunkt habe an der Stelle (x, y, z) die Geschwindigkeit v; s sei der Bogen, ϱ der Krümmungsradius seiner Bahnkurve, χ der

[1]) Einige Verallgemeinerungen des Problems der zwei Gravitationszentren finden sich in einer Abhandlung von Hiltebeitel: *Amer. Journ. Math.* Bd. 33, S. 337. 1911.

[2]) Die früheste Untersuchung einer Bewegung auf einer Fläche ist Galileis Untersuchung der Bewegung eines schweren Massenpunktes auf einer schiefen Ebene. Die Bewegung eines schweren Massenpunktes auf einem wagerechten Kreis einer Kugel wurde von Huygens untersucht: *Horologium oscillatorium* 1673.

Winkel der Hauptnormalen der Bahn mit der Flächennormalen; λ, μ, ν mögen die Richtungskosinus der in der Tangentialebene gelegenen Bahnnormalen zur Zeit t bedeuten. Die Masse des Punktes sei eins.

Die Beschleunigung des Massenpunktes setzt sich zusammen aus einer Komponente $v\,dv/ds$ in Richtung der Tangente und einer Komponente v^2/ϱ in Richtung der Hauptnormalen der Bahnkurve. Die letztere läßt sich ihrerseits zerlegen in eine Komponente $(v^2/\varrho)\sin\chi$ in Richtung der Geraden mit den Richtungskosinus λ, μ, ν und in $(v^2/\varrho)\cos\chi$ in Richtung der Flächennormalen. Daher bestehen die Bewegungsgleichungen

$$\text{(A)} \qquad v\frac{dv}{ds} = X\frac{dx}{ds} + Y\frac{dy}{ds} + Z\frac{dz}{ds},$$

$$\text{(B)} \qquad \left(\frac{v^2}{\varrho}\right)\sin\chi = X\lambda + Y\mu + Z\nu.$$

Mit der Flächengleichung zusammen reichen sie zur vollständigen Bestimmung der Bewegung aus. Denn aus der Flächengleichung läßt sich z als Funktion von x und y bestimmen, so daß mit Hilfe dieses Ausdrucks alle Größen in den Gleichungen (A), (B) sich als Funktionen von x, y, $\dot{x}$, $\dot{y}$, $\ddot{x}$, $\ddot{y}$ darstellen lassen. Die Gleichungen (A), (B) werden so ein Differentialgleichungssystem vierter Ordnung zur Bestimmung von x und y als Funktionen von t.

Sind die wirkenden Kräfte konservativ, so ist die Größe

$$-X\,dx - Y\,dy - Z\,dz$$

das Differential einer Potentialfunktion $V(x, y, z)$. Daher läßt sich die Gleichung (A) integrieren und ergibt die Energiegleichung

$$\tfrac{1}{2}v^2 + V(x, y, z) = c,$$

wo c eine Konstante ist. Führt man den so gewonnenen Wert von v^2 in die Gleichung (B) ein, so ergibt sich

$$2(c - V)\frac{\sin\chi}{\varrho} = X\lambda + Y\mu + Z\nu.$$

Dies ist (nach Elimination von z mit Hilfe der Flächengleichung) eine Differentialgleichung zweiter Ordnung in x und y für die Bahnkurven auf der Fläche.

Im allgemeinen lassen sich die Differentialgleichungen der Bewegung auf einer Fläche nicht durch Quadraturen integrieren; in zwei Fällen jedoch läßt sich das Problem so formulieren, daß in anderem Zusammenhang gewonnene Ergebnisse hier verwertet werden können.

1. Kräftefreie Bewegung.

Wirken keinerlei äußere Kräfte auf den Massenpunkt, so ergibt die Gleichung (B) : $\chi = 0$, d. h. *die Bahnkurve ist eine geodätische Linie der*

Fläche[1]). Aus dem Energieintegral folgt, daß die geodätische Linie mit konstanter Geschwindigkeit durchlaufen wird.

Aufgabe. Ein Punkt bewegt sich kräftefrei auf einer ruhenden glatten Regelfläche, deren Striktionslinie die z-Achse ist, und deren Erzeugende im Punkte z die Richtungskosinus

$$\sin\alpha\cos\frac{z}{m}, \qquad \sin\alpha\sin\frac{z}{m}, \qquad \cos\alpha$$

hat. Man bestimme die Bewegung.

Bedeutet v den längs der Erzeugenden gemessenen Abstand des Flächenpunktes (x, y, z) von der Striktionslinie, die die Erzeugende im Punkte $(0, 0, \zeta)$ schneiden möge, so ist

$$x = v\sin\alpha\cos\frac{\zeta}{m}, \qquad y = v\sin\alpha\sin\frac{\zeta}{m}, \qquad z = \zeta + v\cos\alpha.$$

Der Massenpunkt hat die kinetische Energie

$$\begin{aligned} T &= \frac{1}{2}(\dot{x}^2 + \dot{y}^2 + \dot{z}^2), \\ &= \frac{1}{2}\left(\dot{v}^2 + \dot{\zeta}^2\frac{v^2}{m^2}\sin^2\alpha + \dot{\zeta}^2 + 2\dot{\zeta}\dot{v}\cos\alpha\right). \end{aligned}$$

Die Koordinaten v, ζ können als Lagenkoordinaten des Massenpunktes gewählt werden. Die Koordinate ζ ist offenbar zyklisch; ihr entspricht das Integral $\frac{\partial T}{\partial\dot{\zeta}} = k$, wo k konstant ist, oder

$$\left(\frac{v^2}{m^2}\sin^2\alpha + 1\right)\dot{\zeta} + \dot{v}\cos\alpha = k.$$

Das Energieintegral ist

$$T = h,$$

wo h konstant ist. Die Elimination von $\dot{\zeta}$ zwischen den beiden Integralen ergibt

$$\dot{v}^2(v^2 + m^2) = 2hv^2 + (2h - k^2)m^2\frac{1}{\sin^2\alpha}.$$

Wenn $\dot{v}$ zu Beginn der Bewegung genügend groß gegen $\dot{\zeta}$ ist, so wird $(2h - k^2) > 0$. Machen wir diese Annahme und schreiben wir

$$(2h - k^2)\cdot\frac{m^2}{\sin^2\alpha} = 2h\lambda^2,$$

wo λ eine neue Konstante ist, dann wird die Gleichung

$$\dot{v}^2(v^2 + m^2) = 2h(v^2 + \lambda^2).$$

Sie läßt sich integrieren, wenn man die reelle Hilfsveränderliche u einführt durch die Gleichung

$$u = \int_0^v \{(m^2 + v^2)(\lambda^2 + v^2)\}^{-\frac{1}{2}}\,dv.$$

Für $v = \lambda m x^{-\frac{1}{2}}$ wird daraus

$$u = \int_x^\infty \{4x(x + \lambda^2)(x + m^2)\}^{-\frac{1}{2}}\,dx.$$

Diese Gleichung ist äquivalent mit

$$x = \wp(u) - e_1,$$

[1]) Dieser Satz ist von Euler: *Mechanica* Bd. II, Kap. 4. 1736.

wo die Wurzeln e_1, e_2, e_3 der $\wp$-Funktion reell und durch die Gleichungen

$$e_1 - e_2 = \lambda^2, \qquad e_1 - e_3 = m^2, \qquad e_1 + e_2 + e_3 = 0$$

definiert sind. Der Zusammenhang zwischen den Veränderlichen v und u wird also dargestellt durch die Gleichung

$$v = \lambda m \{\wp(u) - e_1\}^{-\frac{1}{2}}.$$

Setzen wir diesen Wert in die Gleichung zwischen v und t ein, so wird

$$\begin{aligned}(2h)^{\frac{1}{2}} t &= \int \frac{(e_1 - e_3)\{\wp(u) - e_2\}}{\wp(u) - e_1} du + \text{konst.} \\ &= \int \{-e_3 + \wp(u + \omega_1)\} du + \text{konst.}^{1)} \\ &= -e_3 u - \zeta(u + \omega_1) + \text{konst.}\end{aligned}$$

Diese Gleichung stellt t als Funktion der Hilfsveränderlichen u dar, gibt also mit der Gleichung

$$v = \lambda m \{\wp(u) - e_1\}^{-\frac{1}{2}}$$

den Zusammenhang zwischen v und t.

2. Bewegung auf einer abwickelbaren Fläche.

Bewegt sich der Punkt auf einer abwickelbaren Fläche, so leiten wir mit Hilfe des bekannten Satzes, daß der Bogen s und die Größe $\frac{\sin\chi}{\varrho}$ bei der Abwicklung der Fläche auf eine Ebene ungeändert bleiben, aus den obigen Bewegungsgleichungen das folgende Ergebnis ab: *Wird eine abwickelbare Fläche, auf der sich ein Massenpunkt unter der Einwirkung beliebiger Kräfte bewegt, auf eine Ebene abgewickelt, so durchläuft der Massenpunkt die aus seiner Bahn entstehende ebene Kurve mit der gleichen Geschwindigkeit wie die ursprüngliche Bahn, wenn die Kraft bei der ebenen Bewegung gleiche Größe und Richtung gegen die zugehörige Bahnkurve hat wie die Kraftkomponente in der Tangentialebene bei der Bewegung auf der Fläche.*

Aufgabe 1. Ein Massenpunkt wird auf der Oberfläche eines geraden Kreiskegels mit senkrechter Achse und aufwärts gerichteter Spitze mit der Gechwindigkeit geworfen, die er beim Fall aus der Ruhelage an der Spitze erreicht haben würde. Man zeige, daß die Bahnkurve auf dem Kegel, in eine Ebene abgewickelt, die Gleichung hat

$$r^{\frac{3}{2}} \sin \tfrac{3}{2} \vartheta = a^{\frac{3}{2}}.$$

Durch die Abwicklung des Kegels auf eine Ebene entsteht das Problem einer ebenen Bewegung unter der Einwirkung einer konstanten abstoßenden Kraft im Ursprung, wobei der Massenpunkt eine Geschwindigkeit hat, die mit der Geschwindigkeit Null im Ursprung vereinbar ist.

Daher existieren die Integrale

$$\dot{r}^2 + r^2 \dot{\vartheta}^2 = C r, \quad \text{wo } C \text{ eine Konstante ist,}$$
$$r^2 \dot{\vartheta} = h, \quad \text{wo } h \text{ eine Konstante ist.}$$

Diese Gleichungen ergeben

$$\begin{aligned}\left(\frac{1}{r} \frac{dr}{d\vartheta}\right)^2 + 1 &= \frac{C r^3}{h^2} \\ &= \frac{r^3}{a^3},\end{aligned}$$

---

1) Vgl. Whittaker and Watson: *Modern Analysis* § 20, 33.

wo a eine neue Konstante ist. Für $u = \frac{1}{r}$ wird daher

$$\left(\frac{d u}{d \vartheta}\right)^2 = \frac{1 - a^3 u^3}{a^3 u},$$

also

$$\begin{aligned} \vartheta &= \int \frac{a^{\frac{3}{2}} u^{\frac{1}{2}} \, d u}{(1 - a^3 u^3)^{\frac{1}{2}}} \\ &= \frac{2}{3} \int \frac{d v}{(1 - v^2)^{\frac{1}{2}}}, \quad \text{wo} \quad v = u^{\frac{3}{2}} a^{\frac{3}{2}} \\ &= \frac{2}{3} \arcsin v\,. \end{aligned}$$

Diese Gleichung ist äquivalent mit

$$r^{\frac{3}{2}} \sin \tfrac{3}{2} \vartheta = a^{\frac{3}{2}}.$$

Aufgabe 2. Wenn bei der Bewegung eines Punktes P auf einer abwickelbaren Fläche die Tangente IP an die Rückkehrkante der Zeit proportionale Flächenräume überstreicht, so beweise man, daß die in der Tangentialebene gelegene Kraftkomponente senkrecht zu IP proportional $\frac{\varrho}{IP^4}$ ist, wo ϱ den Krümmungsradius der Rückkehrkante bedeutet. (Hazzidakis.)

§ 55. Bewegung auf einer Rotationsfläche; die durch Kreisfunktionen und elliptische Funktionen lösbaren Fälle[1]).

Der wichtigste Fall einer durch Quadraturen lösbaren Bewegung eines Punktes auf einer Fläche ist der folgende: ein Massenpunkt bewegt sich reibungslos auf einer Rotationsfläche unter der Einwirkung einer Kraft, die ein in bezug auf die Rotationsachse symmetrisches Potential besitzt.

Die Lage des Punktes im Raum sei durch Zylinderkoordinaten z, r, φ festgelegt, wo z in Richtung der Rotationsachse gemessen wird, r der Abstand des Punktes von dieser Achse ist und das Azimut φ den Winkel von r mit einer festen Ebene durch die Achse bedeutet. Die Gleichung der Fläche ist eine Beziehung zwischen z und r allein, etwa

$$r = f(z).$$

Die Potentialfunktion ist eine Funktion von z und r (sie kann infolge ihrer Symmetrie zur Rotationsachse φ nicht enthalten). Für Punkte auf der Fläche kann sie als Funktion $V(z)$ von z allein dargestellt werden, wenn r durch seinen Wert $f(z)$ ersetzt wird. Die Masse des Punktes sei 1.

Nach § 18 ist die kinetische Energie

$$\begin{aligned} T &= \tfrac{1}{2} (\dot{z}^2 + \dot{r}^2 + r^2 \dot{\varphi}^2), \\ &= \tfrac{1}{2} \left\{ (f'(z)^2 + 1)\, \dot{z}^2 + f(z)^2 \dot{\varphi}^2 \right\}. \end{aligned}$$

Offenbar ist φ eine zyklische Koordinate; ihr entspricht das Integral

$$\frac{\partial T}{\partial \dot{\varphi}} = k,$$

[1]) Die Bewegung eines Massenpunktes auf einer Rotationsfläche wurde untersucht von Newton: *Principia* Buch I, Abschnitt 10.

wo k eine Konstante ist, oder

$$f(z)^2 \dot{\varphi} = k.$$

Diese Gleichung kann als Integral des Moments der Bewegungsgröße um die Rotationsachse aufgefaßt werden.

Die Energiegleichung lautet

$$T + V = h,$$

wo h eine Konstante ist. Führen wir darin den Wert von $\dot{\varphi}$ aus der vorigen Gleichung ein, so wird

$$[f'(z)^2 + 1]\, \dot{z}^2 + k^2 f(z)^{-2} + 2\, V(z) = 2h.$$

Ihre Integration ergibt

$$t = \int [f'(z)^2 + 1]^{\frac{1}{2}} [2h - 2\, V(z) - k^2 f(z)^{-2}]^{-\frac{1}{2}}\, dz + \text{konst.}$$

Die Beziehung zwischen t und z ist also durch eine Quadratur zu erhalten. Die Werte von r und φ bestimmen sich aus der Flächengleichung und aus

$$f(z)^2 \dot{\varphi} = k.$$

Wir untersuchen nun die Bewegung auf denjenigen Flächen, für die diese Quadratur mit Hilfe bekannter Funktionen ausgeführt werden kann, wenn die Achse senkrecht nach oben zeigt (so daß z nach oben positiv zu rechnen ist) und die Schwere die einzige äußere Kraft ist, also

$$V(z) = gz.$$

1. Der Kreiszylinder.

Für den Kreiszylinder $r = a$ wird das obige Integral

$$t = \int \left(2h - 2gz - \frac{k^2}{a^2}\right)^{-\frac{1}{2}} dz.$$

Wählt man den Koordinatenursprung so, daß $2ha^2 = k^2$ ist, so wird

$$t = \int (-2gz)^{-\frac{1}{2}}\, dz$$

oder

$$z = -\tfrac{1}{2} g (t - t_0)^2,$$

wo t_0 eine Konstante ist.

Die Gleichung

$$a^2 \dot{\varphi} = k$$

ergibt dann

$$\varphi - \varphi_0 = \frac{k}{a^2} (t - t_0),$$

wo φ_0 eine Konstante ist.

2. Die Kugel.

Der Fall, daß die Fläche die Kugel

$$r = (l^2 - z^2)^{\frac{1}{2}}$$

ist, ergibt das *Problem des sphärischen Pendels*[1]). Es kann realisiert werden durch einen schweren Massenpunkt, der mit einem festen Punkt durch eine gewichtslose starre, um den festen Punkt frei bewegliche Stange verbunden ist.

Die Quadratur ergibt hier für t den Ausdruck

$$t = \int \left\{ \frac{z^2}{l^2 - z^2} + 1 \right\}^{\frac{1}{2}} \left\{ 2h - 2gz - \frac{k^2}{l^2 - z^2} \right\}^{-\frac{1}{2}} dz,$$

oder

$$t = l \int \{(2h - 2gz)(l^2 - z^2) - k^2\}^{-\frac{1}{2}} dz.$$

Rechts steht ein elliptisches Integral, das auf die Weierstraßsche kanonische Form gebracht werden soll. Die Wurzeln der kubischen Gleichung

$$2(h - gz)(l^2 - z^2) - k^2 = 0$$

seien mit z_1, z_2, z_3 bezeichnet. Da der Ausdruck

$$2(h - gz)(l^2 - z^2) - k^2$$

für $z = l$ und $z = -l$ negativ ist, dagegen positiv für große positive Werte von z und auch für die in unserem Problem auftretenden Werte von z (die zwischen $-l$ und $+l$ liegen müssen, da der Massenpunkt auf der Kugel bleibt), so muß eine der Wurzeln, etwa z_1, größer als l sein, und die anderen beiden, z_2 und z_3 (wo $z_2 > z_3$ sein soll), müssen zwischen l und $-l$ gelegen sein. Die Werte von z bei der wirklichen Bewegung liegen zwischen z_2 und z_3, da der Radikand für sie positiv sein muß.

Wir setzen

$$z = \frac{h}{3g} + \frac{2l^2}{g}\zeta,$$

wo ζ eine neue Veränderliche ist, und

$$z_r = \frac{h}{3g} + \frac{2l^2}{g} e_r \qquad (r = 1, 2, 3),$$

so daß e_1, e_2, e_3 neue Konstanten sind, die die Gleichung

$$e_1 + e_2 + e_3 = \frac{g}{2l^2}\left(z_1 + z_2 + z_3 - \frac{h}{g}\right) = 0$$

und die Bedingungen $e_1 > e_2 > e_3$ befriedigen.

Die Gleichung zwischen t und z wird dann

$$t = \int \{4(\zeta - e_1)(\zeta - e_2)(\zeta - e_3)\}^{-\frac{1}{2}} d\zeta$$

oder

$$\zeta = \wp(t + \varepsilon),$$

---

[1]) Lagrange: *Mécanique Analytique*. Die vollständige Lösung mit Jacobischen elliptischen Funktionen gab A. Tissot: *Journ. de math.* (1) Bd. 17, S. 88. 1852; Jacobis eigene Lösung des Problems eines rotierenden starren Körpers mit Hilfe elliptischer Funktionen war schon vorher (1839) veröffentlicht. Das Problem des sphärischen Pendels kommt im wesentlichen auf die Behandlung der Laméschen Differentialgleichung zweiter Ordnung hinaus.

wo ε eine Integrationskonstante ist und die $\wp$-Funktion mit Hilfe der Wurzeln e_1, e_2, e_3 gebildet wird.

Sind e_1, e_2, e_3 reell und abnehmend geordnet, so sind $\wp(u)$ und $\wp'(u)$ beide reell, wenn u reell, $\wp(u)$ also größer als e_1 ist, und wenn u die Gestalt hat: $\omega_3 +$ reelle Größe, wo ω_3 die der Wurzel e_3 entsprechende Halbperiode ist. In diesem letzteren Fall liegt $\wp(u)$ zwischen e_2 und e_3. Da bei der tatsächlichen Bewegung z zwischen z_2 und z_3 liegt, so liegt ζ zwischen e_2 und e_3; die Konstante ε muß daher aus einem imaginären Teil ω_3 und einem reellen Teil bestehen, der von dem Anfangspunkt der Zeitrechnung abhängt. Durch passende Wahl des zeitlichen Nullpunktes kann dieser Teil von ε zum Verschwinden gebracht werden, so daß

$$z = \frac{h}{3g} + \frac{2l^2}{g}\wp(t+\omega_3)$$

den Zusammenhang zwischen z und t darstellt. Das Azimut bestimmt sich aus der Gleichung

$$d\varphi = \frac{k}{r^2}dt = \frac{k\,dt}{l^2 - z^2},$$

so daß

$$\varphi - \varphi_0 = k\int \frac{dt}{l^2 - \left\{\frac{h}{3g} + \frac{2l^2}{g}\wp(t+\omega_3)\right\}^2}$$

wird, wo φ_0 eine Integrationskonstante ist.

Zur Ausführung der Integration setzen wir λ und μ gleich den (imaginären) Werten von $t + \omega_3$, die den Werten $z = l$ und $z = -l$ entsprechen, so daß λ und μ neue durch die Gleichungen

$$l - \frac{h}{3g} = \frac{2l^2}{g}\wp(\lambda), \qquad -l - \frac{h}{3g} = \frac{2l^2}{g}\wp(\mu)$$

definierte Konstanten sind. Diese Gleichungen ergeben

$$\wp'(\lambda) = \wp'(\mu) = \frac{ikg}{2l^3}.$$

Das Integral wird dann

$$\begin{aligned}\varphi - \varphi_0 &= -\frac{kg^2}{4l^4}\int \frac{dt}{\{\wp(t+\omega_3)-\wp(\lambda)\}\{\wp(t+\omega_3)-\wp(\mu)\}}\\ &= -\frac{kg}{4l^3}\int\left\{\frac{dt}{\wp(t+\omega_3)-\wp(\lambda)} - \frac{dt}{\wp(t+\omega_3)-\wp(\mu)}\right\}\\ &= \frac{i}{2}\int\left\{\frac{\wp'(\lambda)\,dt}{\wp(t+\omega_3)-\wp(\lambda)} - \frac{\wp'(\mu)\,dt}{\wp(t+\omega_3)-\wp(\mu)}\right\}.\end{aligned}$$

Es ist aber [1])

$$\frac{\wp'(\lambda)}{\wp(z)-\wp(\lambda)} = \zeta(z-\lambda) - \zeta(z+\lambda) + 2\zeta(\lambda),$$

[1]) Vgl. Whittaker and Watson: *Modern Analysis* § 20, 53, Ex. 2.

daher

$$\int \frac{\wp'(\lambda)\,dt}{\wp(t+\omega_3)-\wp(\lambda)} = \log\frac{\sigma(t+\omega_3-\lambda)}{\sigma(t+\omega_3+\lambda)} + 2\,\zeta(\lambda)\,t\,,$$

also

$$e^{2i(\varphi-\varphi_0)} = e^{2\{\zeta(\mu)-\zeta(\lambda)\}t}\,\frac{\sigma(t+\omega_3-\mu)\,\sigma(t+\omega_3+\lambda)}{\sigma(t+\omega_3+\mu)\,\sigma(t+\omega_3-\lambda)}\,.$$

Diese Gleichung, die den Winkel φ als Funktion von t darstellt, bringt die Lösung des Problems zum Abschluß.

Es zeigt sich, daß, wenn t um $2\omega_1$ wächst, φ_1 zunimmt um

$$-2i\omega_1\{\zeta(\mu)-\zeta(\lambda)\}-2i\eta_1(\lambda-\mu)\,.$$

Aufgabe. Die Spitze eines sphärischen Pendels führe periodische Schwingungen zwischen zwei Parallelkreisen der Kugel aus. Man zeige, daß die Azimutdifferenz zwischen einem Bahnpunkt auf dem oberen Parallelkreis und dem nach einer halben Periode erreichten Punkt auf dem unteren Parallelkreis zwischen $\pi/2$ und π liegt. (Puiseux und Halphen.)

Die periodischen Lösungen des Problems des sphärischen Pendels sind untersucht von F. R. Moulton: *Palermo Rend.* Bd. 32, S. 338. 1911.

3. Das Paraboloid.

Wir untersuchen nun die Bewegung auf dem Paraboloid

$$r = 2\,a^{\frac{1}{2}}\,z^{\frac{1}{2}}\,.$$

In diesem Fall ergibt die Quadratur

$$t = \int (a+z)^{\frac{1}{2}}\left(2hz - 2gz^2 - \frac{k^2}{4a}\right)^{-\frac{1}{2}} dz\,.$$

Um die Lösung des Problems in elliptischen Funktionen zu erhalten, führen wir eine Hilfsgröße v ein durch die Gleichung

$$v = \int^{z} (a+z)^{-\frac{1}{2}}\left(2hz - 2gz^2 - \frac{k^2}{4a}\right)^{-\frac{1}{2}} dz\,.$$

Sind α und β ($\alpha \geqq \beta$) die Wurzeln der quadratischen Gleichung

$$2hz - 2gz^2 - \frac{k^2}{4a} = 0\,,$$

so läßt sich das Integral in der Form schreiben

$$v = \left(-\frac{g}{2}\right)^{-\frac{1}{2}} \int^{z} \{4(z+a)(z-\beta)(z-\alpha)\}^{-\frac{1}{2}}\,dz\,.$$

Eine neue Veränderliche ζ sei definiert durch die Gleichung

$$z = -(a+\alpha)\,\zeta + \frac{-a+\alpha+\beta}{3}\,.$$

e_1, e_2, e_3 seien die den Werten $-a$, β, α von z entsprechenden Werte von ζ. Dann wird das Integral

$$\left\{\frac{g(a+\alpha)}{2}\right\}^{\frac{1}{2}} v = \int_{\zeta}^{e} \{4(\zeta-e_1)(\zeta-e_2)(\zeta-e_3)\}^{-\frac{1}{2}}\,d\zeta\,,$$

und es läßt sich leicht zeigen, daß

$$e_1 + e_2 + e_3 = 0, \qquad e_1 > e_2 > e_3.$$

Die Hilfsgröße v kann nun durch eine Hilfsgröße u ersetzt werden, die durch die Gleichung

$$v = \left\{\frac{2}{g(a+\alpha)}\right\}^{\frac{1}{2}} u$$

definiert ist. Die Umkehrung des Integrals ergibt dann

$$\zeta = \wp(u + \varepsilon),$$

wo ε eine Integrationskonstante ist und die $\wp$-Funktion mit Hilfe der Wurzeln e_1, e_2, e_3 gebildet wird, die gegeben sind durch die Gleichungen

$$e_1 = \frac{2a + \alpha + \beta}{3(a+\alpha)}, \qquad e_2 = \frac{-a + \alpha - 2\beta}{3(a+\alpha)}, \qquad e_3 = \frac{-a - 2\alpha + \beta}{3(a+\alpha)}.$$

Da bei der tatsächlichen Bewegung z offenbar zwischen α und β liegt, muß $\wp(u + \varepsilon)$ zwischen e_3 und e_2 liegen; daher muß (weil u reell werden soll) der imaginäre Teil der Konstanten ε die Halbperiode ω_3 sein. Der reelle Teil kann gleich Null angenommen werden, da er nur von der unteren Grenze des Integrals für u abhängt.

Daher ist

$$z = -(a+\alpha)\,\wp(u + \omega_3) + \frac{h - ag}{3g}, \qquad \text{da} \qquad \alpha + \beta = \frac{h}{g}.$$

Die Gleichung zur Bestimmung von t lautet

$$\begin{aligned} t &= \int (a+z)\,dv \\ &= -\left\{\frac{2(a+\alpha)}{g}\right\}^{\frac{1}{2}} \int \{\wp(u+\omega_3) - e_1\}\,du, \\ t &= -\left\{\frac{2(a+\alpha)}{g}\right\}^{\frac{1}{2}} \{-\zeta(u+\omega_3) - e_1 u\}. \end{aligned}$$

Damit ist t als Funktion der Hilfsveränderlichen u bestimmt.

Endlich ist noch das Azimut φ zu berechnen. Es ist

$$\begin{aligned} d\varphi &= \frac{k\,dt}{r^2} = \frac{k\,dt}{4az} \\ &= \frac{k}{4a}\left\{\frac{2}{g(a+\alpha)}\right\}^{\frac{1}{2}} \frac{\wp(u+\omega_3) - e_1}{\wp(u+\omega_3) - \dfrac{-a+\alpha+\beta}{3(a+\alpha)}}\,du \end{aligned}$$

und daher

$$\begin{aligned} &\frac{4a}{k}\left\{\frac{g(a+\alpha)}{2}\right\}^{\frac{1}{2}} (\varphi - \varphi_0) \\ &\quad = u + \left\{\frac{-a+\alpha+\beta}{3(a+\alpha)} - e_1\right\} \int \frac{du}{\wp(u+\omega_3) - \dfrac{-a+\alpha+\beta}{3(a+\alpha)}} \\ &\quad = u - \frac{a(a+\alpha)^{\frac{1}{2}}(-2g)^{\frac{1}{2}}}{k} \int \frac{\wp'(l)\,du}{\wp(u+\omega_3) - \wp(l)}, \end{aligned}$$

wo φ_0 eine Integrationskonstante ist und l eine Hilfskonstante, die definiert ist durch

$$\wp(l) = \frac{-a+\alpha+\beta}{3(a+\alpha)}, \qquad \text{also} \qquad \wp'(l) = \frac{k}{(-2g)^{\frac{1}{2}}(a+\alpha)^{\frac{3}{2}}}.$$

Die Gleichung läßt sich nun schreiben

$$\varphi - \varphi_0 = \frac{ku}{a\{8g(a+\alpha)\}^{\frac{1}{2}}} - \frac{i}{2}\int \frac{\wp'(l)\,du}{\wp(u+\omega_3)-\wp(l)}.$$

Ihr Integral ergibt sich (wie bei dem Problem des sphärischen Pendels) als

$$e^{2i(\varphi-\varphi_0)} = e^{\left[\frac{2ik}{a\{8g(a+\alpha)\}^{\frac{1}{2}}}+2\zeta(l)\right]u}\,\frac{\sigma(u+\omega_3-l)}{\sigma(u+\omega_3+l)}.$$

Diese Gleichung stellt φ als Funktion der Hilfsveränderlichen u dar und löst so das Problem vollständig.

4. Der Kegel.

Wir betrachten nun die Bewegung auf dem Kegel

$$r = z\,\mathrm{tg}\,\alpha,$$

wo α den halben Öffnungswinkel bedeutet.

Da diese Fläche abwickelbar ist, läßt sich der Satz des § 54 anwenden. Demnach wird die Bahnkurve eines Massenpunktes auf dem Kegel unter der Einwirkung der Schwere bei der Abwickelung des Kegels auf eine Ebene die gleiche, die ein Punkt der Masse 1 in der Ebene beschreibt, der mit einer konstanten Kraft $g\cos\alpha$ von einem festen Kraftzentrum angezogen wird. (Das Kraftzentrum der Ebene entspricht dem Scheitel des Kegels.) Dies ist (§ 48) einer der bekannten Fälle, in denen das Problem der Zentralbewegung durch elliptische Funktionen lösbar ist; diese Lösung ergibt also sofort die Lösung des Problems der Bewegung auf dem Kegel.

Aufgabe 1. Man zeige, daß die Bewegung eines Massenpunktes auf einer Rotationsfläche mit senkrechter Achse unter der Einwirkung der Schwere sich durch elliptische Funktionen darstellen läßt, wenn die Fläche durch eine der folgenden Gleichungen gegeben ist;

$$9ar^2 = z(z-3a)^2,$$
$$2r^4 + 3a^2r^2 - 2za^3 = 0,$$
$$(r^2 - az - \tfrac{1}{2}a^2)^2 = a^3 z.$$

(Kobb und Stäckel.)

Aufgabe 2. Man zeige, daß das gleiche Problem sich mit elliptischen Funktionen lösen läßt, wenn die Fläche dargestellt ist durch

$$(x^2+y^2)^3 + 2a^6 = 8a^3z(x^2+y^2). \qquad \text{(Salkowski.)}$$

Aufgabe 3. Man zeige, daß, wenn eine algebraische Rotationsfläche die Eigenschaft hat, daß die geodätischen Linien sich durch elliptische Funktionen eines Parameters darstellen lassen, die Fläche so beschaffen ist, daß r^2 und z als rationale Funktionen eines Parameters ausgedrückt werden können. D. h. die Gleichung der Fläche, als Beziehung zwschen r^2 und z aufgefaßt, ist die Gleichung einer unikursalen Kurve. Dabei sind z, r, φ die Zylinderkoordinaten eines Flächenpunktes. (Kobb.)

Aufgabe 4. Man zeige, daß in den folgenden Fällen der Bewegung eines Massenpunktes auf einer Rotationsfläche alle Bahnkurven geschlossen sind:

1. wenn die Fläche eine Kugel ist und die Kraft in Richtung der Tangente an den Meridian wirkt und proportional $\sin^{-2}\vartheta$ ist, wo ϑ die Polhöhe des Punktes ist (die Bahnkurven sind sphärische Kegelschnitte mit einem Brennpunkt im Pol);

2. wenn die Fläche eine Kugel ist und die Kraft in Richtung der Tangente an den Meridian wirkt und proportional $\sin\vartheta\cos^{-3}\vartheta$ ist [die Bahnkurven sind sphärische Kegelschnitte mit dem Zentrum im Pol[1])].

§ 56. Der Satz von Joukowsky.

Es soll nun die Potentialfunktion bestimmt werden, bei der eine gegebene Kurvenschar einer Fläche eine Schar möglicher Bahnkurven eines Massenpunktes ist, der gezwungen ist, auf der Fläche zu bleiben.

Die drei rechtwinkligen Koordinaten eines Flächenpunktes lassen sich als Funktionen zweier Parameter u, v darstellen, so daß das Linienelement auf der Fläche gegeben ist durch

$$ds^2 = E\,du^2 + 2F\,du\,dv + G\,dv^2,$$

wo du, dv die Differentiale der Parameter, E, F, G bekannte Funktionen von u und v sind.

Die Kurvenschar, die unter der Wirkung der gesuchten Kraft beschrieben wird, sei gegeben durch

$$q(u, v) = \text{konst.},$$

und es sei

$$p(u, v) = \text{konst.}$$

die zugehörige Schar orthogonaler Trajektorien. Dann können p, q an Stelle von u, v als Parameter auf der Fläche gewählt werden. Das Linienelement möge sich mit Hilfe dieser Parameter in der Form darstellen lassen

$$ds^2 = E'dq^2 + G'dp^2.$$

Das Glied in $dp\,dq$ fehlt, da die Kurven $p = \text{konst.}$, $q = \text{konst.}$ sich rechtwinklig schneiden; E' und G' sind bekannte Funktionen von p und q.

Die kinetische Energie eines sich auf der Fläche bewegenden Massenpunktes ist

$$T = (\tfrac{1}{2} E'\dot{q}^2 + G'\dot{p}^2).$$

Daher lauten die Lagrangeschen Gleichungen der Bewegung

$$\frac{d}{dt}(E'\dot{q}) - \frac{1}{2}\left(\frac{\partial E'}{\partial q}\dot{q}^2 + \frac{\partial G'}{\partial q}\dot{p}^2\right) = -\frac{\partial V}{\partial q},$$

$$\frac{d}{dt}(G'\dot{p}) - \frac{1}{2}\left(\frac{\partial E'}{\partial p}\dot{q}^2 + \frac{\partial G'}{\partial p}\dot{p}^2\right) = -\frac{\partial V}{\partial p},$$

wo V die gesuchte unbekannte Potentialfunktion ist.

---

[1]) Darboux hat die Möglichkeit weiterer Fälle untersucht: *Bull. de la Soc. de France* Bd. 5. 1877.

Diese Gleichungen sollen erfüllt sein für $\dot{q} = 0$. Daher vereinfachen sie sich zu

$$\frac{1}{2}\frac{\partial G'}{\partial q}\dot{p}^2 = \frac{\partial V}{\partial q},$$

$$\frac{1}{2}\frac{\partial}{\partial p}(G'\dot{p}^2) = -\frac{\partial V}{\partial p}.$$

Nach Elimination von $\dot{p}^2$ folgt

$$\frac{\partial}{\partial p}\left(G'\frac{\partial V}{\partial q} : \frac{\partial G'}{\partial q}\right) + \frac{\partial V}{\partial p} = 0.$$

Integration ergibt

$$G'\frac{\partial V}{\partial q} : \frac{\partial G'}{\partial q} + V = f(q),$$

mit einer willkürlichen Funktion f oder

$$\frac{\partial}{\partial q}(VG') = \frac{\partial G'}{\partial q} f(q),$$

und daher

$$V = \frac{g(p)}{G'} + \frac{1}{G'}\int \frac{\partial G'}{\partial q} f(q)\, dq,$$

mit einer willkürlichen Funktion g.

Nun ist $\frac{1}{G'}$ der Differentialparameter erster Ordnung $\Delta_1(p)$ [1]) der Funktion p. Mithin ergibt sich der von Joukowsky 1890 ausgesprochene Satz: Ist $q =$ konst. *eine Kurvenschar auf einer Fläche,* $p =$ konst. *die Schar ihrer orthogonalen Trajektorien, so sind die Kurven* $q =$ konst. *mögliche Bahnkurven eines Massenpunktes auf der Fläche, wenn auf ihn eine Kraft wirkt, die aus der Potentialfunktion*

$$V = \Delta_1(p)\, g(p) + \Delta_1(p)\int f(q)\,\frac{\partial}{\partial q}\left\{\frac{1}{\Delta_1(p)}\right\} dq$$

hergeleitet ist. Darin bedeuten f, g *willkürliche Funktionen,* Δ_1 *ist der Differentialparameter erster Ordnung.*

---

[1]) Ist das Linienelement auf einer Fläche gegeben durch

$$ds^2 = E\,du^2 + 2F\,du\,dv + G\,dv^2,$$

so ist der Differentialparameter erster Ordnung einer Funktion $\varphi(u, v)$ definiert durch

$$\Delta_1(\varphi) = \frac{1}{EG - F^2}\left\{E\left(\frac{\partial \varphi}{\partial v}\right)^2 - 2F\frac{\partial \varphi}{\partial u}\frac{\partial \varphi}{\partial v} + G\left(\frac{\partial \varphi}{\partial u}\right)^2\right\}.$$

Der Differentialparameter ist eine Biegungsinvariante der Fläche; d. h. beim Übergang von den Veränderlichen u, v zu neuen Veränderlichen u', v' transformiert sich der Differentialparameter in einen Ausdruck, der in derselben Weise aus den neuen Veränderlichen u', v' mit den entsprechenden neuen Koeffizienten E', F', G' zusammengesetzt ist.

Die obige Gleichung ergibt

$$\frac{1}{2}\dot{p}^2 = \frac{\partial V}{\partial q} : \frac{\partial G'}{\partial q} = -\frac{1}{G'}V + \frac{f(q)}{G'}.$$

Daher wird die Energiegleichung der Bewegung

$$\tfrac{1}{2}G'\dot{p}^2 + V = f(q).$$

Übungsaufgaben.

1. Ein Massenpunkt bewegt sich reibungslos unter dem Einfluß der Schwere auf der Zykloide

$$s = 4a\sin\varphi,$$

wo s den Bogen, φ den Winkel der Kurventangente mit der Horizontalen bedeutet. Man zeige, daß die Bewegung die Periode $4\pi\sqrt{\frac{a}{g}}$ hat.

2. Ein Massenpunkt bewegt sich reibungslos auf einem Kreis unter der Einwirkung einer Kraft, die auf einen festen Punkt hin gerichtet und dem Abstand von ihm proportional ist. Man zeige, daß die Bewegung von derselben Art ist wie die des Pendels.

3. Ein Massenpunkt bewegt sich auf einer Geraden unter der Einwirkung zweier Kraftzentren von gleicher Stärke μ im Abstand $2c$ voneinander, deren abstoßende Kräfte dem Quadrat der Entfernung umgekehrt proportional sind. Im Abstand kc, $k < 1$, von dem Mittelpunkt ihrer Verbindungslinie habe der Massenpunkt die Anfangsgeschwindigkeit Null. Man zeige, daß er Schwingungen von der Periode

$$\frac{2\sqrt{c^3(1-k^2)}}{\mu}\int\limits_0^{\frac{\pi}{2}}(1 - k^2\sin^2\vartheta)^{\frac{1}{2}}\,d\vartheta$$

ausführt. (Camb. Math. Tripos, Part I. 1899.)

4. Ein Massenpunkt fällt auf einer Kurve aus der Ruhelage in einem gegebenen Punkt O. Man zeige, daß die Kurve eine Lemniskate ist, wenn der Punkt jeden Bogen OP in der gleichen Zeit durcheilt, in der er die zugehörige Sehne OP zurücklegen würde.

5. Ein Massenpunkt bewegt sich auf der Kurve $y^3 + ax^2 = 0$ mit der Anfangsgeschwindigkeit $\frac{2}{3}(2ag)^{\frac{1}{2}}$ aus dem Nullpunkt abwärts. Die x-Achse sei wagerecht. Man zeige, daß die Geschwindigkeit eine konstante senkrechte Komponente hat. (Nicomedi.)

6. Aus den Punkten mit den Polarkoordinaten $\vartheta = 0$, $r = a$, $\vartheta = \pi$, $r = a$ wirken Kräfte, die der dritten Potenz des Abstands umgekehrt proportional sind. Ein Massenpunkt beschreibt unter ihrem Einfluß die Kurve $r^2 = 2a^2\cos 2\vartheta$. Man zeige, daß, wenn μ die Kraft im Abstand 1 ist und die Geschwindigkeit im Knoten der Bahn $2\mu^{\frac{1}{2}}/a$ beträgt, eine Schleife der Bahn in der Zeit $\pi a^2/2\mu^{\frac{1}{2}}$ durchlaufen wird. (Camb. Math. Tripos, Part I. 1898.)

7. Ein freier Massenpunkt beschreibt eine Raumkurve unter der Wirkung einer Kraft, deren Richtung eine gegebene Gerade beständig schneidet. Man zeige, daß die Geschwindigkeit umgekehrt proportional ist dem Abstand des Punktes von der Geraden und dem Kosinus des Winkels, den die Ebene durch den Punkt und die Gerade mit der Normalebene der Bahnkurve bildet. (Dainelli.)

8. Ein schwerer Massenpunkt bewegt sich zwangläufig auf einer Geraden, die mit konstanter Winkelgeschwindigkeit ω um eine feste, in gegebenem Abstand befindliche senkrechte Achse rotiert. Man zeige, daß die Bewegungsgleichung lautet

$$r = A\,e^{\omega t}\cos\alpha + B\,e^{-\omega t}\cos\alpha,$$

wo r den Abstand des Punktes von einem festen Punkte auf der Geraden, α den Winkel der Geraden mit der Horizontalen bedeutet und A und B Konstanten sind. (H. am Ende.)

9. Ein schwerer Massenpunkt bewegt sich zwangläufig auf einer Geraden, die mit gegebener veränderlicher Winkelgeschwindigkeit um eine feste wagerechte Achse rotiert. Man zeige, daß die Bewegungsgleichung lautet

$$\ddot{r} = \mp g \sin\alpha \sin\vartheta - r\,\dot{\vartheta}^2 \sin^2\alpha \mp a\,\ddot{\vartheta} \sin\alpha\,,$$

wo α den Winkel zwischen der Geraden und der Rotationsachse, ϑ den Winkel der Senkrechten mit der kürzesten Entfernung a der beiden Geraden, r den Abstand des Punktes von dem Schnittpunkt dieser kürzesten Entfernung mit der rotierenden Geraden bedeutet. (Vollhering.)

10. Ein Massenpunkt gleitet reibungslos auf einer Geraden, die mit gleichförmiger Winkelgeschwindigkeit ω um eine senkrechte Achse rotiert. Man zeige, daß, wenn der Massenpunkt aus relativer Ruhe in dem Punkt, in dem die kürzeste Entfernung zwischen der Achse und der Geraden die Gerade trifft, losgelassen wird, er in der Zeit t auf der Geraden die Strecke

$$\frac{2g}{\omega^2}\,\frac{\cos\alpha}{\sin^2\alpha}\,\mathfrak{Sin}^2\left(\frac{1}{2}\,\omega t \sin\alpha\right)$$

zurücklegt, wo α die Neigung der Geraden gegen die Senkrechte bedeutet. (Camb. Math. Tripos, Part I. 1899.)

11. Ein Punkt, auf den keine äußere Kraft wirkt, ist gezwungen, auf einem Kreis zu bleiben, der seinerseits um einen festen Punkt seiner Ebene rotiert. Man zeige, daß die Bewegung des Massenpunktes den Charakter einer Pendelbewegung hat.

12. Eine Glasperle gleitet auf einem kreisförmig gebogenen Draht vom Radius a, der mit gleichförmiger Winkelgeschwindigkeit ω um einen seiner Punkte rotiert. Die Perle befindet sich anfänglich im Endpunkt des Durchmessers durch das Rotationszentrum und erhält dort eine Relativgeschwindigkeit $2\omega b$ gegen den Draht. Man zeige, daß die Lage der Perle zur Zeit t gegeben ist durch

$$\sin\varphi = \operatorname{sn} b\,\omega t/a \qquad (\operatorname{mod} a/b)$$

oder

$$\sin\varphi = (b/a)\operatorname{sn}\omega t \qquad (\operatorname{mod} b/a),$$

je nachdem $a < b$ oder $a > b$ ist. Dabei ist φ der Winkel, den der Radiusvektor nach der Perle mit dem Durchmesser durch das Rotationszentrum bildet. (Camb. Math. Tripos, Part I. 1900.)

13. Die Kurve

$$x^3 + y^3 = a^3$$

werde unter Einwirkung einer senkrecht zu ihrer Asymptote gerichteten Kraft durchlaufen. Man zeige, daß die Kraft proportional ist

$$xy\,(x^2 + y^2)^{-3}.$$

14. An einem Massenpunkt greift eine Kraft an, deren Komponenten X, Y in Richtung fester Achsen konjugierte Funktionen der Koordinaten x, y sind. Man beweise, daß das Problem stets durch Quadraturen lösbar ist.

15. Es sei C eine geschlossene Bahnkurve, die ein Massenpunkt unter der Einwirkung einer Zentralkraft beschreibt, S das Kraftzentrum, O der Schwerpunkt der Kurve C, G der Schwerpunkt der Kurve C unter der Voraussetzung, daß die Dichte in jedem Punkt der Geschwindigkeit umgekehrt proportional ist. Man zeige, daß die Punkte S, O, G auf einer Geraden liegen und daß $2\,SG = 3\,SO$ ist. (Laisant.)

16. Man zeige, daß die Bewegung eines Punktes, der sich in einer Ebene unter dem Einfluß einer konstanten, auf einen Punkt außerhalb der Ebene hin gerichteten Kraft bewegt, durch elliptische Funktionen darstellbar ist.

17. Man zeige, daß die Kurven

$$a x + b y + c = x f\left(\frac{y}{x}\right),$$

wo a, b, c willkürliche Konstanten sind und f eine gegebene Funktion bedeutet, sämtlich unter Einwirkung derselben Zentralkraft im Nullpunkt beschrieben werden können.

18. Man zeige, daß, wenn ein Kreis unter Einwirkung einer auf einen Punkt der Peripherie hin gerichteten Anziehungskraft durchlaufen wird, die Kraft der fünften Potenz des Abstands umgekehrt proportional ist.

19. Ein Massenpunkt durchläuft die in bezug auf einen beliebigen Punkt der Ebene gebildete Fußpunktkurve eines Kreises unter dem Einfluß einer Zentralkraft in diesem Punkt. Man zeige, daß

$$\frac{A}{r^4} + \frac{B}{r^5}$$

das Kraftgesetz ist, wo A und B Konstanten sind.

Man zeige ferner, daß das gleiche Kraftgesetz gilt, wenn die inverse Kurve einer Ellipse in bezug auf einen Brennpunkt durchlaufen wird. (Curtis.)

20. Ein Massenpunkt, der aus dem Punkt $r = R$, $\vartheta = 0$ mit einer Geschwindigkeit V in einer Richtung geworfen wird, die mit dem Radiusvektor nach dem Punkte hin den Winkel α bildet, beschreibe eine Bahnkurve $f(r, \vartheta, R, V, \sin\alpha) = 0$. Man beweise, daß er bei denselben Anfangsbedingungen, aber mit einer Zusatzzentralkraft μ/r^3 die Bahn

$$f[r, n\vartheta, R, V(n^2\sin^2\alpha + \cos^2\alpha)^{\frac{1}{2}}, n\sin\alpha(n^2\sin^2\alpha + \cos^2\alpha)^{-\frac{1}{2}}] = 0$$

durchläuft, wo

$$n^2 = 1 - \frac{\mu}{V^2 R^2 \sin^2\alpha}.$$

21. Ein Punkt der Masse 1 beschreibt eine Bahn unter der Einwirkung einer Anziehungskraft P im Ursprung und einer transversalen Kraft T senkrecht zum Radiusvektor. Man beweise, daß die Differentialgleichung der Bahn gegeben ist durch

$$\frac{d^2u}{d\vartheta^2} + u = \frac{P}{h^2u^2} - \frac{T}{h^2u^3}\frac{du}{d\vartheta}, \qquad \frac{d^2h}{d\vartheta^2} = 2Tu^{-3}.$$

Ferner beweise man, daß

$$T = \mu r^{2\cos^{-2}\alpha - 3} \quad \text{und} \quad h = (\mu\sin\alpha\cos\alpha)^{\frac{1}{2}} r^{\cos^{-2}\alpha}$$

ist, wenn die anziehende Kraft ständig Null ist und der Punkt sich auf einer logarithmischen Spirale vom Neigungswinkel α gegen den Radiusvektor bewegt. (Camb. Math. Tripos, Part I. 1901.)

22. Ein Massenpunkt, der einer auf den Punkt O hin gerichteten, der Entfernung proportionalen Zentralkraft unterworfen ist, wird aus einem Punkt P derart fortgeschleudert, daß er einen Punkt Q erreicht, für den $OP = OQ$ ist. Man zeige, daß die geringste dazu ausreichende Anfangsgeschwindigkeit gleich $OP(\mu\sin POQ)^{\frac{1}{2}}$ ist, wo μOP die in P auf die Masseneinheit ausgeübte Kraft ist. (Camb. Math. Tripos, Part I. 1901.)

23. Man bestimme eine ebene Kurve derart, daß sie und ihre Fußpunktkurve in bezug auf einen willkürlichen Punkt der Ebene von Massenpunkten unter der Einwirkung auf jenen Punkt hin gerichteter Anziehungskräfte gleichzeitig durch-

laufen werden kann. Dabei sollen sich die beiden Massenpunkte ständig an entsprechenden Stellen der Kurve und der Fußpunktkurve befinden. Ferner bestimme man das Kraftgesetz für die Fußpunktkurve. (Camb. Math. Tripos, Part I. 1897.)

24. Es sei $f(x, y)$ eine homogene Funktion ersten Grades. Damit die Kurve $f(x, y) = 1$ mit einer auf den Ursprung hin gerichteten, nur von der Entfernung abhängigen Beschleunigung durchlaufen werden kann, ist notwendig und hinreichend, daß f der Bedingung genügt

$$\frac{\partial^2 f}{\partial x^2} + \frac{\partial^2 f}{\partial y^2} + F(r) = 0 .$$

Auf Grund dessen zeige man, daß alle Kurven dieser Art enthalten sind unter den durch die Gleichung

$$r(A + B \sin\vartheta + C \cos\vartheta) = 1$$

dargestellten Kurven. Man diskutiere ferner den Fall, daß $f(x, y)$ homogen n^{ten} Grades ist.

25. Eine Ellipse mit dem Mittelpunkt C wird unter Einwirkung eines Kraftzentrums im Punkte O der großen Achse der Ellipse durchlaufen. Man zeige, daß

$$nt = u - e \sin u$$

ist, wo $\frac{2\pi}{n}$ die Umlaufszeit, e das Verhältnis von CO zu der halben großen Achse, u der exzentrische Winkel ist, den der Punkt in der Zeit t vom Scheitel aus erreicht.

26. Die beiden freien Massenpunkte μ und M bewegen sich in einer Ebene unter der Einwirkung einer auf den festen Punkt O hin gerichteten Zentralkraft. Man zeige, daß der Quotient aus der Geschwindigkeit des Punktes μ in einem willkürlichen Punkt m seiner Bahn und aus der Geschwindigkeit, die die Zentralprojektion des Punktes M auf die Bahn von μ im Punkte m besitzt, gleich dem konstanten Verhältnis der Flächenräume ist, die die Radien $O\mu$, OM in der Zeiteinheit überstreichen, multipliziert mit dem Quadrat einer gewissen Funktion f der Koordinaten des Punktes m, die das Verhältnis von OM zu Om darstellt. (Dainelli.)

27. Ein Massenpunkt bewegt sich frei auf einer Parabel unter Einwirkung einer auf den Brennpunkt hin gerichteten Anziehungskraft. Man zeige, daß, wenn man in jedem Augenblick einen Punkt auf der Tangente durch den Massenpunkt im Abstand $4a\cos\frac{1}{2}\vartheta/(\vartheta + \sin\vartheta)$ von dem Massenpunkt wählt, dieser Punkt eine auf den Brennpunkt zentrierte Bahn durchläuft, wobei die überstrichenen Flächenräume im selben Verhältnis stehen wie bei der Parabel. Dabei ist $4a$ der Parameter, ϑ der vom Scheitel aus gegen die Apsidenlinie gemessene Winkel des Massenpunktes. (Camb. Math. Tripos, Part I. 1896.)

28. Im Punkte größter Sonnenferne erfahre die Geschwindigkeit eines periodischen Kometen eine kleine Zunahme δv. Man zeige, daß alsdann die größte Sonnennähe des Kometen vergrößert wird um

$$4\,\delta v\,\{a^3(1 - e)/\mu(1 + e)\}^{\frac{1}{2}} .$$

29. Ist POP' die Brennpunktsehne einer elliptischen Bahn um die Sonne, so zeige man, daß die Bahnzeit von P' nach P über das Perihel gleich der Zeit eines Falles aus der Entfernung $2a$ bis zur Entfernung $a(1 + \cos\alpha)$ auf die Sonne zu ist, wo $\alpha = 2\pi - (u' - u)$ und $u' - u$ die Differenz der exzentrischen Anomalien der Punkte P, P' ist. (Cayley.)

30. Ein Massenpunkt bewegt sich in einer Ebene unter Wirkung von Anziehungskräften $\mu/r^3 r'^2$, $\mu/r^2 r'^3$ aus zwei festen Punkten im Abstand $2d$. Man zeige, daß, wenn seine Anfangsgeschwindigkeit der Geschwindigkeit gleich ist, die er durch einen Fall aus der Ruhelage im Unendlichen bis zu seiner Ausgangs-

lage erlangt haben würde, eine mögliche Bahn ein Kreis ist, in bezug auf den die beiden festen Punkte invers sind, und daß, wenn der Kreis den Radius a hat,

$$4\pi a^2 \mu^{-\frac{1}{2}} (a^2 + d^2)^{\frac{1}{2}}$$

die Umlaufszeit ist.

31. Auf der Innenseite einer glatten Kugelfläche wird ein schwerer Massenpunkt im Winkelabstand α von dem senkrechten Durchmesser mit der Geschwindigkeit v wagerecht geworfen. Man zeige, daß der Massenpunkt nie unter den Ausgangsbreitenkreis herabfallen oder über ihn aufsteigen kann, je nachdem

$$v^2 \gtrless a g \sin\alpha \operatorname{tg}\alpha .$$

32. Ein Massenpunkt wird auf der Innenseite einer glatten Kugelfläche vom Radius a an einer Stelle mit der Winkelerhebung α über dem tiefsten Punkt mit der Geschwindigkeit V wagerecht geworfen. Man zeige, daß der höchste Kugelpunkt, den er erreicht, von dem tiefsten Kugelpunkt um den Winkel β entfernt ist, wo β der kleinere der Werte ψ, χ ist, die gegeben sind durch die Gleichungen

$$\begin{aligned}(3\cos\psi - 2\cos\alpha)\,a g + V^2 \qquad &= 0,\\ (\cos\chi + \cos\alpha)\,V^2 - 2 a g \sin^2\chi &= 0.\end{aligned}$$

33. Die Bewegung eines sphärischen Pendels der Länge a verlaufe vollständig zwischen den wagerechten Ebenen im Abstand $\frac{3}{5}a$, $\frac{4}{5}a$ von dem Aufhängepunkt. Man zeige, daß die Pendelspitze nach dem Zeitintervall t nach dem Durchgang durch einen tiefsten Punkt sich um

$$\tfrac{1}{5} a \left\{4 - \operatorname{sn}^2 t\sqrt{13 g/14 a}\right\} \qquad \left(\text{mod.}\ \sqrt{\tfrac{7}{65}}\right)$$

unter dem Aufhängepunkt befindet und daß eine Horizontalkoordinate in bezug auf den Aufhängepunkt als Nullpunkt definiert ist durch die Gleichung

$$\ddot{x} = \frac{g x}{a}\left\{-\frac{12}{7} + \frac{3}{5}\operatorname{sn}^2 t\sqrt{\frac{13 g}{14 a}}\right\},$$

die ein Fall der Laméschen Gleichung ist.

34. Man zeige, daß, wenn ein sphärisches Pendel kleine Schwingungen ausführt, die Projektion der Spitze auf eine wagerechte Ebene eine Ellipse beschreibt, deren Achse sich im Bewegungssinn mit der Winkelgeschwindigkeit

$$\frac{3}{8}\vartheta_1\vartheta_0\sqrt{\frac{l}{g}}$$

dreht, wo ϑ_0 den Winkel der stärksten, ϑ_1 den der geringsten Abweichung von der Senkrechten bedeutet, l die Pendellänge und g die Schwerebeschleunigung ist. (Résal.)

35. Ein Massenpunkt bewegt sich zwangsweise auf einer Kugelfläche und wird von einem Punkt M auf der Kugel mit einer zu $r^{-2}(d^2 - r^2)^{-\frac{3}{2}}$ proportionalen Kraft angezogen. Dabei bedeutet d den Durchmesser der Kugel, r den geradlinigen Abstand des Massenpunktes von dem Punkt M. Die Lage des Massenpunkts auf der Kugel sei festgelegt durch die Breite ϑ und Länge φ in bezug auf M als Pol. Man zeige, daß aus den Bewegungsgleichungen die Differentialgleichung

$$\frac{1}{\sin^4\vartheta}\left(\frac{d\vartheta}{d\varphi}\right)^2 + \frac{1}{\sin^2\vartheta} = a \operatorname{ctg}\vartheta + b$$

folgt, wo a und b Konstanten sind. Man integriere diese Gleichung und zeige, daß die Bahnkurve ein sphärischer Kegelschnitt ist.

36. Ein Punkt der Masse m bewegt sich auf der Innenseite eines Kreiskegels vom halben Scheitelwinkel α unter der Wirkung einer abstoßenden Kraft $m\mu/r^3$

von der Achse. Das Moment der Bewegungsgröße des Punktes um die Achse ist $m\sqrt{\mu}\,\mathrm{tg}\,\alpha$. Man zeige, daß die Bahnkurve ein Hyperbelast mit der Exzentrizität $\cos^{-1}\alpha$ ist. (Camb. Math. Tripos, Part I. 1897.)

37. Man zeige, daß die Bahn eines auf einem Kegel beweglichen Punktes unter dem Einfluß einer Zentralkraft nach der Spitze nur dann ein ebener Schnitt des Kegels ist, wenn die Kraft den Wert

$$\frac{A}{r^2} - \frac{B}{r^3}$$

hat.

38. Ein Punkt der Masse 1 bewegt sich auf der Innenseite eines Rotationsparaboloids vom Parameter $4a$ unter der Wirkung einer abstoßenden Kraft μr von der Achse, wo r den Abstand von der Achse bedeutet. Man zeige, daß der Massenpunkt eine Parabel beschreibt, wenn man ihm auf der Fläche eine Anfangsgeschwindigkeit $2a\mu^{\frac{1}{2}}$ senkrecht zur Achse erteilt.

39. Ein Massenpunkt bewegt sich auf einer glatten Schraubenfläche $z = a\varphi$ unter der Wirkung einer Kraft μr pro Masseneinheit, die in jedem Punkte der Erzeugenden nach innen gerichtet ist. Dabei ist r der Abstand von der z-Achse. Der Massenpunkt erhält auf der Fläche in einem Punkt, wo die Tangentialebene den Winkel α mit der x-y-Ebene bildet, die Anfangsgeschwindigkeit $\mu^{\frac{1}{2}}a$ senkrecht zu der Erzeugenden. Man zeige, daß die Projektion der Bahnkurve auf die x-y-Ebene die Gleichung hat

$$\frac{a^2}{r^2} = \frac{1}{\cos^2\alpha}\,\mathfrak{Cof}^2(\varphi\cos\alpha) - 1\,.$$

(Camb. Math. Tripos, Part I. 1896.)

40. Man zeige, daß das Problem der kräftefreien Bewegung eines Massenpunktes auf einer Regelfläche, deren Erzeugenden die Striktionslinie unter konstantem Winkel schneiden und für die das Verhältnis der Länge der gemeinsamen Normalen zweier benachbarter Erzeugenden zur Größe des Winkels dieser Erzeugenden konstant ist, durch Quadraturen gelöst werden kann. (Astor.)

41. Ein Punkt (x, y, z) mit der potentiellen Energie $ax^2 + by^2 + cz^2$ bewegt sich zwangläufig auf der Kugel $x^2 + y^2 + z^2 = 1$. Man bestimme seine Bewegung. (Neumann, C.: Journal für Math. Bd. 56, S. 46. 1859.)

Fünftes Kapitel.

Das dynamische Verhalten starrer Körper.

§ 57. Definitionen.

Bevor wir zur Untersuchung der durch Quadraturen lösbaren Probleme der Dynamik starrer Körper übergehen, führen wir eine Anzahl Größen ein, die einem starren Körper zugeordnet sind und von seiner Massenverteilung abhängen. Sie bestimmen sein dynamisches Verhalten.

Der Punkt mit der Masse m und den Koordinaten x, y, z in einem festen rechtwinkligen Achsensystem sei der Repräsentant der Massenpunkte, aus denen — vom Standpunkt der Dynamik aus — der gegebene starre Körper zusammengesetzt ist.

Die Größe

$$\sum m(y^2 + z^2),$$

wo das Symbol $\sum$ eine über alle Massenpunkte des Systems erstreckte Summation bedeutet, heißt das *Trägheitsmoment* des Körpers um die Achse Ox[1]. Entsprechend wird das Trägheitsmoment um eine beliebige Achse definiert als die Summe der Massen aller Punkte des Körpers, jede multipliziert mit dem Quadrat des zugehörigen Abstands von der Achse. An die Stelle dieser Summationen treten bei Körpern mit stetig im Raum verteilter Masse offenbar Integrationen. So ist $\sum m(y^2 + z^2)$ gleichbedeutend mit $\iiint (y^2 + z^2)\varrho\, dx\, dy\, dz$, wo ϱ die *Dichte* des Körpers (Masse pro Volumeinheit) im Punkt (x, y, z) bedeutet.

Die Größe

$$\sum m x y$$

heißt das *Deviationsmoment* des Körpers um die Achsen Ox, Oy; entsprechend sind $\sum m y z$ und $\sum m z x$ die Deviationsmomente um die anderen Achsenpaare.

Für die Trägheits- und Deviationsmomente in bezug auf die Koordinatenachsen benutzt man gewöhnlich die Bezeichnungen

$$A = \sum m(y^2 + z^2), \quad B = \sum m(z^2 + x^2), \quad C = \sum m(x^2 + y^2),$$
$$F = \sum m y z, \quad G = \sum m z x, \quad H = \sum m x y.$$

[1]) Huygens führte zuerst die Trägheitsmomente ein in seinen Untersuchungen über das Pendel: *Horolog. oscill.* 1673. Der Name stammt von Euler.

Zwei Körper, die gleiche Trägheitsmomente in bezug auf alle Geraden des Raumes haben, heißen *äquimomental*. Es wird sich später ergeben, daß dies zugleich die Übereinstimmung der Deviationsmomente der Körper in bezug auf alle Paare zueinander senkrechter Geraden nach sich zieht.

Ist M die Masse des Körpers und k eine Größe derart, daß Mk^2 gleich dem Trägheitsmoment des Körpers um eine gegebene Gerade ist, so heißt k der *Trägheitsradius* des Körpers um die Gerade.

Das Trägheitsmoment eines ebenen Körpers um eine Gerade senkrecht zu seiner Ebene bezeichnet man häufig als das Trägheitsmoment um den *Punkt*, in dem die Gerade die Ebene trifft.

§ 58. Trägheitsmomente einfacher Körper[1]).

1. Das Rechteck.

Es soll das Trägheitsmoment einer homogenen rechteckigen Platte von der Seitenlänge $2a$ bzw. $2b$ um eine Gerade durch ihren Mittelpunkt O parallel zu der Seite $2a$ bestimmt werden. Ist diese Gerade die x-Achse, die Parallele zu der anderen Seite durch O die y-Achse, so ist das gesuchte Trägheitsmoment

$$\sum m y^2 \quad \text{oder} \quad \int_{-b}^{b}\int_{-a}^{a} \sigma y^2\, dx\, dy\,,$$

wo σ die Masse der Platte pro Flächeneinheit, d. h. die *Flächendichte*, bedeutet. Die Auswertung des Integrals ergibt für das Trägheitsmoment

$$\tfrac{4}{3}\,\sigma a b^3 \quad \text{oder} \quad \text{Masse des Rechtecks} \times \tfrac{1}{3}\, b^2\,.$$

Man kann aus diesem Ergebnis das Trägheitsmoment eines homogenen Stabes um eine Gerade durch seinen Mittelpunkt senkrecht zum Stabe ableiten. Dazu betrachtet man den Stab als Rechteck, in dem ein Seitenpaar sehr klein ist. Daher ist das zugehörige Trägheitsmoment

$$\text{Masse des Stabes} \times \tfrac{1}{3}\, b^2\,,$$

wo $2b$ die Länge des Stabes ist.

2. Das Rechtkant.

Ein Rechtkant habe die Kantenlängen $2a$, $2b$, $2c$. Sein Trägheitsmoment um eine Achse Ox durch seinen Mittelpunkt parallel zur Kante $2a$ ist zu bestimmen. Es ist

$$\sum m\,(y^2 + z^2) \quad \text{oder} \quad \int_{-a}^{a}\int_{-b}^{b}\int_{-c}^{c} \varrho\,(y^2 + z^2)\, dz\, dy\, dx\,,$$

[1]) Für praktische Zwecke werden die Trägheitsmomente eines Körpers experimentell bestimmt; dazu geeignete Vorrichtungen beschreiben W. H. Derriman: *Phil. Mag.* Bd. 5, S. 648. 1903; und W. R. Cassie: *Phys. Soc. Proc.* Bd. 21, S. 497. 1909.

wo ϱ die Dichte bedeutet. Die Auswertung dieses Integrals ergibt

$$\frac{8\varrho a b c}{3}(b^2 + c^2) \quad \text{oder} \quad \text{Masse des Rechtkants} \times \tfrac{1}{3}(b^2 + c^2).$$

3. Ellipse und Kreis.

Nun soll das Trägheitsmoment einer homogenen elliptischen Platte mit der Gleichung

$$\frac{x^2}{a^2} + \frac{y^2}{b^2} = 1$$

um die x-Achse bestimmt werden Es ist

$$\int_{-a}^{a} \int_{-\frac{b}{a}(a^2-x^2)^{\frac{1}{2}}}^{\frac{b}{a}(a^2-x^2)^{\frac{1}{2}}} \sigma y^2 \, dy \, dx ,$$

wo σ die Flächendichte ist.

Die Auswertung dieses Integrals ergibt

$$\tfrac{1}{4}\pi a b^3 \sigma \quad \text{oder} \quad \text{Masse der Ellipse} \times \tfrac{1}{4} b^2 .$$

Das Trägheitsmoment eines Kreises vom Radius b um einen Durchmesser ist daher

$$\text{Masse des Kreises} \times \tfrac{1}{4} b^2 .$$

4. Ellipsoid und Kugel.

Entsprechend ergibt sich bei einem homogenen massiven Ellipsoid der Dichte ϱ mit der Gleichung

$$\frac{x^2}{a^2} + \frac{y^2}{b^2} + \frac{z^2}{c^2} = 1$$

für das Trägheitsmoment um die x-Achse

$$\iiint \varrho (y^2 + z^2) \, dx \, dy \, dz ,$$

über das Ellipsoid integriert.

Zur Ausführung dieses Integrals setzen wir

$$x = a\xi, \qquad y = b\eta, \qquad z = c\zeta,$$

wo ξ, η, ζ neue Veränderliche sind. Dann wird das Integral

$$\varrho a b^3 c \iiint \eta^2 \, d\xi \, d\eta \, d\zeta + \varrho a b c^3 \iiint \zeta^2 \, d\xi \, d\eta \, d\zeta ,$$

wo die Integration nun über das Innere einer Kugel mit der Gleichung

$$\xi^2 + \eta^2 + \zeta^2 = 1$$

zu erstrecken ist. Da die Integrale

$$\iiint \xi^2 \, d\xi \, d\eta \, d\zeta , \qquad \iiint \eta^2 \, d\xi \, d\eta \, d\zeta , \qquad \iiint \zeta^2 \, d\xi \, d\eta \, d\zeta$$

offenbar gleich sind, lassen sich die gesuchten Trägheitsmomente in der Form schreiben

$$\varrho a b c (b^2 + c^2) \iiint \xi^2 \, d\xi \, d\eta \, d\zeta$$

oder

$$\pi \varrho a b c (b^2 + c^2) \int_{-1}^{+1} \xi^2 (1 - \xi^2) d\xi$$

oder

$$\tfrac{4}{15} \pi \varrho a b c (b^2 + c^2)$$

oder

$$\text{Masse des Ellipsoids} \times \tfrac{1}{5} (b^2 + c^2).$$

Das Trägheitsmoment einer homogenen Kugel vom Radius a um einen Halbmesser ist daher

$$\text{Masse der Kugel} \times \tfrac{2}{5} a^2.$$

5. Das Dreieck.

Nun soll das Trägheitsmoment einer homogenen dreieckigen Platte mit der Flächendichte σ in bezug auf eine beliebige Gerade ihrer Ebene bestimmt werden. Die Lage der Geraden sei gegeben durch die Längen α, β, γ der Lote, die aus den Ecken des Dreiecks auf die Gerade gefällt werden.

Sind x, y, z die Schwerpunktkoordinaten eines Punktes der Platte, so ist der Abstand dieses Punktes von der gegebenen Geraden $\alpha x + \beta y + \gamma z$. Daher wird das gesuchte Trägheitsmoment

$$\sigma \iint (\alpha x + \beta y + \gamma z)^2 dS,$$

wo dS das Flächenelement der Platte bedeutet.

Ist nun Y die Länge des Lotes aus dem Punkt (x, y, z) auf die Seite c des Dreiecks, X der Abschnitt der Seite c zwischen der Ecke A und dem Fußpunkt dieses Lotes, so ist

$$Y = z b \sin A$$

und

$$\begin{aligned} X \sin A - Y \cos A &= \text{Lot aus } (x, y, z) \text{ auf die Seite } b \\ &= y c \sin A. \end{aligned}$$

Daher ist

$$dy\,dz = \frac{\partial(y, z)}{\partial(X, Y)} dX\,dY = \frac{1}{b c \sin A} dX\,dY = \frac{1}{2\Delta} dS,$$

wo Δ die Fläche des Dreiecks bedeutet. Also kann das Integral $\iint y^2 dS$, das über die Fläche des Dreiecks zu erstrecken ist, in der Form $2\Delta \iint y^2 dy\,dz$ geschrieben werden, wo die Integration über alle positiven Werte y und z zu erstrecken ist, deren Summe kleiner als eins ist. Es ist gleich

$$2\Delta \int_0^1 y^2 (1 - y) dy$$

oder $\frac{1}{6}\Delta$. Aus Symmetriegründen haben die Integrale $\iint x^2 dS$ und $\iint z^2 dS$ denselben Wert, und eine ähnliche Rechnung zeigt, daß die Integrale

$$\iint y z\,dS, \qquad \iint z x\,dS, \qquad \iint x y\,dS$$

alle den Wert $\frac{1}{12}\Delta$ haben.

Führen wir diese Werte in $\sigma\int\int(\alpha x + \beta y + \gamma z)^2 dS$ ein, so ergibt sich für das Trägheitsmoment des Dreiecks um die gegebene Gerade

$$\tfrac{1}{6}\sigma\Delta(\alpha^2 + \beta^2 + \gamma^2 + \beta\gamma + \gamma\alpha + \alpha\beta)$$

oder

$$\tfrac{1}{3}\times \text{Masse des Dreiecks} \times \left\{\left(\frac{\beta+\gamma}{2}\right)^2 + \left(\frac{\gamma+\alpha}{2}\right)^2 + \left(\frac{\alpha+\beta}{2}\right)^2\right\}.$$

Dieser Ausdruck stellt aber offenbar das Trägheitsmoment dreier Punkte in den Seitenmitten des Dreiecks um die gegebene Gerade dar, wenn die Masse eines jeden Punktes gleich einem Drittel der Masse des Dreiecks ist. Das Dreieck und das System dieser drei Punkte sind also äquimomental.

Aufgabe. Man beweise, daß ein homogenes massives Tetraeder der Masse M dasselbe Trägheitsmoment besitzt wie ein System von fünf Punkten, von denen vier mit der Masse $\frac{1}{20}M$ in den Ecken des Tetraeders angeordnet sind, während der fünfte mit der Masse $\frac{4}{5}M$ im Schwerpunkt des Tetraeders liegt.

§ 59. Bestimmung des Trägheitsmoments um eine beliebige Achse aus dem Trägheitsmoment um eine parallele Achse durch den Schwerpunkt.

Die in dem vorigen Paragraphen bestimmten Trägheitsmomente beziehen sich meist auf Geraden, die eine ausgezeichnete Lage zum Körper haben. Mit Hilfe dieser Resultate kann man jedoch die Trägheitsmomente der gleichen Körper in bezug auf andere Geraden bestimmen Dazu braucht man den im folgenden abzuleitenden Satz.

Es sei $f(x, y, z, \dot{x}, \dot{y}, \dot{z}, \ddot{x}, \ddot{y}, \ddot{z})$ ein (nicht notwendig homogenes) Polynom zweiten Grades in den Koordinaten und den Komponenten der Geschwindigkeit und Beschleunigung eines Punktes der Masse m. Es seien $\bar{x}, \bar{y}, \bar{z}$ die Koordinaten des Schwerpunktes eines aus derartigen Massenpunkten zusammengesetzten Körpers. Wir setzen

$$x = \bar{x} + x_1, \qquad y = \bar{y} + y_1, \qquad z = \bar{z} + z_1.$$

Führen wir diese Werte in die Funktion f ein, so entstehen

1. Glieder, die x_1, y_1, z_1 nicht enthalten; offenbar ergeben sie zusammen

$$f(\bar{x}, \bar{y}, \bar{z}, \dot{\bar{x}}, \dot{\bar{y}}, \dot{\bar{z}}, \ddot{\bar{x}}, \ddot{\bar{y}}, \ddot{\bar{z}});$$

2. Glieder, die $\bar{x}, \bar{y}, \bar{z}$ nicht enthalten; offenbar ergeben sie zusammen

$$f(x_1, y_1, z_1, \dot{x}_1, \dot{y}_1, \dot{z}_1, \ddot{x}_1, \ddot{y}_1, \ddot{z}_1);$$

3. Glieder, die in $x_1, y_1, z_1, \dot{x}_1, \dot{y}_1, \dot{z}_1, \ddot{x}_1, \ddot{y}_1, \ddot{z}_1$ linear sind. Wird der Ausdruck $\sum m f(x, y, z, \dot{x}, \dot{y}, \dot{z}, \ddot{x}, \ddot{y}, \ddot{z})$ gebildet, so verschwinden diese Glieder infolge der Beziehungen

$$\sum m x_1 = 0, \qquad \sum m y_1 = 0, \qquad \sum m z_1 = 0.$$

Daher ergibt sich die Gleichung

$$\sum m f(x, y, z,\ \dot{x}, \dot{y}, \dot{z},\ \ddot{x}, \ddot{y}, \ddot{z}) = \sum m f(x_1, y_1, z_1,\ \dot{x}_1, \dot{y}_1, \dot{z}_1,\ \ddot{x}_1, \ddot{y}_1, \ddot{z}_1) + f(\bar{x}, \bar{y}, \bar{z},\ \dot{\bar{x}}, \dot{\bar{y}}, \dot{\bar{z}}\ \ddot{\bar{x}}, \ddot{\bar{y}}, \ddot{\bar{z}}) \sum m.$$

Folglich ist der Wert von $\sum m f$ in bezug auf ein beliebiges Koordinatensystem gleich der Summe seines Wertes in bezug auf ein System dazu paralleler Achsen durch den Schwerpunkt des Körpers und des Produktes aus der Masse des Körpers in den Wert der Funktion f im Schwerpunkt, gebildet in bezug auf das ursprüngliche Koordinatensystem.

Daraus folgt sofort, daß *die Trägheits- und Deviationsmomente eines Körpers in bezug auf willkürliche Achsen übereinstimmen mit der Summe der entsprechenden Trägheits- und Deviationsmomente in bezug auf parallele Achsen durch den Schwerpunkt des Körpers und der entsprechenden Trägheits- und Deviationsmomente der im Schwerpunkt konzentrierten Gesamtmasse des Körpers in bezug auf die ursprünglichen Achsen.*

Als Beispiel für dieses Ergebnis soll das Trägheitsmoment eines geraden homogenen Stabes der Masse M und der Länge l um eine Gerade durch ein Ende des Stabes senkrecht zu ihm berechnet werden. Aus dem vorigen Paragraphen folgt, daß das Trägheitsmoment um eine Parallele durch den Mittelpunkt des Stabes gleich $\frac{1}{3} M \left(\frac{l}{2}\right)^2$ ist. Daraus ergibt sich nach dem obigen Satz für das gesuchte Trägheitsmoment

$$M\left(\frac{l}{2}\right)^2 + \frac{1}{3} M \left(\frac{l}{2}\right)^2 = \frac{1}{3} M l^2.$$

§ 60. Der Zusammenhang der Trägheitsmomente in bezug auf verschiedene Koordinatensysteme mit gemeinsamem Ursprung.

Im vorigen Paragraphen haben wir die Beziehung zwischen den Trägheitsmomenten in bezug auf parallele Achsensysteme abgeleitet. Wir zeigen nun, daß man die Trägheitsmomente eines Körpers in bezug auf beliebige rechtwinklige Achsen finden kann, wenn sie in bezug auf ein rechtwinkliges System mit dem gleichen Ursprung bekannt sind.

Es seien A, B, C, F, G, H die Trägheits- und Deviationsmomente in bezug auf ein System $O\,x\,y\,z$, das mit dem System $O\,x'\,y'\,z'$ den Ursprung gemeinsam hat. Die Richtungskosinus eines jeden Achsensystems in bezug auf das andere seien gegeben durch das Schema

	x'	y'	z'
x	l_1	l_2	l_3
y	m_1	m_2	m_3
z	n_1	n_2	n_3

Werden die Trägheits- und Deviationsmomente in bezug auf die Achsen $O\,x'\,y'\,z'$ mit A', B', C', F', G', H' bezeichnet, so ist

$$A' = \sum m\,(y'^2 + z'^2),$$

wo die Summation über alle Massenpunkte des Körpers zu erstrecken ist,

$$= \sum m\,\{(l_2 x + m_2 y + n_2 z)^2 + (l_3 x + m_3 y + n_3 z)^2\}$$

$$= \sum m\,\{x^2(l_2^2 + l_3^2) + y^2(m_2^2 + m_3^2) + z^2(n_2^2 + n_3^2) + 2\,y\,z\,(m_2 n_2 + m_3 n_3) + 2\,z\,x\,(n_2 l_2 + n_3 l_3) + 2\,x\,y\,(l_2 m_2 + l_3 m_3)\}$$

$$= \sum m\,\{x^2(m_1^2 + n_1^2) + y^2(n_1^2 + l_1^2) + z^2(l_1^2 + m_1^2) - 2\,m_1 n_1\,y\,z - 2 n_1 l_1\,z\,x - 2 l_1 m_1\,x\,y\}$$

$$= \sum m\,\{l_1^2(y^2 + z^2) + m_1^2(z^2 + x^2) + n_1^2(x^2 + y^2) - 2\,m_1 n_1\,y z - 2\,n_1 l_1\,z\,x - 2\,l_1 m_1\,x\,y\}$$

$$= A\,l_1^2 + B\,m_1^2 + C\,n_1^2 - 2\,F\,m_1 n_1 - 2\,G\,n_1 l_1 - 2\,H\,l_1 m_1$$

und entsprechend

$$B' = A\,l_2^2 + B\,m_2^2 + C\,n_2^2 - 2\,F\,m_2 n_2 - 2\,G\,n_2 l_2 - 2\,H\,l_2 m_2\,,$$

$$C' = A\,l_3^2 + B\,m_3^2 + C\,n_3^2 - 2\,F\,m_3 n_3 - 2\,G\,n_3 l_3 - 2\,H\,l_3 m_3\,.$$

Es ist ferner

$$F' = \sum m\,y'\,z'$$

$$= \sum m\,(l_2 x + m_2 y + n_2 z)\,(l_3 x + m_3 y + n_3 z)$$

$$= l_2 l_3 \sum m x^2 + m_2 m_3 \sum m\,y^2 + n_2 n_3 \sum m\,z^2 + (m_2 n_3 + m_3 n_2) \sum m\,y\,z + (n_2 l_3 + n_3 l_2) \sum m\,z\,x + (l_2 m_3 + l_3 m_2) \sum m\,x\,y$$

$$= \tfrac{1}{2}\,l_2 l_3\,(B + C - A) + \tfrac{1}{2}\,m_2 m_3\,(C + A - B) + \tfrac{1}{2}\,n_2 n_3\,(A + B - C) + (m_2 n_3 + m_3 n_2)\,F + (n_2 l_3 + n_3 l_2)\,G + (l_2 m_3 + l_3 m_2)\,H$$

oder

$$-F' = A\,l_2 l_3 + B\,m_2 m_3 + C\,n_2 n_3 - F\,(m_2 n_3 + m_3 n_2) - G\,(l_3 n_2 + l_2 n_3) - H\,(l_2 m_3 + l_3 m_2)$$

und entsprechend

$$-G' = A\,l_3 l_1 + B\,m_3 m_1 + C\,n_3 n_1 - F\,(m_3 n_1 + m_1 n_3) - G\,(l_1 n_3 + l_3 n_1) - H\,(l_3 m_1 + l_1 m_3)\,,$$

$$-H' = A\,l_1 l_2 + B\,m_1 m_2 + C\,n_1 n_3 - F\,(m_1 n_2 + m_2 n_1) - G\,(l_2 n_1 + l_1 n_2) - H\,(l_1 m_2 + l_2 m_1)\,.$$

Damit sind die Größen A', B', C', F', G', H' bestimmt. Dies Ergebnis zusammen mit dem des vorigen Paragraphen ermöglicht die Bestimmung der Trägheits- und Deviationsmomente eines gegebenen Körpers in bezug auf ein beliebiges rechtwinkliges Achsensystem, wenn sie in bezug auf irgend ein rechtwinkliges Achsensystem bekannt sind.

Aufgabe. Der Schwerpunkt sei der Koordinatenursprung. Man beweise, daß die Trägheits- und Deviationsmomente in bezug auf drei aufeinander senkrechte sich schneidende Geraden mit den Koordinaten

$$(l_1, m_1, n_1, \lambda_1, \mu_1, \nu_1)\,,\quad (l_2, m_2, n_2, \lambda_2, \mu_2, \nu_2)\,,\quad (l_3, m_3, n_3, \lambda_3, \mu_3, \nu_3)$$

die Form haben

$$A' + M(\lambda_1^2 + \mu_1^2 + \nu_1^2) \text{ usw. } \quad \text{und} \quad F' - M(\lambda_2\lambda_3 + \mu_2\mu_3 + \nu_2\nu_3) \text{ usw.},$$

wo A', B', C', F', G', H' dieselben Werte wie oben haben und M die Masse des Körpers ist.

§ 61. Die Hauptträgheitsachsen; das Cauchysche Trägheitsellipsoid.

Wir betrachten die Fläche zweiten Grades

$$A x^2 + B y^2 + C z^2 - 2 F y z - 2 G z x - 2 H x y = 1,$$

wo A, B, C, F, G, H die Trägheits- und Deviationsmomente eines gegebenen Körpers in dem Bezugssystem $Oxyz$ sind. Aus der Gleichung

$$A' = A l_1^2 + B m_1^2 + C n_1^2 - 2 F m_1 n_1 - 2 G n_1 l_1 - 2 H l_1 m_1$$

folgt dann, daß das reziproke Quadrat eines jeden Radiusvektors der Fläche gleich dem Trägheitsmoment des Körpers um diesen Radiusvektor ist. Daher ist die Fläche zweiten Grades invariant gegenüber der Wahl des Koordinatensystems, wenn nur der Ursprung festgehalten wird. Ihre Gleichung in einem rechtwinkligen System $Ox'y'z'$ mit demselben Ursprung ist daher

$$A' x'^2 + B' y'^2 + C' z'^2 - 2 F' y' z' - 2 G' z' x' - 2 H' x' y' = 1,$$

wo A', B', C', F', G', H' die Trägheits- und Deviationsmomente in bezug auf diese Achsen sind.

Diese Fläche zweiten Grades wird als das *Trägheitsellipsoid* des Körpers in bezug auf den Punkt O bezeichnet. Ihre Hauptachsen heißen *Hauptträgheitsachsen* des Körpers durch den Punkt O. Die auf diese Achsen bezogene Gleichung der Fläche enthält keine Produktglieder. Die Deviationsmomente um diese Achsen verschwinden also. Die zugehörigen Trägheitsmomente heißen *Hauptträgheitsmomente* des Körpers in bezug auf den Punkt O [1]).

Die polar-reziproke Fläche des Trägheitsellipsoids in bezug auf seinen Mittelpunkt ist wieder ein Ellipsoid, das zuweilen als *Gyrationsellipsoid* bezeichnet wird.

Aufgabe. Die Höhe eines massiven homogenen geraden Kreiskegels ist halb so groß wie der Radius der Grundfläche. Man zeige, daß sein Trägheitsellipsoid in bezug auf die Kegelspitze eine Kugel ist.

§ 62. Berechnung des Moments der Bewegungsgröße eines bewegten starren Körpers.

Wir bestimmen nun das Moment der Bewegungsgröße eines bewegten starren Körpers um eine beliebige Gerade für einen beliebigen Zeitpunkt seiner Bewegung.

---

[1]) Die Hauptträgheitsachsen entdeckten Euler: *Mém. de Berlin* 1758, und J. A. Segner: *Specimen Theoriae Turbinum* 1755. Das Trägheitsellipsoid wurde 1827 von Cauchy eingeführt: *Exerc. de math.* Bd. 2, S. 93.

Es sei M die Masse des Körpers; sein Schwerpunkt G habe die Koordinaten $\bar{x}$, $\bar{y}$, $\bar{z}$ und zur Zeit t die Geschwindigkeitskomponenten $\bar{u}, \bar{v}, \bar{w}$ in einem (ruhenden oder bewegten) rechtwinkligen Achsensystem $Oxyz$, dessen Ursprung O fest ist. Ferner seien ω_1, ω_2, ω_3 die Komponenten der Winkelgeschwindigkeit des Körpers um G in bezug auf Achsen $Gx_1y_1z_1$ durch G parallel zu $Oxyz$. Es sei m ein Repräsentant der Massenpunkte des Körpers mit den Koordinaten x, y, z und den Geschwindigkeitskomponenten u, v, w zur Zeit t. Wir setzen

$$x = \bar{x} + x_1, \qquad y = \bar{y} + y_1, \qquad z = \bar{z} + z_1,$$
$$u = \bar{u} + u_1, \qquad v = \bar{v} + v_1, \qquad w = \bar{w} + w_1,$$

so daß infolge der Eigenschaften des Schwerpunktes die Gleichungen bestehen

$$\sum m x_1 = 0, \qquad \sum m y_1 = 0, \qquad \sum m z_1 = 0.$$

Da überdies (§ 17)

$$u_1 = z_1 \omega_2 - y_1 \omega_3, \qquad v_1 = x_1 \omega_3 - z_1 \omega_1, \qquad w_1 = y_1 \omega_1 - x_1 \omega_2$$

ist, so folgt

$$\sum m u_1 = 0, \qquad \sum m v_1 = 0, \qquad \sum m w_1 = 0.$$

Bezeichnet daher h_3 das Moment der Bewegungsgröße des Körpers um die Achse Oz, so ist

$$\begin{aligned} h_3 &= \sum m (x v - y u) \\ &= \sum m \{(\bar{x} + x_1)(\bar{v} + v_1) - (\bar{y} + y_1)(\bar{u} + u_1)\} \\ &= \sum m (\bar{x}\bar{v} - \bar{y}\bar{u}) + \sum m (x_1 v_1 - y_1 u_1) \\ &= M(\bar{x}\bar{v} - \bar{y}\bar{u}) + \sum m (x_1^2 \omega_3 - x_1 z_1 \omega_1 - y_1 z_1 \omega_2 + y_1^2 \omega_3) \\ &= M(\bar{x}\bar{v} - \bar{y}\bar{u}) - G\omega_1 - F\omega_2 + C\omega_3, \end{aligned}$$

wo A, B, C, F, G, H die Trägheits- und Deviationsmomente des Körpers in bezug auf die Achsen $G x_1 y_1 z_1$ bedeuten.

Entsprechend ergibt sich für die Momente der Bewegungsgrößen um Ox bzw. Oy

$$h_1 = M(\bar{y}\bar{w} - \bar{z}\bar{v}) + A\omega_1 - H\omega_2 - G\omega_3,$$
$$h_2 = M(\bar{z}\bar{u} - \bar{x}\bar{w}) - H\omega_1 + B\omega_2 - F\omega_3.$$

Das Moment der Bewegungsgröße um eine beliebige Gerade durch den Ursprung kann daraus nach § 39 gefunden werden.

Zusatz. Bewegt sich der Körper zwangläufig um einen seiner Punkte, der im Raum fest ist, so braucht man den Schwerpunkt nicht einzuführen. Es seien nämlich ω_1, ω_2, ω_3 die Komponenten der Winkelgeschwindigkeit des Körpers um den festen Punkt in bezug auf beliebige rechtwinklige (ruhende oder bewegte) Achsen durch diesen Punkt, ferner A, B, C, F, G, H die Trägheits- und Deviationsmomente in bezug auf diese Achsen. Die Komponenten u, v, w der Geschwindigkeit eines Massenpunktes m mit den Koordinaten x, y, z sind (§ 17)

$$u = z\omega_2 - y\omega_3, \qquad v = x\omega_3 - z\omega_1, \qquad w = y\omega_1 - x\omega_2.$$

Das Moment der Bewegungsgröße um die z-Achse, nämlich $\sum m(xv - yu)$, läßt sich daher schreiben

$$\sum m(x^2\omega_3 - xz\omega_1 - yz\omega_2 + y^2\omega_3)$$

oder

$$-G\omega_1 - F\omega_2 + C\omega_3 .$$

Entsprechend sind die Momente der Bewegungsgröße des Körpers um die x- und y-Achse

$$A\omega_1 - H\omega_2 - G\omega_3$$

und

$$-H\omega_1 + B\omega_2 - F\omega_3 .$$

§ 63. Berechnung der kinetischen Energie eines bewegten starren Körpers.

Die kinetische Energie eines in Bewegung befindlichen starren Körpers läßt sich in gleicher Weise berechnen wie die Momente der Bewegungsgrößen. Wendet man den allgemeinen Satz des § 59 auf den Fall an, daß das Polynom $f(x, y, z, \dot{x}, \dot{y}, \dot{z}, \ddot{x}, \ddot{y}, \ddot{z})$ die Gestalt $\dot{x}^2 + \dot{y}^2 + \dot{z}^2$ hat, so erhält man unmittelbar das Ergebnis: *Die kinetische Energie eines bewegten starren Körpers der Masse M ist gleich der Summe der kinetischen Energie eines Punktes der Masse M im Schwerpunkt des Körpers und der kinetischen Energie der Bewegung des Körpers relativ zum Schwerpunkt.*

Zur Bestimmung der kinetischen Energie des Körpers relativ zum Schwerpunkt G wählen wir rechtwinklige (ruhende oder bewegte) Achsen mit dem Ursprung im Schwerpunkt. Es seien $\omega_1, \omega_2, \omega_3$ die Komponenten der Winkelgeschwindigkeit des Körpers um G in bezug auf diese Achsen; x, y, z seien die Koordinaten eines Repräsentanten m der Massenpunkte des Körpers. Die Geschwindigkeitskomponenten des Massenpunktes in Richtung dieser Achsen bei der Bewegung relativ zum Schwerpunkt sind (§ 17)

$$z\omega_2 - y\omega_3, \qquad x\omega_3 - z\omega_1, \qquad y\omega_1 - x\omega_2 .$$

Daher ist die kinetische Energie der Bewegung relativ zum Schwerpunkt

$$\tfrac{1}{2}\sum m\{(z\omega_2 - y\omega_3)^2 + (x\omega_3 - z\omega_1)^2 + (y\omega_1 - x\omega_2)^2\}$$

oder

$$\tfrac{1}{2}(A\omega_1^2 + B\omega_2^2 + C\omega_3^2 - 2F\omega_2\omega_3 - 2G\omega_3\omega_1 - 2H\omega_1\omega_2),$$

wo A, B, C, F, G, H die Trägheits- und Deviationsmomente in bezug auf diese Achsen sind.

Dieser Ausdruck läßt sich mit Hilfe des § 60 deuten als das halbe Quadrat der resultierenden Winkelgeschwindigkeit des Körpers bei der Bewegung relativ zum Schwerpunkt, multipliziert mit dem Trägheitsmoment des Körpers um die momentane Rotationsachse dieser Bewegung.

Zusatz. Ist ein Punkt des Körpers im Raume fest, so braucht man den Schwerpunkt nicht einzuführen. Es seien nämlich $\omega_1, \omega_2, \omega_3$ die Komponenten der Winkelgeschwindigkeit des Körpers um den festen Punkt O nach beliebigen (ruhenden oder bewegten) Achsen $Oxyz$ durch O, x, y, z die Koordinaten eines Repräsentanten m der Massenpunkte des Körpers in bezug auf diese Achsen. Die Geschwindigkeitskomponenten des Massenpunktes sind (§ 17)

$$z\,\omega_2 - y\,\omega_3\,, \qquad x\,\omega_3 - z\,\omega_1\,, \qquad y\,\omega_1 - x\,\omega_2\,.$$

Entsprechend ergibt sich daraus für die kinetische Energie der Bewegung

$$\tfrac{1}{2}\,(A\,\omega_1^2 + B\,\omega_2^2 + C\,\omega_3^2 - 2\,F\,\omega_2\,\omega_3 - 2\,G\,\omega_3\,\omega_1 - 2\,H\,\omega_1\,\omega_2)\,,$$

wo A, B, C, F, G, H die Trägheits- und Deviationsmomente des Körpers in bezug auf die Achsen $Oxyz$ bedeuten.

Daraus folgt: Ist eine Koordinatenachse, etwa die x-Achse, die momentane Rotationsachse des Körpers, so ist die kinetische Energie gleich $\frac{1}{2} A\,\omega_1^2$. Da die Richtungen der Koordinatenachsen willkürlich gewählt werden können, so ist die kinetische Energie eines Körpers, der sich um einen seiner Punkte dreht, der im Raume fest ist, gleich $\frac{1}{2} I\omega^2$, wo I das Trägheitsmoment des Körpers um die momentane Rotationsachse und ω die Winkelgeschwindigkeit des Körpers um diese Achse bedeutet.

Aufgabe. Ein Ebenenstück rotiert frei um eine horizontale Achse in seiner eigenen Ebene, und die Achse rotiert um eine feste, sie schneidende Senkrechte. Ist φ das Azimut der Wagerechten, ψ die Neigung der Ebene gegen die Senkrechte, so ist die kinetische Energie

$$\tfrac{1}{2} A(\dot\psi^2 + \dot\varphi^2 \sin^2\psi) + \tfrac{1}{2} B\,\dot\varphi^2 + H\,\dot\psi\,\dot\varphi\cos\psi\,,$$

wo A, B, H die Trägheits- und Deviationsmomente um die Wagerechte und eine zu ihr Senkrechte in ihrem Schnittpunkt mit dem Lot bedeuten.

§ 64. Unabhängigkeit der Bewegung des Schwerpunkts und der Bewegung relativ zum Schwerpunkt voneinander.

Nach dem vorigen Paragraphen kann die kinetische Energie eines bewegten Körpers in zwei Teile zerlegt werden, deren einer von der Bewegung des Schwerpunkts abhängt, während der andere die kinetische Energie der Bewegung relativ zum Schwerpunkt ist. Wir werden nun nachweisen, daß man die beiden Teile der Bewegung des Körpers unabhängig voneinander behandeln kann[1]).

Ein starrer Körper der Masse M bewege sich unter der Wirkung beliebiger Kräfte. Die Lagenkoordinaten seien die drei rechtwinkligen Koordinaten x, y, z des Schwerpunkts G, bezogen auf im Raum feste Achsen, und die drei Eulerschen Winkel ϑ, φ, ψ, die die Lage eines beliebigen rechtwinkligen, von dem Körper mitgeführten Achsensystems

[1]) Euler: *Scientia Navalis* Bd. I, § 128. 1749.

durch den Schwerpunkt gegen das ruhende System bestimmen. Die kinetische Energie ist dann

$$T = \tfrac{1}{2} M(\dot{x}^2 + \dot{y}^2 + \dot{z}^2) + f(\vartheta, \varphi, \psi, \dot{\vartheta}, \dot{\varphi}, \dot{\psi}),$$

wo $f(\vartheta, \varphi, \psi, \dot{\vartheta}, \dot{\varphi}, \dot{\psi})$ die kinetische Energie der Bewegung relativ zu G bezeichnet.

Es sei

$$X\delta x + Y\delta y + Z\delta z + \Theta\delta\vartheta + \Phi\delta\varphi + \Psi\delta\psi$$

die Arbeit der äußeren Kräfte an dem Körper bei einer willkürlichen Verrückung $(\delta x, \delta y, \delta z, \delta\vartheta, \delta\varphi, \delta\psi)$ des Körpers. Die Lagrangeschen Bewegungsgleichungen sind

$$M\ddot{x} = X, \qquad M\ddot{y} = Y, \qquad M\ddot{z} = Z,$$

$$\frac{d}{dt}\left(\frac{\partial f}{\partial \dot{\vartheta}}\right) - \frac{\partial f}{\partial \vartheta} = \Theta,$$

$$\frac{d}{dt}\left(\frac{\partial f}{\partial \dot{\varphi}}\right) - \frac{\partial f}{\partial \varphi} = \Phi,$$

$$\frac{d}{dt}\left(\frac{\partial f}{\partial \dot{\psi}}\right) - \frac{\partial f}{\partial \psi} = \Psi.$$

Die drei ersten Gleichungen lehren: *Der Schwerpunkt des Körpers bewegt sich so, wie sich die in ihm konzentrierte Gesamtmasse des Körpers bewegen würde, wenn auf sie den gesamten äußeren Kräften äquivalente Kräfte von gleicher Richtung wirkten.* Denn offenbar wäre die Arbeit an der Gesamtmasse im Schwerpunkt bei einer willkürlichen Verrückung gleich $X\delta x + Y\delta y + Z\delta z$.

Aus den drei übrigen Gleichungen ergibt sich: *Der Körper bewegt sich so um seinen Schwerpunkt, als würde der Schwerpunkt festgehalten, während der Körper den gleichen Kräften ausgesetzt ist.* Denn bei der Bewegung des Körpers relativ zum Schwerpunkt ist seine kinetische Energie $f(\vartheta, \varphi, \psi, \dot{\vartheta}, \dot{\varphi}, \dot{\psi},)$ und die Arbeit der Kräfte bei einer willkürlichen Verrückung ist $\Theta\delta\vartheta + \Phi\delta\varphi + \Psi\delta\psi$.

Offenbar gelten diese Resultate auch für Stoßbewegung.

Zusatz. Ein ebener starrer Körper (z. B. eine Scheibe von beliebiger Gestalt) bewegt sich in seiner Ebene. x, y seien die Koordinaten seines Schwerpunktes, M sei seine Masse, ϑ der Winkel einer im Körper festen Geraden mit einer in der Ebene festen Geraden, Mk^2 das Trägheitsmoment des Körpers um seinen Schwerpunkt, X, Y seien die Komponenten der gesamten wirkenden äußeren Kraft in Richtung der Achsen, L sei das Moment der äußeren Kräfte um den Schwerpunkt. Dann ist die kinetische Energie

$$\tfrac{1}{2} M(\dot{x}^2 + \dot{y}^2 + k^2\dot{\vartheta}^2),$$

und die Arbeit der äußeren Kräfte bei einer Verrückung $(\delta x, \delta y, \delta\vartheta)$ ist

$$X\delta x + Y\delta y + L\delta\vartheta.$$

Daher lauten die Bewegungsgleichungen

$$M\ddot{x} = X, \qquad M\ddot{y} = Y, \qquad Mk^2\ddot{\vartheta} = L.$$

Aufgabe. Man leite eine der Bewegungsgleichungen eines zweidimensionalen starren Körpers in der Gestalt

$$M(pf + k^2\ddot{\vartheta}) = L$$

ab, wo M die Masse des Körpers bedeutet, f die Beschleunigung des Schwerpunkts, p das Lot aus dem Ursprung auf diesen Vektor, Mk^2 das Trägheitsmoment um den Ursprung, ϑ den Winkel einer im Körper festen Geraden mit einer in der Ebene festen, L das Moment der äußeren Kräfte um den Ursprung bedeutet.

Übungsaufgaben.

1. Ein homogener gerader Kreiskegel hat die Masse M, den halben Scheitelwinkel β und die Seitenlänge l. Man zeige, daß sein Trägheitsmoment um die Achse gleich

$$\tfrac{3}{10} Ml^2 \sin^2\beta,$$

sein Trägheitsmoment um eine Gerade durch den Scheitel senkrecht zur Achse gleich

$$\tfrac{3}{5} Ml^2(1 - \tfrac{3}{4}\sin^2\beta),$$

sein Trägheitsmoment um eine Erzeugende gleich

$$\tfrac{3}{4} Ml^2 \sin^2\beta(\cos^2\beta + \tfrac{1}{5})$$

ist.

2. Man zeige, daß das Trägheitsmoment des von den beiden Schleifen der Lemniskate

$$r^2 = a^2\cos 2\vartheta$$

umschlossenen Flächenstückes um die Achse der Kurve gleich

$$\frac{(3\pi - 8)a^2}{48} \times \text{Masse des umschlossenen Flächenstücks ist.}$$

3. Eine Anzahl Punkte liegt in einer Ebene. Ihre Massen seien $m_1, m_2, \ldots$, ihre gegenseitigen Abstände $d_{12}, \ldots$, die bezüglichen überstrichenen Flächen $h_{12}, \ldots$, die relativen Geschwindigkeiten $v_{12}, \ldots$ Man beweise, daß

$$\left(\sum m_1 m_2 d_{12}^2\right)/\sum m, \qquad \left(\sum m_1 m_2 h_{12}\right)/\sum m, \qquad \left(\sum m_1 m_2 v_{12}^2\right)/2\sum m$$

bzw. das Trägheitsmoment um den Schwerpunkt, das Moment der Bewegungsgröße um den Schwerpunkt und die kinetische Energie relativ zum Schwerpunkt darstellen.

4. Man beweise, daß das Trägheitsmoment eines hohlen Würfels um eine Achse durch den Schwerpunkt senkrecht zu einer der Seitenflächen gleich

$$\frac{10}{9} Ma^2$$

ist, wo M die Masse des Würfels und $2a$ die Kantenlänge bedeutet. Dabei sind die Wände des Würfels sehr dünn angenommen.

5. Man zeige, daß eine Torusfläche um ihre Achse das Trägheitsmoment

$$2\pi\varrho^2 a^2 c(c^2 + \tfrac{3}{4}a^2)$$

besitzt, wo a der Radius des erzeugenden Kreises, c der Abstand seines Mittelpunktes von der Achse der Ringfläche, ϱ die Dichte ist.

6. Man zeige, wie sich bestimmen läßt, ob und für welchen Punkt eine gegebene Gerade eine Hauptträgheitsachse eines Körpers ist; wenn ein solcher Punkt vorhanden ist, so bestimme man die beiden anderen durch ihn gehenden Hauptträgheitsachsen.

Ein homogenes quadratisches Ebenenstück wird begrenzt von der x- und y-Achse und den Geraden $x = 2c$, $y = 2c$. Die Gerade $x/a + y/b = 2$ schneidet davon eine Ecke ab. Man zeige, daß die beiden in der Ebene gelegenen Hauptträgheitsachsen dieses Ebenenstücks durch den Mittelpunkt des Quadrats gegen die x-Achse um die durch

$$\operatorname{tg} 2\vartheta = \frac{ab - 2c(a + b) + 3c^2}{(a - b)(a + b - 2c)}$$

gegebenen Winkel geneigt sind.

7. Man zeige, daß die Enveloppe derjenigen Geraden in der Ebene eines Flächenstücks, um die das Flächenstück konstante Trägheitsmomente besitzt, eine Schar konfokaler Ellipsen und Hyperbeln ist. Daraus bestimme man die Richtung der Hauptträgheitsachsen in einem beliebigen Punkt.

8. Man bestimme die Hauptträgheitsmomente im Scheitel eines Ebenenstücks, das von einer Parabel vom Parameter $4a$ und einer zur Achse senkrechten Geraden im Abstand h vom Scheitel begrenzt ist.

Man beweise, daß, wenn $15h > 28a$ ist, zwei Hauptträgheitsachsen in dem Parabelpunkt mit der Abszisse $-a + \left(a^2 - \frac{4ah}{5} + \frac{3h^2}{7}\right)^{\frac{1}{2}}$ mit der Tangente und der Normalen zusammenfallen.

9. Man untersuche, wie die Hauptträgheitsachsen eines ebenen Körpers angeordnet sind. Man gebe die Bedingungen dafür an, daß Massenpunkte m_i in (x_i, y_i), $i = 1, 2, \ldots$ mit einer gegebenen ebenen Platte äquimomental sind. Man zeige, daß die sechs Größen $m_1, m_2, x_1, x_2, y_1, y_2$ aus diesen Bedingungen eliminiert werden können.

Ist ein System aus drei gegebenen Massenpunkten mit einer gegebenen Platte äquimomental, so ist der Flächeninhalt des von ihnen gebildeten Dreiecks gleich $3\sqrt{\frac{3}{2}}$ multipliziert mit dem Produkt der Hauptträgheitsradien im Schwerpunkt.

10. Ein homogenes, von der Ellipse $b^2x^2 + a^2y^2 = a^2b^2$ begrenztes Ebenenstück hat ein elliptisches Loch (Halbachsen c, d), dessen große Achse in die Gerade $x = y$ fällt und dessen Mittelpunkt um die Strecke r vom Nullpunkt entfernt ist. Man zeige, daß

$$\operatorname{tg} 2\vartheta = \frac{8abxy - cd[4(x\sqrt{2} - r)(y\sqrt{2} - r) - (c^2 - d^2)]}{ab[4(x^2 - y^2) + a^2 - b^2] - cd[2(x\sqrt{2} - r)^2 - 2(y\sqrt{2} - r)^2]}$$

ist, wenn ϑ der Winkel der x-Achse mit einer der Hauptträgheitsachsen im Punkt (x, y) ist.

11. Ein System von Körpern oder Massenpunkten werde in beliebiger Weise bewegt oder deformiert. Man zeige, daß die Summe der Produkte der Masse jedes einzelnen Massenpunktes in das Quadrat der zugehörigen Verrückung gleich dem Produkt der Gesamtmasse des Systems in die in beliebiger Richtung genommene Projektion der Verrückung des Schwerpunkts ist, vermehrt um die Summe der Produkte der Punktmassen in die Quadrate der betreffenden Entfernungen, die sie zur Erreichung ihrer Endlage durchlaufen müssen, nachdem sie eine der Projektion der Schwerpunktsverrückung gleiche Strecke in der gleichen Richtung zurückgelegt haben. (Fouret.)

12. Die Hauptträgheitsmomente eines Körpers in bezug auf seinen Schwerpunkt seien A, B, C. Man füge dem Körper eine kleine Masse hinzu, die um die gleichen Achsen die Hauptträgheitsmomente A', B', C' hat. Man beweise, daß der zusammengesetzte Körper um seine neuen Hauptträgheitsachsen in bezug auf seinen neuen Schwerpunkt die Hauptträgheitsmomente

$$A + A', \quad B + B', \quad C + C'$$

besitzt, abgesehen von unendlich kleinen Größen höherer als erster Ordnung. (Hoppe.)

13. Man beweise, daß in einem beliebigen Punkt eines gegebenen materiellen Systems die Hauptträgheitsachsen mit den Normalen der durch den Punkt gehenden drei Flächen zweiter Ordnung eines gewissen konfokalen Systems zusammenfallen.

Es seien $l, m, n, \lambda, \mu, \nu$, die sechs Koordinaten einer Hauptträgheitsachse, und das zugehörige Cartesische Koordinatensystem falle mit den Hauptträgheitsachsen durch den Schwerpunkt zusammen. Man zeige, daß

$$A l \lambda + B m \mu + C n \nu = 0$$

ist, daß mithin alle Hauptträgheitsachsen eines gegebenen Systems einem quadratischen Komplex angehören.

14. Ein Rahmen wird gebildet aus zwei Paaren von Stäben der Masse m bzw. m' und der Länge $2a$ bzw. $2b$, die mit reibungslosen Scharnieren zu einem Parallelogramm zusammengefügt sind. In den vier Ecken sind Massen M angebracht. Man stelle das Moment der Bewegungsgröße des Systems um den Koordinatenursprung als Funktion der Koordinaten x, y des Schwerpunkts und der Winkel ϑ, φ der beiden Seitenpaare gegen die x-Achse dar.

Sechstes Kapitel.

Die lösbaren Probleme der Dynamik starrer Körper.

§ 65. Die Bewegung eines Systems mit einem Freiheitsgrad; Bewegung um eine feste Achse usw.

Wir wenden die in den vorhergehenden Kapiteln entwickelten Prinzipien nunmehr zur Bestimmung der Bewegung holonomer Systeme starrer Körper in solchen Fällen an, die eine Lösung durch Quadraturen gestatten.

Naturgemäß untersuchen wir zunächst Systeme mit einem Freiheitsgrad. Nach § 42 gestattet ein solches System eine Lösung durch Quadratur, sobald es ein Integral der Energie besitzt. Dies Prinzip reicht in den meisten Fällen für die Integration aus. Zuweilen jedoch (z. B. bei Systemen, in denen eine Bedingungsfläche oder -kurve eine Zwangsbewegung ausführt) hat das Problem in seiner ursprünglichen Fassung kein Energieintegral, läßt sich aber (z. B. mit Hilfe des Satzes des § 29) auf ein Problem zurückführen, für das ein Energieintegral vorhanden ist. Nach Ausführung dieser Reduktion kann es dann integriert werden.

Die folgenden Beispiele erläutern dies Verfahren.

1. Bewegung eines starren Körpers um eine feste Achse.

Wir betrachten die Bewegung eines einzelnen starren Körpers um eine im Raum und im Körper feste Achse. Es sei I das Trägheitsmoment des Körpers um diese Achse, so daß die kinetische Energie gleich $\frac{1}{2} I \dot{\vartheta}^2$ ist, wo ϑ den Winkel einer im Körper festen und mitbewegten Ebene durch die Achse mit einer im Raum festen Ebene durch die Achse bezeichnet. Es sei Θ das Moment der äußeren am Körper angreifenden Kräfte um die Achse, so daß diese Kräfte bei der infinitesimalen Verrückung, die dem Übergang von ϑ zu $\vartheta + \delta\vartheta$ entspricht, die Arbeit $\Theta\delta\vartheta$ am Körper verrichten. Die Lagrangesche Bewegungsgleichung

$$\frac{d}{dt}\left(\frac{\partial T}{\partial \dot{\vartheta}}\right) - \frac{\partial T}{\partial \vartheta} = \Theta$$

ergibt dann

$$I\ddot{\vartheta} = \Theta,$$

eine Differentialgleichung zweiter Ordnung zur Bestimmung von ϑ.

Sind die Kräfte konservativ und bedeutet $V(\vartheta)$ die potentielle Energie, so wird diese Gleichung zu

$$I\ddot{\vartheta} = -\frac{\partial V}{\partial \vartheta},$$

deren Integration die Energiegleichung ergibt

$$\tfrac{1}{2} I\dot{\vartheta}^2 + V(\vartheta) = c,$$

wo c eine Konstante ist. Nochmalige Integration ergibt

$$t = I^{\frac{1}{2}} \int \{2(c - V)\}^{-\frac{1}{2}} d\vartheta + \text{konst.}$$

Durch diese Beziehung zwischen ϑ und t, deren beide Integrationskonstanten sich aus den Anfangsbedingungen berechnen, ist die Bewegung des Körpers bestimmt.

Der wichtigste Fall ist der, daß die Achse wagerecht und die Schwere die einzige wirkende äußere Kraft ist. Es sei dann G der Schwerpunkt des Körpers, C der Fußpunkt des Lotes aus G auf die Achse, ferner $CG = h$. Die potentielle Energie ist $-Mgh\cos\vartheta$, wo M die Masse des Körpers und ϑ den Winkel von CG mit der abwärts gerichteten Senkrechten bedeutet; die Bewegungsgleichung lautet dann

$$\ddot{\vartheta} + \frac{Mgh}{I}\sin\vartheta = 0.$$

Sie stimmt überein mit der Bewegungsgleichung eines mathematischen Pendels der Länge $\frac{I}{Mh}$. Daher läßt sich die Bewegung wie in § 44 mit Hilfe elliptischer Funktionen darstellen; die Lösung hat die Gestalt

$$\sin\frac{\vartheta}{2} = k\,\mathrm{sn}\left\{\left(\frac{Mgh}{I}\right)^{\frac{1}{2}}(t - t_0),\, k\right\}$$

für den Fall der Oszillationen,

$$\sin\frac{\vartheta}{2} = \mathrm{sn}\left\{\frac{1}{k}\left(\frac{Mgh}{I}\right)^{\frac{1}{2}}(t - t_0),\, k\right\}$$

für die Kreisbewegung. Die Länge $\frac{I}{Mh}$ des *äquivalenten mathematischen Pendels* bezeichnet man als die *reduzierte Pendellänge*.

Ist O ein Punkt der Geraden CG derart, daß $OC = \frac{I}{Mh}$ ist, so bezeichnet man O als *Schwingungsmittelpunkt*, C als *Aufhängepunkt*. Es ergibt sich die überraschende Tatsache, daß *der Schwingungsmittelpunkt und der Aufhängepunkt vertauschbar sind*; d. h. ist O der Schwingungsmittelpunkt, während C der Aufhängepunkt ist, so wird C der Schwingungsmittelpunkt, wenn O zum Aufhängepunkt gemacht wird. Zum Beweise dieser Behauptung bemerken wir nach § 59

$$\begin{aligned}\text{Trägheitsmoment des Körpers um } O &= \text{Trägheitsmoment um } G + M\cdot GO^2\\ &= I - M\cdot CG^2 + M\cdot GO^2.\end{aligned}$$

Daher ist

$$\begin{aligned}\frac{\text{Trägheitsmoment des Körpers um } O}{\text{Abstand des Schwerpunkts von } O} &= \frac{I - Mh^2 + M\left(\frac{I}{Mh} - h\right)^2}{\frac{I}{Mh} - h}\\ &= Mh + M\left(\frac{I}{Mh} - h\right)\\ &= \frac{I}{h}.\end{aligned}$$

Wäre also der Körper in O aufgehängt, so würde die Bewegungsgleichung immer noch lauten

$$\ddot{\vartheta} + \frac{Mgh}{I} \sin\vartheta = 0\,,$$

womit die Behauptung bewiesen ist. Offenbar ist die Schwingungsperiode um die Punkte C und O dieselbe.

2. Bewegung eines Stabes, auf dem ein Insekt kriecht.

Die Enden eines homogenen geraden Stabes der Masse m und der Länge $2a$ können auf der Peripherie eines glatten ruhenden wagerechten Kreises vom Radius c gleiten. Ein Insekt, dessen Masse gleich der Masse des Stabes sei, krieche mit konstanter Relativgeschwindigkeit v an dem Stab entlang.

Der Stab schließe zur Zeit t mit einer festen Richtung der Ebene den Winkel ϑ ein, und das Insekt habe von der Mitte des Stabes aus die Strecke x zurückgelegt. Die kinetische Energie des Stabes ist $\frac{1}{2}m\left(c^2 - \frac{2a^2}{3}\right)\dot{\vartheta}^2$; die kinetische Energie des Insekts rührt her von einer Geschwindigkeitskomponente $\dot{x} - (c^2 - a^2)^{\frac{1}{2}}\dot{\vartheta}$ in Richtung des Stabes und von einer Geschwindigkeitskomponente $x\dot{\vartheta}$ senkrecht zu dem Stabe. Die gesamte kinetische Energie des Systems ist daher

$$T = \frac{1}{2} m \left(c^2 - \frac{2a^2}{3}\right)\dot{\vartheta}^2 + \frac{1}{2} m \left\{\dot{x} - (c^2 - a^2)^{\frac{1}{2}}\dot{\vartheta}\right\}^2 + \frac{1}{2} m x^2 \dot{\vartheta}^2\,.$$

Das System besitzt keine potentielle Energie.

Da $x = vt$ ist (t wird von dem Zeitpunkt ab gerechnet, wo $x = 0$ ist), so ist

$$T = \frac{1}{2} m \left(c^2 - \frac{2a^2}{3}\right)\dot{\vartheta}^2 + \frac{1}{2} m \left\{v - (c^2 - a^2)^{\frac{1}{2}}\dot{\vartheta}\right\}^2 + \frac{1}{2} m v^2 t^2 \dot{\vartheta}^2\,.$$

Die nunmehr einzige Koordinate ϑ ist zyklisch. Daher wird

$$\frac{\partial T}{\partial \dot{\vartheta}} = \text{konst.}$$

oder

$$m\left(c^2 - \frac{2a^2}{3}\right)\dot{\vartheta} - m(c^2 - a^2)^{\frac{1}{2}}\left\{v - (c^2 - a^2)^{\frac{1}{2}}\dot{\vartheta}\right\} + m v^2 t^2 \dot{\vartheta} = \text{konst.}$$

oder

$$\dot{\vartheta}\left(2c^2 - \tfrac{5}{3}a^2 + v^2 t^2\right) = \text{konst.}$$

Die Integration dieser Gleichung ergibt

$$\vartheta - \vartheta_0 = k \operatorname{arctg}\left\{v t \left(2c^2 - \tfrac{5}{3}a^2\right)^{-\frac{1}{2}}\right\},$$

wo ϑ_0 und k Konstanten sind. Diese Formel bestimmt die Lage des Stabes in jedem Zeitpunkt.

3. Bewegung eines Kegels auf einer völlig rauhen schiefen Ebene.

Ein homogener massiver gerader Kreiskegel von der Masse M und dem halben Scheitelwinkel β bewege sich auf einer um den Winkel α gegen den Horizont geneigten völlig rauhen Ebene (d. h. auf einer Ebene, auf der er nur rollen, nicht aber gleiten kann). Die Seitenlinie des Kegels habe die Länge l, und die die Ebene berührende Erzeugende schließe zur Zeit t mit der Geraden stärkster Neigung in der Ebene den Winkel ϑ ein. Ist dann χ der Winkel der Kegelachse gegen die aufwärts gerichtete Senkrechte, so ist χ eine Seite eines sphärischen Dreiecks, dessen Ecken bzw. auf der Ebenennormalen, der aufwärts gerichteten Vertikalen und der Achse des Kegels liegen. Die beiden anderen Seiten sind α und $\frac{1}{2}\pi - \beta$, der von ihnen eingeschlossene Winkel ist $\pi - \vartheta$. Daher ist

$$\cos\chi = \cos\alpha \sin\beta - \sin\alpha \cos\beta \cos\vartheta\,.$$

Die senkrechte Erhebung des Schwerpunkts des Kegels über den Scheitel ist $\frac{3}{4} l \cos\beta \cos\chi$, und die potentielle Energie des Kegels ist gleich dieser Höhe, multipliziert mit Mg. Ist daher V die potentielle Energie des Kegels, so ist (bis auf ein konstantes Glied)

$$V = -\tfrac{3}{4} Mgl \sin\alpha \cos^2\beta \cos\vartheta .$$

Zur Berechnung der kinetischen Energie des Kegels brauchen wir seine Trägheitsmomente um die Achse und um eine Senkrechte zur Achse durch den Scheitel. Sie bestimmen sich leicht (durch direkte Integration, bei der man den Kegel aus Scheiben senkrecht zur Achse zusammengesetzt denkt) zu $\frac{3}{10} Ml^2 \sin^2\beta$ und $\frac{3}{5} Ml^2 (\cos^2\beta + \frac{1}{4} \sin^2\beta)$. Daher ist nach dem Satz des § 60 (da die Richtungskosinus einer Erzeugenden als $\sin\beta$, 0, $\cos\beta$ in bezug auf rechtwinklige Achsen durch den Scheitel des Kegels, dessen Achse die z-Achse ist, angenommen werden können) das Trägheitsmoment um eine Erzeugende

$$\tfrac{3}{5} Ml^2 (\cos^2\beta + \tfrac{1}{4} \sin^2\beta) \sin^2\beta + \tfrac{3}{10} Ml^2 \sin^2\beta \cos^2\beta$$

oder

$$\tfrac{3}{4} Ml^2 \sin^2\beta (\cos^2\beta + \tfrac{1}{5}) .$$

Nun befinden sich alle Punkte der die Ebene berührenden Erzeugenden in Ruhe, da die Bewegung eine reine Rollbewegung ohne Gleitung ist. Diese Erzeugende ist demnach die momentane Rotationsachse des Kegels. Ist ω die Winkelgeschwindigkeit des Kegels um diese Erzeugende, so ist seine kinetische Energie (§ 63, Zusatz)

$$\tfrac{3}{8} Ml^2 \sin^2\beta (\cos^2\beta + \tfrac{1}{5}) \omega^2 .$$

Nach § 15 ist aber

$$\omega = \dot\vartheta \operatorname{ctg}\beta ,$$

und nach Einführung dieses Wertes für ω ergibt sich endlich für die kinetische Energie des Kegels der Wert

$$T = \tfrac{3}{8} Ml^2 \cos^2\beta (\cos^2\beta + \tfrac{1}{5}) \dot\vartheta^2 .$$

Die Lagrangesche Bewegungsgleichung

$$\frac{d}{dt}\left(\frac{\partial T}{\partial \dot\vartheta}\right) - \frac{\partial T}{\partial \vartheta} = -\frac{\partial V}{\partial \vartheta}$$

wird daher

$$\tfrac{3}{4} Ml^2 \cos^2\beta (\cos^2\beta + \tfrac{1}{5}) \ddot\vartheta + \tfrac{3}{4} Mgl \sin\alpha \cos^2\beta \sin\vartheta = 0$$

oder

$$\ddot\vartheta + \frac{g \sin\alpha}{l (\cos^2\beta + \frac{1}{5})} \sin\vartheta = 0 .$$

Sie stimmt überein mit derjenigen eines mathematischen Pendels der Länge

$$\frac{l}{\sin\alpha} (\cos^2\beta + \tfrac{1}{5}) .$$

Ihre Integration kann daher mit Hilfe elliptischer Funktionen ausgeführt werden wie in § 44.

4. Bewegung eines Stabes in einem rotierenden Rahmen.

Die Enden eines homogenen schweren Stabes gleiten reibungslos auf der wagerechten bzw. senkrechten Leiste eines Rahmens, der mit konstanter Winkelgeschwindigkeit ω um die senkrechte Rahmenleiste rotiert.

Es sei $2a$ die Länge des Stabes, M seine Masse, ϑ seine Neigung gegen die Senkrechte. Nach § 29 wird der Wirkung der Rotation Rechnung getragen, wenn die potentielle Energie ein Zusatzglied

$$-\tfrac{1}{2} \omega^2 \varrho \int x^2 \sin^2\vartheta \, dx$$

erhält, wo ϱ die Dichte des Stabes und x den Abstand von dem die senkrechte Leiste berührenden Stabende bedeutet. Integriert ergibt dies Glied

$$-\tfrac{2}{3} M\omega^2 a^2 \sin^2\vartheta .$$

Der andere, von der Schwere herrührende Teil der potentiellen Energie ist

$$-Mga\cos\vartheta ,$$

so daß die gesamte potentielle Energie gegeben wird durch

$$V = -Mga\cos\vartheta - \tfrac{2}{3} M\omega^2 a^2 \sin^2\vartheta .$$

Die wagerechte und die senkrechte Geschwindigkeitskomponente des Schwerpunkts des Stabes sind $a\dot\vartheta\sin\vartheta$ und $a\dot\vartheta\cos\vartheta$. Daher ist der von der Bewegung des Schwerpunkts herrührende Teil der kinetischen Energie gleich $\frac{1}{2} Ma^2\dot\vartheta^2$. Da der Stab um seinen Schwerpunkt das Trägheitsmoment $\frac{1}{3}Ma^2$ hat, ist der von der Bewegung des Stabes um seinen Schwerpunkt herrührende Teil der kinetischen Energie gleich $\frac{1}{6} Ma^2\dot\vartheta^2$. Für die gesamte kinetische Energie erhalten wir demnach die Gleichung

$$T = \tfrac{2}{3} Ma^2\dot\vartheta^2 .$$

Also wird das Integral der Energie

$$\tfrac{2}{3} Ma^2\dot\vartheta^2 - Mga\cos\vartheta - \tfrac{2}{3} M\omega^2 a^2\sin^2\vartheta = \text{konst.}$$

oder für $\cos\vartheta = x$:

$$\dot x^2 = (1 - x^2)\left\{\varepsilon^2 - \left(\omega x - \frac{3g}{4a\omega}\right)^2\right\},$$

wo ε eine Konstante bedeutet. Sie muß offenbar positiv sein, da $\dot x^2$ und $1 - x^2$ positiv sind. Wir machen die Annahme, daß ε nicht groß ist und daß $\frac{3g}{4a\omega^2} < 1$ ist, so daß x zwischen den Werten $\frac{3g}{4a\omega^2} \pm \frac{\varepsilon}{\omega}$ schwankt.

Zur Ausführung der Integration setzen wir[1])

$$x = 1 + \frac{\frac{1}{2}\omega^2\left(1 - \frac{3g}{4a\omega^2} - \frac{\varepsilon}{\omega}\right)\left(1 - \frac{3g}{4a\omega^2} + \frac{\varepsilon}{\omega}\right)}{\xi + \frac{3g}{8a} - \frac{5}{12}\omega^2 - \frac{3g^2}{64a^2\omega^2} + \frac{\varepsilon^2}{12}},$$

wo ξ eine neue abhängige Veränderliche bedeutet. Die Einführung dieses Wertes für x in die Differentialgleichung ergibt

$$\dot\xi^2 = 4(\xi - e_1)(\xi - e_2)(\xi - e_3),$$

wo die Werte

$$\xi = e_1, \qquad \xi = e_2, \qquad \xi = e_3$$

den Werten

$$x = -1, \qquad x = \frac{3g}{4a\omega^2} - \frac{\varepsilon}{\omega}, \qquad x = \frac{3g}{4a\omega^2} + \frac{\varepsilon}{\omega}$$

entsprechen. Man sieht leicht, daß $e_1 + e_2 + e_3 = 0$ und $e_1 > e_2 > e_3$ ist.

Daher ist $\xi = \wp(t + \gamma)$, wo die $\wp$-Funktion mit Hilfe der Wurzeln e_1, e_2, e_3 gebildet und γ eine Konstante ist. Da $e_1 > e_2 > e_3$ ist und $\wp(t+\gamma)$ für reelle Werte von t zwischen e_2 und e_3 liegt $\left(\text{denn } x \text{ liegt zwischen } \frac{3g}{4a\omega^2} - \frac{\varepsilon}{\omega} \text{ und } \frac{3g}{4a\omega^2} + \frac{\varepsilon}{\omega}\right)$, muß der imaginäre Teil der Konstanten γ gleich der Halbperiode

---

[1]) Vgl. Whittaker and Watson: *A Course of Modern Analysis* § 20, 6.

ω_3 sein. Der reelle Teil von γ kann gleich Null gesetzt werden, da er nur von der Wahl des zeitlichen Nullpunktes abhängt. Daher ist

$$\xi = \wp(t + \omega_3),$$

also

$$\cos\vartheta = 1 + \frac{\frac{1}{2}\omega^2\left(1 - \frac{3g}{4a\omega^2} - \frac{\varepsilon}{\omega}\right)\left(1 - \frac{3g}{4a\omega^2} + \frac{\varepsilon}{\omega}\right)}{\wp(t+\omega_3) + \frac{3g}{8a} - \frac{5\omega^2}{12} - \frac{3g^2}{64a^2\omega^2} + \frac{\varepsilon^2}{12}}.$$

Diese Gleichung bestimmt ϑ als Funktion von t.

5. Bewegung einer Scheibe, die an einem Punkt zwangläufig geführt wird.

Eine Scheibe von der Masse M liegt auf einer völlig glatten wagerechten Ebene, in der ein Punkt A der Scheibe zwangläufig einen Kreis vom Radius c mit konstanter Winkelgeschwindigkeit ω beschreibt.

Es sei G der Schwerpunkt der Scheibe und $AG = a$. Der Punkt A hat die Beschleunigung $c\omega^2$ in Richtung der inneren Normalen des Kreises. Erteilen wir daher allen Punkten der Scheibe die Beschleunigung $c\omega^2$ in Richtung der äußeren Normalen und halten wir den Punkt A fest, so erhalten wir die Relativbewegung gegen A. Die resultierende Kraft, die bei der Relativbewegung gegen A auf die Scheibe wirkt, ist demnach gleich $Mc\omega^2$. Sie greift in G in Richtung der äußeren Kreisnormalen an.

Die Gerade AG und die äußere Normale mögen mit einer festen Richtung in der Ebene die Winkel ϑ bzw. ω einschließen. Dann ist die Arbeit dieser Kraft bei einer kleinen Verrückung $\delta\vartheta$

$$Mc\omega^2 a \sin(\varphi - \vartheta)\,\delta\vartheta,$$

und die kinetische Energie des Körpers ist $\frac{1}{2}Mk^2\dot{\vartheta}^2$, wo Mk^2 das Trägheitsmoment des Körpers um den Punkt A bedeutet. Daher lautet die Lagrangesche Bewegungsgleichung

$$Mk^2\ddot{\vartheta} = Mac\omega^2\sin(\varphi - \vartheta).$$

Da $\dot{\varphi} = \omega$ ist, wird $\ddot{\varphi} = 0$; für $\vartheta - \varphi = \psi$ ist daher

$$\ddot{\psi} + \frac{ac\omega^2}{k^2}\sin\psi = 0.$$

Diese Gleichung stimmt mit der Gleichung eines mathematischen Pendels von der Länge $\frac{k^2 g}{ac\omega^2}$ überein. Die Integration kann also wie in § 44 mit elliptischen Funktionen ausgeführt werden.

6. Bewegung einer Scheibe, deren Rand auf einer zwangläufig bewegten Scheibe abrollt.

Zwei gleiche Kreisscheiben vom Radius a und der Masse M mit völlig rauhen Rändern werden in einer senkrechten Ebene mit den Rändern in Berührung gehalten durch eine homogene Stange der Masse m, die die Mittelpunkte verbindet. Der eine Mittelpunkt ist fest, und die zugehörige Scheibe A muß mit gleichförmiger Winkelbeschleunigung α rotieren. Man soll die Bewegung der Scheibe B und der verbindenden Stange bestimmen.

Zur Zeit t bilde die Stange mit der Richtung senkrecht abwärts den Winkel φ, und die Scheibe A habe sich um den Winkel ϑ gedreht. Die Winkelgeschwindigkeit der Scheibe A ist $\dot{\vartheta}$, die Geschwindigkeit der einander gerade berührenden

Punkte der beiden Scheiben ist daher $a\dot{\vartheta}$. Da der Mittelpunkt der Scheibe B die Geschwindigkeit $2a\dot{\varphi}$ hat, ist die Winkelgeschwindigkeit der Scheibe B um ihren Mittelpunkt gleich $2\dot{\varphi} - \dot{\vartheta}$. Jede Scheibe hat um ihren Mittelpunkt das Trägheitsmoment $\frac{1}{2}Ma^2$; daher ist die kinetische Energie des Systems

$$T = \frac{1}{2} M \frac{a^2}{2} \dot{\vartheta}^2 + \frac{1}{2} M \frac{a^2}{2} (2\dot{\varphi} - \dot{\vartheta})^2 - \frac{1}{2} M (2a)^2 \dot{\varphi}^2 + \frac{1}{2} m \frac{4a^2}{3} \dot{\varphi}^2$$

und $\dot{\vartheta} = at + \varepsilon$, wo ε eine Konstante ist.

Die potentielle Energie des Systems ist

$$V = -(2M + m)\,a\,g\cos\varphi\,,$$

und die Langrangesche Bewegungsgleichung lautet

$$\frac{d}{dt}\left(\frac{\partial T}{\partial \dot{\varphi}}\right) - \frac{\partial T}{\partial \varphi} = -\frac{\partial V}{\partial \varphi}$$

oder

$$\frac{d}{dt}\{(6M + \tfrac{4}{3}m)\,a^2\dot{\varphi} - Ma^2\dot{\vartheta}\} = -(2M + m)\,a g \sin\varphi\,.$$

Da $\ddot{\vartheta} = \alpha$ ist, ergibt diese Gleichung

$$(6M + \tfrac{4}{3}m)\,a^2\ddot{\varphi} - Ma^2\alpha + (2M + m)\,ag\sin\varphi = 0\,.$$

Integriert ergibt sie

$$(3M + \tfrac{2}{3}m)\,a^2\dot{\varphi}^2 - Ma^2\alpha\varphi - (2M + m)\,ag\cos\varphi = c\,,$$

wo c eine von den Anfangsbedingungen abhängige Konstante ist. Da die Veränderlichen t und φ separierbar sind, kann auch diese Gleichung durch Quadratur integriert werden. Das Endintegral stellt die Bewegung dar.

Aufgabe. Das System sei anfänglich in Ruhe und die Stange senkrecht abwärts gerichtet. Man zeige, daß die Stange die wagerechte Lage erreicht, wenn

$$\alpha > \frac{4g}{\pi a}\left(1 + \frac{m}{2M}\right).$$

§ 66. Die Bewegung eines Systems mit zwei Freiheitsgraden.

Wie in der Punktdynamik, so hängt auch in der Dynamik starrer Körper die Möglichkeit, ein Problem mit zwei Freiheitsgraden durch Quadraturen zu lösen, im allgemeinen von dem Vorhandensein einer zyklischen Koordinate ab. Das der zyklischen Koordinate entsprechende Integral läßt sich physikalisch oft als Integral der Bewegungsgröße oder des Moments der Bewegungsgröße deuten. Die Herleitung und Lösung der Differentialgleichung geschieht unter Anwendung der in den vorhergehenden Kapiteln entwickelten Prinzipien. Wir erläutern dies Verfahren durch die folgenden Beispiele.

1. Stab durch Ring.

Zuerst untersuchen wir die Bewegung eines homogenen geraden Stabes, der durch einen engen, auf einer wagerechten Ebene feststehenden Ring geführt ist und der durch den Ring gleiten und sich um ihn in der Ebene drehen kann.

Zur Zeit t sei der Mittelpunkt des Stabes um die Strecke r von dem Ring entfernt, und der Stab bilde mit einer festen Geraden in der Ebene den Winkel ϑ. Der Stab habe die Länge $2l$ und die Masse M.

Dann ist das Trägheitsmoment des Stabes um seinen Mittelpunkt gleich $\frac{1}{3} M l^2$, so daß die kinetische Energie

$$T = \tfrac{1}{2} M(\dot{r}^2 + r^2 \dot{\vartheta}^2 + \tfrac{1}{3} l^2 \dot{\vartheta}^2)$$

wird. Potentielle Energie ist nicht vorhanden.

Die Koordinate ϑ ist zyklisch; ihr entspricht das Integral

$$\frac{\partial T}{\partial \dot{\vartheta}} = \text{konst.}$$

oder

$$(r^2 + \tfrac{1}{3} l^2)\, \dot{\vartheta} = \text{konst.}$$

Das Energieintegral ist

$$\dot{r}^2 + r^2 \dot{\vartheta}^2 + \tfrac{1}{3} l^2 \dot{\vartheta}^2 = \text{konst.}$$

Dividiert man das zweite Integral durch das Quadrat des ersten, so folgt

$$\frac{\left(\frac{d r}{d \vartheta}\right)^2}{(r^2 + \frac{1}{3} l^2)^2} + \frac{1}{r^2 + \frac{1}{3} l^2} = c,$$

wo c konstant ist, oder

$$\dot{\vartheta} + \text{konst.} = \int \{(r^2 + \tfrac{1}{3} l^2)(c r^2 + \tfrac{1}{3} c l^2 - 1)\}^{-\frac{1}{2}} d r.$$

Für $c r^2 = s$ wird daraus

$$\vartheta + \text{konst.} = \int \{4 s (s + \tfrac{1}{3} c l^2)(s + \tfrac{1}{3} c l^2 - 1)\}^{-\frac{1}{2}} d s.$$

Bezeichnet also $\wp$ die Weierstraßsche elliptische Funktion mit den Wurzeln

$$e_1 = \tfrac{1}{3}(-1 + \tfrac{2}{3} c l^2), \qquad e_2 = \tfrac{1}{3}(2 - \tfrac{1}{3} c l^2), \qquad e_3 = \tfrac{1}{3}(-1 - \tfrac{1}{3} c l^2),$$

die der Beziehung $e_1 > e_2 > e_3$ genügen, sobald der Anfangswert von $\frac{d r}{d \vartheta}$ hinreichend groß ist, so folgt

$$s = \wp(\vartheta - \vartheta_0) - e_1,$$

wo ϑ_0 eine Integrationskonstante ist. Da s positiv ist, ist $\wp(\vartheta - \vartheta_0) > e_1$ für reelle Werte von ϑ, die Konstante ϑ_0 daher reell.

Die Lösung des Problems ist also enthalten in der Gleichung

$$c r^2 = \wp(\vartheta - \vartheta_0) + \tfrac{1}{3} - \tfrac{2}{9} c l^2.$$

2. Ein Zylinder rollt auf einem andern unter dem Einfluß der Schwere.

Ein schwerer, völlig rauher massiver homogener Zylinder von der Masse m und dem Radius r rolle auf der Innenfläche eines Hohlzylinders von der Masse M und dem Radius R, der sich um seine (wagerecht angenommene) Achse drehen kann.

Zur Zeit t bilde die durch die Zylinderachsen gehende Ebene mit der abwärts gerichteten Senkrechten den Winkel φ, und der Zylinder von der Masse M habe von einem festgesetzten Zeitpunkt ab sich um den Winkel ϑ gedreht. Die Winkelgeschwindigkeiten der Zylinder um ihre Achse ergeben sich leicht als $\dot{\vartheta}$ bzw. $\frac{(R - r)\dot{\varphi} - R\dot{\vartheta}}{r}$. Die Trägheitsmomente der Zylinder um ihre Achsen sind bzw. $M R^2$ und $\frac{1}{2} m r^2$. Die kinetische Energie des Systems ist daher

$$T = \tfrac{1}{2} M R^2 \dot{\vartheta}^2 + \tfrac{1}{4} m r^2 \left(\frac{R - r}{r} \dot{\varphi} - \frac{R}{r} \dot{\vartheta}\right)^2 + \tfrac{1}{2} m (R - r)^2 \dot{\varphi}^2,$$

die potentielle Energie

$$V = - m g (R - r) \cos\varphi.$$

Offenbar ist die Koordinate ϑ zyklisch; ihr entspricht das Integral

$$\frac{\partial T}{\partial \dot{\vartheta}} = \text{konst.}$$

oder

$$M R^2 \dot{\vartheta} - \tfrac{1}{2} m R \{(R - r)\dot{\varphi} - R\dot{\vartheta}\} = k,$$

wo k eine Konstante ist.

Das Energieintegral ist

$$T + V = h,$$

wo h eine Konstante ist, oder

$$\tfrac{1}{2} M R^2 \dot{\vartheta}^2 + \tfrac{1}{4} m \{(R - r)\dot{\varphi} - R\dot{\vartheta}\}^2 + \tfrac{1}{4} m (R - r)^2 \dot{\varphi}^2 - m g (R - r)\cos\varphi = h.$$

Die Elimination von $\dot{\vartheta}$ zwischen den beiden Integralen ergibt die Gleichung

$$\frac{m(3M + m)}{2(2M + m)}(R - r)^2 \dot{\varphi}^2 - m g (R - r)\cos\varphi = h - \frac{k^2}{(2M + m)R^2}.$$

Sie stimmt überein mit der Energiegleichung eines mathematischen Pendels von der Länge

$$\frac{3M + m}{2M + m}(R - r).$$

Ihre Lösung läßt sich wie in § 44 in elliptischen Funktionen bestimmen.

3. Stab in einem Reifen.

Die Enden eines Stabes gleiten auf einem senkrechten glatten kreisförmigen Reifen, der sich um seinen festgehaltenen senkrechten Durchmesser drehen kann.

Der Stab habe die Masse m und die Länge $2a$ der Reifen die Masse M und den Radius r. Zur Zeit t sei der Stab um den Winkel ϑ gegen die Wagerechte geneigt, und der Reifen habe gegen eine feste senkrechte Ebene das Azimut φ.

Das Trägheitsmoment des Stabes um eine Achse durch den Mittelpunkt des Reifens senkrecht zu dessen Ebene ist $m(r^2 - \frac{2}{3}a^2)$. Das Trägheitsmoment des Stabes um den senkrechten Durchmesser des Reifens ist

$$m\{(r^2 - a^2)\sin^2\vartheta + \tfrac{1}{3} a^2 \cos^2\vartheta\}.$$

Das System besitzt daher die kinetische Energie

$$T = \tfrac{1}{2} m (r^2 - \tfrac{2}{3} a^2)\dot{\vartheta}^2 + \tfrac{1}{4} M r^2 \dot{\varphi}^2 + \tfrac{1}{2} m \dot{\varphi}^2 (r^2 \sin^2\vartheta - a^2 \sin^2\vartheta + \tfrac{1}{3} a^2 \cos^2\vartheta).$$

Seine potentielle Energie ist

$$V = -m g (r^2 - a^2)^{\frac{1}{2}} \cos\vartheta.$$

Offenbar ist die Koordinate φ zyklisch; ihr entspricht das Integral

$$\frac{\partial T}{\partial \dot{\varphi}} = \text{konst.}$$

oder

$$\tfrac{1}{2} M r^2 \dot{\varphi} + m \dot{\varphi} (r^2 \sin^2\vartheta - a^2 \sin^2\vartheta + \tfrac{1}{3} a^2 \cos^2\vartheta) = k,$$

wo k eine Konstante ist. Führen wir den Wert von $\dot{\varphi}$ aus dieser Gleichung in das Integral der Energie

$$T + V = h$$

ein, so wird

$$\frac{1}{2} m\left(r^2 - \frac{2}{3}a^2\right)\dot{\vartheta}^2 = h + m g (r^2 - a^2)^{\frac{1}{2}} \cos\vartheta - \frac{k^2}{M r^2 + 2m(r^2 \sin^2\vartheta - a^2 \sin^2\vartheta + \frac{1}{3} a^2 \cos^2\vartheta)}.$$

In dieser Gleichung lassen sich die Veränderlichen ϑ und t trennen; eine weitere Integration ergibt daher ϑ als Funktion von t und damit die Lösung des Problems.

4. Reifen und Ring.

Das bewegte System bestehe aus einem homogenen glatten kreisförmigen Reifen vom Radius a, der auf einer glatten wagerechten Ebene liegt und auf einer festen Geraden der Ebene rollen, sonst keine Bewegung ausführen kann, während ein kleiner Ring, dessen Masse gleich $1/\lambda$ der Masse des Reifens ist, auf ihm gleitet. Zu Anfang ruht der Reifen, und der Ring erhält in dem am weitesten von der festen Geraden entfernten Punkt die Anfangsgeschwindigkeit v.

Sei φ der Winkel, um den sich der Reifen in dem Zeitintervall t nach Beginn der Bewegung gedreht hat. Der durch den Ring gehende Durchmesser des Reifens soll sich alsdann um den Winkel ψ gedreht haben. Wird dem Ring die Masse 1 beigelegt, so daß die Masse des Reifens gleich λ ist, so hat letzterer um seinen Mittelpunkt das Trägheitsmoment λa^2. Der Mittelpunkt bewegt sich mit der Geschwindigkeit $a\dot{\varphi}$, während sich die Geschwindigkeit des Ringes aus Komponenten $a\dot{\varphi}$ und $a\dot{\psi}$ zusammensetzt, deren Richtungen miteinander den Winkel ψ einschließen. Das System hat daher die kinetische Energie

$$\begin{aligned} T &= \tfrac{1}{2}\lambda a^2\dot{\varphi}^2 + \tfrac{1}{2}\lambda a^2\dot{\varphi}^2 + \tfrac{1}{2}(a^2\dot{\varphi}^2 + a^2\dot{\psi}^2 + 2a^2\dot{\varphi}\dot{\psi}\cos\psi) \\ &= \tfrac{1}{2}(2\lambda + 1)\,a^2\dot{\varphi}^2 + \tfrac{1}{2}a^2\dot{\psi}^2 + a^2\dot{\varphi}\dot{\psi}\cos\psi\,. \end{aligned}$$

Die potentielle Energie ist Null.

Offenbar ist die Koordinate φ zyklisch; ihr entspricht das Integral

$$\frac{\partial T}{\partial\dot{\varphi}} = \text{konst.}$$

oder

$$(2\lambda + 1)\,a^2\dot{\varphi} + a^2\dot{\psi}\cos\psi = a v\,,$$

da $a v$ der Anfangswert ist.

Die Integration dieser Gleichung ergibt

$$(2\lambda + 1)\,\varphi + \sin\psi - \frac{vt}{a} = 0\,,$$

da die linke Seite für $t = 0$ verschwindet, oder

$$\varphi = \frac{1}{2\lambda + 1}\left(\frac{vt}{a} - \sin\psi\right).$$

Diese Gleichung bestimmt φ als Funktion von ψ.

Die Energiegleichung lautet

$$T = T_{(t=0)} = \tfrac{1}{2}v^2\,.$$

Führen wir darin für $\dot{\varphi}$ den Wert $\dfrac{v/a - \dot{\psi}\cos\psi}{2\lambda + 1}$ ein, so folgt

$$a^2(2\lambda + \sin^2\psi)\,\dot{\psi}^2 = 2\lambda v^2\,,$$

daher

$$t = \frac{a}{v\sqrt{2\lambda}}\int_0^{\psi}(2\lambda + \sin^2\psi)^{\frac{1}{2}}\,d\psi\,.$$

Für $\sin\psi = x$ wird daraus

$$t = \frac{a}{v\sqrt{2\lambda}}\int_0^{x}(2\lambda + x^2)^{\frac{1}{2}}(1 - x^2)^{-\frac{1}{2}}\,dx\,.$$

Zur Auswertung dieses Integrals führen wir eine Hilfsveränderliche u ein, die definiert sei durch

$$u = \int_0^{x}(2\lambda + x^2)^{-\frac{1}{2}}(1 - x^2)^{-\frac{1}{2}}\,dx\,.$$

Durch die Substitution $x^2 = 2\lambda/\xi$, wo ξ eine neue Veränderliche ist, geht dieses Integral über in

$$u = \int_{\xi}^{\infty} \{4\,\xi\,(\xi+1)\,(\xi-2\lambda)\}^{-\frac{1}{2}}\,d\xi\,.$$

Dies ist gleichbedeutend mit

$$\xi = \wp(u) - \tfrac{1}{3}(1-2\lambda)\,,$$

wo die $\wp$-Funktion mit Hilfe der Wurzeln

$$e_1 = \tfrac{1}{3}(1+4\lambda)\,,\qquad e_2 = \tfrac{1}{3}(1-2\lambda)\,,\qquad e_3 = -\tfrac{2}{3}(1+\lambda)$$

gebildet ist. Diese Wurzeln sind reell und genügen der Bedingung $e_1 > e_2 > e_3$. Also ist $\wp(u)$ reell und größer als e_1 für reelle Werte u.

Nun ist

$$dt = \frac{a}{v\sqrt{2\lambda}}\,(2\lambda + x^2)^{\frac{1}{2}}\,(1-x^2)^{-\frac{1}{2}}\,dx$$

oder

$$\frac{v\sqrt{2\lambda}\,dt}{a} = \left\{2\lambda + \frac{2\lambda}{\wp(u)-e_2}\right\}du\,.$$

Durch Integration folgt daraus

$$\frac{vt\sqrt{2\lambda}}{a} = \frac{1}{3}(1+4\lambda)\,u + \zeta(u) + \frac{1}{2}\,\frac{\wp'(u)}{\wp(u)-\frac{1}{3}(1-2\lambda)}\,,$$

wo $\zeta(u)$ die Weierstraßsche Zeta-Funktion bedeutet.

Für die Darstellung von ψ und t als Funktionen einer Hilfsveränderlichen u finden sich also endlich die Gleichungen

$$\sin^2\psi = \frac{2\lambda}{\wp(u)-\frac{1}{3}(1-2\lambda)}\,,$$

$$\frac{vt\sqrt{2\lambda}}{a} = \frac{1}{3}(1+4\lambda)\,u + \zeta(u) + \frac{1}{2}\,\frac{\wp'(u)}{\wp(u)-\frac{1}{3}(1-2\lambda)}\,.$$

§ 67. Anfangsbewegungen.

In § 32 haben wir die allgemeinen Prinzipien entwickelt, nach denen man den Anfangscharakter der Bewegung eines Systems bestimmt, das zu einer gegebenen Zeit die Ruhelage verläßt. Die folgenden Beispiele erläutern das Verfahren für starre Körper.

1. *Ein Punkt der Masse m hängt an einem Faden von der Länge b von einem Randpunkt einer Scheibe von doppelt so großer Masse und dem Radius a herab. Die Scheibe kann um ihre wagerecht angenommene Achse rotieren, und der durch den Befestigungspunkt des Fadens gehende Durchmesser liegt zu Beginn der Bewegung wagerecht. Es soll die Anfangsbewegung des Massenpunktes bestimmt werden.*

Zur Zeit t nach Beginn der Bewegung habe sich die Scheibe um den Winkel ϑ gedreht, und der Faden sei um den Winkel φ gegen die Senkrechte geneigt. Die wagerechte und die (abwärts gerichtete) senkrechte Koordinate des Massenpunkts in bezug auf den Mittelpunkt der Scheibe sind

$$a\cos\vartheta + b\sin\varphi\,,\qquad a\sin\vartheta + b\cos\varphi\,.$$

Das Quadrat seiner Geschwindigkeit ist daher

$$a^2\dot{\vartheta}^2 + b^2\dot{\varphi}^2 - 2ab\sin(\vartheta+\varphi)\,\dot{\vartheta}\,\dot{\varphi}\,,$$

die kinetische Energie des Systems also

$$T = m a^2 \dot{\vartheta}^2 + \tfrac{1}{2} m b^2 \dot{\varphi}^2 - m a b \sin(\vartheta + \varphi)\, \dot{\vartheta}\dot{\varphi},$$

die potentielle Energie

$$V = -m g (a \sin\vartheta + b \cos\varphi).$$

Die Lagrangeschen Bewegungsgleichungen lauten

$$\frac{d}{dt}\left(\frac{\partial T}{\partial \dot{\vartheta}}\right) - \frac{\partial T}{\partial \vartheta} = -\frac{\partial V}{\partial \vartheta},$$

$$\frac{d}{dt}\left(\frac{\partial T}{\partial \dot{\varphi}}\right) - \frac{\partial T}{\partial \varphi} = -\frac{\partial V}{\partial \varphi}$$

oder

$$2a^2 \ddot{\vartheta} - a b \cos(\vartheta + \varphi)\dot{\varphi}^2 - g a \cos\vartheta - a b \sin(\vartheta + \varphi)\ddot{\varphi} = 0,$$

$$b^2 \ddot{\varphi} - a b \cos(\vartheta + \varphi)\dot{\vartheta}^2 + g b \sin\varphi - a b \sin(\vartheta + \varphi)\ddot{\vartheta} = 0.$$

Anfänglich sind die Größen ϑ, φ, $\dot{\vartheta}$, $\dot{\varphi}$ Null. Die Gleichungen ergeben daher für den Beginn der Bewegung $\ddot{\vartheta} = \frac{g}{2a}$ und $\ddot{\varphi} = 0$. Die Entwicklung von ϑ beginnt also mit einem Glied $\frac{g t^2}{4a}$, diejenige von φ mit höheren als zweiten Potenzen von t. Wir machen den Ansatz

$$\vartheta = \frac{g t^2}{4a} + A t^3 + B t^4 + \cdots,$$

$$\varphi = C t^3 + D t^4 + E t^5 + F t^6 + \cdots,$$

führen diese Werte in die obigen Differentialgleichungen ein und setzen zur Bestimmung von $A, B, C, \ldots$ die Koeffizienten der entsprechenden Potenzen von t einander gleich. So ergibt sich

$$\vartheta = \frac{g t^2}{4a} + 0 \cdot t^4 + \cdots,$$

$$\varphi = \frac{g^2}{32 a b} t^4 - \frac{g^3 t^6}{1920 a b^2} + \cdots.$$

Sind x und y die Koordinaten des Massenpunktes in bezug auf eine wagerechte und eine (abwärts gerichtete) senkrechte Achse durch seine Anfangslage, so ist näherungsweise

$$x = a(1 - \cos\vartheta) - b \sin\varphi = \tfrac{1}{2} a \vartheta^2 - b\varphi = \frac{g^3 t^6}{1920 a b}$$

und

$$y = a \sin\vartheta + b(\cos\varphi - 1) = a\vartheta = \frac{g t^2}{4}.$$

Durch Elimination von t zwischen diesen Gleichungen ergibt sich

$$y^3 = 30 a b x.$$

Dies ist die gesuchte angenäherte Gleichung der Bahn des Massenpunktes in der Umgebung seiner Anfangslage.

2. *Ein Ring der Masse m kann auf einem homogenen Stab der Masse M und der Länge 2a gleiten, der um eines seiner Enden drehbar ist. Zu Beginn der Bewegung liegt der Stab wagerecht, und der Ring ist um die Strecke r_0 von dem festgehaltenen Ende entfernt. Man bestimme die Anfangskrümmung der Bahnkurve des Ringes im Raum.*

Es seien r, ϑ die Polarkoordinaten des Ringes zur Zeit t, bezogen auf das feste Ende des Stabes und eine Horizontale, wobei ϑ von dieser Geraden aus nach unten gerechnet wird. Für die kinetische und potentielle Energie ergibt sich

$$T = \frac{1}{2} m(\dot{r}^2 + r^2 \dot{\vartheta}^2) + \frac{1}{2} M \frac{4a^2}{3} \dot{\vartheta}^2,$$

$$V = -mrg \sin\vartheta - Mag \sin\vartheta.$$

Die Lagrangeschen Bewegungsgleichungen lauten

$$\frac{d}{dt}\left(\frac{\partial T}{\partial \dot{r}}\right) - \frac{\partial T}{\partial r} = -\frac{\partial V}{\partial r},$$

$$\frac{d}{dt}\left(\frac{\partial T}{\partial \dot{\vartheta}}\right) - \frac{\partial T}{\partial \vartheta} = -\frac{\partial V}{\partial \vartheta}$$

oder

$$\ddot{r} - r\dot{\vartheta}^2 - g \sin\vartheta = 0,$$

$$\tfrac{4}{3} Ma^2 \ddot{\vartheta} + mr^2 \ddot{\vartheta} + 2mr\dot{r}\dot{\vartheta} - Mga\cos\vartheta - mgr\cos\vartheta = 0.$$

Da $\dot{r}, \vartheta, \dot{\vartheta}$ zu Beginn der Bewegung Null sind, können wir Entwicklungen der Form

$$r = r_0 + a_2 t^2 + a_3 t^3 + a_4 t^4 + \ldots,$$

$$\vartheta = b_2 t^2 + b_3 t^3 + \ldots$$

annehmen; führen wir diese Ausdrücke in die Differentialgleichungen ein und setzen die Koeffizienten entsprechender Potenzen von t einander gleich, so finden wir

$$a_2 = 0, \qquad a_3 = 0, \qquad a_4 = \tfrac{1}{12} b_2 (g + 4 b_2 r_0),$$

$$b_2 = \frac{3g(Ma + mr_0)}{2(4Ma^2 + 3mr_0^2)}.$$

Die Koordinaten des Massenpunktes in bezug auf eine wagerechte und eine senkrechte Achse durch seine Anfangslage sind

$$x = r\cos\vartheta - r_0, \qquad y = r\sin\vartheta$$

oder näherungsweise

$$x = (a_4 - \tfrac{1}{2} r_0 b_2^2) t^4, \qquad y = r_0 b_2 t^2.$$

Die Krümmung der Bahnkurve ist bestimmt durch

$$\frac{1}{\varrho} = \lim \frac{2x}{y^2} = \frac{2a_4}{b_2^2 r_0^2} - \frac{1}{r_0}.$$

Nach Einsetzen der obigen Werte für b_2 und a_4 ergibt sich

$$\frac{1}{\varrho} = \frac{Ma(4a - 3r_0)}{9r_0^2(Ma + mr_0)}.$$

Dies ist die gesuchte Anfangskrümmung der Bahn des Ringes.

Aufgabe. Zwei homogene Stäbe AB, BC mit den Massen m_1, m_2 und den Längen a, b sind in dem Punkt B durch ein Gelenk verbunden und um den festgehaltenen Punkt A drehbar. Zu Beginn der Bewegung sei AB wagerecht, BC senkrecht. Man zeige, daß, wenn C losgelassen wird, die Gleichung der anfänglichen Bahn des näher an C gelegenen Dreiteilungspunktes der Strecke BC sich in der Form darstellen läßt

$$y^3 = 60\left(1 + \frac{2m_2}{m_1}\right) abx.$$

(Camb. Math. Tripos, Part I. 1896.)

§ 68. Die Bewegung von Systemen mit drei Freiheitsgraden.

Die Möglichkeit, Bewegungsprobleme von Systemen mit drei Freiheitsgraden durch Quadraturen zu lösen, ist im allgemeinen, wie bei den Systemen mit zwei Freiheitsgraden, bedingt entweder durch das Auftreten zyklischer Koordinaten, die die Existenz von Integralen der Bewegungsgrößen oder der Momente der Bewegungsgrößen zur Folge haben, oder durch die Möglichkeit, die Veränderlichen in dem kinetischen Potential zu trennen. Die folgenden Beispiele erläutern das Verfahren.

1. Bewegung eines Stabes in einem gegebenen Kraftfeld.

Ein homogener Stab der Masse m und der Länge $2a$ kann sich auf einer glatten wagerechten Ebene bewegen. Jedes Stabelement werde von einer festen Geraden der Ebene mit einer Kraft angezogen, die seiner Masse und seinem Abstand von der Geraden direkt proportional ist.

Der Mittelpunkt des Stabes habe die Koordinaten x, y, und der Stab sei gegen die feste Gerade um den Winkel ϑ geneigt. Die kinetische Energie ist

$$T = \tfrac{1}{2} m(\dot{x}^2 + \dot{y}^2 + \tfrac{1}{3} a^2 \dot{\vartheta}^2),$$

die potentielle Energie

$$V = \frac{m\mu}{4a}\int_{-a}^{+a} (y + r\sin\vartheta)^2 \, dr,$$

wo μ eine Konstante ist, oder

$$V = \mu m(\tfrac{1}{2} y^2 + \tfrac{1}{6} a^2 \sin^2\vartheta).$$

Die Lagrangeschen Bewegungsgleichungen lauten daher

$$\ddot{x} = 0,$$
$$\ddot{y} = -\mu y,$$
$$2\ddot{\vartheta} + \mu \sin 2\vartheta = 0.$$

Die beiden ersten Gleichungen ergeben

$$x = ct + d,$$
$$y = f\sin(\mu^{\frac{1}{2}} t + \varepsilon),$$

wo c, d, f, ε Integrationskonstanten sind. Der Mittelpunkt des Stabes beschreibt demnach eine Sinuskurve in der Ebene. Die Gleichung für ϑ ist vom Typ der Pendelgleichung, kann daher wie in § 44 integriert werden.

2. Bewegung eines Stabes und eines Zylinders auf einer Ebene.

Das System setze sich zusammen aus einem homogenen massiven glatten Kreiszylinder von der Masse M und dem Radius c, der sich auf einer glatten wagerechten Ebene bewegen kann, und aus einem schweren geraden Stab von der Masse m und der Länge $2a$, der in der senkrechten Ebene rechtwinklig zur Achse durch den Schwerpunkt des Zylinders auf dem Zylinder und mit einem seiner Enden auf der Ebene liegt.

Zur Zeit t sei der Stab um den Winkel ϑ gegen die Senkrechte geneigt, und die Berührungsgerade des Zylinders und der Ebene habe in der Ebene die Strecke x zurückgelegt. Die Koordinaten des Stabmittelpunktes in bezug auf eine wagerechte und eine senkrechte Achse mit dem Ursprung auf der ursprünglichen Berührungsgeraden des Zylinders und der Ebene sind, wie man leicht sieht,

$$x - c\operatorname{ctg}\left(\frac{\pi}{4} - \frac{\vartheta}{2}\right) + a\sin\vartheta \quad \text{und} \quad a\cos\vartheta.$$

Zur Zeit t habe sich der Zylinder um den Winkel φ gedreht. Das System hat die kinetische Energie

$$T = \frac{1}{6} m a^2 \dot{\vartheta}^2 + \frac{1}{2} m \left\{ \dot{x} - \frac{c\dot{\vartheta}}{2} \sin^{-2}\left(\frac{\pi}{4} - \frac{\vartheta}{2}\right) + a\dot{\vartheta}\cos\vartheta \right\}^2$$
$$+ \frac{1}{2} m a^2 \dot{\vartheta}^2 \sin^2\vartheta + \frac{1}{2} M \dot{x}^2 + \frac{1}{4} M c^2 \dot{\varphi}^2 .$$

Seine potentielle Energie ist gegeben durch

$$V = m g a \cos\vartheta .$$

Offenbar sind die Koordinaten x und φ zyklisch; ihnen entsprechen die Integrale

$$\frac{\partial T}{\partial \dot{x}} = \text{konst.}, \qquad \frac{\partial T}{\partial \dot{\varphi}} = \text{konst.}$$

Das erste kann gedeutet werden als Integral der Bewegungsgröße des Systems parallel zur x-Achse, das zweite als Integral des Moments der Bewegungsgröße des Zylinders um seine Achse. Man kann ihnen die Form geben

$$m \left\{ \dot{x} - \frac{c\dot{\vartheta}}{2} \sin^{-2}\left(\frac{\pi}{4} - \frac{\vartheta}{2}\right) + a\dot{\vartheta}\cos\vartheta \right\} + M\dot{x} = \text{konst.},$$
$$\tfrac{1}{2} M c^2 \dot{\varphi} = \text{konst.}$$

Führt man die aus diesen Gleichungen erhaltenen Werte für $\dot{x}$ und $\dot{\varphi}$ in das Integral der Energie

$$T + V = \text{konst.}$$

ein, so ergibt sich

$$\dot{\vartheta}^2 \left[\frac{1}{3} a^2 + a^2 \sin^2\vartheta + \frac{M}{m+M} \left\{ a\cos\vartheta - \frac{c}{2} \sin^{-2}\left(\frac{\pi}{4} - \frac{\vartheta}{2}\right) \right\}^2 \right] = d - 2 g a \cos\vartheta ,$$

wo d eine Konstante ist. Da die Veränderlichen t und ϑ zu trennen sind, läßt sich auch diese Gleichung integrieren, woraus sich ϑ als Funktion von t ergibt. Die oben gefundenen beiden Integrale liefern dann x und φ als Funktionen von t.

§ 69. Kräftefreie Bewegung eines Körpers um einen festen Punkt.

Eines der wichtigsten Probleme in der Dynamik der Systeme mit drei Freiheitsgraden ist das folgende: Die Bewegung eines starren Körpers zu bestimmen, von dem ein Punkt O festgehalten wird, und auf den keine äußeren Kräfte wirken[1]). Dies Problem findet sich realisiert (§ 64) in der Bewegung eines starren Körpers um seinen Schwerpunkt unter der Wirkung von Kräften, deren Resultante durch den Schwerpunkt geht.

In diesem System ist das Moment der Bewegungsgröße des Körpers um jede im Raume feste Gerade durch den Unterstützungspunkt konstant (§ 40). Folglich ist diejenige Gerade durch den Unterstützungspunkt, für die das Moment der Bewegungsgröße den größten Wert annimmt, im Raume fest. Diese Gerade, die sogenannte *invariable Gerade*,

[1]) Euler: *Mémoires de Berlin* 1758. Elliptische Funktionen wurden zuerst zur Lösung des Problems verwandt von Rueb: *Specimen inaugurale* ... Utrecht: 1834; die Lösung wurde vervollständigt durch Jacobi: *Journ. f. Math.* Bd. 39, S. 293. 1849.

werde zur Achse OZ gemacht; OX und OY seien zwei andere zueinander und zur Achse OZ senkrechte Geraden durch den Unterstützungspunkt. Die Momente der Bewegungsgrößen um die Achsen OX und OY verschwinden; andernfalls würde der Resultierenden der Momente der Bewegungsgrößen um OX, OY, OZ eine Gerade entsprechen, deren zugehöriges Moment der Bewegungsgröße größer als dasjenige um OZ sein würde, was der Voraussetzung widerspricht. Nach § 39 ist daher das Moment der Bewegungsgröße um eine beliebige Gerade durch O, die mit OZ den Winkel ϑ einschließt, gleich $d\cos\vartheta$, wo d das Moment der Bewegungsgröße um OZ bedeutet.

Die Lage des Körpers zu einer beliebigen Zeit t ist bekannt, wenn man die momentane Lage der drei Hauptträgheitsachsen in dem Unterstützungspunkt kennt. Diese Achsen werden zum mitbewegten System $Oxyz$ gewählt. ϑ, φ, ψ seien die Eulerschen Winkel, die die Lage der Achsen $Oxyz$ gegen die Achsen $OXYZ$ bestimmen. A, B, C seien die Hauptträgheitsmomente des Körpers in O, und zwar seien sie abnehmend geordnet, ferner $\omega_1, \omega_2, \omega_3$ die Komponenten der Winkelgeschwindigkeit des Systems um die Achsen Ox, Oy, Oz, so daß nach §§ 10, 62 die Gleichungen bestehen

$$\begin{aligned} A\omega_1 &= -d\sin\vartheta\cos\psi, \\ B\omega_2 &= d\sin\vartheta\sin\psi, \\ C\omega_3 &= d\cos\vartheta \end{aligned}$$

oder (§ 16)

$$\begin{aligned} \dot\vartheta\sin\psi - \dot\varphi\sin\vartheta\cos\psi &= -\frac{d}{A}\sin\vartheta\cos\psi, \\ \dot\vartheta\cos\psi + \dot\varphi\sin\vartheta\sin\psi &= \frac{d}{B}\sin\vartheta\sin\psi, \\ \dot\psi + \dot\varphi\cos\vartheta &= \frac{d}{C}\cos\vartheta. \end{aligned}$$

Damit sind drei Integrale der Bewegungsgleichungen des Systems gefunden. Sie enthalten jedoch nur *eine* willkürliche Konstante, nämlich d, da unser spezielles Achsensystem so gewählt ist, daß die beiden andern Integrationskonstanten verschwinden. Wir wählen daher an Stelle der Lagrangeschen Bewegungsgleichungen diese drei Gleichungen zur Bestimmung von ϑ, φ, ψ.

Die Auflösung nach $\dot\vartheta$, $\dot\varphi$, $\dot\psi$ ergibt

$$\begin{aligned} \dot\vartheta &= \frac{(A-B)\,d}{AB}\sin\vartheta\cos\psi\sin\psi, \\ \dot\varphi &= \frac{d}{A}\cos^2\psi + \frac{d}{B}\sin^2\psi, \\ \dot\psi &= \left(\frac{d}{C} - \frac{d}{A}\cos^2\psi - \frac{d}{B}\sin^2\psi\right)\cos\vartheta. \end{aligned}$$

Das Energieintegral (das eine Folgerung aus diesen drei Gleichungen ist) läßt sich nach § 63 sofort angeben. Es ist

$$A\omega_1^2 + B\omega_2^2 + C\omega_3^2 = c,$$

wo c eine Konstante ist. Ersetzen wir ω_1, ω_2, ω_3 durch ihre Werte als Funktionen von ϑ und ψ, so läßt sich die Gleichung in den beiden Formen schreiben

$$\frac{A-B}{AB}\sin^2\vartheta\cos^2\psi = -\frac{Bc-d^2}{Bd^2} + \frac{B-C}{BC}\cos^2\vartheta$$

oder

$$\frac{A-B}{AB}\sin^2\vartheta\sin^2\psi = \frac{Ac-d^2}{Ad^2} - \frac{A-C}{AC}\cos^2\vartheta.$$

Da $A > B > C$ sein soll, ist die Größe $cA - d^2$ oder $B(A-B)\omega_2^2 + C(A-C)\omega_3^2$ positiv und $cC - d^2$ negativ. Die Größe $Bc - d^2$ kann positiv oder negativ sein. Wir nehmen an, sie sei positiv.

Die erste der drei Differentialgleichungen läßt sich unter Benutzung der letzten Gleichungen folgendermaßen schreiben

$$\frac{d}{dt}(\cos\vartheta) = -d\left\{-\frac{Bc-d^2}{Bd^2} + \frac{B-C}{BC}\cos^2\vartheta\right\}^{\frac{1}{2}}\left\{\frac{Ac-d^2}{Ad^2} - \frac{A-C}{AC}\cos^2\vartheta\right\}^{\frac{1}{2}}.$$

Durch diese Gleichung erweist sich $\cos\vartheta$ als eine Jacobische elliptische Funktion[1]) einer linearen Funktion von t. Die beiden vorhergehenden Gleichungen ergeben, daß $\sin\vartheta\cos\psi$ und $\sin\vartheta\sin\psi$ die beiden anderen Jacobischen Funktionen sind.

Deshalb setzen wir

$$\sin\vartheta\cos\psi = P\,\mathrm{cn}\,u, \qquad \sin\vartheta\sin\psi = Q\,\mathrm{sn}\,u, \qquad \cos\vartheta = R\,\mathrm{dn}\,u,$$

wo P, Q, R Konstanten sind und u eine lineare Funktion von t ist, etwa $u = \lambda t + \varepsilon$. Die Größen P, Q, R, λ und der Modul k der elliptischen Funktionen müssen derart gewählt werden, daß die obigen Gleichungen übereinstimmen mit den folgenden

$$k^2\,\mathrm{cn}^2 u = -k'^2 + \mathrm{dn}^2 u,$$
$$k^2\,\mathrm{sn}^2 u = 1 - \mathrm{dn}^2 u,$$
$$\frac{d}{du}\mathrm{dn}\,u = -k^2\,\mathrm{sn}\,u\,\mathrm{cn}\,u.$$

Vergleichung der Koeffizienten ergibt

$$P^2 = \frac{A(d^2-cC)}{d^2(A-C)}, \qquad Q^2 = \frac{B(d^2-cC)}{d^2(B-C)}, \qquad R^2 = \frac{C(cA-d^2)}{d^2(A-C)},$$

$$k^2 = \frac{(A-B)(d^2-cC)}{(B-C)(Ac-d^2)}, \qquad \lambda^2 = \frac{(B-C)(cA-d^2)}{ABC}.$$

---

[1]) Wegen der hier und im folgenden benutzten Theorie der elliptischen Funktionen sei verwiesen auf Whittaker and Watson: *Modern Analysis* Kap. 20—22.

Die Gleichung für k^2 zeigt, daß k reell ist, und die Gleichung

$$1 - k^2 = \frac{(A-C)(Bc-d^2)}{(B-C)(Ac-d^2)},$$

daß $1 - k^2 > 0$, d. h. $k < 1$ ist. Offenbar sind die Größen P, Q, R, λ gleichfalls reell.

Eine reelle Größe a möge nun definiert sein durch die gleichzeitig bestehenden Gleichungen

$$\operatorname{sn} ia = i\left\{\frac{C(Ac-d^2)}{A(d^2-cC)}\right\}^{\frac{1}{2}}, \quad \operatorname{cn} ia = \left\{\frac{d^2(A-C)}{A(d^2-cC)}\right\}^{\frac{1}{2}}, \quad \operatorname{dn} ia = \left\{\frac{B(A-C)}{A(B-C)}\right\}^{\frac{1}{2}}.$$

Da

$$k'^{-\frac{1}{2}} \operatorname{dn} ia = \frac{\vartheta_{00}(ia/2K)}{\vartheta_{01}(ia/2K)}$$

ist, wo die Theta-Funktionen definiert sind durch die Reihenentwicklungen

$$\begin{aligned}
\vartheta_{00}(\nu) &= 1 + 2q\cos 2\pi\nu + 2q^4\cos 4\pi\nu + 2q^9\cos 6\pi\nu + \ldots, \\
\vartheta_{01}(\nu) &= 1 - 2q\cos 2\pi\nu + 2q^4\cos 4\pi\nu - 2q^9\cos 6\pi\nu + \ldots, \\
\vartheta_{10}(\nu) &= 2q^{\frac{1}{4}}\cos\pi\nu + 2q^{\frac{9}{4}}\cos 3\pi\nu + 2q^{\frac{25}{4}}\cos 5\pi\nu + \ldots, \\
\vartheta_{11}(\nu) &= 2q^{\frac{1}{4}}\sin\pi\nu - 2q^{\frac{9}{4}}\sin 3\pi\nu + 2q^{\frac{25}{4}}\sin 5\pi\nu + \ldots
\end{aligned}$$

und $q = e^{-\pi K'/K}$ ist, so haben wir

$$\frac{1 + 2q\operatorname{Cof} 2\gamma + 2q^4\operatorname{Cof} 4\gamma + \ldots}{1 - 2q\operatorname{Cof} 2\gamma + 2q^4\operatorname{Cof} 4\gamma - \ldots} = (k')^{-\frac{1}{2}}\left\{\frac{B(A-C)}{A(B-C)}\right\}^{\frac{1}{2}},$$

wo $\gamma = \pi a/2K$ gesetzt ist. Aus dieser Gleichung kann man durch sukzessive Näherung γ (und somit a) berechnen.

Die Eulerschen Winkel ϑ, ψ für den Zeitpunkt t sind nun bestimmt durch die Gleichungen

$$\sin\vartheta\cos\psi = \frac{\operatorname{cn}(\lambda + \varepsilon)}{\operatorname{cn} ia},$$

$$\sin\vartheta\sin\psi = \frac{\operatorname{dn} ia \operatorname{sn}(\lambda t + \varepsilon)}{\operatorname{cn} ia},$$

$$\cos\vartheta = \frac{\operatorname{sn} ia \operatorname{dn}(\lambda t + \varepsilon)}{i \operatorname{cn} ia}$$

oder (wenn man ε fortläßt)

$$\sin\vartheta\cos\psi = \frac{\vartheta_{01}(ia/2K)\,\vartheta_{10}(\lambda t/2K)}{\vartheta_{10}(ia/2K)\,\vartheta_{01}(\lambda t/2K)},$$

$$\sin\vartheta\sin\psi = \frac{\vartheta_{00}(ia/2K)\,\vartheta_{11}(\lambda t/2K)}{\vartheta_{10}(ia/2K)\,\vartheta_{01}(\lambda t/2K)},$$

$$\cos\vartheta = \frac{\vartheta_{11}(ia/2K)\,\vartheta_{00}(\lambda t/2K)}{i\vartheta_{10}(ia/2K)\,\vartheta_{01}(\lambda t/2K)}.$$

Der Modul k der elliptischen Funktionen ist bekannt; daher kann man den Parameter q der Theta-Funktionen durch die Gleichung bestimmen

$$q = \frac{k^2}{16} + \frac{k^4}{32} + \frac{21\,k^6}{1024} + \dots$$

oder durch die schneller konvergierende Reihe

$$q = \tfrac{1}{2}\operatorname{tg}^2\beta + \tfrac{1}{16}\operatorname{tg}^{10}\beta + \tfrac{15}{512}\operatorname{tg}^{18}\beta + \dots,$$

wo $\cos\beta = k'^{\frac{1}{2}}$ ist. K läßt sich dann berechnen aus der Reihe

$$(2\,K/\pi)^{\frac{1}{2}} = \vartheta_{00} = 1 + 2q + 2q^4 + 2q^9 + \dots$$

Damit ist die Periode $4\,K/\lambda$ der Neigung der Achsen $Oxyz$ gegen die Gerade OZ bestimmt.

Setzen wir nun $\pi a/2K = \gamma$ und $\pi\lambda/2K = \mu$, so ist

$$\sin\vartheta\cos\psi = \frac{(1 - 2q\operatorname{Cof}2\gamma + 2q^4\operatorname{Cof}4\gamma - \dots)(\cos\mu t + q^2\cos 3mt + \dots)}{(\operatorname{Cof}\gamma + q^2\operatorname{Cof}3\gamma + \dots)(1 - 2q\cos 2\mu t + 2q^4\cos 4\mu t + \dots)},$$

$$\sin\vartheta\sin\psi = \frac{(1 + 2q\operatorname{Cof}2\gamma + 2q^4\operatorname{Cof}4\gamma + \dots)(\sin\mu t - q^2\sin 3\mu t + \dots)}{(\operatorname{Cof}\gamma + q^2\operatorname{Cof}3\gamma + \dots)(1 - 2q\cos 2\mu t + 2q^4\cos 4\mu t + \dots)},$$

$$\cos\vartheta = \frac{(\operatorname{Sin}\gamma - q^2\operatorname{Sin}3\gamma + \dots)(1 + 2q\cos 2\mu t + 2q^4\cos 4\mu t + \dots)}{(\operatorname{Cof}\gamma + q^2\operatorname{Cof}3\gamma + \dots)(1 - 2q\cos 2\mu t + 2q^4\cos 4\mu t + \dots)}.$$

Die Größen q, μ, γ können als die die Bewegung charakterisierenden Konstanten aufgefaßt werden.

Aufgabe. Der Körper sei ein homogenes Ellipsoid der Dichte 1 mit den drei Halbachsen

$$a = 1, \qquad b = 2, \qquad c = 3.$$

Die drei Hauptträgheitsmomente sind

$$A = \tfrac{4}{15}\pi\,a\,b\,c\,(b^2 + c^2) = 20{,}8\,\pi, \qquad B = 16\,\pi, \qquad C = 8\,\pi.$$

Die anfänglichen Rotationsgeschwindigkeiten um die Hauptachsen seien

$$\omega_1 = \tfrac{1}{4}, \qquad \omega_2 = \tfrac{1}{2}, \qquad \omega_3 = 1.$$

Dann ist die Energiekonstante

$$c = A\,\omega_1^2 + B\,\omega_2^2 + C\,\omega_3^2 = 13{,}3\,\pi,$$

und die Konstante des Moments der Bewegungsgröße ist gegeben durch

$$d^2 = A^2\omega_1^2 + B^2\omega_2^2 + C^2\omega_3^2 = 155{,}04\,\pi^2,$$

so daß

$$d = 12{,}452\pi; \quad A\,c - d^2 = 121{,}60\pi^2; \quad B\,c - d^2 = 57{,}76\pi^2; \quad d^2 - c\,C = 48{,}64\,\pi^2.$$

Der Modul der elliptischen Funktionen ist gegeben durch die Gleichung

$$k^2 = \frac{(A - B)\,(d^2 - c\,C)}{(B - C)\,(A\,c - d^2)} = 0{,}240\,.$$

Daraus folgt also

$$k'^2 = 1 - k^2 = 0{,}760\,,$$

$$q = \frac{1}{2}\cdot\frac{1-k'^{\frac{1}{2}}}{1+k'^{\frac{1}{2}}} + 2\left\{\frac{1}{2}\cdot\frac{1-k'^{\frac{1}{2}}}{1+k'^{\frac{1}{2}}}\right\}^5 + \ldots = 0{,}0171\,,$$

$$\left(\frac{2K}{\pi}\right)^{\frac{1}{2}} = 1 + 2q + 2q^4 + 2q^9 + \ldots = 1{,}0342\,,$$

also

$$K = 1{,}68013\,,$$

$$K' = -\frac{K}{\pi}\log q = 2{,}176\,.$$

Ferner ist

$$\lambda^2 = \frac{(B-C)(Ac-d^2)}{ABC} = 0{,}3654\,,$$

also

$$\lambda = 0{,}6045$$

und

$$\mu = \frac{\pi\lambda}{2K} = 0{,}5651\,.$$

Die Periode der Winkel ϑ und ψ ist $4K/\lambda$ oder $2\pi/\mu$ und hat den Wert 11,118. Um ϑ und ψ in trigonometrische Reihen nach t zu entwickeln, müssen wir γ bestimmen. Dazu benutzen wir die Beziehung

$$\frac{B(A-C)}{A(B-C)} = 1{,}2308\,,$$

also

$$\left\{\frac{B(A-C)}{A(B-C)}\right\}^{\frac{1}{2}} = 1{,}1094\,;$$

unter Vernachlässigung von q^4 ist daher

$$\frac{1+2q\,\mathfrak{Cos}\,2\gamma}{1-2q\,\mathfrak{Cos}\,2\gamma} = \frac{1{,}1094}{0{,}9337}\,.$$

Daraus folgt

$$\mathfrak{Cos}\,2\gamma = 2{,}503\,,$$

$$2\gamma = 1{,}568\,,$$

$$\gamma = 0{,}784\,.$$

Die Größe a bestimmt sich dann aus der Gleichung

$$a = \frac{2K}{\pi}\gamma = 0{,}8385\,.$$

In dem Grenzfall $A = B$ des allgemeinen Problems wird $k = 0$. Die elliptischen Funktionen gehen also in Kreisfunktionen über. Dann kann man die Lösung folgendermaßen schreiben

$$\sin\vartheta\cos\psi = \frac{\cos\lambda t}{\mathfrak{Cos}\,a}\,,\qquad \sin\vartheta\sin\psi = \frac{\sin\lambda t}{\mathfrak{Cos}\,a}\,,\qquad \cos\vartheta = \mathfrak{Tg}\,a$$

mit den Werten

$$\lambda = \left\{\frac{(A-C)(Ac-d^2)}{A^2C}\right\}^{\frac{1}{2}},\quad \mathfrak{Sin}\,a = \left\{\frac{C(Ac-d^2)}{A(d^2-cC)}\right\}^{\frac{1}{2}},\quad \mathfrak{Cos}\,a = \left\{\frac{d^2(A-C)}{A(d^2-cC)}\right\}^{\frac{1}{2}}.$$

Die Bewegung besteht demnach in einer gleichförmigen Präzession um die invariable Gerade OZ, wobei der Körper sich gleichzeitig um seine eigene Symmetrieachse Oz dreht.

Ein anderer Grenzfall ist der, daß $d^2 = cB$ ist, so daß $k^2 = 1$ wird und die elliptischen Funktionen in hyperbolische Funktionen ausarten. Dafür geben wir die folgenden Beispiele.

Aufgabe 1. *Ein starrer Körper bewegt sich kräftefrei um einen festen Punkt; man zeige, daß, wenn (in den obigen Bezeichnungen) $d^2 = Bc$ ist, und wenn $\omega_2 = 0$ für $t = 0$ ist, während ω_1 und ω_3 für $t = 0$ positiv sind, die Richtungskosinus der B-Achse zur Zeit t in bezug auf die ursprüngliche Richtung der Hauptachsen gleich*

$$\alpha \operatorname{\mathfrak{Tg}} \chi - \gamma \frac{\sin\mu}{\operatorname{\mathfrak{Cof}} \chi}, \qquad \frac{\cos\mu}{\operatorname{\mathfrak{Cof}} \chi}, \qquad \gamma \operatorname{\mathfrak{Tg}} \chi + \frac{\alpha \sin\mu}{\operatorname{\mathfrak{Cof}} \chi}$$

sind, wo

$$\mu = \frac{dt}{B}, \quad \chi = \frac{dt}{B}\left\{\frac{(A-B)(B-C)}{AC}\right\}^{\frac{1}{2}}, \quad \alpha = \left\{\frac{A(B-C)}{B(A-C)}\right\}^{\frac{1}{2}}, \quad \gamma = \left\{\frac{C(A-B)}{B(A-C)}\right\}^{\frac{1}{2}}$$

gesetzt ist. (Camb. Math. Tripos, Part I. 1899.)

Zum Beweise bemerken wir, daß für $Bc = d^2$ die ϑ-Koordinate der Differentialgleichung

$$\frac{d}{dt}\left(\frac{1}{\cos\vartheta}\right) = d\left(\frac{B-C}{BC}\right)^{\frac{1}{2}}\left\{\frac{Ac-d^2}{Ad^2}\,\frac{1}{\cos^2\vartheta} - \frac{A-C}{AC}\right\}^{\frac{1}{2}}$$

genügt, die das Integral

$$\cos\vartheta = \frac{\gamma}{\operatorname{\mathfrak{Cof}} \chi},$$

hat, wo γ und χ die oben definierten Größen sind. Die Gleichung

$$\frac{A-B}{AB}\sin^2\vartheta\sin^2\psi = \frac{Ac-d^2}{Ad^2} - \frac{A-C}{AC}\cos^2\vartheta$$

ergibt dann

$$\sin\vartheta\sin\psi = \operatorname{\mathfrak{Tg}} \chi,$$

und die Gleichung

$$\dot\varphi = \frac{d}{A}\cos^2\psi + \frac{d}{B}\sin^2\psi$$

ergibt

$$\sin(\varphi - \mu) = -\gamma\sin\psi.$$

Diese Gleichungen zeigen, daß die Richtungskosinus der B-Achse in bezug auf die Achsen $OXYZ$, nämlich (§ 10)

$$-\cos\varphi\cos\vartheta\sin\psi - \sin\varphi\cos\psi, \qquad -\sin\varphi\cos\vartheta\sin\psi + \cos\varphi\cos\psi, \qquad \sin\vartheta\sin\psi$$

sich in der Form

$$-\frac{\sin\mu}{\operatorname{\mathfrak{Cof}} \chi}, \qquad \frac{\cos\mu}{\operatorname{\mathfrak{Cof}} \chi}, \qquad \operatorname{\mathfrak{Tg}} \chi$$

schreiben lassen.

Es mögen $\omega_{10}, \omega_{20}, \omega_{30}$ die ursprünglichen Richtungen der Hauptachsen bezeichnen. Da

$$A^2\omega_1^2 + C^2\omega_3^2 = d^2 = Bc = B(A\omega_1^2 + C\omega_3^2)$$

ist, so daß $A\omega_1 = \alpha d$ und $C\omega_3 = \gamma d$ ist, ergibt sich für die Richtungskosinus von $\omega_{10}, \omega_{20}, \omega_{30}$ in bezug auf $OXYZ$ das Schema

	X	Y	Z
ω_{10}	γ	0	α
ω_{20}	0	1	0
ω_{30}	$-\alpha$	0	γ

Daher sind die Richtungskosinus der B-Achse, bezogen auf $\omega_{10}, \omega_{20}, \omega_{30}$ gleich

$$\frac{-\gamma\sin\mu}{\operatorname{\mathfrak{Cof}} \chi} + \alpha \operatorname{\mathfrak{Tg}} \chi, \qquad \frac{\cos\mu}{\operatorname{\mathfrak{Cof}} \chi}, \qquad \frac{\alpha\sin\mu}{\operatorname{\mathfrak{Cof}} \chi} + \gamma \operatorname{\mathfrak{Tg}} \chi.$$

Aufgabe 2. Man zeige, daß für $d^2 = Bc$ die Achse Oy auf einer Kugel um den festen Punkt eine Loxodrome in bezug auf die Meridiane durch die invariable Gerade beschreibt.

Indem wir uns nun wieder dem allgemeinen Fall zuwenden, haben wir den dritten Eulerschen Winkel φ als Funktion der Zeit auszudrücken. Es ist

$$\dot{\varphi} = \frac{d}{A} + d\left(\frac{1}{B} - \frac{1}{A}\right)\sin^2\psi,$$

aber

$$\operatorname{ctg}\psi = \frac{\operatorname{cn}\lambda t}{\operatorname{dn} i a \operatorname{sn}\lambda t},$$

woraus folgt

$$\sin^2\psi = \frac{\operatorname{dn}^2 i a \operatorname{sn}^2\lambda t}{1 - k^2 \operatorname{sn}^2 i a \operatorname{sn}^2\lambda t}.$$

Diese Funktion verschwindet mit t und hat Pole in den Nullstellen des Nenners, d. h. in den Punkten, für die

$$\operatorname{sn}\lambda t = \pm\frac{1}{k \operatorname{sn} i a} = \pm\operatorname{sn}(i a \pm i K')$$

ist. Daher hat sie in einem Periodenparallelogramm $(2K,\ 2iK')$ Pole in den Punkten $\lambda t = ia + iK'$ und $\lambda t = -ia + iK'$.

In der Umgebung des ersteren gilt für $\lambda t = ia + iK' + \varepsilon$ und unter Vernachlässigung der höheren Potenzen von ε:

$$\begin{aligned}\sin^2\psi &= \frac{\operatorname{dn}^2 i a/k^2 \operatorname{sn}^2 i a}{1 - \{\operatorname{sn}^2 ia/\operatorname{sn}^2(ia+\varepsilon)\}}\\ &= \frac{\operatorname{dn}^2 i a}{k^2\operatorname{sn}^2 i a + 2\varepsilon k^2 \operatorname{sn} i a \operatorname{cn} i a \operatorname{dn} i a - k^2 \operatorname{sn}^2 i a}.\end{aligned}$$

In diesem Pol ist daher das Residuum von $\sin^2\psi$, als Funktion von λt betrachtet, gleich

$$\frac{\operatorname{dn} i a}{2k^2 \operatorname{sn} i a \operatorname{cn} i a} \quad \text{oder} \quad \frac{1}{2id(A-B)}\left\{\frac{(B-C)(Ac-d^2)AB}{C}\right\}^{\frac{1}{2}}.$$

Demnach ist in diesem Punkt das Residuum von $d\left(\frac{1}{B} - \frac{1}{A}\right)\sin^2\psi$ (als Funktion von λt betrachtet):

$$\frac{1}{2i}\left\{\frac{(B-C)(Ac-d^2)}{ABC}\right\}^{\frac{1}{2}} \quad \text{oder} \quad \frac{\lambda}{2i}.$$

Infolgedessen ist das Residuum, wenn $\lambda t/2K$ als die Veränderliche angesehen wird, gleich $-i\lambda/4K$. Da wir nunmehr die Nullstellen, Pole und Residuen dieser Funktion kennen, können wir sie als Summe von logarithmischen Ableitungen von Theta-Funktionen darstellen. In der Tat, da $\vartheta_{01}(v)$ in $v = \frac{1}{2}\omega = iK'/2K$ eine einfache Nullstelle hat, so ist

$$\dot{\varphi} = \frac{d}{A} - \frac{i\lambda}{4K}\left\{\frac{\vartheta_{01}'\left(\frac{\lambda t - ia}{2K}\right)}{\vartheta_{01}\left(\frac{\lambda t - ia}{2K}\right)} - \frac{\vartheta_{01}'\left(\frac{\lambda t + ia}{2K}\right)}{\vartheta_{01}\left(\frac{\lambda t + ia}{2K}\right)} + 2\,\frac{\vartheta_{01}'\left(\frac{ia}{2K}\right)}{\vartheta_{01}\left(\frac{ia}{2K}\right)}\right\},$$

und daher

$$e^{2i\varphi} = \text{konst.}\,\frac{\vartheta_{01}\left(\frac{\lambda t - ia}{2K}\right)}{\vartheta_{01}\left(\frac{\lambda t + ia}{2K}\right)}\,e^{\left\{\frac{2id}{A}+\frac{\lambda}{K}\frac{\vartheta'_{01}(ia/2K)}{\vartheta_{01}(ia/2K)}\right\}t}.$$

Nun hat $\vartheta_{01}\left(\frac{\lambda t - ia}{2K}\right)\Big/\vartheta_{01}\left(\frac{\lambda t + ia}{2K}\right)$ als Funktion von t die reelle Periode $2K/\lambda$. Daher gibt die Exponentialfunktion auf der rechten Seite die *mittlere Bewegung* von φ, d. h. die Präzessionsbewegung des Systems um die invariable Gerade. Es ist

$$\vartheta_{01}(v) = 1 - 2q\cos 2\pi v + 2q^4\cos 4\pi v - \ldots,$$

$$\vartheta'_{01}(v) = 4\pi q\sin 2\pi v - 8\pi q^4\sin 4\pi v + \ldots.$$

Demnach läßt sich der Koeffizient von t in φ, d. h. der konstante Teil von $\dot\varphi$, oder die Präzession

$$\frac{d}{A} + \frac{\lambda}{2iK}\frac{\vartheta'_{01}(ia/2K)}{\vartheta_{01}(ia/2K)}$$

in der Form schreiben

$$\frac{d}{A} + 4\mu\cdot\frac{q\,\mathfrak{Sin}\,2\gamma - 2q^4\,\mathfrak{Sin}\,4\gamma + \ldots}{1 - 2q\,\mathfrak{Cos}\,2\gamma + 2q^4\,\mathfrak{Cos}\,4\gamma\ldots},$$

in der sie sich leicht berechnen läßt.

1. *Beispiel.* Für das oben behandelte Ellipsoid mit den Halbachsen $a = 1$, $b = 2$, $c = 3$ ist

$$2\gamma = 1{,}568\,,\qquad \mathfrak{Sin}\,2\gamma = 2{,}294\,,\qquad \mathfrak{Cos}\,2\gamma = 2{,}503\,,$$

$$d = 12{,}452\pi\,,\qquad A = 20{,}8\pi\,,\qquad \mu = 0{,}5651\,,\qquad q = 0{,}0171\,.$$

Daher ist die mittlere Bewegung von φ, die sich unter Vernachlässigung von q^4 in der Form

$$\frac{d}{A} + 4\mu\,\frac{q\,\mathfrak{Sin}\,2\gamma}{1 - 2q\,\mathfrak{Cos}\,2\gamma}$$

schreiben läßt, gleich

$$0{,}5986 + 0{,}0970 = 0{,}6956\,.$$

2. *Beispiel.* Auf eine homogene Kreisscheibe, deren Mittelpunkt O festgehalten wird, wirken keine äußeren Kräfte. Man erteilt ihr eine anfängliche Winkelgeschwindigkeit Ω um einen Durchmesser, der im Raum mit $O\xi$ zusammenfällt, und eine Winkelgeschwindigkeit n um ihre im Raum mit $O\zeta$ zusammenfallende Achse. Man beweise, daß in einem beliebigen späteren Zeitpunkt

$$\chi = 2\arcsin\left[\frac{\Omega}{(\Omega^2 + 4n^2)^{\frac12}}\sin\left\{(\Omega^2 + 4n^2)^{\frac12}\cdot\tfrac12 t\right\}\right],$$

$$\omega = \operatorname{arc\,ctg}\left[\frac{\Omega}{(\Omega^2 + 4n^2)^{\frac12}}\operatorname{tg}\left\{(\Omega^2 + 4n^2)^{\frac12}\cdot\tfrac12 t\right\}\right]$$

ist, wo χ den Winkel zwischen $O\zeta$ und der Achse Oz der Scheibe, ω den Winkel zwischen den Ebenen $\zeta O\xi$ und ζOz bedeutet.

Es sei wie gewöhnlich OZ die invariable Gerade. In dem sphärischen Dreieck $Z\zeta z$, dessen Ecken von den Durchdringungspunkten der Geraden $OZ, O\zeta, Oz$ mit einer Kugel um den Punkt O gebildet werden, ist $Zz = \vartheta$, $\sphericalangle \zeta Z z = \varphi$. Überdies gilt für die Scheibe $C = 2B = 2A$. Daher ist

$$d^2 = A^2\Omega^2 + C^2 n^2 = A^2(\Omega^2 + 4n^2)$$

und

$$\frac{d}{A} = (\Omega^2 + 4n^2)^{\frac{1}{2}}.$$

Die Bewegungsgleichungen für ϑ und φ lauten demnach

$$\dot{\vartheta} = 0, \qquad \dot{\varphi} = d/A = (\Omega^2 + 4n^2)^{\frac{1}{2}},$$

also

$$\vartheta = Z\zeta = \arccos\frac{2n}{(\Omega^2 + 4n^2)^{\frac{1}{2}}}, \qquad \varphi = (\Omega^2 + 4n^2)^{\frac{1}{2}}\, t.$$

In dem sphärischen Dreieck $Z\zeta z$ ist daher

$$Z\zeta = Zz = \arccos\frac{2n}{(\Omega^2 + 4n^2)^{\frac{1}{2}}}, \quad \sphericalangle \zeta Z z = (\Omega^2 + 4n^2)^{\frac{1}{2}}\, t, \quad \sphericalangle Z\zeta z = \omega, \quad \zeta z = \chi.$$

Daraus folgt

$$\sin\tfrac{1}{2}\chi = \sin Z\zeta \sin\tfrac{1}{2}\zeta Z z = \frac{\Omega}{(\Omega^2 + 4n^2)^{\frac{1}{2}}} \sin\{(\Omega^2 + 4n^2)^{\frac{1}{2}} \cdot \tfrac{1}{2} t\}$$

und

$$\operatorname{ctg}\omega = \cos Z\zeta \operatorname{tg}\tfrac{1}{2}\zeta Z z = \frac{2n}{(\Omega^2 + 4n^2)^{\frac{1}{2}}} \operatorname{tg}\{(\Omega^2 + 4n^2)^{\frac{1}{2}} \cdot \tfrac{1}{2} t\}.$$

Damit haben wir die gesuchten Gleichungen.

§ 70. Die kinematische Darstellung der Bewegung nach Poinsot; Polhodie und Herpolhodie.

Eine elegante Methode zur kinematischen Darstellung der kräftefreien Bewegung eines Körpers um einen festen Punkt verdankt man Poinsot[1]).

Das Trägheitsellipsoid des Körpers in bezug auf den festen Punkt hat in dem mitbewegten Achsensystem $Oxyz$ die Gleichung

$$Ax^2 + By^2 + Cz^2 = 1.$$

Wir betrachten die zu der invariablen Geraden senkrechte Tangentialebene des Ellipsoids. Ist p das Lot auf diese Tangentialebene aus dem Ursprung, so ist, da p die Richtungskosinus $A\omega_1/d$, $B\omega_2/d$, $C\omega_3/d$ besitzt,

$$p^2 = \frac{A\omega_1^2 + B\omega_2^2 + C\omega_3^2}{A^2\omega_1^2 + B^2\omega_2^2 + C^2\omega_3^2}$$

$$= \frac{c}{d^2} = \text{konst.}$$

---

[1]) Poinsot: *Théorie nouvelle de la rotation des corps.* Paris 1834.

Da das Lot auf die Ebene nach Größe und Richtung konstant ist, so ist die Ebene im Raume fest. Das Trägheitsellipsoid berührt also ständig diese invariable Ebene.

Sind x', y', z' die Koordinaten des Berührungspunktes des Ellipsoids und der Ebene, so ergeben sich durch Identifizieren der Gleichungen

$$A x x' + B y y' + C z z' = 1 \quad \text{und} \quad A\omega_1 x + B\omega_2 y + C\omega_3 z = p d$$

die Werte

$$x' = \frac{\omega_1}{p d} = \frac{\omega_1}{\sqrt{c}}, \qquad y' = \frac{\omega_2}{p d} = \frac{\omega_2}{\sqrt{c}}, \qquad z' = \frac{\omega_3}{p d} = \frac{\omega_3}{\sqrt{c}}.$$

Demnach ist der Radiusvektor nach dem Punkt (x', y', z') die momentane Rotationsachse des Körpers. Daraus folgt: *Der Körper bewegt sich so, als rollte das mit ihm starr verbunden gedachte Trägheitsellipsoid um den festen Punkt auf einer festen Ebene senkrecht zu der invariablen Geraden ohne zu gleiten. Dabei ist seine Winkelgeschwindigkeit dem Radiusvektor nach dem Berührungspunkt proportional, so daß die Komponente der Winkelgeschwindigkeit um die invariable Gerade konstant ist.*

Aufgabe 1. Ein um einen festen Punkt beweglicher Körper sei ursprünglich in Ruhe und dann der stetigen Einwirkung eines nach Größe und Richtung konstanten Kräftepaares unterworfen. Man zeige, daß die Poinsotsche Konstruktion alsdann noch gültig bleibt, daß aber die Komponente der Winkelgeschwindigkeit um die invariable Gerade nicht mehr konstant, sondern der Zeit proportional ist.

In jedem Zeitintervall dt erfährt nämlich das Moment der Bewegungsgröße des Körpers um die feste Achse OZ des Kräftepaares den Zuwachs $N dt$. Zur Zeit t ist also das Moment der Bewegungsgröße des Systems um OZ gleich Nt. Nun sind die Komponenten des Moments der Bewegungsgröße um die Hauptträgheitsachsen $Oxyz$ bzw. $A\omega_1, B\omega_2, C\omega_3$, wobei A, B, C die Hauptträgheitsmomente und $\omega_1, \omega_2, \omega_3$ die Komponenten der Winkelgeschwindigkeit sind. Daher ist

$$A\omega_1 = -Nt \sin\vartheta \cos\psi, \qquad B\omega_2 = Nt \sin\vartheta \sin\psi, \qquad C\omega_3 = Nt \cos\vartheta,$$

wo ϑ, φ, ψ die Eulerschen Winkel bedeuten, die die Richtung der Achsen $Oxyz$ gegen feste Achsen $OXYZ$ bestimmen. Diese Gleichungen unterscheiden sich aber von denjenigen der kräftefreien Bewegung eines Körpers nur durch das Auftreten von $t dt$ an Stelle von dt. Die Bewegung unterscheidet sich also von der kräftefreien Bewegung nur dadurch, daß die Geschwindigkeiten mit t multipliziert sind, womit die Behauptung bewiesen ist.

Aufgabe 2. Bei der kräftefreien Bewegung eines Körpers um einen festen Punkt sei ein Hyperboloid mit dem Körper derart starr verbunden, daß seine Achsenrichtungen die der Hauptträgheitsachsen des Körpers im festen Punkt sind, und daß die Quadrate seiner Achsenlängen bzw. den Größen $d^2 - Ac$, $d^2 - Bc$, $d^2 - Cc$ proportional sind, wo A, B, C die Trägheitsmomente des Körpers im festen Punkt, c den doppelten Betrag seiner kinetischen Energie, d das resultierende Moment der Bewegungsgröße bedeuten. Man zeige, daß man die Bewegung dieses Hyperboloids dadurch darstellen kann, daß man es ohne Gleiten auf einem Kreiszylinder rollen läßt, dessen Achse durch den festen Punkt geht und der Achse des resultierenden Moments der Bewegungsgröße proportional ist. (Siacci.)

Die Kurve, die der Berührungspunkt des Ellipsoids und der invariablen Ebene bei der Poinsotschen Konstruktion auf dem Ellipsoid beschreibt, heißt die *Polhodie*. Ihre auf die Hauptträgheitsachsen bezogene Gleichung ist offenbar gegeben durch die Gleichung des Ellipsoids zusammen mit der Gleichung $p =$ konst., d. h. also

$$A\,x^2 + B\,y^2 + C\,z^2 = 1\,,$$
$$A^2 x^2 + B^2 y^2 + C^2 z^2 = d^2/c\,.$$

Aufgabe 1. Man zeige, daß die Polhodie ein Kreis ist, wenn $A = B$ ist.

Aufgabe 2. Es sei $A \geqq B \geqq C$. Man zeige, daß es zwei Arten von Polhodiekurven gibt, nämlich solche, die die z-Achse des Trägheitsellipsoids einschließen und dem Fall $c\,B > d^2 > c\,C$ entsprechen, und solche, die die x-Achse einschließen und dem Fall $c\,A > d^2 > c\,B$ entsprechen. Den Übergang zwischen beiden Arten vermittelt eine singuläre Polhodiekurve, die dem Fall $c\,B - d^2 = 0$ entspricht und aus zwei Ellipsen durch die Endpunkte der mittleren Achse besteht.

Die Kurve, die der Berührungspunkt des Ellipsoids und der invariablen Ebene in der Ebene beschreibt, heißt die *Herpolhodie*.

Zur Bestimmung der Gleichung der Herpolhodie wählen wir ϱ, χ als Polarkoordinaten des Berührungspunktes mit dem Fußpunkt des Lotes aus dem festen Punkt auf die invariable Ebene als Ursprung. Sind x', y', z' die Koordinaten desselben Punktes in bezug auf die bewegten Achsen $O\,x\,y\,z$, so ist $x'^2 + y'^2 + z'^2$ gleich dem Quadrat des Radiusvektors vom Unterstützungspunkt zum Berührungspunkt, also

$$x'^2 + y'^2 + z'^2 = \varrho^2 + \frac{c}{d^2}\,.$$

Führt man für x', y', z' die durch die Gleichungen

$$\begin{aligned} x' &= \omega_1/\sqrt{c} = -\,d \sin\vartheta \cos\psi / A\sqrt{c}\,,\\ y' &= \omega_2/\sqrt{c} = \,d \sin\vartheta \sin\psi / B\sqrt{c}\,,\\ z' &= \omega_3/\sqrt{c} = \,d \cos\vartheta / C\sqrt{c} \end{aligned}$$

gegebenen Werte ein, so wird

$$\varrho^2 = -\frac{c}{d^2} + \frac{d^2}{A^2 c}\sin^2\vartheta\cos^2\psi + \frac{d^2}{B^2 c}\sin^2\vartheta\sin^2\psi + \frac{d^2}{C^2 c}\cos^2\vartheta\,.$$

Werden ϑ und ψ durch ihre Werte als Funktionen von t ersetzt, so wird

$$\begin{aligned} \varrho^2 &= \frac{(cA - d^2)(d^2 - cC)}{c\,d^2 A^2 B^2 C^2}\left\{A\,C\,B^2 - \frac{(B-C)(A-B)\,d^2}{\wp(t) - e_3}\right\}\\ &= \frac{(cA - d^2)(d^2 - c\,C)}{c\,d^2 AC}\,\frac{\wp(t) - \wp(l + \omega)}{\wp(t) - e_3}\,, \end{aligned}$$

wo ω die der Wurzel e_1 entsprechende Halbperiode bedeutet. Diese Gleichung stellt den Radiusvektor der Herpolhodie als Funktion der Zeit dar.

Zur Bestimmung von χ als Funktion der Zeit bemerken wir, daß $\sqrt{c}\,\varrho^2\,\dot\chi/d$ gleich dem sechsfachen Rauminhalt des Tetraeders ist, dessen

Ecken gebildet werden vom Unterstützungspunkt, vom Fußpunkt des Lotes aus dem Unterstützungspunkt auf die invariable Ebene und zwei benachbarten Berührungspunkten, dividiert durch das zugehörige Zeitintervall. Diese Größe läßt sich darstellen in der Form

$$\begin{vmatrix} x' & y' & z' \\ A c x'/d^2 & B c y'/d^2 & C c z'/d^2 \\ \dot{x}' & \dot{y}' & \dot{z}' \end{vmatrix} \quad \text{oder} \quad \frac{c}{d^2} x' y' z' \begin{vmatrix} 1 & 1 & 1 \\ A & B & C \\ \dot{x}'/x' & \dot{y}'/y' & \dot{z}'/z' \end{vmatrix}.$$

Mit Ausnahme von $\dot{\chi}$ sind alle vorkommenden Größen bekannte Funktionen von t. Führt man ihre Werte als Funktionen von t ein und kürzt, so folgt

$$\dot{\chi} = \frac{d}{B\{\wp(t) - \wp(l+\omega)\}} \left\{ \wp(t) - \frac{(B-C)e_2 + (A-B)e_1}{A-C} \right\}.$$

Diesem Ausdruck kann man die Form geben

$$\dot{\chi} = \frac{d}{B} + \frac{i}{2} \frac{\wp'(l+\omega)}{\wp(t) - \wp(l+\omega)}.$$

Die Gleichung läßt sich ebenso integrieren wie diejenige für den Eulerschen Winkel φ. Sie ergibt

$$e^{2i(\chi - \chi_0)} = e^{\{2id/B - 2\zeta(l+\omega)\}t} \frac{\sigma(t+l+\omega)}{\sigma(t-l-\omega)},$$

wo χ_0 eine Integrationskonstante ist. Die laufenden Koordinaten ϱ, χ der Herpolhodie sind damit als Funktionen von t dargestellt.

Aufgabe 1. Ein Massenpunkt bewegt sich derart, daß das Moment der Bewegungsgröße um den Ursprung eine lineare Funktion des Quadrates des Radiusvektors ist, während das Quadrat seiner Geschwindigkeit eine quadratische Funktion des Quadrats des Radiusvektors ist, in der der Koeffizient der höchsten Potenz negativ ist. Man zeige, daß die Bahn die Poinsotsche Herpolhodie ist, wobei jedoch A, B, C nicht mehr auf positive Werte beschränkt sind.

Aufgabe 2. Man diskutiere die Fälle, in denen die Polhodie besteht aus a) zwei sich auf der mittleren Achse des Trägheitsellipsoids schneidenden Ellipsen, b) zwei Parallelkreisen, c) zwei Punkten. In diesen Fällen ist die Herpolhodie eine Spirale (deren Gleichung sich mit elementaren Funktionen darstellen läßt), ein Kreis oder ein Punkt.

§ 71. Bewegung eines Kreisels auf einer völlig rauhen Ebene; Bestimmung des Eulerschen Winkels ϑ.

Ein Kreisel ist ein Körper mit einer Symmetrieachse, der an einem Ende der Achse in einer scharfen Spitze endet.

Wir untersuchen die Bewegung eines um seine Achse rotierenden Kreisels, der mit der Spitze O auf eine völlig rauhe Ebene aufgesetzt ist, so daß O praktisch als fester Punkt betrachtet werden kann. Das Problem kommt hinaus auf die Bestimmung der Bewegung eines Umdrehungskörpers unter dem Einfluß der Schwere, wenn ein Punkt seiner Achse im Raum festgehalten wird [1]).

Es seien A, A, C die Trägheitsmomente des Kreisels in der Spitze, bezogen auf rechtwinklige mitgeführte Achsen $Oxyz$, deren Nullpunkt in der Kreiselspitze liegt, während die z-Achse mit der Kreiselachse zusammenfällt. Ihre Richtungen gegen im Raum feste rechtwinklige Achsen $OXYZ$, wo OZ senkrecht aufwärts zeigt, werden bestimmt durch die Eulerschen Winkel ϑ, φ, ψ.

Nach § 63 ist die kinetische Energie

$$T = \tfrac{1}{2}(A\omega_1^2 + A\omega_2^2 + C\omega_3^2),$$

wo ω_1, ω_2, ω_3 die Komponenten der Winkelgeschwindigkeit des Kreisels nach den mitbewegten Achsen bedeuten. Für sie gilt nach § 16

$$\begin{aligned}\omega_1 &= \dot\vartheta \sin\psi - \dot\varphi \sin\vartheta \cos\psi,\\ \omega_2 &= \dot\vartheta \cos\psi + \dot\varphi \sin\vartheta \sin\psi,\\ \omega_3 &= \dot\psi + \dot\varphi \cos\vartheta.\end{aligned}$$

Die kinetische Energie ist daher

$$T = \tfrac{1}{2}A\dot\vartheta^2 + \tfrac{1}{2}A\dot\varphi^2\sin^2\vartheta + \tfrac{1}{2}C(\dot\psi + \dot\varphi\cos\vartheta)^2,$$

die potentielle Energie $V = Mgh\cos\vartheta$, wo M die Masse des Kreisels, h die Entfernung des Schwerpunktes von der Spitze bedeutet.

Das kinetische Potential ist deshalb

$$L = T - V = \tfrac{1}{2}A\dot\vartheta^2 + \tfrac{1}{2}A\dot\varphi^2\sin^2\vartheta + \tfrac{1}{2}C(\dot\psi + \dot\varphi\cos\vartheta)^2 - Mgh\cos\vartheta.$$

Offenbar sind die Koordinaten φ und ψ zyklisch; ihnen entsprechen die Integrale

$$\frac{\partial T}{\partial\dot\varphi} = \text{konst.}, \qquad \frac{\partial T}{\partial\dot\psi} = \text{konst.}$$

oder

$$A\dot\varphi\sin^2\vartheta + C(\dot\psi + \dot\varphi\cos\vartheta)\cos\vartheta = a, \qquad C(\dot\psi + \dot\varphi\cos\vartheta) = b,$$

wo a, b Konstanten sind. Sie lassen sich deuten als Integrale der Momente der Bewegungsgrößen um die Achsen OZ und Oz und ergeben sich daher von vornherein aus allgemeinen dynamischen Prinzipien.

Das abgeänderte kinetische Potential des reduzierten Systems (§ 38) ist

$$\begin{aligned}R &= L - a\dot\varphi - b\dot\psi\\ &= \tfrac{1}{2}A\dot\vartheta^2 - \frac{(a - b\cos\vartheta)^2}{2A\sin^2\vartheta} - \frac{b^2}{2C} - Mgh\cos\vartheta.\end{aligned}$$

Da das Glied $-b^2/2C$ konstant ist, kann es vernachlässigt werden. Die Bewegungsgleichung lautet

$$\frac{d}{dt}\left(\frac{\partial R}{\partial\dot\vartheta}\right) - \frac{\partial R}{\partial\vartheta} = 0,$$

---

[1]) Lagrange: *Méc. Anal.*, *Oeuvres* Bd. 12, S. 251.

ϑ ändert sich also genau so wie in einem dynamischen System mit einem Freiheitsgrad und der kinetischen Energie $\frac{1}{2} A \dot{\vartheta}^2$ und der potentiellen Energie

$$\frac{(a - b\cos\vartheta)^2}{2A\sin^2\vartheta} + Mgh\cos\vartheta.$$

Den Zusammenhang von ϑ und t ergibt daher das Energieintegral des reduzierten Systems, nämlich

$$\tfrac{1}{2} A\dot{\vartheta}^2 = -\frac{(a - b\cos\vartheta)^2}{2A\sin^2\vartheta} - Mgh\cos\vartheta + c,$$

wo c eine Konstante ist.

Für $x = \cos\vartheta$ wird diese Gleichung zu

$$A^2\dot{x}^2 = -(a - bx)^2 - 2AMgh(x - x^3) + 2Ac(1 - x^2).$$

Ihre rechte Seite ist ein Polynom dritten Grades in x; für $x = -1$ ist es negativ; für gewisse reelle Werte von ϑ, d. h. für gewisse Werte von x zwischen -1 und $+1$ muß es positiv sein, da die linke Seite der Gleichung dann positiv wird; für $x = 1$ ist es wieder negativ, für $x = +\infty$ positiv. Es hat demnach zwei reelle Wurzeln in dem Intervall $(-1, +1)$; die dritte ist gleichfalls reell und größer als 1. Die drei Wurzeln seien bezeichnet mit

$$\cos\alpha, \qquad \cos\beta, \qquad \mathfrak{Cof}\,\gamma,$$

wo $\cos\beta > \cos\alpha$, so daß $\alpha > \beta$ ist.

Dann wird die Differentialgleichung zu

$$\left(\frac{Mgh}{2A}\right)^{\frac{1}{2}} dt = \{4(x - \cos\alpha)(x - \cos\beta)(x - \mathfrak{Cof}\,\gamma)\}^{-\frac{1}{2}} dx.$$

Setzen wir

$$x = \frac{2A}{Mgh} z + \frac{1}{3}(\cos\alpha + \cos\beta + \mathfrak{Cof}\,\gamma) = \frac{2A}{Mgh} z + \frac{2Ac + b^2}{6AMgh},$$

so ist daher

$$t + \text{konst.} = \int \{4(z - e_1)(z - e_2)(z - e_3)\}^{-\frac{1}{2}} dz,$$

wo die Konstanten e_1, e_2, e_3 gegeben sind durch die Gleichungen

$$e_1 = \frac{Mgh}{2A}\mathfrak{Cof}\,\gamma - \frac{2Ac + b^2}{12A^2},$$

$$e_2 = \frac{Mgh}{2A}\cos\beta - \frac{2Ac + b^2}{12A^2},$$

$$e_3 = \frac{Mgh}{2A}\cos\alpha - \frac{2Ac + b^2}{12A^2},$$

so daß e_1, e_2, e_3 reell sind und den Relationen genügen

$$e_1 + e_2 + e_3 = 0, \qquad e_1 > e_2 > e_3.$$

Zwischen z und t besteht daher der Zusammenhang

$$z = \wp(t + \varepsilon),$$

wo ε eine Integrationskonstante und die $\wp$-Funktion mit den Wurzeln e_1, e_2, e_3 gebildet ist. Daraus folgt

$$x = \frac{2A}{Mgh}\wp(t + \varepsilon) + \frac{2Ac + b^2}{6AMgh}.$$

Damit $\dot{x}$ für reelle Werte von t reell ist, muß x offenbar zwischen $\cos\alpha$ und $\cos\beta$ liegen, d. h. $\wp(t + \varepsilon)$ muß für reelles t zwischen e_2 und e_3 liegen. Daher muß der imaginäre Teil der Konstanten ε die der Wurzel e_3 entsprechende Halbperiode ω_3 sein. Der reelle Teil von ε hängt von dem Beginn der Zeitrechnung ab, kann also durch geeignete Wahl des zeitlichen Nullpunktes zum Verschwinden gebracht werden. Daher ist endlich

$$\cos\vartheta = \frac{2A}{Mgh}\wp(t + \omega_3) + \frac{2Ac + b^2}{6AMgh}.$$

Diese Gleichung stellt den Eulerschen Winkel ϑ als Funktion der Zeit dar [1]).

Aufgabe 1. *Der Kreisel möge so in Bewegung gesetzt werden, daß die Anfangswerte*

$$\vartheta = 60^\circ, \quad \dot{\vartheta} = 0, \quad \dot{\varphi} = 2(Mgh/3A)^{\frac{1}{2}}, \quad \dot{\psi} = (3A - C)(Mgh/3AC^2)^{\frac{1}{2}}$$

sind. Man zeige, daß der Wert von ϑ zu einer beliebigen Zeit t gegeben ist durch die Gleichung

$$\frac{1}{\cos\vartheta} = 1 + \frac{1}{\operatorname{Cof}\left(\sqrt{\frac{Mgh}{A}}\,t\right)},$$

so daß sich die Kreiselachse immer mehr der Senkrechten nähert.

Wir finden nämlich für die Konstanten a, b, c leicht die Werte

$$a = b = (3MghA)^{\frac{1}{2}}, \qquad c = Mgh,$$

so daß die Differentialgleichung zur Bestimmung von x gleich

$$\left(\frac{dx}{dt}\right)^2 = \frac{Mgh}{A}(1 - x^2)(2x - 1)$$

wird, woraus die Behauptung folgt.

Aufgabe 2. *An einem Rotationskörper, der sich um einen festgehaltenen Punkt seiner Symmetrieachse frei bewegen kann, greifen Kräfte an, die von der Potentialfunktion $\mu\operatorname{ctg}^2\vartheta$ abgeleitet sind, wo ϑ den Winkel der Achse mit einer festen Geraden bedeutet. Man zeige, daß die Bewegungsgleichungen sich durch elementare Funktionen integrieren lassen.*

Gehen wir nämlich gerade so vor wie im Fall des Kreisels auf der völlig rauhen Ebene, so finden wir für das Energieintegral des reduzierten Problems die Gleichung

$$\frac{1}{2}A\dot{\vartheta}^2 = -\frac{(a - b\cos\vartheta)^2}{2A\sin^2\vartheta} - \mu\frac{\cos^2\vartheta}{\sin^2\vartheta} + c.$$

[1]) Das vorliegende Problem kann auf dasjenige des sphärischen Pendels (§ 55) zurückgeführt werden, wenn die Größen $M, C, A, h, a, b, c, \cos\vartheta, \varphi, l, k$ ersetzt werden durch bzw. $1, 0, l^2, l, k, 0, h, z/l, \varphi, \lambda, \mu$.

Für $\cos\vartheta = x$ wird daraus

$$A^2 \dot{x}^2 = -(a - bx)^2 - 2A\mu x^2 + 2Ac(1 - x^2).$$

Die quadratische Form auf der rechten Seite ist negativ für $x = 1$ und $x = -1$, positiv für gewisse Werte von x zwischen -1 und $+1$, da die linke Seite für gewisse reelle Werte von ϑ positiv wird. Sie hat daher zwei reelle Nullstellen zwischen -1 und $+1$. Werden diese mit $\cos\alpha$ und $\cos\beta$ bezeichnet, so erhält die Gleichung die Gestalt

$$\lambda^2 \dot{x}^2 = (\cos\alpha - x)(x - \cos\beta).$$

Ihre Lösung ist

$$x = \cos\alpha \sin^2(t/2\lambda) + \cos\beta \cos^2(t/2\lambda).$$

§ 72. Bestimmung der übrigen Eulerschen Winkel und der Cayley-Kleinschen Parameter; der Kugelkreisel.

Nachdem im vorhergehenden der Eulersche Winkel ϑ als Funktion der Zeit bestimmt ist, muß das gleiche für die übrigen Eulerschen Winkel φ und ψ geschehen. Dazu benutzen wir die beiden den zyklischen Koordinaten φ, ψ entsprechenden Integrale. Ihre Auflösung nach $\dot{\varphi}$ und $\dot{\psi}$ ergibt

$$\dot{\varphi} = \frac{a - b\cos\vartheta}{A\sin^2\vartheta},$$

$$\dot{\psi} = \frac{b}{C} - \frac{(a - b\cos\vartheta)\cos\vartheta}{A\sin^2\vartheta}.$$

Betrachten wir die Bewegung in ihrer Abhängigkeit von den Konstanten M, A, C, h des Körpers und den Integrationskonstanten a, b, c, so zeigen diese Gleichungen und die Gleichung für $\dot{\vartheta}$, daß C einzig in dem konstanten Glied des Ausdrucks für $\dot{\psi}$ auftritt. Daher können wir einen Hilfskreisel mit den Trägheitsmomenten A, A, A derart in Bewegung setzen, daß seine Symmetrieachse dauernd dieselbe Lage einnimmt wie die Symmetrieachse des gegebenen Kreisels. Der einzige Unterschied in der Bewegung der beiden Kreisel besteht darin, daß der Hilfskreisel eine konstante Zusatzrotation $b(C - A)/AC$ um seine Achse vollführt. Ein derartiger Kreisel mit lauter gleichen Trägheitsmomenten wird als *Kugelkreisel* bezeichnet. Die Bewegung eines beliebigen Kreisels läßt sich also mit Hilfe der Bewegung eines Kugelkreisels einfach darstellen. Ohne Beeinträchtigung der Allgemeinheit kann daher an Stelle eines beliebigen Kreisels stets ein Kugelkreisel betrachtet werden.

Setzen wir demnach $C = A$, so werden die Bestimmungsgleichungen für φ und ψ

$$\dot{\varphi} = \frac{a - b\cos\vartheta}{A\sin^2\vartheta} = \frac{a + b}{2A(\cos\vartheta + 1)} - \frac{a - b}{2A(\cos\vartheta - 1)},$$

$$\dot{\psi} = \frac{b - a\cos\vartheta}{A\sin^2\vartheta} = \frac{a + b}{2A(\cos\vartheta + 1)} + \frac{a - b}{2A(\cos\vartheta - 1)}$$

Führen wir für $\cos\vartheta$ den aus der Gleichung

$$\cos\vartheta = \frac{2A}{Mgh}\wp(t+\omega_3) + \frac{2Ac+b^2}{6AMgh}$$

folgenden Wert ein und setzen wir

$$\wp(l) = \frac{Mgh}{2A} - \frac{2Ac+b^2}{12A^2},$$

$$\wp(k) = -\frac{Mgh}{2A} - \frac{2Ac+b^2}{12A^2},$$

so daß l und k bekannte imaginäre Konstanten (nämlich die den Werten $\vartheta = 0$ und $\vartheta = \pi$ entsprechenden Werte von $t + \omega_3$) sind, so gehen die Differentialgleichungen über in

$$\dot\varphi = \frac{Mgh(a+b)}{4A^2}\cdot\frac{1}{\wp(t+\omega_3)-\wp(k)} - \frac{Mgh(a-b)}{4A^2}\cdot\frac{1}{\wp(t+\omega_3)-\wp(l)},$$

$$\dot\psi = \frac{Mgh(a+b)}{4A^2}\cdot\frac{1}{\wp(t+\omega_3)-\wp(k)} + \frac{Mgh(a-b)}{4A^2}\cdot\frac{1}{\wp(t+\omega_3)-\wp(l)}.$$

Der Zusammenhang der $\wp$-Funktion mit ihrer Abgeleiteten $\wp'$ läßt sich nun sogleich angeben, wenn der Wert von x aus der Gleichung

$$x = \frac{2A}{Mgh}\wp(t+\omega_3) + \frac{2Ac+b^2}{6AMgh}$$

in die Gleichung

$$A^2\left(\frac{dx}{dt}\right)^2 = -(a-bx)^2 - 2AMgh(x-x^3) + 2Ac(1-x^2)$$

eingeführt wird. Ist k das Argument der $\wp$-Funktion, so folgt aus der Definition von k, daß der zugehörige Wert von x gleich -1 ist. Daher ergibt die letzte Gleichung

$$A^2\{2A\wp'(k)/Mgh\}^2 = -(a+b)^2$$

oder

$$\wp'(k) = iMgh(a+b)/2A^2.$$

Ähnlich folgt

$$\wp'(l) = iMgh(a-b)/2A^2.$$

Daher lassen sich die Gleichungen für φ und ψ in der Form schreiben

$$2i\dot\varphi = \frac{\wp'(k)}{\wp(t+\omega_3)-\wp(k)} - \frac{\wp'(l)}{\wp(t+\omega_3)-\wp(l)},$$

$$2i\dot\psi = \frac{\wp'(k)}{\wp(t+\omega_3)-\wp(k)} + \frac{\wp'(l)}{\wp(t+\omega_3)-\wp(l)}.$$

Nun ist

$$\frac{\wp'(k)}{\wp(t+\omega_3)-\wp(k)}$$

eine elliptische Funktion, deren Pole in jedem Periodenparallelogramm den Werten $t = \pm k - \omega_3$ kongruent sind. Die zugehörigen Residuen sind 1 und -1; die Funktion hat Nullstellen für $t + \omega_3 = 0$. Daher ist

$$\frac{\wp'(k)}{\wp(t+\omega_3) - \wp(k)} = \zeta(t + \omega_3 - k) - \zeta(t + \omega_3 + k) + 2\zeta(k),$$

also

$$\int \frac{\wp'(k)\,dt}{\wp(t+\omega_3) - \wp(k)} = \log \frac{\sigma(t+\omega_3-k)}{\sigma(t+\omega_3+k)} + 2\zeta(k)t + \text{konst.}$$

Folglich lassen sich die Integrale der Gleichungen für φ und ψ in der Form schreiben

$$e^{2i(\varphi-\varphi_0)} = e^{2\{\zeta(k)-\zeta(l)\}t}\,\frac{\sigma(t+\omega_3-k)\,\sigma(t+\omega_3+l)}{\sigma(t+\omega_3+k)\,\sigma(t+\omega_3-l)},$$

$$e^{2i(\psi-\psi_0)} = e^{2\{\zeta(k)+\zeta(l)\}t}\,\frac{\sigma(t+\omega_3-k)\,\sigma(t+\omega_3-l)}{\sigma(t+\omega_3+k)\,\sigma(t+\omega_3+l)},$$

wo φ_0 und ψ_0 Integrationskonstanten sind.

Diese Gleichungen führen auf einfache Ausdrücke für die Cayley-Kleinschen Parameter $\alpha, \beta, \gamma, \delta$ des § 12, die die Lage der mitbewegten Achsen $Oxyz$ gegen feste Achsen $OXYZ$ bestimmen. Denn nach der Definition ist

$$\alpha = \cos\tfrac{1}{2}\vartheta \cdot e^{\frac{1}{2}i(\varphi+\psi)}, \qquad \beta = i\sin\tfrac{1}{2}\vartheta \cdot e^{\frac{1}{2}i(\varphi-\psi)},$$

$$\gamma = i\sin\tfrac{1}{2}\vartheta \cdot e^{\frac{1}{2}i(\psi-\varphi)}, \qquad \gamma = \cos\tfrac{1}{2}\vartheta \cdot e^{-\frac{1}{2}i(\varphi+\psi)}.$$

Andererseits ist aber

$$\begin{aligned}
2\cos^2\tfrac{1}{2}\vartheta &= 1 + \cos\vartheta, \\
&= 1 + \frac{2A}{Mgh}\wp(t+\omega_3) + \frac{2Ac+b^2}{6AMgh} \\
&= \frac{2A}{Mgh}\wp(t+\omega_3) - \wp(k) \\
&= -\frac{2A}{Mgh}\,\frac{\sigma(t+\omega_3+k)\,\sigma(t+\omega_3-k)}{\sigma^2(k)\,\sigma^2(t+\omega_3)}
\end{aligned}$$

oder

$$\cos\tfrac{1}{2}\vartheta = \left(\frac{-A}{Mgh}\right)^{\frac{1}{2}} \frac{\{\sigma(t+\omega_3+k)\,\sigma(t+\omega_3-k)\}^{\frac{1}{2}}}{\sigma(k)\,\sigma(t+\omega_3)}.$$

Ähnlich finden wir

$$\sin\tfrac{1}{2}\vartheta = \left(\frac{A}{Mgh}\right)^{\frac{1}{2}} \frac{\{\sigma(t+\omega_3+l)\,\sigma(t+\omega_3-l)\}^{\frac{1}{2}}}{\sigma(l)\,\sigma(t+\omega_3)}.$$

Die Kombination dieser Gleichungen mit den schon gefundenen Ausdrücken für $e^{2i\varphi}$ und $e^{2i\psi}$ ergibt

$$\alpha = \left(\frac{-A}{Mgh}\right)^{\frac{1}{2}} \frac{e^{\frac{1}{2}i(\varphi_0+\psi_0)}}{\sigma(k)} \frac{\sigma(t+\omega_3-k)}{\sigma(t+\omega_3)} e^{t\zeta(k)},$$

$$\beta = \left(\frac{-A}{Mgh}\right)^{\frac{1}{2}} \frac{e^{\frac{1}{2}i(\varphi_0-\psi_0)}}{\sigma(l)} \frac{\sigma(t+\omega_3+l)}{\sigma(t+\omega_3)} e^{-t\zeta(l)},$$

$$\gamma = \left(\frac{-A}{Mgh}\right)^{\frac{1}{2}} \frac{e^{\frac{1}{2}i(\psi_0-\varphi_0)}}{\sigma(l)} \frac{\sigma(t+\omega_3-l)}{\sigma(t+\omega_3)} e^{t\zeta(l)},$$

$$\delta = \left(\frac{-A}{Mgh}\right)^{\frac{1}{2}} \frac{e^{-\frac{1}{2}i(\varphi_0+\psi_0)}}{\sigma(k)} \frac{\sigma(t+\omega_3+k)}{\sigma(t+\omega_3)} e^{-t\zeta(k)}.$$

Diese Gleichungen stellen die Parameter α, β, γ, δ als Funktionen der Zeit dar.

Aufgabe 1. Ein Kreisel der Masse M bewegt sich um einen festgehaltenen Punkt seiner Symmetrieachse. Die Trägheitsmomente um die Figurenachse und eine dazu senkrechte Gerade durch den Unterstützungspunkt sind C bzw. A. Der Schwerpunkt befindet sich im Abstand h vom Unterstützungspunkt. Der Kreisel werde so gehalten, daß seine Achse den Winkel $\arccos(1/\sqrt{3})$ *mit der abwärts gerichteten Senkrechten einschließt, und man erteile ihm die Winkelgeschwindigkeit* $\sqrt{AMgh\sqrt{3}/C}$ *um seine Achse. Man zeige, daß die Achse, wenn man sie nun losläßt, den Kegel*

$$\sin^2\vartheta \sin 2\varphi = (-\cos\vartheta - 1/\sqrt{3})^{\frac{3}{2}} (-\cos\vartheta + \sqrt{3})^{\frac{1}{2}}$$

oder

$$\sin^2\vartheta \cos 2\varphi = \frac{2\sqrt{2}}{\sqrt{3}\sqrt[4]{3}} (\sqrt{3}/2 + \cos\vartheta)^{\frac{1}{2}}$$

beschreibt, wo φ den Azimutwinkel und ϑ die Neigung der Achse gegen die aufwärts gerichtete Senkrechte bezeichnet. (Camb. Math. Tripos, Part I. 1894.)

Die Anfangswerte sind nämlich

$$\cos\vartheta = -1/\sqrt{3}, \qquad \varphi = 0, \qquad \dot\vartheta = 0, \qquad \dot\varphi = 0, \qquad \dot\psi = \sqrt{AMgh\sqrt{3}/C}.$$

Sie ergeben

$$a = -\sqrt{MAgh}/\sqrt[4]{3}, \qquad b = \sqrt[4]{3}\sqrt{MAgh}, \qquad c = -Mgh/\sqrt{3}.$$

Setzt man in die allgemeine Differentialgleichung für ϑ ein, nämlich

$$\frac{1}{2} A \dot\vartheta^2 = -\frac{(a - b\cos\vartheta)^2}{2A\sin^2\vartheta} - Mgh\cos\vartheta + c,$$

so folgt

$$A\dot\vartheta^2 \sin^2\vartheta = -Mgh(\cos\vartheta + 1/\sqrt{3})(\sqrt{3} + 2\cos\vartheta)(-\cos\vartheta + \sqrt{3}),$$

während die Gleichung

$$\dot\varphi = \frac{a - b\cos\vartheta}{A\sin^2\vartheta}$$

ergibt

$$\dot\varphi = -\sqrt{\frac{Mgh\sqrt{3}}{A}} \cdot \frac{\cos\vartheta + 1/\sqrt{3}}{\sin^2\vartheta}.$$

Dividieren wir diese Gleichung durch die Quadratwurzel aus der vorhergehenden, so wird

$$\varphi = 3^{\frac{1}{4}}\int(-\cos\vartheta - 1/\sqrt{3})^{\frac{1}{2}}(\sqrt{3} + 2\cos\vartheta)^{-\frac{1}{2}}(-\cos\vartheta + \sqrt{3})^{-\frac{1}{2}}\frac{d\vartheta}{\sin\vartheta},$$

$$\varphi = 3^{\frac{1}{4}}\int(x - 1/\sqrt{3})^{\frac{1}{2}}(\sqrt{3} - 2x)^{-\frac{1}{2}}(x + \sqrt{3})^{-\frac{1}{2}}(1 - x^2)^{-1}\,dx, \qquad \text{wo } x = -\cos\vartheta.$$

Setzen wir nun

$$u = (x - 1/\sqrt{3})^{\frac{3}{2}}(x + \sqrt{3})^{\frac{1}{2}}(\sqrt{3}/2 - x)^{-\frac{1}{2}},$$

so folgt durch Differentiation

$$\frac{du}{dx} = \frac{3}{2}(1 - x^2)(x - 1/\sqrt{3})^{\frac{1}{2}}(x + \sqrt{3})^{-\frac{1}{2}}(\sqrt{3}/2 - x)^{-\frac{3}{2}}$$

und

$$1 + \frac{3^{\frac{3}{2}}}{8}u^2 = \frac{3^{\frac{3}{2}}(1 - x^2)^2}{8(\sqrt{3}/2 - x)}.$$

Daher ist endlich

$$\varphi = \frac{3^{\frac{3}{4}}}{4\sqrt{2}}\int\frac{du}{1 + 3^{\frac{3}{2}}u^2/8}$$

oder

$$2\varphi = \operatorname{arc\,tg}(3^{\frac{3}{4}}\,2^{-\frac{3}{2}}u)$$

oder

$$\operatorname{tg} 2\varphi = 3^{\frac{3}{4}}\,2^{-\frac{3}{2}}(-\cos\vartheta - 1/\sqrt{3})^{\frac{3}{2}}(-\cos\vartheta + \sqrt{3})^{\frac{1}{2}}(\sqrt{3}/2 + \cos\vartheta)^{-\frac{1}{2}},$$

was der obigen Behauptung äquivalent ist.

Aufgabe 2. Man zeige, daß die Logarithmen der Cayley-Kleinschen Parameter, als Funktionen von $\cos\vartheta$ betrachtet, elliptische Integrale dritter Gattung sind.

Aufgabe 3. Man leite die obigen Ausdrücke für die Cayley-Kleinschen Parameter als Funktionen der Zeit dadurch ab, daß man zeigt, daß sie Differentialgleichungen vom Typ

$$\frac{d^2y}{dt^2} + Yy = 0$$

genügen. Darin ist Y eine doppeltperiodische Funktion von t; die Gleichungen sind vom Hermite-Laméschen Typ, also lösbar durch elliptische Funktionen zweiter Art.

Eine einfache Form der Kreiselbewegung ist die, bei der die Kreiselachse eine konstante Neigung gegen die Senkrechte behält; bei dieser sogenannten *stationären Kreiselbewegung* sind $\dot\vartheta$ und $\ddot\vartheta$ ständig Null. Da

$$\frac{1}{2}A\dot\vartheta^2 = -\frac{(a - b\cos\vartheta)^2}{2A\sin^2\vartheta} - Mgh\cos\vartheta + c$$

ist, so folgt

$$0 = \frac{d}{d\vartheta}\left\{\frac{(a - b\cos\vartheta)^2}{2A\sin^2\vartheta} + Mgh\cos\vartheta\right\}.$$

Nach Ausführung der Differentiation und Einsetzen des Wertes $A\dot\varphi\sin^2\vartheta$ von $a - b\cos\vartheta$ erhalten wir

$$0 = -b\dot\varphi + A\dot\varphi^2\cos\vartheta + Mgh.$$

Diese Gleichung gibt die Beziehung zwischen den Konstanten $\dot{\varphi}$, ϑ und b (welch letztere von der Geschwindigkeit der Kreiselbewegung um die Achse abhängt) bei der stationären Bewegung.

§ 73. Die Bewegung eines Kreisels auf einer glatten Ebene.

Die Spitze eines um seine Achse rotierenden Kreisels sei auf eine glatte wagerechte Ebene aufgesetzt[1]). Die Reaktionskraft der Ebene wirkt senkrecht aufwärts, die wagerechte Komponente der Geschwindigkeit des Schwerpunktes G des Kreisels ist daher konstant. Ohne Beschränkung der Allgemeinheit können wir also voraussetzen, daß diese Komponente Null ist, so daß der Punkt sich auf einer festen senkrechten Geraden bewegt, die wir zur Z-Achse machen. Zwei im Raum feste wagerechte zueinander senkrechte Geraden bilden die X- und Y-Achse.

Es seien $Gxyz$ die Hauptträgheitsachsen des Kreisels in G, A, A, C die zugehörigen Trägheitsmomente, so daß also Gz die Symmetrieachse ist. Ihre Lage gegen die Achsen X, Y, Z sei bestimmt durch die Eulerschen Winkel ϑ, φ, ψ.

Die Erhebung von G über der Ebene ist $h\cos\vartheta$, wenn h die Entfernung des Schwerpunktes von der Spitze bedeutet. Der von der Bewegung von G herrührende Teil der kinetischen Energie ist demnach $\frac{1}{2}Mh^2\sin^2\vartheta\cdot\dot{\vartheta}^2$, wo M die Masse des Kreisels bedeutet. Daher ist, wie in § 71, die gesamte kinetische Energie

$$T = \tfrac{1}{2}Mh^2\sin^2\vartheta\cdot\dot{\vartheta}^2 + \tfrac{1}{2}A\dot{\vartheta}^2 + \tfrac{1}{2}A\dot{\varphi}^2\sin^2\vartheta + \tfrac{1}{2}C(\dot{\psi} + \dot{\varphi}\cos\vartheta)^2$$

und die potentielle Energie

$$V = Mgh\cos\vartheta\,.$$

Wir verfahren wie in § 71 und erhalten zwei den zyklischen Koordinaten φ und ψ entsprechende Integrale, nämlich

$$A\dot{\varphi}\sin^2\vartheta + C(\dot{\psi} + \dot{\varphi}\cos\vartheta)\cos\vartheta = a\,,$$

$$C(\dot{\psi} + \dot{\varphi}\cos\vartheta) = b\,,$$

wo a und b Konstanten sind. Für das Problem mit reduzierter Koordinatenzahl findet sich das abgeänderte kinetische Potential

$$\frac{1}{2}(A + Mh^2\sin^2\vartheta)\,\dot{\vartheta}^2 - \frac{(a - b\cos\vartheta)^2}{2A\sin^2\vartheta} - Mgh\cos\vartheta\,.$$

ϑ ändert sich demnach gerade so wie in einem System mit einem Freiheitsgrad, das die kinetische Energie

$$\tfrac{1}{2}(A + Mh^2\sin^2\vartheta)\,\dot{\vartheta}^2$$

und die potentielle Energie

$$\frac{(a - b\cos\vartheta)^2}{2A\sin^2\vartheta} + Mgh\cos\vartheta$$

besitzt.

---

[1]) Poisson: *Traité de Mécanique* Bd. II, S. 198. 1811.

Der Zusammenhang zwischen ϑ und t wird dargestellt durch das Energieintegral des letzteren Systems, nämlich

$$\frac{1}{2}(A + Mh^2 \sin^2\vartheta)\dot{\vartheta}^2 = -\frac{(a - b\cos\vartheta)^2}{2A\sin^2\vartheta} - Mgh\cos\vartheta + c,$$

wo c eine Konstante ist. Für $\cos\vartheta = x$ wird daraus

$$A(A + Mh^2 - Mh^2x^2)\dot{x}^2 = -(a - bx)^2 - 2AMgh(x - x^3) + 2Ac(1 - x^2).$$

In dieser Gleichung sind die Veränderlichen x und t getrennt, die Lösung ist also durch eine Quadratur zu erhalten. Die Auswertung des Integrals jedoch erfordert im allgemeinen hyperelliptische Funktionen oder automorphe Funktionen vom Geschlecht zwei.

§ 74. Der Kowalewskische Kreisel.

Das Problem der Bewegung eines der Schwere unterworfenen Körpers, von dem ein Punkt im Raume fest ist, läßt sich im allgemeinen nicht durch Quadraturen lösen. Die in § 69 bzw. § 71 behandelten Sonderfälle, daß der Unterstützungspunkt mit dem Schwerpunkt zusammenfällt, die Schwere die Bewegung also nicht beeinflußt bzw. der Unterstützungspunkt und der Schwerpunkt auf einer Symmetrieachse des Körpers liegen, waren lange die einzig bekannten durch Quadraturen lösbaren Fälle. Sonja Kowalewski bewies jedoch 1888[1]), daß das Problem auch für den Fall lösbar ist, daß zwei Hauptträgheitsmomente im Unterstützungspunkt einander gleich und doppelt so groß wie das dritte sind, so daß $A = B = 2C$ ist, während zugleich der Schwerpunkt in der Ebene der gleichen Trägheitsmomente liegt.

Die Gerade durch den Unterstützungspunkt O und durch den um die Strecke a von ihm entfernten Schwerpunkt sei die x-Achse. Die Eulerschen Winkel ϑ, φ, ψ sollen die Lage der Hauptträgheitsachsen $Oxyz$ gegen feste rechtwinklige Achsen $OXYZ$ bestimmen, deren Z-Achse senkrecht aufwärts zeigt. Es seien ω_1, ω_2, ω_3 die Komponenten der Winkelgeschwindigkeit des Körpers um die Achsen $Oxyz$, die Masse sei M. Die kinetische und potentielle Energie sind alsdann gegeben durch die Gleichungen

$$\begin{aligned} T &= \tfrac{1}{2}(A\omega_1^2 + A\omega_2^2 + C\omega_3^2) \\ &= C\{\dot{\vartheta}^2 + \dot{\varphi}^2\sin^2\vartheta + \tfrac{1}{2}(\dot{\psi} + \dot{\varphi}\cos\vartheta)^2\}, \\ V &= -Mga\sin\vartheta\cos\psi. \end{aligned}$$

Die Koordinate φ ist offenbar zyklisch und ergibt ein Integral

$$\frac{\partial T}{\partial \dot{\varphi}} = \text{konst.}$$

oder

$$2\dot{\varphi}\sin^2\vartheta + (\dot{\psi} + \dot{\varphi}\cos\vartheta)\cos\vartheta = k,$$

[1]) *Acta Math.* Bd. 12, S. 177. 1888.

wo k eine Konstante ist. Das Energieintegral lautet

$$T + V = \text{konst.}$$

oder

$$\dot\vartheta^2 + \dot\varphi^2 \sin^2\vartheta + \frac{1}{2}(\dot\psi + \dot\varphi\cos\vartheta)^2 - \frac{Mga}{C}\sin\vartheta\cos\psi = h\,.$$

S. Kowalewski fand nun ein weiteres algebraisches Integral, das sich folgendermaßen bestimmen läßt.

Das kinetische Potential ist

$$L = C\dot\vartheta^2 + C\dot\varphi^2\sin^2\vartheta + \tfrac{1}{2}C(\dot\psi + \dot\varphi\cos\vartheta)^2 + Mga\sin\vartheta\cos\psi\,,$$

und die Bewegungsgleichungen lauten

$$\frac{d}{dt}\left(\frac{\partial L}{\partial\dot\vartheta}\right) - \frac{\partial L}{\partial\vartheta} = 0\,,$$

$$\frac{d}{dt}\left(\frac{\partial L}{\partial\dot\psi}\right) - \frac{\partial L}{\partial\psi} = 0\,,$$

$$\frac{d}{dt}\left(\frac{\partial L}{\partial\dot\varphi}\right) = 0\,.$$

Die erste ist

$$2\ddot\vartheta = (\dot\varphi\cos\vartheta - \dot\psi)\,\dot\varphi\sin\vartheta + \frac{Mga}{C}\cos\vartheta\cos\psi\,,$$

und die Elimination von $\ddot\psi$ zwischen der zweiten und dritten ergibt

$$2\frac{d}{dt}(\dot\varphi\sin\vartheta) = -(\dot\varphi\cos\vartheta - \dot\psi)\,\dot\vartheta + \frac{Mga}{C}\cos\vartheta\sin\psi\,.$$

Multiplizieren wir die erste dieser Gleichungen mit i und addieren wir sie zu der zweiten, so folgt

$$2\frac{d}{dt}(\dot\varphi\sin\vartheta + i\dot\vartheta) = i(\dot\varphi\cos\vartheta - \dot\psi)(\dot\varphi\sin\vartheta + i\dot\vartheta) + i\frac{Mga}{C}\cos\vartheta\, e^{-i\psi}.$$

Diese Gleichung können wir auf die Form bringen

$$\frac{d}{dt}\left\{(\dot\varphi\sin\vartheta + i\dot\vartheta)^2 + \frac{Mga}{C}\sin\vartheta\, e^{-i\psi}\right\}$$
$$= i(\dot\varphi\cos\vartheta - \dot\psi)\left\{(\dot\varphi\sin\vartheta + i\dot\vartheta)^2 + \frac{Mga}{C}\sin\vartheta\, e^{-i\psi}\right\}$$

oder

$$\frac{1}{U}\frac{dU}{dt} = i(\dot\varphi\cos\vartheta - \dot\psi)\,,$$

wo

$$U = (\dot\varphi\sin\vartheta + i\dot\vartheta)^2 + \frac{Mga}{C}\sin\vartheta\, e^{-i\psi}\,.$$

Aus

$$V = (\dot{\varphi} \sin\vartheta + i\dot{\vartheta})^2 + \frac{Mga}{C} \sin\vartheta\, e^{i\psi}$$

folgt ähnlich

$$\frac{1}{V}\frac{dV}{dt} = -\, i(\dot{\varphi}\cos\vartheta - \dot{\psi}) .$$

Demnach ist

$$\frac{1}{U}\frac{dU}{dt} + \frac{1}{V}\frac{dV}{dt} = 0$$

oder

$$UV = \text{konst.}$$

Daher besteht die Gleichung

$$\left\{(\dot{\varphi}\sin\vartheta + i\dot{\vartheta})^2 + \frac{Mga}{C}\sin\vartheta\, e^{-i\psi}\right\}\left\{(\dot{\varphi}\sin\vartheta - i\dot{\vartheta})^2 + \frac{Mga}{C}\sin\vartheta\, e^{i\psi}\right\} = \text{konst.}$$

oder

$$(\dot{\vartheta}^2 + \dot{\varphi}^2\sin^2\vartheta)^2 + \left(\frac{Mga}{C}\right)^2 \sin^2\vartheta$$

$$+ \frac{Mga}{C}\sin\vartheta\{e^{i\psi}(\dot{\varphi}\sin\vartheta + i\dot{\vartheta})^2 + e^{-i\psi}(\dot{\varphi}\sin\vartheta - i\dot{\vartheta})^2\} = \text{konst.}$$

Dies ist das gesuchte dritte algebraische Integral des Systems.

Diese drei intermediären Integrale bilden ein System von Differentialgleichungen erster Ordnung zur Bestimmung von $\dot{\vartheta}$, $\dot{\varphi}$, $\dot{\psi}$, die an die Stelle der ursprünglichen Differentialgleichungen der Bewegung treten können. Da die Veränderliche φ darin nicht explizit vorkommt, kann $\dot{\varphi}$ mit Hilfe einer der Gleichungen aus den beiden anderen eliminiert werden. Dann haben wir ein System von zwei Differentialgleichungen erster Ordnung zur Bestimmung von ϑ und ψ. S. Kowalewski hat gezeigt, daß diese Gleichungen sich mit hyperelliptischen Funktionen integrieren lassen. Für die Lösung sei auf die schon angeführte Abhandlung verwiesen[1]).

Aufgabe. Es seien $\gamma_1, \gamma_2, \gamma_3$ die Richtungskosinus von Ox, Oy, Oz gegen OZ und die Variablen x, y, z seien definiert durch die Gleichungen

---

[1]) Vgl. ferner Kötter: *Acta Math.* Bd. 17, S. 209. 1893; Stekloff, Gorjatschew und Tschapligin: *Trav. Soc. Imp. Nat. Moscou* Bd. 10. 1899; Bd. 12. 1904; G. Dumas: *Nouv. Ann.* Serie 4, Bd. 4, S. 355. 1904; Husson: *Toulouse Ann.* Serie 2, Bd. 8, S. 73. 1906; Husson: *Acta Math.* Bd. 31, S. 71. 1907; N. Kowalevski: *Math. Ann.* Bd. 65, S. 528. 1908; P. Stäckel: *Math. Ann.* Bd. 65, S. 538. 1908; O. Olsson: *Arkiv för Mat.* Bd. 4, Nr. 7. 1908; R. Marcolongo: *Rom. Acc. Rend.* Serie 5, Bd. 17, S. 698. 1908; F. de Brun: *Arkiv för Mat.* Bd. 6, Nr. 9. 1910; P. Burgatti: *Rend. d. Palermo* Bd. 29, S. 396. 1910; O. Lazzarino: *Rend. d. Soc. Reale di Napoli* Serie 3a, Bd. 17, S. 68. 1911.

$$\omega_2^2 x = \left(\omega_1^2 - \omega_2^2 + \frac{Mga\gamma_1}{C}\right)\left\{\left(\omega_3\omega_1 + \frac{Mga\gamma_3}{C}\right)^2 - \omega_3^2\omega_2^2\right\}$$
$$+ 2\omega_3\omega_2\left(2\omega_1\omega_2 + \frac{Mga\gamma_2}{C}\right)\left(\omega_3\omega_1 + \frac{Mga\gamma_3}{C}\right),$$
$$\omega_2^2 y = \left(2\omega_1\omega_2 + \frac{Mga\gamma_3}{C}\right)\left\{\left(\omega_3\omega_1 + \frac{Mga\gamma_3}{C}\right)^2 - \omega_3^2\omega_2^2\right\}$$
$$- 2\omega_3\omega_2\left(\omega_3\omega_1 + \frac{Mga\gamma_3}{C}\right)\left(\omega_1^2 - \omega_2^2 + \frac{Mga\gamma_1}{C}\right),$$
$$\omega_2^2\, d\tau = \left\{\left(\omega_3\omega_1 + \frac{Mga\gamma_3}{C}\right)^2 + \omega_3^2\omega_2^2\right\} dt.$$

Man beweise mit Hilfe des Kowalewskischen Integrals (ohne Benutzung der Integrale der Energie und des Moments der Bewegungsgröße), daß man den Bewegungsgleichungen die Form geben kann

$$\frac{d^2x}{d\tau^2} = -\frac{\partial V}{\partial x}, \qquad \frac{d^2y}{d\tau^2} = -\frac{\partial V}{\partial y},$$

wo V eine Funktion von x, y allein ist, so daß das Problem zurückgeführt ist auf dasjenige der Bewegung eines Massenpunktes in einem ebenen konservativen Kraftfeld. (Kolossow.)

R. Liouville[1]) hat nachgewiesen, daß der einzige weitere allgemeine Fall, in dem die Bewegung eines der Schwere unterworfenen starren Körpers um einen festen Punkt ein drittes algebraisches Integral besitzt, derjenige ist, für den

1. das Trägheitsellipsoid im Unterstützungspunkt ein Rotationsellipsoid ist;
2. der Schwerpunkt des Körpers in der Äquatorebene des Trägheitsellipsoids liegt;
3. das Verhältnis $2C/A$ eine willkürlich wählbare ganze Zahl ist, wobei A, A, C die Trägheitsmomente im Unterstützungspunkt sind.

Man vergleiche dazu die in der Fußnote auf S. 176 angeführten Abhandlungen.

Aufgabe. Ein schwerer Körper rotiert um den festen Punkt O, in dem die zugehörigen Hauptträgheitsmomente in der Beziehung stehen: $A = B = 4C$. Der Schwerpunkt des Körpers liegt in der Äquatorialebene des Trägheitsellipsoids im Abstand h von O. Man zeige, daß, wenn die Konstante des Moments der Bewegungsgröße um die Senkrechte durch O verschwindet, ein Integral

$$\omega_3(\omega_1^2 + \omega_2^2) + g\,h\,\omega_1 \cos\vartheta = \text{konst.}$$

vorhanden ist, wo $\omega_1, \omega_2, \omega_3$ die Komponenten der Winkelgeschwindigkeit um die Hauptachsen $Oxyz$ bedeuten, wobei Ox die Gerade durch O und den Schwerpunkt ist. Ferner zeige man, daß das Problem durch Quadraturen lösbar ist und auf hyperelliptische Integrale führt. (Tschapligin.)

§ 75. Stoßbewegung.

Wie in § 36 bemerkt worden ist, hängt die Lösung von Problemen der Stoßbewegung nicht von der Integration von Differentialgleichungen ab, sondern kann im allgemeinen mit einfachen algebraischen Methoden bewirkt werden. Die folgenden Beispiele führen verschiedene Typen von Systemen mit Stoßbewegung vor.

---

[1]) *Acta Math.* Bd. 20, S. 239. 1897.

Aufgabe 1. Zwei homogene Stäbe AB, BC von gleicher Länge $2a$ sind in B durch ein Gelenk reibungslos verbunden und liegen auf einer wagerechten Ebene rechtwinklig zueinander. Man gebe dem Mittelpunkt des Stabes AB einen Stoß, so daß die beiden Stäbe sich wie ein starrer Körper in Bewegung setzen. Man bestimme die dazu notwendige Richtung des Stoßes und beweise, daß die Geschwindigkeiten der Endpunkte A, C sich wie $\sqrt{13} : 1$ verhalten.

Ohne Beschränkung der Allgemeinheit können wir annehmen, daß jeder Stab die Masse 1 hat. Es seien $\dot{x}, \dot{y}$ die Geschwindigkeitskomponenten von B in bezug auf feste Achsen Ox, Oy, die den Stäben BA, BC in ihrer Anfangslage parallel sind. Ferner seien $\dot{\vartheta}$, $\dot{\varphi}$ die Winkelgeschwindigkeiten von BA und BC. Die Geschwindigkeitskomponenten des Mittelpunktes von AB sind $\dot{x}, \dot{y} + a\dot{\vartheta}$, die Geschwindigkeitskomponenten des Mittelpunktes von BC sind $\dot{x} - a\dot{\varphi}, \dot{y}$. Daher ist die kinetische Energie des Systems

$$T = \tfrac{1}{2}\dot{x}^2 + \tfrac{1}{2}(\dot{y} + a\dot{\vartheta})^2 + \tfrac{1}{6}a^2\dot{\vartheta}^2 + \tfrac{1}{2}(\dot{x} - a\dot{\varphi})^2 + \tfrac{1}{2}\dot{y}^2 + \tfrac{1}{6}a^2\dot{\varphi}^2 .$$

Der Impuls möge in Richtung der Achsen die Komponenten I, J haben. Der Punkt, dem der Impuls erteilt wird, erleidet bei einer kleinen Verrückung des Systems eine Verschiebung mit den Komponenten $\delta x, \delta y + a\,\delta\vartheta$. Die Gleichungen des § 36 ergeben hier

$$\frac{\partial T}{\partial \dot{x}} = I, \qquad \frac{\partial T}{\partial \dot{y}} = J, \qquad \frac{\partial T}{\partial \dot{\vartheta}} = Ja, \qquad \frac{\partial T}{\partial \dot{\varphi}} = 0$$

oder

$$I = 2\dot{x} - a\dot{\varphi}, \qquad Ja = a\dot{y} + \tfrac{4}{3}a^2\dot{\vartheta},$$
$$J = 2\dot{y} + a\dot{\vartheta}, \qquad 0 = -a\dot{x} + \tfrac{4}{3}a^2\dot{\varphi}.$$

Die Bedingung, daß das Stabsystem sich wie ein starrer Körper bewegt, besagt, daß $\dot{\vartheta} = \dot{\varphi}$ ist. Diese Gleichungen ergeben

$$\tfrac{1}{4}\dot{x} = \dot{y} = \tfrac{1}{3}a\dot{\vartheta} = \tfrac{1}{3}a\dot{\varphi} = \tfrac{1}{5}I = \tfrac{1}{5}J .$$

Daraus folgt: $I = J$, d. h. der Impuls ist um den Winkel 45° gegen BA geneigt. Da A und C die Geschwindigkeitskomponenten $\dot{x}, \dot{y} + 2a\dot{\vartheta}$ bzw. $\dot{x} - 2a\dot{\varphi}, \dot{y}$ besitzen, so haben A und C die Geschwindigkeiten $\sqrt{65}\,\dot{y}$ bzw. $\sqrt{5}\,\dot{y}$, stehen also im Verhältnis $\sqrt{13} : 1$, wie behauptet war.

Aufgabe 2. *Ein Rahmen wird aus zwei Paaren homogener Stäbe gebildet, deren Enden durch Gelenke reibungslos verbunden sind. Die Stäbe mögen die Längen $2a$, $2b$, die Massen m, m' und die Trägheitsradien k, k' besitzen, Das Parallelogramm bewegt sich ohne Drehung der Seiten mit der Geschwindigkeit V in Richtung einer Diagonale; es stößt gegen eine glatte feste Wand, mit der die Seiten die Winkel ϑ, φ, die Geschwindigkeit V einen rechten Winkel bilden. Die anstoßende Ecke wird durch den Stoß zum Stillstand gebracht. Man zeige, daß der Stoß gegen die Wand die Größe hat*

$$2V\{(m + m')^{-1} + (mk^2 + m'a^2)^{-1}a^2\cos^2\vartheta + (mb^2 + m'k'^2)^{-1}b^2\cos^2\varphi)\}^{-1} .$$

Es seien x, y die Koordinaten des Mittelpunktes des Parallelogramms, wo x senkrecht auf die Wand zu gemessen wird. Die kinetische Energie ist

$$T = (m + m')(\dot{x}^2 + \dot{y}^2) + (mk^2 + m'a^2)\dot{\vartheta}^2 + (mb^2 + m'k'^2)\dot{\varphi}^2 .$$

Der Berührungspunkt hat die x-Koordinate $x + a\sin\vartheta + b\sin\varphi$. Er erleidet daher bei einer willkürlichen Verrückung $(\delta x, \delta y, \delta\vartheta, \delta\varphi)$ in Richtung der x-Achse eine Verrückung $\delta x + a\cos\vartheta\,\delta\vartheta + b\cos\varphi\,\delta\varphi$. Wird der Impuls mit I bezeichnet, so lauten die Bewegungsgleichungen

$$\frac{\partial T}{\partial \dot x} - \left(\frac{\partial T}{\partial \dot x}\right)_0 = -I,$$

$$\frac{\partial T}{\partial \dot\vartheta} - \left(\frac{\partial T}{\partial \dot\vartheta}\right)_0 = -I a\cos\vartheta,$$

$$\frac{\partial T}{\partial \dot\varphi} - \left(\frac{\partial T}{\partial \dot\varphi}\right)_0 = -I b\cos\varphi,$$

oder

$$2(m+m')(\dot x - V) = -I,$$

$$2(mk^2+m'a^2)\dot\vartheta = -I a\cos\vartheta,$$

$$2(mb^2+m'k'^2)\dot\varphi = -I b\cos\varphi.$$

Da der Berührungspunkt die Endgeschwindigkeit 0 hat, so ist überdies

$$\dot x + a\dot\vartheta\cos\vartheta + b\dot\varphi\cos\varphi = 0.$$

Die Elimination von $\dot x, \dot\vartheta, \dot\varphi$ aus diesen Gleichungen ergibt

$$V = I\left\{\frac{1}{2(m+m')} + \frac{a^2\cos^2\vartheta}{2(mk^2+m'a^2)} + \frac{b^2\cos^2\varphi}{2(mb^2+m'k'^2)}\right\},$$

womit die Behauptung bewiesen ist.

Das nächste Beispiel betrifft einen Fall von *plötzlicher Bremsung.* Wird ein Punkt (oder eine Gerade) eines frei bewegten Körpers plötzlich angehalten und gezwungen, sich in vorgeschriebener Weise zu bewegen, so vollzieht sich eine impulsive Änderung in der Bewegung des Körpers. Man kann sie charakterisieren durch die Bedingung, daß das Moment der Bewegungsgröße um eine beliebige Gerade durch den festgehaltenen Punkt (oder um die festgehaltene Gerade) bei der Bremsung ungeändert bleibt. Dies folgt aus der Tatsache, daß der Bremsimpuls kein Moment um den betreffenden Punkt oder die Gerade besitzt.

Aufgabe 3. *Eine homogene Kreisscheibe rotiert mit der Winkelgeschwindigkeit Ω um einen Durchmesser. Ein Punkt P des Randes werde plötzlich angehalten. Man beweise, daß die Geschwindigkeit des Mittelpunktes unmittelbar nach der Bremsung gleich $\frac{1}{5}$ der Geschwindigkeit des Punktes P unmittelbar vor der Bremsung ist.*

Es sei m die Masse der Scheibe und α der Winkel zwischen dem Radius durch den Punkt P und dem Durchmesser, um den die Scheibe ursprünglich rotiert. Die Anfangsgeschwindigkeit des Punktes P ist gleich $\Omega c \sin\alpha$, wo c der Radius der Scheibe ist. Die Achse des ursprünglichen Moments der Bewegungsgröße um P ist parallel zu der ursprünglichen Rotationsachse der Scheibe; es hat die Größe $\frac{1}{4} m c^2 \Omega$ und bleibt bei der Bremsung von P ungeändert; das Moment der Bewegungsgröße um die Tangente in P nach der Bremsung ist daher gleich $\frac{1}{4} m c^2 \Omega \sin\alpha$. Die Scheibe hat aber um die Tangente in P das Trägheitsmoment $\frac{5}{4} m c^2$. Hiernach ist die Winkelgeschwindigkeit um die Tangente in P gleich $\frac{1}{5}\Omega\sin\alpha$. Der Mittelpunkt der Scheibe hat daher die Geschwindigkeit $\frac{1}{5}\Omega c\sin\alpha$, die gleich $\frac{1}{5}$ der ursprünglichen Geschwindigkeit von P ist.

Aufgabe 4. Eine ebene Platte der Masse m in Form eines Parallelogramms trägt glatte Zapfen in jedem der Mittelpunkte zweier paralleler Seiten. Sie wird von einem Punkt der Masse m in einem Eckpunkt getroffen, und der Massenpunkt bleibt nach dem Anprall dort haften. Man zeige, daß die Reaktion an einem der Zapfen verschwindet.

Übungsaufgaben.

1. Eine Scheibe kann sich frei um eine beliebige wagerechte Achse senkrecht zu ihrer Ebene drehen. Man zeige, daß der Ort der Aufhängepunkte, für die das äquivalente mathematische Pendel eine gegebene Länge L hat, aus zwei Kreisen besteht. Man beweise ferner, daß, wenn A ein Punkt des einen, B ein Punkt des anderen Kreises und L' die Länge des äquivalenten mathematischen Pendels mit dem Aufhängepunkt im Mittelpunkt von $A B$ ist, der Trägheitsradius der Scheibe um ihren Schwerpunkt gegeben ist durch

$$k^2 L'^2 = (\tfrac{1}{4} L^2 - c^2)(L'^2 - \tfrac{1}{4} L^2 + c^2),$$

wo c die Länge von $A B$ bedeutet.

2. Ein schwerer starrer Körper kann sich um eine feste wagerechte Achse drehen. Wie muß man die Achse im Körper durch einen vorgeschriebenen Punkt legen, damit das äquivalente mathematische Pendel eine gegebene Länge hat? Es erweist sich, daß die Achse, die der Bedingung genügt, Erzeugende eines Kegels vierter Ordnung sein muß.

3. Eine Kugel vom Radius b rollt ohne zu gleiten die Zykloide

$$x = a(\vartheta + \sin\vartheta), \qquad y = a(1 - \cos\vartheta)$$

herab. Anfangs befindet sie sich mit dem Mittelpunkt auf der Wagerechten $y = 2a$ in Ruhe. Man zeige, daß ihr Mittelpunkt im tiefsten Punkt die Geschwindigkeit

$$v^2 = \tfrac{10}{7} g(2a - b) \quad \text{hat.}$$

4. Ein homogener glatter Würfel der Kantenlänge $2a$ und Masse M ruht symmetrisch auf zwei gleichen Leisten der Breite b und Masse m, die an Wänden im Abstand $2c$ voneinander befestigt sind. Man zeige, daß, wenn eine der Leisten nachgibt und sich um die Kante zu drehen beginnt, mit der sie an der Wand befestigt ist, der Würfel die anfängliche Winkelbeschleunigung

$$\frac{Mg(c-a)^2(c-b) + \frac{1}{2} mgb(c-a)(c-b+a)}{M(c-a)^2\{k^2 + (c-b)^2\} + I(c-b+a)^2}$$

erhält, wo Mk^2 und I die Trägheitsmomente des Würfels um seinen Mittelpunkt bzw. der Leiste um ihre Kante sind. (Camb. Math. Tripos, Part I. 1899.)

5. Ein homogener Stab der Masse M und Länge $2a$ bewegt sich auf einer wagerechten Ebene, und ein Ende gleitet zwangläufig ohne Reibung auf einer festen Geraden. Der Stab stehe ursprünglich senkrecht zu der Geraden und erhalte an dem freien Ende einen Stoß I in Richtung der Geraden. Man zeige, daß nach der Zeit t der senkrechte Abstand y des Stabmittelpunktes von der Geraden gegeben ist durch

$$\int_{y/a}^{1} (1 - \tfrac{3}{4} x^2)^{\frac{1}{2}} (1 - x^2)^{-\frac{1}{2}} dx = 3It/2Ma.$$

6. Vier gleiche homogene Stäbe der Länge $2a$ sind durch reibungslose Gelenke zu einem Rhombus $ABCD$ verbunden. Das Gelenk A ist fest, während C sich auf einem glatten senkrechten Stab durch A bewegen kann. Ursprünglich fällt C mit A zusammen, und das ganze System dreht sich mit der Winkelgeschwindigkeit ω um die senkrechte Achse. Man beweise, daß

$$a\omega^2 \cos\alpha = 3g \sin^2\alpha$$

ist, wenn in der darauffolgenden Bewegung 2α der kleinste Winkel zwischen den oberen Stäben ist. (Camb. Math. Tripos, Part I. 1900.)

7. Auf einer glatten wagerechten Ebene liegt eine Kreisscheibe der Masse M, in die eine glatte kreisförmige Rinne vom Radius a, die durch ihren Schwerpunkt geht, eingeschnitten ist. Ein Punkt der Masse $\frac{1}{3}M$ wird in der Rinne im Schwer-

punkt in Bewegung gesetzt. Man bestimme die Bewegung. Es sei $a\varphi$ der von dem Massenpunkt zurückgelegte Bogen, ϑ der Winkel, um den sich die Scheibe gedreht hat. Man beweise, daß alsdann

$$\operatorname{tg} \tfrac{1}{2}\varphi = \frac{k}{(a^2+k^2)^{\frac{1}{2}}} \operatorname{tg} \frac{(a^2+k^2)^{\frac{1}{2}}}{k} (\tfrac{1}{2}\varphi - \vartheta)$$

ist. Dabei bedeutet Mk^2 das Trägheitsmoment der Scheibe um eine Senkrechte durch den Schwerpunkt.

8. Ein starrer Körper kann sich unter der Wirkung der Schwerkraft frei bewegen und dreht sich mit der Winkelgeschwindigkeit ω um eine Achse durch seinen Schwerpunkt senkrecht zu der Ebene seiner Bewegung. Man zeige, daß die momentane Drehungsachse einen parabolischen Zylinder vom Parameter $(\sqrt{4a} + \sqrt{2g}/\omega)^2$ beschreibt. Der Scheitel dieser Parabel liegt um $\sqrt{2ga}/\omega$ über demjenigen der Bahn des Schwerpunktes, die den Parameter $4a$ besitzt.

9. Ein Punkt der Masse m liegt in einer glatten homogenen Röhre, die sich in einer senkrechten Ebene um ihren Mittelpunkt drehen kann. Das System wird in Bewegung gesetzt, wenn die Röhre wagerecht liegt. Ist ϑ die Neigung der Röhre gegen die Senkrechte in dem Augenblick, in dem ihre Winkelgeschwindigkeit ein Maximum ω erreicht, so zeige man, daß

$$4(mr^2 + Mk^2)\,\omega^4 - 8\,mgr\,\omega^2 \cos\vartheta + mg^2 \sin^2\vartheta = 0$$

ist, wo Mk^2 das Trägheitsmoment der Röhre um ihren Mittelpunkt, r den Abstand des Massenpunktes von dem Mittelpunkt bedeutet.

10. Vier homogene Stäbe, die an ihren Enden durch Gelenke reibungslos verbunden sind, bilden ein Parallelogramm, das sich auf einer wagerechten Ebene reibungslos bewegen kann, wobei einer der Eckpunkte festgehalten wird. Die Stäbe bilden ursprünglich rechte Winkel miteinander, und das System wird so in Bewegung gesetzt, daß ein Paar Gegenseiten die Winkelgeschwindigkeit Ω hat, das andere die Winkelgeschwindigkeit Null. Man zeige, daß das System die Winkelgeschwindigkeit Ω hat, sobald der Winkel der Stäbe gegeneinander ein Maximum oder Minimum ist.

11. Zwei homogene rauhe Kugeln von gleichem Radius a und den Massen m, m' ruhen auf einer glatten wagerechten Ebene derart, daß die Kugel m' auf dem höchsten Punkt der Kugel m liegt. Man zeige, daß, wenn das System gestört wird, die Neigung der gemeinsamen Normalen ϑ gegen die Senkrechte gegeben ist durch die Gleichung

$$a\dot{\vartheta}^2(7m + 5m'\sin^2\vartheta) = 5g(m+m')(1-\cos\vartheta).$$

12. Ein homogener Stab AB der Länge $2a$ ist an einem Ende mit einem leichten undehnbaren Faden der Länge c verbunden. Das andere Ende des Fadens ist in dem Punkt O einer glatten wagerechten Ebene befestigt, auf der sich der Stab bewegt. Zu Anfang bilden OAB eine Gerade, und der Stab wird ohne Drehung mit der Geschwindigkeit V senkrecht zu seiner eigenen Richtung in Bewegung gesetzt. Man beweise, daß der Kosinus des größten Winkels, den der Stab bei der darauf folgenden Bewegung jemals mit dem Faden einschließt, gleich $1 - a/6c$ ist.

13. Die Enden zweier Stäbe der Länge $2a$ sind in einem festen Punkt durch ein Gelenk reibungslos verbunden. Auf ihnen gleitet — vermöge an den Enden befestigter glatter Ringe — ein dritter ihnen gleicher Stab. Ursprünglich liegen alle drei Stäbe in einer wagerechten Geraden, wobei die Enden des dritten Stabes sich in den Mitten der beiden anderen befinden. Infolge eines Impulses beginnen die Stäbe in einer wagerechten Ebene mit der Winkelgeschwindigkeit Ω zu rotieren. Man zeige, daß der dritte Stab von den beiden anderen unter der Wirkung der Schwere abgleitet, wenn nicht

$$\Omega^2 > 2g/a\sqrt{3}.$$

14. Ein dünnwandiger Hohlzylinder vom Radius a und der Masse M wird in wagerechter Lage auf einer um den Winkel α geneigten rauhen Ebene festgehalten. In ihm sitzt ein Insekt der Masse m auf der Berührungsgeraden mit der Ebene. Der Zylinder wird in dem Augenblick losgelassen, in dem das Insekt sich mit der Geschwindigkeit V in Bewegung setzt. Man zeige, daß, wenn diese Relativgeschwindigkeit beibehalten wird und der Zylinder bergauf rollt, er zu momentaner Ruhe kommt, wenn der Radius durch das Insekt mit der Senkrechten den Winkel ϑ bildet, der bestimmt ist durch

$$V^2\{1 - \cos(\vartheta - \alpha)\} + ag(\cos\alpha - \cos\vartheta) = (1 + M/m)\,ag(\vartheta - \alpha)\sin\alpha.$$

15. Eine homogene glatte ebene Röhre kann sich reibungslos um eine feste, in ihrer Ebene gelegene, sie schneidende Achse drehen. Das Trägheitsmoment der Röhre um die Achse sei I. Zu Anfang rotiert die Röhre mit der Winkelgeschwindigkeit Ω. Ein Punkt der Masse m wird in der Röhre aus dem Schnittpunkt mit der Achse mit der Geschwindigkeit V geworfen. Dann sollen sonst keine Kräfte mehr auf das System wirken. Man zeige, daß, wenn der Massenpunkt sich im Abstand r von der Achse befindet, das Quadrat seiner Geschwindigkeit relativ zur Röhre gleich

$$V^2 + \frac{I r^2}{I + m r^2}\,\Omega^2$$

ist.

16. Ein homogener gerader Stab der Masse M ist derart quer über zwei wagerechte Pflöcke gelegt, daß jedes Ende über den betreffenden Pflock hinausragt. Ein zweiter homogener Stab der Masse m und Länge $2l$ ist mit dem ersten in einem zwischen den Pflöcken gelegenen Punkt durch ein Kugelgelenk verbunden. Er wird zu Anfang wagerecht und in Berührung mit dem ersten Stab gehalten, dann losgelassen, so daß er in der senkrechten Ebene durch den ersten Stab hin- und herschwingt. Es sei ϑ der Winkel, den der erste Stab zu beliebiger Zeit mit der Senkrechten bildet, x die Strecke, um die sich der erste Stab aus der Ruhelage bewegt hat. Man beweise, daß

$$(M + m)x + ml\sin\vartheta = ml$$

und

$$\left(\frac{4}{3} - \frac{m}{m + M}\cos^2\vartheta\right) l\,\dot{\vartheta}^2 = 2g\cos\vartheta$$

ist.

17. Ein ebener Körper kann sich in seiner Ebene um einen festen Punkt frei drehen, ein zweiter ebener Körper kann frei an einer Geraden des ersten Körpers reibungslos entlang gleiten, wobei er sich in der gleichen Ebene bewegt wie der erste. Man zeige, daß zwischen der Größe x der relativen Gleitung und dem Winkel ϑ der Drehung, wenn keine äußeren Kräfte an dem System angreifen, eine Beziehung von der Form

$$\left(\frac{dx}{d\vartheta}\right)^2 + P\frac{dx}{d\vartheta} + Q = 0$$

besteht, wo P nnd Q eine lineare bzw. eine quadratische Funktion von x^2 bedeuten.

18. Ein Pendel besteht aus einem geraden Stab, der an seinem Ende eine kreisförmige Dose in senkrechter Lage trägt. Darin befindet sich eine glatte Scheibe von der Gestalt eines Kreissegments. Der Abstand des Mittelpunktes C der Dose von dem Aufhängepunkt O und dem Schwerpunkt G des Segments ist l bzw. c. Es seien M, m die Masse des Pendels und des Segments, k, k' ihre bezüglichen Trägheitsradien um O bzw. G, ϑ und φ die Winkel, die OC und CG mit der Senkrechten bilden. Man beweise, daß der doppelte Betrag der von der Schwere an dem System bei der Bewegung aus der Ruhelage geleisteten Arbeit gleich

$$(Mk^2 + ml^2)\,\dot{\vartheta}^2 + m(k'^2 + c^2)\,\dot{\varphi}^2 + 2mcl\cos(\vartheta - \varphi)\,\dot{\vartheta}\,\dot{\varphi}$$

ist.

19. Ein Punkt der Masse m ist an einem Ende eines dünnen Fadens befestigt, der über den Rand eines Rades der Masse M läuft und mit dem anderen Ende an einem Punkt des Randes befestigt ist. Zu Beginn der Bewegung ist noch das Stück l des Fadens gerade. Das Rad mit dem Radius a und dem Trägheitsradius k kann sich um eine feste senkrechte Achse durch seinen Mittelpunkt drehen. Der Massenpunkt, der auf einer glatten wagerechten Ebene ruht, wird im rechten Winkel zu dem Faden fortgeschleudert, so daß der Faden sich auf das Rad zu wickeln beginnt. Man zeige, daß, wenn der Faden sich von dem Rade wieder abwickeln sollte, sein gerader Teil mindestens die Länge hat:

$$(l^2 - a^2 - Mk^2/m)^{\frac{1}{2}}.$$

20. Ein Wagen rollt auf einer um den Winkel α gegen den Horizont geneigten Ebene gerade herab, ohne daß seine Räder auf der Ebene gleiten. Der Boden des Wagens ist der Ebene parallel, und eine rauhe Kugel ruht frei darauf. Man zeige, daß der Wagen gegen die Ebene die Beschleunigung

$$\frac{14\,M + 4\,M' + 14\,m}{14\,M + 4\,M' + 21\,m}\, g \sin\alpha$$

hat, wenn M die Masse des Wagens ohne die Räder, m die Summe der Massen der Räder (die homogene Kreisscheiben sein sollen), M' die Masse der Kugel bedeuten. Die Reibung zwischen Rädern und Achsen ist vernachlässigt.

21. Ein homogener Stab der Masse m_1 und der Länge $2a$ kann sich frei um sein festgehaltenes oberes Ende drehen und hat zu Beginn der Bewegung die Neigung $\pi/6$ gegen die Senkrechte. Ein zweiter Stab der Masse m_2 und Länge $2a$ ist mit dem unteren Ende des ersten reibungslos verbunden und befindet sich anfänglich in wagerechter Lage und um $2\pi/3$ gegen den ersten Stab geneigt in Ruhe. Man zeige, daß $3\,m_1 = 14\,m_2$ ist, wenn der Mittelpunkt des unteren Stabes sich in einer um $\pi/6$ gegen die Senkrechte geneigten Richtung zu bewegen beginnt.

22. Eine homogene Kreisscheibe ist an zwei elastischen Fäden symmetrisch aufgehängt. Sie sind im höchsten Punkt der Scheibe befestigt, um den Winkel α gegen die Senkrechte geneigt und haben in ungespanntem Zustand die Länge c. Einer der Fäden werde durchschnitten. Man zeige, daß die Bahnkurve des Mittelpunktes der Scheibe zu Anfang der Bewegung die Krümmung

$$(c \sin 4\alpha - b \sin 2\alpha)\,/\,b\,(b - c)$$

hat, wo b die Länge der Fäden im anfänglichen Zustande des Gleichgewichts ist.

23. Zwei Stäbe AC, CB von gleicher Länge $2a$ sind in C durch ein Gelenk reibungslos verbunden. Der Stab AC kann sich um den festgehaltenen Punkt A frei bewegen. Der Endpunkt B des Stabes CB ist mit A durch einen undehnbaren Faden der Länge $4a/\sqrt{3}$ verbunden. Das System befinde sich im Gleichgewicht, und der Faden werde durchschnitten. Man zeige, daß der Krümmungsradius der Anfangsbahn von B im Punkte B die Größe

$$\frac{4}{181}\sqrt{\frac{41^3}{3}}\cdot a$$

hat. (Camb. Math. Tripos, Part I. 1897.)

24. Ein Stab der Länge $2a$ wird durch zwei gewichtslose Fäden in wagerechter Lage erhalten, die über zwei glatte in gleicher Höhe im Abstande $2a$ voneinander angebrachte Stifte laufen und am anderen Ende Gewichte tragen, deren jedes halb so schwer wie der Stab ist. Ein Faden wird durchschnitten. Man zeige, daß das Stabende, an dem der Faden durchschnitten wurde, eine Bahn mit der Anfangskrümmung $27/25\,a$ beschreibt.

25. Eine schwere gerade rauhe Planke kann sich in einer senkrechten Ebene um eine wagerechte Achse drehen, die vom Schwerpunkt um die Strecke c entfernt ist. Eine rauhe schwere Kugel wird auf der vom Schwerpunkt abgewandten Seite im Abstand b von der Achse auf die Planke gelegt. Diese wird dabei wagerecht gehalten. Nun läßt man das System los. Man beweise, daß der Mittelpunkt der Kugel eine Bahn beschreibt, die die Anfangskrümmung $21 b\vartheta/(5 - 11\vartheta)$ besitzt, wo $\vartheta = (mb - Mc)/(mb + Ma)$ ist, m, M die Massen der Kugel und der Planke bezeichnen und Mab das Trägheitsmoment der Planke um die Achse ist.

26. Ein leichter starrer Stab der Länge $2c$ trägt zwei Punkte gleicher Masse m im Abstand k zu beiden Seiten des Mittelpunktes. An den Enden des Stabes sind die Enden eines undehnbaren Fadens der Länge $2a$ befestigt, auf dem sich ein Ring der Masse m' befindet. Ursprünglich liegen Faden und Stab in einer Geraden auf einer glatten wagerechten Ebene, wobei der Faden gespannt ist und der Ring sich in der Verlängerung des Stabes im fernsten Punkt befindet. Der Ring wird dann senkrecht zu dem Stab geworfen. Man zeige, daß die Relativbewegung oszillatorischen Charakter hat, wenn

$$c^2/k^2 > 1 + 2m/m'.$$

27. Drei homogene gleiche Stäbe der Länge c sind zu einem gleichseitigen Dreieck ABC vom Gewicht W starr verbunden. Eine homogene Stange von der Länge $2b$ und dem Gewicht W' wird durch ein Gelenk mit dem Dreieck im Punkt C frei beweglich verbunden. Das System befindet sich im Gleichgewicht, während es die Oberfläche einer ruhenden glatten Kugel vom Radius a berührt, wobei die Seite AB wagerecht liegt und die Kugel berührt und die Stange in der senkrechten Ebene durch den Mittelpunkt des Dreiecks liegt. Die Stange und der Mittelpunkt des Dreiecks befinden sich auf verschiedenen Seiten der Senkrechten durch C. Man beweise, daß die Ebene des Dreiecks gegen den Horizont um den Winkel geneigt ist, dessen Tangens gleich

$$[ab\mu + 2c\lambda^2]/[n\mu(a^2 + \tfrac{1}{4}c^2) + \lambda^2\mu - 2abc]$$

ist. Dabei ist

$$\lambda^2 = a^2 + \tfrac{1}{4}c^2 - \tfrac{1}{2}bc, \qquad \mu^2 = 12a^2 - c^2, \qquad n = W/W'.$$

(Camb. Math. Tripos, Part I. 1896.)

28. Ein Körper, auf den keine Kräfte wirken, bewegt sich so, daß die Komponente seiner Winkelgeschwindigkeit nach einer der Hauptträgheitsachsen konstant ist. Man zeige, daß die Winkelgeschwindigkeit des Körpers konstant sein muß, und bestimme ihre Komponenten nach den beiden anderen Hauptträgheitsachsen unter der Voraussetzung, daß die Trägheitsmomente um diese Achsen einander gleich sind.

29. Man beweise, daß die Herpolhodie keinen Wendepunkt besitzen kann. (Hess.)

(Einen einfachen Beweis dieses Satzes gibt Lecornu: *Bull. de la Soc. Math. de France* Bd. 34, S. 40. 1906.)

30. Man zeige, daß bei der kräftefreien Bewegung eines Körpers um einen festen Punkt jede zu dem Trägheitsellipsoid in bezug auf den festen Punkt homozyklische Fläche zweiter Ordnung, die mit dem Körper starr verbunden gedacht ist, sich so bewegt, als ob sie auf einer festen Rotationsfläche zweiter Ordnung rollte ohne zu gleiten, deren Mittelpunkt im festen Punkt liegt und deren Achse die invariable Gerade ist. (Gebbia.)

31. Man zeige, daß bei der kräftefreien Bewegung eines Körpers um einen festen Punkt die drei Durchmesser des Trägheitsellipsoids in bezug auf den festen Punkt und die Durchmesser des zu diesem reziproken Ellipsoids, die definiert sind durch die Schnitte der invariablen Ebene mit den drei Hauptebenen und mit der zu der momentanen Rotationsachse senkrechten Ebene, der Zeit propor-

tionale Flächenräume überstreichen, so daß die Beschleunigungen in den Endpunkten auf den Mittelpunkt hin gerichtet sind. (Siacci.)

32. Ein um einen festen Punkt beweglicher Körper wird von Kräften angegriffen, deren Moment um die momentane Rotationsachse ständig Null ist. Man zeige, daß die Rotationsgeschwindigkeit demjenigen Radiusvektor des Trägheitsellipsoids proportional ist, der in die Richtung der Achse fällt.

Man zeige, daß dieser Satz auch dann noch gilt, wenn der um einen festen Punkt bewegliche Körper gezwungen ist, an einer festen Fläche zu gleiten. (Flye St. Marie.)

33. Ein ebenes Flächenstück bewegt sich anfangs mit gleicher Winkelgeschwindigkeit Ω um die Hauptachsen des größten und kleinsten Trägheitsmomentes in seinem Schwerpunkt und hat keine Winkelgeschwindigkeit um die dritte Hauptachse. Man stelle die Winkelgeschwindigkeiten um die Achsen als elliptische Funktionen der Zeit dar unter der Voraussetzung, daß keinerlei Kräfte auf das Flächenstück wirken.

Ist ϑ der Winkel zwischen der Ebene des Flächenstücks und einer festen Ebene, so beweise man die Relation

$$\frac{d^2\vartheta}{dt^2} + 2\Omega\left\{\Omega^2 - \left(\frac{d\vartheta}{dt}\right)^2\right\}^{\frac{1}{2}} \operatorname{dn}(\Omega t) = \left\{\Omega^2 - \left(\frac{d\vartheta}{dt}\right)^2\right\} \operatorname{ctg}\vartheta .$$

(Camb. Math. Tripos, Part I. 1896.)

34. Ein starrer Körper besitzt kinetische Symmetrie um eine Achse, die durch einen oberhalb des Schwerpunkts gelegenen festen Punkt geht. Er wird in beliebiger Weise in Bewegung gesetzt. Man zeige, daß der Schwerpunkt bei der darauf folgenden Bewegung (mit einer Ausnahme) niemals senkrecht über den festen Punkt gelangen kann. Man bestimme seine höchste mögliche Erhebung.

35. Man zeige, daß es bei der Bewegung des Kreisels auf der rauhen Ebene ein Achsensystem $O\xi\eta\zeta$ gibt, das in bezug auf die festen Achsen $OXYZ$ und auch in bezug auf die mitgeführten Achsen $Oxyz$ eine Poinsot-Bewegung vollführt. Im ersteren Fall ist die wagerechte Ebene die invariable Ebene, im letzteren die Ebene senkrecht zu der Figurenachse.

36. Ein homogener Drehkörper bewegt sich derart um einen Punkt, daß seine Bewegung durch das gleichförmige Rollen eines im Körper festen Kegels vom halben Scheitelwinkel α auf einem gleichen im Raum festen Kegel dargestellt werden kann, wobei die Achse des ersteren die Rotationsachse ist. Man zeige, daß zur Aufrechterhaltung der Bewegung ein Kräftepaar von der Größe

$$\tfrac{1}{2}\,\Omega^2 \operatorname{tg}\alpha\,\{C + (C - A)\cos 2\alpha\}$$

notwendig ist, wo Ω die resultierende Winkelgeschwindigkeit, A und C die Hauptträgheitsmomente in dem festen Punkt bedeuten, ferner, daß das Kräftepaar in der Ebene der Kegelachsen gelegen ist.

37. Eine senkrechte Ebene drehe sich gleichförmig um eine in ihr gelegene senkrechte Achse. Die Spitze eines rauhen Drehkegels ist in einem Punkt dieser Achse befestigt. Die Berührungsgerade bilde mit der Senkrechten den Winkel ϑ; β, γ seien die Extremwerte von ϑ; α sei der halbe Scheitelwinkel des Kegels. Man beweise, daß

$$k^2\left(\frac{d\vartheta}{dt}\right)^2 = 2gh\,\frac{\sin^2\alpha}{\cos\alpha}\,\frac{(\cos\vartheta - \cos\beta)(\cos\gamma - \cos\vartheta)}{\cos\beta + \cos\gamma}$$

ist, wo h die Entfernung des Schwerpunkts des Kegels von dem Scheitel, k der Trägheitsradius um eine Erzeugende ist. (Camb. Math. Tripos, Part I. 1896.)

38. Ein Körper kann sich frei um eine feste senkrechte Achse drehen, um die er das Trägheitsmoment I hat. Der Körper trägt einen zweiten Körper in Form einer Scheibe, die sich um eine wagerechte Achse drehen kann und die senkrechte Achse schneidet. In der Gleichgewichtslage sind die Trägheits- und De-

viationsmomente der Scheibe in bezug auf die senkrechte und wagerechte Achse gleich A, B, F. Man beweise, daß, wenn das System sich in Bewegung setzt, während die Scheibe um den Winkel α gegen die Senkrechte geneigt ist, der erste Körper Schwingungen von der Amplitude

$$\frac{2F}{\{B(A+I)\}^{\frac{1}{2}}} \operatorname{arctg}\left\{\frac{B^{\frac{1}{2}} \sin\alpha}{(A+I)^{\frac{1}{2}}}\right\}$$

ausführt.

39. Ein Gyrostat besteht aus einem schweren symmetrischen Schwungrad, das in einem schweren kugelförmigen Gehäuse frei beweglich angebracht ist. Er hängt an einem Faden, der an dem Gehäuse befestigt ist, von einem festen Punkt herab. Die Schwerpunkte des Rades und des Gehäuses fallen zusammen. Das Ganze befindet sich in gleichförmiger Bewegung mit der Winkelgeschwindigkeit Ω um die Senkrechte, wobei der und Faden die Achse des Gyrostaten um die Winkel α, β gegen die Senkrechte geneigt sein sollen. Man zeige, daß alsdann

$$\Omega^2(l \sin\alpha + a \sin\beta + b \cos\beta) = g \operatorname{tg}\alpha$$

und

$$I\Omega \sin\beta - A\,\Omega^2 \sin\beta \cos\beta = Mg\,\frac{a \sin(\beta-\alpha) + b\cos(\beta-\alpha)}{\cos\alpha}$$

ist, wo M die Masse des Gyrostaten bedeutet, a, b die Koordinaten des Punktes sind, in dem der Faden befestigt ist, bezogen auf Achsen, die mit der Achse des Rades und einer dazu Senkrechten zusammenfallen, I das Moment der Bewegungsgröße des Schwungrades um seine Achse, A das Trägheitsmoment um eine Senkrechte zu dieser Achse bedeuten. (Camb. Math. Tripos, Part I. 1900.)

40. Ein dynamisches System bestehe aus einer beliebigen Anzahl von gleichen homogenen Stäben, die an den Enden gelenkig verbunden sind und ursprünglich in einer Geraden liegen. Gegen einen beliebigen ihrer Punkte werde ein zu den Stäben senkrechter Stoß geführt. Sind u, v, w die Anfangsgeschwindigkeiten der Mittelpunkte von drei beliebigen aufeinander folgenden Stäben, so zeige man, daß $u + 4v + w = 0$ ist.

41. Eine beliebige Anzahl homogener Stäbe der Massen $A, B, C, \ldots, Z$ sind durch Gelenke reibungslos miteinander verbunden und werden in einer Geraden auf einen glatten Tisch gelegt. Das Ende Z sei frei, und das Ende A werde mit der Geschwindigkeit V senkrecht zu der Stabrichtung bewegt. Dann sind die Anfangsgeschwindigkeiten der Gelenke (AB), (BC), ... und des Endes Z gleich $a, b, c, \ldots, z$, wo

$$0 = A(V + 2a) + B(2a + b), \quad 0 = B(a + 2b) + C(2b + c), \ldots,$$
$$0 = Y(x + 2y) + Z(2y + z)$$

und

$$y + 2z = 0.$$

42. Sechs gleiche homogene Stäbe sind zu einem regelmäßigen Sechseck gelenkig verbunden. Man stoße rechtwinklig gegen einen der Stäbe in seinem Mittelpunkt und zeige alsdann, daß der gegenüberliegende Stab sich mit $^1/_{10}$ der Geschwindigkeit des gestoßenen Stabes in Bewegung setzt.

(Camb. Math. Tripos. 1882.)

43. Ein ruhender Körper, der an einem Punkt O festgehalten wird, erhält einen Stoß. Man zeige, daß die anfängliche Rotationsachse des Körpers die in bezug auf das Trägheitsellipsoid polare Gerade der Ebene des auf den Körper wirkenden impulsiven Kräftepaares ist.

44. In dem positiven Oktanten des Ellipsoids $x^2/a^2 + y^2/b^2 + z^2/c^2 = 1$ werde der Nullpunkt festgehalten. Man zeige, daß, wenn ein impulsives Kräftepaar in der Ebene

$$\frac{x}{b} + \frac{y}{a} = \frac{\pi}{2}\left(\frac{a}{b} + \frac{b}{a}\right)\frac{z}{c}$$

auf den Oktanten wirkt, er um die z-Achse zu rotieren beginnt.

45. Ein Ellipsoid rotiert um seinen Mittelpunkt mit den Winkelgeschwindigkeiten $\omega_1, \omega_2, \omega_3$ in bezug auf seine Hauptachsen. Der Mittelpunkt ist frei, und ein Punkt (x, y, z) der Oberfläche wird plötzlich gebremst. Man bestimme die Stoßreaktion dieses Punktes.

46. Zwei durch ein Gelenk in B reibungslos verbundene gleiche Stäbe AB, BC bilden miteinander den Winkel α. A wird plötzlich gezwungen, sich parallel zur äußeren Winkelhalbierenden des Winkels ABC zu bewegen. Man beweise, daß die anfänglichen Winkelgeschwindigkeiten von AB, BC in dem Verhältnis stehen

$$2 + 3 \sin^2 \frac{\alpha}{2} : 2 - 15 \sin \frac{\alpha}{2}.$$

47. Ein homogener Kegel rotiert mit der Winkelgeschwindigkeit ω um eine Seitenlinie. Man läßt diese plötzlich los und hält statt dessen den sie schneidenden Durchmesser der Grundfläche fest. Man beweise, daß die neue Winkelgeschwindigkeit gleich

$$(1 + h^2/8k^2)\, \omega \sin \alpha$$

ist, wo h die Höhe, α den halben Scheitelwinkel, k den Trägheitsradius um einen Durchmesser der Grundfläche bedeuten.

48. Eine rauhe Kreisscheibe kann sich um eine zu ihrer Ebene senkrechte Achse drehen, und ein rauher Kreiskegel ruht auf der Scheibe mit der Spitze in der Achse. Man lasse die Scheibe mit der Winkelgeschwindigkeit Ω rotieren und zeige, daß der Kegel dadurch eine kinetische Energie vom Betrage

$$\tfrac{1}{2}\, \Omega^2 / \{\cos^2\alpha/A + \sin^2\alpha/C\}$$

erhält.

49. Ein Ende eines undehnbaren Fadens ist an einen festen Punkt geknüpft, das andere an einen Punkt der Oberfläche eines Körpers der Masse M. Der Körper fällt frei unter dem Einfluß der Schwere ohne Drehung. Man zeige, daß in dem Augenblick, nachdem der Faden sich gestrafft hat, der Verlust an kinetischer Energie infolge des Stoßes gleich

$$\frac{1}{2}\, V^2 \Big/ \left\{\frac{1}{M} + \frac{\lambda^2}{A} + \frac{\mu^2}{B} + \frac{\nu^2}{C}\right\}$$

ist, wo V die Geschwindigkeitskomponente des Körpers in Richtung des Fadens unmittelbar vor dem Stoß ist, wenn der Faden den Körper nur in dem Befestigungspunkt berührt. $l, m, n, \lambda, \mu, \nu$ sind die Koordinaten des Fadens in dem Augenblick, in dem er sich strafft, A, B, C die Hauptträgheitsmomente des Körpers in bezug auf die Hauptachsen in seinem Trägheitsmittelpunkt.

Siebentes Kapitel.

Theorie der Schwingungen.

§ 76. Schwingungen um eine Gleichgewichtslage.

In der Dynamik haben wir es häufig mit Systemen zu tun, für die eine *Gleichgewichtslage* existiert, d. h. eine Lage, in der das System ständig im Zustand der Ruhe verharren kann. Zum Beispiel nimmt das sphärische Pendel eine Gleichgewichtslage ein, wenn seine Spitze sich senkrecht über oder unter dem Aufhängepunkt befindet. Sind $q_1, q_2, \ldots, q_n$ die Lagenkoordinaten eines Systems mit dem kinetischen Potential L, $\alpha_1, \alpha_2, \ldots, \alpha_n$ die Werte dieser Koordinaten in einer Gleichgewichtslage, so müssen die Bewegungsgleichungen

$$\frac{d}{dt}\left(\frac{\partial L}{\partial \dot{q}_r}\right) - \frac{\partial L}{\partial q_r} = 0 \qquad (r = 1, 2, \ldots, n),$$

erfüllt sein für das Wertsystem

$$\ddot{q}_1 = 0, \quad \ddot{q}_2 = 0, \quad \ldots, \ddot{q}_n = 0, \quad \dot{q}_1 = 0, \quad \dot{q}_2 = 0, \quad \ldots, \dot{q}_n = 0,$$
$$q_1 = \alpha_1, \quad q_2 = \alpha_2, \quad \ldots, q_n = \alpha_n.$$

Die Werte der Koordinaten für die verschiedenen möglichen Gleichgewichtslagen erhält man demnach dadurch, daß man die Gleichungen

$$\frac{\partial L}{\partial q_r} = 0 \qquad (q = 1, 2, \ldots, n),$$

in denen $\dot{q}_1, \dot{q}_2, \ldots, \dot{q}_n$ Null gesetzt sind, nach $q_1, q_2, \ldots, q_n$ auflöst.

Befindet sich das System zu Beginn der Bewegung in der Nähe einer Gleichgewichtslage und erhalten seine Massenpunkte sehr kleine Anfangsgeschwindigkeiten, so wird in vielen Fällen die Abweichung von der Gleichgewichtslage nie beträchtlich groß. Alle Massenpunkte bleiben nahe bei ihrer Ausgangslage und erlangen keine großen Geschwindigkeiten. Wir untersuchen nun Bewegungen dieses Typus[1]), die als *Schwingungen um eine Gleichgewichtslage* bezeichnet werden[2]).

---

[1]) Genauer gesagt untersuchen wir in diesem Kapitel die Grenzform, die diese Bewegung annimmt, wenn die ursprüngliche Abweichung von der Ruhe in der Gleichgewichtslage gegen Null strebt. Die Untersuchung der Bewegung, die bei einer kleinen Abweichung endlicher Größe von der Ruhe in der Gleichgewichtslage entsteht, folgt im 16. Kapitel. Die Entwicklungen des vorliegenden Kapitels können als erste Annäherung derjenigen des 16. Kapitels gelten.

[2]) Die Theorie der Schwingungen nahm ihren Ausgang von Galileis Untersuchungen kleiner Pendelschwingungen. In der ersten Hälfte des 18. Jahrhunderts

Wir beschränken uns natürlich auf die Schwingungen dynamischer Systeme mit endlich vielen Freiheitsgraden. Die Theorie der Schwingungen von Systemen mit unendlich vielen Freiheitsgraden findet man in Werken über Akustik.

Das System sei definiert durch seine kinetische und potentielle Energie T und V, seine Lage durch die Koordinaten $q_1, q_2, \ldots, q_n$, unter denen die Zeit t nicht enthalten ist, so daß t in T nicht explizit auftritt. Ferner setzen wir voraus, daß keine Reduktion durch Beseitigung zyklischer Koordinaten stattgefunden hat. T ist demnach eine homogene quadratische Funktion von $\dot{q}_1, \dot{q}_2, \ldots, \dot{q}_n$ mit Koeffizienten, die beliebige Funktionen von $q_1, q_2, \ldots, q_n$ sind. Offenbar können wir ohne Beschränkung der Allgemeinheit annehmen, daß die Gleichgewichtslage den Nullwerten der Lagenkoordinaten $q_1, q_2, \ldots, q_n$ entspricht. $q_1, q_2, \ldots, q_n$, $\dot{q}_1, \dot{q}_2, \ldots, \dot{q}_n$ sollen also während der ganzen betrachteten Bewegung sehr klein sein.

Die Koeffizienten der Quadrate und Produkte von $\dot{q}_1, \dot{q}_2, \ldots, \dot{q}_n$ in T sind Funktionen von $q_1, q_2, \ldots, q_n$. Da jedoch alle Koordinaten und Geschwindigkeiten klein sein sollen, können wir uns als Annäherung an die Bewegung auf die Glieder niedrigster Ordnung in T beschränken. Daher ersetzen wir die sämtlichen Koeffizienten durch die konstanten Werte, die sie für verschwindende $q_1, q_2, \ldots, q_n$ annehmen. Dadurch wird die kinetische Energie eine homogene quadratische Funktion der $\dot{q}_1, \dot{q}_2, \ldots, \dot{q}_n$ mit konstanten Koeffizienten.

In der Entwicklung der Funktion V nach steigenden Potenzen von $q_1, q_2, \ldots, q_n$ kann das von $q_1, q_2, \ldots, q_n$ unabhängige Glied fortgelassen werden, da es die Bewegungsgleichungen nicht beeinflußt. Überdies sind keine in $q_1, q_2, \ldots, q_n$ linearen Glieder vorhanden, da andernfalls die Größen $\frac{\partial V}{\partial q_r}$ für die Gleichgewichtslage nicht alle verschwinden würden, was aber notwendig ist. Die Entwicklung von V beginnt daher mit quadratischen Gliedern in $q_1, q_2, \ldots, q_n$. Vernachlässigen wir die Glieder höherer Ordnung, so erhalten wir also für V eine homogene quadratische Form in $q_1, q_2, \ldots, q_n$ mit konstanten Koeffizienten.

Das Problem der Schwingungen um eine Gleichgewichtslage verlangt demnach die Integration von Lagrangeschen Bewegungsgleichungen, in denen die kinetische und potentielle Energie homogene quadratische Formen in den Geschwindigkeiten bzw. Koordinaten mit konstanten Koeffizienten sind.

---

wurden die Schwingungen einer gespannten Saite von Brook Taylor, d'Alembert, Euler und Daniel Bernouilli untersucht. Letzterer sprach 1753 das Prinzip von der Zerlegung aller zusammengesetzten Schwingungen in unabhängige einfache Schwingungen aus. Die allgemeine Theorie der Schwingungen eines dynamischen Systems mit endlich vielen Freiheitsgraden entwickelte Lagrange 1762—65: *Oeuvres* Bd. I, S. 520.

§ 77. Normalkoordinaten.

Für die Integration der Bewegungsgleichungen eines schwingenden Systems setzen wir die kinetische bzw. potentielle Energie in der Form an

$$T = \tfrac{1}{2}(a_{11}\dot{q}_1^2 + a_{22}\dot{q}_2^2 + \dots + a_{nn}\dot{q}_n^2 + 2a_{12}\dot{q}_1\dot{q}_2 + 2a_{13}\dot{q}_1\dot{q}_3 + \dots + 2a_{n-1,n}\dot{q}_{n-1}\dot{q}_n),$$
$$V = \tfrac{1}{2}(b_{11}q_1^2 + b_{22}q_2^2 + \dots + b_{nn}q_n^2 + 2b_{12}q_1q_2 + 2b_{13}q_1q_3 + \dots + 2b_{n-1,n}q_{n-1}q_n).$$

Nach § 26 ist T eine positiv definite quadratische Form, und die Determinante der Koeffizienten a_{rs} ist nicht Null. (Andernfalls würde T von weniger als n unabhängigen Veränderlichen abhängen.) Die Bewegungsgleichungen lauten

$$\frac{d}{dt}\left(\frac{\partial T}{\partial \dot{q}_r}\right) = -\frac{\partial V}{\partial q_r} \qquad (r = 1, 2, \dots, n).$$

Bei einem Übergang zu neuen Koordinaten $q_1', q_2', \dots, q_n'$, die Linearkombinationen von $q_1, q_2, \dots, q_n$ seien, gehen die Bewegungsgleichungen über in

$$\frac{d}{dt}\left(\frac{\partial T}{\partial \dot{q}_r'}\right) = -\frac{\partial V}{\partial q_r'}, \qquad (r = 1, 2, \dots, n).$$

Diese Gleichungen sind offenbar Linearkombinationen der ursprünglichen.

Die ursprünglichen Gleichungen sollen nun[1]) der Reihe nach mit unbestimmten Konstanten $m_1, m_2, \dots, m_n$ multipliziert und addiert werden. Die resultierende Gleichung hat die Form

$$\frac{d^2Q}{dt^2} + \lambda Q = 0,$$

wo

$$Q = h_1 q_1 + h_2 q_2 + \dots + h_n q_n$$

ist, wenn die Konstanten $m_1, m_2, \dots, m_n, h_1, h_2, \dots, h_n, \lambda$ den Gleichungen genügen

$$b_{11}m_1 + b_{12}m_2 + \dots + b_{1n}m_n = \lambda(a_{11}m_1 + a_{12}m_2 + \dots + a_{1n}m_n) = \lambda h_1,$$
$$b_{21}m_1 + b_{22}m_2 + \dots + b_{2n}m_n = \lambda(a_{21}m_1 + a_{22}m_2 + \dots + a_{2n}m_n) = \lambda h_2,$$
$$\dots\dots\dots\dots\dots\dots\dots\dots\dots\dots\dots\dots$$
$$\dots\dots\dots\dots\dots\dots\dots\dots\dots\dots\dots\dots$$
$$b_{n1}m_1 + b_{n2}m_2 + \dots + b_{nn}m_n = \lambda(a_{n1}m_1 + a_{n2}m_2 + \dots + a_{nn}m_n) = \lambda h_n.$$

Diese Gleichungen können nur dann gleichzeitig bestehen, wenn λ eine Wurzel der folgenden Determinantengleichung ist:

$$\begin{vmatrix} a_{11}\lambda - b_{11} & a_{12}\lambda - b_{12} & \dots & a_{1n}\lambda - b_{1n} \\ a_{21}\lambda - b_{21} & a_{22}\lambda - b_{22} & \dots & a_{2n}\lambda - b_{2n} \\ \dots & \dots & \dots & \dots \\ \dots & \dots & \dots & \dots \\ a_{n1}\lambda - b_{n1} & a_{n2}\lambda - b_{n2} & \dots & a_{nn}\lambda - b_{nn} \end{vmatrix} = 0.$$

---

[1]) Diese Beweismethode rührt von Jordan her: *Comptes Rendus* Bd. 74, S. 1395. 1872.

Überdies können wir, wenn $\lambda = \lambda_1$ eine Wurzel dieser Gleichung ist, aus den vorhergehenden Gleichungen ein mögliches Wertsystem von $m_1, m_2, \ldots, m_n, h_1, h_2, \ldots, h_n$ bestimmen. Diese Werte können in gewissen Fällen teilweise unbestimmt sein, immer aber läßt sich auf diesem Wege wenigstens eine Funktion Q bestimmen, die der Gleichung genügt

$$\frac{d^2Q}{dt^2} + \lambda_1 Q = 0 .$$

Es soll nun eine lineare Koordinatentransformation stattfinden derart, daß die so bestimmte Größe Q eine der neuen Veränderlichen ist. Es wird kein Mißverständnis entstehen, wenn wir auch die neuen Veränderlichen mit $q_1, q_2, \ldots, q_n$ bezeichnen. q_1 soll mit Q identisch sein, so daß die obigen Gleichungen befriedigt werden für die Werte $h_1 = 1$, $h_2 = 0, \ldots, h_n = 0$. Da T eine positiv definite Form ist, sind die Koeffizienten $a_{22}, a_{33}, \ldots, a_{nn}$ der Quadrate von $\dot{q}_2, \dot{q}_3, \ldots, \dot{q}_n$ nicht Null. An Stelle von $q_2, q_3, \ldots, q_n$ können wir deshalb nochmals neue Variable einführen, nämlich

$$q_2 + \frac{a_{12}}{a_{22}} q_1, \quad q_3 + \frac{a_{13}}{a_{33}} q_1, \ldots, q_n + \frac{a_{1n}}{a_{nn}} q_1 .$$

Durch diese Transformation wird T von den Gliedern $\dot{q}_1 \dot{q}_2, \dot{q}_1 \dot{q}_3, \ldots, \dot{q}_1 \dot{q}_n$ befreit; wir können daher annehmen, daß $a_{21}, a_{31}, \ldots, a_{n1}$ Null sind.

Kombinieren wir die Bedingungen $h_1 = 1$, $h_2 = 0$, $h_3 = 0, \ldots, h_n = 0$, $a_{21} = 0$, $a_{31} = 0, \ldots, a_{n1} = 0$ mit den Bestimmungsgleichungen für $m_1, m_2, \ldots, m_n$, $h_1, h_2, \ldots, h_n$, so erhalten wir die Werte

$$\begin{aligned} m_1 &= 1/a_{11}, \quad m_2 = 0, \quad m_3 = 0, \ldots, m_n = 0, \\ b_{11} &= \lambda_1 a_{11}, \quad b_{21} = 0, \quad b_{31} = 0, \ldots, b_{n1} = 0 . \end{aligned}$$

Folglich hat die Gleichung

$$\frac{d}{dt}\left(\frac{\partial T}{\partial \dot{q}_1}\right) = -\frac{\partial V}{\partial q_1}$$

die Form

$$\frac{d^2 q_1}{dt^2} + \lambda_1 q_1 = 0 ,$$

während die Gleichungen

$$\frac{d}{dt}\left(\frac{\partial T}{\partial \dot{q}_r}\right) = -\frac{\partial V}{\partial q_r} \qquad (r = 2, 3, \ldots, n),$$

die Gestalt haben

$$\frac{d}{dt}\left(\frac{\partial T'}{\partial \dot{q}_r}\right) = -\frac{\partial V'}{\partial q_r} \qquad (r = 2, 3, \ldots, n),$$

wo

$$T' = T - \tfrac{1}{2} a_{11} \dot{q}_1^2, \qquad V' = V - \tfrac{1}{2} \lambda_1 a_{11} q_1^2$$

ist, so daß T' und V' die Größen $\dot{q}_1$ bzw. q_1 nicht enthalten.

Das letzte Gleichungssystem kann als zu einem Schwingungsproblem mit $n - 1$ Freiheitsgraden gehörig angesehen werden. Wird es in gleicher Weise behandelt, so gelingt die Isolierung einer weiteren Koordinate, etwa q_2, derart, daß für

$$T'' = T' - \tfrac{1}{2} a_{22} \dot{q}_2^2, \qquad V'' = V' - \tfrac{1}{2} \lambda_2 a_{22} q_2^2$$

(wo λ_2 und a_{22} gewisse Konstanten sind), T'' und V'' dann $\dot{q}_2$ bzw. q_2 nicht mehr enthalten. Die Koordinaten $q_3, q_4, \ldots, q_n$ sind bestimmt durch die Gleichungen eines Schwingungsproblems mit $n-2$ Freiheitsgraden und der kinetischen und potentiellen Energie T'' und V''.

Durch Fortsetzung dieses Verfahrens erreichen wir endlich eine solche Wahl der Koordinaten, daß die kinetische und potentielle Energie des ursprünglichen Systems sich als Funktionen der neuen Veränderlichen in der Form darstellen lassen

$$T = \tfrac{1}{2}(\alpha_{11}\dot{q}_1^2 + \alpha_{22}\dot{q}_2^2 + \ldots + \alpha_{nn}\dot{q}_n^2),$$
$$V = \tfrac{1}{2}(\beta_{11} q_1^2 + \beta_{22} q_2^2 + \ldots + \beta_{nn} q_n^2),$$

wo $\alpha_{11}, \alpha_{22}, \ldots, \alpha_{nn}, \beta_{11}, \beta_{22}, \ldots, \beta_{nn}$ Konstanten sind.

Führen wir endlich noch die Größen $\sqrt{\alpha_{11}}\,q_1, \sqrt{\alpha_{22}}\,q_2, \ldots, \sqrt{\alpha_{nn}}\,q_n$ als Koordinaten an Stelle von $q_1, q_2, \ldots, q_n$ ein, so erhalten die kinetische und potentielle Energie die Gestalt

$$T = \tfrac{1}{2}(\dot{q}_1^2 + \dot{q}_2^2 + \ldots + \dot{q}_n^2),$$
$$V = \tfrac{1}{2}(\mu_1 q_1^2 + \mu_2 q_2^2 + \ldots + \mu_n q_n^2),$$

wo $\mu_\varkappa = \beta_{\varkappa\varkappa}/\alpha_{\varkappa\varkappa}$ ist.

Bei dieser Reduktion fällt es nicht ins Gewicht, ob die Determinantengleichung lauter verschiedene Wurzeln besitzt oder Gruppen mehrfacher Wurzeln. Das Endergebnis kann dahin zusammengefaßt werden: *Sind die kinetische und potentielle Energie eines schwingenden Systems gegeben in der Form*

$$T = \tfrac{1}{2}(a_{11}\dot{q}_1^2 + a_{22}\dot{q}_2^2 + \ldots + a_{nn}\dot{q}_n^2 + 2a_{12}\dot{q}_1\dot{q}_2 + \ldots + 2a_{n-1,n}\dot{q}_{n-1}\dot{q}_n),$$
$$V = \tfrac{1}{2}(b_{11} q_1^2 + b_{22} q_2^2 + \ldots + b_{nn} q_n^2 + 2b_{12} q_1 q_2 + \ldots + 2b_{n-1,n} q_{n-1} q_n),$$

so kann man immer eine solche lineare Transformation der Koordinaten finden, daß die kinetische und potentielle Energie in den neuen Koordinaten die Form annehmen:

$$T = \tfrac{1}{2}(\dot{q}_1^2 + \dot{q}_2^2 + \ldots + \dot{q}_n^2),$$
$$V = \tfrac{1}{2}(\mu_1 q_1^2 + \mu_2 q_2^2 + \ldots + \mu_n q_n^2),$$

wo die Größen $\mu_1, \mu_2, \ldots, \mu_n$ Konstanten sind. Diese neuen Veränderlichen werden als *Normalkoordinaten* oder *Hauptkoordinaten* des schwingenden Systems bezeichnet.

Nach einem bekannten Lehrsatz der Algebra sind die Wurzeln der Determinantengleichung

$$\begin{vmatrix} a_{11}\lambda - b_{11} & a_{12}\lambda - b_{12} & \ldots & a_{1n}\lambda - b_{1n} \\ a_{21}\lambda - b_{21} & a_{22}\lambda - b_{22} & \ldots & a_{2n}\lambda - b_{2n} \\ \ldots & \ldots & \ldots & \ldots \\ \ldots & \ldots & \ldots & \ldots \\ a_{n1}\lambda - b_{n1} & a_{n2}\lambda - b_{n2} & \ldots & a_{nn}\lambda - b_{nn} \end{vmatrix} = 0$$

diejenigen Werte von λ, für die der Ausdruck

$$(a_{11}\lambda - b_{11})q_1^2 + (a_{22}\lambda - b_{22})q_2^2 + \dots + (a_{nn}\lambda - b_{nn})q_n^2 + 2(a_{12}\lambda - b_{12})q_1 q_2 + \dots + 2(a_{n-1,n}\lambda - b_{n-1,n})q_{n-1}q_n$$

durch weniger als n unabhängige Veränderliche ausgedrückt werden kann (die lineare Funktionen von $q_1, q_2, \dots, q_n$ sein müssen). Da diese Eigenschaft bei einer beliebigen linearen Substitution der Veränderlichen bestehen bleibt, erweist sich die Determinantengleichung als invariant, d. h. wenn $q_1', q_2', \dots, q_n'$ beliebige unabhängige lineare Funktionen von $q_1, q_2, \dots, q_n$ sind und T und V als Funktionen von $q_1', q_2', \dots, q_n'$ die Form

$$T = \tfrac{1}{2}(a_{11}'\dot{q}_1'^2 + a_{22}'\dot{q}_2'^2 + \dots + 2a_{12}'\dot{q}_1'\dot{q}_2' + \dots),$$
$$V = \tfrac{1}{2}(b_{11}'q_1'^2 + b_{22}'q_2'^2 + \dots + 2b_{12}'q_1'q_2' + \dots)$$

annehmen, so stimmen die Wurzeln der neuen Determinantengleichung $\|a_{rs}'\lambda - b_{rs}'\| = 0$ mit den Wurzeln der ursprünglichen Gleichung $\|a_{rs}\lambda - b_{rs}\| = 0$ überein.

Sind aber die kinetische und potentielle Energie durch Einführung der Normalkoordinaten auf die Form

$$T = \tfrac{1}{2}(\dot{q}_1^2 + \dot{q}_2^2 + \dots + \dot{q}_n^2),$$
$$V = \tfrac{1}{2}(\mu_1 q_1^2 + \mu_2 q_2^2 + \dots + \mu_n q_n^2)$$

gebracht, so geht die Determinantengleichung über in

$$\begin{vmatrix} \lambda-\mu_1 & 0 & 0 & 0\dots\dots 0 \\ 0 & \lambda-\mu_2 & 0 & 0\dots\dots 0 \\ 0 & 0 & \lambda-\mu_3 & 0\dots\dots 0 \\ \dots & \dots & \dots & \dots \\ \dots & \dots & \dots & \dots \\ 0 & 0 & 0 & 0\dots\lambda-\mu_n \end{vmatrix} = 0.$$

Ihre Wurzeln sind demnach $\mu_1, \mu_2, \dots, \mu_n$. Daraus folgt: *Die Konstanten $\mu_1, \mu_2, \dots, \mu_n$, die in der potentiellen Energie als Koeffizienten der Quadrate der Normalkoordinaten auftreten, sind die n (einfachen oder mehrfachen) Wurzeln der Determinantengleichung $\|a_{rs}\lambda - b_{rs}\| = 0$, wo $a_{11}, a_{12}, \dots, b_{11}, b_{12}, \dots$ die Koeffizienten in den ursprünglichen Ausdrücken für die kinetische und potentielle Energie sind.*

Offenbar ist das Problem der Reduktion der kinetischen und potentiellen Energie auf ihre Form als Funktion der Normalkoordinaten gleichbedeutend mit dem Problem der gleichzeitigen Reduktion von zwei gegebenen homogenen quadratischen Formen in n Veränderlichen auf je eine Summe von Quadraten von n neuen Veränderlichen. Denn die Tatsache, daß T eine Funktion der Geschwindigkeiten, V aber eine Funktion der Koordinaten ist, ist unwesentlich, da die Geschwindigkeiten $\dot{q}_1, \dot{q}_2, \dots, \dot{q}_n$ sich in gleicher Weise transformieren wie die Koordinaten $q_1, q_2, \dots, q_n$.

Nach dem Vorausgehenden könnte man meinen, daß eine derartige gleichzeitige Reduktion von zwei homogenen quadratischen Formen immer möglich wäre. Das ist aber nicht der Fall. Zum Beispiel ist es unmöglich, die beiden quadratischen Formen

$$ax^2 + bxy + az^2 \quad \text{und} \quad cx^2 + dxy + cz^2$$

in die Formen

$$\xi^2 + \eta^2 + \zeta^2 \quad \text{und} \quad \alpha\xi^2 + \beta\eta^2 + \gamma\zeta^2$$

zu transformieren, wo ξ, η, ζ lineare Funktionen von x, y, z sind.

Die notwendigen Bedingungen dafür, daß zwei gegebene quadratische Formen

$$a_{11}x_1^2 + a_{22}x_2^2 + \cdots + 2a_{12}x_1x_2 + \cdots,$$
$$b_{11}x_1^2 + b_{22}x_2^2 + \cdots + 2b_{12}x_1x_2 + \cdots$$

sich gleichzeitig auf die Formen

$$\alpha_{11}\xi_1^2 + \alpha_{22}\xi_2^2 + \cdots + \alpha_{nn}\xi_n^2,$$
$$\beta_{11}\xi_1^2 + \beta_{22}\xi_2^2 + \cdots + \beta_{nn}\xi_n^2$$

reduzieren lassen, besteht darin, daß die Elementarteiler der Determinante $\| a_{rs}\lambda - b_{rs} \|$ linear sind[1]). Ist jedoch eine der beiden gegebenen Formen *definit* (was für die kinetische Energie unseres dynamischen Systems zutrifft), so sind die Elementarteiler stets linear; die gleichzeitige Reduktion auf Summen von Quadraten ist daher möglich. Damit ist erklärt, weshalb diese Reduktion bei dem dynamischen Problem der Schwingungen immer ausführbar ist.

Weierstraß bewies 1858[2]), daß die Reduktion auf Normalkoordinaten für dynamische Systeme immer möglich ist. Frühere Forscher hatten (in Anlehnung an Lagrange) vermutet, daß in Fällen mehrfacher Wurzeln der Determinantengleichung kein System von Normalkoordinaten existieren würde, und daß in den Endintegralen der Bewegungsgleichungen die Zeit nicht nur in trigonometrischen und Exponentialfunktionen auftreten würde.

§ 78. Der Satz von Sylvester über die Realität der Wurzeln der Determinantengleichung.

Wir sahen im vorhergehenden, daß sich durch Einführung neuer Veränderlicher, die lineare Funktionen der ursprünglichen sind, kinetische und potentielle Energie eines schwingenden Systems immer auf die Form bringen lassen

$$T = \tfrac{1}{2}(\dot{q}_1^2 + \dot{q}_2^2 + \cdots + \dot{q}_n^2),$$
$$V = \tfrac{1}{2}(\lambda_1 q_1^2 + \lambda_2 q_2^2 + \cdots + \lambda_n q_n^2).$$

Es erhebt sich nun die Frage, ob diese Transformation *reell* ist, d. h. ob die Koeffizienten $m_1, m_2, \ldots, m_n$, $h_1, h_2, \ldots, h_n$ der Transformation reell oder komplex sind. Da diese Koeffizienten durch lineare Gleichungen bestimmt sind, deren Koeffizienten — die Wurzeln $\lambda_1, \lambda_2, \ldots, \lambda_n$ der Determinantengleichung möglicherweise ausgenommen — gewiß reell sind, so reduziert sich diese Frage auf die Untersuchung, ob die Wurzeln der Gleichung

$$\begin{vmatrix} a_{11}\lambda - b_{11} & a_{12}\lambda - b_{12} & \cdots & a_{1n}\lambda - b_{1n} \\ a_{21}\lambda - b_{21} & a_{22}\lambda - b_{22} & \cdots & a_{2n}\lambda - b_{2n} \\ \cdots & \cdots & \cdots & \cdots \\ \cdots & \cdots & \cdots & \cdots \\ a_{n1}\lambda - b_{n1} & a_{n2}\lambda - b_{n2} & \cdots & a_{nn}\lambda - b_{nn} \end{vmatrix} = 0$$

[1]) Vgl. Muths Abhandlung: *Elementarteiler.* Leipzig 1899; oder Bôcher: *Einführung in die höhere Algebra.* Leipzig 1910.

[2]) Vgl. Weierstraß: *Gesammelte Werke* Bd. I, S. 233.

reell sind oder nicht. Dabei ist bekannt, daß die Größen a_{rs} und b_{rs} reell sind, und daß

$$a_{11}\dot{q}_1^2 + a_{22}\dot{q}_2^2 + \cdots + a_{nn}\dot{q}_n^2 + 2a_{12}\dot{q}_1\dot{q}_2 + \cdots + 2a_{n-1,n}\dot{q}_{n-1}\dot{q}_n$$

eine positiv definite Form ist.

Es bezeichne[1]) Δ die Determinante $\|a_{rs}\lambda - b_{rs}\|$, Δ_1 die aus ihr durch Streichung der ersten Zeile und der ersten Spalte hervorgegangene Determinante, Δ_2 die aus Δ durch Streichung der zwei ersten Zeilen und der zwei ersten Spalten hervorgegangene Determinante usw. Für eine beliebige symmetrische Determinante, etwa

$$D = \begin{vmatrix} \alpha_{11} & \alpha_{12} \ldots \alpha_{1n} \\ \alpha_{21} & \alpha_{22} \ldots \alpha_{2n} \\ \ldots & \ldots \\ \ldots & \ldots \\ \alpha_{n1} & \alpha_{n2} \ldots \alpha_{nn} \end{vmatrix}, \qquad \text{wo } \alpha_{rs} = \alpha_{sr},$$

ist bekanntlich

$$\frac{\partial D}{\partial \alpha_{11}} \frac{\partial D}{\partial \alpha_{22}} - \left(\frac{\partial D}{\partial \alpha_{12}}\right)^2 = D \frac{\partial^2 D}{\partial \alpha_{11} \partial \alpha_{22}}.$$

Wenn also $\frac{\partial D}{\partial \alpha_{11}}$ verschwindet, müssen die Größen D und $\frac{\partial^2 D}{\partial \alpha_{11}\partial \alpha_{22}}$ entgegengesetzte Vorzeichen haben. Daraus folgt, daß, wenn in der Reihe

$$\Delta, \Delta_1, \Delta_2, \ldots, \Delta_n \qquad (\Delta_n = 1)$$

ein Glied für einen gegebenen Wert von λ verschwindet, die beiden benachbarten Glieder für den gleichen Wert von λ entgegengesetzte Vorzeichen haben müssen.

Es bezeichne $\bar{\Delta}_r$ die Determinante, die aus Δ_r entsteht, wenn man λ durch die Einheit und alle Größen b_{rs} durch Null ersetzt. $\bar{\Delta}_r$ ist demnach der Koeffizient der höchsten Potenz von λ in Δ_r. Da

$$a_{11}\dot{q}_1^2 + a_{22}\dot{q}_2^2 + \cdots + a_{nn}\dot{q}_n^2 + 2a_{12}\dot{q}_1\dot{q}_2 + \cdots + 2a_{n-1,n}\dot{q}_{n-1}\dot{q}_n$$

eine positiv definite Form ist, ist $\bar{\Delta}_r$ positiv für alle r von Null bis n. Demnach haben die Koeffizienten der höchsten Potenzen von λ in den Funktionen $\Delta, \Delta_1, \ldots, \Delta_n$ alle das gleiche Vorzeichen. Geht λ von $-\infty$ bis $+\infty$, so verliert also diese Funktionenreihe n Vorzeichenwechsel.

Da nun Δ_n nicht Null ist und $\Delta_{r-1}, \Delta_{r+1}$ entgegengesetzte Vorzeichen haben, wenn Δ_r verschwindet, so kann die Funktionenreihe $\Delta, \Delta_1, \Delta_2, \ldots, \Delta_n$ einen Vorzeichenwechsel nur dann verlieren oder gewinnen, wenn λ durch eine Nullstelle von Δ geht. Wächst λ von $-\infty$ bis $+\infty$, so verliert die Funktionenreihe n Vorzeichenwechsel; *demnach*

[1]) Dieser Beweis ist von Nanson: *Mess. of Math.* Bd. 26, S. 59. 1896.

sind alle n Wurzeln der Determinante Δ reell. Die Transformation auf Normalkoordinaten ist somit immer reell[1]).

Da das Funktionenpaar Δ, Δ_1 immer dann einen Vorzeichenwechsel verliert, wenn λ durch eine Nullstelle von Δ geht, so muß offenbar Δ_1 in dem Intervall zwischen zwei Wurzeln λ von Δ das Vorzeichen wechseln. Demnach sind die n Wurzeln von Δ voneinander getrennt durch die $n-1$ Wurzeln von Δ_1. Entsprechend sind die Wurzeln einer jeden Funktion Δ_r voneinander getrennt durch die Wurzeln der Funktion Δ_{r+1}. Nun hat Δ_n keine Wurzeln; wenn Δ_{n-1} für $\lambda = 0$ und $\lambda = -\infty$ das gleiche Vorzeichen besitzt, kann die Wurzel der Funktion Δ_{n-1} nicht negativ sein. Hat auch Δ_{n-2} für $\lambda = 0$ und $\lambda = -\infty$ das gleiche Vorzeichen, so kann keine der Wurzeln von Δ_{n-2} negativ sein. Denn unter dieser Voraussetzung muß Δ_{n-2} entweder zwei oder keine negativen Wurzeln haben, und zwei negative Wurzeln können nicht auftreten, da keine negative Wurzel von Δ_{n-1} vorhanden ist, die sie trennen könnte. Allgemein ergibt sich die Bedingung: Damit keine der Funktionen in der Reihe $\Delta, \Delta_1, \Delta_2, \ldots, \Delta_n$ eine negative Wurzel besitzt, muß jede der Funktionen für $\lambda = 0$ und $\lambda = -\infty$ das gleiche Vorzeichen haben. Damit alle Wurzeln von Δ positiv sind, muß demnach jede Größe Δ_r für $\lambda = 0$ das gleiche Vorzeichen besitzen wie $(-1)^{n-r}$, d. h. alle Determinanten

$$\begin{vmatrix} b_{11} & b_{12} \ldots b_{1n} \\ b_{21} & b_{22} \ldots b_{2n} \\ \multicolumn{2}{c}{\ldots\ldots\ldots\ldots} \\ \multicolumn{2}{c}{\ldots\ldots\ldots\ldots} \\ b_{n1} & b_{n2} \ldots b_{nn} \end{vmatrix}, \quad \begin{vmatrix} b_{22} & b_{23} \ldots b_{2n} \\ b_{32} & b_{33} \ldots b_{3n} \\ \multicolumn{2}{c}{\ldots\ldots\ldots\ldots} \\ \multicolumn{2}{c}{\ldots\ldots\ldots\ldots} \\ b_{n2} & b_{n3} \ldots b_{nn} \end{vmatrix}, \ldots, b_{nn}$$

müssen positiv sein. Dies sind bekanntlich die Bedingungen dafür, daß die quadratische Form

$$b_{11} q_1^2 + b_{22} q_2^2 + \ldots + b_{nn} q_n^2 + 2 b_{12} q_1 q_2 + \ldots + 2 b_{n-1,n} q_{n-1} q_n$$

positiv definit ist. Es ergibt sich also endlich: *Damit die Determinantengleichung* $\|a_{rs}\lambda - b_{rs}\| = 0$ *lauter positive Wurzeln hat, muß die quadratische Form*

$$b_{11} q_1^2 + b_{22} q_2^2 + \ldots + b_{nn} q_n^2 + 2 b_{12} q_1 q_2 + \ldots + 2 b_{n-1,n} q_{n-1} q_n$$

positiv definit sein, d. h. die potentielle Energie der Schwingungsbewegung muß wesentlich positiv sein.

§ 79. Integration der Differentialgleichungen. Die Perioden. Stabilität.

Um die Konfiguration eines schwingenden Systems als Funktion der Zeit darzustellen, bestimmen wir zunächst die Normalkoordinaten

[1]) Sylvester: *Phil. Mag.* Serie 4, Bd. 4, S. 138. 1852; *Coll. Papers* Bd. I, S. 378.

des Systems und drücken die kinetische und potentielle Energie darin aus. Diese erhalten also die Form

$$T = \tfrac{1}{2}\,(\dot q_1^2 + \dot q_2^2 + \dots + \dot q_n^2)\,,$$
$$V = \tfrac{1}{2}\,(\lambda_1 q_1^2 + \lambda_2 q_2^2 + \dots + \lambda_n q_n^2)\,,$$

wo $q_1, q_2, \dots, q_n$ die Normalkoordinaten, $\lambda_1, \lambda_2, \dots, \lambda_n$ die Wurzeln der Determinantengleichung $\| a_{rs}\lambda - b_{rs} \| = 0$ bedeuten, die nach dem Vorigen sämtlich reell sind.

Die Lagrangesche Gleichung für eine beliebige Koordinate

$$\frac{d}{dt}\left(\frac{\partial T}{\partial \dot q_r}\right) - \frac{\partial T}{\partial q_r} = -\frac{\partial V}{\partial q_r}$$

lautet daher

$$\ddot q_r + \lambda_r q_r = 0\,.$$

Diese Gleichung hat die Integrale

$$q_r = A_r \cos(\sqrt{\lambda_r}\,t + B_r) \qquad \text{für} \quad \lambda_r > 0\,,$$
$$q_r = A_r t + B_r \qquad \text{für} \quad \lambda_r = 0\,,$$
$$q_r = A_r e^{\sqrt{-\lambda_r}\,t} + B_r e^{-\sqrt{-\lambda_r}\,t} \qquad \text{für} \quad \lambda_r < 0\,,$$

wo A_r, B_r Integrationskonstanten bedeuten.

Aus diesen Integralen ersieht man: Wenn alle Normalkoordinaten, mit Ausnahme einer einzigen, etwa q_r, zu Beginn der Bewegung Null sind und die der nicht verschwindenden Koordinate q_r entsprechende Konstante λ_r positiv ist, dann sind die Koordinaten $q_1, q_2, \dots, q_{r-1}, q_{r+1}, \dots, q_n$ dauernd Null, und das System vollführt Schwingungen, bei denen sich allein q_r ändert. Überdies wiederholt sich die Konfiguration des Systems nach dem Zeitraum $2\pi/\sqrt{\lambda_r}$. Diese Tatsache spricht man gewöhnlich so aus: *Jeder Normalkoordinate q_r, deren zugehörige Konstante λ_r positiv ist, entspricht eine unabhängige Schwingungsform des Systems mit der Schwingungsperiode $2\pi/\sqrt{\lambda_r}$.*

Wird das System auf beliebige andere Koordinaten bezogen, die nicht Normalkoordinaten sind, so sind diese neuen Koordinaten lineare Funktionen der Normalkoordinaten. Die den einzelnen Normalkoordinaten entsprechenden Schwingungen vollziehen sich völlig unabhängig voneinander. Demnach kann jede erdenkliche Schwingung des Systems als das Resultat der Überlagerung von n unabhängigen Normalschwingungen betrachtet werden. Dies ist der von Daniel Bernouilli[1]) ausgesprochene *Satz von der Überlagerung der Schwingungen.*

Sind die Größen $\lambda_1, \lambda_2, \dots, \lambda_n$ nicht alle positiv, so folgt aus den obigen Integralen, daß die zu den nicht positiven Wurzeln λ_r gehörenden Normalkoordinaten q_r bei einer kleinen Verrückung des Systems aus der Gleichgewichtslage nicht Schwingungen um ihren Nullwert ausführen.

---

[1]) *Histoire de l'Académie de Berlin* 1753, S. 147.

Sie wachsen vielmehr im allgemeinen derart an, daß unsere Voraussetzung bei der ganzen Untersuchung, nämlich die Möglichkeit, die höheren Potenzen der Koordinaten zu vernachlässigen, hinfällig wird. In diesem Fall findet überhaupt keine Schwingung statt; die Gleichgewichtslage wird als *labil* bezeichnet. Vollzieht sich aber die Störung des Gleichgewichts derart, daß die zu nicht positiven Wurzeln λ_r gehörenden Normalkoordinaten q_r davon nicht betroffen werden, so vollführt das System Schwingungen, bei denen die übrigen Normalkoordinaten um den Wert Null schwanken.

Die zu Normalkoordinaten mit positiven Werten der Wurzeln λ_r gehörenden Schwingungsformen werden als *stabil* bezeichnet. Sind alle λ_r positiv, so heißt die Gleichgewichtslage stabil. Die Bedingung für die *Stabilität einer Gleichgewichtslage* besteht nach dem vorigen Paragraphen darin, daß *die potentielle Energie des schwingenden Systems eine positiv definite Form* ist.

Dieses Ergebnis hätten wir auch aus dem Energieintegral ableiten können. Dieses ist

$$T + V = h,$$

wo T und V die quadratischen Formen für die kinetische und potentielle Energie sind, h eine Konstante bedeutet. h ist klein, wenn die ursprüngliche Abweichung von der Gleichgewichtslage klein ist. T ist aber eine positiv definite Form; wenn nun auch V eine positiv definite Form ist, so müssen T und V beide kleiner als h sein; beide bleiben also während der Dauer der Bewegung klein. Daher entfernt sich das System nie sehr weit von der Gleichgewichtslage, d. h. diese ist stabil.

§ 80. Beispiele von Schwingungen um eine Gleichgewichtslage.

Zur Erläuterung behandeln wir einige Beispiele von Schwingungen um eine Gleichgewichtslage.

1. *Die Schwingungsperiode eines Zylinders von beliebigem Querschnitt zu bestimmen, der auf der Außenseite eines rauhen ruhenden Zylinders rollen kann.*

Der Berührungspunkt habe auf dem ruhenden Zylinder von der Gleichgewichtslage aus den Bogen s zurückgelegt. ϱ, ϱ' sollen die Krümmungsradien des festen und des bewegten Zylinders im Berührungspunkt in der Gleichgewichtslage sein. Dabei sind ϱ, ϱ' positiv gerechnet, wenn die Zylinder sich von außen berühren. M sei die Masse des bewegten Zylinders, Mk^2 sein Trägheitsmoment um den Schwerpunkt, c die Entfernung des Schwerpunktes von der Anfangslage des Berührungspunktes auf dem bewegten Zylinder.

Ist α der ursprüngliche Winkel zwischen der gemeinsamen Zylindernormalen und der Senkrechten, so ist $\alpha + s/\varrho$ der Winkel zwischen der gemeinsamen Normalen und der Senkrechten zur Zeit t, $\alpha + s/\varrho + s/\varrho'$ der Winkel der Senkrechten mit der Geraden, die den Krümmungsmittelpunkt des bewegten Zylinders mit dem ursprünglichen Berührungspunkt des bewegten Zylinders verbindet, $s/\varrho + s/\varrho'$ der Winkel der Senkrechten mit der Geraden, die den letztgenannten Punkt mit dem Schwerpunkt des bewegten Zylinders verbindet. Der bewegte Zylinder hat daher die Winkelgeschwindigkeit

$$\dot{s}\left(\frac{1}{\varrho} + \frac{1}{\varrho'}\right).$$

Also ist seine kinetische Energie

$$T = \frac{1}{2} M(k^2 + c^2)\left(\frac{1}{\varrho} + \frac{1}{\varrho'}\right)^2 \dot{s}^2.$$

Die potentielle Energie ist

$V = Mg \times$ Erhebung des Schwerpunkts des bewegten Zylinders über einer festen Ausgangslage,

$$= Mg\left\{(\varrho + \varrho')\cos\left(\alpha + \frac{s}{\varrho}\right) - \varrho'\cos\left(\alpha + \frac{s}{\varrho} + \frac{s}{\varrho'}\right) + c\cos\left(\frac{s}{\varrho} + \frac{s}{\varrho'}\right)\right\}.$$

Unter Vernachlässigung von s^3 folgt daraus

$$V = \frac{1}{2} Mg\left\{\frac{\varrho + \varrho'}{\varrho\varrho'}\cos\alpha - c\left(\frac{\varrho + \varrho'}{\varrho\varrho'}\right)^2\right\} s^2.$$

Die Lagrangesche Bewegungsgleichung

$$\frac{d}{dt}\left(\frac{\partial T}{\partial \dot{s}}\right) - \frac{\partial T}{\partial s} = -\frac{\partial V}{\partial s}$$

ergibt

$$M(k^2 + c^2)\left(\frac{1}{\varrho} + \frac{1}{\varrho'}\right)^2 \ddot{s} + Mg\left\{\frac{\varrho + \varrho'}{\varrho\varrho'}\cos\alpha - c\left(\frac{\varrho + \varrho'}{\varrho\varrho'}\right)^2\right\} s = 0.$$

Die Schwingungen werden demnach dargestellt durch die Gleichung

$$s = A\cos(\lambda t + \varepsilon),$$

wo A und ε aus den Anfangsbedingungen zu bestimmende Integrationskonstanten sind und λ gegeben ist durch die Gleichung

$$\lambda^2 = \frac{g}{k^2 + c^2}\left\{\frac{\varrho\varrho'}{\varrho + \varrho'}\cos\alpha - c\right\}.$$

Die Schwingungsperiode ist $2\pi/\lambda$.

2. *Die Perioden der Normalschwingungen eines Punktes zu bestimmen, der auf einer ruhenden glatten Fläche unter dem Einfluß der Schwere um seine Gleichgewichtslage schwingt.*

Die Tangentialebene in dem Flächenpunkt, in dem der Massenpunkt sich im Gleichgewicht befindet, ist offenbar wagerecht. Als x- und y-Achsen wählen wir die Tangenten an die Krümmungslinien der Fläche in diesem Punkt, als z-Achse die aufwärts gerichtete Senkrechte. Die Gleichung der Fläche lautet dann näherungsweise

$$z = \frac{x^2}{2\varrho_1} + \frac{y^2}{2\varrho_2},$$

wo ϱ_1, ϱ_2 die nach oben positiv gerechneten Hauptkrümmungsradien bedeuten. Die kinetische und potentielle Energie sind näherungsweise

$$T = \tfrac{1}{2} m(\dot{x}^2 + \dot{y}^2), \quad \text{wo } m \text{ die Masse bedeutet,}$$

und

$$V = mgz = mg\left(\frac{x^2}{2\varrho_1} + \frac{y^2}{2\varrho_2}\right).$$

Aus diesen Gleichungen ergibt sich, daß x und y die Normalkoordinaten sind. Die Bewegungsgleichungen lauten

$$\ddot{x} + \frac{g}{\varrho_1} x = 0, \qquad \ddot{y} + \frac{g}{\varrho_2} y = 0.$$

Die Perioden der Normalschwingungen sind daher

$$2\pi\sqrt{\frac{\varrho_1}{g}}, \qquad 2\pi\sqrt{\frac{\varrho_2}{g}}.$$

3. *Die Normalschwingungen eines starren Körpers zu bestimmen, der in einem Punkt festgehalten wird, während er unter der Wirkung eines beliebigen Systems konservativer Kräfte um eine stabile Gleichgewichtslage schwingt.*

Als festes Bezugssystem $OXYZ$ wählen wir die Gleichgewichtslage der Hauptträgheitsachsen des Körpers im festen Punkt. Die mitgeführten Achsen sollen wie gewöhnlich mit den Hauptträgheitsachsen zusammenfallen. Die Lage des Körpers zu beliebiger Zeit sei durch die symmetrischen Parameter ξ, η, ζ, χ des § 9 bestimmt. Wir betrachten ξ, η, ζ als die unabhängigen Systemkoordinaten, während χ durch sie bestimmt ist vermöge der Gleichung

$$\xi^2 + \eta^2 + \zeta^2 + \chi^2 = 1 .$$

Die Komponenten der Winkelgeschwindigkeit des Körpers um die mitgeführten Achsen sind nach § 16:

$$\omega_1 = 2(\chi\dot{\xi} + \zeta\dot{\eta} - \eta\dot{\zeta} - \xi\dot{\chi}),$$
$$\omega_2 = 2(-\zeta\dot{\xi} + \chi\dot{\eta} + \xi\dot{\zeta} - \eta\dot{\chi}),$$
$$\omega_3 = 2(\eta\dot{\xi} - \xi\dot{\eta} + \chi\dot{\zeta} - \zeta\dot{\chi}).$$

Da die Schwingung klein sein soll, betrachten wir ξ, η, ζ als klein von erster Ordnung. χ unterscheidet sich daher von 1 um eine kleine Größe zweiter Ordnung. Also ist, bis auf kleine Größen höherer als erster Ordnung,

$$\omega_1 = 2\dot{\xi}, \qquad \omega_2 = 2\dot{\eta}, \qquad \omega_3 = 2\dot{\zeta}.$$

Die kinetische Energie des Körpers, die durch die Gleichung

$$2T = A\omega_1^2 + B\omega_2^2 + C\omega_3^2$$

gegeben ist, wo A, B, C die Hauptträgheitsmomente im Unterstützungspunkt sind, kann in der Form geschrieben werden

$$T = 2(A\dot{\xi}^2 + B\dot{\eta}^2 + C\dot{\zeta}^2).$$

Die potentielle Energie des Körpers, die eine gewisse Funktion seiner Lage und somit der Parameter ξ, η, ζ ist, werde mit $V(\xi, \eta, \zeta)$ bezeichnet.

Da der Gleichgewichtslage die Nullwerte von ξ, η, ζ entsprechen, so treten bei der Entwicklung von V nach steigenden Potenzen von ξ, η, ζ keine linearen Glieder auf. Die niedrigsten Terme sind also von zweiter Ordnung, so daß wir, unter Vernachlässigung der Glieder höherer Ordnung, schreiben können:

$$V = a\xi^2 + b\eta^2 + c\zeta^2 + 2f\eta\zeta + 2g\zeta\xi + 2h\xi\eta,$$

wo a, b, c, f, g, h Konstanten sind.

Das Problem der Bestimmung der Normalkoordinaten ist also gleichbedeutend mit demjenigen der Transformation der beiden quadratischen Formen

$$A\xi^2 + B\eta^2 + C\zeta^2,$$
$$a\xi^2 + b\eta^2 + c\zeta^2 + 2f\eta\zeta + 2g\zeta\xi + 2h\xi\eta$$

in die Formen

$$A_1x^2 + B_1y^2 + C_1z^2,$$
$$a_1x^2 + b_1y^2 + c_1z^2,$$

wo x, y, z Linearformen in ξ, η, ζ sind.

Nun lautet die auf die festen Achsen bezogene Gleichung des Trägheitsellipsoids in seiner Gleichgewichtslage

$$AX^2 + BY^2 + CZ^2 = 1 .$$

Wir betrachten gleichzeitig die Fläche zweiter Ordnung mit der Gleichung

$$aX^2 + bY^2 + cZ^2 + 2fYZ + 2gZX + 2hXY = 1,$$

die wir als das „Ellipsoid gleicher potentieller Energie" bezeichnen wollen, und bestimmen das gemeinsame System konjugierter Durchmesser beider Ellipsoide. Es seien X', Y', Z' die auf diese konjugierten Durchmesser bezogenen Koordinaten eines Punktes, der in dem festen System die Koordinaten X, Y, Z hat. Der Zusammenhang von X', Y', Z' und X, Y, Z werde hergestellt durch die Gleichungen

$$X = l_1 X' + m_1 Y' + n_1 Z',$$
$$Y = l_2 X' + m_2 Y' + n_2 Z',$$
$$Z = l_3 X' + m_3 Y' + n_3 Z'.$$

Vermöge dieser Transformation werden die Gleichungen der Ellipsoide auf die Form gebracht

$$A_1 X'^2 + B_1 Y'^2 + C_1 Z'^2 = 1,$$
$$a_1 X'^2 + b_1 Y'^2 + c_1 Z'^2 = 1.$$

Daher ist die Transformation, die die Normalkoordinaten des Systems liefert,

$$\xi = l_1 x + m_1 y + n_1 z,$$
$$\eta = l_2 x + m_2 y + n_2 z,$$
$$\zeta = l_3 x + m_3 y + n_3 z.$$

Daraus folgt, daß bei derjenigen Normalschwingung, bei der x allein sich ändert, die Größen ξ, η, ζ ständig im Verhältnis

$$\xi : \eta : \zeta = l_1 : l_2 : l_3$$

stehen.

Nach den Definitionen des § 9 sind ξ, η, ζ offenbar, bis auf kleine Größen höherer als erster Ordnung, den Richtungskosinus der Rotationsachse des starren Körpers proportional. Folglich besteht diese Normalschwingung des starren Körpers aus einer kleinen Schwingung um eine Gerade mit der Gleichung

$$X : Y : Z = l_1 : l_2 : l_3,$$

d. h. um die Gerade

$$Y' = 0, \qquad Z' = 0,$$

die einer der den beiden Ellipsoiden gemeinsamen konjugierten Durchmesser ist.

Allgemein ergibt sich so: *Die Normalschwingungen des Körpers sind kleine Schwingungen um die gemeinsamen konjugierten Durchmesser des Trägheitsellipsoids und des Ellipsoids gleicher potentieller Energie.*

4. *Die Normalkoordinaten und Perioden der Normalschwingung eines Systems mit drei Freiheitsgraden zu bestimmen, für das*

$$T = \tfrac{1}{2}(\dot{x}^2 + \dot{y}^2 + \dot{z}^2),$$
$$V = \tfrac{1}{2}[p^2(x^2 + y^2) + 2\alpha z(x + y) + q^2 z^2]$$

ist, wo α klein gegen p und q ist. Es ist ferner zu zeigen: Wird ein solches System derart aus der Ruhelage losgelassen, daß y und z ursprünglich Null sind, so kommt die x-Schwingung nach der Zeit $\pi p(q^2 - p^2)/\alpha^2$ momentan zur Ruhe, und es ist alsdann eine y-Schwingung von der Amplitude der ursprünglichen x-Schwingung vorhanden.

Die Form der kinetischen und potentiellen Energie legt die Transformation nahe

$$x + y = 2\xi, \qquad x - y = 2\eta.$$

Sie ergibt

$$T = \dot{\xi}^2 + \dot{\eta}^2 + \tfrac{1}{2}\dot{z}^2,$$
$$V = p^2\xi^2 + p^2\eta^2 + 2\alpha z\xi + \tfrac{1}{2}q^2 z^2.$$

η ist daher eine Normalkoordinate. Zur Reduktion der übrigen Teile der kinetischen und potentiellen Energie auf Summen von Quadraten setzen wir

$$z = \zeta - \frac{2\alpha}{q^2 - p^2}\varphi, \qquad \xi = \varphi + \frac{\alpha}{q^2 - p^2}\zeta.$$

Daraus folgt

$$T = \dot\eta^2 + \left\{1 + \frac{2\alpha^2}{(q^2 - p^2)^2}\right\}\dot\varphi^2 + \frac{1}{2}\left\{1 + \frac{2\alpha^2}{(q^2 - p^2)^2}\right\}\dot\zeta^2,$$

$$V = p^2\eta^2 + \left\{p^2 - \frac{\alpha^2(2q^2 - 4p^2)}{(q^2 - p^2)^2}\right\}\varphi^2 + \frac{1}{2}\left\{q^2 + \frac{(4q^2 - 2p^2)\alpha^2}{(q^2 - p^2)^2}\right\}\zeta^2.$$

η, φ, ζ sind demnach die Normalkoordinaten.

Ursprünglich sei

$$x = k, \quad y = 0, \quad z = 0,$$
$$\dot x = 0, \quad \dot y = 0, \quad \dot z = 0,$$

und k sei so klein, daß sein Produkt mit anderen kleinen Größen vernachlässigt werden kann. Bei diesem Grad der Annäherung ist dann ursprünglich

$$\eta = \tfrac{1}{2}k, \quad \varphi = \tfrac{1}{2}k, \quad \zeta = 0.$$

Die Schwingungen für die Normalkoordinaten η, φ sind daher gegeben durch die Gleichungen

$$\eta = \tfrac{1}{2}k\cos pt,$$

$$\varphi = \tfrac{1}{2}k\cos\left[t\left\{\frac{p^2 - \frac{\alpha^2(2q^2 - 4p^2)}{(q^2 - p^2)^2}}{1 + \frac{2\alpha^2}{(q^2 - p^2)^2}}\right\}^{\frac{1}{2}}\right].$$

Der letzten Gleichung kann man die Gestalt geben

$$\varphi = \frac{1}{2}k\cos\left[pt\left\{1 - \frac{\alpha^2}{p^2(q^2 + p^2)}\right\}\right]$$

oder

$$\varphi = \frac{1}{2}k\cos pt\cos\frac{\alpha^2 t}{p(q^2 - p^2)} + \frac{1}{2}k\sin pt\sin\frac{\alpha^2 t}{p(q^2 - p^2)}.$$

Die Anfangsbewegung läßt sich somit näherungsweise darstellen durch

$$\eta = \tfrac{1}{2}k\cos pt, \qquad \varphi = \tfrac{1}{2}k\cos pt$$

oder

$$x = k\cos pt, \qquad y = 0.$$

Nach dem Zeitraum $\pi p(q^2 - p^2)/\alpha^2$ wird die Bewegung näherungsweise dargestellt durch

$$\eta = \tfrac{1}{2}k\cos pt, \qquad \varphi = -\tfrac{1}{2}k\cos pt$$

oder

$$x = 0, \qquad y = -k\cos pt,$$

womit die Behauptung bewiesen ist.

§ 81. Die Wirkung einer neuen Bindung auf die Perioden eines schwingenden Systems.

Wir untersuchen nun, wie die Perioden der Normalschwingungen eines dynamischen Systems um eine stabile Gleichgewichtslage sich ändern, wenn die Zahl der Freiheitsgrade des Systems durch Einführung einer neuen Bindung verringert wird.

Das ursprüngliche System sei bezogen auf seine Normalkoordinaten $q_1, q_2, \ldots, q_n$, so daß seine kinetische und potentielle Energie die Form haben

$$T = \tfrac{1}{2}(\dot{q}_1^2 + \dot{q}_2^2 + \cdots + \dot{q}_n^2),$$
$$V = \tfrac{1}{2}(\lambda_1 q_1^2 + \lambda_2 q_2^2 + \cdots + \lambda_n q_n^2).$$

Die neue Bindung sei dargestellt durch die Gleichung

$$f(q_1, q_2, \ldots, q_n) = 0.$$

Da $q_1, q_2, \ldots, q_n$ klein sind, brauchen wir in der Entwicklung der Funktion f nach steigenden Potenzen von $q_1, q_2, \ldots, q_n$ nur die ersten Glieder zu berücksichtigen. Demnach stellen wir die Bindung dar in der Form

$$A_1 q_1 + A_2 q_2 + \cdots + A_n q_n = 0,$$

wo $A_1, A_2, \ldots, A_n$ Konstanten sind. Da die Gleichgewichtslage mit der Bindung verträglich sein soll, ist kein konstantes Glied vorhanden. Mit Hilfe dieser Gleichung läßt sich q_n eliminieren. Dann wird

$$T = \frac{1}{2}\left\{\dot{q}_1^2 + \dot{q}_2^2 + \cdots + \dot{q}_{n-1}^2 + \frac{1}{A_n^2}(A_1 \dot{q}_1 + \cdots + A_{n-1}\dot{q}_{n-1})^2\right\},$$

$$V = \frac{1}{2}\left\{\lambda_1 q_1^2 + \cdots + \lambda_{n-1} q_{n-1}^2 + \frac{\lambda_n}{A_n^2}(A_1 q_1 + \cdots + A_{n-1} q_{n-1})^2\right\}.$$

Die Lagrangeschen Bewegungsgleichungen des der Bindung unterworfenen Systems bestehen daher aus den $n-1$ Gleichungen

$$\ddot{q}_r + \lambda_r q_r + A_r\left\{\frac{1}{A_n^2}(A_1\ddot{q}_1 + \cdots + A_{n-1}\ddot{q}_{n-1}) + \frac{\lambda_n}{A_n^2}(A_1 q_1 + \cdots + A_{n-1} q_{n-1})\right\} = 0$$
$$(r = 1, 2, \ldots, n-1)$$

oder

$$\ddot{q}_r + \lambda_r q_r + \mu A_r = 0 \qquad (r = 1, 2, \ldots, n-1),$$

wo

$$\mu = \frac{1}{A_n^2}(A_1\ddot{q}_1 + \cdots + A_{n-1}\ddot{q}_{n-1}) + \frac{\lambda_n}{A_n^2}(A_1 q_1 + \cdots + A_{n-1} q_{n-1})$$
$$= -\frac{\ddot{q}_n}{A_n} - \frac{\lambda_n q_n}{A_n}$$

ist. Die Bewegungsgleichungen des Systems mit der Bindung lassen sich daher in Form der n Gleichungen schreiben

$$\ddot{q}_r + \lambda_r q_r + \mu A_r = 0 \qquad (r = 1, 2, \ldots, n),$$

wo μ unbestimmt ist.

Eine Normalschwingung des abgeänderten Systems sei definiert durch die Gleichungen

$$q_1 = \alpha_1 \cos\sqrt{\lambda}\,t, \qquad q_2 = \alpha_2 \cos\sqrt{\lambda}\,t, \ldots, q_n = \alpha_n \cos\sqrt{\lambda}\,t,$$
$$\mu = \nu \cos\sqrt{\lambda}\,t.$$

Einsetzen in die Bewegungsgleichungen ergibt

$$\alpha_r(\lambda_r - \lambda) + \nu A_r = 0 \qquad (r = 1, 2, \ldots, n).$$

Führen wir die durch diese Gleichungen bestimmten Werte von $\alpha_1, \alpha_2, \ldots, \alpha_n$ in die Gleichung

$$A_1\alpha_1 + A_2\alpha_2 + \ldots + A_n\alpha_n = 0$$

ein, so folgt

$$\frac{A_1^2}{\lambda_1 - \lambda} + \frac{A_2^2}{\lambda_2 - \lambda} + \ldots + \frac{A_n^2}{\lambda_n - \lambda} = 0.$$

Diese Gleichung in λ hat $n - 1$ Wurzeln, die — nach der Form der Gleichung zu schließen — offenbar in den Intervallen zwischen den Größen $\lambda_1, \lambda_2, \ldots, \lambda_n$ liegen. Die diesen Wurzeln entsprechenden Größen $2\pi/\sqrt{\lambda}$ sind die Perioden der Normalschwingungen des der Bindung unterworfenen Systems. *Folglich liegen die $n - 1$ Perioden der Normalschwingungen des der Bindung unterworfenen Systems zwischen den n Perioden des ursprünglichen Systems.*

§ 82. Der stationäre Charakter der Normalschwingungen.

Ein dynamisches System werde so vielen Bindungen unterworfen, daß es nur einen Freiheitsgrad behält. Welche Wirkung bringt dies hervor? Es seien $q_1, q_2, \ldots, q_n$ die Normalkoordinaten des ursprünglichen Systems; die Bindungen sollen, wie im vorigen Paragraphen, durch lineare Gleichungen zwischen den Koordinaten dargestellt sein, können also hier in der Form angesetzt werden

$$q_1 = \mu_1 q, \quad q_2 = \mu_2 q, \quad \ldots, \quad q_n = \mu_n q,$$

wo $\mu_1, \mu_2, \ldots, \mu_n$ Konstanten sind und q eine neue Veränderliche ist, die die Konfiguration des den Bindungen unterworfenen Systems zur Zeit t bestimmt.

Die kinetische und potentielle Energie des ursprünglichen Systems seien

$$T = \tfrac{1}{2}(\dot{q}_1^2 + \dot{q}_2^2 + \ldots + \dot{q}_n^2),$$
$$V = \tfrac{1}{2}(\lambda_1 q_1^2 + \lambda_2 q_2^2 + \ldots \lambda_n q_n^2).$$

Die Perioden seiner Normalschwingungen sind daher

$$2\pi/\sqrt{\lambda_1}, \; 2\pi/\sqrt{\lambda_2}, \; \ldots, \; 2\pi/\sqrt{\lambda_n},$$

Die kinetische und potentielle Energie des gebundenen Systems sind dann

$$T = \tfrac{1}{2}(\mu_1^2 + \mu_2^2 + \ldots + \mu_n^2)\dot{q}^2,$$
$$V = \tfrac{1}{2}(\lambda_1\mu_1^2 + \lambda_2\mu_2^2 + \ldots + \lambda_n\mu_n^2)q^2.$$

Die Periode einer Schwingung des gebundenen Systems ist demnach $2\pi/\sqrt{\lambda}$, wo λ bestimmt ist durch die Gleichung

$$\lambda = \frac{\lambda_1\mu_1^2 + \lambda_2\mu_2^2 + \ldots + \lambda_n\mu_n^2}{\mu_1^2 + \mu_2^2 + \ldots + \mu_n^2}.$$

Werden die Bindungen geändert, so behält dieser Ausdruck einen festen Wert, sobald $n - 1$ der Größen $\mu_1, \mu_2, \ldots, \mu_n$ Null sind. Dieser feste Wert ist eine der Größen $\lambda_1, \lambda_2, \ldots, \lambda_n$. Daher haben wir den Satz: *Wird ein System so vielen Bindungen unterworfen, daß die Zahl seiner Freiheitsgrade sich auf 1 reduziert, so hat die Periode des gebundenen Systems einen festen Wert für alle Bindungen, bei denen die Schwingung eine Normalschwingung des ursprünglichen Systems ist.*

§ 83. Schwingungen um einen stationären Bewegungszustand.

Eine Bewegungsform, die in einer gewissen Analogie zu der Gleichgewichtslage steht, ist die sogenannte *stationäre* Bewegung eines Systems mit zyklischen Koordinaten. Darunter verstehen wir einen Bewegungszustand, bei dem die nicht-zyklischen Koordinaten des Systems konstante Werte haben, während die zu den zyklischen Koordinaten gehörenden Geschwindigkeiten gleichfalls konstant sind.

Ein Beispiel für stationäre Bewegung ist die in § 72 besprochene spezielle Kreiselbewegung. Als weiteres Beispiel führen wir die Bewegung eines Massenpunktes in einer Ebene unter dem Einfluß einer Zentralkraft an, deren potentielle Energie allein von der Entfernung vom Kraftzentrum abhängt. Dabei ist eine mit konstanter Geschwindigkeit durchlaufene Kreisbahn immer eine mögliche Bahn. Diese Bewegung ist stationär; denn der Radiusvektor ist konstant, und die der zyklischen Koordinate ϑ entsprechende Winkelgeschwindigkeit $\dot{\vartheta}$ ist gleichfalls konstant.

Weicht der anfängliche Bewegungszustand eines Systems wenig von einer gegebenen stationären Bewegungsform ab, und bleibt diese Abweichung im Verlauf der ganzen Bewegung gering, so wird die Bewegung als *Schwingung um den stationären Bewegungszustand* bezeichnet.

Sie heißt *stabil*[1]), wenn die Schwingung mit gegen Null strebender anfänglicher Abweichung von der stationären Bewegung gegen eine Grenzform strebt, nämlich gegen die stationäre Bewegung selbst.

Es seien $p_1, p_2, \ldots, p_k$ die zyklischen, $q_1, q_2, \ldots, q_n$ die nicht-zyklischen Koordinaten des Systems. Den k zyklischen Koordinaten entsprechen die k Integrale

$$\frac{\partial L}{\partial \dot{p}_r} = \beta_r \qquad (r = 1, 2, \ldots, k),$$

wo $\beta_1, \beta_2, \ldots, \beta_k$ Konstanten sind. Wir nehmen an, daß diese Konstanten bei der Schwingungsbewegung den gleichen Wert haben wie bei der ungestörten stationären Bewegung, als deren Störungsform sie angesehen wird. Das bedeutet nur, daß wir jede Schwingungsform einer bestimmten stationären Bewegung zuordnen.

[1]) Diese Definition stammt von Klein und Sommerfeld.

Das System soll konservativ sein; seine Bindungen seien von der Zeit unabhängig. Die kinetische Energie sei

$$T = \tfrac{1}{2}\sum_{i=1}^{n}\sum_{j=1}^{n} a_{ij}\dot{q}_i\dot{q}_j + \sum_{i=1}^{n}\sum_{j=1}^{k} b_{ij}\dot{q}_i\dot{p}_j + \tfrac{1}{2}\sum_{i=1}^{k}\sum_{j=1}^{k} c_{ij}\dot{p}_i\dot{p}_j,$$

wo die Koeffizienten a_{ij}, b_{ij}, c_{ij} Funktionen von $q_1, q_2, \ldots, q_n$ sind. Die den zyklischen Koordinaten entsprechenden Integrale sind

$$\sum_i c_{ij}\dot{p}_i + \sum_i b_{ij}\dot{q}_i = \beta_j \qquad (j = 1, 2, \ldots, k).$$

Es sei C_{ij} die Unterdeterminante von c_{ij} in der Koeffizientendeterminante der c_{ij}, dividiert durch diese Determinante. Die Auflösung der letzten Gleichungen nach den Größen $\dot{p}_r$ ergibt

$$\dot{p}_r = \sum_s C_{rs}(\beta_s - \sum_l b_{ls}\dot{q}_l).$$

Bei Einführung dieser Größen $\dot{p}_1, \dot{p}_2, \ldots, \dot{p}_k$ in die obige Gleichung für T ergibt sich unter Berücksichtigung der Eigenschaften der Unterdeterminanten

$$T = \tfrac{1}{2}\sum_{i,j}(a_{ij} - \sum_{l,s} C_{ls} b_{il} b_{js})\dot{q}_i\dot{q}_j + \tfrac{1}{2}\sum_{l,s} C_{ls}\beta_l\beta_s.$$

Nun wird das System durch Beseitigung der zyklischen Koordinaten reduziert. Es sei R das abgeänderte kinetische Potential:

$$\begin{aligned} R &= T - V - \sum_{r=1}^{k}\dot{p}_r\beta_r \\ &= \tfrac{1}{2}\sum_{i,j}(a_{ij} - \sum_{l,s} C_{ls} b_{il} b_{js})\dot{q}_i\dot{q}_j + \sum_{l,r,s} C_{rs}\beta_r b_{ls}\dot{q}_l - \tfrac{1}{2}\sum_{l,s} C_{ls}\beta_l\beta_s - V. \end{aligned}$$

Ohne Beschränkung der Allgemeinheit können wir annehmen, daß für die stationäre Bewegung alle Größen $q_1, q_2, \ldots, q_n$ den Wert Null haben. Werden dann in der Entwicklung der Koeffizienten von R nach steigenden Potenzen von $q_1, q_2, \ldots, q_n$ alle Glieder von höherem als zweitem Grad in $\dot{q}_1, \dot{q}_2, \ldots, \dot{q}_n$, $q_1, q_2, \ldots, q_n$ vernachlässigt gegen die Glieder zweiten Grades, so bleibt für R ein Ausdruck aus linearen und quadratischen Gliedern in $\dot{q}_1, \dot{q}_2, \ldots, \dot{q}_n$, $q_1, q_2, \ldots, q_n$. Die in $\dot{q}_1, \dot{q}_2, \ldots, \dot{q}_n$ linearen und von $q_1, q_2, \ldots, q_n$ unabhängigen Glieder fallen aus den Bewegungsgleichungen

$$\frac{d}{dt}\left(\frac{\partial R}{\partial \dot{q}_r}\right) - \frac{\partial R}{\partial q_r} = 0 \qquad (r = 1, 2, \ldots, n)$$

von selbst heraus, können daher von vornherein weggelassen werden. Da die Gleichungen auch erfüllt sind für beständig verschwindende Werte von $q_1, q_2, \ldots, q_n$, so enthält R offenbar auch keine in $q_1, q_2, \ldots, q_n$ linearen, von $\dot{q}_1, \dot{q}_2, \ldots, \dot{q}_n$ unabhängigen Glieder. *Die Lösung des Problems der Schwingungen um einen stationären Bewegungszustand hängt also ab von der Integration Lagrangescher Bewegungsgleichungen, deren kinetisches Potential eine homogene quadratische Funktion der Geschwindigkeiten und Koordinaten mit konstanten Koeffizienten ist.*

Der Unterschied zwischen Schwingungen um eine Gleichgewichtslage und um einen stationären Bewegungszustand besteht darin, daß im letzteren Falle in dem kinetischen Potential Glieder vom Typus $q_r \dot{q}_s$ (also Produkte einer Koordinate in eine Geschwindigkeit) auftreten können. Man bezeichnet sie als *gyroskopische Glieder.* Schwingungen um eine stationäre Bewegungsform sind tatsächlich nichts anderes als Schwingungen um die Gleichgewichtslage des reduzierten oder nichtnatürlichen (§ 38) Systems, auf das das ursprüngliche System durch Beseitigung zyklischer Koordinaten zurückgeführt ist.

Die Bewegungsgleichungen des schwingenden Systems lauten daher

$$\frac{d}{dt}\left(\frac{\partial R}{\partial \dot{q}_r}\right) - \frac{\partial R}{\partial q_r} = 0,$$

wo R in der Form dargestellt werden kann

$$R = \tfrac{1}{2}\sum_{r,s}{}' \alpha_{rs}\dot{q}_r\dot{q}_s + \tfrac{1}{2}\sum \beta_{rs} q_r q_s + \sum_{r,s} \gamma_{rs} q_r \dot{q}_s \qquad (r, s = 1, 2, \ldots, n),$$

wo

$$\alpha_{rs} = \alpha_{sr}, \quad \beta_{rs} = \beta_{sr},$$

aber γ_{rs} im allgemeinen von γ_{sr} verschieden ist. In entwickelter Form lauten die Bewegungsgleichungen

$$\begin{aligned} &\alpha_{11}\ddot{q}_1 - \beta_{11} q_1 + \alpha_{12}\ddot{q}_2 + (\gamma_{21} - \gamma_{12})\dot{q}_2 - \beta_{12} q_2 + \alpha_{13}\ddot{q}_3 \\ &\qquad\qquad + (\gamma_{31} - \gamma_{13})\dot{q}_3 - \beta_{13} q_3 + \cdots = 0, \\ &\alpha_{21}\ddot{q}_1 + (\gamma_{12} - \gamma_{21})\dot{q}_1 - \beta_{21} q_1 + \alpha_{22}\ddot{q}_2 - \beta_{22} q_2 + \alpha_{23}\ddot{q}_3 \\ &\qquad\qquad + (\gamma_{32} - \gamma_{23})\dot{q}_3 - \beta_{23} q_3 + \cdots = 0, \\ &\cdots\cdots\cdots\cdots\cdots\cdots\cdots\cdots\cdots\cdots \\ &\cdots\cdots\cdots\cdots\cdots\cdots\cdots\cdots\cdots\cdots \end{aligned}$$

Es sind lineare Gleichungen mit konstanten Koeffizienten, die im ganzen den gleichen Charakter haben wie die entsprechenden Gleichungen im Fall der Schwingungen um die Gleichgewichtslage. Sie unterscheiden sich nur durch das Auftreten der gyroskopischen Glieder mit den Koeffizienten $(\gamma_{sr} - \gamma_{rs})$. Infolge ihres Auftretens läßt sich das System nicht auf Normalkoordinaten transformieren[1]). Wir werden aber sehen, daß die Haupteigenschaft der Schwingungen um die Gleichgewichtslage beibehalten ist, daß nämlich jede Schwingung als Resultat der Überlagerung von n rein periodischen Schwingungen aufgefaßt werden kann. Diese werden wir wie vorher als *Normalschwingungen* des Systems bezeichnen.

---

[1]) D. h. das System läßt sich nicht durch eine Punkttransformation auf Normalkoordinaten bringen, wohl aber durch eine Berührungstransformation, wie im sechzehnten Kapitel näher ausgeführt wird.

§ 84. Die Integration der Gleichungen.

Die Integration der Bewegungsgleichungen wird uns weitere Aufschlüsse über die Natur der Schwingungen geben.

Wir transformieren die Gleichungen zunächst in ein System von Gleichungen erster Ordnung. Es sei R das abgeänderte kinetische Potential des Systems, so daß R für das Schwingungsproblem eine homogene quadratische Funktion der $q_1, q_2, \ldots, q_n, \dot{q}_1, \dot{q}_2, \ldots, \dot{q}_n$ ist. Wir setzen

$$\frac{\partial R}{\partial \dot{q}_r} = q_{n+r} \qquad (r = 1, 2, \ldots, n),$$

so daß $q_{n+1}, q_{n+2}, \ldots, q_{2n}$ lineare Funktionen von $\dot{q}_1, \dot{q}_2, \ldots, \dot{q}_n$ sind und umgekehrt. Die Bewegungsgleichungen nehmen dann die Gestalt an

$$\dot{q}_{n+r} = \frac{\partial R}{\partial q_r} \qquad (r = 1, 2, \ldots, n).$$

Bedeutet nun δ den Zuwachs einer Funktion der Veränderlichen $q_1, q_2, \ldots, q_n, q_{n+1}, \ldots, q_{2n}$ bei einer kleinen Änderung der Veränderlichen, so ist

$$\begin{aligned}\delta R &= \sum_{r=1}^{n} \left(\frac{\partial R}{\partial q_r} \delta q_r + \frac{\partial R}{\partial \dot{q}_r} \delta \dot{q}_r \right) \\ &= \sum_{r=1}^{n} (\dot{q}_{n+r} \delta q_r + q_{n+r} \delta \dot{q}_r) \\ &= \delta \left(\sum_{r=1}^{n} q_{n+r} \dot{q}_r \right) + \sum_{r=1}^{n} (\dot{q}_{n+r} \delta q_r - \dot{q}_r \delta q_{n+r}) .\end{aligned}$$

Die als Funktion von $q_1, q_2, \ldots, q_{2n}$ dargestellte Größe

$$\sum_{r=1}^{n} q_{n+r} \dot{q}_r - R$$

werde mit H bezeichnet; H ist also eine bekannte homogene quadratische Funktion der Veränderlichen $q_1, q_2, \ldots, q_{2n}$. Die letzte Gleichung geht dann über in

$$\delta H = \sum_{r=1}^{n} (\dot{q}_r \delta q_{n+r} - \dot{q}_{n+r} \delta q_r) .$$

Das System der Bewegungsgleichungen zweiter Ordnung kann demnach ersetzt werden durch ein System von $2n$ Gleichungen erster Ordnung, nämlich

$$\dot{q}_r = \frac{\partial H}{\partial q_{n+r}}, \qquad \dot{q}_{n+r} = -\frac{\partial H}{\partial q_r} \qquad (r = 1, 2, \ldots, n),$$

mit den unabhängigen Veränderlichen $q_1, q_2, \ldots, q_{2n}$ [1]).

Wir werden nachweisen, daß die an Stelle der charakteristischen Funktion R der Gleichungen getretene Funktion H die Summe der

[1]) Diese Transformation ist ein Spezialfall der im zehnten Kapitel dargestellten Hamiltonschen Transformation.

kinetischen und potentiellen Energie des betrachteten dynamischen Systems darstellt.

R enthält nämlich Glieder zweiten, ersten und nullten Grades in den Geschwindigkeiten, und

$$\sum_{r=1}^{n} \dot{q}_r \frac{\partial R}{\partial \dot{q}_r}$$

ist nach dem Eulerschen Satz gleich der Summe der doppelten Glieder zweiten Grades und der Glieder ersten Grades. Deshalb ist die Funktion H, die nach Definition gleich

$$\sum_{r=1}^{n} \dot{q}_r \frac{\partial R}{\partial \dot{q}_r} - R$$

ist, gleich der Summe der Glieder zweiten Grades und der Glieder nullten Grades von R, letztere mit umgekehrten Vorzeichen. Der Vergleich mit den auf Seite 206 gegebenen Ausdrücken für T und R ergibt:

$$H = T + V.$$

Demnach ist H die Gesamtenergie des dynamischen Systems als Funktion der Koordinaten $q_1, q_2, \ldots, q_{2n}$.

Für die Schwingungen um eine Gleichgewichtslage war die Stabilitätsbedingung, daß die potentielle Energie ebenso wie die kinetische Energie positiv definite quadratische Formen sind. Eine ähnliche Voraussetzung machen wir nun für den Fall der Schwingungen um einen stationären Bewegungszustand, nämlich daß *die Gesamtenergie H eine positiv definite quadratische Form in den Veränderlichen* $q_1, q_2, \ldots, q_{2n}$ ist. Unter dieser Annahme beweisen wir, daß die stationäre Bewegung stabil ist und die Bewegungsgleichungen sich folgendermaßen integrieren lassen[1]).

Wir betrachten das System linearer Gleichungen in den Veränderlichen $q_1, q_2, \ldots, q_{2n}$:

$$\begin{aligned} s\,q_{n+r} + \frac{\partial H(q_1, q_2, \ldots, q_{2n})}{\partial q_r} &= y_r\,, \\ -s\,q_r + \frac{\partial H(q_1, q_2, \ldots, q_{2n})}{\partial q_{n+r}} &= y_{n+r} \end{aligned} \qquad (r = 1, 2, \ldots, n).$$

Wird die Determinante dieses Systems mit $f(s)$ bezeichnet, die zu der λ^{ten} Reihe und μ^{ten} Spalte gehörige Unterdeterminante mit

$$f(s)_{\lambda\mu} \qquad (\lambda, \mu = 1, 2, \ldots, 2n),$$

so sind $q_1, q_2, \ldots, q_{2n}$ als Funktionen von $y_1, y_2, \ldots, y_{2n}$ gegeben durch die Gleichungen

$$q_\mu = \sum_{\lambda=1}^{2n} \frac{f(s)_{\lambda\mu}}{f(s)}\, y_\lambda \qquad (\mu = 1, 2, \ldots, 2n),$$

---

1) Die folgende Integrationsmethode wurde angegeben von Weierstraß: *Berl. Monatsberichte* 1879.

wo $f(s)$ in s vom Grade $2n$ ist, $f(s)_{\lambda\mu}$ von keinem höheren als dem $(2n-1)^{\text{ten}}$ Grad.

Zur Integration der Bewegungsgleichungen betrachten wir Ausdrücke für $q_1, q_2, \ldots, q_{2n}$ von der Form

$$q_\mu = \int_C \frac{p_\mu(s)}{f(s)} e^{s(t-t_0)} ds \qquad (\mu = 1, 2, \ldots, 2n),$$

wo die Integration über den Rand eines großen Kreises C erstreckt ist, der alle Wurzeln der Gleichung $f(s) = 0$ einschließt. Diese Werte von $q_1, q_2, \ldots, q_{2n}$ genügen den Bewegungsgleichungen, wenn die Gleichungen

$$\left.\begin{aligned} &\int_C e^{s(t-t_0)} \left\{ s\,p_{n+r} + \frac{\partial H(p_1, p_2, \ldots, p_{2n})}{\partial p_r} \right\} \frac{ds}{f(s)} = 0, \\ &\int_C e^{s(t-t_0)} \left\{ -s\,p_r + \frac{\partial H(p_1, p_2, \ldots, p_{2n})}{\partial p_{n+r}} \right\} \frac{ds}{f(s)} = 0 \end{aligned}\right\} \qquad (r = 1, 2, \ldots, n),$$

erfüllt sind. Sind daher $p_1, p_2, \ldots, p_{2n}$ solche Polynome in s, daß die in den Klammern unter den Integralzeichen stehenden Ausdrücke in den Nullstellen der Gleichung $f(s) = 0$ verschwinden, so sind die Gleichungen befriedigt, da der Integrand dann im Innern des Kreises C keinerlei Singularitäten besitzt[1]). $p_1, p_2, \ldots, p_{2n}$ muß daher ein Lösungssystem der Gleichungen

$$\left.\begin{aligned} s\,p_{n+r} + \frac{\partial H(p_1, p_2, \ldots, p_{2n})}{\partial p_r} &= 0, \\ -s\,p_r + \frac{\partial H(p_1, p_2, \ldots, p_{2n})}{\partial p_{n+r}} &= 0 \end{aligned}\right\} \qquad (r = 1, 2, \ldots, n),$$

sein, wenn s eine Wurzel der Gleichung $f(s) = 0$ ist. Diese Bedingung wird erfüllt durch den Ansatz

$$p_\mu(s) = a_1 f(s)_{1\mu} + a_2 f(s)_{2\mu} + \cdots + a_{2n} f(s)_{2n,\mu} \qquad (\mu = 1, 2, \ldots, 2n),$$

wo $a_1, a_2, \ldots, a_{2n}$ willkürliche Konstanten sind.

Die Bewegungsgleichungen werden demnach befriedigt durch die Werte:

q_μ = Koeffizient von $1/s$ in der Laurentschen Entwicklung[2]) des Ausdrucks

$$\{a_1 f(s)_{1\mu} + a_2 f(s)_{2\mu} + \cdots + a_{2n} f(s)_{2n,\mu}\} \frac{e^{s(t-t_0)}}{f(s)} \qquad (\mu = 1, 2, \ldots, 2n)$$

nach positiven und negativen Potenzen von s.

Die Untersuchung der Determinante $f(s)$ ergibt nun, daß die Unterdeterminanten vom Typ

$$f(s)_{n+\mu,\mu} \qquad \text{und} \qquad f(s)_{\mu,n+\mu}$$

---

[1]) Whittaker and Watson: *A Course of Modern Analysis* § 5, 2.

[2]) Ebenda, § 5, 6.

in s vom Grade $2n-1$ sind, die übrigen Unterdeterminanten in s vom Grade $2n-2$. Daher ist der Koeffizient von $1/s$ in der Laurentschen Entwicklung von $f(s)_{\lambda\mu}/f(s)$ Null, außer wenn $\lambda = n+\mu$ oder $\mu = n+\lambda$ ist. Im ersteren Fall ist der Koeffizient -1, im letzteren $+1$. Setzen wir $t = t_0$, so sehen wir also, daß

$$a_1, a_2, \ldots, a_{2n}$$

die Werte von

$$q_{n+1}, q_{n+2}, \ldots, q_{2n}, -q_1, -q_2, \ldots, -q_n$$

zur Zeit t_0 sind.

Setzen wir daher $\varphi(t)_{\lambda\mu}$ = Koeffizient von $1/s$ in der Laurentschen Entwicklung von

$$\frac{f(s)_{\lambda\mu}}{f(s)} e^{s(t-t_0)},$$

und sind $\mathring{q}_1, \mathring{q}_2, \ldots, \mathring{q}_{2n}$ die einem bestimmten Wert t_0 von t entsprechenden Werte von $q_1, q_2, \ldots, q_{2n}$, so ist

$$q_\mu = \sum_{\alpha=1}^{n} \{\mathring{q}_{n+\alpha}\, \varphi(t)_{\alpha,\mu} - \mathring{q}_\alpha\, \varphi(t)_{n+\alpha,\mu}\} \qquad (\mu = 1, 2, \ldots, 2n).$$

Zur Berechnung der Größen $\varphi(t)_{\lambda\mu}$ müssen wir die Wurzeln der Determinantengleichung $f(s) = 0$ näher untersuchen. Es sei $ki+l$, wo $i=\sqrt{-1}$ ist und k, l reell sind, eine beliebige Wurzel dieser Gleichung. Dann können die $2n$ Gleichungen

$$\left.\begin{aligned} (ki+l)\,q_{n+\alpha} + \frac{\partial H(q_1, q_2, \ldots q_{2n})}{\partial q_\alpha} &= 0, \\ -(ki+l)\,q_\alpha + \frac{\partial H(q_1, q_2, \ldots q_{2n})}{\partial q_{n+\alpha}} &= 0 \end{aligned}\right\} \qquad (\alpha = 1, 2, \ldots, n).$$

durch Werte von $q_1, q_2, \ldots, q_{2n}$ erfüllt werden, die nicht sämtlich Null sind. Es sei

$$\xi_1 + i\eta_1, \quad \xi_2 + i\eta_2, \quad \ldots, \xi_{2n} + i\eta_{2n}$$

ein derartiges Wertsystem, wo $\xi_1, \xi_2, \ldots, \xi_{2n}, \eta_1, \eta_2, \ldots, \eta_{2n}$ reelle Größen sind. Setzen wir dann

$$\frac{\partial H(q_1, q_2, \ldots, q_{2n})}{\partial q_\mu} = (H(q_1, q_2, \ldots, q_{2n})_\mu),$$

so folgt nach Trennung des Reellen und Imaginären aus den letzten Gleichungen

$$\left.\begin{aligned} H(\xi_1, \xi_2, \ldots, \xi_{2n})_\alpha + l\,\xi_{n+\alpha} - k\,\eta_{n+\alpha} &= 0, \\ H(\xi_1, \xi_2, \ldots, \xi_{2n})_{n+\alpha} - l\,\xi_\alpha + k\,\eta_\alpha &= 0, \\ H(\eta_1, \eta_2, \ldots, \eta_{2n})_\alpha + l\,\eta_{n+\alpha} + k\,\xi_{n+\alpha} &= 0, \\ H(\eta_1, \eta_2, \ldots, \eta_{2n})_{n+\alpha} - l\,\eta_\alpha - k\,\xi_\alpha &= 0 \end{aligned}\right\} \qquad (\alpha = 1, 2, \ldots, n)$$

Da aber H eine homogene Funktion zweiten Grades der Argumente ist, so gilt

$$2H(\xi_1, \xi_2, \ldots, \xi_{2n}) = \sum_{\lambda=1}^{2n} \xi_\lambda H(\xi_1, \xi_2, \ldots, \xi_{2n})_\lambda .$$

Zusammen mit den beiden ersten der vorhergehenden Gleichungen ergib dies

$$\text{(A)} \qquad 2H(\xi_1, \xi_2, \ldots, \xi_{2n}) = k \sum_{\alpha=1}^{n} (\xi_\alpha \eta_{n+\alpha} - \eta_\alpha \xi_{n+\alpha}) .$$

Entsprechend folgt

$$\text{(A)} \qquad 2H(\eta_1, \eta_2, \ldots, \eta_{2n}) = k \sum_{\alpha=1}^{n} (\xi_\alpha \eta_{n+\alpha} - \eta_\alpha \xi_{n+\alpha}) .$$

Multiplizieren wir die erste der vorhergehenden Gleichungen mit η_α, die zweite mit $\eta_{n+\alpha}$, addieren und summieren wir über α von 1 bis n, so erhalten wir

$$\sum_{\lambda=1}^{2n} \eta_\lambda H(\xi_1, \xi_2, \ldots, \xi_{2n})_\lambda = l \sum_{\alpha=1}^{n} (\xi_\alpha \eta_{n+\alpha} - \eta_\alpha \xi_{n+\alpha})$$

und entsprechend

$$\sum_{\lambda=1}^{2n} \xi_\lambda H(\eta_1, \eta_2, \ldots, \eta_{2n})_\lambda = -l \sum_{\alpha=1}^{n} (\xi_\alpha \eta_{n+\alpha} - \eta_\alpha \xi_{n+\alpha}) .$$

Da die linken Seiten dieser Gleichungen übereinstimmen, so ist

$$l \sum_{\alpha=1}^{n} (\xi_\alpha \eta_{n+\alpha} - \eta_\alpha \xi_{n+\alpha}) = 0 .$$

Da H eine positiv definite Form ist, so folgt aus den Gleichungen (A), daß weder k noch $\sum_{\alpha=1}^{n} (\xi_\alpha \eta_{n+\alpha} - \eta_\alpha \xi_{n+\alpha})$ Null sein kann; daher ist l gleich Null. *Also hat die Gleichung $f(s) = 0$ lauter Wurzeln der Gestalt ki, wo k eine reelle von Null verschiedene Größe ist.*

Hat die Gleichung $f(s) = 0$ eine j-fache Wurzel s', so ist jede der Funktionen $f(s)_{\lambda\mu}$ durch $(s - s')^{j-1}$ teilbar.

Es sei nämlich $c_1, c_2, \ldots, c_{2n}$ ein System bestimmter reeller Größen; wir definieren ein Wertsystem $q_1, q_2, \ldots, q_{2n}$ durch die Gleichungen

$$\text{(B)} \qquad \begin{aligned} s\,q_{n+\alpha} + H(q_1, q_2, \ldots, q_{2n})_\alpha &= c_\alpha , \\ -s\,q_\alpha + H(q_1, q_2, \ldots, q_{2n})_{n+\alpha} &= c_{n+\alpha} \end{aligned} \qquad (\alpha = 1, 2, \ldots, n),$$

so daß

$$q_\mu = \sum_{\lambda=1}^{2n} \frac{f(s)_{\lambda\mu}}{f(s)} c_\lambda \qquad (\mu = 1, 2, \ldots, 2n),$$

wird.

Sei $s_1 i$ eine beliebige Wurzel der Gleichung $f(s) = 0$ und m die kleinste positive ganze Zahl, für die alle Funktionen

$$(s - s_1 i)^m \frac{f(s)_{\lambda\mu}}{f(s)}$$

für $s = s_1 i$ endlich sind. Wird s genügend nahe an $s_1 i$ gewählt, so können wir q_μ in die Reihe

$$(g_\mu + h_\mu i)(s - s_1 i)^{-m} + (g'_\mu + h'_\mu i)(s - s_1 i)^{-m+1} + \dots$$

entwickeln, wo $g_\mu, h_\mu, g'_\mu, h'_\mu, \dots$ reelle Konstanten bedeuten. Die Größen $c_1, c_2, \dots, c_{2n}$ mögen so gewählt sein, daß die Größen g_μ und h_μ nicht Null werden. Führen wir diesen Wert von q_μ in die Gleichungen (B) ein und setzen wir die Koeffizienten von $(s - s_1 i)^{-m}$ einander gleich, so folgt

$$\text{(C)}\qquad \begin{aligned} &H(g_1, g_2, \dots, g_{2n})_\alpha - s_1 h_{n+\alpha} = 0, \\ &H(g_1, g_2, \dots, g_{2n})_{n+\alpha} + s_1 h_\alpha = 0, \\ &H(h_1, h_2, \dots, h_{2n})_\alpha + s_1 g_{n+\alpha} = 0, \\ &H(h_1, h_2, \dots, h_{2n})_{n+\alpha} - s_1 g_\alpha = 0, \end{aligned} \qquad (\alpha = 1, 2, \dots, n).$$

Durch Gleichsetzen der Koeffizienten von $(s - s_1 i)^{-m+1}$ folgt

$$\text{(D)}\qquad \begin{aligned} &H(g'_1, g'_2, \dots, g'_{2n})_\alpha - s_1 h'_{n+\alpha} + g_{n+\alpha} = \begin{cases} 0 \text{ für } m > 1, \\ c_\alpha \text{ für } m = 1, \end{cases} \\ &H(g'_1, g'_2, \dots, g'_{2n})_{n+\alpha} + s_1 h'_\alpha - g_\alpha = \begin{cases} 0 \text{ für } m > 1, \\ c_{n+\alpha} \text{ für } m = 1, \end{cases} \\ &H(h'_1, h'_2, \dots, h'_{2n})_\alpha + s_1 g'_{n+\alpha} + h_{n+\alpha} = 0, \\ &H(h'_1, h'_2, \dots, h'_{2n})_{n+\alpha} - s_1 g'_\alpha - h_\alpha = 0, \end{aligned} \qquad (\alpha = 1, 2, \dots, n).$$

Nun ist nach dem Eulerschen Satz über homogene Funktionen

$$2H(g_1, g_2, \dots, g_{2n}) = \sum_{\lambda=1}^{2n} g_\lambda H(g_1, g_2, \dots, g_{2n})_\lambda$$

oder infolge von (C):

$$2H(g_1, g_2, \dots, g_{2n}) = s_1 \sum_{\alpha=1}^{n} (g_\alpha h_{n+\alpha} - h_\alpha g_{n+\alpha})$$

und entsprechend

$$2H(h_1, h_2, \dots, h_{2n}) = s_1 \sum_{\alpha=1}^{n} (g_\alpha h_{n+\alpha} - h_\alpha g_{n+\alpha}),$$

woraus offenbar folgt, daß $\sum_{\alpha=1}^{n} (g_\alpha h_{n+\alpha} - h_\alpha g_{n+\alpha})$ nicht Null ist.

Überdies ergeben die beiden ersten Gleichungen (C):

$$\text{(E)}\qquad \sum_{\lambda=1}^{2n} h'_\lambda H(g_1, g_2, \dots, g_{2n})_\lambda + s_1 \sum_{\alpha=1}^{n} (h_\alpha h'_{n+\alpha} - h'_\alpha h_{n+\alpha}) = 0,$$

die beiden letzten Gleichungen (C):

$$\text{(F)}\qquad \sum_{\lambda=1}^{2n} g'_\lambda H(h_1, h_2, \dots, h_{2n})_\lambda - s_1 \sum_{\alpha=1}^{n} (g_\alpha g'_{n+\alpha} - g'_\alpha g_{n+\alpha}) = 0.$$

Für $m > 1$ folgt aber aus den beiden ersten Gleichungen (D):

$$\text{(G)}\quad \begin{aligned}\sum_{\lambda=1}^{2n} h_\lambda H(g_1', g_2', \ldots, g_{2n}')_\lambda - s_1 \sum_{\alpha=1}^{n} (h_\alpha h_{n+\alpha}' - h_\alpha' h_{n+\alpha}) \\ - \sum_{\alpha=1}^{n} (g_\alpha h_{n+\alpha} - h_\alpha g_{n+\alpha}) = 0,\end{aligned}$$

aus den beiden letzten Gleichungen (D):

$$\text{(H)}\quad \begin{aligned}\sum_{\lambda=1}^{2n} g_\lambda H(h_1', h_2', \ldots, h_{2n}')_\lambda + s_1 \sum_{\alpha+1}^{n} (g_\alpha g_{n+\alpha}' - g_\alpha' g_{n+\alpha}) \\ + \sum_{\alpha=1}^{n} (g_\alpha h_{n+\alpha} - h_\alpha g_{n+\alpha}) = 0.\end{aligned}$$

Da H in seinen Argumenten homogen vom zweiten Grade ist, bestehen die Identitäten

$$\text{(K)}\quad \sum_{\lambda=1}^{2n} h_\lambda' H(g_1, g_2, \ldots, g_{2n})_\lambda = \sum_{\lambda=1}^{2n} g_\lambda H(h_1', h_2', \ldots, h_{2n}')_\lambda,$$

$$\text{(L)}\quad \sum_{\lambda=1}^{2n} g_\lambda' H(h_1, h_2, \ldots, h_{2n})_\lambda = \sum_{\lambda=1}^{2n} h_\lambda H(g_1', g_2', \ldots, g_{2n}')_\lambda.$$

Aus den Gleichungen (E), (H), (K) folgt

$$\begin{aligned}\sum_{\alpha=1}^{n} (g_\alpha h_{n+\alpha} - h_\alpha g_{n+\alpha}) = s_1 \sum_{\alpha=1}^{n} (h_\alpha h_{n+\alpha}' - h_\alpha' h_{n+\alpha}) \\ - s_1 \sum_{\alpha=1}^{n} (g_\alpha g_{n+\alpha}' - g_\alpha' g_{n+\alpha}),\end{aligned}$$

und aus den Gleichungen (F), (G), (L) folgt

$$\begin{aligned}\sum_{\alpha=1}^{n} (g_\alpha h_{n+\alpha} - h_\alpha g_{n+\alpha}) = - s_1 \sum_{\alpha=1}^{n} (h_\alpha h_{n+\alpha}' - h_\alpha' h_{n+\alpha}) \\ + s_1 \sum_{\alpha=1}^{n} (g_\alpha g_{n+\alpha}' - g_\alpha' g_{n+\alpha}).\end{aligned}$$

Die Vergleichung dieser Formeln ergibt

$$\sum_{\alpha=1}^{n} (g_\alpha h_{n+\alpha} - h_\alpha g_{n+\alpha}) = 0,$$

was dem schon Bewiesenen widerspricht. Die Annahme $m > 1$, die der Ableitung der Gleichung (G) zugrunde liegt, muß daher falsch sein, es ist folglich $m = 1$. *Also sind, wenn $f(s)$ durch $(s - s_1 i)^k$ teilbar ist, alle Funktionen $f(s)_{\lambda\mu}$ durch $(s - s_1 i)^{k-1}$ teilbar.*

Nun seien $s_1, s_2, \ldots, s_r$ die absoluten Beträge der voneinander verschiedenen Wurzeln der Gleichung $f(s) = 0$, so daß die Funktionen $f(s)_{\lambda\mu} / f(s)$ nur für $s = \pm s_1 i, \pm s_2 i, \ldots, \pm s_r i$ unendlich werden. Bezeichnen wir den Koeffizienten von $(s - s_\varrho i)^{-1}$ in der Laurentschen Entwicklung von $f(s)_{\lambda\mu} / f(s)$ nach Potenzen von $(s - s_\varrho i)$ mit

$$(\lambda, \mu)_\varrho + i(\lambda, \mu)_\varrho',$$

wo $(\lambda, \mu)_\varrho$ und $(\lambda, \mu)'_\varrho$ reell sind, und bemerken wir, daß die Funktionen $f(s)_{\lambda\mu}/f(s)$ nur in den Punkten $s = \pm s_\varrho i$ Pole, und zwar einfache Pole besitzen, so ist

$$\frac{f(s)_{\lambda\mu}}{f(s)} = \sum_{\varrho=1}^{r} \left\{ \frac{(\lambda, \mu)_\varrho + i(\lambda, \mu)'_\varrho}{s - s_\varrho i} + \frac{(\lambda, \mu)_\varrho - i(\lambda, \mu)'_\varrho}{s + s_\varrho i} \right\}.$$

Daher ist $\varphi(t)_{\lambda\mu}$ der Koeffizient von $1/s$ in der Laurentschen Entwicklung von

$$e^{s(t-t_0)} \sum_{\varrho=1}^{r} \left\{ \frac{(\lambda, \mu)_\varrho + i(\lambda, \mu)'_\varrho}{s - s_\varrho i} + \frac{(\lambda, \mu)_\varrho - i(\lambda, \mu)'_\varrho}{s + s_\varrho i} \right\}$$

nach Potenzen von s.

Aber der Koeffizient von $1/s$ in der Entwicklung von $e^{s(t-t_0)}/(s - s_\varrho i)$ ist $e^{s_\varrho (t-t_0) i}$, und der Koeffizient von $1/s$ in der Entwicklung von $e^{s(t-t_0)}/(s + s_\varrho i)$ ist $e^{-s_\varrho (t-t_0) i}$. Daher ist

$$\varphi(t)_{\lambda\mu} = 2\sum_{\varrho=1}^{r} \{(\lambda, \mu)_\varrho \cos s_\varrho (t - t_0) - (\lambda, \mu)'_\varrho \sin s_\varrho (t - t_0)\}.$$

also endlich

$$q_\mu = 2\sum_{\alpha=1}^{n} \sum_{\varrho=1}^{r} \Big[\overset{0}{q}_{n+\alpha} \{(\alpha, \mu)_\varrho \cos s_\varrho (t - t_0) - (\alpha, \mu)'_\varrho \sin s_\varrho (t - t_0)\}$$
$$- \overset{0}{q}_\alpha \{(n + \alpha, \mu)_\varrho \cos s_\varrho (t - t_0) - (n + \alpha, \mu)'_\varrho \sin s_\varrho (t - t_0)\}\Big]$$
$$(\mu = 1, 2, \ldots, 2n).$$

Diese Formel stellt das allgemeine Integral der Differentialgleichung der Bewegung dar. Es ergibt sich demnach: *Wenn die gesamte Energie eines um einen Zustand stationärer Bewegung schwingenden Systems eine positiv definite quadratische Form ist, so läßt sich die Schwingungsbewegung mit Hilfe trigonometrischer Funktionen von t darstellen, und die stationäre Bewegung ist stabil. Die Perioden der Normalschwingungen sind $2\pi/s_1, 2\pi/s_2, \ldots,$ wo $\pm i s_1, \pm i s_2, \ldots$ die Wurzeln der Determinantengleichung $f(s) = 0$ sind, deren Grad in s^2 gleich der Anzahl der nichtzyklischen Koordinaten des Systems ist.*

Die Untersuchung gilt sowohl für einfache wie für mehrfache Wurzeln der Determinantengleichung.

Zwischen den Koeffizienten $(\lambda, \mu)_\varrho$, $(\lambda, \mu)'_\varrho$ bestehen die Beziehungen

$$(\lambda, \mu)_\varrho = -(\mu, \lambda)_\varrho, \qquad (\lambda, \mu)'_\varrho = (\mu, \lambda)'_\varrho.$$

So ist insbesondere

$$(\lambda, \lambda)_\varrho = 0.$$

Sie folgen aus den vermöge der Definition von $f(s)$, $f(s)_{\lambda\mu}$ bestehenden Gleichungen

$$f(s) = f(-s),$$
$$f(s)_{\lambda\mu} = f(-s)_{\mu\lambda}.$$

Aufgabe. Die Zahl der Freiheitsgrade des Systems nach der Reduktion auf Grund der zyklischen Koordinaten sei gerade. Man zeige, daß, wenn die zyklischen

Geschwindigkeiten groß sind (was z. B. für den Fall, daß die zyklischen Koordinaten die Winkel sind, um die gewisse Schwungräder sich gedreht haben, bedeuten würde, daß diese schnell rotieren), dann die eine Hälfte der Schwingungsperioden sehr lang, die andere sehr kurz ist. Die eine Hälfte ist nämlich den zyklischen Geschwindigkeiten direkt, die andere umgekehrt proportional.

Poincaré wies darauf hin [1]), daß die Untersuchung der Stabilität nach der Methode der kleinen Schwingungen einige Möglichkeiten außer acht läßt, die tatsächlich vorkommen. Betrachten wir z. B. [2]) einen Massenpunkt auf der Innenseite einer glatten kugelförmigen Schale, die mit konstanter Winkelgeschwindigkeit um den senkrechten Durchmesser rotiert. Ist die Schale völlig glatt, so ist das Gleichgewicht des Massenpunktes in der tiefsten Stelle zweifellos stabil, da die Rotation der Schale dann keinen Einfluß auf ihn ausübt. Findet aber die geringste Reibung zwischen dem Massenpunkt und der Schale statt, und überschreitet die Winkelgeschwindigkeit der Schale einen gewissen Wert, so sucht der Massenpunkt seinen Weg nach außen auf einer Spirale bis zu der Stelle, an der er mit der Schale rotiert wie die Spitze eines konischen Pendels.

§ 85. Beispiele von Schwingungen um einen stationären Bewegungszustand.

Zur Erläuterung behandeln wir eine Reihe von Beispielen für Schwingungen um einen stationären Bewegungszustand.

1. *Ein Massenpunkt durchläuft den Kreis $r = a$, $z = b$ in dem zylindrischen Kraftfeld mit der potentiellen Energie $V = \varphi(r, z)$, wo $r^2 = x^2 + y^2$ ist und $\frac{\partial V}{\partial z} = 0$ sein soll für $r = a$, $z = b$. Man bestimme die Bedingungen für die Stabilität der Bewegung.*

Setzen wir

$$x = r\cos\vartheta, \qquad y = r\sin\vartheta,$$

so hat der Punkt mit der Masse m die kinetische und potentielle Energie

$$T = \tfrac{1}{2} m(\dot r^2 + r^2\dot\vartheta^2 + \dot z^2),$$
$$V = \varphi(r, z).$$

Der zyklischen Koordinate ϑ entspricht das Integral $m r^2 \dot\vartheta = k$, wo k eine Konstante ist. Das abgeänderte kinetische Potential ist daher

$$R = T - V - k\dot\vartheta,$$
$$= \frac{1}{2} m\dot r^2 + \frac{1}{2} m\dot z^2 - \varphi(r, z) - \frac{k^2}{2 m r^2}.$$

Für die stationäre Bewegung muß

$$\frac{\partial R}{\partial r} = 0, \qquad \frac{\partial R}{\partial z} = 0$$

---

[1]) *Acta Math.* Bd. 7, S. 259. 1885.

[2]) Dies Beispiel ist von Lamb: *Proc. Roy. Soc.* Bd. 80, S. 168. 1908.

sein. Die letztere Bedingung ist durch die Voraussetzung erfüllt; die erstere ergibt $k^2 = m\, a^3 \partial\varphi/\partial a$. Daher ist

$$R = \frac{1}{2} m \dot{r}^2 + \frac{1}{2} m \dot{z}^2 - \varphi(r, z) - \frac{a^3}{2 r^2} \frac{\partial \varphi}{\partial a}.$$

Setzen wir

$$r = a + \varrho, \qquad z = b + \zeta$$

und vernachlässigen wir Glieder von höherem als zweiten Grad in ϱ und ζ, so ist

$$R = \frac{1}{2} m \dot{\varrho}^2 + \frac{1}{2} m \dot{\zeta}^2 - \frac{1}{2} \varrho^2 \left(\varphi_{aa} + \frac{3}{a} \varphi_a\right) - \varrho \zeta \varphi_{ab} - \frac{1}{2} \zeta^2 \varphi_{bb}.$$

Da keine in $\dot{\varrho}$ oder $\dot{\zeta}$ linearen Glieder auftreten, stimmt das Problem im wesentlichen mit demjenigen der Schwingungen um eine Gleichgewichtslage überein. Die Stabilitätsbedingung (§ 79) ist demnach, daß

$$\varrho^2 \left(\varphi_{aa} + \frac{3}{a} \varphi_a\right) + 2 \varrho \zeta \varphi_{ab} + \zeta^2 \varphi_{bb}$$

eine positiv definite Form sein muß, d. h. daß $\left(\varphi_{aa} + \frac{3}{a} \varphi_a\right) \varphi_{bb} - \varphi_{ab}^2$ und φ_{bb} beide positiv sind. Dies ist die gesuchte Stabilitätsbedingung der stationären Bewegung.

Zusatz. Beschreibt ein Punkt der Masse 1 eine ebene Kreisbahn vom Radius a unter Einwirkung einer Zentralkraft im Kreismittelpunkt, wobei $\varphi(r)$ die potentielle Energie und r der Abstand vom Mittelpunkt ist, so ist das abgeänderte kinetische Potential

$$\frac{1}{2} \dot{\varrho}^2 - \frac{1}{2} \varrho^2 \left(\varphi_{aa} + \frac{3}{a} \varphi_a\right),$$

wo $r = a + \varrho$ ist, so daß die Stabilitätsbedingung lautet

$$\varphi_{aa} + \frac{3}{a} \varphi_a > 0.$$

Die Periode einer Schwingung um die Kreisbewegung ist dann gleich

$$2\pi \left\{\varphi_{aa} + \frac{3}{a} \varphi_a\right\}^{-\frac{1}{2}}.$$

2. *Man bestimme die Periode der Schwingungen um die stationäre Kreisbewegung für einen Massenpunkt, der sich unter dem Einfluß der Schwere auf einer Rotationsfläche mit senkrechter Achse bewegt.*

Die Fläche habe die Gleichung $z = f(r)$, wo z, r, φ Zylinderkoordinaten sind und die Symmetrieachse der Fläche mit der z-Achse zusammenfällt. Erhält der Massenpunkt in einem beliebigen Flächenpunkt in Richtung der wagerechten Tangente eine geeignete Anfangsgeschwindigkeit, so beschreibt er auf der Fläche einen wagerechten Kreis mit konstanter Geschwindigkeit. Es sei a der Radius dieses Kreises und die Masse des Punktes gleich 1, was die Allgemeinheit nicht beschränkt.

Das kinetische Potential ist

$$\begin{aligned} L &= \tfrac{1}{2} (\dot{r}^2 + r^2 \dot{\vartheta}^2 + \dot{z}^2) - g z, \\ &= \tfrac{1}{2} \dot{r}^2 (1 + f'(r)^2) + \tfrac{1}{2} r^2 \dot{\vartheta}^2 - g f(r). \end{aligned}$$

Der zyklischen Koordinate ϑ entspricht das Integral $r^2 \dot{\vartheta} = k$; das abgeänderte kinetische Potential des reduzierten Systems ist daher

$$R = \tfrac{1}{2} \dot{r}^2 (1 + f'(r)^2) - g f(r) - k^2/2 r^2.$$

Das Problem ist damit auf die Bestimmung der Schwingungen um die Gleichgewichtslage für ein System mit einem Freiheitsgrad und dem kinetischen Potential R zurückgeführt. Die Gleichgewichtsbedingung lautet

$$\left(\frac{\partial R}{\partial r}\right)_{r=a} = 0 \qquad \text{oder} \qquad k^2 = g a^3 f'(a)\,.$$

Daraus folgt

$$R = \tfrac{1}{2}\dot{r}^2(1 + f'(r)^2) - g f(r) - g a^3 f'(a)/2 r^2.$$

Setzen wir $r = a + \varrho$, wo ϱ klein ist, und entwickeln wir nach Potenzen von ϱ, so ist

$$R = \frac{1}{2}\dot{\varrho}^2(1 + f'(a)^2) - \frac{1}{2} g \varrho^2\left(f''(a) + \frac{3}{a} f'(a)\right).$$

Die Bewegungsgleichung

$$\frac{d}{dt}\left(\frac{\partial R}{\partial \dot{\varrho}}\right) - \frac{\partial R}{\partial \varrho} = 0$$

lautet daher

$$\ddot{\varrho}(1 + f'(a)^2) + g\varrho\left(f''(a) + \frac{3}{a} f'(a)\right) = 0\,.$$

Die Stabilitätsbedingung lautet

$$f''(a) + \frac{3}{a} f'(a) > 0\,,$$

und die Schwingungsperiode ist

$$\frac{2\pi}{\sqrt{g}}\left\{\frac{1 + f'(a)^2}{f''(a) + 3 f'(a)/a}\right\}^{\frac{1}{2}}.$$

Aufgabe. Die Fläche sei ein nach oben geöffnetes Rotationsparaboloid mit senkrechter Achse. Man zeige, daß die Schwingungsperiode gleich

$$\pi\left(\frac{l^2 + a^2}{g l}\right)^{\frac{1}{2}}$$

ist, wo l den Halbparameter des Paraboloids bedeutet.

3. *Die Schwingungen um die stationäre Bewegung eines auf einer rauhen Ebene spielenden Kreisels zu bestimmen.*

Es sei A das Trägheitsmoment des Kreisels um eine zu der Symmetrieachse senkrechte Gerade durch die Spitze, ϑ der Winkel der Achse gegen die Senkrechte, M die Masse des Kreisels, h der Abstand des Schwerpunktes von der Spitze. Wir haben in § 71 gesehen, daß nach Reduktion des Systems auf Grund der zyklischen Koordinaten φ und ψ der Winkel ϑ durch Integration der Bewegungsgleichung desjenigen dynamischen Systems gefunden wird, das bestimmt ist durch das kinetische Potential

$$R = \frac{1}{2} A\dot{\vartheta}^2 - \frac{(a - b\cos\vartheta)^2}{2A\sin^2\vartheta} - Mgh\cos\vartheta\,,$$

wo a und b von der Anfangsbewegung abhängige Konstanten sind.

Es seien α und n die Werte von ϑ und $\dot{\varphi}$ bei der stationären Bewegung. Dann ist (§ 72)

$$A n^2\cos\alpha + Mgh = bn\,, \qquad A n \sin^2\alpha = a - b\cos\alpha\,.$$

Um die Schwingungsbewegung des Kreisels um diesen stationären Bewegungszustand zu untersuchen, setzen wir $\vartheta = \alpha + x$, wo x klein ist, und entwickeln R nach steigenden Potenzen von x unter Vernachlässigung höherer als zweiter Potenzen. Nach Elimination von a, b mit Hilfe der beiden letzten Gleichungen erhalten wir für R den Wert

$$R = \tfrac{1}{2}A\dot{x}^2 - \tfrac{1}{2}A x^2\{n^2\sin^2\alpha + (n\cos\alpha - Mgh/An)^2\}\,.$$

Daher ist die Bewegungsgleichung für x:

$$\ddot{x} + \{n^2 \sin^2\alpha + (n\cos\alpha - Mgh/An)^2\}\, x = 0\,.$$

Da der Koeffizient von x positiv ist, ist dieser stationäre Bewegungszustand stabil. Die Periode einer Schwingung hat die Größe

$$2\pi\{n^2 - 2Mgh\cos\alpha/A + M^2g^2h^2/A^2n^2\}^{-\frac{1}{2}}.$$

4. *Der aufrechte Kreisel.*

Für diejenige stationäre Bewegung des Kreisels, bei der $\alpha = 0$, die Kreiselachse also ständig senkrecht aufwärts gerichtet ist, während der Kreisel um sie mit konstanter Winkelgeschwindigkeit rotiert, muß die in dem vorigen Beispiel angewandte Methode abgeändert werden. Denn nun ist die stationäre Bewegung mit einer kleinen Konstanten α als Schwingung um die zu $\alpha = 0$ gehörende stationäre Bewegung aufzufassen. So werden wir hier zwei voneinander unabhängige Perioden von Normalschwingungen erhalten, denen im vorigen Beispiel die Periode der stationären Bewegung und die Periode der Schwingung um letztere entsprechen.

Wie in § 71 sind die kinetische und potentielle Energie des Kreisels

$$T = \tfrac{1}{2}A\dot{\vartheta}^2 + \tfrac{1}{2}A\dot{\varphi}^2\sin^2\vartheta + \tfrac{1}{2}C(\dot{\psi} + \dot{\varphi}\cos\vartheta)^2,$$
$$V = Mgh\cos\vartheta\,.$$

Der zyklischen Koordinate ψ entspricht das Integral

$$b = C(\dot{\psi} + \dot{\varphi}\cos\vartheta)\,.$$

Nach der Reduktion hat das kinetische Potential des Systems den Wert

$$R = \tfrac{1}{2}A\dot{\vartheta}^2 + \tfrac{1}{2}A\dot{\varphi}^2\sin^2\vartheta + b\dot{\varphi}\cos\vartheta - Mgh\cos\vartheta\,.$$

In den beiden letzten Gliedern kann $\cos\vartheta$ durch $\cos\vartheta - 1$ ersetzt werden, da die so hinzugefügten Glieder $-b\dot{\varphi}$ und Mgh aus den Bewegungsgleichungen herausfallen.

Da φ während der ganzen Bewegung klein ist, führen wir an Stelle von ϑ und φ die Koordinaten ξ, η ein, die bestimmt sind durch die Gleichungen

$$\xi = \sin\vartheta\cos\varphi\,, \qquad \eta = \sin\vartheta\sin\varphi\,.$$

Aus diesen Gleichungen erhalten wir unter Vernachlässigung der höheren als quadratischen Glieder in $\xi, \eta, \dot{\xi}, \dot{\eta}$:

$$\dot{\vartheta}^2 + \dot{\varphi}^2\sin^2\vartheta = \dot{\xi}^2 + \dot{\eta}^2\,,$$
$$\dot{\varphi}\sin^2\vartheta = \xi\dot{\eta} - \eta\dot{\xi}\,,$$
$$1 - \cos\vartheta = \tfrac{1}{2}(\xi^2 + \eta^2)\,.$$

Daher ist

$$R = \tfrac{1}{2}A\dot{\xi}^2 + \tfrac{1}{2}A\dot{\eta}^2 - \tfrac{1}{2}b(\xi\dot{\eta} - \eta\dot{\xi}) + \tfrac{1}{2}Mgh(\xi^2 + \eta^2)\,.$$

Die Bewegungsgleichungen lauten

$$\frac{d}{dt}\left(\frac{\partial R}{\partial \dot{\xi}}\right) - \frac{\partial R}{\partial \xi} = 0\,, \qquad \frac{d}{dt}\left(\frac{\partial R}{\partial \dot{\eta}}\right) - \frac{\partial R}{\partial \eta} = 0$$

oder

$$A\ddot{\xi} + b\dot{\eta} - Mgh\xi = 0\,,$$
$$A\ddot{\eta} + b\dot{\xi} - Mgh\eta = 0\,.$$

Ist $2\pi/\sqrt{\lambda}$ die Periode einer Normalschwingung, so erhalten wir nach Einführung von $\xi = Je^{i\sqrt{\lambda}t}$, $\eta = Ke^{i\sqrt{\lambda}t}$ in diese Differentialgleichungen und Elimination von J und K die Gleichung

$$\begin{vmatrix} -\lambda A - Mgh & ib\sqrt{\lambda} \\ -ib\sqrt{\lambda} & -\lambda A - Mgh \end{vmatrix} = 0$$

oder

$$(\lambda A + Mgh)^2 - b^2\lambda = 0\,.$$

Die beiden Wurzeln dieser in λ quadratischen Gleichung ergeben die den beiden Normalschwingungen entsprechenden Werte von λ. Wir müssen diese Wurzeln also näher untersuchen.

Die quadratische Gleichung hat die Lösung

$$\lambda = \frac{1}{2A^2}\{b^2 - 2AMgh \pm b(b^2 - 4AMgh)^{\frac{1}{2}}\};$$

daher ist

$$\sqrt{\lambda} = \pm \frac{1}{2A}\{b \pm (b^2 - 4AMgh)^{\frac{1}{2}}\}\,.$$

Demnach sind die Werte von $\sqrt{\lambda}$ reell oder nicht, je nachdem b^2 größer oder kleiner als $4\,MAgb$ ist. Im ersteren Fall ist die stationäre Rotation um die Senkrechte stabil, im letzteren labil.

Bei der labilen Bewegung braucht sich die Kreiselachse nicht notwendig weit von der Senkrechten zu entfernen. „Labil" bedeutet nur, daß für $b^2 < 4\,A\,Mgh$ die gestörte Bewegung sich bei einer verschwindend kleinen Störung nicht einer mit der störungsfreien Bewegung zusammenfallenden Grenzform nähert.

Tatsächlich kann die Kreiselachse, wenn $b^2 - 4\,AMgh$ zwar negativ, aber sehr klein ist, bei dieser labilen Bewegung ständig in der Nähe der Senkrechten bleiben. Die größte Abweichung von der Senkrechten kann aber in diesem Fall bei gegebenen b nicht beliebig klein gemacht werden, indem man die Anfangsstörung klein genug wählt[1]).

§ 86. Schwingungen von Systemen mit veränderlichen Bindungen.

Unterliegt ein dynamisches System einer mit der Zeit veränderlichen Bindung (bewegt sich z. B. ein Massenpunkt des Systems auf einem glatten Draht oder einer Fläche, die gleichmäßig um eine gegebene Achse rotieren), so enthält die kinetische Energie nicht notwendig nur Glieder zweiten und nullten Grades in den Geschwindigkeiten, sondern möglicherweise auch lineare Glieder. In den Schwingungsgleichungen eines derartigen Systems treten also im allgemeinen gyroskopische Glieder auf, auch wenn die Schwingung um eine relative Gleichgewichtslage stattfindet. Die Integration kann nach den für Schwingungen um einen stationären Bewegungszustand entwickelten Methoden ausgeführt werden. Das folgende Beispiel diene zur Erläuterung.

Aufgabe: Man bestimme die Perioden der Normalschwingungen eines schweren Massenpunktes um seine Gleichgewichtslage im tiefsten Punkt einer Fläche, die mit konstanter Winkelgeschwindigkeit ω um eine Senkrechte durch den Punkt rotiert.

Es seien x, y, z die Koordinaten des Punktes bezogen auf von der Fläche mitgeführte Achsen, von denen die z-Achse senkrecht aufwärts zeigt, während die x- und y-Achse Tangenten an die Krümmungslinien im tiefsten Punkt der Fläche sind. Die Gleichung der Fläche sei

$$z = \frac{x^2}{2\varrho_1} + \frac{y^2}{2\varrho_2} + \text{Glieder höherer Ordnung.}$$

---

[1]) Eine Untersuchung der Stabilität des aufrechten Kreisels von Klein findet sich: *Bull. Amer. Math. Soc.* Bd. 3, S. 129, 292. 1897.

Die kinetische und potentielle Energie des Massenpunktes sind

$$T = \tfrac{1}{2} m \{(\dot{x} - y\omega)^2 + (\dot{y} + x\omega)^2 + \dot{z}^2\},$$
$$V = Mgz.$$

Das Schwingungsproblem hat daher das kinetische Potential

$$L = \tfrac{1}{2} m \{\dot{x}^2 + \dot{y}^2 + 2\omega(x\dot{y} - y\dot{x}) + \omega^2(x^2 + y^2)\} - mg\left(\frac{x^2}{2\varrho_1} + \frac{y^2}{2\varrho_2}\right).$$

Die Bewegungsgleichungen lauten

$$\frac{d}{dt}\left(\frac{\partial L}{\partial \dot{x}}\right) - \frac{\partial L}{\partial x} = 0, \quad \frac{d}{dt}\left(\frac{\partial L}{\partial \dot{y}}\right) - \frac{\partial L}{\partial y} = 0$$

oder

$$\ddot{x} - 2\omega\dot{y} + x\left(\frac{g}{\varrho_1} - \omega^2\right) = 0,$$
$$\ddot{y} + 2\omega\dot{x} + y\left(\frac{g}{\varrho_2} - \omega^2\right) = 0.$$

Ist $2\pi/\sqrt{\lambda}$ die Periode einer Normalschwingung, so folgt (nach Einführung von $x = Ae^{i\sqrt{\lambda}t}$, $y = Be^{i\sqrt{\lambda}t}$ in die Differentialgleichung und Elimination von A und B):

$$\begin{vmatrix} -\lambda - \omega^2 + g/\varrho_1 & -2\omega i\sqrt{\lambda} \\ 2\omega i\sqrt{\lambda} & -\lambda - \omega^2 + g/\varrho_2 \end{vmatrix} = 0$$

oder

$$(\lambda + \omega^2 - g/\varrho_1)(\lambda + \omega^2 - g/\varrho_2) - 4\lambda\omega^2 = 0.$$

Die Wurzeln dieser quadratischen Gleichung in λ bestimmen die Perioden der Normalschwingungen.

Übungsaufgaben.

1. Ein Massenpunkt bewegt sich auf einer Kurve, die sich gleichförmig um eine feste Achse dreht. Dabei hängt die potentielle Energie $V(s)$ des Massenpunktes allein von seiner durch den Kurvenbogen s bestimmten Lage ab. Man zeige, daß die Periode einer Schwingung um eine relative Ruhelage auf der Kurve gleich

$$2\pi\left\{-\frac{dV}{ds}\frac{d}{ds}\log\left(-\frac{r\,dr/ds}{dV/ds}\right)\right\}^{-\frac{1}{2}}$$

ist, wo r den Abstand des Massenpunktes von der Achse bedeutet.

2. Man bestimme die Schwingungen eines massiven, wagerecht liegenden Kreiszylinders, der auf der Innenseite eines wagerechten Hohlzylinders mit fester Achse rollt. Man zeige, daß das äquivalente mathematische Pendel die Länge $(b - a)(3M + m)/(2M + m)$ besitzt. Dabei ist b der Radius, M die Masse des äußeren Zylinders, a der Radius, m die Masse des inneren Zylinders.

3. Eine dünnwandige halbkugelförmige Schale von der Masse M und dem Radius a befindet sich auf einer rauhen wagerechten Ebene. Ein Punkt der Masse m liegt auf ihrer glatten Innenseite. Das System vollführe kleine Schwingungen, wobei die Bahn des Massenpunktes und der Schwerpunkt der Schale in einer Ebene liegen sollen. Man zeige, daß die Normalschwingungen die Perioden $2\pi/\sqrt{\lambda_1}$, $2\pi/\sqrt{\lambda_2}$ haben, wo λ_1, λ_2 die Wurzeln der Gleichung

$$ma\lambda g - (g - a\lambda)(\tfrac{1}{2}g - \tfrac{2}{3}a\lambda)M = 0$$

sind.

4. Ein Faden der Länge $4a$ ist in gleichen Abständen mit drei Gewichten m, M, m belastet und in zwei Punkten A, B symmetrisch aufgehängt. M soll

kleine Schwingungen in der Senkrechten ausführen. Man zeige, daß das äquivalente mathematische Pendel die Länge

$$\frac{a\cos\alpha\cos\beta\sin(\alpha-\beta)\cos(\alpha-\beta)}{\sin\alpha\cos^2\alpha+\sin\beta\cos^2\beta}$$

hat, wo α, β die Neigungen der Fadenteile gegen die Senkrechte sind.

5. Ein homogener Stab der Länge $2a$ ist an einem kurzen Faden der Länge l aufgehängt. Man zeige, daß die Schwingungsdauer angenähert im Verhältnis $1+9l/32a:1$ größer ist, als die Dauer einer Schwingung des Stabes um eines seiner Enden sein würde.

6. Ein elliptischer, durch zwei zu seiner Achse senkrechte Ebenen begrenzter Zylinder ruht auf zwei zueinander senkrechten festen glatten Ebenen, die beide gegen den Horizont um 45° geneigt sind. Man zeige, daß es zwei stabile und zwei labile Gleichgewichtslagen gibt, und daß im ersteren Fall das äquivalente mathematische Pendel die Länge

$$ab(a^2+b^2)/2\sqrt{2}(a-b)^2(a+b)$$

hat, wo a und b die Längen der Halbachsen bedeuten.

7. Ein rauher Kreiszylinder vom Radius a und der Masse m ist so belastet, daß sein Schwerpunkt den Abstand h von der Achse hat. Er liegt auf einem Brett von gleich großer Masse, das sich auf einer glatten wagerechten Ebene bewegen kann. Das System erfahre in einer stabilen Gleichgewichtslage eine geringe Störung. Man beweise, daß das äquivalente mathematische Pendel die Länge $k^2/h+\frac{1}{2}(a-h)^2/h$ hat, wo mk^2 das Trägheitsmoment des Zylinders um eine wagerechte Achse durch seinen Schwerpunkt ist.

8. Ein Ende eines homogenen Stabes der Länge b und Masse m ist mit einem Punkt einer glatten senkrechten Wand durch ein Gelenk verbunden, das andere Ende in gleicher Weise mit einem Punkt der Oberfläche einer homogenen Kugel der Masse M vom Radius a, die an die Wand gelehnt ruht. Man zeige, daß die Schwingungen um die Gleichgewichtslage die Periode $2\pi/p$ haben, wo

$$p^2\left\{\sin\beta\sin^2(\alpha-\beta)+\tfrac{7}{3}\cos\alpha\sin(\alpha-\beta)+\tfrac{7}{5}\sin\beta\cos^2\beta\right\}$$
$$=\frac{g}{ab\cos\alpha}(a\sin\alpha\cos^2\alpha+b\sin\beta\cos^2\beta)$$

ist, während α, β gegeben sind durch

$$a\sin\alpha+b\sin\beta-a=0,$$
$$(\tfrac{1}{2}m+M)\operatorname{tg}\beta-M\operatorname{tg}\alpha=0.$$

9. In einem dünnwandigen Kreiszylinder von der Masse M und dem Radius b, der auf einer rauhen wagerechten Ebene ruht, befindet sich eine rauhe Kugel von der Masse m und dem Radius a. Das System erfahre eine Störung in einer Ebene senkrecht zu den Erzeugenden. Man bestimme die Gleichungen der endlichen Bewegung und zwei intermediäre Integrale. Man zeige ferner, daß für eine kleine Bewegung das äquivalente mathematische Pendel die Länge

$$14M(b-a)/(10M+7m)$$

hat. (Camb. Math. Tripos, Part I. 1899.)

10. Eine Kugel vom Radius c wird auf einen wagerechten zu einer Ellipse mit den Achsen $2a$, $2b$ gebogenen Draht gelegt. Man zeige, daß die Dauer einer Schwingung um die stabile Gleichgewichtslage unter dem Einfluß der Schwere mit derjenigen eines mathematischen Pendels der Länge l übereinstimmt, die gegeben ist durch $b^2dl=(a^2-b^2)(d^2+k^2)$, wo $k^2=2c^2/5$, $d^2=c^2-b^2$ ist.

11. Ein Rhombus, der aus vier durch Gelenke verbundenen homogenen gleichen Stäben der Länge a besteht, liegt auf einer glatten wagerechten Ebene.

Ein Winkel sei gleich 2α. Die einander gegenüberliegenden Ecken sind durch gleichartige elastische Schnüre der natürlichen Länge $2a\cos\alpha$, $2a\sin\alpha$ verbunden. Eine Schnur werde leicht gedehnt und der Rhombus alsdann losgelassen. Man zeige, daß bei der darauf folgenden Bewegung die Perioden, während deren die eine bzw. andere Schnur ausgedehnt ist, sich verhalten wie

$$(\cos\alpha)^{\frac{3}{2}} : (\sin\alpha)^{\frac{3}{2}}.$$

12. Ein Punkt der Masse m ist durch n gleiche elastische Schnüre der natürlichen Länge a mit dem festen Eckpunkt eines regulären n-Ecks verbunden, dessen umschriebener Kreis den Radius c hat. Man zeige, daß der Punkt bei einer kleinen Verrückung in der Ebene des Polygons aus der Gleichgewichtslage geradlinige harmonische Schwingungen ausführt, für die das äquivalente mathematische Pendel die Länge $2mgac/n\lambda(2c-a)$ hat, daß dagegen für Schwingungen senkrecht zu der Ebene des Polygons die äquivalente Pendellänge gleich $mgac/n\lambda(c-a)$ ist, wo λ den Elastizitätsmodul der Schnüre bedeutet.

(Camb. Math. Tripos, Part I. 1900.)

13. Die Energiegleichung eines Massenpunktes lautet

$$f(x)\dot{x}^2 = 2\varphi(x) + \text{konst.},$$

und $\varphi'(x)$ verschwindet für $x = a$. Es sei $\varphi^{(2p)}(x)$ die erste für $x = a$ nicht verschwindende Ableitung von $\varphi(x)$. Man zeige, daß eine Schwingung um $x = a$ die Periode

$$\frac{4}{h^{p-1}}\,\frac{\Gamma(1/2p)}{\Gamma(1/2p+\frac{1}{2})}\left\{-\frac{\Gamma(2p)f(a)\pi}{4p\,\varphi^{(2p)}(a)}\right\}^{\frac{1}{2}}$$

hat, wo h den Wert von $x - a$ für die stärkste Abweichung bedeutet. (Elliott.)

14. Der Schwerpunkt eines Kegels, der im übrigen die gewöhnliche kinetische Symmetrie in bezug auf den Scheitel besitzt, liegt um die Strecke c von der Achse entfernt. Der Kegel vollführe Schwingungen auf einer wagerechten Ebene. Man zeige, daß er einem mathematischen Pendel von der Länge

$$(\cos\alpha/Mc)(A\sin^2\alpha + C\cos^2\alpha)$$

äquivalent ist, wenn die Ebene rauh ist, dagegen einem Pendel von der Länge

$$(\cos\alpha/Mc)(\sin^2\alpha/A + \cos^2\alpha/C),$$

wenn sie glatt ist.

15. Eine Anzahl gleicher homogener Stäbe der Länge $2a$ ist in den Enden mit einem Punkt gelenkig verbunden und wie die Stangen eines Regenschirms in gleichen Winkelabständen angeordnet. Dieser aus den Stäben gebildete Kegel wird über eine glatte ruhende Kugel vom Radius b gestülpt, wobei alle Stäbe die Kugel berühren, und ruht im Gleichgewicht. Das System werde ein wenig angestoßen, so daß das Gelenk an der Spitze kleine senkrechte Schwingungen um die Gleichgewichtslage vollführt. Man zeige, daß diese die Periode

$$2\pi\left(\frac{a}{3g}\,\frac{1+3\sin^2\alpha}{1+2\sin^2\alpha}\right)^{\frac{1}{2}}\sin^{\frac{1}{2}}\alpha$$

besitzen, wo $\sin\alpha/\cos^3\alpha = a/b$ ist. (Camb. Math. Tripos, Part I. 1896.)

16. Eine schwere rechteckige Platte wird in wagerechter Lage durch vier leichte elastische Schnüre an den Ecken in einem senkrecht über ihrem Mittelpunkt gelegenen festen Punkt symmetrisch aufgehängt. Man zeige, daß die senkrechte Schwingung die Periode

$$2\pi\left(\frac{g}{c} + \frac{4c^2\lambda}{k^3M}\right)^{-\frac{1}{2}}$$

hat, wo c der Gleichgewichtsabstand der Platte von dem festen Punkt, a die Länge einer halben Diagonale, $k = (a^2 + c^2)^{\frac{1}{2}}$, λ der Elastizitätsmodul ist.

17. Ein schweres Ebenenstück hängt im Gleichgewicht wagerecht an drei senkrechten undehnbaren Schnüren ungleicher Länge. Man zeige, daß die Normalschwingungen bestehen aus 1. Rotationen um zwei senkrechte Geraden in einer Ebene durch den Schwerpunkt der Aufhängepunkte, wenn jedem als Masse die reziproke Länge der Schnur beigelegt wird, 2. einer wagerechten Schwingung parallel zu dieser Ebene.

18. Ein homogener Stab der Länge $2a$ ist um ein Ende beweglich aufgehängt; von dem anderen geht ein Faden der Länge b aus, der in einem Punkt der Oberfläche einer homogenen Kugel vom Radius c befestigt ist. Die Massen des Stabes und der Kugel seien gleich. Man bestimme die Bewegung des Systems bei einer geringen Störung seiner senkrechten Anordnung und zeige, daß die Perioden sich aus der Gleichung bestimmen:

$$2abc\mu^3 - g\mu^2(6bc + 19ca + 5ab) + g^2\mu(35a + 15b + 21c) - g^3 = 0 .$$

19. Ein homogener Draht in Form einer Ellipse mit den Halbachsen a, b ruht auf einer rauhen wagerechten Ebene so, daß die kleine Achse senkrecht aufwärts zeigt. Ein Punkt gleich großer Masse hängt an einem dünnen Faden der Länge l vom höchsten Punkt herab. Man zeige, daß die Schwingungen in einer senkrechten Ebene die gleiche Periode haben wie die Schwingungen eines mathematischen Pendels der Länge x, die bestimmt ist durch die Gleichung:

$$\{x(3b - 2a^2/b) + 5b^2 + k^2\}(x - l) + 4b^2 l = 0 ,$$

wo k der Trägheitsradius um den Schwerpunkt ist.

20. Die Enden eines dünnen undehnbaren Fadens sind an zwei festen, in gleicher Höhe befindlichen Stiften angebunden, deren Abstand $^3/_4$ der Fadenlänge beträgt. Der Faden geht durch zwei glatte Ringe, die an den Enden eines homogenen geraden Stabes befestigt sind, der halb so lang ist wie der Faden. Der Stab hängt wagerecht im Gleichgewicht und erhält in der senkrechten Ebene durch den Faden einen kleinen Anstoß. Man zeige, daß zu Beginn der Bewegung die Normalkoordinaten als Funktionen der Zeit gleich $L\cos(pt + \alpha)$ und $M\,\mathfrak{Cof}(qt + \beta)$ sind; dabei bedeuten p^2 und $-q^2$ die Wurzeln der Gleichung:

$$x^4 - \frac{\sqrt{3}}{4}\frac{g}{a}x^2 - \frac{3}{4}\frac{g^2}{a^2} = 0 .$$

21. Ein schwerer homogener Stab der Länge $2a$, der von einem festen Punkt an einem Faden der Länge b herabhängt, erfährt eine geringe Störung seiner senkrechten Lage. Man zeige, daß die Normalschwingungen die Perioden $2\pi/p_1$ und $2\pi/p_2$ haben, wo p_1^2, p_2^2 die Wurzeln der Gleichung

$$abp^4 - (4a + 3b)gp^2 + 3g^2 = 0$$

sind.

22. Eine Kreisscheibe der Masse M ist durch eine Schnur aus ihrem Mittelpunkt an einem festen Punkt aufgehängt. Ein Punkt der Masse m ist in einem Randpunkt P der Scheibe befestigt. Man stelle die Gleichungen der Bewegung in einer senkrechten Ebene als Funktionen der Winkel ϑ und φ auf, die OC und CP mit der Senkrechten bilden, und zeige, daß bei einer Schwingung des Systems um die Gleichgewichtslage die Perioden dieser Koordinaten bestimmt sind durch

$$(M + m)(p^2 a - g)\{(M + 2m)cp^2 - 2mg\} = 2m^2 cap^4 ,$$

wo a die Länge des Fadens OC und c den Radius der Scheibe bedeutet.

23. Eine halbkugelförmige Schale vom Radius $2b$ steht auf einem glatten Tisch, so daß die Ebene ihres Randes wagerecht ist. Darin befindet sich im Gleichgewicht eine rauhe Kugel vom Radius b, deren Masse gleich $^1/_4$ der Masse der Schale ist. Es erfolge eine kleine Verrückung in einer senkrechten Ebene durch die Mittelpunkte der Kugel und der Schale. Man zeige, daß die dadurch eintretende

Schwingung die Perioden $2\pi/p_1$ und $2\pi/p_2$ hat, wo p_1^2 und p_2^2 die Wurzeln der Gleichung sind:

$$156b^2x^2 - 260bxg + 75g^2 = 0.$$

24. Eine homogene Kreisscheibe von der Masse m und dem Radius a wird auf einer glatten wagerechten Ebene im Gleichgewicht gehalten durch drei gleiche elastische Bänder mit dem Elastizitätsmodul λ, der natürlichen Länge l_0 und der Strecklänge l. Die Bänder sind an der Scheibe in den Endpunkten dreier um den gleichen Winkel gegeneinander geneigter Radien befestigt, ihre freien Enden in Punkten der Ebene in der Verlängerung dieser Radien. Man zeige daß die Scheibe die Schwingungsperioden

$$2\pi\{\mu/(2l - l_0)\}^{\frac{1}{2}} \quad \text{und} \quad 2\pi\{\mu a/4(a+l)(l-l_0)\}^{\frac{1}{2}}$$

besitzt, wo $\mu = 2mll_0/3\lambda$ ist. (Camb. Math. Tripos, Part I. 1898.)

25. Ein Massenpunkt beschreibt einen Kreis unter dem Einfluß einer Anziehungskraft im Zentrum, die der n^{ten} Potenz der Entfernung proportional ist. Man zeige, daß dieser Bewegungszustand für $n < -3$ labil ist.

Man zeige ferner, daß für eine mit $r^{-2}e^{-r/a}$ variierende Kraft die Bewegung stabil oder labil ist, je nachdem der Radius des Kreises kleiner oder größer als a ist.

26. Ein Massenpunkt bewegt sich im freien Raum unter der Wirkung einer dem reziproken Quadrat des Abstandes proportionalen Zentralkraft und eines konstanten Kraftfeldes. Man zeige, daß eine gleichförmige Kreisbewegung eine mögliche stationäre Bewegungsform darstellt, daß sie aber nur dann stabil ist, wenn der Kreis vom Kraftzentrum aus gesehen auf einem geraden Kreiskegel liegt, dessen halber Scheitelwinkel größer als arc cos $^1/_3$ ist.

27. Ein Massenpunkt durchläuft gleichförmig eine Kreisbahn unter der Einwirkung zweier Kraftzentren, deren Anziehungskräfte dem Quadrat der Entfernung umgekehrt proportional sind. Man beweise, daß die Bewegung stabil ist, wenn $3\cos\vartheta\cos\varphi < 1$ ist. Dabei sind ϑ und φ die Winkel, unter denen ein Radius des Kreises von den Kraftzentren aus erscheint. (Camb. Math. Tripos, Part. I. 1889.)

28. Ein schwerer Massenpunkt wird an der Innenfläche eines nach oben geöffneten Kegels mit senkrechter Achse wagerecht geworfen. Der ursprüngliche Abstand von der Spitze sei c, der halbe Scheitelwinkel α. Man suche die Bedingung dafür, daß der Punkt einen wagerechten Kreis beschreibt. Man zeige weiter, daß die Dauer einer Schwingung um diese stationäre Bewegung mit derjenigen eines mathematischen Pendels der Länge $^1/_3\, c/\cos\alpha$ übereinstimmt.

29. Durch den Mittelpunkt einer Kreisscheibe ist senkrecht zu ihrer Ebene ein dünner Stab geführt, dessen Länge gleich dem Radius der Scheibe ist. Man zeige, daß das System bei senkrechter Lage des Stabes nur dann wie ein Kreisel spielen kann, wenn die Geschwindigkeit eines Randpunktes der Scheibe größer ist als die Geschwindigkeit, die ein Körper durch einen Fall aus der Ruhelage in einem Fallraum gleich dem zehnfachen Radius der Scheibe erlangen würde.

30. Ein symmetrischer Kreisel rotiere mit senkrechter Achse so schnell, daß die Bewegung stabil ist. Man zeige, daß die beiden Bewegungsformen, die sich von dieser stationären Bewegung wenig unterscheiden und durch einfache harmonische Funktionen der Zeit bestimmt sind, die Grenzformen stationärer Bewegungen sind, bei denen die Achse wenig gegen die Senkrechte geneigt ist, daß ferner die Schwingungsperiode der Grenzwert derjenigen ist, die zu einer stationären Bewegung mit kleiner Achsenneigung für verschwindende Neigung gehört.

31. Ein Ende eines homogenen Stabes der Länge $2a$, dessen Trägheitsradius um ein Ende gleich k ist, beschreibt zwangläufig einen wagerechten Kreis vom Radius c mit konstanter Winkelgeschwindigkeit ω. Man zeige, daß, wenn die Bewegung stationär ist, der Stab in der senkrechten Ebene durch den Kreismittelpunkt liegt und mit der Senkrechten den Winkel α einschließt, der bestimmt ist durch

$$\omega^2(k^2 + ac/\sin\alpha) = ag/\cos\alpha.$$

Man zeige, daß die Normalschwingungen die Perioden $2\pi/\lambda_1$, $2\pi/\lambda_2$ haben, wo λ_1, λ_2 die Wurzeln der Gleichung bedeuten:

$$(k^2\lambda^2 \sin\alpha - \omega^2 a c)(k^2\lambda^2 \sin\alpha - \omega^2 a c - \omega^2 k^2 \sin^3\alpha) = 4\,\omega^2 k^4 \lambda^2 \sin^2\alpha \cos^2\alpha\,.$$

(Camb. Math. Tripos, Part I. 1889.)

32. Man untersuche die Bewegung eines konischen Pendels, das durch eine kleine senkrechte harmonische Schwingung des Aufhängepunktes in seiner stationären Bewegung gestört wird. Kann die stationäre Bewegung durch eine solche Störung labil werden?

33. Der Mittelpunkt einer Seite eines homogenen Rechtecks wird festgehalten, während seine Verbindungsgerade mit dem Mittelpunkt der gegenüberliegenden Seite gezwungen ist, mit konstanter Winkelgeschwindigkeit einen Kreiskegel vom halben Scheitelwinkel α zu beschreiben. Das Rechteck sei im übrigen frei. Man bestimme die möglichen stationären Bewegungsformen und beweise, daß die Schwingungsdauer um einen stabilen stationären Bewegungszustand gleich der durch $\sin\alpha$ dividierten Umlaufszeit ist.

34. Ein Rotationskörper, der eine zu seiner Achse senkrechte Symmetrieebene durch den Schwerpunkt besitzt, hängt an einem Faden der Länge b, der an einem Ende der Achse befestigt ist, von einem festen Punkt herab. Die Achse hat die Länge $2a$. M sei die Masse des Körpers, A, A, C seien seine Hauptträgheitsmomente im Schwerpunkt. Der Körper erfahre eine geringe Störung in dem stationären Bewegungszustand, bei dem seine Achse und der Faden senkrecht gerichtet sind, während er mit gleichförmiger Winkelgeschwindigkeit um die Achse rotiert. Man zeige, daß die Normalschwingungen die Perioden $2\pi/p_1$ und $2\pi/p_2$ haben, wo p_1^2, p_2^2 die Wurzeln der Gleichung

$$Ma^2 g p^2 = (g - b p^2)(Mag + Cnp - Ap^2)$$

sind.

35. Ein symmetrischer Kreisel dreht sich mit senkrecht aufwärts gerichteter Achse, während seine Spitze in einem festen Lager ruht. Ein zweiter sich gleichfalls drehender Kreisel wird auf den ersten gesetzt, wobei die Spitze auch in einem kleinen Lager ruht. Man zeige, daß das System stabil ist, wenn die Gleichung

$$(Mcgx^2 + C\Omega x + A)\{(M'c' + Mh)gx^2 + C'\Omega' x + (A' + Mh^2)\} = M^2h^2c^2$$

lauter reelle Wurzeln hat. Dabei sind Ω, Ω' die Rotationsgeschwindigkeiten des oberen bzw. unteren Kreisels, M, M' ihre Massen, C, C' ihre Trägheitsmomente um die Figurenachsen, A, A' ihre Trägheitsmomente um wagerechte Achsen durch die Spitzen, c, c' die Abstände der Schwerpunkte von den Spitzen, h der Abstand der Spitzen voneinander. (Camb. Math. Tripos, Part I. 1898.)

36. Ein homogener Körper rotiert auf einer glatten wagerechten Ebene in stabiler stationärer Bewegung mit der Winkelgeschwindigkeit ω um die Senkrechte durch Berührungspunkt und Schwerpunkt. Er ist symmetrisch in bezug auf zwei Ebenen durch die Senkrechte. Die Hauptkrümmungsradien in dem Berührungspunkt sind ϱ_1, ϱ_2. Die Trägheitsmomente um die Hauptachsen im Schwerpunkt (die den Krümmungslinien parallel sind) sind A und B, dasjenige um die Senkrechte ist C. Der Schwerpunkt liegt um $a = a_1 + \varrho_1 = a_2 + \varrho_2$ über dem Berührungspunkt. Der Körper hat das Gewicht $\lambda\omega^2$. Man zeige, daß die Bewegung stabil ist, wenn die folgenden Bedingungen erfüllt sind:

I. $(\lambda a_1 + A - C)(\lambda a_2 + B - C) > 0$,

II. $\lambda(a_1 A + a_2 B) < AB + (A - C)(B - C)$.

III. Der Wert von λ darf nicht zwischen den beiden Werten

$$(A + B - C)\left[\sqrt{B}\{a_1 A + a_2(A - C)\}^{\frac{1}{2}} \pm \sqrt{A}\{a_2 B + a_1(B - C)^2\}^{\frac{1}{2}}\right]^2 / (a_1 A - a_2 B)^2$$

gelegen sein, wenn die vorkommenden Wurzeln beide reell sind.

(Camb. Math. Tripos, Part I. 1897.)

Achtes Kapitel.

Nicht-holonome Systeme. Systeme mit Energiezerstreuung.

§ 87. Lagrangesche Gleichungen mit unbestimmten Multiplikatoren.

Wir gehen nunmehr zur Untersuchung *nicht-holonomer* dynamischer Systeme über. Nach § 25 ist in einem solchen System die Zahl der zur Bestimmung der Systemkonfiguration zu beliebiger Zeit notwendigen unabhängigen Koordinaten $q_1, q_2, \ldots, q_n$ größer als die Zahl der Freiheitsgrade, weil das System einer Reihe von Bindungen unterliegt, die selbst keine Arbeit leisten sollen und dargestellt werden durch eine Anzahl nicht-integrabler[1]) kinematischer Relationen der Form

$$A_{1k}dq_1 + A_{2k}dq_2 + \ldots + A_{nk}dq_n + T_k dt = 0 \qquad (k = 1, 2, \ldots, m),$$

wo $A_{11}, A_{12}, \ldots, A_{nm}, T_1, T_2, \ldots, T_m$ gegebene Funktionen von $q_1, q_2, \ldots, q_n$ und t sind.

Das bekannteste Beispiel eines solchen Systems ist ein Körper, der zwangläufig auf einer gegebenen festen Fläche rollt, ohne zu gleiten. Die Bedingung dafür, daß kein Gleiten stattfindet, wird durch zwei Relationen von dem obigen Typ ausgedrückt. Ein noch einfacheres Beispiel bietet ein Rad mit scharfem Rand, das auf einem horizontalen Blatt Papier rollt wie bei dem Integraphen von Abdank-Abakanowicz und dem Pascalschen Integrator: Das Rad bewegt sich nur in seiner eigenen momentanen Ebene, denn die Reibung an dem scharfen Rand verhindert ein Seitwärtsgleiten. Sind x, y die rechtwinkligen Koordinaten des Berührungspunktes mit dem Papier, φ das Azimut der Ebene des Rades, so lautet die nicht-holonome Bedingungsgleichung

$$dy - \operatorname{tg}\varphi\, dx = 0\,.$$

Ist m die Zahl der kinematischen Relationen, so ist $n - m$ die Zahl der Freiheitsgrade. Wir können die Lagrangeschen Bewegungsgleichungen auf ein derartiges System nicht direkt anwenden. Wohl aber lassen sie sich derart verallgemeinern, daß wir die Diskussion der Bewegung nicht-holonomer Systeme in derselben Weise ausführen können wie die der holonomen Systeme.

---

[1]) Wären diese Relationen integrabel, so ließen sich einige der Koordinaten $q_1, q_2, \ldots, q_n$ als Funktionen der anderen darstellen. Die n Koordinaten wären also — im Gegensatz zu unserer Annahme — nicht voneinander unabhängig.

Die Konfiguration eines nicht-holonomen Systems zu beliebiger Zeit sei durch die Koordinaten $q_1, q_2, \ldots, q_n$ völlig bestimmt. Die zugehörige kinetische Energie sei T, und die durch die nicht-holonomen Bindungen verursachten kinematischen Bedingungen seien dargestellt durch die Relationen

$$A_{1k}dq_1 + A_{2k}dq_2 + \ldots + A_{nk}dq_n + T_k dt = 0 \qquad (k = 1, 2, \ldots, m).$$

Nun steht es uns frei, das System entweder als diesen kinematischen Bedingungen unterworfen zu betrachten oder als unter der Wirkung gewisser äußerer Zusatzkräfte stehend, nämlich derjenigen, die von den Bindungen ausgeübt werden müssen, damit das System die kinematischen Bedingungen erfüllt. Wir entscheiden uns vorläufig für die letztere Auffassung. Es sei

$$Q'_1 \delta q_1 + Q'_2 \delta q_2 + \ldots + Q'_n \delta q_n$$

die von diesen Zusatzkräften an dem System geleistete Arbeit bei einer willkürlichen Verrückung $(\delta q_1, \delta q_2, \ldots, \delta q_n)$ (die nunmehr nicht der Beschränkung unterliegt, daß sie mit den kinematischen Bedingungen verträglich sein muß), und es sei

$$Q_1 \delta q_1 + Q_2 \delta q_2 + \ldots + Q_n \delta q_n$$

die an dem System von den ursprünglichen äußeren Kräften bei dieser Verrückung geleistete Arbeit. Da die Einführung von Zusatzkräften an Stelle der kinematischen Bedingungen das System holonom gemacht hat, lassen sich die Lagrangeschen Gleichungen anwenden. Daher sind

$$\frac{d}{dt}\left(\frac{\partial T}{\partial \dot{q}_r}\right) - \frac{\partial T}{\partial q_r} = Q_r + Q'_r \qquad (r = 1, 2, \ldots, n)$$

die Bewegungsgleichungen des Systems.

Die Kräfte $Q'_1, Q'_2, \ldots, Q'_n$ sind unbekannt; aber sie haben die Eigenschaft, bei einer jeden mit den momentanen Bindungen verträglichen Verrückung keine Arbeit zu leisten. Infolgedessen ist die Größe

$$Q'_1 dq_1 + Q'_2 dq_2 + \ldots + Q'_n dq_n$$

Null für alle Werte der Verhältnisse $dq_1 : dq_2 : \ldots : dq_n$, die den Gleichungen

$$A_{1k}dq_1 + A_{2k}dq_2 + \ldots + A_{nk}dq_n = 0$$

genügen. Dazu ist notwendig, daß

$$Q'_r = \lambda_1 A_{r1} + \lambda_2 A_{r2} + \ldots + \lambda_m A_{rm} \qquad (r = 1, 2, \ldots, n)$$

ist, wo die Größen $\lambda_1, \lambda_2, \ldots, \lambda_m$ von r unabhängig sind. *Daher haben wir im ganzen die $n + m$ Gleichungen:*

$$\frac{d}{dt}\left(\frac{\partial T}{\partial \dot{q}_r}\right) - \frac{\partial T}{\partial q_r} = Q_r + \lambda_1 A_{r1} + \lambda_2 A_{r2} + \ldots + \lambda_m A_{rm} \quad (r = 1, 2, \ldots, n),$$

$$A_{1k}\dot{q}_1 + A_{2k}\dot{q}_2 + \ldots + A_{nk}\dot{q}_n + T_k = 0 \qquad (k = 1, 2, \ldots, m),$$

und diese reichen hin zur Bestimmung der $n + m$ *unbekannten Größen* $q_1, q_2, \ldots, q_n, \lambda_1, \lambda_2, \ldots, \lambda_m$. Das Problem ist damit auf die Integration dieses Gleichungssystems zurückgeführt[1]).

§ 88. Bewegungsgleichungen, bezogen auf beliebig bewegte Achsen.

Die im vorigen Paragraphen entwickelte Methode hängt wesentlich ab von der Zurückführung des nicht-holonomen Systems auf ein holonomes System vermöge der Einführung der durch die Bindungen bedingten Kräfte. In der Praxis geschieht dies häufig am bequemsten dadurch, daß man die Bewegungsgleichungen für jeden Körper des Systems getrennt aufstellt. Überdies ist es oft vorteilhaft, ein weder im Raum noch im Körper festes Bezugssystem zu verwenden. Daher wollen wir nunmehr die Bewegungsgleichungen eines starren Körpers für ein Achsensystem aufstellen, das sich um seinen Ursprung im Schwerpunkt des Körpers beliebig bewegt[2]).

G sei der Schwerpunkt des Körpers, $Gxyz$ das bewegte Achsensystem. Die Geschwindigkeitskomponenten des Schwerpunktes nach diesen Achsen seien u, v, w, die Komponenten der Winkelgeschwindigkeit des Bezugssystems $Gxyz$ nach den Achsen selbst seien $\vartheta_1, \vartheta_2, \vartheta_3$, die Komponenten der Winkelgeschwindigkeit des Körpers nach den Achsen seien $\omega_1, \omega_2, \omega_3$. Dann bewegt sich (§ 64) der Schwerpunkt G so, als ob auf die in ihm konzentriert gedachte Gesamtmasse M des Körpers die sämtlichen äußeren Kräfte wirkten. (Dabei sind die Zwangskräfte mit Ausnahme der molekularen Reaktionen zwischen den Massenpunkten des Körpers mitzurechnen.) Diese äußeren Kräfte sollen in Richtung der Achsen $Gxyz$ die Komponenten X, Y, Z besitzen.

G hat in der Richtung Gx die Geschwindigkeitskomponente u, daher (§ 17) die Beschleunigungskomponente $\dot{u} - v\vartheta_3 + w\vartheta_2$. Demnach besteht die Gleichung

$$M(\dot{u} - v\vartheta_3 + w\vartheta_2) = X,$$

die die Form erhalten kann

$$\frac{d}{dt}\left(\frac{\partial T}{\partial u}\right) - \vartheta_3 \frac{\partial T}{\partial v} + \vartheta_2 \frac{\partial T}{\partial w} = X,$$

wo T die kinetische Energie des Körpers als Funktion von u, v, w; $\omega_1, \omega_2, \omega_3$ bedeutet. Entsprechende Gleichungen ergeben sich für die Bewegung des Schwerpunktes G in Richtung der Achsen Gy und Gz.

---

[1]) Die Ausdehnung der Lagrangeschen Gleichungen auf nicht-holonome Systeme stammt von Ferrers: *Quart. Journ. Math.* Bd. 12, S. 1. 1871; C. Neumann: *Leipziger Berichte* Bd. 40, S. 22. 1888; und Vierkandt: *Monatshefte f. Math. u. Phys.* Bd. 4, S. 31. 1892.

[2]) Bei der Anwendung dieser Methode wählt man die Achsen gewöhnlich so, daß die darauf bezüglichen Trägheits- und Deviationsmomente konstant sind. Diese Bedingung ist für die Methode aber nicht wesentlich.

Wir betrachten nun die Bewegung des Körpers relativ zum Schwerpunkt G, die (§ 64) von der Bewegung von G unabhängig ist. Nach §§ 62, 63 ist das Moment der Bewegungsgröße des Körpers um die Achse Gx gleich $\partial T/\partial \omega_1$. Die Zunahme des Moments der Bewegungsgröße um eine im Raum feste und momentan mit Gx zusammenfallende Achse ist demnach

$$\frac{d}{dt}\left(\frac{\partial T}{\partial \omega_1}\right) - \vartheta_3 \frac{\partial T}{\partial \omega_2} + \vartheta_2 \frac{\partial T}{\partial \omega_3}.$$

Sind L, M, N die Momente der äußeren Kräfte um die Achsen $Gxyz$, so haben wir (§ 40) die Gleichung

$$\frac{d}{dt}\left(\frac{\partial T}{\partial \omega_1}\right) - \vartheta_3 \frac{\partial T}{\partial \omega_2} + \vartheta_2 \frac{\partial T}{\partial \omega_3} = L$$

und zwei entsprechende Gleichungen.

Demnach ist die Bewegung des Körpers bestimmt durch die sechs Gleichungen

$$\frac{d}{dt}\left(\frac{\partial T}{\partial u}\right) - \vartheta_3 \frac{\partial T}{\partial v} + \vartheta_2 \frac{\partial T}{\partial w} = X, \quad \frac{d}{dt}\left(\frac{\partial T}{\partial \omega_1}\right) - \vartheta_3 \frac{\partial T}{\partial \omega_2} + \vartheta_2 \frac{\partial T}{\partial \omega_3} = L,$$

$$\frac{d}{dt}\left(\frac{\partial T}{\partial v}\right) - \vartheta_1 \frac{\partial T}{\partial w} + \vartheta_3 \frac{\partial T}{\partial u} = Y, \quad \frac{d}{dt}\left(\frac{\partial T}{\partial \omega_2}\right) - \vartheta_1 \frac{\partial T}{\partial \omega_3} + \vartheta_3 \frac{\partial T}{\partial \omega_1} = M,$$

$$\frac{d}{dt}\left(\frac{\partial T}{\partial w}\right) - \vartheta_2 \frac{\partial T}{\partial u} + \vartheta_1 \frac{\partial T}{\partial v} = Z, \quad \frac{d}{dt}\left(\frac{\partial T}{\partial \omega_3}\right) - \vartheta_2 \frac{\partial T}{\partial \omega_1} + \vartheta_1 \frac{\partial T}{\partial \omega_2} = N.$$

Man beachte, daß diese Gleichungen tatsächlich Lagrangesche Bewegungsgleichungen für Quasikoordinaten sind, demnach mit Hilfe des Satzes in § 30 abgeleitet werden könnten.

Aufgabe. Der Ursprung der bewegten Achsen sei im Körper nicht fest, sondern habe die Geschwindigkeitskomponenten u_1, u_2, u_3 in den momentanen Achsenrichtungen. $\vartheta_1, \vartheta_2, \vartheta_3$ seien die Komponenten der Winkelgeschwindigkeit der Achsen in bezug auf diese selbst, v_1, v_2, v_3 die Geschwindigkeitskomponenten des im Augenblick mit dem Ursprung zusammenfallenden Körperpunktes, $\omega_1, \omega_2, \omega_3$ die Komponenten der Winkelgeschwindigkeit des Körpers gleichfalls in bezug auf die bewegten Achsen. Man zeige, daß die Bewegungsgleichungen in der Form geschrieben werden können

$$\frac{d}{dt}\left(\frac{\partial T}{\partial v_1}\right) - \vartheta_3 \frac{\partial T}{\partial v_2} + \vartheta_2 \frac{\partial T}{\partial v_3} = X,$$

$$\frac{d}{dt}\left(\frac{\partial T}{\partial v_2}\right) - \vartheta_1 \frac{\partial T}{\partial v_3} + \vartheta_3 \frac{\partial T}{\partial v_1} = Y,$$

$$\frac{d}{dt}\left(\frac{\partial T}{\partial v_3}\right) - \vartheta_2 \frac{\partial T}{\partial v_1} + \vartheta_1 \frac{\partial T}{\partial v_2} = Z,$$

$$\frac{d}{dt}\left(\frac{\partial T}{\partial \omega_1}\right) - u_3 \frac{\partial T}{\partial v_2} + u_2 \frac{\partial T}{\partial v_3} - \vartheta_3 \frac{\partial T}{\partial \omega_2} + \vartheta_2 \frac{\partial T}{\partial \omega_3} = L,$$

$$\frac{d}{dt}\left(\frac{\partial T}{\partial \omega_2}\right) - u_1 \frac{\partial T}{\partial v_3} + u_3 \frac{\partial T}{\partial v_1} - \vartheta_1 \frac{\partial T}{\partial \omega_3} + \vartheta_3 \frac{\partial T}{\partial \omega_1} = M,$$

$$\frac{d}{dt}\left(\frac{\partial T}{\partial \omega_3}\right) - u_2 \frac{\partial T}{\partial v_1} + u_1 \frac{\partial T}{\partial v_2} - \vartheta_2 \frac{\partial T}{\partial \omega_1} + \vartheta_1 \frac{\partial T}{\partial \omega_2} = N,$$

wo X, Y, Z, L, M, N die Komponenten und Momente der äußeren Kräfte in bezug auf die bewegten Achsen bedeuten.

§ 89. Anwendung auf spezielle nicht-holonome Systeme.

Zur Erläuterung der Theorie der nicht-holonomen Systeme betrachten wir jetzt einige Beispiele.

Aufgabe 1. Eine Kugel rollt auf einer festen Kugel.

Es soll die Bewegung einer rauhen Kugel vom Radius a und der Masse m bestimmt werden, die — einzig unter der Wirkung der Schwere — auf einer festen Kugel vom Radius b rollt.

b, ϑ, φ seien die Polarkoordinaten des Berührungspunktes, bezogen auf den Mittelpunkt der festen Kugel, mit der Senkrechten als Polarachse. Wir wählen bewegte Achsen $GABC$, wo G der Mittelpunkt der bewegten Kugel ist, GC die Verlängerung der Verbindungslinie der Kugelmittelpunkte, GA die Wagerechte senkrecht zu GC, GB das Lot auf GA und GC in Richtung wachsender ϑ.

In bezug auf diese Achsen ist, in den Bezeichnungen des vorigen Paragraphen

$$\vartheta_1 = -\dot{\vartheta}, \qquad \vartheta_2 = -\dot{\varphi}\sin\vartheta, \qquad \vartheta_3 = \dot{\varphi}\cos\vartheta,$$

$$u = -(a+b)\dot{\varphi}\sin\vartheta, \qquad v = (a+b)\dot{\vartheta}, \qquad w = 0,$$

$$T = \frac{1}{2} m \left\{ u^2 + v^2 + w^2 + \frac{2a^2}{5}(\omega_1^2 + \omega_2^2 + \omega_3^2) \right\}.$$

Bedeuten F, F' die Komponenten der Kraft in dem Berührungspunkt in den Richtungen GA und GB, so ist

$$X = F, \qquad Y = mg\sin\vartheta + F',$$

$$L = F'a, \qquad M = -Fa, \qquad N = 0.$$

Die Bewegungsgleichungen des vorigen Paragraphen gehen daher über in

$$m(\dot{u} - v\vartheta_3) = F = -\tfrac{2}{5} am(\dot{\omega}_2 - \vartheta_1\omega_3 + \vartheta_3\omega_1),$$

$$m(\dot{v} + u\vartheta_3) - mg\sin\vartheta = F' = \tfrac{2}{5} am(\dot{\omega}_1 - \vartheta_3\omega_2 + \vartheta_2\omega_3),$$

$$\dot{\omega}_3 - \vartheta_2\omega_1 + \vartheta_1\omega_2 = 0.$$

Überdies sind $u - a\omega_2$ und $v + a\omega_1$ die Geschwindigkeitskomponenten des Berührungspunktes in den Richtungen GA und GB; daher lauten die kinematischen Bedingungsgleichungen dafür, daß der Berührungspunkt nicht gleitet,

$$u - a\omega_2 = 0, \qquad v + a\omega_1 = 0.$$

Nach Elimination von F, F', ω_1, ω_2 erhalten wir

$$\dot{u} - v\vartheta_3 - \tfrac{2}{7} a\vartheta_1\omega_3 = 0,$$

$$\dot{v} + u\vartheta_3 - \tfrac{2}{7} a\vartheta_2\omega_3 - \tfrac{5}{7} g\sin\vartheta = 0,$$

$$\dot{\omega}_3 = 0.$$

Die letzte Gleichung ergibt $\omega_3 = n$, wo n konstant ist. Setzen wir für u, v, ϑ_1, ϑ_2 ihre Werte als Funktionen von ϑ, $\dot{\vartheta}$, $\dot{\varphi}$ in die beiden ersten Gleichungen ein, so folgt

$$(a+b)\frac{d}{dt}(\dot{\varphi}\sin\vartheta) + (a+b)\dot{\vartheta}\dot{\varphi}\cos\vartheta - \frac{2}{7} an\dot{\vartheta} = 0,$$

$$(a+b)\ddot{\vartheta} - (a+b)\dot{\varphi}^2\cos\vartheta\sin\vartheta + \tfrac{2}{7} an\dot{\varphi}\sin\vartheta - \tfrac{5}{7} g\sin\vartheta = 0.$$

Die erste Gleichung läßt sich nach Multiplikation mit $\sin\vartheta$ sofort integrieren und ergibt

$$(a+b)\dot{\varphi}\sin^2\vartheta + \tfrac{2}{7} an\cos\vartheta = k,$$

wo k konstant ist. Multiplizieren wir die zweite Gleichung mit $\dot{\vartheta}$, die erste mit $\dot{\varphi}\sin\vartheta$ und addieren, so erhalten wir wieder eine integrable Gleichung, aus der folgt

$$\dot{\vartheta}^2 + \dot{\varphi}^2\sin^2\vartheta + \frac{10}{7}\frac{g}{a+b}\cos\vartheta = h,$$

wo h eine Konstante ist. Dies ist die Energiegleichung des Systems.

Die Elimination von $\dot\varphi$ zwischen den beiden intermediären Integralen ergibt

$$(a+b)^2\sin^2\vartheta\cdot\dot\vartheta^2 = -\left(k-\tfrac{2}{7}an\cos\vartheta\right)^2 - \tfrac{10}{7}g(a+b)\sin^2\vartheta\cos\vartheta + h(a+b)^2\sin^2\vartheta,$$

woraus für $\cos\vartheta = x$ wird:

$$(a+b)^2\dot x^2 = h(a+b)^2(1-x^2) - \left(k-\tfrac{2}{7}anx\right)^2 - \tfrac{10}{7}g(a+b)x(1-x^2).$$

Das Polynom dritten Grades in x auf der rechten Seite ist positiv für $x = +\infty$, negativ für $x = 1$, positiv für gewisse reelle Werte von ϑ, d. h. also für gewisse Werte von x zwischen -1 und $+1$. Daher hat es eine Wurzel, die größer als 1 ist und zwei Wurzeln zwischen -1 und $+1$. Wir bezeichnen sie mit

$$\mathfrak{Cof}\,\gamma,\qquad \cos\beta,\qquad \cos\alpha,$$

wo $\cos\beta > \cos\alpha$ ist. Dann ist

$$\left(\frac{10}{7}\frac{g}{a+b}\right)^{\frac12}(t+\varepsilon) = \int\left\{(x-\mathfrak{Cof}\,\gamma)(x-\cos\beta)(x-\cos\alpha)\right\}^{-\frac12}dx,$$

wo ε eine Integrationskonstante ist.

Für

$$x = \frac{14}{5}\frac{a+b}{g}z + \frac13(\mathfrak{Cof}\,\gamma+\cos\beta+\cos\alpha) = \frac{14}{5}\frac{a+b}{g}z + \frac{7h(a+b)^2+\frac{4}{7}a^2n^2}{30g(a+b)}$$

wird daraus

$$t+\varepsilon = \int\left\{4(z-e_1)(z-e_2)(z-e_3)\right\}^{-\frac12}dz$$

oder

$$z = \wp(t+\varepsilon),$$

wo die $\wp$-Funktion mit Hilfe der Wurzeln

$$e_1 = \frac{5g}{14(a+b)}\left\{\mathfrak{Cof}\,\gamma - \frac{7h(a+b)^2+\frac47a^2n^2}{30g(a+b)}\right\},$$

$$e_2 = \frac{5g}{14(a+b)}\left\{\cos\beta - \frac{7h(a+b)^2+\frac47a^2n^2}{30g(a+b)}\right\},$$

$$e_3 = \frac{5g}{14(a+b)}\left\{\cos\alpha - \frac{7h(a+b)^2+\frac47a^2n^2}{30g(a+b)}\right\}$$

gebildet ist. Die Größen e_1, e_2, e_3 sind reell und befriedigen die Relationen

$$e_1+e_2+e_3 = 0,\qquad e_1 > e_2 > e_3.$$

Nun ist x reell für reelle Werte von t und liegt (da $\dot x$ reell ist) zwischen $\cos\alpha$ und $\cos\beta$. Daher ist z reell und liegt zwischen e_2 und e_3. Der imaginäre Teil der Konstanten ε im Argument der $\wp$-Funktion ist demnach die der Wurzel e_3 entsprechende Halbperiode, die mit ω bezeichnet werde. Der reelle Teil von ε kann durch geeignete Wahl des zeitlichen Nullpunktes zum Verschwinden gebracht werden. Daher ist endlich

$$\cos\vartheta = \frac{14}{5}\frac{a+b}{g}\wp(t+\omega) + \frac{7h(a+b)^2+\frac47a^2n^2}{30g(a+b)}.$$

Diese Gleichung stellt die Veränderliche ϑ als Funktion der Zeit dar. Die zweite Koordinate φ des Mittelpunktes der bewegten Kugel finden wir durch Integration der Gleichung

$$\dot\varphi = \frac{k-\frac27an\cos\vartheta}{(a+b)\sin^2\vartheta}.$$

Sie läßt sich ähnlich ausführen wie diejenige des § 72, die zur Bestimmung der Eulerschen Winkel als Lagenkoordinaten eines auf einer rauhen Ebene spielenden Kreisels diente.

Aufgabe 2. Eine rauhe Kugel rollt unter dem Einfluß der Schwere auf einer ruhenden rauhen Kugel. Es seien z_2, z_3 die größte bzw. geringste Höhe ihres Mittelpunktes während der Bewegung, z die Höhe zur Zeit t, gerechnet von dem Augenblick an, in dem $z = z_2$ war. Man beweise, daß

$$(z_2 - z)\,[\wp(t) - e_2] = (z_2 - z_3)\,(e_1 - e_2)$$

ist, wo $e_1, e_2, e_3\ (= -e_1 - e_2)$ reelle Größen sind, und $e_1 > e_2 > e_3$ ist.

Aufgabe 3. *Eine Kugel rollt auf einer bewegten Kugel.*

Wir betrachten die Bewegung einer rauhen Kugel vom Radius a und der Masse m, die unter dem Einfluß der Schwere auf einer zweiten Kugel vom Radius b und der Masse M rollt, die sich um ihren festgehaltenen Mittelpunkt drehen kann.

Es seien ϑ, φ die Polarkoordinaten des Berührungspunktes in bezug auf im Raum feste Achsen mit dem Ursprung im festen Kugelmittelpunkt. Dabei soll die Achse $\vartheta = 0$ senkrecht aufwärts gerichtet sein.

Für die Aufstellung der Bewegungsgleichungen der Kugel m wählen wir wie in der ersten Aufgabe bewegte Achsen $GABC$, wobei GC die Verlängerung der Verbindungslinie OG der Kugelmittelpunkte und GA wagerecht ist. $\vartheta_1, \vartheta_2, \vartheta_3$ seien die Komponenten der Winkelgeschwindigkeit des Koordinatensystems in bezug auf die Achsen selbst, $\omega_1, \omega_2, \omega_3$ die Komponenten der Winkelgeschwindigkeit der Kugel m in bezug auf dieselben Achsen. Dann ist wie in der Aufgabe 1

$$\vartheta_1 = -\dot\vartheta\,, \qquad \vartheta_2 = -\dot\varphi\sin\vartheta\,, \qquad \vartheta_3 = \dot\varphi\cos\vartheta\,,$$

$$u = -(a+b)\,\dot\varphi\sin\vartheta\,, \qquad v = (a+b)\,\dot\vartheta\,, \qquad w = 0\,,$$

$$T = \tfrac{1}{2}\,m\left\{u^2 + v^2 + w^2 + \frac{2\,a^2}{5}\,(\omega_1^2 + \omega_2^2 + \omega_3^2)\right\}.$$

Sind F, F' die Komponenten der auf die Kugel m im Berührungspunkt wirkenden Kraft in den Richtungen GA und GB, so ist

$$X = F\,, \qquad Y = m\,g\sin\vartheta + F'\,,$$
$$L = F'a\,, \qquad M = -F\,a\,, \qquad N = 0\,.$$

Daher werden die Bewegungsgleichungen

$$(1)\qquad m\,(\dot u - v\,\vartheta_3) = F = -\tfrac{2}{5}\,a\,m\,(\dot\omega_2 - \vartheta_1\,\omega_3 + \vartheta_3\,\omega_1)\,,$$
$$(2)\qquad m\,(\dot v + u\,\vartheta_3) - m\,g\sin\vartheta = F' = \tfrac{2}{5}\,a\,m\,(\dot\omega_1 - \vartheta_3\,\omega_2 + \vartheta_2\,\omega_3)\,,$$
$$(3)\qquad \dot\omega_3 - \vartheta_2\,\omega_1 + \vartheta_1\,\omega_2 = 0\,.$$

Um die Bewegung der Kugel M zu bestimmen, legen wir bewegte Achsen parallel zu $GA\,B\,C$ durch den Punkt O. $\Omega_1, \Omega_2, \Omega_3$ seien die Komponenten der Winkelgeschwindigkeit der Kugel in bezug auf diese Achsen. Dann gilt für die Kugel M

$$T = \tfrac{1}{2}\,M\,\tfrac{2}{5}\,b^2\,(\Omega_1^2 + \Omega_2^2 + \Omega_3^2)\,,$$

und ihre Bewegungsgleichungen lauten

$$(4)\qquad -\tfrac{2}{5}\,b\,M\,(\dot\Omega_2 - \vartheta_1\,\Omega_3 + \vartheta_3\,\Omega_1) = F\,,$$
$$(5)\qquad \tfrac{2}{5}\,b\,M\,(\dot\Omega_1 - \vartheta_3\,\Omega_2 + \vartheta_2\,\Omega_3) = F'\,,$$
$$(6)\qquad \dot\Omega_3 - \vartheta_2\,\Omega_1 + \vartheta_1\,\Omega_2 = 0\,.$$

Die Bedingungen dafür, daß im Berührungspunkt keine Gleitung stattfindet, sind

$$(7)\qquad u - a\,\omega_2 = b\,\Omega_2\,, \qquad v + a\,\omega_1 = -b\,\Omega_1\,.$$

Zur Integration dieses Gleichungssystems multiplizieren wir die Gleichungen (3) und (6) mit a bzw. b und addieren. Dann wird unter Berücksichtigung von (7):

$$a\,\dot\omega_3 + b\,\dot\Omega_3 + u\,\vartheta_1 + v\,\vartheta_2 = 0$$

oder

$$a\,\dot\omega_3 + b\,\dot\Omega_3 = 0\,,$$

Die Integration ergibt

$$a\,\omega_3 + b\,\Omega_3 = a\,n\,,$$

wo n konstant ist.

Überdies folgt aus den Gleichungen (4) und (7):

$$-\tfrac{2}{5}\,M\,(\dot u - a\,\dot\omega_2 - b\,\vartheta_1\,\Omega_3 - \vartheta_3\,v - \vartheta_3\,a\,\omega_1) = F\,.$$

Die Elimination von F und $\dot\omega_2 + \vartheta_3\,\omega_1$ zwischen dieser und Gleichung (1) ergibt

$$\frac{7\,M + 5\,m}{2\,M}\,(\dot u - \vartheta_3\,v) = a\,n\,\vartheta_1$$

oder

$$\text{(A)}\qquad \frac{d}{d\,t}\,(\dot\varphi\sin\vartheta) + \dot\vartheta\,\dot\varphi\cos\vartheta - \frac{2\,M\,a\,n\,\dot\vartheta}{(7\,M + 5\,m)\,(a+b)} = 0\,.$$

Ähnlich folgt aus den Gleichungen (5) und (7):

$$\tfrac{2}{5}\,M\,(-\dot v - a\,\dot\omega_1 - u\,\vartheta_3 + a\,\vartheta_3\,\omega_2 + b\,\vartheta_2\,\Omega_3) = F'\,.$$

Die Elimination von F' und $\dot\omega_1 - \vartheta_3\,\omega_2$ zwischen dieser und Gleichung (2) ergibt

$$\frac{5\,m + 7\,M}{2\,M}\,(\dot v + u\,\vartheta_3) = a\,n\,\vartheta_2 + \frac{5\,(M+m)}{2\,M}\,g\sin\vartheta$$

oder

$$\text{(B)}\qquad \ddot\vartheta - \dot\varphi^2\sin\vartheta\cos\vartheta - \frac{5\,(M+m)\,g\sin\vartheta}{(5\,m + 7\,M)\,(a+b)} = -\frac{a\,n}{a+b}\,\frac{2\,M}{5\,m + 7\,M}\,\dot\varphi\sin\vartheta\,.$$

Nun haben die Gleichungen (A) und (B), aus denen ϑ und φ als Funktionen von t zu bestimmen sind, im wesentlichen den gleichen Charakter wie die Bestimmungsgleichungen von ϑ und φ in der ersten Aufgabe. Die früheren Gleichungen lassen sich tatsächlich aus den vorliegenden ableiten, wenn M sehr groß gegen m angenommen wird. Daher ist die Integration hier genau wie dort auszuführen.

Aufgabe 4. Eine homogene Kugel rollt auf einer rauhen wagerechten Ebene unter Wirkung von Kräften, deren Resultante durch ihren Mittelpunkt geht. Man zeige, daß der Mittelpunkt sich bewegt wie ein Massenpunkt, auf den die gleichen, aber im Verhältnis 5 : 7 verkleinerten Kräfte wirken.

Aufgabe 5. Man bilde die Bewegungsgleichungen für eine rauhe Kugel, die unter dem Einfluß der Schwere auf der Innenseite eines geraden Kreiszylinders rollt, dessen Achse um den Winkel α gegen die Senkrechte geneigt ist. Man zeige, daß, wenn für die Kugel $k^2 = \frac{1}{3}\,a^2$ ist, wo a den Radius und k den Trägheitsradius um einen beliebigen Durchmesser bedeuten, und wenn sie ruht, während die axiale Ebene durch ihren Mittelpunkt mit der senkrechten axialen Ebene den Winkel β einschließt, der Mittelpunkt in Richtung der Achse, wenn dieser Winkel gleich ϑ ist, die Geschwindigkeit

$$\frac{1}{2}\left(\frac{3\,g\,b^2\cos^2\alpha}{\sin\alpha}\right)^{\frac{1}{2}}\left\{\sin\tfrac{1}{2}\,\vartheta\,\operatorname{arc}\mathfrak{Cos}\left(\frac{\cos\frac{1}{2}\vartheta}{\cos\frac{1}{2}\beta}\right) + \cos\tfrac{1}{2}\,\vartheta\,\operatorname{arc}\cos\left(\frac{\sin\frac{1}{2}\vartheta}{\sin\frac{1}{2}\beta}\right)\right\}$$

besitzt, wo $b + a$ der Zylinderradius ist.

(Camb. Math. Tripos, Part I. 1895.)

Weitere Beispiele findet man bei Woronetz: *Math. Ann.* Bd. 70, S. 410. 1911.

§ 90. Schwingungen nicht-holonomer Systeme.

Wir untersuchen nun die kleinen Schwingungen eines nicht-holonomen Systems. Für Schwingungen um eine Gleichgewichtslage erweist sich dabei der Unterschied zwischen holonomen und nicht-holonomen Systemen als unbedeutend.

Wir betrachten also die Schwingungen um eine Gleichgewichtslage eines nicht-holonomen Systems mit n unabhängigen Koordinaten und $n - m$ Freiheitsgraden, dessen Bindungen von der Zeit unabhängig sind. T sei die kinetische, V die potentielle Energie, für das Schwingungsproblem somit T eine homogene quadratische Funktion von $\dot{q}_1, \dot{q}_2, \ldots, \dot{q}_n$, V eine homogene quadratische Funktion von $q_1, q_2, \ldots, q_n$, beide mit konstanten Koeffizienten. Die n Gleichungen vom Typus

$$A_{1k}\dot{q}_1 + A_{2k}\dot{q}_2 + \ldots + A_{nk}\dot{q}_n = 0 \quad (k = 1, 2, \ldots, m)$$

sollen die nicht-holonomen Bindungen ausdrücken; die Bewegungsgleichungen lauten nach § 87

$$\frac{d}{dt}\left(\frac{\partial T}{\partial \dot{q}_r}\right) = -\frac{\partial V}{\partial q_r} + \lambda_1 A_{r1} + \lambda_2 A_{r2} + \ldots + \lambda_m A_{rm} \quad (r = 1, 2, \ldots, n).$$

Aus diesen Gleichungen sehen wir, daß $\lambda_1, \lambda_2, \ldots, \lambda_m$ im allgemeinen klein von der Ordnung der Koordinaten sind. Für das Schwingungsproblem haben wir demnach nur die konstanten Teile von $A_{11}, A_{12}, \ldots, A_{nm}$ zu berücksichtigen. Die Schwingung verläuft also gerade so, als ob die Koeffizienten $A_{11}, A_{12}, \ldots, A_{nm}$ von den Koordinaten unabhängige Konstante wären. In diesem Falle lassen sich aber die Gleichungen

$$A_{1k}\dot{q}_1 + A_{2k}\dot{q}_2 + \ldots + A_{nk}\dot{q}_n = 0 \quad (k = 1, 2, \ldots, m)$$

integrieren. Sie ergeben

$$A_{1k}q_1 + A_{2k}q_2 + \ldots + A_{nk}q_n = 0 \quad (k = 1, 2, \ldots, m),$$

denn die Integrationskonstanten sind alle Null, da das Wertsystem

$$q_1 = 0, \qquad q_2 = 0, \ \ldots, \quad q_n = 0$$

eine mögliche Lage des Systems bestimmt.

Daher stimmt die Schwingungsbewegung des gegebenen nicht-holonomen Systems überein mit derjenigen des holonomen Systems, dessen Bindungen sich in der integrierten Form

$$A_{1k}q_1 + A_{2k}q_2 + \ldots A_{nk}q_n = 0 \quad (k = 1, 2, \ldots, m)$$

darstellen lassen. Wie können also die Schwingung dadurch bestimmen, daß wir vermöge dieser Gleichungen m der Koordinaten $q_1, q_2, \ldots, q_n$ aus T und V eliminieren. Dann erhalten wir ein holonomes System von $n - m$ Freiheitsgraden, dessen kinetische und potentielle Energie als Funktionen von $n - m$ Koordinaten und den zugehörigen Geschwindigkeiten dargestellt sind. Die Schwingungen dieses Systems lassen sich nach dem im vorigen Kapitel entwickelten üblichen Verfahren bestimmen.

Als Beispiel betrachten wir das folgende Problem[1]):

Eine schwere homogene Halbkugel ruht im Gleichgewicht auf einer rauhen wagerechten Ebene mit der gekrümmten Seite nach unten. Eine zweite schwere homogene

[1]). Angegeben von Frau Kerkhoven-Wythoff: *Nieuw Archief voor Wiskunde* Deel IV. 1899.

Halbkugel ruht in gleicher Weise auf der rauhen Begrenzungsebene der ersten, und der Berührungspunkt ist der Mittelpunkt der Fläche. Das Gleichgewicht erfahre eine geringe Störung; man bestimme die Schwingungen des Systems.

Als Bezugsachsen wählen wir:

1. ein in der oberen Halbkugel festes rechtwinkliges Achsensystem $Z_2 x y z$ mit dem Ursprung im Schwerpunkt Z_2;

2. ein in der unteren Halbkugel festes rechtwinkliges Achsensystem $Z_1 \xi \eta \zeta$ mit dem Ursprung im Schwerpunkt Z_1;

3. ein im Raum festes rechtwinkliges Achsensystem $R l m n$, dessen Ursprung der Berührungspunkt der unteren Halbkugel mit der Ebene im Gleichgewicht ist.

Wir definieren diese Achsen weiter durch die Annahme, daß in der Gleichgewichtslage die Achsen $Z_2 z$, $Z_1 \zeta$ und $R n$ senkrecht sind, also zusammenfallen, während die Achsen $Z_2 x$, $Z_1 \xi$ und $R l$ parallel sind, so daß also auch die Achsen $Z_2 y$, $Z_1 \eta$ und $R m$ parallel sind.

Wir nehmen an, daß zur Zeit t die Koordinaten eines Punktes in bezug auf diese verschiedenen Achsensysteme untereinander verbunden sind durch die Gleichungen

$$\begin{aligned}
\xi &= \alpha + \alpha_1 x + \alpha_2 y + \alpha_3 z\,,\\
\eta &= \beta + \beta_1 x + \beta_2 y + \beta_3 z\,,\\
\zeta &= \gamma + \gamma_1 x + \gamma_2 y + \gamma_3 z\,,\\
l &= a + a_1 \xi + a_2 \eta + a_3 \zeta\,,\\
m &= b + b_1 \xi + b_2 \eta + b_3 \zeta\,,\\
n &= c + c_1 \xi + c_2 \eta + c_3 \zeta\,.
\end{aligned}$$

Die 24 Koeffizienten dieser Transformationsformeln bestimmen die Lage des Systems völlig für jeden beliebigen Zeitpunkt. Da das System aber nur sechs Freiheitsgrade besitzt, müssen 18 Beziehungen unter diesen Koeffizienten oder ihren Ableitungen bestehen. Zwölf davon sind die üblichen Bedingungen der Gestalt

$$\alpha_1^2 + \alpha_2^2 + \alpha_3^2 = 1\,, \qquad \alpha_1 \beta_1 + \alpha_2 \beta_2 + \alpha_3 \beta_3 = 0\,,$$
$$a_1^2 + a_2^2 + a_3^2 = 1\,, \qquad a_1 b_1 + a_2 b_2 + a_3 b_3 = 0\,,$$

die die Orthogonalität der Achsen ausdrücken. Die übrigen sechs enthalten die Bedingungen des Berührens und des Rollens, die wir nunmehr aufstellen.

Es seien R_1, R_2 die Radien der unteren und oberen Halbkugel, l_1, l_2 die Entfernungen der Schwerpunkte von den Begrenzungsebenen, also $l_1 = \frac{3}{8} R_1$, $l_2 = \frac{3}{8} R_2$. Der Berührungspunkt der oberen und unteren Halbkugel hat die Koordinaten

$$x_2 = -R_2 \gamma_1\,, \qquad y_2 = -R_2 \gamma_2\,, \qquad z_2 = l_2 - R_2 \gamma_3\,.$$

Die Bedingungen dafür, daß dieser Punkt gegen die untere Halbkugel in Ruhe bleibt, lauten

$$\begin{aligned}
\dot\alpha + \dot\alpha_1 x_2 + \dot\alpha_2 y_2 + \dot\alpha_3 z_2 &= 0\,,\\
\dot\beta + \dot\beta_1 x_2 + \dot\beta_2 y_2 + \dot\beta_3 z_2 &= 0\,,\\
\dot\gamma + \dot\gamma_1 x_2 + \dot\gamma_2 y_2 + \dot\gamma_3 z_2 &= 0\,.
\end{aligned}$$

Die letzte Gleichung ergibt $\dot\gamma + l_2 \dot\gamma_3 = 0$. Diese Gleichung entsteht durch Differentiation aus der Gleichung

$$l_1 - \gamma - \gamma_3 l_2 = -R_2\,,$$

die die Bedingung des Berührens der beiden Halbkugeln ausspricht. Aus den beiden ersten Gleichungen dagegen folgt

$$\dot\alpha - \dot\alpha_1 R_2 \gamma_1 - \dot\alpha_2 R_2 \gamma_2 + \dot\alpha_3 (l_2 - R_2 \gamma_3) = 0\,,$$
$$\dot\beta - \dot\beta_1 R_2 \gamma_1 - \dot\beta_2 R_2 \gamma_2 + \dot\beta_3 (l_2 - R_2 \gamma_3) = 0\,.$$

Durch sie wird ausgedrückt, daß die obere Kugel auf der unteren rollt. Sie ergeben als erste Annäherung

$$\dot{\alpha} = \dot{\alpha}_3 (R_2 - l_2), \qquad \dot{\beta} = \dot{\beta}_3 (R_2 - l_2),$$

integriert:

$$\alpha = \alpha_3 (R_2 - l_2), \qquad \beta = \beta_3 (R_2 - l_2).$$

Entsprechend lautet die Gleichung für die Berührung der unteren Halbkugel mit der Horizontalebene

$$c + c_3 l_1 = R_1$$

und die Bedingung des Rollens

$$\alpha = \alpha_3 (R_1 - l_1), \qquad b = b_3 (R_1 - l_1).$$

Damit haben wir die 18 Gleichungen, die die 24 Koeffizienten untereinander verbinden. Wählen wir als die sechs unabhängigen Koordinaten des Systems $\alpha_2, \beta_3, \gamma_1, a_2, b_3, c_1$ und lösen wir die Gleichungen nach den übrigen 18 als Funktionen dieser Koeffizienten auf, so ergibt sich mit der notwendigen Annäherung

$$\begin{aligned} \alpha &= \gamma_1 (l_2 - R_2), & a &= c_1 (l_1 - R_1), \\ \alpha_1 &= 1 - \tfrac{1}{2} (\alpha_2^2 + \gamma_1^2), & a_1 &= 1 - \tfrac{1}{2} (a_2^2 + c_1^2), \\ \alpha_3 &= -\gamma_1. & a_3 &= -c_1. \end{aligned}$$

$$\begin{aligned} \beta &= \beta_3 (R_2 - l_2), & b &= b_3 (R_1 - l_1), \\ \beta_1 &= -\alpha_2, & b_1 &= -a_2, \\ \beta_2 &= 1 - \tfrac{1}{2} (\alpha_2^2 + \beta_3^2). & b_2 &= 1 - \tfrac{1}{2} (a_2^2 + b_3^2). \end{aligned}$$

$$\begin{aligned} \gamma &= R_2 + l_1 - l_2 \{1 - \tfrac{1}{2} (\gamma_1^2 + \beta_3^2)\}, & c &= R_1 - l_1 \{1 - \tfrac{1}{2} (c_1^2 + b_3^2)\}, \\ \gamma_2 &= -\beta_3, & c_2 &= -b_3, \\ \gamma_3 &= 1 - \tfrac{1}{2} (\gamma_1^2 + \beta_3^2). & c_3 &= 1 - \tfrac{1}{2} (c_1^2 + b_3^2). \end{aligned}$$

Die potentielle Energie des Systems ist

$$V = M_1 g c + M_2 g (c + c_1 \alpha + c_2 \beta + c_3 \gamma)$$

oder, bei Vernachlässigung höherer als zweiter Potenzen kleiner Größen,

$$\begin{aligned} V/g = {} & b_3^2 (\tfrac{3}{16} R_1 M_1 - \tfrac{5}{16} R_2 M_2) - \tfrac{5}{8} M_2 R_2 b_3 \beta_3 + \tfrac{3}{16} \beta_3^2 M_2 R_2 \\ & + c_1^2 (\tfrac{3}{16} R_1 M_1 - \tfrac{5}{16} R_2 M_2) - \tfrac{5}{8} M_2 R_2 c_1 \gamma_1 + \tfrac{3}{16} M_2 R_2 \gamma_1^2. \end{aligned}$$

Stellen wir nunmehr die Koordinaten l, m, n eines beliebigen Punktes der oberen oder unteren Halbkugel als Funktionen seiner Koordinaten in den Systemen $Z_2 x y z$ bzw. $Z_1 \xi \eta \zeta$ dar, bilden für jede Halbkugel die Summe $\frac{1}{2} \sum m (\dot{l}^2 + \dot{m}^2 + \dot{n}^2)$ unter Vernachlässigung aller Glieder, die klein von höherer als zweiter Ordnung sind, und berücksichtigen, daß die Hauptträgheitsmomente im Schwerpunkt einer Halbkugel von der Masse M und dem Radius R gleich $\frac{2}{5} M R^2$, $\frac{83}{320} M R^2$, $\frac{83}{320} M R^2$ sind, so finden wir für die kinetische Energie T des Systems

$$\begin{aligned} 2T = {} & \tfrac{2}{5} \dot{a}_2^2 (M_1 R_1^2 + M_2 R_2^2) + \tfrac{4}{5} \dot{a}_2 \dot{\alpha}_2 M_2 R_2^2 + \tfrac{2}{5} \dot{\alpha}_2^2 M_2 R_2^2 \\ & + \dot{b}_3^2 \{\tfrac{13}{20} R_1^2 M_1 + M_2 (\tfrac{13}{20} R_2^2 + \tfrac{5}{4} R_1 R_2 + R_1^2)\} + 2 \dot{b}_3 \dot{\beta}_3 M_2 R_2 (\tfrac{13}{20} R_2 + \tfrac{5}{8} R_1) \\ & + \tfrac{13}{20} \dot{\beta}_3^2 M_2 R_2^2 + \dot{c}_1^2 \{\tfrac{13}{20} R_1^2 M_1 + M_2 (\tfrac{13}{20} R_2^2 + \tfrac{5}{4} R_1 R_2 + R_1^2)\} \\ & + 2 \dot{c}_1 \dot{\gamma}_1 M_2 R_2 (\tfrac{5}{8} R_1 + \tfrac{13}{20} R_2) + \tfrac{13}{20} \dot{\gamma}_1^2 M_2 R_2^2. \end{aligned}$$

Offenbar zerfallen die Bewegungsgleichungen in drei verschiedene Systeme, nämlich

1. Die Gleichungen für die Koordinaten a_2 und α_2. Sie enthalten keine Glieder in V. Zu diesen Koordinaten gehören keine eigentlichen Schwingungen. Tatsächlich erleidet das Gleichgewicht keine Störung, wenn jede der Halbkugeln durch beliebige Winkel um ihre Rotationsachse gedreht wird. Diese Gleichungen können wir also außer acht lassen;

2. Gleichungen in den Koordinaten b_3 und β_3;

3. Gleichungen für die Koordinaten c_1 und γ_1. Diese sind offenbar denjenigen für b_3 und β_3 analog, so daß wir nur letztere zu untersuchen haben.

Die Gleichungen für b_3 und β_3 lauten ausführlich geschrieben:

$$\{\tfrac{13}{20} R_1^2 M_1 + M_2 (R_1^2 + \tfrac{5}{4} R_1 R_2 + \tfrac{13}{20} R_2^2\} \ddot{b}_3 + M_2 R_2 (\tfrac{5}{8} R_1 + \tfrac{13}{20} R_2) \ddot{\beta}_3$$
$$+ g(\tfrac{3}{8} R_1 M_1 - \tfrac{5}{8} R_2 M_2) b_3 - \tfrac{5}{8} g M_2 R_2 \beta_3 = 0,$$
$$(\tfrac{5}{8} R_1 + \tfrac{13}{20} R_2) \ddot{b}_3 + \tfrac{13}{20} R_2 \ddot{\beta}_3 - \tfrac{5}{8} g b_3 + \tfrac{3}{8} g \beta_3 = 0.$$

Die zugehörige Determinantengleichung für λ, wo $2\pi/\sqrt{\lambda}$ eine Periode ist, lautet

$$\begin{vmatrix} A & B \\ C & D \end{vmatrix} = 0$$

mit

$$A = \{\tfrac{13}{20} R_1^2 M_1 + M_2 (R_1^2 + \tfrac{4}{5} R_1 R_2 + \tfrac{13}{20} R_2^2)\} \lambda - g(\tfrac{3}{8} R_1 M_1 - \tfrac{5}{8} R_2 M_2),$$
$$B = (\tfrac{5}{8} R_1 + \tfrac{13}{20} R_2) \lambda + \tfrac{5}{8} g,$$
$$C = M_2 R_2 (\tfrac{5}{8} R_1 + \tfrac{13}{20} R_2) \lambda + \tfrac{5}{8} g M_2 R_2, \qquad D = \tfrac{13}{20} R_2 \lambda - \tfrac{3}{8} g.$$

Sie ist eine quadratische Gleichung für λ; offenbar sind ihre Wurzeln positiv, wenn

$$9 R_1 M_1 < 40 R_2 M_2$$

ist. *Dies ist die Bedingung für die Stabilität des Gleichgewichts.*

Die Schwingungen nicht-holonomer Systeme um einen stationären Bewegungszustand lassen sich am besten mit Hilfe der in § 88 angegebenen Bewegungsgleichungen untersuchen. Wir erläutern die Methode an dem folgenden Beispiel.

Aufgabe. Ein Rotationskörper mit einer äquatorialen Symmetrieebene vollführt eine stationäre Bewegung auf einer rauhen wagerechten Ebene, indem er mit senkrechter Äquatorebene und der Winkelgeschwindigkeit n um seine Achse rollt. Man bestimme die Periode einer Schwingung bei einer kleinen Störung der Bewegung.

G sei der Schwerpunkt des Körpers, C und A seien seine Trägheitsmomente um die Achse und um eine zu ihr senkrechte Achse durch G. Das bewegte Bezugssystem sei $Gxyz$, wo Gz die Achse des Körpers ist, Gy senkrecht auf der Ebene durch Gz und den Berührungspunkt steht (so daß Gy wagerecht ist), und Gx senkrecht auf der Ebene Gyz steht. F, F', R seien die Komponenten der im Berührungspunkt am Körper angreifenden Kraft, wobei F in der Ebene Gxz liegt, F' parallel Gy ist, R auf der Ebene senkrecht steht. ϑ_1, ϑ_2, ϑ_3 und ω_1, ω_2, ω_3 seien wie gewöhnlich die Komponenten der Winkelgeschwindigkeit der Achsen und des Körpers, u, v, w die Komponenten der Geschwindigkeit von G in Richtung der bewegten Achsen. Ferner sei ϱ der Krümmungsradius des Körpermeridians am Äquator, a der Radius des Äquatorkreises, ϑ der Winkel von Gz mit der Senkrechten, φ der Winkel zwischen Gy und der Lage von Gy im ungestörten System. Dann ist

$$\vartheta_1 = \omega_1 = -\dot{\varphi} \sin\vartheta, \qquad \vartheta_2 = \omega_2 = \dot{\vartheta}, \qquad \vartheta_3 = \dot{\varphi} \cos\vartheta,$$

und die kinetische Energie ist

$$T = \tfrac{1}{2} M (u^2 + v \; + w^2) + \tfrac{1}{2} A (\omega_1^2 + \omega_2^2) + \tfrac{1}{2} C \omega_3^2.$$

Die Gleichungen des § 18 ergeben demnach, wenn P der Berührungspunkt, PK das Lot aus diesem Punkt auf die Achse, GN das Lot aus G auf die wagerechte Ebene ist,

$$\begin{aligned}
M(\dot{u} - v\vartheta_3 + w\vartheta_2) &= F\cos\vartheta - (R - Mg)\sin\vartheta, \\
M(\dot{v} - w\vartheta_1 + u\vartheta_3) &= F', \\
M(\dot{w} - u\vartheta_2 + v\vartheta_1) &= (R - Mg)\cos\vartheta + F\sin\vartheta, \\
A\dot{\omega}_1 - A\omega_2\vartheta_3 + C\omega_3\vartheta_2 &= -F' \cdot GK, \\
A\dot{\omega}_2 - C\omega_3\vartheta_1 + A\omega_1\vartheta_3 &= -F \cdot GN - R \cdot NP, \\
C\dot{\omega}_3 &= F' \cdot PK.
\end{aligned}$$

In diesen Gleichungen sind GK und NP positiv gerechnet in Richtung der positiven x-Achse und der wagerechten Projektion dieser Richtung.

Die Bedingungen dafür, daß in P keine Gleitung stattfindet, sind

$$u\cos\vartheta + w\sin\vartheta - GN\omega_2 = 0\,,$$
$$v + PK\cdot\omega_3 - GK\omega_1 = 0\,,$$

und die Bedingung dafür, daß der Körper die Ebene berührt, ist

$$w\cos\vartheta - u\sin\vartheta = \frac{d}{dt}(-GK\cos\vartheta + PK\sin\vartheta)\,.$$

Diese Gleichungen bestimmen die Bewegung in dem allgemeinen Fall, daß die Störung der stationären Bewegung nicht als klein vorausgesetzt ist. Wird diese Annahme aber gemacht, so ist

$$\vartheta = \frac{\pi}{2} + \chi\,,\qquad \omega_3 = n + \tilde\omega\,,\qquad v = -an + \eta\,,$$

wo χ, $\tilde\omega$, η klein sind. Auch F, F', u, w, ω_1, ω_2, ϑ_1, ϑ_2, ϑ_3 sind klein, während R nahezu gleich Mg ist. Überdies ist $NP = (\varrho - a)\chi$. Die Gleichungen werden daher

$$\begin{aligned}
M(\dot u + an\vartheta_3) &= -R + Mg\,,\\
M\dot\eta &= F',\\
M(\dot w - an\vartheta_1) &= F\,,\\
A\dot\omega_1 + Cn\vartheta_2 &= 0\,,\\
A\dot\omega_2 - Cn\vartheta_1 &= -Fa - Mg(\varrho - a)\chi\,,\\
C\dot{\tilde\omega} &= F'a\\
w - a\omega_2 &= 0\\
\eta + a\tilde\omega &= 0
\end{aligned}$$

wo

$$\omega_1 = \vartheta_1 = -\dot\varphi\,,\qquad \omega_2 = \vartheta_2 = \dot\chi\,,\qquad \vartheta_3 = 0\,.$$

Eliminieren wir F, F', R und ersetzen wir ϑ_1, ϑ_2, ϑ_3, ω_1, ω_2 durch ihre Werte, so gehen die Gleichungen über in

$$\begin{aligned}
A\ddot\varphi - Cn\dot\chi &= 0\,,\\
A\ddot\chi + (C + Ma^2)n\dot\varphi + Mg(\varrho - a)\chi + Ma\dot w &= 0\,,\\
C\dot{\tilde\omega} &= Ma\dot\eta\,,\\
w &= a\dot\chi\,.\\
\eta &= -a\tilde\omega\,.
\end{aligned}$$

Aus der dritten und fünften Gleichung erkennen wir, daß $\dot{\tilde\omega}$ und $\dot\eta$ Null, $\tilde\omega$ und η also konstant sind. Die drei übrigen Gleichungen ergeben nach Elimination von w

$$A\ddot\varphi - Cn\dot\chi = 0\,,$$
$$(Ma^2 + A)\ddot\chi + (C + Ma^2)n\dot\varphi + Mg(\varrho - a)\chi = 0\,.$$

Daher ist die Bestimmungsgleichung für χ

$$A(A + Ma^2)\ddot\chi + \{MgA(\varrho - a) + Cn^2(C + Ma^2)\}\chi = 0\,.$$

Sie ergibt für eine Schwingungsperiode den Wert

$$2\pi\left\{\frac{A(A + Ma^2)}{MgA(\varrho - a) + Cn^2(C + Ma^2)}\right\}^{\frac{1}{2}}.$$

§ 91. Systeme mit Energiezerstreuung. Reibungskräfte.

Wir gehen nunmehr zur Untersuchung solcher Systeme über, für die das Prinzip von der Erhaltung der dynamischen Energie nicht mehr gilt, deren Energie vielmehr ständig in andere Formen (z. B. Wärme) übergeführt wird, die die Dynamik nicht kennt. Wir betrachten zuerst *Systeme mit Reibung.*

Berühren sich zwei nicht völlig glatte starre Körper, so läßt sich ihre Reaktionskraft im Berührungspunkt zerlegen in eine Komponente in Richtung der gemeinsamen Flächennormalen in dem Berührungspunkt, die als *Normaldruck* bezeichnet wird, und in eine Komponente in der gemeinsamen Tangentialebene, die sogenannte *Reibungskraft.* Sie unterliegt dem folgenden experimentell gefundenen Gesetz [1]: *Zwei Körper gleiten nicht aufeinander, solange die zur Verhinderung der Gleitung erforderliche Reibungskraft das μ-fache des Normaldrucks nicht überschreitet, wo μ eine nur vom Material der berührenden Oberflächen abhängige Konstante, der sogenannte Reibungskoeffizient, ist. Sobald die zur Verhütung des Gleitens erforderliche Kraft größer als der μ-fache Normaldruck ist, findet im Berührungspunkt eine Gleitung statt, und die auftretende Reibungskraft ist μ-mal so groß wie der Normaldruck.*

Painlevé hat nachgewiesen, daß die vier Annahmen — 1. daß die obigen Reibungsgesetze bestehen; 2. daß es starre Körper gibt; 3. daß der Normaldruck zwischen Körpern nicht negativ sein kann; 4. daß alle Beschleunigungen und Spannungen endlich sind — zusammengenommen in gewissen Fällen zu Widersprüchen gegen die Grundgesetze der Dynamik führen. Man vergleiche die darauf bezüglichen Erörterungen von Painlevé, Lecornu, de Sparre und Klein: *Comptes Rendus* Bd. 140, S. 635, 702, 847. 1905; *ebenda* Bd. 141, S. 310, 401, 546. 1905; Klein: *Ges. math. Abh.* Bd. 2, S. 704.

Wir geben im folgenden Beispiele für die Bewegung von Systemen mit Reibungskräften.

Aufgabe 1. *Bewegung eines Massenpunktes auf einer ruhenden rauhen ebenen Kurve.*

Ein Massenpunkt sei gezwungen, sich in einer ruhenden rauhen engen Röhre in Form einer ebenen Kurve unter der Wirkung solcher Kräfte zu bewegen, die nur von seiner Lage in der Röhre abhängen. $f(s)$, $g(s)$ seien die Tangential- und Normalkomponente der Kraft pro Masseneinheit. Dabei ist s der in der Bewegungsrichtung gemessene Abstand des Punktes von einem festen Punkt, gemessen längs der Röhre; R sei die Normalreaktion pro Masseneinheit, μ der Reibungskoeffizient.

Da die Beschleunigung des Massenpunktes in Richtung der Tangente und Normalen die Komponenten $v\,dv/ds$ und v^2/ϱ besitzt, wo v die Geschwindigkeit des Massenpunktes und ϱ der Krümmungsradius der Kurve ist, so bestehen die Gleichungen

$$v\frac{dv}{ds} = f(s) - \mu R\,, \qquad \frac{v^2}{\varrho} = g(s) + R\,.$$

---

[1]) G. Amontons entdeckte daß die Reibung dem Normaldruck proportional ist. *Paris Mém.* 1699, S. 206.

Nach Elimination von R ist

$$\frac{dv^2}{ds} + \frac{2\mu}{\varrho} v^2 = 2 f(s) + 2 \mu g(s).$$

Die Integration ergibt

$$v^2 = c e^{-2\mu\varphi} + 2 e^{-2\mu\varphi} \int^s e^{2\mu\varphi} \{f(s) + \mu g(s)\} ds,$$

wo $\varphi = \int ds/\varrho$ und c eine von den Anfangsbedingungen der Bewegung abhängige Konstante ist.

Die rechte Seite der Gleichung ist eine bekannte Funktion von s, die mit $F(s)$ bezeichnet werde. Dann ist

$$\left(\frac{ds}{dt}\right)^2 = F(s).$$

Zwischen s und t besteht demnach der Zusammenhang

$$t - t_0 = \int^s \{F(s)\}^{-\frac{1}{2}} ds.$$

Damit ist das Problem gelöst.

Aufgabe 2. *Ein Kreisreifen der Masse M steht auf einer rauhen Ebene. An einem Ende des wagerechten Durchmessers ist ein Punkt der Masse m befestigt. Man entscheide, ob der Reifen rollt oder gleitet.*

Wir nehmen an, daß der Reifen rollen kann, und untersuchen, ob die für diese Bewegung erforderliche Reibung größer oder kleiner ist als die tatsächlich vorhandene, d. h. als das μ-fache des zugehörigen Normaldrucks. Der Reifen habe sich seit Beginn der Bewegung um den Winkel ϑ gedreht, und der Schwerpunkt des Systems habe in bezug auf die Wagerechte und die (abwärts gerichtete) Senkrechte durch seine Anfangslage die Koordinaten x, y.

Dann ist

$$x = a\vartheta - \frac{m a}{M + m}(1 - \cos\vartheta), \qquad y = \frac{m a}{M + m} \sin\vartheta,$$

wo a den Radius des Reifens bedeutet.

Die kinetische und potentielle Energie sind

$$T = M a^2 \dot{\vartheta}^2 + m a^2 \dot{\vartheta}^2 (1 - \sin\vartheta),$$
$$V = - m g a \sin\vartheta.$$

Daher lautet die Lagrangesche Bewegungsgleichung

$$\frac{d}{dt}[2 a^2 \dot{\vartheta} \{M + m(1 - \sin\vartheta)\}] + m a^2 \dot{\vartheta}^2 \cos\vartheta = m g a \cos\vartheta.$$

Für die Anfangsbewegung ergibt diese Gleichung

$$2 a \ddot{\vartheta}(M + m) = m g;$$

ursprünglich ist also

$$\ddot{x} = a\ddot{\vartheta} = \frac{m g}{2(M + m)}, \qquad \ddot{y} = \frac{m}{M + m} a \ddot{\vartheta} = \frac{m^2 g}{2(M + m)^2}.$$

Ist nun F die Reibungskraft, R der Normaldruck, so ist also zu Beginn der Bewegung

$$\frac{F}{R} = \frac{\ddot{x}}{-\ddot{y} + g} = \frac{m(M + m)}{2M^2 + 4Mm + m^2}.$$

Der Reifen wird daher rollen oder gleiten, je nachdem der Reibungskoeffizient größer oder kleiner ist als

$$\frac{m(M + m)}{2M^2 + 4Mm + m^2}.$$

Aufgabe 3. Ein Massenpunkt bewegt sich unter dem Einfluß der Schwere auf einer rauhen Zykloide, deren Ebene senkrecht, deren Grundlinie wagerecht ist. φ sei die Neigung der Tangente gegen die Horizontale in einem beliebigen Punkt, so daß die Zykloidengleichung lautet

$$s = 4a \sin\varphi .$$

$\operatorname{tg}\varepsilon$ sei der Reibungskoeffizient. Man zeige, daß die Bewegung dargestellt wird durch die Gleichung

$$c\, e^{\varphi \operatorname{tg}\varepsilon} \sin(\varphi + \varepsilon) = \cos\left(\sqrt{\frac{g}{a}}\,\frac{t}{2\cos\varepsilon}\right),$$

wo c eine Konstante ist.

§ 92. Von der Geschwindigkeit abhängige Widerstandskräfte.

Die Bewegung eines Geschosses in der Luft gibt ein Beispiel für eine andere Art von Systemen mit Energiezerstreuung, da der Luftwiderstand von der Geschoßgeschwindigkeit abhängt. Man kennt kein allgemeingültiges Verfahren für die Lösung von Problemen, in denen derartige Kräfte auftreten. Ein Sonderfall jedoch, der von praktischer Bedeutung ist, nämlich die Bewegung eines Geschosses unter Einwirkung der Schwere und eines Widerstandes, der einer Potenz der Geschoßgeschwindigkeit proportional ist, läßt sich folgendermaßen behandeln.

Für kleine Geschwindigkeiten (unter 30 m/sec) ist der Luftwiderstand eines Geschosses nahezu dem Quadrat der Geschwindigkeit proportional. Für große Geschwindigkeiten (etwa 600 m/sec) ist der Luftwiderstand näherungsweise eine lineare Funktion der Geschwindigkeit.

Es sei v die Geschoßgeschwindigkeit zur Zeit t, kv^n der Widerstand pro Masseneinheit, ϑ die Neigung der Bahn gegen die Wagerechte, ϱ ihr Krümmungsradius. Die Beschleunigung des Geschosses hat in Richtung der Bahntangente und Bahnnormalen die Komponenten $v\,dv/ds$ und v^2/ϱ. Daher lauten die Bewegungsgleichungen

$$v\,dv/ds = -g\sin\vartheta - kv^n,$$
$$v^2/\varrho = g\cos\vartheta .$$

Nach Division der ersten Gleichung durch die zweite erhalten wir

$$\frac{1}{v^{n+1}}\frac{dv}{d\vartheta} - \frac{\operatorname{tg}\vartheta}{v^n} = \frac{k}{g\cos\vartheta}$$

oder

$$\frac{d}{d\vartheta}\left(\frac{1}{v^n}\right) + \frac{1}{v^n}\frac{d}{d\vartheta}\left(n\log\frac{1}{\cos\vartheta}\right) = -\frac{nk}{g}\,\frac{1}{\cos\vartheta}.$$

Integration ergibt

$$\frac{1}{v^n\cos^n\vartheta} + \text{konst.} = -\frac{nk}{g}\int\frac{d\vartheta}{\cos^{n+1}\vartheta}.$$

Diese Gleichung stellt v als Funktion von ϑ dar. Die Gleichung $v^2 = \varrho g\cos\vartheta$ bestimmt t durch

$$gt = -\int\frac{v\,d\vartheta}{\cos\vartheta},$$

und da v eine bekannte Funktion von ϑ ist, stellt diese Gleichung t als Funktion von ϑ dar. Die rechtwinkligen Koordinaten x, y des Massenpunktes lassen sich nunmehr bestimmen aus

$$x = \int v \cos\vartheta \, dt, \qquad y = \int v \sin\vartheta \, dt.$$

Damit ist die Lösung des Problems auf Quadraturen zurückgeführt.

Widerstandskräfte, die v, v^2 oder $av + bv^2$ proportional sind, untersuchte Newton: *Principia* Buch II, §§ 1, 2, 3. Der Fall eines einer beliebigen Potenz der Geschwindigkeit proportionalen Widerstandes wurde dann von Johann Bernoulli[1]) 1711 untersucht.

D'Alembert[2]) zeigte, daß, wenn gu das Verhältnis des Widerstandes zur Masse des Geschosses bedeutet, die Integration ausführbar ist in den vier Fällen

$$\begin{aligned} u &= a + b v^n, \\ u &= a + b \log v, \\ u &= a v^n + R + b v^{-n}, \\ u &= a (\log v)^n + R \log v + b, \end{aligned}$$

wo a, b, n willkürliche Konstanten, R eine weitere von ihnen abhängige bedeuten.

Siacci[3]) fand viele weitere integrable Fälle, von denen der folgende erwähnt sei:

$$\log \int v \, du = \frac{1}{2} c \int \frac{du}{1 + a(u - 1)^c} - \frac{1}{2} c \frac{du}{1 + b(u + 1)^c} + C,$$

wo a, b, c, C willkürliche Konstanten sind. Diese Gleichung bestimmt v als Funktion von u; die Zahl der auftretenden Glieder ist endlich, wenn c rational ist.

Poisson[4]) entdeckte 1806, daß die Theorie der *singulären Lösungen* der Differentialgleichungen Anwendungen in der Dynamik findet, unter denen das Problem eines Massenpunktes unter der Wirkung einer Widerstandskraft besonders bemerkenswert ist. Die Bewegungsgleichung eines geradlinig bewegten Massenpunktes unter Wirkung einer Widerstandskraft, die der Quadratwurzel aus der Geschwindigkeit proportional ist, lautet

$$dv/dt = -a v^{\frac{1}{2}}.$$

Ist c^2 die Anfangsgeschwindigkeit, so wird die Bewegung dargestellt durch das *allgemeine Integral*

$$v = (c - \tfrac{1}{2} a t)^2,$$

solange $t < 2c/a$ ist, danach durch die *singuläre Lösung*

$$v = 0.$$

Aufgabe 1. Ein schwerer Massenpunkt fällt in einem Medium, dessen Widerstand der Geschwindigkeit proportional ist, aus der Ruhelage im Nullpunkt senkrecht herab. Man zeige, daß er zur Zeit t die Strecke

$$\frac{gt}{\mu} - \frac{g}{\mu} + \frac{g}{\mu^2} e^{-\mu t}$$

urückgelegt hat, wo μv der Widerstand pro Masseneinheit ist.

---

[1]) *Opera* Bd. I, S. 502.

[2]) *Traité de l'équilibre et du mouvement des fluides.* Paris 1744.

[3]) *Comptes Rendus* Bd. 132, S. 1175. 1901.

[4]) *Journal de l'Ecole Polyt.* Bd. 6, Heft 13, S. 60.

Aufgabe 2. Ein schwerer Massenpunkt fällt in einem Medium, dessen Widerstand dem Quadrat der Geschwindigkeit proportional ist, aus der Ruhelage im Nullpunkt senkrecht herab. Man zeige, daß er zur Zeit t die Strecke

$$\frac{1}{\mu}\log \mathfrak{Cof}\sqrt{g\mu}\,t$$

zurückgelegt hat, wo μv^2 den Widerstand pro Masseneinheit bedeutet.

§ 93. Die Zerstreuungsfunktion von Rayleigh.

Unterliegt ein System äußeren Widerstandskräften, die den Geschwindigkeiten ihrer Angriffspunkte direkt proportional sind, so lassen sich die Bewegungsgleichungen des Systems in allgemeinen Koordinaten mit Hilfe der kinetischen und potentiellen Energie und einer einzigen neuen Funktion darstellen.

Die Energie, die dem System infolge der in dem Systempunkt m mit den Koordinaten x, y, z angreifenden Widerstandskraft bei einer willkürlichen Verrückung δx, δy, δz verloren geht, sei nämlich

$$k_x \dot{x}\,\delta x + k_y \dot{y}\,\delta y + k_z \dot{z}\,\delta z\,,$$

wo k_x, k_y, k_z Funktionen von x, y, z allein sind. Die Bewegungsgleichungen des für das System typischen Massenpunktes m werden dann

$$m\ddot{x} = -k_x\dot{x} + X\,,$$
$$m\ddot{y} = -k_y\dot{y} + Y\,,$$
$$m\ddot{z} = -k_z\dot{z} + Z\,,$$

wo X, Y, Z die Komponenten der gesamten (äußeren und molekularen) auf den Punkt m wirkenden Kraft mit Ausnahme des Widerstandes sind.

Wir definieren nunmehr eine Funktion F durch die Gleichung

$$F = \tfrac{1}{2}\sum (k_x\dot{x}^2 + k_y\dot{y}^2 + k_z\dot{z}^2)\,,$$

wo die Summation über alle Massenpunkte des Systems zu erstrecken ist. Die *Zerstreuungsfunktion* F mißt demnach die zeitliche Abnahme der Energie des Systems infolge der widerstrebenden Kräfte. $q_1, q_2, \ldots, q_n$ seien die Lagenkoordinaten des Systems.

Multiplizieren wir die Bewegungsgleichungen des Massenpunktes m beziehentlich mit $\partial x/\partial q_r$, $\partial y/\partial q_r$, $\partial z/\partial q_r$ und summieren über alle Massenpunkte des Systems, so erhalten wir

$$\sum m\left(\ddot{x}\frac{\partial x}{\partial q_r} + \ddot{y}\frac{\partial y}{\partial q_r} + \ddot{z}\frac{\partial z}{\partial q_r}\right) = -\sum\left(k_x\dot{x}\frac{\partial x}{\partial q_r} + k_y\dot{y}\frac{\partial y}{\partial q_r} + k_z\dot{z}\frac{\partial x}{\partial q_r}\right)$$
$$+\sum\left(X\frac{\partial x}{\partial q_r} + Y\frac{\partial y}{\partial q_r} + Z\frac{\partial z}{\partial q_r}\right).$$

Wie in § 26 ist

$$\sum m\left(\ddot{x}\frac{\partial x}{\partial q_r} + \ddot{y}\frac{\partial y}{\partial q_r} + \ddot{z}\frac{\partial z}{\partial q_r}\right) = \frac{d}{dt}\left(\frac{\partial T}{\partial \dot{q}_r}\right) - \frac{\partial T}{\partial q_r}\,,$$

wo T die kinetische Energie bedeutet, und

$$\sum\left(X\frac{\partial x}{\partial q_r}+Y\frac{\partial y}{\partial q_r}+Z\frac{\partial z}{\partial q_r}\right)=Q_r,$$

wo $Q_1\delta q_1+Q_2\delta q_2+\ldots+Q_n\delta q_n$ die Arbeit der äußeren Kräfte (mit Ausnahme der Widerstände) bei einer willkürlichen infinitesimalen Verrückung bedeutet, während

$$-\sum\left(k_x\dot{x}\frac{\partial x}{\partial q_r}+k_y\dot{y}\frac{\partial y}{\partial q_r}+k_z\dot{z}\frac{\partial z}{\partial q_r}\right)$$

$$=-\sum\left(k_x\dot{x}\frac{\partial \dot{x}}{\partial \dot{q}_r}+k_y\dot{y}\frac{\partial \dot{y}}{\partial \dot{q}_r}+k_z\dot{z}\frac{\partial \dot{z}}{\partial \dot{q}_r}\right)=-\frac{\partial F}{\partial \dot{q}_r}$$

ist.

Demnach lassen sich die Bewegungsgleichungen des Systems in den Koordinaten $q_1, q_2, \ldots, q_n$ darstellen in der Form

$$\frac{d}{dt}\left(\frac{\partial T}{\partial \dot{q}_r}\right)-\frac{\partial T}{\partial q_r}+\frac{\partial F}{\partial \dot{q}_r}=Q_r \qquad (r=1,2,\ldots,n).$$

Aufgabe. Die Widerstandskräfte sollen nur von den relativen (im Gegensatz zu den absoluten) Geschwindigkeiten ihrer Angriffspunkte abhängen, so daß die auf zwei Punkte (x_1, y_1, z_1), (x_2, y_2, z_2) wirkenden Kräfte die Komponenten

$$-k_x(\dot{x}_1-\dot{x}_2), \qquad -k_y(\dot{y}_1-\dot{y}_2), \qquad -k_z(\dot{z}_1-\dot{z}_2)$$

und

$$-k_x(\dot{x}_2-\dot{x}_1), \qquad -k_y(\dot{y}_2-\dot{y}_1), \qquad -k_z(\dot{z}_2-\dot{z}_1)$$

besitzen. Man zeige, daß man die Bewegungsgleichungen in allgemeinen Koordinaten mit dem Ausdruck

$$\tfrac{1}{2}\sum(k_x(\dot{x}_1-\dot{x}_2)^2+k_y(\dot{y}_1-\dot{y}_2)^2+k_z(\dot{z}_1-\dot{z}_2)^2$$

als Zerstreuungsfunktion aufstellen kann.

§ 94. Schwingungen von Systemen mit Energiezerstreuung.

Ist ein dynamisches System charakterisiert durch seine kinetische und potentielle Energie und die Zerstreuungsfunktion, so können wir mit ähnlichen Methoden wie im siebenten Kapitel an die Untersuchung der kleinen Schwingungen des Systems um eine Gleichgewichtslage herangehen.

Um die Rechnung zu vereinfachen, wählen wir ein System mit nur zwei Freiheitsgraden. Wie in § 76 zeigt es sich, daß für das Schwingungsproblem die kinetische Energie und die Zerstreuungsfunktion als homogene quadratische Funktionen der Geschwindigkeiten, die potentielle Energie als homogene quadraitsche Funktion der Koordinaten, alle drei mit konstanten Koeffizienten, angesetzt werden können.

Wählen wir als Koordinaten diejenigen, die beim Fehlen einer Zerstreuungsfunktion Normalkoordinaten des Systems sein würden, so erhalten wir für die drei Funktionen die Ausdrücke

$$T=\tfrac{1}{2}(\dot{q}_1^2+\dot{q}_2^2),$$
$$F=\tfrac{1}{2}(a\dot{q}_1^2+2h\dot{q}_1\dot{q}_2+b\dot{q}_2^2),$$
$$V=\tfrac{1}{2}(\lambda_1 q_1^2+\lambda_2 q_2^2),$$

wo λ_1, λ_2 positiv sein sollen. Das Gleichgewicht würde also stabil sein, wenn keine zerstreuenden Kräfte vorhanden wären.

Die Bewegungsgleichungen lauten

$$\frac{d}{dt}\left(\frac{\partial T}{\partial \dot{q}_r}\right) - \frac{\partial T}{\partial q_r} + \frac{\partial F}{\partial \dot{q}_r} + \frac{\partial V}{\partial q_r} = 0 \qquad (r = 1, 2)$$

oder

$$\ddot{q}_1 + a\dot{q}_1 + h\dot{q}_2 + \lambda_1 q_1 = 0,$$
$$\ddot{q}_2 + h\dot{q}_1 + b\dot{q}_2 + \lambda_2 q_2 = 0.$$

Wir versuchen, eine Lösung dieser Gleichung zu finden durch den Ansatz

$$q_1 = A e^{pt}, \qquad q_2 = B e^{pt}.$$

Die Einführung dieser Werte in die Differentialgleichungen ergibt

$$A(p^2 + ap + \lambda_1) + Bhp = 0,$$
$$Ahp + B(p^2 + bp + \lambda_2) = 0.$$

Daraus folgt, daß p eine Wurzel der Gleichung

$$(p^2 + ap + \lambda_1)(p^2 + bp + \lambda_2) - h^2 p^2 = 0$$

sein muß.

Nehmen wir an, daß die zerstreuenden Kräfte verhältnismäßig klein sind, so daß die Quadrate der Größen a, h, b vernachlässigt werden können, dann bestimmen sich die Wurzeln der Gleichung leicht zu

$$p_1 = i\sqrt{\lambda_1} - \tfrac{1}{2}a, \qquad p_2 = i\sqrt{\lambda_2} - \tfrac{1}{2}b.$$

Nach Einführung der Wurzel p_1 finden wir aus der zweiten der A und B verbindenden Gleichungen

$$\frac{B}{A} = \frac{ih\sqrt{\lambda_1}}{\lambda_1 - \lambda_2}.$$

Eine partikuläre Lösung der Differentialgleichungen ist demnach

$$q_1 = (\lambda_1 - \lambda_2)\, e^{-\frac{1}{2}at}(\cos\sqrt{\lambda_1}\, t + i \sin\sqrt{\lambda_1}\, t),$$
$$q_2 = h\sqrt{\lambda_1}\, e^{-\frac{1}{2}at}(i\cos\sqrt{\lambda_1}\, t - \sin\sqrt{\lambda_1}\, t).$$

Eine zweite partikuläre Lösung entsteht daraus, wenn wir i durch $-i$ ersetzen. Folglich sind zwei unabhängige reelle partikuläre Lösungen der Differentialgleichungen gegeben durch

$$q_1 = (\lambda_1 - \lambda_2)\, e^{-\frac{1}{2}at}\cos\sqrt{\lambda_1}\, t \qquad\qquad q_1 = (\lambda_1 - \lambda_2)\, e^{-\frac{1}{2}at}\sin\sqrt{\lambda_1}\, t$$
und
$$q_2 = -h\sqrt{\lambda_1}\, e^{-\frac{1}{2}at}\sin\sqrt{\lambda_1}\, t \qquad\qquad q_2 = h\sqrt{\lambda_1}\, e^{-\frac{1}{2}at}\cos\sqrt{\lambda_1}\, t.$$

Also ist die allgemeinste mit $e^{p_1 t}$ gebildete reelle Lösung,

$$q_1 = (\lambda_1 - \lambda_2)\, A e^{-\frac{1}{2}at}\sin(\sqrt{\lambda_1}\, t + \varepsilon)$$
$$q_2 = h\sqrt{\lambda_1}\, A e^{-\frac{1}{2}at}\sin\left(\sqrt{\lambda_1}\, t + \frac{\pi}{2} + \varepsilon\right),$$

wo A und ε reelle willkürliche Konstanten sind. Sie stellt eine Normalschwingung des Systems dar. Fügen wir die entsprechende Lösung mit $e^{p_2 t}$ hinzu, so erhalten wir schließlich die allgemeine Lösung des Schwingungsproblems, nämlich

$$q_1 = (\lambda_1 - \lambda_2) A e^{-\frac{1}{2}at} \sin(\sqrt{\lambda_1}\, t + \varepsilon) + h\sqrt{\lambda_2}\, B e^{-\frac{1}{2}bt} \sin\left(\sqrt{\lambda_2}\, t + \frac{\pi}{2} + \gamma\right),$$

$$q_2 = h\sqrt{\lambda_1}\, A e^{-\frac{1}{2}at} \sin\left(\sqrt{\lambda_1}\, t + \frac{\pi}{2} + \varepsilon\right) + (\lambda_2 - \lambda_1) B e^{-\frac{1}{2}bt} \sin(\sqrt{\lambda_2}\, t + \gamma),$$

wo A, B, ε, γ vier aus den Anfangsbedingungen der Bewegung zu bestimmende Konstanten sind.

Nun machen wir die weitere Annahme, die Reibungskräfte seien so beschaffen, daß das System ständig Energie verliert, daß also F eine positiv definite Form ist, d. h. a und b positiv sind. Die letzten Gleichungen zeigen dann, daß die Schwingungen infolge des Auftretens der Faktoren $e^{-\frac{1}{2}at}$ und $e^{-\frac{1}{2}bt}$ allmählich abklingen. Die Perioden der Normalschwingungen sind — wenn wir die Quadrate von a, h, b vernachlässigen — die gleichen wie für eine Schwingung ohne Reibungskräfte. Bei einer Normalschwingung ist die Amplitude der Schwingung einer Koordinate klein gegen die Amplitude der Schwingung der anderen Koordinate, während die Phasen der Schwingungen ständig um eine Viertelperiode gegeneinander verschoben sind.

Eine ähnliche Untersuchung führt zu entsprechenden Ergebnissen für Systeme mit mehr als zwei Freiheitsgraden. Unter der Annahme, daß die Reibungskräfte klein, die Zerstreuungsfunktion und die potentielle Energie positiv definit sind, ergibt sich, daß die Perioden der Normalschwingungen (unter Vernachlässigung der Quadrate der Koeffizienten der Zerstreuungsfunktion) durch das Auftreten der Reibungskräfte nicht geändert werden, und daß die Schwingungen allmählich abklingen. Sind ferner $q_1, q_2, \ldots, q_n$ die Normalkoordinaten des Systems ohne Reibungskräfte, dann gibt es eine Normalschwingung des Systems mit Reibungskräften, deren Schwingungsamplituden in $q_2, q_3, \ldots, q_n$ klein sind gegen die Amplitude der Schwingung in q_1, und deren Schwingungsphasen in $q_2, q_3, \ldots, q_n$ um eine Viertelperiode gegen die Phase der Schwingung in q_1 verschoben sind.

Aufgabe. Man untersuche die Schwingungen eines Systems unter Einwirkung periodischer äußerer Kräfte, die die gleiche Periode haben wie die freien Normalschwingungen des Systems, und weise die Bedeutung selbst kleiner zerstreuender Kräfte für diesen Fall nach.

§ 95. Der Stoß.

Die Energie eines dynamischen Systems kann noch auf andere Weise verlorengehen[1]), z. B. durch *Zusammenstoß* zum System ge-

[1]) D. h. für das System als dynamisches System verlorengehen: die Energie wird nicht vernichtet, sondern erscheint in anderen Formen, z. B. als Wärme.

höriger Körper. Ein Zusammenstoß verursacht im allgemeinen eine Abnahme der dynamischen Energie.

Die analytische Untersuchung des Zusammenstoßes gründet sich auf das folgende experimentell gefundene Gesetz[1]): *Bei dem Stoß zweier Körper stehen die Beträge der relativen Geschwindigkeiten der einander berührenden Oberflächen, deren Richtung senkrecht zu den Oberflächen angenommen wird, unmittelbar vor und nach dem Stoß in einem bestimmten Verhältnis zueinander, das nur von dem Material der Körper abhängt.*

Dieses Verhältnis wird gewöhnlich mit $-e$ bezeichnet. Körper, für die $e = 0$ ist, heißen *unelastisch.*

Das allgemeine Problem des Stoßes ist demnach auf das Problem einer Stoßbewegung zurückgeführt, bei der die unbekannten Stoßkräfte in dem Berührungspunkt der Körper aus der Bedingung zu bestimmen sind, daß die Änderung der relativen Normalgeschwindigkeit der Körper nach dem obigen Gesetz vor sich geht.

§ 96. Der Energieverlust beim Stoß.

Wir bestimmen nunmehr den Verlust an kinetischer Energie, der den Zusammenprall zweier glatter Körper begleitet.

Ein Punkt der Masse m sei ein für beide Körper typischer Massenpunkt; seine Geschwindigkeit vor und nach dem Stoß habe die Komponenten u_0, v_0, w_0 bzw. u, v, w. Die gesamte (äußere und molekulare) Stoßkraft, die auf diesen Punkt wirkt, habe die Komponenten U, V, W. Die Gleichungen der impulsiven Bewegung (§ 35) ergeben dann

$$m(u - u_0) = U, \qquad m(v - v_0) = V, \qquad m(w - w_0) = W.$$

Multiplizieren wir diese Gleichungen mit $u + e u_0$, $v + e v_0$, $w + e w_0$, addieren und summieren wir über alle Massenpunkte beider Körper, so erhalten wir

$$\begin{aligned}\sum m \{(u - u_0)(u + e u_0) + (v - v_0)(v + e v_0) + (w - w_0)(w + e w_0)\} \\ = \sum \{U(u + e u_0) + V(v + e v_0) + W(w + e w_0)\}.\end{aligned}$$

Nun ist, soweit molekulare Stoßkräfte ins Spiel kommen,

$$\sum (Uu + Vv + Ww) = 0 \qquad \text{und} \qquad \sum (Uu_0 + Vv_0 + Ww_0) = 0,$$

da die einander nach dem Gesetz von Aktion und Reaktion entsprechenden Stoßkräfte zu diesen Summen Beiträge geben, die sich gegenseitig aufheben.

Da nach dem Stoßgesetz der von der Normalkomponente der Geschwindigkeit herrührende Teil von $u + e u_0$ für je zwei zusammen-

[1]) Die Stoßgesetze wurden 1668 gefunden von John Wallis: *Phil. Trans.* Nr. 43, S. 864; und Christopher Wren: *ebenda* S. 867.

stoßende Massenpunkte denselben Wert hat, so kann die Stoßkraft der Körper aufeinander zu der Summe $\sum U(u + e u_0)$ und entsprechend zu $\sum V(v + e v_0)$ und $\sum W(w + e w_0)$ keinen Beitrag geben. Daher ist

$$\sum \{U(u + e u_0) + V(v + e v_0) + W(w + e w_0)\} = 0$$

und infolgedessen

$$\sum m\{(u - u_0)(u + e u_0) + (v - v_0)(v + e v_0) + (w - w_0)(w + e w_0)\} = 0$$

oder

$$\sum m(u^2 + v^2 + w^2) - \sum m(u_0^2 + v_0^2 + w_0^2)$$

$$= -\frac{1-e}{1+e}\sum m\{(u - u_0)^2 + (v - v_0)^2 + (w - w_0)^2\}.$$

Diese Gleichung besagt: *Die bei dem Stoß verlorene kinetische Energie ist das $(1 - e)/(1 + e)$-fache der kinetischen Energie derjenigen Bewegung, die mit der Bewegung unmittelbar vor dem Stoß zusammengesetzt werden müßte, um die unmittelbar nach dem Stoß stattfindende Bewegung hervorzubringen.*

§ 97. Beispiele für Stoßbewegungen.

Die impulsive Bewegungsänderung bei dem Zusammenstoß zweier freier starrer Körper im Raum kann am einfachsten durch die folgenden Überlegungen bestimmt werden.

Die Bewegung eines jeden Körpers vor und nach dem Stoß wird durch sechs Größen bestimmt (z. B. die drei Geschwindigkeitskomponenten des Schwerpunktes und die drei Komponenten der Winkelgeschwindigkeit des Körpers um Achsen durch den Schwerpunkt). Zur Bestimmung der impulsiven Bewegungsänderung sind also zwölf Gleichungen erforderlich. Sechs dieser Gleichungen ergeben sich unmittelbar aus der Bedingung, daß das Moment der Bewegungsgröße jedes Körpers um eine beliebige Gerade durch den Berührungspunkt ungeändert bleibt (da die Stoßkräfte in diesem Punkt wirken). Eine weitere Gleichung folgt aus der Bedingung, daß die Bewegungsgröße des Systems senkrecht zur Fläche im Berührungspunkt erhalten bleibt (denn die Stoßkräfte der beiden Körper aufeinander in Richtung der Normalen im Berührungspunkt sind gleich und entgegengesetzt). Eine weitere Gleichung ergibt sich aus dem Stoßgesetz. Für völlig glatte Körper lassen sich die vier übrigen Gleichungen aus der Bedingung gewinnen, daß die lineare Bewegungsgröße beider Körper in Richtung beliebiger Tangenten an die Oberfläche im Berührungspunkt ungeändert bleibt (denn bei glatten Körpern findet in der Tangentialebene kein Impuls statt). Dagegen ergibt für teilweise oder völlig rauhe Körper die Bedingung, daß die lineare Bewegungsgröße in tangentieller Richtung im Berührungspunkt erhalten bleibt, nur zwei Gleichungen. Für völlig rauhe Körper folgen die beiden anderen aus der Bedingung, daß nach dem Stoß die Relativgeschwindigkeit der Körper in beliebiger tangentieller Richtung Null ist. Dagegen sind sie für nur teilweise rauhe Körper mit dem Reibungskoeffizienten μ abzuleiten aus den Bedingungen, daß

α) nach dem Stoß die Relativgeschwindigkeit in beliebiger tangentieller Richtung Null ist, wenn die dazu notwendige Tangentialkomponente des Impulses nicht das μ-fache der Normalkomponente des Impulses übertrifft;

β) wenn diese letzte Bedingung nicht erfüllt ist, ein Tangentialimpuls vorhanden ist, der das μ-fache des Normalimpulses zwischen den Körpern beträgt.

In jedem Fall lassen sich also die erforderlichen zwölf Gleichungen aufstellen.

Findet die Bewegung in einer Ebene statt, oder wird einer der Körper festgehalten, so kann man nach einigen naheliegenden Abänderungen dasselbe Verfahren anwenden.

Die folgenden Beispiele erläutern die Grundzüge dieses Verfahrens näher.

Aufgabe 1. *Eine unelastische Kugel der Masse M fällt mit der Geschwindigkeit V auf einen völlig rauhen unelastischen Keil, dessen Oberfläche um den Winkel α gegen die glatte wagerechte Ebene geneigt ist, auf der er ruht. Man zeige, daß die Geschwindigkeit des Kugelmittelpunktes in senkrechter Richtung unmittelbar nach dem Stoß die Größe besitzt*

$$\frac{5(M+m)V\sin^2\alpha}{7M+2m+5m\sin^2\alpha}.$$

Es sei U die Geschwindigkeit des Keils nach dem Stoß, u die Geschwindigkeit der Kugel parallel und relativ zu der Seitenfläche, ω die Winkelgeschwindigkeit der Kugel, a ihr Radius.

Der Satz von der Erhaltung der wagerechten Bewegungsgröße ergibt

$$m(u\cos\alpha - U) = MU.$$

Die kinematische Bedingung im Berührungspunkt lautet

$$a\omega = u.$$

Die Bedingung für die Übereinstimmung des Moments der Bewegungsgröße der Kugel um den Berührungspunkt vor und nach dem Stoß ist

$$mVa\sin\alpha = \tfrac{2}{5}ma^2\omega + ma(u - U\cos\alpha).$$

Aus diesen drei Gleichungen folgt durch Elimination von ω und U:

$$u\sin\alpha = \frac{5(M+m)V\sin^2\alpha}{7M+2m+5m\sin^2\alpha},$$

womit die Behauptung bewiesen ist.

Aufgabe 2. *Eine Kugel vom Radius a rotiert mit der Winkelgeschwindigkeit Ω um eine Achse, die um den Winkel α gegen die Senkrechte geneigt ist und sich in der senkrechten Ebene durch die Achse mit der Geschwindigkeit V in einer Richtung bewegt, die mit dem Horizont den Winkel α einschließt. Dabei trifft die Kugel auf eine völlig rauhe wagerechte Ebene, die in tangentialer Richtung unelastisch sei. Man bestimme den Winkel, den die die neue Bewegungsrichtung enthaltende senkrechte Ebene mit der ursprünglichen bildet.*

Wir legen rechtwinklige Achsen $Oxyz$ durch den Berührungspunkt O, so daß Oz vertikal und yOz die ursprüngliche Ebene der Bewegung ist. ω_1, ω_2 seien die Komponenten der Winkelgeschwindigkeiten um Ox, Oy nach dem Stoß, M sei die Masse der Kugel.

Setzen wir den Anfangs- und Endwert des Moments der Bewegungsgröße um Ox gleich, so folgt

$$MaV\cos\alpha = \tfrac{7}{5}Ma^2\omega_1.$$

Setzen wir den Anfangs- und Endwert des Moments der Bewegungsgröße um Oy gleich, so folgt

$$\tfrac{2}{5}Ma^2\Omega\sin\alpha = \tfrac{7}{5}Ma^2\omega_2.$$

Der Neigungswinkel der neuen Ebene der Bewegung gegen die Ebene yOz hat dann (infolge der völligen Rauheit der Ebene) den Tangens ω_2/ω_1. Dieser ist also gleich

$$\frac{\tfrac{2}{5}Ma^2\Omega\sin\alpha}{MaV\cos\alpha}$$

oder

$$\tfrac{2}{5}a(\Omega/V)\operatorname{tg}\alpha.$$

Aufgabe 3. *Eine völlig rauhe Kreisscheibe vom Radius c mit der Masse M stößt an einen Stab der Masse m und Länge 2a, der sich frei um einen Zapfen in seinem Mittelpunkt drehen kann. Der Stoß erfolge im Abstand b von dem Zapfen, und der Mittelpunkt der Scheibe bewege sich in einer Richtung, die mit dem Stab vor und nach dem Stoß die Winkel α, β einschließt. Man zeige, daß*

$$2(3Mb^2 + ma^2)\operatorname{tg}\beta = 3(ema^2 - 3Mb^2)\operatorname{tg}\alpha.$$

Es sei V die Anfangsgeschwindigkeit der Scheibe, v ihre Endgeschwindigkeit, Ω ihre Endwinkelgeschwindigkeit.

Da im Berührungspunkt keine Gleitung stattfindet, haben wir

$$v\cos\beta + c\Omega = 0.$$

Bezeichnet ω die Endwinkelgeschwindigkeit des Stabes, I den Normalimpuls zwischen Stab und Scheibe, so wird die Bewegungsgleichung des Stabes

$$Ib = \tfrac{1}{3}ma^2\omega.$$

Die Gleichung der impulsiven Bewegung der Scheibe senkrecht zum Stabe lautet

$$M(v\sin\beta + V\sin\alpha) = I,$$

und das Stoßgesetz ergibt die Beziehung

$$v\sin\beta + b\omega = eV\sin\alpha.$$

Aus der Gleichheit der Momente der Bewegungsgrößen der Scheibe um den Berührungspunkt vor und nach dem Stoß folgt

$$V\cos\alpha = v\cos\beta - \tfrac{1}{2}c\Omega.$$

Die Elimination von v, Ω, I, ω aus diesen Gleichungen ergibt

$$2\operatorname{tg}\beta(3Mb^2 + ma^2) = 3\operatorname{tg}\alpha(mea^2 - 3Mb^2),$$

womit die Behauptung bewiesen ist.

Aufgabe 4. *Ein kreisförmiger Reifen, der sich ohne Drehung in seiner Ebene bewegt, stößt darin auf ein festes rauhes Hindernis in Form einer geraden Kante. Der Reifenmittelpunkt bewegt sich vor dem Stoß mit der Geschwindigkeit V in einer Richtung, die mit der Kante den Winkel α einschließt. Der Reibungskoeffizient sei μ. Man bestimme die impulsive Bewegungsänderung.*

u und v seien die in Richtung der Kante und senkrecht zu ihr genommenen Geschwindigkeitskomponenten des Reifenmittelpunktes nach dem Stoß. ω sei die Winkelgeschwindigkeit, M die Masse, a der Radius des Reifens. Setzen wir die Momente der Bewegungsgrößen um den Berührungspunkt vor und nach dem Stoß einander gleich, so folgt

$$-Ma^2\omega + Mau = MVa\cos\alpha.$$

Das Stoßgesetz ergibt die Gleichung

$$v = eV\sin\alpha.$$

Da die Ebene rauh ist, verschwindet $u + a\omega$ nach dem Stoß, wenn der dazu notwendige Reibungsimpuls nicht das μ-fache des Normalimpulses übertrifft. Andernfalls ist der Reibungsimpuls gleich dem μ-fachen Normalimpuls. F sei der Reibungsimpuls, R der Normalimpuls. Dann ist

$$M(u - V\cos\alpha) = -F, \qquad M(v + V\sin\alpha) = R, \qquad Ma^2\omega = -aF.$$

Daher haben wir

$$R = M(1 + e)V\sin\alpha,$$

und für $u + a\omega = 0$ ist

$$F = \tfrac{1}{2}MV\cos\alpha.$$

Die Größe $u + a\omega$ wird daher nach dem Stoß verschwinden, wenn

$$\mu \gtreqq \operatorname{ctg}\alpha/2(1 + e)$$

ist; genügt μ dieser Ungleichung nicht, so wird

$$F = \mu M(1 + e)V\sin\alpha.$$

Für $\mu \gtreqq \operatorname{ctg}\alpha/2(1 + e)$ ist also die Bewegung bestimmt durch

$$u = V\cos\alpha + a\omega, \qquad v = eV\sin\alpha, \qquad u + a\omega = 0,$$

während sie für $\mu < \operatorname{ctg}\alpha/2(1 + e)$ bestimmt ist durch

$$u = V\cos\alpha + a\omega, \qquad v = eV\sin\alpha, \qquad a\omega = -\mu(1 + e)V\sin\alpha.$$

Übungsaufgaben.

1. Man läßt eine völlig rauhe Kugel vom Radius a um einen festen senkrechten Durchmesser mit konstanter Winkelgeschwindigkeit n rotieren. Eine homogene Kugel vom Radius b wird in einem um $a\alpha$ vom höchsten Punkt entfernten Punkt darauf gelegt. Man bestimme die Bewegung und die Winkelgeschwindigkeit der Kugel in einem beliebigen Punkt. Man zeige, daß die Kugel die rotierende verläßt, wenn der Berührungspunkt um den Winkel ϑ von dem höchsten Punkt entfernt ist, wo

$$\cos\vartheta = \frac{10}{17}\cos\alpha + \frac{4}{119}\,\frac{a^2n^2\sin^2\alpha}{(a+b)g}.$$

(Camb. Math. Tripos, Part. I, 1889.)

2. Eine rauhe Kugel vom Radius a rollt unter dem Einfluß der Schwere auf der Oberfläche eines Rotationskegels, der sich mit aufgerichteter Spitze und gleichförmiger Winkelgeschwindigkeit n um seine senkrechte Achse drehen muß. α sei der halbe Scheitelwinkel des Kegels, $r\sin\alpha$ die Entfernung des Kugelmittelpunktes von der Kegelachse, ψ der Winkel, um den sich die senkrechte Ebene durch den Kugelmittelpunkt gegen den Kegel gedreht hat, ω_3 die Drehgeschwindigkeit der Kugel um die gemeinsame Normale. Man beweise, daß

$$7\dot r^2 + \frac{2 + 5\sin^2\alpha}{49}\left(\frac{A}{r} + nr + B\right)^2 - 10gr\cos\alpha = C,$$

$$a(\omega_3 - n\sin\alpha) = \frac{\cos\alpha}{7}\left(\frac{A}{r} + nr\right) + \frac{(2 + 5\sin^2\alpha)B}{14\cos\alpha}, \qquad (7\dot\psi - 6n)r^2 = A,$$

wo A, B, C gewisse Konstanten sind. (Camb. Math. Tripos, Part. I, 1897.)

3. Ein homogener Rotationskörper der Masse M mit einer ebenen kreisförmigen Grundfläche vom Radius c rollt ohne zu gleiten mit seiner Kante auf einer rauhen wagerechten Ebene. Man zeige, daß $\vartheta, \omega, \Omega$ bestimmt sind durch die Gleichungen

$$M a c \frac{d}{d\vartheta}(\Omega \cos^2\vartheta) - M c^2 \Omega \cos^2\vartheta = (C + M c^2)\cos\vartheta \frac{d\omega}{d\vartheta},$$

$$\{A(C + Mc^2) - M^2 a^2 c^2\}\frac{d}{d\vartheta}(\Omega\cos^2\vartheta) + C(C + Mc^2)\omega\cos\vartheta - M a c C \Omega \cos^2\vartheta = 0,$$

$$(A + Mc^2)\dot{\vartheta}^2 + A\Omega^2\cos^2\vartheta - 2 M a c\,\omega\,\Omega\cos\vartheta + (C + Mc^2)\omega^2 + 2 M g(a\sin\vartheta + c\cos\vartheta) = \text{konst.},$$

wo ϑ die Neigung der Körperachse gegen den Horizont bedeutet, Ω die Winkelgeschwindigkeit der senkrechten Ebene durch die Körperachse, ω die Winkelgeschwindigkeit des Körpers um seine Achse, A das Trägheitsmoment um einen Durchmesser der Grundfläche, C das Trägheitsmoment des Körpers um seine Achse, a der Abstand des Schwerpunktes von der Grundfläche ist.

(Camb. Math. Tripos, Part. I, 1898.)

4. Ein Rad mit $4n$ symmetrisch angeordneten Speichen rollt mit wagerechter Achse auf einer völlig rauhen wagerechten Ebene. Rad und Speichen mögen aus dünnem schwerem Draht bestehen. Man zeige, daß die Stabilitätsbedingung lautet

$$V^2 > \frac{3}{4}\,\frac{2n + \pi}{4n + 3\pi}\,g a,$$

wo a der Radius des Rades, V seine Geschwindigkeit ist.

5. Ein Körper rollt unter dem Einfluß der Schwere auf einer festen wagerechten Ebene, die zur y-z-Ebene gemacht werde. Man beweise, daß

$$\sum m\{(y - y_A)\dot{z} - (z - z_A)\dot{y}\} = \text{konst.}$$

ist, wo x, y, z die Koordinaten eines Massenpunktes m, x_A, y_A, z_A die Koordinaten des Berührungspunktes bedeuten und die Summation über alle Massenpunkte des Körpers erstreckt ist. (Neumann.)

6. Eine wagerechte Ebene ist zur Hälfte völlig glatt, zur Hälfte völlig rauh. Ein homogenes schweres Ellipsoid mit den Halbachsen a, b, c bewegt sich mit senkrechter b-Achse und der Geschwindigkeit v in der Richtung seiner a-Achse in der glatten Halbebene auf die rauhe zu. Man zeige, daß, wenn

$$v^2 < 2g\,\frac{b^2 + k^2}{b^2}(a - b)$$

ist, wo k den Trägheitsradius um die c-Achse bedeutet, das Ellipsoid auf die glatte Halbebene zurückkehrt, und daß die Bewegung alsdann aus einer Schwingung um einen stationären Bewegungszustand besteht.

Für den Spezialfall $a = 2b$ beweise man, daß nach der Rückkehr des Ellipsoids auf die glatte Halbebene die b-Achse mit der Senkrechten keinen größeren Winkel einschließen kann als $\operatorname{arc\,tg}\sqrt{\frac{5}{7}}$.

7. Eine Kapsel in der Form eines gestreckten Rotationsellipsoids, deren Schwerpunkt mit ihrem Mittelpunkt zusammenfällt, enthält einen symmetrischen Gyrostaten, der mit der Winkelgeschwindigkeit ω um seine Achse rotiert, und dessen Mittelpunkt und Achse mit denjenigen des Ellipsoids zusammenfallen. Man zeige, daß bei der stationären Bewegung des Ellipsoids auf einer völlig rauhen wagerechten Ebene, bei der sein Mittelpunkt einen Kreis vom Radius c mit der Winkelgeschwindigkeit Ω beschreibt, die Neigung α der Achse gegen die Senkrechte gegeben ist durch

$$\{M b c(a\operatorname{ctg}\alpha + b) - A b\cos\alpha + C(a\sin\alpha + c)\}\Omega^2 + C' b\,\omega\,\Omega - M g b(a - b\operatorname{ctg}\alpha) = 0.$$

Dabei bedeuten M die Gesamtmasse von Kapsel und Gyrostat, A das Trägheitsmoment von Kapsel und Gyrostat zusammengenommen um eine Gerade durch den Mittelpunkt senkrecht zur Achse, C, C' die Trägheitsmomente der Kapsel bzw. des Gyrostaten um die Achse, a den in Richtung der Achse gemessenen Abstand des Berührungspunktes der Kapsel mit der Ebene von dem Mittelpunkt, b seinen Abstand von der Achse. (Camb. Math. Tripos, Part I. 1899.)

8. Eine homogene rauhe Kugel vom Radius a rollt aus der Ruhelage zwischen zwei windschiefen, zueinander senkrechten Stäben herab, deren kürzester Abstand voneinander $2c$ ist, und die beide um den Winkel α gegen die Senkrechte geneigt sind. Es seien ϱ_0, ϱ_0' die ursprünglichen Entfernungen der Berührungspunkte von den Punkten kürzesten Abstandes der Stäbe voneinander, ϱ, ϱ' die Entfernungen in einem späteren Zeitpunkt, in dem die Geschwindigkeit V erreicht ist. Man zeige, daß

$$V^2 = 16\,c^2 \frac{\{\varrho^2\varrho'^2 - a^2(\varrho^2+\varrho'^2)\}\,\dot\varrho\,\dot\varrho'}{\{16\,c^4 - (\varrho^2-\varrho'^2)^2\}\,\varrho\,\varrho'}$$

und

$$V^2\left\{\frac{28\,a^2 - 20\,c^2 - 5\,\varrho^2 - 5\,\varrho'^2}{4\,a^2 - 4\,c^2 - \varrho^2 - \varrho'^2}\right\}$$

$$= 10\,g\left\{(\varrho - \varrho_0 + \varrho' - \varrho_0')\cos\alpha + \frac{1}{4c}(\varrho^2 - \varrho_0^2 - \varrho'^2 + \varrho_0'^2)\sqrt{-\cos 2\alpha}\right\}.$$

(Camb. Math. Tripos, Part I. 1889.)

9. Ein Massenpunkt bewegt sich unter dem Einfluß der Schwere auf einer rauhen Schraubenlinie mit senkrechter Achse, dem Radius a und dem Winkel γ. Man zeige, daß sich die Geschwindigkeit v und der zurückgelegte Kurvenbogen s als Funktionen eines Parameters ϑ darstellen lassen in der Form

$$-\frac{2}{a}\cos\gamma\cdot s = \int\frac{(1+\vartheta^2)\,d\vartheta}{\vartheta\{\mu\cos\gamma + \vartheta(\mu\cos\gamma + 2\sin\gamma)\}},$$

$$v^2 = \frac{g\,a}{2\cos\gamma}\left(\vartheta - \frac{1}{\vartheta}\right).$$

10. Ein Massenpunkt wird mit der Geschwindigkeit u auf einer rauhen geneigten Ebene wagerecht geworfen, so daß er auf ihr gleitet. Man untersuche seine Bewegung und beweise, daß er unter der Bedingung

$$2 \geqq 2\,\mu\,\mathrm{ctg}\,\alpha > 1$$

sich asymptotisch einer Geraden stärkster Neigung im Abstand

$$\frac{u^2}{g}\,\frac{2\,\mu\cos\alpha}{4\,\mu^2\cos^2\alpha - \sin^2\alpha}$$

nähert, wo μ der Reibungskoeffizient der Ebene, α ihre Neigung ist.

11. Eine rauhe Röhre in Form eines Zykloidenbogens steht senkrecht, und der Scheitel befindet sich im höchsten Punkt. Der Radius des erzeugenden Kreises sei a. Aus dem Scheitel werde ein Massenpunkt mit der Geschwindigkeit $\sqrt{4\,a\,g}\sin\alpha$ geworfen. Man zeige, daß er die Spitze der Zykloide mit der Geschwindigkeit

$$\left[4\,a\,g\cos^2\alpha\left\{1 - 2\sin\alpha\,e^{-(\frac{1}{2}\pi-\alpha)\,\mathrm{tg}\,\alpha}\right\}\right]^{\frac{1}{2}}$$

erreicht, wo α der Reibungswinkel ist.

12. Ein schwerer Stab der Länge $2a$ bewegt sich derart in einer senkrechten Ebene, daß ein Ende beständig eine rauhe senkrechte Wand berührt, während das andere sich auf der ebenfalls rauhen wagerechten Ebene bewegt. Die beiden rauhen Flächen mögen den Reibungskoeffizienten $\mathrm{tg}\,\varepsilon$ haben. Man zeige, daß die Neigung des Stabes gegen die Senkrechte zu einer beliebigen Zeit bestimmt ist durch

$$\ddot\vartheta\,(k^2 + a^2\cos 2\,\varepsilon) - a^2\dot\vartheta^2\sin 2\,\varepsilon = a\,g\sin(\vartheta - 2\,\varepsilon).$$

13. Im tiefsten Punkt einer dünnwandigen kugelförmigen Schale auf einer rauhen wagerechten Ebene liegt ein Punkt endlicher Masse. Der Reibungskoeffizient des Massenpunktes und der Schale sei gegeben, während derjenige der Schale und der Ebene praktisch unendlich groß sei. Eine Bewegung mit zwei Freiheitsgraden wird dadurch verursacht, daß man der Schale durch einen Stoß eine Winkelgeschwindigkeit Ω erteilt. Man stelle eine Gleichung zur Bestimmung desjenigen Winkels auf, um den sich die Schale gedreht hat, wenn der Massenpunkt zu gleiten beginnt.

14. Eine senkrechtstehende Kreisscheibe vom Radius a berührt eine rauhe (μ) Platte, die sich frei um eine durch den Schwerpunkt gehende wagerechte Achse auf ihrer Oberseite drehen kann. Der Punkt, in dem sie die Scheibe berührt, ist um die Strecke b von dieser Achse entfernt. Eine Schnur ist an der Scheibe in dem am weitesten von der Platte abstehenden Punkte befestigt und führt parallel zu der Oberfläche der Platte zu einem auf der Platte senkrechten mit ihr starr verbundenen Arm, der durch die Achse geht. Der Schwerpunkt der Platte mit Arm liegt auf der Achse. In dem Augenblick, in dem das System sich in Bewegung setzt, möge der Scheibenmittelpunkt in der wagerechten Ebene durch die Achse liegen. Man zeige, daß die Scheibe zu gleiten beginnt, wenn die Platte gegen die Senkrechte um den Winkel ϑ geneigt ist, der sich aus

$$\operatorname{tg}\vartheta = \frac{A + a^2 + 6\mu a b + 3 b^2}{2\mu A + 7\mu a^2 + 5 a b}$$

bestimmt. Dabei ist A das durch die Masse der Scheibe dividierte Trägheitsmoment der Platte um die Achse.

15. Ein Reifen wird mit der Geschwindigkeit V auf einer um den Winkel α geneigten Ebene talwärts in Bewegung gesetzt. Der Reibungskoeffizient sei $\mu\,(> \operatorname{tg}\alpha)$. Der Reifen besitzt ursprünglich eine solche rückwärts gerichtete Rotationsgeschwindigkeit Ω, daß er nach der Zeit t_1 bergan zu rollen beginnt und während des Zeitraumes t_2 in dieser Bewegung verharrt, dann erneut abwärts rollt. Man zeige, daß

$$(t_1 + t_2)\, g \sin\alpha = a\Omega - V$$

ist, wenn die Bewegung in einer zu der gegebenen geneigten Ebene senkrechten Vertikalebene vor sich geht.

16. Ein Ring vom Radius a ist auf einer glatten wagerechten Ebene befestigt. Ein zweiter Ring wird so auf die Ebene gelegt, daß er den ersten von innen berührt. Er wird in Richtung der Tangente des Berührungspunktes mit der Geschwindigkeit V, aber ohne Rotation in Bewegung gesetzt. Man bestimme, wann er aufhört, auf dem ersten zu gleiten, wenn μ der Reibungskoeffizient ist, und beweise, daß der Berührungspunkt in dieser Zeit einen Bogen von der Länge $(a \log 2)/\mu$ zurückgelegt hat.

Ferner untersuche man die Bewegung, die entsteht, wenn der äußere Ring in dem Augenblick losgelassen wird, in dem der innere zu gleiten aufhört, und beweise, daß der Mittelpunkt des äußeren Ringes die Strecke

$$\frac{m}{M+m}(a-b)(\pi^2+4)^{\frac{1}{2}}$$

zurücklegt, während der innere Ring an der halben Peripherie des äußeren entlang rollt. Dabei bedeuten m, M die Massen des inneren bzw. äußeren Ringes, b den Radius des inneren Ringes. (Camb. Math. Tripos, Part I. 1900.)

17. Man zeige, daß bei der Fallbewegung eines schweren Massenpunktes in einem Medium, dessen Widerstand dem Quadrat der Geschwindigkeit proportional ist, die Größe

$$e^{-k\alpha} + e^{k\beta},$$

wo $k v^2$ den Widerstand, α und β die in zwei aufeinanderfolgenden gleich großen Zeitintervallen τ zurückgelegten Strecken bedeuten, nur von τ abhängt, nicht aber von der Anfangsgeschwindigkeit.

18. Man beweise, daß ein schwerer Massenpunkt beim Fall aus der Ruhelage in einem Medium, dessen Widerstand dem Quadrat der Geschwindigkeit proportional ist, in der Zeit t die Geschwindigkeit $U \operatorname{\mathfrak{Tg}} (gt/U)$ erlangt und den Weg $U^2 \log \operatorname{\mathfrak{Cof}} (gt/U)/g$ zurücklegt, wo U die Endgeschwindigkeit in dem betreffenden Medium .bedeutet.

Ferner beweise man, daß der Winkel ϑ der Asymptoten der vollständigen Bahn eines Geschosses in einem derartigen Medium bestimmt ist durch

$$U^2/V^2 = \operatorname{\mathfrak{Ar}}\mathfrak{Sin} \operatorname{ctg} \vartheta + \operatorname{ctg} \vartheta / \sin \vartheta ,$$

wo V die Geschwindigkeit des Geschosses im Augenblick der wagerechten Bewegung bedeutet.

19. Man zeige, daß die Koordinaten x, y eines Massenpunktes, der unter dem Einfluß der Schwere in einem Medium vom Widerstande R fällt, der Gleichung genügen:

$$\frac{d^3 y}{d x^3} + \frac{2 g R}{v^4 \cos^3 \varphi} = 0 .$$

Dabei ist v die Geschwindigkeit, φ die Neigung der Tangente gegen die Wagerechte.

20. Ein Massenpunkt bewegt sich unter dem Einfluß der Schwere in einem Medium, dessen Widerstand der Geschwindigkeit proportional ist. Man zeige, daß die auf eine senkrechte Asymptote und eine Gerade parallel zu der Bewegungsrichtung für unendlich große Geschwindigkeit ($t = -\infty$) bezogene Gleichung der Bahnkurve sich in der Form schreiben läßt

$$y = b \log (x/a).$$

21. Man zeige, daß bei der Bewegung eines Geschosses im widerstehenden Mittel, das eine Verzögerung $k V^3$ verursacht, wo k klein ist und das Geschoß mit der Geschwindigkeit V wagerecht abgeschossen wird, die Bahnkurve näherungsweise dargestellt wird durch

$$y = \frac{g x^2}{2 V^2} + \frac{k g x^3}{3 V} \left(1 + \frac{g^2 x^2}{10 V^4} \right).$$

Dabei ist k^2 vernachlässigt, und die x-Achse ist in die Abschußrichtung, die y-Achse senkrecht abwärts gelegt.

22. Ein Massenpunkt bewege sich geradlinig kräftefrei in einem Medium vom Widerstand $(v^2 - v^3 \log s)/s$, wo v die Geschwindigkeit, s den Abstand von einem gegebenen Punkt der Geraden bedeutet. Man zeige, daß der Zusammenhang von s und t dargestellt wird durch eine Gleichung der Form

$$t = a + \tfrac{1}{2} c s^2 + s \log s ,$$

wo a und c Konstanten sind.

23. Ein Massenpunkt bewegt sich in einem widerstehenden Mittel unter Einwirkung einer anziehenden Zentralkraft. Es sei R die durch den Widerstand des Mittels bewirkte Verzögerung, v die Geschwindigkeit. Man zeige, daß die Flächengeschwindigkeit des Radiusvektors nach dem Kraftzentrum proportional ist

$$e^{-\int \frac{R}{v} dt} .$$

24. Man beweise, daß ein Massenpunkt in einem widerstehenden Mittel eine Parabel beschreiben kann unter Einwirkung einer auf den Brennpunkt gerichteten Zentralkraft, die der Entfernung proportional ist, wenn der Widerstand in einem Punkt, wo die Geschwindigkeit gleich v ist, die Größe $k \{v (v - v_0)\}^{\frac{1}{2}}$ hat. Dabei ist v_0 die Geschwindigkeit im Scheitel. Man bestimme k.

25. Ein Massenpunkt bewegt sich in einem widerstehenden Mittel unter dem Einfluß einer Zentralkraft P. R sei der Widerstand. Man zeige, daß

$$\frac{d}{ds}\left\{P p^2 \frac{dr}{dp}\right\} = -2 R p^2$$

ist, wenn r den Radiusvektor, p das Lot auf die Tangente bedeutet.

Es sei $u = \frac{1}{r}$, $P = \mu u^2$, $R = k v^2$; k^2 und höhere Potenzen mögen vernachlässigt werden. Man zeige, daß die Differentialgleichung der Bahn lautet:

$$p \frac{d^2 p}{du^2} - 3\left(\frac{dp}{du}\right)^2 = \frac{2\mu k}{h^2} \frac{u^2}{(1 - p^2 u^2)^{\frac{1}{2}}},$$

wo h eine gewisse Konstante ist.

26. Ein Massenpunkt, der von einer Zentralkraft $\varphi(r)$ im Ursprung abgestoßen wird, befindet sich in einem widerstehenden Mittel, dessen verzögernde Kraft gleich der k-fachen Geschwindigkeit ist. Man beweise, daß die Bahnkurve gegeben ist durch

$$r^2 \dot{\vartheta} = h e^{-kt}, \qquad \ddot{r} + k\dot{r} - h^2 r^{-3} e^{-2kt} = \varphi(r),$$

wo h eine Konstante ist.

27. Ein Massenpunkt beschreibt einen Kreis unter der Einwirkung einer Anziehungskraft aus einem inneren Punkt, die der Entfernung proportional ist. Der Widerstand des Mittels ist gleich der mit dem Quadrat der Geschwindigkeit multiplizierten Dichte. Man beweise, daß die Dichte in einem beliebigen Punkt proportional dem Tangens des Winkels ist, den die Verbindungslinien mit dem Kraftzentrum und dem Kreismittelpunkt einschließen.

28. Ein Stab der Länge a rotiert um ein festgehaltenes Ende; dabei wirken auf ihn keinerlei Kräfte mit Ausnahme des Luftwiderstandes. Der Widerstand bewirke für ein Längenelement dx die Verzögerung $A\,dx \times$ Quadrat der Geschwindigkeit. Man beweise, daß die Winkelgeschwindigkeit zur Zeit t bestimmt ist durch

$$\frac{1}{\omega} - \frac{1}{\Omega} = \frac{A a^4}{4 M k^2} t,$$

wo Mk^2 das Trägheitsmoment um das feste Stabende und Ω eine Konstante bedeutet.

29. Eine glatte ovale Scheibe der Masse M, die sich auf einer glatten wagerechten Ebene mit der Winkelgeschwindigkeit ω ohne Translationsgeschwindigkeit dreht, trifft einen glatten wagerechten Stab der Masse m in seinem Mittelpunkt. Man beweise, daß die Winkelgeschwindigkeit sich im Verhältnis

$$(M + m) k^2 - m e x^2 : (M + m) k^2 + m x^2$$

verkleinert, wo e der Elastizitätskoeffizient, x der Abstand des Schwerpunktes von der Normalen im Punkt des Zusammenstoßes, k der Trägheitsradius um eine senkrechte Achse durch den Schwerpunkt ist.

30. Zwei Stäbe, beide von der Länge a und Masse m, sind in den oberen Enden gelenkig verbunden. Das System fällt symmetrisch mit senkrechter Ebene auf eine glatte unelastische Ebene. Unmittelbar vor dem Aufprall hat das Gelenk die Geschwindigkeit V und jeder Stab die Winkelgeschwindigkeit Ω, die seine Neigung α gegen den Horizont vergrößert. Man zeige, daß der Impuls zwischen jedem der Stäbe und der Ebene

$$m(k^2 + c^2 \sin^2\alpha)(V + a\Omega\cos\alpha) / \{k^2 + c^2 + a(a - 2c)\cos^2\alpha\}$$

ist, wo c den Abstand des Schwerpunktes eines jeden Stabes von dem Gelenk und $m k^2$ das Trägheitsmoment eines jeden Stabes um seinen Schwerpunkt bedeutet.

31. Drei gleiche homogene Stäbe AB, BC, CD, die die Länge $2a$ haben und in den Punkten B und C gelenkig verbunden sind, befinden sich in einer Geraden und bewegen sich mit gegebener Geschwindigkeit in einer wagerechten Ebene senkrecht zu ihrer Längsrichtung. Die Enden A und D treffen gleichzeitig auf zwei feste unelastische Hindernisse, die A und D zur Ruhe bringen. Man stelle fest, wann sie ein gleichseitiges Dreieck bilden und beweise, daß $^1/_5$ der ursprünglichen Bewegungsgröße durch den Stoß verlorengeht.

32. Ein glatter homogener Würfel kann sich frei um eine wagerechte, durch die Mittelpunkte zweier Gegenflächen gehende Achse drehen und befindet sich mit zwei wagerecht liegenden Seitenflächen in Ruhe. Ein ihm gleicher Würfel wird mit der Geschwindigkeit u und ohne Rotation so herabgeworfen, daß er den ersten in einer zu der festen Achse parallelen und von der senkrechten Ebene durch diese um die Strecke c entfernten Geraden trifft. Man beweise, daß die dem unteren Würfel erteilte Winkelgeschwindigkeit gleich

$$\frac{(1+e)\,c\,u}{c^2+k^2+a^2(1-\sin 2\alpha)}$$

ist, wo α die Neigung der Unterseite des fallenden Würfels gegen den Horizont, $2a$ die Kantenlänge, k der Trägheitsradius, e die Konstante aus § 95 ist.

Man bestimme ferner die Bewegung des oberen Würfels unmittelbar nach dem Stoß.

33. Eine völlig elastische Kreisscheibe der Masse M vom Radius c stößt ohne Rotation auf einen Stab der Masse m und Länge $2a$, der sich um einen Zapfen in seinem Mittelpunkt drehen kann. Der Zusammenstoß erfolgt im Abstand b von dem Zapfen. Man beweise, daß $Mb^2 = ma^2$ ist, wenn die Geschwindigkeit des Scheibenmittelpunktes senkrecht zu dem Stab durch den Stoß um die Hälfte verringert wird, unter der Voraussetzung, daß die Reibung groß genug ist, um ein Gleiten zu verhindern.

34. Eine völlig rauhe Kugel vom Radius a wird mit der Geschwindigkeit V aus einem Punkt in der Höhe h über einer wagerechten Ebene wagerecht geworfen. Die Kugel besitzt ursprünglich auch eine Winkelgeschwindigkeit Ω um ihren wagerechten Durchmesser senkrecht zu der Ebene ihrer Bewegung. Man zeige, daß sie in wagerechter Richtung die Strecke

$$\frac{2\sqrt{2}}{7}\sqrt{\frac{h}{g}}\,\frac{e}{1-e}\,(5V+2a\Omega)$$

zurücklegt, bevor sie aufhört, auf der Ebene zu hüpfen. Dabei ist e der Elastizitätskoeffizient, und die Strecke wird von dem Punkt des ersten Aufpralls aus gerechnet.

Man vergleiche die kinetische Energie zu Anfang und zu Ende.

35. Eine homogene elastische Kugel (Elastizitätskoeffizient e) wird derart gegen eine völlig rauhe senkrechte Wand geworfen, daß ihr Mittelpunkt sich in einer zu der Wand senkrechten Ebene bewegt. Der Mittelpunkt habe ursprünglich die Geschwindigkeitskomponenten u, v, und die anfängliche Drehung finde mit der Winkelgeschwindigkeit Ω um eine zu der senkrechten Ebene senkrechte Achse statt. Man bestimme die Bewegung nach dem Anprall an die Wand und zeige: Kehrt der Mittelpunkt nach seinem Ausgangspunkt zurück, so sind die Koordinaten des Punktes, in dem der Anprall stattfindet, bezogen auf den Ausgangspunkt,

$$\frac{2eu}{g}\,\frac{(7e+5)v+2a\Omega}{7+10e+7e^2}+a\,,\qquad \frac{2e}{g}\,\frac{\{(7e+5)v+2a\Omega\}\{v(7+5e)-2ae\Omega\}}{7+10e+7e^2}\,,$$

wo a der Kugelradius ist.

Neuntes Kapitel.

Die Prinzipien der kleinsten Wirkung und kleinsten Krümmung.

§ 98. Die Bahn eines dynamischen Systems.

Den Hauptgegenstand der Untersuchung in der Dynamik bildet die Veränderung der Lagenkoordinaten $q_1, q_2, \ldots, q_n$ eines dynamischen Systems mit der Zeit. Hat das System drei oder weniger Freiheitsgrade, so erzielen wir zuweilen eine größere Klarheit der Darstellung, wenn wir dem Problem eine geometrische Deutung geben: Die Bahn eines Raumpunktes, dessen rechtwinklige Koordinaten in bezug auf ruhende Achsen die Lagenkoordinaten q_1, q_2, q_3 des Systems sind, kann zur Veranschaulichung der Zustandsfolge des Systems dienen. Für $n > 3$ läßt sich die Bewegung des Systems in derselben Weise durch die Bahn eines Punktes mit den Koordinaten $q_1, q_2, \ldots, q_n$ im n-dimensionalen Raume darstellen. Wir bezeichnen seine Bahn als die *Systembahn* und gebrauchen von nun an auch geometrische Bezeichnungen wie „schneiden", „benachbart" usw. in bezug auf Bewegungszustände oder -formen des dynamischen Systems.

§ 99. Das Hamiltonsche Prinzip für konservative holonome Systeme.

Wir betrachten ein beliebiges konservatives holonomes dynamisches System, dessen Konfiguration zu einer beliebigen Zeit durch n unabhängige Lagenkoordinaten $q_1, q_2, \ldots, q_n$ bestimmt ist. L sei das seine Bewegung charakterisierende kinetische Potential. Ein gegebener Kurvenbogen AB im n-dimensionalen Raum möge ein Stück einer Systembahn darstellen, und es sei CD ein benachbarter Kurvenbogen, der nicht notwendig ein Stück einer Systembahn ist. Natürlich könnte CD durch Einführung gewisser Zusatzkräfte zu einer solchen gemacht werden. Der das System darstellende Punkt $(q_1, q_2, \ldots, q_n)$ möge sich zu der Zeit t in dem Punkt P des Bogens AB befinden. Wir nehmen an, daß jedem Punkt auf CD ein bestimmter Zeitpunkt zugeordnet ist, so daß es auf CD (oder auf der Kurve, der der Bogen CD angehört) einen Punkt

Q gibt, der zu dem gleichen Zeitpunkt gehört wie P. Bei der Durchlaufung des Bogens CD sollen sich die zugeordneten Werte der Zeit im gleichen Sinne stetig ändern. Beschreibt ein Punkt den Bogen CD, so ist seinen aufeinander folgenden Lagen eine stetige Folge von Wertsystemen $q_1, q_2, \ldots, q_n, t$ zugeordnet; jedem Punkt auf CD entspricht demnach ein Wertsystem $\dot{q}_1, \dot{q}_2, \ldots, \dot{q}_n$.

Mit δ bezeichnen wir die Variation, durch die wir von einem Punkte auf AB zu demjenigen Punkt auf CD übergehen, der dem gleichen Zeitpunkt zugeordnet ist. Mit $t_0, t_1, t_0 + \varDelta t_0, t_1 + \varDelta t_1$ bezeichnen wir die den Grenzpunkten A, B, C, D bzw. zugeordneten Werte von t, mit L_R den Wert der Funktion L in einem beliebigen auf einem der beiden Kurvenbogen gelegenen Punkt R.

Bilden wir dann die Differenz der Werte des Integrals

$$\int L(\dot{q}_1, \dot{q}_2, \ldots, \dot{q}_n, q_1, q_2, \ldots, q_n, t)\, dt$$

erstreckt über die Bögen AB bzw. CD, so erhalten wir

$$\int\limits_{CD} L\,dt - \int\limits_{AB} L\,dt = L_B \varDelta t_1 - L_A \varDelta t_0 + \int\limits_{t_0}^{t_1} \delta L\,dt$$

$$= L_B \varDelta t_1 - L_A \varDelta t_0 + \int\limits_{t_0}^{t_1} \sum_{r=1}^{n} \left(\frac{\partial L}{\partial \dot{q}_r} \delta \dot{q}_r + \frac{\partial L}{\partial q_r} \delta q_r \right) dt$$

$$= L_B \varDelta t_1 - L_A \varDelta t_0 + \int\limits_{t_0}^{t_1} \sum_{r=1}^{n} \left\{ \frac{\partial L}{\partial \dot{q}_r} \delta \dot{q}_r + \frac{d}{dt}\left(\frac{\partial L}{\partial \dot{q}_r} \right) \delta q_r \right\} dt$$

(nach den Lagrangeschen Gleichungen)

$$= L_B \varDelta t_1 - L_A \varDelta t_0 + \int\limits_{t_0}^{t_1} \frac{d}{dt} \left(\sum_{r=1}^{n} \frac{\partial L}{\partial \dot{q}_r} \delta q_r \right) dt$$

$$= L_B \varDelta t_1 - L_A \varDelta t_0 + \left(\sum_{r=1}^{n} \frac{\partial L}{\partial \dot{q}_r} \delta q_r \right)_B - \left(\sum_{r=1}^{n} \frac{\partial L}{\partial \dot{q}_r} \delta q_r \right)_A .$$

Bezeichnet $(\varDelta q_r)_B$ den Zuwachs von q_r bei dem Übergang von B zu D, so ist

$$(\varDelta q_r)_B = (\delta q_r)_B + (\dot{q}_r)_B \varDelta t_1 ,$$

und bedeutet $(\varDelta q_r)_A$ entsprechend den Zuwachs von q_r bei dem Übergang von A zu C, so ist

$$(\varDelta q_r)_A = (\delta q_r)_A + (\dot{q}_r)_A \varDelta t_0 ,$$

folglich

$$\int\limits_{CD} L\,dt - \int\limits_{AB} L\,dt = \left[\sum_{r=1}^{n} \frac{\partial L}{\partial \dot{q}_r} \varDelta q_r + \left(L - \sum_{r=1}^{n} \frac{\partial L}{\partial \dot{q}_r} \dot{q}_r \right) \varDelta t \right]_A^B .$$

Nun möge C mit A, D mit B zusammenfallen und dem Punkt C bzw. D die Zeit t_0 bzw. t_1 entsprechen, so daß also $\Delta q_1, \Delta q_2, \ldots, \Delta q_n, \Delta t$ in A und B verschwinden. Dann geht die letzte Gleichung über in

$$\int_{CD} L\,dt - \int_{AB} L\,dt = 0\,,$$

und wir erkennen daraus: *Das Integral* $\int L\,dt$ *hat für ein beliebiges Stück AB einer Systembahn einen stationären Wert, wenn als Vergleichskurven Nachbarkurven CD zugelassen werden, die zwischen denselben Grenzpunkten verlaufen und denselben zeitlichen Grenzen zugeordnet sind.* Dieser Satz wird als *Hamiltonsches Prinzip* [1]) bezeichnet.

Enthält das kinetische Potential L die Zeit nicht explizit, so können wir die Bedingung, daß die Zeit für beide Kurvenbogen die gleichen Anfangs- und Endwerte haben muß, offenbar durch die Bedingung ersetzen, daß die Zeit der Durchlaufung von AB und CD gleich ist. Die Größe $\sum_{r=1}^{n} \dot{q}_r \frac{\partial L}{\partial \dot{q}_r} - L$, die die Gesamtenergie des Systems darstellt, ist nämlich in diesem Falle konstant.

Helmholtz: *Journ. f. Math.* Bd. 100, S. 151, fand, daß die Bedingungen für einen stationären Wert von

$$\int \left\{ L(\vartheta_1, \vartheta_2, \ldots, \vartheta_n, q_1, q_2, \ldots, q_n) + \sum_{r=1}^{n} \frac{\partial L}{\partial \vartheta_r} (\dot{q}_r - \vartheta_r) \right\} dt$$

(wo die Variablen ϑ und q als unabhängige Veränderliche anzusehen sind) lauten:

$$\vartheta_r = \dot{q}_r\,, \qquad 0 = \frac{\partial L}{\partial q_r} - \frac{d}{dt}\left(\frac{\partial L}{\partial \vartheta_r}\right) \qquad (r = 1, 2, \ldots, n),$$

so daß wir wieder auf die Lagrangeschen Gleichungen geführt werden.

§ 100. Das Prinzip der kleinsten Wirkung für konservative holonome Systeme.

Wir nehmen nunmehr an, das kinetische Potential des dynamischen Systems enthalte die Zeit nicht explizit, so daß das Energieintegral

$$\sum_{r=1}^{n} \dot{q}_r \frac{\partial L}{\partial \dot{q}_r} - L = h$$

existiert. Es sei wieder AB ein Stück einer Systembahn, CD ein Stück einer Nachbarkurve, deren aufeinander folgende Punkte den Punkten eines Zeitintervalls derart zugeordnet sind, daß die Gleichung besteht

$$\sum_{r=1}^{n} \dot{q}_r \frac{\partial L}{\partial \dot{q}_r} - L = h + \Delta h\,,$$

---

[1]) Hamilton: *Phil. Trans.* 1834, S. 307; *ebenda* 1835, S. 95.

wo Δh eine kleine Konstante ist. Dann haben wir:

$$\int\limits_{CD}\left(\sum_{r=1}^{n}\dot{q}_r\frac{\partial L}{\partial \dot{q}_r}\right)dt-\int\limits_{AB}\left(\sum\dot{q}_r\frac{\partial L}{\partial \dot{q}_r}\right)dt$$

$$=\int\limits_{CD}(h+\Delta h)\,dt-\int\limits_{AB}h\,dt+\int\limits_{CD}L\,dt-\int\limits_{AB}L\,dt$$

$$=(h+\Delta h)(t_1+\Delta t_1-t_0-\Delta t_0)-h(t_1-t_0)+\left|\sum_{r=1}^{n}\frac{\partial L}{\partial \dot{q}_r}\Delta q_r-h\Delta t\right|_A^B$$

$$=\left[\sum_{r=1}^{n}\frac{\partial L}{\partial \dot{q}_r}\Delta q_r+t\Delta h\right]_A^B.$$

Lassen wir nun C mit A, D mit B zusammenfallen und Δh gegen Null gehen, so wird

$$\int\limits_{CD}\left(\sum_{r=1}^{n}\dot{q}_r\frac{\partial L}{\partial \dot{q}_r}\right)dt=\int\limits_{AB}\left(\sum_{r=1}^{n}\dot{q}_r\frac{\partial L}{\partial \dot{q}_r}\right)dt.$$

Aus dieser Gleichung folgt: *Das Integral* $\int\left(\sum_{r=1}^{n}\dot{q}_r\frac{\partial L}{\partial \dot{q}_r}\right)dt$ *hat einen stationären Wert für ein beliebiges Stück einer Systembahn, verglichen mit Nachbarkurven zwischen den gleichen Grenzpunkten, für die die zugehörigen Werte der Zeit den Koordinaten derart zugeordnet sind, daß sie dieselbe Energiegleichung befriedigen.* Das Integral

$$\int\left(\sum_{r=1}^{n}\dot{q}_r\frac{\partial L}{\partial \dot{q}_r}\right)dt$$

wird als die *Wirkung*, der Satz als das *Prinzip der kleinsten Wirkung* bezeichnet.

Für natürliche Systeme, bei denen ja L die Differenz der kinetischen Energie T, einer homogenen Funktion zweiten Grades in den Geschwindigkeiten, und der von den Geschwindigkeiten unabhängigen potentiellen Energie V darstellt, ist (§ 41)

$$\sum_{r=1}^{n}\dot{q}_r\frac{\partial L}{\partial \dot{q}_r}=2T,$$

das stationäre Integral hat also hier die Gestalt $\int T\,dt$.

Das Prinzip der kleinsten Wirkung ging hervor aus dem Versuch von Maupertuis: *Mém. de l'Acad.* 1744, S. 417, für die Korpuskulartheorie des Lichtes einen dem Fermatschen „Prinzip der kürzesten Zeit" analogen Satz aufzustellen. Euler bewies das Prinzip von Maupertuis für einen einzelnen Massenpunkt unter der Wirkung einer Zentralkraft (Zusatz II, S. 309 in *Methodus inveniendi lineas curvas*, 1744). Lagrange übertrug es auf viel allgemeinere Probleme: *Miscell. Taurin.* Bd. 2. 1760—61; *Oeuvres* Bd. I, S. 365.

Aufgabe 1. Man zeige, daß das Prinzip der kleinsten Wirkung sich folgendermaßen auf Systeme übertragen läßt, die kein Energieintegral besitzen. Die Größe

$$\sum_{r=1}^{n} \dot{q}_r \frac{\partial L}{\partial \dot{q}_r} - L$$

werde mit h bezeichnet. Dann hat das Integral

$$\int \left(\sum_{r=1}^{n} \dot{q}_r \frac{\partial L}{\partial \dot{q}_r} + t \frac{dh}{dt} \right) dt$$

einen stationären Wert für ein beliebiges Stück einer Systembahn, verglichen mit Kurven zwischen denselben Grenzpunkten, für die h dieselben Grenzwerte hat.

Aufgabe 2. Ein dynamisches System, für das ein Energieintegral existiert, werde wie in § 42 auf ein System von niedrigerer Ordnung zurückgeführt. Man beweise, daß das Prinzip der kleinsten Wirkung für das ursprüngliche System mit dem Hamiltonschen Prinzip für das reduzierte System identisch ist.

§ 101. Ausdehnung des Hamiltonschen Prinzips auf nicht-konservative dynamische Systeme.

Wir dehnen nun den Geltungsbereich des Hamiltonschen Prinzips auf holonome dynamische Systeme aus, deren Kräfte nicht mehr als konservativ vorausgesetzt werden. Es bezeichne T die kinetische Energie eines solchen Systems, $\sum_{r=1}^{n} Q_r \delta q_r$ die von den äußeren Kräften an dem System geleistete Arbeit bei einer willkürlichen Verrückung $(\delta q_1, \delta q_2, \ldots, \delta q_n)$. Die Bewegungsgleichungen des Systems lauten dann

$$\frac{d}{dt}\left(\frac{\partial T}{\partial \dot{q}_r}\right) - \frac{\partial T}{\partial q_r} = Q_r \qquad (r = 1, 2, \ldots, n).$$

α sei ein Stück einer Systembahn, β ein Stück einer Nachbarkurve mit den gleichen Endpunkten. Diesen sollen auf dem Bogen β die gleichen Grenzwerte t_0, t_1 der Zeit entsprechen wie auf dem Bogen α. Bezeichnet dann δ die Variation, durch die wir von einer Lage auf α zu der gleichzeitigen Lage auf β übergehen, so haben wir

$$\begin{aligned}
\int_{t_0}^{t_1} \left(\delta T + \sum_{r=1}^{n} Q_r \delta q_r\right) dt &= \int_{t_0}^{t_1} \sum_{r=1}^{n} \left(\frac{\partial T}{\partial \dot{q}_r} \delta \dot{q}_r + \frac{\partial T}{\partial q_r} \delta q_r + Q_r \delta q_r \right) dt \\
&= \int_{t_0}^{t_1} \sum_{r=1}^{n} \left\{ \frac{\partial T}{\partial \dot{q}_r} \delta \dot{q}_r + \frac{d}{dt}\left(\frac{\partial T}{\partial \dot{q}_r}\right) \delta q_r \right\} dt \\
&= \int_{t_0}^{t_1} \frac{d}{dt} \left(\sum_{r=1}^{n} \frac{\partial T}{\partial \dot{q}_r} \delta q_r \right) dt \\
&= \left[\sum_{r=1}^{n} \frac{\partial T}{\partial \dot{q}_r} \delta q_r \right]_{t_0}^{t_1} \\
&= 0.
\end{aligned}$$

Dies Ergebnis

$$\int_{t_0}^{t_1} (\delta T + \sum_{r=1}^{n} Q_r \delta q_r)\, dt = 0$$

wird (wie der Satz von § 99, der einen Spezialfall des vorliegenden darstellt) als *Hamiltonsches Prinzip* bezeichnet.

§ 102. Ausdehnung des Hamiltonschen Prinzips und des Prinzips der kleinsten Wirkung auf nicht-holonome Systeme[1]).

Wir zeigen nunmehr, daß das Hamiltonsche Prinzip in geeigneter Fassung auch für nicht-holonome dynamische Systeme gilt.

Die Variationen der n Koordinaten $q_1, q_2, \ldots, q_n$ eines nicht-holomonen konservativen Systems mögen durch die m nicht-integrablen kinematischen Gleichungen verbunden sein:

$$A_{1k} dq_1 + A_{2k} dq_2 + \ldots + A_{nk} dq_n + T_k dt = 0 \qquad (k = 1, 2, \ldots, m),$$

in denen $A_{11}, A_{12}, \ldots, A_{nm}, T_1, \ldots, T_m$ gegebene Funktionen von $q_1, q_2, \ldots, q_n$ sind. Ist L das kinetische Potential, so ist die Bewegung also bestimmt (§ 87) durch die n Gleichungen

$$\frac{d}{dt}\left(\frac{\partial L}{\partial \dot{q}_r}\right) - \frac{\partial L}{\partial q_r} = \lambda_1 A_{r1} + \lambda_2 A_{r2} + \ldots + \lambda_m A_{rm} \qquad (r = 1, 2, \ldots, n),$$

zusammen mit den obigen kinematischen Gleichungen. Dabei sind

$$q_1, q_2, \ldots, q_n, \qquad \lambda_1, \lambda_2, \ldots, \lambda_m$$

die Unbekannten.

Es sei AB ein Stück einer Systembahn, und die Kurve CD gehe aus AB durch Verrückungen hervor, die mit den momentanen kinematischen Gleichungen verträglich sind, d. h. mit den obigen kinematischen Gleichungen ohne die Glieder $T_k dt$. Im allgemeinen ist CD selbst keine Bahn, die der Punkt im Einklang mit den kinematischen Bedingungen stetig durchlaufen kann, ist also eine kinematisch unmögliche Bahn.

Hier erhebt sich von selbst die Frage, warum wir nicht für CD eine kinematisch mögliche Bahn wählen. Dazu ist zu sagen, daß alsdann die Übergänge von AB zu CD nicht mit den kinematischen Bedingungen im Einklang stehen könnten; in zwei nicht-holonomen Systemen ist nämlich der Übergang zwischen zwei gegebenen benachbarten möglichen Konfigurationen im allgemeinen kinematisch unmöglich. Es gibt unendlich viel mehr mögliche Nachbarlagen als mögliche Verschiebungen aus der gegebenen Lage.

Wie bei dem Beweis des Hamiltonschen Prinzips in § 99 bezeichnen wir mit δ die Verrückung, die aus einem Punkt auf AB

---

[1]) Vgl. Hölder: *Gött. Nachr.* 1896, S. 122; und Voss: *Gött. Nachr.* 1900, S. 322.

zu dem gleichzeitigen Punkt auf der Vergleichskurve CD führt, und bilden

$$\int\limits_{CD} L\,dt - \int\limits_{AB} L\,dt = L_B \Delta t_1 - L_A \Delta t_0 + \int\limits_{t_0}^{t_1} \sum_{r=1}^{n} \left(\frac{\partial L}{\partial \dot{q}_r} \delta \dot{q}_r + \frac{\partial L}{\partial q_r} \delta q_r \right) dt$$

$$= L_B \Delta t_1 - L_A \Delta t_0 +$$

$$+ \int\limits_{t_0}^{t_1} \sum_{r=1}^{n} \left\{ \frac{\partial L}{\partial \dot{q}_r} \delta \dot{q}_r + \frac{d}{dt}\left(\frac{\partial L}{\partial \dot{q}_r} \right) \delta q_r - (\lambda_1 A_{r1} + \dots + \lambda_m A_{rm}) \delta q_r \right\} dt.$$

Da die Verrückungen den Gleichungen

$$A_{1k} \delta q_1 + A_{2k} \delta q_2 + \dots + A_{nk} \delta q_n = 0$$

genügen, so folgt, daß die Glieder vom Typus $\lambda_s A_{rs} \delta q_r$ in dem Integral sich gegenseitig zerstören. Daher ist

$$\int\limits_{CD} L\,dt - \int\limits_{AB} L\,dt = L_B \Delta t_1 - L_A \Delta t_0 + \int\limits_{t_0}^{t_1} \sum_{r=1}^{n} \left\{ \frac{\partial L}{\partial \dot{q}_r} \delta \dot{q}_r + \frac{d}{dt}\left(\frac{\partial L}{\partial \dot{q}_r} \right) \delta q_r \right\} dt.$$

Der Beweis wird nun wie in § 99 weitergeführt. Dann ergibt sich: *Das Hamiltonsche Prinzip gilt für alle dynamischen Systeme, holonome und nicht-holonome. Die Vergleichskurven müssen dabei aus den Systembahnen immer durch solche Variationen hervorgehen, die die kinematischen Gleichungen für die Bindungen nicht verletzen. Aber nur für holonome Systeme ist die variierte Bewegung zugleich eine mögliche; vergleichen wir also die tatsächliche Bewegung mit benachbarten Bewegungen, die den kinematischen Bedingungen für die Bindungen genügen, so gilt das Hamiltonsche Prinzip nur für holonome Systeme.*

Offenbar gilt genau dasselbe für das Prinzip der kleinsten Wirkung und das Hamiltonsche Prinzip in der Anwendung auf nicht-konservative Systeme.

§ 103. Sind die stationären Integrale Minima? Kinetische Brennpunkte.

Bisher haben wir nur gezeigt, daß die Integrale des Hamiltonschen Prinzips und der kleinsten Wirkung für die Systembahnen *stationär* sind im Vergleich mit Nachbarkurven. Wir fragen nun, ob sie *Maxima* oder *Minima* darstellen?

Wir entscheiden diese Frage für das Prinzip der kleinsten Wirkung und nehmen zur Vereinfachung der Rechnung an, das dynamische System habe zwei Freiheitsgrade, so daß die Bewegung definiert ist durch eine kinetische Energie

$$T = \tfrac{1}{2} a_{11}(q_1, q_2)\, \dot{q}_1^2 + a_{12}(q_1, q_2)\, \dot{q}_1 \dot{q}_2 + \tfrac{1}{2} a_{22}(q_1, q_2)\, \dot{q}_2^2$$

und eine potentielle Energie

$$V = \psi(q_1, q_2).$$

Die Untersuchung läßt sich leicht auf das Hamiltonsche Prinzip und auf Systeme mit beliebig vielen Freiheitsgraden ausdehnen. Das Prinzip der kleinsten Wirkung besagt für das obige System (§ 100), daß das Integral

$$\int (a_{11}\dot{q}_1^2 + 2a_{12}\dot{q}_1\dot{q}_2 + a_{22}\dot{q}_2^2)\,dt$$

einen stationären Wert hat für eine Systembahn, verglichen mit anderen Bahnkurven zwischen denselben Grenzpunkten, für die dt mit den Differentialen der Koordinaten durch dieselbe Energiegleichung

$$T + V = h$$

verknüpft ist.

Diese letztere Gleichung ergibt

$$a_{11}\dot{q}_1^2 + 2a_{12}\dot{q}_1\dot{q}_2 + a_{22}\dot{q}_2^2 = 2(h - \psi)$$

oder
$$dt = \{2(h-\psi)\}^{-\frac{1}{2}}(a_{11}\,dq_1^2 + 2a_{12}\,dq_1\,dq_2 + a_{22}\,dq_2^2)^{\frac{1}{2}}.$$

Das stationäre Integral kann daher in der Form

$$I = \int (h-\psi)^{\frac{1}{2}}(a_{11} + 2a_{12}q_2' + a_{22}q_2'^2)\,dq_1$$

angenommen werden, wo $q_2' = dq_2/dq_1$ gesetzt ist. Dies Integral wird zwischen Grenzen genommen, für die die zugehörigen Werte q_1, q_2 gegeben sind.

Wir schreiben die Gleichung in der Form

$$I = \int f(q_1, q_2, q_2')\,dq_1$$

und untersuchen die Natur der Extremwerte (Jacobi führte als erster diese Diskussion durch) nach einer Methode von Culverwell[1]).

Wir betrachten eine Anzahl Nachbarkurven der eigentlichen Systembahn. Sie mögen zwischen denselben Grenzpunkten verlaufen und stetig sein, können aber endlich viele Knickpunkte haben. Der Punkt $(q_1, q_2 + \delta q_2)$ einer derartigen Bahn möge einem Punkt (q_1, q_2) der eigentlichen Systembahn zugeordnet sein. Wir ersetzen nun häufig δq_2 durch $\alpha\varphi$, wo die kleine Konstante α die Größenordnung der auftretenden Ausdrücke bestimmt und φ in den Grenzpunkten des Intervalls verschwindet.

Die Entwicklung der Funktion

$$f(q_1, q_2 + \alpha\varphi,\ q_2' + \alpha\varphi')$$

nach steigenden Potenzen von α laute

$$f(q_1, q_2, q_2') + \alpha(U_0\varphi + U_1\varphi') + \tfrac{1}{2}\alpha^2(U_{00}\varphi^2 + 2U_{01}\varphi\varphi' + U_{11}\varphi'^2) + \cdots,$$

δI sei das die Größe α linear enthaltende Glied, $\delta^2 I$ das Glied in α^2 von $\int f(q_1, q_2 + \alpha\varphi, q_2' + \alpha\varphi')\,dq_1$.

In einem beliebigen Punkt eines kleinen Integrationsintervalles ist der Wert von φ' groß gegen den Wert von φ. Denn da φ in den Grenzpunkten verschwindet, ist

$$\varphi = \int_P^R \varphi'\,dq_1,$$

[1]) *Proc. Lond. Math. Soc.* Bd. 23, S. 241. 1892.

wo P und R die Grenzpunkte bedeuten. Ist also β der numerisch größte Wert von φ' zwischen P und R, so folgt, daß φ den Wert $(q_{1(R)} - q_{1(P)})\,\beta$ nicht überschreiten kann, daß also durch Verkleinerung des Intervalls das Verhältnis $\varphi : \varphi'$ unendlich klein gemacht werden kann.

Wenn das Intervall klein ist, so überwiegt also in $\delta^2 I$ das Glied $\frac{1}{2}\int U_{11}\,\varphi'^2\,d q_1$, das stets das gleiche Vorzeichen hat wie U_{11} (das Vorzeichen von $d q_1$ wird positiv angenommen). Für kleine Intervalle ist demnach I ein Maximum oder Minimum, je nachdem U_{11} negativ oder positiv ist. Nun ist

$$U_{11} = \frac{\partial^2 f}{\partial q_2'^2} = (h - \psi)^{\frac{1}{2}}\,(a_{11} + 2 a_{12}\, q_2' + a_{22}\, q_2'^2)^{-\frac{3}{2}}\,(a_{11}\, a_{22} - a_{12})^2,$$

also positiv, da die kinetische Energie eine positiv definite Form, demnach $a_{11}\, a_{22} - a_{12}^2 > 0$ ist. Somit haben wir den Satz: *Für kleine Bereiche ist die Wirkung auf der Systembahn ein Minimum*[1]).

[1]) Diese Betrachtung liefert in der hier gegebenen, von Culverwell herrührenden Form keinen zwingenden Beweis für das Vorhandensein des Minimums. Man kann z. B. einwenden, daß sich zwar so beweisen läßt, daß die Systembahn innerhalb einer sie enthaltenden, von einem Parameter α stetig abhängenden Schar von Vergleichskurven ein Minimum des Integrals $\int f\, d q_1$ liefert, nicht aber notwendig im Vergleich mit *allen* genügend benachbarten Vergleichskurven. Ferner braucht durchaus nicht an allen Stellen des Integrationsgebietes φ' groß gegen φ zu sein. Doch kann man den Beweis etwa in der folgenden Weise vervollständigen. Es sei q_2 im Intervall $a \leqq q_1 \leqq b$ eine Lösung der Lagrangeschen Gleichung

(1) $$(f_{q_2'})' - f_{q_2} = 0$$

(partielle Ableitungen werden durch Suffixe, Ableitungen nach q_1 durch Striche angedeutet). Der Funktion ψ legen wir die Beschränkungen

(2) $$|\psi| < c, \quad |\psi'| < c, \quad \psi(a) = \psi(b) = 0$$

auf. In diesem Gebiet mögen die partiellen Ableitungen zweiter und dritter Ordnung der Funktion $f(q_1, q_2 + \psi, q_2' + \psi')$ absolut genommen unterhalb der Schranke M und $f_{q_2' q_2'}$ oberhalb der positiven Schranke m liegen. Um die Integrale

$$I = \int_a^b f(q_1, q_2, q_2')\, d q_1$$

und

$$I' = \int_a^b f(q_1, q_2 + \psi, q_2' + \psi')\, d q_1$$

zu vergleichen, benutzen wir die Taylorsche Formel mit dem Restglied dritter Ordnung. Aus ihr folgt

$$\begin{aligned} |f(q_1, q_2 + \psi, q_2' + \psi') &- f(q_1, q_2, q_2') - f_{q_2}(q_1, q_2, q_2')\,\psi - f_{q_2'}(q_1, q_2, q_2')\,\psi' \\ &- \tfrac{1}{2} f_{q_2 q_2}(q_1, q_2, q_2')\,\psi^2 - f_{q_2 q_2'}(q_1, q_2, q_2')\,\psi\psi' - \tfrac{1}{2} f_{q_2' q_2'}(q_1, q_2, q_2')\,\psi'^2 | \\ &< \frac{M}{6}(|\psi|^3 + 3|\psi^2\psi'| + 3|\psi\psi'^2| + |\psi'|^3) \\ &\leqq \frac{4M}{3}(|\psi|^3 + |\psi'|^3). \end{aligned}$$

$$\begin{aligned} f(q_1, q_2 + \psi, q_2' + \psi') &- f(q_1, q_2, q_2') - f_{q_2}\psi - f_{q_2'}\psi' \\ &> \frac{m}{2}\psi'^2 - \frac{M}{2}\psi^2 - M|\psi\psi'| - \frac{4M}{3}(|\psi|^3 + |\psi'|^3). \end{aligned}$$

Nun wählen wir einen Punkt A auf einer Systembahn und betrachten eine zweite durch A gehende Systembahn, die mit der ersten einen kleinen Winkel einschließt. Sie möge die erste in einem weiteren Punkte B treffen. Die Grenzlage des Punktes B für einen verschwindend kleinen Winkel zwischen den Bahnen wird als *der kinetische Brennpunkt von A* auf der ursprünglichen Systembahn oder als *der zu A konjugierte Punkt* bezeichnet.

Wir weisen nun nach, daß die Wirkung auch für endlich große Bereiche ein Minimum ist, wenn der Endpunkt nicht jenseits des zu dem Anfangspunkt konjugierten Punktes auf der ursprünglichen Systembahn liegt.

Es seien nämlich P und Q die Grenzpunkte des Intervalls; wir sahen, daß für ein nahe bei P gelegenes Q die Größe $\delta^2 I$ immer positiv und von der Ordnung α^2 ist, verglichen mit dem Wert von I in den Grenzen P und Q. Wenn wir also Q mehr und mehr von P entfernen, so kann $\delta^2 I$ offenbar erst dann negativ werden, wenn Q den Punkt überschritten hat, in dem $\delta^2 I$ bei einem passend gewählten Wert von $\alpha\varphi$ verschwinden kann.

Integrieren wir von a bis b, so fallen wegen (1) und (2) die beiden letzten Glieder links weg, und es wird

$$I' - I > \frac{m}{2} P - \frac{M}{2}\int_a^b \psi^2 d q_1 - M\int_a^b |\psi\psi'|\, d q_1 - \frac{4M}{3}\left(\int_a^b |\psi|^3 d q_1 + \int_a^b |\psi'|^3 d q_1\right)$$

$$\left(P = \int_a^b \psi'^2 d q_1\right).$$

Mit Hilfe der bekannten Schwarzschen Ungleichung

$$\left(\int uv\right)^2 \leqq \int u^2 \int v^2$$

folgt weiter

$$\psi(q_1)^2 \leqq \left(\int_a^{q_1} |\psi'| \cdot 1 \cdot d q_1\right)^2 \leqq P(b-a),$$

$$\int_a^b \psi^2 d q_1 \leqq P(b-a)^2,$$

$$\left(\int_a^b |\psi\psi'|\, d q_1\right)^2 \leqq P^2 (b-a)^2,$$

$$\int_a^b |\psi|^3 d q_1 \leqq c P (b-a)^2,$$

$$\int_a^b |\psi'|^3 d q_1 \leqq c P,$$

so daß schließlich

$$I' - I > P\left\{\frac{m}{2} - \frac{M}{2}(b-a)^2 - M(b-a) - \frac{4Mc}{3}[1 + (b-a)^2]\right\}$$

wird. Die geschweifte Klammer ist positiv, wenn nur c und $b-a$ klein genug sind; daher ist dann $I' > I$, außer im Falle $P = 0$, d. h. $\psi = 0$.

Es sei also PBQ ein Stück einer wirklichen Systembahn und Q der erste Punkt, durch den man eine variierte Kurve PHQ legen kann, für die $\delta^2 I$ Null ist. Wir weisen nach, daß die variierte Kurve PHQ selbst eine Systembahn ist. Ist nämlich PHQ keine Systembahn, so verbinden wir zwei ihrer Punkte A, C, die nahe beieinander liegen, durch eine Systembahn ADC. Dann ist das über die Kurve ADC erstreckte Integral kleiner als das über AHC erstreckte, daher das über $PADCQ$ erstreckte Integral kleiner als das über PHQ erstreckte, das nach Voraussetzung gleich dem über PBQ erstreckten ist. Daher ist $\delta^2 I$ auf $PADCQ$ negativ, und Q kann nicht der erste Punkt sein, für den beim Fortschreiten aus P die Variation aufhört, positiv zu sein. Das widerspricht dem schon Bewiesenen. Folglich ist $PAHCQ$ eine Systembahn und Q der kinetische Brennpunkt von P. *Die Wirkung ist also ein Minimum, wenn der Endpunkt des Intervalls auf der Systembahn vor dem kinetischen Brennpunkt des Anfangspunktes liegt.*

Nun untersuchen wir noch den Fall, daß der kinetische Brennpunkt des Anfangspunktes auf der Systembahn vor dem Endpunkt liegt. Wir benutzen die vorigen Bezeichnungen und nennen den Anfangs- und Endpunkt P und R. Auf der Kurve PHQ und auf dem Bogen QR wählen wir einen Punkt E und einen Punkt F so nahe beieinander, daß die sie verbindende Systembahn ein Minimum ergibt. Da das Integral über EGF kleiner als dasjenige über EQF ist, muß das über $PEGFR$ erstreckte Integral kleiner als das über $PEQR$ erstreckte sein. Letzteres ist gleich dem Integral über $PBQR$, da die Integrale von P bis Q übereinstimmen. Daher ist das Integral über $PBQR$ kein Minimum. Es ist aber auch kein Maximum, da das über einen beliebigen Teil dieses Intervalles erstreckte Integral ein Minimum ist. *Liegt also der zum Anfangspunkt gehörige Brennpunkt vor dem Endpunkt des Intervalles, so ist die Wirkung weder ein Maximum noch ein Minimum.*

Ein einfaches Beispiel zur Erläuterung der Ergebnisse dieses Paragraphen gibt die kräftefreie Bewegung eines Massenpunktes auf einer glatten Kugel. Die Systembahnen sind größte Kugelkreise, und die über eine beliebige Kurve (Systembahn oder nicht) erstreckte Wirkung ist der Weglänge proportional. Der kinetische Brennpunkt eines beliebigen Punktes A ist der Gegenpol A' der Kugel, da zwei größte Kugelkreise durch A sich wieder in A' schneiden. Unsere Sätze führen also hier zu dem Ergebnis, daß der zwei Punkte A, B verbindende Bogen eines größten Kreises dann und nur dann die kürzeste Verbindung von A, B darstellt, wenn der Gegenpol A' von A nicht auf dem Bogen liegt, d. h. wenn dieser kleiner als ein halber größter Kreis ist.

§ 104. Darstellung der Bewegung eines dynamischen Systems mit Hilfe der geodätischen Linien.

Vermöge des Prinzips der kleinsten Wirkung läßt sich eine interessante Transformation der Bewegung eines natürlichen dynamischen

Systems mit zwei Freiheitsgraden ausführen. Das System habe die kinetische Energie

$$\tfrac{1}{2}\{a_{11}(q_1, q_2)\dot{q}_1^2 + 2a_{12}(q_1, q_2)\dot{q}_1\dot{q}_2 + a_{22}(q_1, q_2)\dot{q}_2^2\}$$

und die potentielle Energie $\psi(q_1, q_2)$. Nach § 100 sind die zu den Lösungssystemen mit der Gesamtenergie h gehörenden Bahnkurven bestimmt durch die Bedingung, daß

$$\int (a_{11}\dot{q}_1^2 + 2a_{12}\dot{q}_1\dot{q}_2 + a_{22}\dot{q}_2^2)\,dt$$

stationär ist für ein beliebiges Stück einer wirklichen Systembahn, verglichen mit Kurven zwischen den nämlichen Grenzpunkten, für die dt mit den Differentialen der Koordinaten verbunden ist durch die Gleichung

$$\tfrac{1}{2}(a_{11}\dot{q}_1^2 + 2a_{12}\dot{q}_1\dot{q}_2 + a_{22}\dot{q}_2^2) + \psi(q_1, q_2) = h\,.$$

Das Integral

$$\int (h-\psi)^{\frac{1}{2}}(a_{11}dq_1^2 + 2a_{12}dq_1dq_2 + a_{22}dq_2^2)^{\frac{1}{2}}$$

ist daher stationär. Es spricht das Prinzip der kleinsten Wirkung für die kräftefreie Bewegung eines Massenpunktes auf einer beliebigen Fläche aus, deren Linienelement gegeben ist durch

$$ds^2 = (h-\psi)(a_{11}dq_1^2 + 2a_{12}dq_1dq_2 + a_{22}dq_2^2)\,,$$

ist demnach die Definitionsgleichung der geodätischen Linien dieser Fläche. *Die Gleichungen der Bahnkurven des gegebenen dynamischen Systems fallen also mit den Gleichungen der geodätischen Linien auf dieser Fläche zusammen.*

Aufgabe 1. Man beweise, daß die parabolischen Bahnen eines freien schweren Geschosses den geodätischen Linien einer gewissen Rotationsfläche entsprechen.

Aufgabe 2. Man zeige, daß die unter der Wirkung einer Zentralkraft $\varphi'(r)$ in einer Ebene durchlaufenen Bahnkurven den geodätischen Linien einer Rotationsfläche entsprechen, deren Meridiankurve die Gleichung $z = f(\varrho)$ hat, wo

$$f'(\varrho) = \{(\varrho\,dr/r\,d\varrho)^2 - 1\}^{\frac{1}{2}}$$

und r und ϱ durch die Beziehung

$$\varrho^2 = r^2\{-\varphi(r) + h\}$$

verbunden sind.

§ 105. Das Gauß-Hertzsche Prinzip der geradesten Bahn.

Wir besprechen nunmehr ein Prinzip, das — wie das Hamiltonsche — zur Definition der Bahnkurven eines dynamischen Systems dienen kann, aber von der Integrationsrichtung unabhängig ist.

Es seien x_r, y_r, z_r die Koordinaten eines für das dynamische (holonome oder nicht-holonome) System typischen Massenpunktes m_r zu der Zeit t und X_r, Y_r, Z_r die Komponenten der auf den Punkt wirkenden äußeren Kraft. Wir betrachten die Funktion

$$\sum m_r\left\{\left(\ddot{x}_r - \frac{X_r}{m_r}\right)^2 + \left(\ddot{y}_r - \frac{Y_r}{m_r}\right)^2 + \left(\ddot{z}_r - \frac{Z_r}{m_r}\right)^2\right\},$$

wo die Summation über alle Massenpunkte des Systems erstreckt wird und $\ddot{x}_r, \ddot{y}_r, \ddot{z}_r$ sich auf eine beliebige, kinematisch mögliche Bahn beziehen, deren Koordinaten und Geschwindigkeiten in dem betreffenden Zeitpunkt mit denjenigen einer wirklichen Systembahn übereinstimmen. Diese Funktion stellt dar, was Gauß den *Zwang*, Hertz die *Krümmung*[1]) der betrachteten kinematisch möglichen Bahn nennt. (Hertz untersuchte vorwiegend den Fall verschwindender äußerer Kräfte.) Wir bedienen uns der Hertzschen Bezeichnungen.

Nun ist der Nachweis zu führen, *daß unter allen mit den Bindungen (die keine Arbeit leisten sollen) verträglichen Bahnkurven die eigentliche Systembahn die kleinste Krümmung besitzt*[2]).

In dem einfachen Fall der kräftefreien Bewegung eines einzelnen Massenpunktes auf einer glatten Fläche bedeutet dieser Satz offenbar nur die Tatsache, daß die räumliche Krümmung (im gewöhnlichen Sinne) der Kurve die kleinste ist, die sich mit der Bedingung vereinbaren läßt, daß der Massenpunkt auf der Fläche bleibt.

Beim Beweise dieses Satzes nehmen wir an, daß die Gleichungen für die Bindungen lauten

$$\sum_r x_{kr}\, d x_r = 0 \qquad (k = 1, 2, \ldots, m),$$

wo wir mit x_r eine beliebige der drei Koordinaten eines Punktes bezeichnen und die Koeffizienten x_{kr} gegebene Funktionen der Koordinaten sind. Aus diesen Gleichungen folgt durch Differentiation

$$\sum_r x_{kr}\, \ddot{x}_r + \sum_r \sum_s \frac{\partial x_{kr}}{\partial x_s}\, \dot{x}_r\, \dot{x}_s = 0 \qquad (k = 1, 2, \ldots, m).$$

Es sei $\ddot{x}_r$ eine typische Beschleunigungskomponente auf der betrachteten Bahn (die als kinematisch möglich, aber nicht notwendig als wirkliche Systembahn angenommen wird) und $\ddot{x}_{r0}$ die ihr entsprechende Beschleunigungskomponente auf der Systembahn. Subtrahieren wir die letzte Gleichung, gebildet für eine eigentliche Systembahn, von derselben Gleichung, gebildet für eine kinematisch mögliche Vergleichsbahn, so erhalten wir

$$\sum x_{kr}(\ddot{x}_r - \ddot{x}_{r0}) = 0\,,$$

da die Geschwindigkeiten für beide Bahnen übereinstimmen.

Diese Gleichung lehrt, daß eine kleine Verrückung des Systems, bei der die Verrückung δx_r der Koordinate x_r proportional $(\ddot{x}_r - \ddot{x}_{r0})$ ist, mit den Bindungen vereinbar, also eine mögliche Verschiebung ist.

---

[1]) Genau genommen bezeichnete Hertz die Quadratwurzel aus dieser Funktion als Krümmung.

[2]) Gauß: *Journ. f. Math.* Bd. 4, S. 232. 1829; *Werke* Bd. 5, S. 23. Gauß maß den Zwang durch die Summe der Produkte aus den Massen der Punkte in die Quadrate der zugehörigen Abweichungen von der zwangsfreien Bewegung. Der obige analytische Ausdruck wurde zuerst von H. Scheffler angegeben: *Zeitschrift f. Math.* Bd. 3, S. 197. 1858. Die Hertzsche Theorie findet sich in seiner *Mechanik*.

Die Komponenten der durch die Bindungen verursachten Kräfte werden dargestellt durch $m_r \ddot{x}_{r0} - X_r$, und diese Zwangskräfte leisten bei einer möglichen Verrückung keine Arbeit. Daher erhalten wir

$$\sum_r (m_r \ddot{x}_{r0} - X_r)(\ddot{x}_r - \ddot{x}_{r0}) = 0 .$$

Diesen Gleichungen können wir die Form geben

$$\sum_r m_r \left(\ddot{x}_r - \frac{X_r}{m_r}\right)^2 = \sum_r m_r \left(\ddot{x}_{r0} - \frac{X_r}{m_r}\right)^2 + \sum_r m_r (\ddot{x}_r - \ddot{x}_{r0})^2$$

oder (wenn wir die Koordinaten wieder mit x, y, z bezeichnen)

$$\begin{aligned} \sum_r m_r \left\{\left(\ddot{x}_r - \frac{X_r}{m_r}\right)^2 + \left(\ddot{y}_r - \frac{Y_r}{m_r}\right)^2 + \left(\ddot{z}_r - \frac{Z_r}{m_r}\right)^2\right\} \\ = \sum_r m_r \left\{\left(\ddot{x}_{r0} - \frac{X_r}{m_r}\right)^2 + \left(\ddot{y}_{r0} - \frac{Y_r}{m_r}\right)^2 + \left(\ddot{z}_{r0} - \frac{Z_r}{m_r}\right)^2\right\} \\ + \sum_r m_r \{(\ddot{x}_r - \ddot{x}_{r0})^2 + (\ddot{y}_r - \ddot{y}_{r0})^2 + (\ddot{z}_r - \ddot{z}_{r0})^2\} . \end{aligned}$$

Da alle Glieder der letzten Summe auf der rechten Seite positiv sind, folgt

$$\begin{aligned} \sum_r m_r \left\{\left(\ddot{x}_r - \frac{X_r}{m_r}\right)^2 + \left(\ddot{y}_r - \frac{Y_r}{m_r}\right)^2 + \left(\ddot{z}_r - \frac{Z_r}{m_r}\right)^2\right\} \\ > \sum_r m_r \left\{\left(\ddot{x}_{r0} - \frac{X_r}{m_r}\right)^2 + \left(\ddot{y}_{r0} - \frac{Y_r}{m_r}\right)^2 + \left(\ddot{z}_{r0} - \frac{Z_r}{m_r}\right)^2\right\}, \end{aligned}$$

womit die Behauptung bewiesen ist.

§ 106. Die Krümmung der Bahn als Funktion der allgemeinen Koordinaten.

Lipschitz[1]) hat bewiesen, daß die Krümmung einer kinematisch möglichen Bahn eines holonomen dynamischen Systems mit n Freiheitsgraden als Funktion der Ableitungen der n unabhängigen Lagenkoordinaten des Systems dargestellt werden kann.

Die Koordinaten seien $q_1, q_2, \ldots, q_n$; auf einer beliebigen kinematisch möglichen Bahn mögen ihnen die Beschleunigungen $\ddot{q}_1, \ddot{q}_2, \ldots, \ddot{q}_n$ entsprechen, während $\ddot{q}_{10}, \ddot{q}_{20}, \ldots, \ddot{q}_{n0}$ die zu denselben Werten $q_1, q_2, \ldots, q_n$, $\dot{q}_1, \dot{q}_2, \ldots, \dot{q}_n$ gehörigen Beschleunigungen auf der wirklichen Systembahn sind. Bezeichnen wir wieder eine beliebige der drei rechtwinkligen Koordinaten eines beliebigen Massenpunktes m_r

---

[1]) *Journ. f. Math.* Bd. 82, S. 323. Vgl. ferner Wassmuth: *Wien. Sitz.* Bd. 104. 1895. Für weitere mit dem Prinzip der kleinsten Krümmung zusammen hängende Untersuchungen sei verwiesen auf Leitinger: *Wien. Sitz.* Bd. 116, S. 1321. 1908; und Schenkl: *Wien. Sitz.* Bd. 122, S. 721. 1913.

mit x_r, die zugehörige Kraftkomponente mit X_r, so wird die Gauß-Hertzsche Bahnkrümmung $\sum_r m_r (\ddot{x}_r - X_r/m_r)^2$. Im letzten Paragraphen ist gezeigt worden, daß man statt dessen schreiben kann:

$$\sum_r m_r (\ddot{x}_{r0} - X_r/m_r)^2 + \sum_r m_r (\ddot{x}_r - \ddot{x}_{r0})^2 .$$

Die erste Summe stimmt für alle Vergleichskurven überein, da sie nur von der wirklichen Systembahn abhängt; wir können sie daher fortlassen, ohne daß der Gesamtausdruck seine Minimumeigenschaft verliert, und die übrigbleibende Summe $\sum m_r (\ddot{x}_r - \ddot{x}_{r0})^2$ als *Krümmung* der Bahn bezeichnen.

Die kinetische Energie sei

$$T = \tfrac{1}{2} \sum_k \sum_l a_{kl} \dot{q}_k \dot{q}_l ,$$

wo die Größen a_{kl} gegebene Funktionen von $q_1, q_2, \ldots, q_n$ sind; D sei die Determinante der Größen a_{kl}, A_{kl} die zu a_{kl} gehörende Unterdeterminante.

Aus der Gleichung

$$\sum_r m_r \dot{x}_r^2 = \sum_k \sum_l a_{kl} \dot{q}_k \dot{q}_l$$

folgt

$$a_{kl} = \sum_r m_r \frac{\partial x_r}{\partial q_k} \frac{\partial x_r}{\partial q_l} .$$

Nun ist

$$\ddot{x}_r = \sum_k \frac{\partial x_r}{\partial q_k} \ddot{q}_k + \sum_k \sum_l \frac{\partial^2 x_r}{\partial q_k \partial q_l} \dot{q}_k \dot{q}_l ,$$

da die Koordinaten und Geschwindigkeiten für alle betrachteten Bahnen übereinstimmen, haben wir also

$$\ddot{x}_r - \ddot{x}_{r0} = \sum_k \frac{\partial x_r}{\partial q_k} (\ddot{q}_k - \ddot{q}_{k0}) .$$

Setzen wir aber

$$S_k = \frac{d}{dt}\left(\frac{\partial T}{\partial \dot{q}_k}\right) - \frac{\partial T}{\partial q_k} - \sum_r \frac{\partial x_r}{\partial q_k} X_r \qquad (k = 1, 2, \ldots, n),$$

so erhalten wir, da dieser Ausdruck auf der wirklichen Systembahn verschwindet:

S_k = Differenz der Werte von $\frac{d}{dt}\left(\frac{\partial T}{\partial \dot{q}_k}\right)$ für die Vergleichsbahn und die wirkliche Systembahn oder

$$S_k = \sum_l a_{kl} (\ddot{q}_l - \ddot{q}_{l0}) \qquad (k = 1, 2, \ldots, n).$$

Daraus folgt

$$\ddot{q}_k - \ddot{q}_{k0} = \frac{1}{D} \sum_l A_{kl} S_l \qquad (k = 1, 2, \ldots, n),$$

also

$$\ddot{x}_r - \ddot{x}_{r0} = \frac{1}{D} \sum_k \sum_l \frac{\partial x_r}{\partial q_k} A_{kl} S_l .$$

Die Krümmung $\sum_r m_r (\ddot{x}_r - \ddot{x}_{r0})^2$ ist demnach gleich

$$\frac{1}{D^2} \sum_r \sum_k \sum_l \sum_i \sum_j m_r \frac{\partial x_r}{\partial q_k} \frac{\partial x_r}{\partial q_i} A_{kl} A_{ij} S_l S_j$$

oder

$$\frac{1}{D^2} \sum_k \sum_l \sum_i \sum_j a_{ki} A_{kl} A_{ij} S_l S_j .$$

Nach einem bekannten Determinantensatz ist aber

$$\sum_i \sum_k a_{ki} A_{kl} A_{ij} = D A_{lj} .$$

Daher kann die Krümmung als Funktion der allgemeinen Koordinaten $q_1, q_2, \ldots, q_n$ *und ihrer Ableitungen dargestellt werden in der Form*

$$\frac{1}{D} \sum_l \sum_j A_{lj} S_j S_l .$$

§ 107. Die Appellschen Gleichungen.

Das Gauß-Hertzsche Gesetz der kleinsten Krümmung führte Appell auf den Vorschlag[1]) einer allgemeinen Form für die Differentialgleichungen der Dynamik, in der sie gleichzeitig die holonomen und nicht-holonomen Systeme umfassen.

Wir untersuchen ein beliebiges dynamisches System. Die Variationen der allgemeinen Koordinaten $q_1, q_2, \ldots, q_n$ mögen durch die nicht-integrablen Gleichungen

$$A_{1k} dq_1 + A_{2k} dq_2 + \ldots + A_{nk} dq_n + T_k dt = 0 \qquad (k = 1, 2, \ldots, m)$$

verknüpft sein. Für holonome Systeme sind derartige Gleichungen selbstverständlich nicht vorhanden.

S bezeichne die Funktion $\frac{1}{2} \sum m_k (\ddot{x}_k^2 + \ddot{y}_k^2 + \ddot{z}_k^2)$, wo m_k die Masse eines Systempunktes bedeutet, der zu der Zeit t die rechtwinkligen Koordinaten x_k, y_k, z_k besitzt. Vermöge der Gleichungen, die die Lage der Massenpunkte zu beliebiger Zeit t durch Koordinaten $q_1, q_2, \ldots, q_n$ darstellen, können wir S ausdrücken als Funktion der Koordinaten $q_1, q_2, \ldots, q_n$ und ihrer ersten und zweiten zeitlichen Ableitungen. Überdies gelingt es, unter Benutzung der Gleichungen für die Bindungen, m der Geschwindigkeiten $\dot{q}_1, \dot{q}_2, \ldots, \dot{q}_n$ als Funktionen der übrigen darzustellen. Die diesen letzteren entsprechenden Koordinaten mögen mit $p_1, p_2, \ldots, p_{n-m}$ bezeichnet werden. Durch Differentiation dieser Relationen können wir $\ddot{q}_1, \ddot{q}_2, \ldots, \ddot{q}_n$ als Funktionen der Größen $\ddot{p}_1, \ddot{p}_2, \ldots, \ddot{p}_{n-m}, \dot{p}_1, \dot{p}_2, \ldots, \dot{p}_{n-m}, q_1, q_2, \ldots, q_n$ ausdrücken. Folglich erscheint auch S als Funktion dieser Veränderlichen.

---

[1]) *Journ. f. Math.* Bd. 112, S. 310. 1900.

Nun kann eine beliebige kleine Verrückung, die mit den Bindungen verträglich ist, durch die Änderungen $\delta p_1, \delta p_2, \ldots, \delta p_{n-m}$ der Größen $p_1, p_2, \ldots, p_{n-m}$ definiert werden. $\sum_{r=1}^{n-m} P_r\, \delta p_r$ möge die von den äußeren Kräften bei einer solchen Verrückung geleistete Arbeit sein. Wie in § 26 ist dann

$$\sum_k m_k \left(\ddot{x}_k \frac{\partial x_k}{\partial p_r} + \ddot{y}_k \frac{\partial y_k}{\partial p_r} + \ddot{z}_k \frac{\partial z_k}{\partial p_r}\right) = P_r .$$

Die Gleichung, die die Änderung von x_k als Funktion der Änderungen von $p_1, p_2, \ldots, p_{n-m}$ darstellt, möge

$$\delta x_k = \sum_{r=1}^{n-m} \pi_r\, \delta p_r$$

sein, wo $\pi_1, \pi_2, \ldots, \pi_{n-m}$ bekannte Funktionen der Koordinaten sind. Die Gleichungen dieses Typus sind natürlich nicht integrabel. Daraus erhalten wir $\partial x_k/\partial p_r = \pi_r$. Die Gleichung, die $\dot{x}_k$ als Funktion von $\dot{p}_1, \dot{p}_2, \ldots, \dot{p}_{n-m}$ darstellt, erhält demnach die Gestalt

$$\dot{x}_k = \sum_{r=1}^{n-m} \pi_r\, \dot{p}_r + \alpha ,$$

wo α eine Funktion der Koordinaten bedeutet. Die Differentiation dieser Gleichung ergibt

$$\ddot{x}_k = \sum_{r=1}^{n-m} \pi_r\, \ddot{p}_r + \sum_{r=1}^{n-m} \frac{d\pi_r}{dt}\, \dot{p}_r + \frac{d\alpha}{dt} ;$$

hieraus folgt

$$\frac{\partial \ddot{x}_k}{\partial \ddot{p}_r} = \pi_r = \frac{\partial x_k}{\partial p_r} .$$

Demnach ist

$$P_r = \sum_k m_k \left(\ddot{x}_k \frac{\partial x_k}{\partial p_r} + \ddot{y}_k \frac{\partial y_k}{\partial p_r} + \ddot{z}_k \frac{\partial z_k}{\partial p_r}\right)$$
$$= \sum_k m_k \left(\ddot{x}_k \frac{\partial \ddot{x}_k}{\partial \ddot{p}_r} + \ddot{y}_k \frac{\partial \ddot{y}_k}{\partial \ddot{p}_r} + \ddot{z}_k \frac{\partial \ddot{z}_k}{\partial \ddot{p}_r}\right) = \partial S/\partial \ddot{p}_r .$$

Die Gleichungen eines holonomen oder nicht-holonomen dynamichen Systems können also in der Form

$$\frac{\partial S}{\partial \ddot{p}_r} = P_r \qquad (r = 1, 2, \ldots, n\text{-}m)$$

geschrieben werden, wo S die Funktion $\frac{1}{2} \sum m_k (\ddot{x}_k^2 + \ddot{y}_k^2 + \ddot{z}_k^2)$ bedeutet und die Zahl der Koordinaten $p_1, p_2, \ldots, p_{n-m}$ gleich der Zahl der Freiheitsgrade des Systems ist[1]).

[1]) Über den Zusammenhang dieser Gleichungen mit dem Prinzip der kleinsten Wirkung vgl. H. Brell: *Wien. Sitzungsber.* Bd. 122, S. 933. 1913.

Offenbar gilt dieser Satz auch dann, wenn die Größen $p_1, p_2, \ldots, p_{n-m}$ nicht wahre Koordinaten, sondern Quasi-Koordinaten sind.

Aufgabe. Man leite aus den Appellschen Gleichungen die Gleichungen

$$A\dot{\omega}_1 - (B - C)\,\omega_2\omega_3 = L\,,$$
$$B\dot{\omega}_2 - (C - A)\,\omega_3\omega_1 = M\,,$$
$$C\dot{\omega}_3 - (A - B)\,\omega_1\omega_2 = N$$

für die Bewegung eines starren Körpers mit einem festen Punkt ab. Darin sind $\omega_1, \omega_2, \omega_3$ die Komponenten der Winkelgeschwindigkeit des Körpers in Richtung seiner eigenen Hauptträgheitsachsen im Unterstützungspunkt, A, B, C die Hauptträgheitsmomente, L, M, N die Momente der äußeren Kräfte um die Hauptachsen.

§ 108. Der Bertrandsche Satz.

Zu der Gruppe von Sätzen, der das Gauß-Hertzsche Prinzip der kleinsten Krümmung angehört, ist auch der folgende Satz von Bertrand[1]) zu rechnen: *Werden verschiedenen Punkten eines bewegten (holonomen oder nicht-holonomen) Systems gegebene Stöße erteilt, so ist die kinetische Energie der resultierenden Bewegung größer als diejenige, die das System bei den gleichen Stößen erlangen würde, wenn zu den ursprünglichen Bindungen beliebige Zusatzbindungen treten, die verursacht sind durch die Reaktionen völlig glatter oder völlig rauher Flächen oder starrer Verbindungen zwischen den Massenpunkten des Systems.*

Es sei nämlich m die Masse eines für das System typischen Punktes, der vor der Erteilung der Stöße, nachher und bei der Vergleichsbewegung die bezüglichen Geschwindigkeitskomponenten u, v, w; u', v', w'; u_1, v_1, w_1 haben möge.

Es seien X, Y, Z die Komponenten der auf den Punkt wirkenden äußeren Stoßkraft, X', Y', Z' die von den Bindungen des Systems herrührenden Stoßkomponenten, $X' + X_1$, $Y' + Y_1$, $Z' + Z_1$ die von den Bindungen herrührenden Stoßkomponenten bei der Vergleichsbewegung.

Die Gleichungen der Stoßbewegung lauten

$$m(u' - u) = X + X', \qquad m(u_1 - u) = X + X' + X_1,$$
$$m(v' - v) = Y + Y', \qquad m(v_1 - v) = Y + Y' + Y_1,$$
$$m(w' - w) = Z + Z', \qquad m(w_1 - w) = Z + Z' + Z_1.$$

Subtraktion ergibt

$$m(u_1 - u') = X_1, \qquad m(v_1 - v') = Y_1, \qquad m(w_1 - w') = Z_1.$$

Wir multiplizieren diese letzten Gleichungen mit u_1, v_1, w_1 bzw., addieren und summieren über alle Massenpunkte des Systems. Dann erhalten wir

$$\sum m\{(u_1 - u')u_1 + (v_1 - v')v_1 + (w_1 - w')w_1\} = \sum (X_1 u_1 + Y_1 v_1 + Z_1 w_1).$$

[1]) Bertrands Anmerkungen zu Lagranges *Méc. Anal.* und *Journal de Liouville* (1), Bd. 7, S. 166. 1842.

Aus der Natur der Bindungen ergibt sich nun, daß auf die Massenpunkte des Systems wirkende endliche den Stoßkräften X_1, Y_1, Z_1 proportionale Kräfte bei einer Verschiebung, deren Komponenten den Größen u_1, v_1 w_1 proportional sind, im ganzen genommen keine Arbeit leisten. Daher ist

$$\sum (X_1 u_1 + Y_1 v_1 + Z_1 w_1) = 0$$

oder

$$\sum m \{(u_1 - u') u_1 + (v_1 - v') v_1 + (w_1 - w') w_1\} = 0 .$$

Diese Gleichung kann in der Form geschrieben werden

$$\sum m (u'^2 + v'^2 + w'^2) - \sum m (u_1^2 + v_1^2 + w_1^2)$$
$$= \sum m \{(u' - u_1)^2 + (v' - v_1)^2 + (w' - w_1)^2\} .$$

Diese lehrt, daß

$$\tfrac{1}{2} \sum m (u'^2 + v'^2 + w'^2) > \tfrac{1}{2} \sum m (u_1^2 + v_1^2 + w_1^2)$$

ist, und beweist so den Bertrandschen Satz.

Der Satz läßt sich leicht auf den Fall übertragen, daß die Kräfte nicht impulsiv, sondern stetig wirken. Dann wird der Zuwachs an kinetischer Energie in der Zeiteinheit vermindert durch die Einführung neuer Bindungen, die die potentielle Energie nicht beeinflussen.

Der folgende Satz, der von Lord Kelvin herrührt und allgemein als *der Thomsonsche Satz*[1]) bekannt ist, kann ähnlich wie der vorige bewiesen werden: *Werden beliebig viele Massenpunkte eines dynamischen Systems plötzlich mit vorgegebenen Geschwindigkeiten in Bewegung gesetzt, so ist die kinetische Energie der resultierenden Bewegung kleiner als die jeder anderen kinematisch möglichen Bewegung, die das System mit den vorgeschriebenen Geschwindigkeiten ausführen kann. Der Überschuß ist gleich der Energie derjenigen Bewegung, die mit einer der beiden zusammengesetzt werden muß, um die andere hervorzubringen.*

Lord Rayleigh[2]) fand, daß die Sätze von Thomson und Bertrand sich dahin zusammenfassen lassen, daß die Einführung neuer Bindungen die Trägheit oder das Trägheitsmoment eines Systems vergrößern.

Aufgabe. Eine aus $n - 1$ gleichen diagonal aneinandergereihten Rhomben bestehende Nürnberger Schere mit zwei offenen Enden — jedes in Gestalt eines halben Rhombus — wird aus $2n$ gleichen Stäben gebildet, die in den Rhombenecken paarweise gelenkig verbunden sind. Den freien Stabenden an einer Seite werden Stöße P senkrecht auf die Diagonale zu erteilt. Man zeige, daß die Stabenden der anderen Seite in Richtung der Diagonale die Anfangsgeschwindigkeit

$$\frac{3P}{m} \frac{\sin\alpha\cos\alpha}{\cos^2\alpha + n^2\sin^2\alpha}$$

haben; dabei bedeutet m die Masse des einzelnen Stabes, 2α den Winkel zweier Stäbe in ihrem Kreuzungspunkt. (Camb. Math. Tripos, Part I. 1896.)

Übungsaufgaben.

1. Das Problem der Bewegung eines Punktes auf einer Fläche mit dem Linienelement

$$ds^2 = E du^2 + 2F du dv + G dv^2$$

---

[1]) Thomson and Tait: *Natural Philosophy* § 317.

[2]) *Theory of Sound* Bd. 1, S. 100.

unter der Wirkung von Kräften mit der potentiellen Energie $V(u, v)$ sei lösbar. Man beweise, daß man alsdann auch das Problem der Bewegung eines Massenpunktes auf einer Fläche mit dem Linienelement

$$ds^2 = V(u, v)\,(E\,du^2 + 2F\,du\,dv + G\,dv^2)$$

unter Wirkung von Kräften mit der potentiellen Energie $1/V(u, v)$ lösen kann. (Darboux.)

2. Die Systembahnen zweier dynamischen Systeme mit der kinetischen Energie $\sum a_{ik}\dot{q}_i\dot{q}_k$ bzw. $\sum b_{ik}\dot{q}_i\dot{q}_k$ und der potentiellen Energie U bzw. V sollen übereinstimmen, aber mit verschiedenen Geschwindigkeiten durchlaufen werden. Die Relationen zwischen den Koordinaten $q_1, q_2, \ldots, q_n$ sind also in beiden Bewegungen die gleichen. Man weise nach, daß

$$V = \frac{\alpha U + \beta}{\gamma U + \delta}$$

ist, wo $\alpha, \beta, \gamma, \delta$ Konstanten sind, und daß

$$\sum b_{ik}\,dq_i\,dq_k = (\gamma U + \delta)\sum a_{ik}\,dq_i\,dq_k.$$

(Painlevé.)

3. Die sämtlichen Bahnen eines Massenpunktes in einer Ebene unter Einwirkung von Kräften mit der potentiellen Energie $V(x, y)$, zu denen der Wert h der Energiekonstanten gehört, mögen der Transformation

$$x = \varphi(X, Y), \qquad y = \psi(X, Y)$$

unterworfen werden, wo φ und ψ konjugierte Funktionen von x und y sind. Man beweise, daß die so erhaltenen neuen Kurven die Bahnen eines Massenpunktes unter der Einwirkung von Kräften darstellen, die aus der potentiellen Energie

$$[V(\varphi(X, Y), \psi(X, Y)) - h]\left\{\left(\frac{\partial\varphi}{\partial X}\right)^2 + \left(\frac{\partial\varphi}{\partial Y}\right)^2\right\}$$

abgeleitet werden können, und daß die zugehörige Energiekonstante Null ist. (Goursat.)

4. T und V mögen die kinetische und potentielle Energie eines dynamischen Systems bedeuten. Man beweise, daß

$$2\frac{d^2V}{dt^2} + \sum m(\ddot{x}^2 + \ddot{y}^2 + \ddot{z}^2)$$

sich von

$$\sum\frac{1}{m}\left\{\left(m\ddot{x} + \frac{\partial V}{\partial x}\right)^2 + \left(m\ddot{y} + \frac{\partial V}{\partial y}\right)^2 + \left(m\ddot{z} + \frac{\partial V}{\partial z}\right)^2\right\}$$

um eine von den Beschleunigungen unabhängige Größe unterscheidet, daß also

$$\frac{d^2T}{dt^2} - \frac{1}{2}\sum m(\ddot{x}^2 + \ddot{y}^2 + \ddot{z}^2)$$

ein Maximum ist, wenn die Beschleunigungen die der tatsächlichen Bewegung entsprechende Größe haben, verglichen mit allen mit den Bindungen verträglichen Bewegungen, die demselben Energieintegral genügen, und die in dem Augenblick der Beobachtung die gleichen Werte für die Koordinaten und Geschwindigkeiten haben. (Förster.)

Zehntes Kapitel.

Hamiltonsche Systeme und ihre Integralinvarianten.

§ 109. Die Hamiltonsche Form der Bewegungsgleichungen.

Für die Differentialgleichungen der Bewegung eines konservativen holonomen dynamischen Systems leiten wir nunmehr eine Form ab, die die Grundlage fast der gesamten weitergehenden Theorie der Dynamik bildet.

Das System habe die Koordinaten $q_1, q_2, \ldots, q_n$ und das kinetische Potential $L(q_1, q_2, \ldots, q_n, \dot{q}_1, \dot{q}_2, \ldots, \dot{q}_n, t)$, so daß die Bewegungsgleichungen in der Lagrangeschen Form lauten:

$$\frac{d}{dt}\left(\frac{\partial L}{\partial \dot{q}_r}\right) - \frac{\partial L}{\partial q_r} = 0 \qquad (r = 1, 2, \ldots, n).$$

Wir setzen

$$\frac{\partial L}{\partial \dot{q}_r} = p_r \qquad (r = 1, 2, \ldots, n),$$

so daß

$$\dot{p}_r = \frac{\partial L}{\partial q_r} \qquad (r = 1, 2, \ldots, n)$$

ist.

Vermöge des ersten dieser beiden Gleichungssysteme können wir die Größen einer der beiden Reihen $\dot{q}_1, \dot{q}_2, \ldots, \dot{q}_n$ und $p_1, p_2, \ldots, p_n$ als Funktionen der Größen der anderen Reihe ansehen.

Bezeichnet δ den Zuwachs einer beliebigen Funktion der Veränderlichen $q_1, q_2, \ldots, q_n, p_1, p_2, \ldots, p_n$ oder $q_1, q_2, \ldots, q_n, \dot{q}_1, \dot{q}_2, \ldots, \dot{q}_n$ bei kleinen Änderungen der Argumente, so ist

$$\begin{aligned}\delta L &= \sum_{r=1}^{n}\left(\frac{\partial L}{\partial q_r}\,\delta q_r + \frac{\partial L}{\partial \dot{q}_r}\,\delta \dot{q}_r\right)\\ &= \sum_{r=1}^{n}(\dot{p}_r\,\delta q_r - p_r\,\delta \dot{q}_r)\\ &= \delta\sum_{r=1}^{n} p_r \dot{q}_r + \sum_{r=1}^{n}(\dot{p}_r\,\delta q_r - \dot{q}_r\,\delta p_r)\end{aligned}$$

oder

$$\delta\left\{\sum_{r=1}^{n} p_r \dot{q}_r - L\right\} = \sum_{r=1}^{n} (\dot{q}_r \delta p_r - \dot{p}_r \delta q_r).$$

Wird die als Funktion der Veränderlichen $q_1, q_2, \ldots, q_n, p_1, p_2, \ldots, p_n, t$ dargestellte Größe $\sum_{r=1}^{n} p_r \dot{q}_r - L$ mit H bezeichnet, so haben wir also

$$(1) \qquad \delta H = \sum_{r=1}^{n} (\dot{q}_r \delta p_r - \dot{p}_r \delta q_r)$$

oder

$$(2) \qquad \frac{dq_r}{dt} = \frac{\partial H}{\partial p_r}, \quad \frac{dp_r}{dt} = -\frac{\partial H}{\partial q_r} \qquad (r = 1, 2, \ldots, n).$$

Die Bewegung des dynamischen Systems kann durch diese Gleichungen definiert werden, die man als die Hamiltonschen oder kanonischen Gleichungen bezeichnet. Die abhängigen Veränderlichen sind $q_1, q_2, \ldots, q_n, p_1, p_2, \ldots, p_n$, und das System umfaßt $2n$ Gleichungen erster Ordnung, während das Lagrangesche System aus n Gleichungen zweiter Ordnung besteht.

Hamilton stellte diese Gleichungen 1834 auf[1]). Seine Ergebnisse waren von den großen französischen Mathematikern teilweise vorweggenommen. Poisson[2]) tat bereits 1809 einen Schritt in dieser Richtung, indem er eine Funktion

$$\sum_{r=1}^{n} p_r \dot{q}_r - T$$

einführte und als Funktion von $q_1, q_2, \ldots, q_n, p_1, p_2, \ldots, p_n$ darstellte und schon die eine Hälfte der Hamiltonschen Gleichungen ableitete. Dagegen hatte Lagrange[3]) 1810 ein spezielles Gleichungssystem (für die *Variation der Bahnelemente*) in der Hamiltonschen Form aufgestellt, in dem die Störungsfunktion die Stelle der Funktion H vertritt. Überdies hatte die Theorie der nicht-linearen partiellen Differentialgleichungen erster Ordnung auf Systeme gewöhnlicher Differentialgleichungen in dieser speziellen Form geführt. Denn wie Pfaff[4]) 1814—15 und Cauchy[5]) (in Ergänzung früherer Arbeiten von Lagrange und Monge) 1819 nachwiesen, haben die Differentialgleichungen der Charakteristiken einer partiellen Differentialgleichung

$$f(x_1, x_2, \ldots, x_n, p_1, p_2, \ldots, p_n) = 0,$$

wo

$$p_s = \frac{\partial z}{\partial x_s}$$

ist, die Gestalt

$$\frac{dx_1}{\partial f/\partial p_1} = \frac{dx_2}{\partial f/\partial p_2} = \cdots = \frac{dx_n}{\partial f/\partial p_n} = \frac{dp_1}{-\partial f/\partial x_1} = \cdots = \frac{dp_n}{-\partial f/\partial x_n}.$$

---

[1]) *Brit. Ass. Rep.* 1834, S. 513; *Phil. Trans.* 1835, S. 95.
[2]) *Journal de l'Ecole polyt.* Bd. 8, H. 15, S. 266. 1809.
[3]) *Mém. de l'Inst.* 1809, S. 343.
[4]) *Berl. Abhandl.* 1814—15, S. 76.
[5]) *Bull. Soc. philomath.* 1819, S. 10.

Hamiltons Untersuchungen wurden 1848—50 von Ostrogradski[1]) und 1854 von Donkin[2]) auf die Fälle ausgedehnt, in denen das kinetische Potential die Zeit enthält u. a. m.

Gleichung (1) wird zuweilen die *Hamiltonsche Gleichung der virtuellen Arbeit* genannt. Sie kann symmetrischer geschrieben werden:

$$\delta\left(\sum_{r=1}^{n} p_r\, dq_r - H\, dt\right) = d\left(\sum_{r=1}^{n} p_r\, \delta q_r - H\, \delta t\right),$$

in welcher Gestalt sie sofort die Bedeutung der Differentialform

$$\sum_{r=1}^{n} p_r\, dq_r - H\, dt$$

in Verbindung mit den Differentialgleichungen der Dynamik erkennen läßt. (Vgl. § 137.)

Enthält das kinetische Potential L die Zeit t nicht explizit, so gilt das gleiche offenbar auch für die Hamiltonsche Funktion H; das System besitzt alsdann ein Energieintegral, nämlich

$$\sum_{r=1}^{n} \dot{q}_r \frac{\partial L}{\partial \dot{q}_r} - L = h,$$

wo h eine Konstante ist. Statt dieser Gleichung können wir schreiben

$$H(q_1, q_2, \ldots, q_n, p_1, p_2, \ldots, p_n) = h.$$

Sie stellt das Energieintegral des dynamischen Systems dar, dessen Hamiltonsche Funktion H die Zeit nicht explizit enthält. Aus § 41 folgt sogleich, daß H für natürliche Systeme die Summe von kinetischer und potentieller Energie ist.

Aufgabe. Man zeige, daß die Bewegungsgleichungen des mathematischen Pendels lauten

$$\frac{dq}{dt} = \frac{\partial H}{\partial p}, \qquad \frac{dp}{dt} = -\frac{\partial H}{\partial q},$$

wo

$$H = {}^1\!/_2\, p^2 - g\, l^{-1} \cos q$$

ist und q den Winkel des Pendels mit der Senkrechten zur Zeit t, l die Pendellänge bedeutet und die Masse des Pendels gleich 1 angenommen ist.

§ 110. Aus Variationsproblemen hervorgehende Gleichungen.

In dem vorigen Kapitel haben wir erkannt, daß die ganze Theorie der Dynamik auf den stationären Charakter gewisser Integrale gegründet werden kann, nämlich der Integrale des Hamiltonschen Prinzips und des Prinzips der kleinsten Wirkung. In ähnlicher Weise lassen sich die Differentialgleichungen der meisten physikalischen Probleme aus Problemen der Variationsrechnung herleiten.

---

[1]) *Mélanges de l'Acad. de St.-Pét.*, Okt. 1848; *Mém. de l'Acad. de St.-Pét.* Bd. 6, S. 385. 1850.

[2]) *Phil. Trans.* 1854, S. 71.

Zum Beispiel kann das Problem der Bestimmung des thermischen Gleichgewichtes in einem isotropen leitenden Körper, dessen Oberflächenpunkte auf gegebenen Temperaturen erhalten werden, folgendermaßen formuliert werden: Unter allen Funktionen V, die auf der Oberfläche gegebene Werte annehmen, ist diejenige Funktion zu bestimmen, für die der Wert des über den ganzen Körper erstreckten Integrales

$$\iiint\left\{\left(\frac{\partial V}{\partial x}\right)^2+\left(\frac{\partial V}{\partial y}\right)^2+\left(\frac{\partial V}{\partial z}\right)^2\right\}dx\,dy\,dz$$

ein Minimum wird.

Wir beweisen nunmehr, daß alle aus Variationsproblemen hervorgehenden Differentialgleichungen mit einer unabhängigen Veränderlichen auf die Hamiltonsche Form gebracht werden können[1]).

Um die Rechnung übersichtlicher zu gestalten, beschränken wir uns auf zwei abhängige Veränderliche. Der Beweis läßt sich aber in derselben Weise für eine beliebige Variablenzahl führen.

Es sei $L(t, y, \dot y, \ddot y, \ldots, \overset{(m)}{y}, z, \dot z, \ddot z, \ldots, \overset{(n)}{z})$ eine Funktion der unabhängigen Veränderlichen t, der abhängigen Veränderlichen y, z und ihrer Ableitungen bis zu den Ordnungen m bzw. n.

Die Bedingung für den stationären Charakter des Integrals

$$\int L(t, y, \dot y, \ldots, \overset{(m)}{y}, z, \dot z, \ldots, \overset{(n)}{z})\,dt$$

kann, nach dem gewöhnlichen Verfahren der Variationsrechnung, in der Form geschrieben werden

$$0=\frac{\partial L}{\partial y}-\frac{d}{dt}\left(\frac{\partial L}{\partial \dot y}\right)+\cdots\cdots+(-1)^m\frac{d^m}{dt^m}\left(\frac{\partial L}{\partial \overset{(m)}{y}}\right),$$

$$0=\frac{\partial L}{\partial z}-\frac{d}{dt}\left(\frac{\partial L}{\partial \dot z}\right)+\cdots\cdots+(-1)^n\frac{d^n}{dt^n}\left(\frac{\partial L}{\partial \overset{(n)}{z}}\right).$$

Nunmehr setzen wir

$$p_1=\frac{\partial L}{\partial \dot y}-\frac{d}{dt}\left(\frac{\partial L}{\partial \ddot y}\right)+\cdots\cdots+(-1)^{m-1}\frac{d^{m-1}}{dt^{m-1}}\left(\frac{\partial L}{\partial \overset{(m)}{y}}\right),$$

$$p_2=\frac{\partial L}{\partial \ddot y}-\frac{d}{dt}\left(\frac{\partial L}{\partial \dddot y}\right)+\cdots+(-1)^{m-2}\frac{d^{m-2}}{dt^{m-2}}\left(\frac{\partial L}{\partial \overset{(m)}{y}}\right),$$

. . . .

$$p_m=\frac{\partial L}{\partial \overset{(m)}{y}},$$

$$p_{m+1}=\frac{\partial L}{\partial \dot z}-\frac{d}{dt}\left(\frac{\partial L}{\partial \ddot z}\right)+\cdots\cdots+(-1)^{n-1}\frac{d^{n-1}}{dt^{n-1}}\left(\frac{\partial L}{\partial \overset{(n)}{z}}\right),$$

$$p_{m+2}=\frac{\partial L}{\partial \ddot z}-\cdots\cdots+(-1)^{n-2}\frac{d^{n-2}}{dt^{n-2}}\left(\frac{\partial L}{\partial \overset{(n)}{z}}\right),$$

. . . .

$$p_{m+n}=\frac{\partial L}{\partial \overset{(n)}{z}}$$

---

[1]) Vgl. Ostrogradski: *Mém. de l'Acad. de St.-Pét.* Bd. 6, S. 385. 1850.

und setzen

$$q_1 = y,\ q_2 = \dot{y},\ \ldots,\ q_m = \overset{(m-1)}{y},\quad q_{m+1} = z,\ q_{m+2} = \dot{z},\ \ldots,\ q_{m+n} = \overset{(n-1)}{z}.$$

Wenn dann

$$H = -L + p_1 q_2 + p_2 q_3 + \cdots + p_{m-1} q_m + p_m \overset{(m)}{y} + p_{m+1} q_{m+2} + \cdots$$
$$+ p_{m+n-1} q_{m+n} + p_{m+n} \overset{(n)}{z}$$

ist (wo H als Funktion von $t, q_1, q_2, \ldots, q_{m+n}, p_1, \ldots, p_{m+n}$ dargestellt ist), die Größen $\overset{(m)}{y}$ und $\overset{(n)}{z}$ nämlich mit Hilfe der Gleichungen $p_m = \partial L/\partial \overset{(m)}{y}$, $p_{m+n} = \partial L/\partial \overset{(n)}{z}$ eliminiert sind und δ den Zuwachs bei kleinen Änderungen der Argumente $q_1, q_2, \ldots, q_{m+n}, p_1, p_2, \ldots, p_{m+n}$ bedeutet, so erhalten wir

$$\delta H = -\sum_{r=0}^{m-1} \frac{\partial L}{\partial \overset{(r)}{y}}\, \delta q_{r+1} - \frac{\partial L}{\partial \overset{(m)}{y}}\, \delta \overset{(m)}{y} - \sum_{r=0}^{n-1} \frac{\partial L}{\partial \overset{(r)}{z}}\, \delta q_{m+r+1} - \frac{\partial L}{\partial \overset{(n)}{z}}\, \delta \overset{(n)}{z}$$
$$+ \sum_{r=1}^{m-1} p_r\, \delta q_{r+1} + p_m\, \delta \overset{(m)}{y} + \sum_{r=1}^{m-1} q_{r+1}\, \delta p_r + \overset{(m)}{y}\, \delta p_m$$
$$+ \sum_{r=m+1}^{m+n-1} p_r\, \delta q_{r+1} + p_{m+n}\, \delta \overset{(n)}{z} + \sum_{r=m+1}^{m+n-1} q_{r+1}\, \delta p_r + z\, \delta p_{m+n}.$$

Unter Benutzung der Gleichungen

$$\frac{\partial L}{\partial y} = \dot{p}_1, \quad \frac{\partial L}{\partial \dot{y}} = \dot{p}_2 + p_1, \quad \frac{\partial L}{\partial \ddot{y}} = \dot{p}_3 + p_2, \ \ldots, \quad \frac{\partial L}{\partial \overset{(m)}{y}} = p_m, \ \ldots$$

geht dieser Ausdruck über in

$$\delta H = -\sum_{r=1}^{m+n} \dot{p}_r\, \delta q_r + \sum_{r=1}^{m+n} \dot{q}_r\, \delta p_r.$$

Ist also H als Funktion der Veränderlichen $t, p_1, p_2, \ldots, p_{m+n}, q_1, q_2, \ldots, q_{m+n}$ dargestellt, so ist

$$\frac{dq_r}{dt} = \frac{\partial H}{\partial p_r}, \quad \frac{dp_r}{dt} = -\frac{\partial H}{\partial q_r} \qquad (r = 1, 2, \ldots, m+n),$$

und *wir erhalten somit die Differentialgleichungen des Problems in der Hamiltonschen Form.*

§ 111. Integralinvarianten.

Der besondere Charakter der Hamiltonschen Differentialgleichung hängt aufs engste zusammen mit den Eigenschaften gewisser Ausdrücke, denen Poincaré[1]) die Bezeichnung *Integralinvarianten* beigelegt hat.

---

[1]) *Acta Math.* Bd. 13. 1890.

Gegeben sei ein System gewöhnlicher Differentialgleichungen

$$\frac{dx_1}{dt} = X_1, \qquad \frac{dx_2}{dt} = X_2, \ldots, \quad \frac{dx_n}{dt} = X_n,$$

wo $X_1, X_2, \ldots, X_n$ gegebene Funktionen von $x_1, x_2, \ldots, x_n, t$ sind. Wir können sie als die Bewegungsgleichungen eines Punktes mit den Koordinaten $x_1, x_2, \ldots, x_n$ im Raum von n Dimensionen auffassen.

Eine aus derartigen Punkten bestehende Menge, die zu Beginn der Bewegung ein p-dimensionales Gebiet ζ_0 einnimmt, wird auch in jedem späteren Zeitpunkt ein p-dimensionales Gebiet ζ erfüllen. Ein über ζ erstrecktes p-faches Integral heißt eine ***Integralinvariante***, wenn es für alle Zeiten t den gleichen Wert behält. Die Zahl p wird als *Ordnung* der Integralinvariante bezeichnet.

So ist z. B. bei der Bewegung einer inkompressiblen Flüssigkeit das Integral für das Flüssigkeitsvolumen, erstreckt über alle Flüssigkeitselemente, die anfänglich in einem gegebenen Bereich enthalten waren, eine Integralinvariante; denn das von diesen Elementen eingenommene Gesamtvolumen ändert sich nicht mit der Zeit.

Aufgabe 1. Die kräftefreie Bewegung eines Massenpunktes in der Ebene ist zu bestimmen. x, y seien seine Koordinaten, u, v seine Geschwindigkeitskomponenten. Die Bewegungsgleichungen lassen sich in der Form schreiben

$$\dot{x} = u, \quad \dot{y} = v, \quad \dot{u} = 0, \quad \dot{v} = 0.$$

Das Integral

$$I = \int (\delta x - t\,\delta u),$$

in einem vierdimensionalen Raum mit den Koordinaten x, y, u, v über den Kurvenbogen erstreckt, der zur Zeit t der Ort aller Punkte ist, die sich anfänglich auf einem gegebenen Kurvenbogen befinden, ist eine Integralinvariante. Die Lösung des dynamischen Problems ist nämlich gegeben durch die Gleichungen

$$u = a, \quad v = b, \quad x = at + c, \quad y = bt + d,$$

wo a, b, c, d Konstanten sind. Daher erhalten wir

$$I = \int (t\,\delta a + \delta c - t\,\delta a)$$
$$= \int \delta c,$$

und dies Integral ist von t unabhängig.

Aufgabe 2. Man beweise, daß

$$\int (u\,\delta x - x\,\delta u)$$

eine Integralinvariante für die ebene Bewegung eines Massenpunktes mit den Koordinaten x, y und den Geschwindigkeitskomponenten u, v ist, der vom Koordinatenursprung mit einer der Entfernung proportionalen Kraft angezogen wird.

§ 112. Die Variationsgleichungen.

Die Integralinvarianten eines gegebenen Differentialgleichungssystems liefern die Integrale eines zweiten Systems von Differentialgleichungen, das aus dem ersten abgeleitet werden kann.

Das gegebene Gleichungssystem sei nämlich

$$\frac{dx_r}{dt} = X_r(x_1, x_2, \ldots, x_n, t) \qquad (r = 1, 2, \ldots, n).$$

$x_1, x_2, \ldots, x_n$ und $x_1 + \delta x_1, x_2 + \delta x_2, \ldots, x_n + \delta x_n$ seien die Werte der abhängigen Veränderlichen zur Zeit t für zwei benachbarte Lösungen dieses Gleichungssystems. Dabei bedeuten $\delta x_1, \delta x_2, \ldots, \delta x_n$ infinitesimale Größen. Dann haben wir

$$\frac{d}{dt}(x_r + \delta x_r) = X_r(x_1 + \delta x_1, x_2 + \delta x_2, \ldots, x_n + \delta x_n, t) \quad (r = 1, 2, \ldots, n),$$

und folglich

$$\frac{d}{dt}\delta x_r = \frac{\partial X_r}{\partial x_1}\delta x_1 + \frac{\partial X_r}{\partial x_2}\delta x_2 + \ldots + \frac{\partial X_n}{\partial x_n}\delta x_n \; (r = 1, 2, \ldots, n).$$

Diese letzten n Gleichungen zusammen mit den n ursprünglichen Gleichungen können als ein System von $2n$ Differentialgleichungen mit den abhängigen Veränderlichen $x_1, x_2, \ldots, x_n, \delta x_1, \delta x_2, \ldots, \delta x_n$ aufgefaßt werden.

Ist nun

$$\int \sum_r F_r(x_1, x_2, \ldots, x_n)\,\delta x_r$$

eine Integralinvariante des ursprünglichen Systems, so muß die Größe

$$\frac{d}{dt}\sum_r F_r(x_1, x_2, \ldots, x_n)\,\delta x_r,$$

da der Integrationsweg völlig willkürlich ist, gleich Null sein vermöge des erweiterten Systems von Differentialgleichungen; daher ist also

$$\sum_r F_r(x_1, x_2, \ldots, x_n)\,\delta x_r = \text{konst.}$$

ein Integral dieser Gleichungen. *Einer Integralinvariante erster Ordnung des ursprünglichen Gleichungssystems entspricht also ein Integral des erweiterten Gleichungssystems und umgekehrt.*

Ist eine partikuläre Lösung $x_1, x_2, \ldots, x_n$ der ursprünglichen Gleichungen bekannt, so können wir die zugehörigen Werte in die erweiterten Differentialgleichungen einführen. Auf diese Weise erhalten wir n lineare Differentialgleichungen zur Bestimmung von $\delta x_1, \delta x_2, \ldots, \delta x_n$, d. h. zur Bestimmung derjenigen Lösung der ursprünglichen Gleichungen, die der bekannten partikulären Lösung benachbart ist. Diese n Gleichungen werden als die *Variationsgleichungen* bezeichnet.

§ 113. Integralinvarianten erster Ordnung.

Wir stellen nunmehr die Bedingung dafür auf, daß

$$\int (M_1\delta x_1 + M_2\delta x_2 + \ldots + M_n\delta x_n),$$

wo $M_1, M_2, \ldots, M_n$ Funktionen von $x_1, x_2, \ldots, x_n, t$ sind, eine Integralinvariante erster Ordnung des Systems der Differentialgleichungen

$$dx_r/dt = X_r(x_1, x_2, \ldots, x_n, t) \qquad (r = 1, 2, \ldots, n)$$

ist.

Dazu muß

$$\frac{d}{dt}(M_1\delta x_1 + M_2\delta x_2 + \ldots + M_n\delta x_n) = 0$$

sein, wo die Ableitungen von $\delta x_1, \delta x_2, \ldots, \delta x_n$ aus dem im vorigen Paragraphen eingeführten erweiterten System von Differentialgleichungen zu bestimmen sind. Daher ist

$$\sum_{r=1}^{n}\left(\frac{dM_r}{dt}\delta x_r + M_r\frac{d\delta x_r}{dt}\right) = 0$$

oder

$$\sum_{r=1}^{n}\left(\frac{\partial M_r}{\partial t}\delta x_r + \sum_{k=1}^{n}\frac{\partial M_r}{\partial x_k}X_k\delta x_r + M_r\sum_{k=1}^{n}\frac{\partial X_r}{\partial x_k}\delta x_k\right) = 0.$$

Da $\delta x_1, \delta x_2, \ldots, \delta x_n$ voneinander unabhängig sind, müssen die Koeffizienten aller Größen δx_r in dieser Gleichung verschwinden. Folglich lauten die *Bedingungen für die Integralinvarianz*

$$\frac{\partial M_r}{\partial t} + \sum_{k=1}^{n}\frac{\partial M_r}{\partial x_k}X_k + \sum_{k=1}^{n}M_k\frac{\partial X_k}{\partial x_r} = 0 \quad (r = 1, 2, \ldots, n).$$

Zusatz 1. Ist ein Integral der Differentialgleichungen bekannt, etwa

$$F(x_1, x_2, \ldots, x_n, t) = \text{konst.},$$

so läßt sich eine Integralinvariante unmittelbar bestimmen. Wir haben nämlich

$$\begin{aligned}\frac{\partial}{\partial t}\left(\frac{\partial F}{\partial x_r}\right) + \sum_{k=1}^{n}\frac{\partial}{\partial x_k}\left(\frac{\partial F}{\partial x_r}\right)X_k + \sum_{k=1}^{n}\frac{\partial F}{\partial x_k}\frac{\partial X_k}{\partial x_r} &= \frac{\partial}{\partial x_r}\left(\frac{\partial F}{\partial t} + \sum_{k=1}^{n}\frac{\partial F}{\partial x_k}X_k\right)\\ &= \frac{\partial}{\partial x_r}\left(\frac{dF}{dt}\right)\\ &= 0.\end{aligned}$$

Daher ist der Ausdruck

$$\int\sum_{r=1}^{n}\frac{\partial F}{\partial x_r}\delta x_r$$

eine Integralinvariante.

Zusatz 2. Es gilt auch die Umkehrung von Zusatz 1: *Ist* $\int\sum_{r=1}^{n}\frac{\partial U}{\partial x_r}\delta x_r$ *eine Integralinvariante der Differentialgleichungen, wo*

U eine gegebene Funktion der Veränderlichen ist, so kann man ein Integral des Systems bestimmen. Wir haben nämlich:

$$0 = \frac{\partial}{\partial t}\left(\frac{\partial U}{\partial x_r}\right) + \sum_{k=1}^{n} X_k \frac{\partial}{\partial x_k}\left(\frac{\partial U}{\partial x_r}\right) + \sum_{k=1}^{n} \frac{\partial U}{\partial x_k}\frac{\partial X_k}{\partial x_r}$$

$$= \frac{\partial}{\partial x_r}\left(\frac{\partial U}{\partial t} + \sum_{k=1}^{n} \frac{\partial U}{\partial x_k} X_k\right);$$

folglich ist der Ausdruck

$$\frac{\partial U}{\partial t} + \sum_{k=1}^{n} \frac{\partial U}{\partial x_k} X_k,$$

der eine gegebene Funktion von $x_1, x_2, \ldots, x_n, t$ ist, von $x_1, x_2, \ldots, x_n$ unabhängig. Bezeichnen wir seinen Wert mit $\varphi(t)$, so ist diese Größe also bekannt.

Dann haben wir

$$dU/dt = \varphi(t)$$

oder

$$U - \int \varphi(t)\, dt = \text{konst.},$$

und dies ist ein Integral des Systems.

§ 114. Relative Integralinvarianten.

Bisher haben wir nur solche Integralinvarianten in Betracht gezogen, die die Invarianteneigenschaft besitzen, wenn der Bereich der Anfangswerte, über den integriert wird, völlig willkürlich gewählt werden kann. Sie werden zuweilen als *absolute* Integralinvarianten bezeichnet. Nunmehr gehen wir zu solchen Integralen über, die die Eigenschaft der Invarianz nur dann besitzen, wenn der Integrationsbereich eine *geschlossene* Mannigfaltigkeit ist (um in der Sprache der n-dimensionalen Geometrie zu reden). Sie werden als *relative* Integralinvarianten bezeichnet.

Die Theorie der relativen Integralinvarianten läßt sich folgendermaßen auf die Theorie der absoluten Integralinvarianten zurückführen.

Es sei

$$\int (M_1 \delta x_1 + M_2 \delta x_2 + \cdots + M_n \delta x_n)$$

eine relative Integralinvariante der Gleichungen

$$dx_r/dt = X_r \qquad (r = 1, 2, \ldots, n),$$

wo $M_1, M_2, \ldots, M_n, X_1, X_2, \ldots, X_n$ Funktionen von $x_1, x_2, \ldots, x_n, t$ sind. Dieser Ausdruck ist also invariant in bezug auf t, wenn die Integration in dem Raum mit den Koordinaten $x_1, x_2, \ldots, x_n$ über diejenige geschlossene Kurve erstreckt wird, die zur Zeit t der Ort aller anfänglich auf einer bestimmten geschlossenen Raumkurve gelegenen Punkte ist.

Nach dem Satz von Stokes ist dies Integral gleich dem Integral

$$\iint \sum_{i,j} \left(\frac{\partial M_i}{\partial x_j} - \frac{\partial M_j}{\partial x_i}\right) \delta x_i \, \delta x_j ,$$

wo die Integration nunmehr über ein von der Kurve begrenztes Flächenstück erstreckt ist. Dies Flächenstück kann als der Ort der Punkte zur Zeit t angesehen werden, die sich ursprünglich auf einem bestimmten von der Anfangslage der geschlossenen Kurve begrenzten Flächenstück befinden. Da das Flächenstück keine geschlossene Fläche ist, stellt dies Integral eine *absolute* Integralinvariante zweiter Ordnung der Gleichungen dar.

Entsprechend kann man mit Hilfe einer Verallgemeinerung des Stokesschen Satzes nachweisen, daß jede relative Integralinvariante p^{ter} Ordnung einer absoluten Integralinvariante $(p+1)^{\text{ter}}$ Ordnung äquivalent ist.

§ 115. Eine allen Hamiltonschen Systemen gemeinsame relative Integralinvariante.

Wir gehen nun zu dem Fall über, daß das System der Differentialgleichungen ein Hamiltonsches System ist, sich also in der Form schreiben läßt

$$\frac{dq_r}{dt} = \frac{\partial H}{\partial p_r}, \qquad \frac{dp_r}{dt} = -\frac{\partial H}{\partial q_r} \qquad (r = 1, 2, \ldots, n),$$

wo H eine gegebene Funktion von $q_1, q_2, \ldots, q_n, p_1, p_2, \ldots, p_n, t$ ist.

Für dieses System sei $\Omega = \int L\,dt$ das Hamiltonsche Integral, so daß L das kinetische Potential bedeutet. Ferner seien $\alpha_1, \alpha_2, \ldots, \alpha_n, \beta_1, \beta_2, \ldots, \beta_n$ die Anfangswerte der Veränderlichen $q_1, q_2, \ldots, q_n, p_1, p_2, \ldots, p_n$; δ bezeichne den Übergang von einem Punkt einer Bahnkurve zu dem gleichzeitigen Punkt auf der benachbarten Bahnkurve. Nach § 99 haben wir dann

$$\delta\Omega = \sum_{r=1}^{n} p_r \, \delta q_r - \sum_{r=1}^{n} \beta_r \, \delta \alpha_r .$$

Es sei C_0 eine beliebige geschlossene Kurve im Raum von $2p$ Dimensionen mit den Koordinaten $q_1, q_2, \ldots, q_n, p_1, p_2, \ldots, p_n$, C die geschlossene Kurve, auf der sich die ursprünglich auf C_0 gelegenen Punkte zur Zeit t befinden. Die Integration der letzten Gleichung über das System der C_0 und C verbindenden Systembahnen ergibt

$$\int_C \sum_{r=1}^{n} p_r \, \delta q_r = \int_{C_0} \sum_{r=1}^{n} \beta_r \, \delta \alpha_r .$$

Diese Gleichung zeigt, *daß die Größe* $\int \sum_{r=1}^{n} p_r \, \delta q_r$ *eine relative Integralinvariante eines jeden Hamiltonschen Differentialgleichungssystems ist.*

§ 116. Über die Systeme mit der relativen Integralinvariante $\int\sum p\,\delta q$.

Wir untersuchen nunmehr das durch das Ergebnis des vorigen Paragraphen nahegelegte umgekehrte Problem: die Bestimmung aller Systeme von Differentialgleichungen, die die relative Integralinvariante $\int\sum_{r=1}^{n} p_r\,\delta q_r$ besitzen, wo $q_1, q_2, \ldots, q_n$ die eine Hälfte, $p_1, p_2, \ldots, p_n$ die andere Hälfte der abhängigen Veränderlichen darstellen.

Vorgelegt sei ein System gewöhnlicher Differentialgleichungen der Ordnung $2n$, deren Veränderliche sich in zwei Reihen $q_1, q_2 \ldots, q_n$ und $p_1, p_2, \ldots, p_n$ derart zerlegen lassen, daß

$$\int (p_1\,\delta q_1 + p_2\,\delta q_2 + \ldots + p_n\,\delta q_n)$$

eine relative Integralinvariante der Gleichungen, nach dem Satz von Stokes also

$$\int\!\!\int (\delta p_1\,\delta q_1 + \delta p_2\,\delta q_2 + \ldots + \delta p_n\,\delta q_n)$$

eine absolute Integralinvariante darstellt.

Das System der Differentialgleichungen sei

$$\frac{dq_r}{dt} = Q_r, \qquad \frac{dp_r}{dt} = P_r \qquad (r = 1, 2, \ldots, n),$$

wo $Q_1, Q_2, \ldots, Q_n$, $P_1, P_2, \ldots, P_n$ gegebene Funktionen von $q_1, q_2, \ldots, q_n$, $p_1, p_2, \ldots, p_n, t$ bedeuten. Da der Integrationsbereich der absoluten Integralinvarianten zweidimensional ist, können wir annehmen, daß jeder Punkt durch zwei Größen λ, μ festgelegt wird, die sich mit der Zeit nicht ändern, sondern für diejenige Systembahn charakteristisch sind, auf der der fragliche Punkt liegt. Die absolute Integralinvariante läßt sich demnach in der Form darstellen

$$\int\!\!\int \left(\sum_{i=1}^{n} \frac{\partial(q_i, p_i)}{\partial(\lambda, \mu)}\right) d\lambda\, d\mu .$$

Da λ, μ nicht mit der Zeit variieren, ist also

$$\frac{d}{dt}\sum_{i=1}^{n} \frac{\partial(q_i, p_i)}{\partial(\lambda, \mu)} = 0$$

oder

$$\sum_{i=1}^{n}\left\{\frac{\partial(Q_i, p_i)}{\partial(\lambda, \mu)} + \frac{\partial(q_i, P_i)}{\partial(\lambda, \mu)}\right\} = 0$$

oder

$$\sum_{i=1}^{n}\sum_{k=1}^{n}\left\{\frac{\partial Q_i}{\partial q_k}\frac{\partial(q_k, p_i)}{\partial(\lambda, \mu)} + \frac{\partial Q_i}{\partial p_k}\frac{\partial(p_k, p_i)}{\partial(\lambda, \mu)} + \frac{\partial P_i}{\partial q_k}\frac{\partial(q_i, q_k)}{\partial(\lambda, \mu)} + \frac{\partial P_i}{\partial p_k}\frac{\partial(q_i, p_k)}{\partial(\lambda, \mu)}\right\} = 0.$$

Infolge der Willkür in der Wahl des Integrationsbereiches und der Größen λ, μ müssen die Koeffizienten von $\frac{\partial q_k}{\partial \lambda}\frac{\partial p_i}{\partial \mu}$, $\frac{\partial q_i}{\partial \lambda}\frac{\partial q_k}{\partial \mu}$ und $\frac{\partial p_k}{\partial \lambda}\frac{\partial p_i}{\partial \mu}$ in dieser Gleichung einzeln verschwinden. Dadurch erhalten wir

$$\begin{aligned} \frac{\partial Q_i}{\partial q_k} + \frac{\partial P_k}{\partial p_i} &= 0 \\ \frac{\partial P_i}{\partial q_k} - \frac{\partial P_k}{\partial q_i} &= 0 \qquad (i, k = 1, 2, \ldots, n). \\ \frac{\partial Q_i}{\partial p_k} - \frac{\partial Q_k}{\partial p_i} &= 0 \end{aligned}$$

Diese Gleichungen lehren, daß es eine Funktion

$$H(q_1, q_2, \ldots, q_n, p_1, p_2, \ldots, p_n, t)$$

gibt, derart, daß

$$Q_r = \partial H/\partial p_r, \qquad P_r = -\partial H/\partial q_r \qquad (r = 1, 2, \ldots, n)$$

ist. So haben wir das Ergebnis: *Besitzt ein Gleichungssystem*

$$\frac{dq_r}{dt} = Q_r, \qquad \frac{dp_r}{dt} = P_r \qquad (r = 1, 2, \ldots, n)$$

die relative Integralinvariante

$$\int (p_1 \delta q_1 + p_2 \delta q_2 + \cdots + p_n \delta q_n),$$

so haben die Gleichungen die Hamiltonsche Form

$$\frac{dq_r}{dt} = \frac{\partial H}{\partial p_r}, \qquad \frac{dp_r}{dt} = -\frac{\partial H}{\partial q_r} \qquad (r = 1, 2, \ldots, n).$$

Dies ist die Umkehrung des im vorigen Paragraphen bewiesenen Satzes.

Zusatz. Ist

$$\int (p_1 \delta q_1 + p_2 \delta q_2 + \cdots + p_n \delta q_n)$$

eine relative Integralinvariante eines Gleichungssystems

$$dq_r/dt = Q_r, \quad dp_r/dt = P_r \qquad (r = 1, 2, \ldots, k),$$

wo $k > n$ ist, so folgt in derselben Weise, daß die Gleichungen für $q_1, q_2, \ldots, q_n$, $p_1, p_2, \ldots, p_n$ ein Hamiltonsches System

$$\frac{dq_r}{dt} = \frac{\partial H}{\partial p_r}, \qquad \frac{dp_r}{dt} = -\frac{\partial H}{\partial q_r} \qquad (r = 1, 2, \ldots, n)$$

bilden, wo H eine Funktion von $q_1, q_2, \ldots, q_n$, $p_1, p_2, \ldots, p_n, t$ allein ist, unabhängig von $q_{n+1}, q_{n+2}, \ldots, q_k, p_{n+1}, \ldots, p_k$.

§ 117. Die Integralinvarianten als Funktionen der Integrale.

Ist die Lösung eines Systems von Differentialgleichungen

$$\frac{dx_r}{dt} = X_r(x_1\, x_2, \ldots, x_n, t) \qquad (r = 1, 2, \ldots, n)$$

bekannt, so lassen sich die absoluten und relativen Integralinvarianten des Systems leicht aufstellen.

Es seien etwa

$$y_1(x_1, x_2, \ldots, x_n, t) = c_1, y_2(x_1, x_2, \ldots, x_n, t) = c_2, \ldots, y_n(x_1, x_2, \ldots, x_n, t) = c_n,$$

wo $c_1, c_2, \ldots, c_n$ Konstanten sind, die n Integrale des Systems. Offenbar sind dann die absoluten Integralinvarianten erster Ordnung gegeben durch die Formel

$$\int (N_1 \delta y_1 + N_2 \delta y_2 + \ldots + N_n \delta y_n),$$

wo $N_1, N_2, \ldots N_n$ willkürliche Funktionen von $y_1, y_2, \ldots, y_n$ sind, die t nicht enthalten. Die relativen Integralinvarianten erster Ordnung dagegen sind gegeben durch

$$\int (N_1 \delta y_1 + N_2 \delta y_2 + \ldots + N_n \delta y_n + \delta F),$$

wo F eine willkürliche Funktion von $x_1, x_2, \ldots, x_n, t$ ist, da das Glied $\int \delta F$ für einen geschlossenen Integrationsbereich verschwindet.

Daraus ergibt sich, daß jedes System von Differentialgleichungen unendlich viele absolute und relative Integralinvarianten erster Ordnung besitzt.

§ 118. Der Satz von Lie und Koenigs.

Die vorstehenden Ergebnisse ermöglichen uns den Beweis eines Satzes von Lie[1]) und Koenigs[2]) über die Reduktion eines Systems gewöhnlicher Differentialgleichungen auf die Hamiltonsche Form.

Es sei

$$\frac{d x_r}{d t} = X_r \qquad (r = 1, 2, \ldots, k)$$

das gegebene Gleichungssystem,

$$\int (\xi_1 \delta x_1 + \xi_2 \delta x_2 + \ldots + \xi_k \delta x_k)$$

eine beliebige relative oder absolute Integralinvariante erster Ordnung dieses Systems, wo $\xi_1, \xi_2, \ldots, \xi_k$ gegebene Funktionen der Veränderlichen sind. Wir sahen im vorigen Paragraphen, daß es unendlich viele derartige Integralinvarianten gibt.

Nun möge die Differentialform

$$\xi_1 \delta x_1 + \xi_2 \delta x_2 + \ldots + \xi_k \delta x_k$$

auf die kanonische Form

$$p_1 \delta q_1 + p_2 \delta q_2 + \ldots + p_n \delta q_n - \delta \Omega$$

gebracht sein, wo

$$p_1, p_2, \ldots, p_n, \quad q_1, q_2, \ldots, q_n, \Omega$$

---

1) *Archiv for Math. og Naturv.* Bd. 2, S. 10. 1877.
2) *Comptes Rendus* Bd. 121, S. 875. 1895.

unabhängige Funktionen von $x_1, x_2, \ldots, x_k$ sind, deren Anzahl k nicht übersteigt; dabei kann Ω gleich Null sein[1]). Es sei $u_1, u_2, \ldots, u_{k-2n}$ ein weiteres System von Funktionen von $x_1, x_2, \ldots, x_k$ von der Art, daß die k Größen $u_1, u_2, \ldots, u_{k-2n}, q_1, q_2, \ldots, q_n, p_1, p_2, \ldots, p_n$ unabhängige Funktionen von $x_1, x_2, \ldots, x_k$ darstellen. Weiter möge das System der Differentialgleichungen durch die Einführung dieser k Funktionen als unabhängige Veränderliche übergehen in

$$dq_r/dt = Q_r, \quad dp_r/dt = P_r \qquad (r = 1, 2, \ldots, n),$$
$$du_s/dt = U_s \qquad (s = 1, 2, \ldots, k - 2n),$$

wo $Q_1, Q_2, \ldots, Q_n, P_1, P_2, \ldots, P_n, U_1, U_2, \ldots, U_{k-2n}$ Funktionen der neuen Veränderlichen sind.

Die Größe

$$\int (p_1 \delta q_1 + p_2 \delta q_2 + \ldots + p_n \delta q_n)$$

ist eine (relative oder absolute) Integralinvariante dieses Systems, da die Integralinvarianz durch Transformationen der hier ausgeführten Art nicht beeinflußt wird. Daher folgt (§ 116), daß die ersten $2n$ Gleichungen die Form

$$\frac{dq_r}{dt} = \frac{\partial H}{\partial p_r}, \quad \frac{dp_r}{dt} = -\frac{\partial H}{\partial q_r} \qquad (r = 1, 2, \ldots, n)$$

haben, wo H eine Funktion von $q_1, q_2, \ldots, q_n, p_1, p_2, \ldots p_n, t$ allein ist. Das gegebene System von Differentialgleichungen ist somit auf ein Hamiltonsches System der Ordnung $2n$ und auf $k - 2n$ Zusatzgleichungen

$$\frac{du_s}{dt} = U_s \qquad (s = 1, 2, \ldots, k - 2n)$$

zurückgeführt.

§ 119. Der letzte Multiplikator.

Bevor wir zur Betrachtung von Integralinvarianten höherer Ordnung übergehen, führen wir den von Jacobi[2]) im Jahre 1844 angegebenen Begriff des *letzten Multiplikators* eines Gleichungssystems ein.

Es sei

$$\frac{dx_1}{X_1} = \frac{dx_2}{X_2} = \ldots = \frac{dx_n}{X_n} = \frac{dx}{X},$$

wo $X_1, X_2, \ldots, X_n, X$ gegebene Funktionen der Veränderlichen $x_1, x_2, \ldots, x_n, x$ sind, ein gegebenes Gleichungssystem. Wir nehmen an, daß $n - 1$ Integrale dieses Systems bekannt sind. Sie seien

$$f_r(x_1, x_2, \ldots, x_n, x) = a_r \qquad (r = 1, 2, \ldots, n - 1).$$

---

[1]) Den Beweis für die Möglichkeit dieser Reduktion (die jedoch im allgemeinen die Lösung einer Anzahl gewöhnlicher Differentialgleichungen erfordert) findet man in jedem Lehrbuch über das Pfaffsche Problem.

[2]) *Journ. f. Math.* Bd. 27, S. 199; Bd. 29, S. 213, 333.

Vermöge dieser Gleichungen seien $x_1, x_2, \ldots, x_{n-1}$ als Funktionen von x_n und x dargestellt. Dann bleibt nur noch die Lösung der einen Gleichung erster Ordnung

$$\frac{dx_n}{X'_n} = \frac{dx}{X'}$$

auszuführen. Dabei bedeuten die Akzente, daß $x_1, x_2, \ldots, x_{n-1}$ in X_n und X durch die oben erhaltenen Werte ersetzt sind.

Wir weisen nach, daß *das Integral dieser Gleichung lautet*

$$\int \frac{M'}{\varDelta'} (X' d x_n - X'_n d x) = \text{konst.},$$

wo M eine Lösung der partiellen Differentialgleichung

$$\frac{\partial}{\partial x_1}(MX_1) + \frac{\partial}{\partial x_2}(MX_2) + \ldots + \frac{\partial}{\partial x_n}(MX_n) + \frac{\partial}{\partial x}(MX) = 0$$

und $\varDelta$ die Jacobische Funktionaldeterminante bedeutet:

$$\varDelta = \frac{\partial(f_1, f_2, \ldots, f_{n-1})}{\partial(x_1, x_2, \ldots, x_{n-1})}.$$

Die Funktion M wird der *letzte Multiplikator* des Systems der Differentialgleichungen genannt.

Zum Beweise dieses Satzes bedienen wir uns des folgenden Hilfssatzes:

Wird ein System von Differentialgleichungen

$$dx_r/dt = X_r \qquad (r = 1, 2, \ldots, n)$$

durch Koordinatentransformation in ein anderes System

$$dy_r/dt = Y_r \qquad (r = 1, 2, \ldots, n)$$

übergeführt, so ist

$$\sum_{r=1}^{n} \frac{\partial X_r}{\partial x_r} = \frac{1}{D} \sum_{r=1}^{n} \frac{\partial(D Y_r)}{\partial y_r},$$

wo D die Funktionaldeterminante

$$\frac{\partial(x_1, x_2, \ldots, x_n)}{\partial(y_1, y_2, \ldots, y_n)}$$

bedeutet.

Der Beweis läßt sich folgendermaßen führen. Es ist

$$\sum_{r=1}^{n} \frac{\partial X_r}{\partial x_r} = \sum_{r=1}^{n} \frac{\partial}{\partial x_r}\left(\sum_{k=1}^{n} Y_k \frac{\partial x_r}{\partial y_k}\right)$$

$$= \sum_{r=1}^{n} \sum_{s=1}^{n} \frac{\partial y_s}{\partial x_r} \frac{\partial}{\partial y_s}\left(\sum_{k=1}^{n} Y_k \frac{\partial x_r}{\partial y_r}\right)$$

$$= \sum_{r=1}^{n} \sum_{s=1}^{n} \sum_{k=1}^{n} \frac{\partial y_s}{\partial x_r}\left(Y_k \frac{\partial^2 x_r}{\partial y_s \partial y_k} + \frac{\partial Y_k}{\partial y_s} \frac{\partial x_r}{\partial y_k}\right).$$

In diesem Ausdruck ist der Koeffizient von $\partial Y_k/\partial y_s$ gleich $\sum_{r=1}^{n} \frac{\partial y_s}{\partial x_r} \frac{\partial x_r}{\partial y_k}$; er hat den Wert Null oder Eins, je nachdem s ungleich k oder s gleich k ist. Ferner ist $\partial y_s/\partial x_r = A_{rs}/D$, wo A_{rs} die Unterdeterminante von $\partial x_r/\partial y_s$ in der Determinante D bedeutet. Daher kann der Koeffizient von Y_k in dem obigen Ausdruck, der gleich

$$\sum_{r=1}^{n} \sum_{s=1}^{n} \frac{\partial y_s}{\partial x_r} \frac{\partial^2 x_r}{\partial y_s \partial y_k}$$

ist, in der Form geschrieben werden

$$\frac{1}{D} \sum_{r=1}^{n} \sum_{s=1}^{n} A_{rs} \frac{\partial^2 x_r}{\partial y_s \partial y_k} \quad \text{oder} \quad \frac{1}{D} \sum_{r=1}^{n} \frac{\partial(x_1, x_2, \ldots, x_{r-1}, \partial x_r/\partial y_k, x_{r+1}, \ldots, x_n)}{\partial(y_1, y_2, \ldots, y_n)}$$

oder

$$\frac{1}{D} \frac{\partial D}{\partial y_k}.$$

Also haben wir

$$\sum_{r=1}^{n} \frac{\partial X_r}{\partial x_r} = \sum_{k=1}^{n} \frac{\partial Y_k}{\partial y_k} + \sum_{k=1}^{n} \frac{Y_k}{D} \frac{\partial D}{\partial y_k}$$
$$= \frac{1}{D} \sum_{k=1}^{n} \frac{\partial (D Y_k)}{\partial y_k},$$

womit der Hilfssatz bewiesen ist.

Nun setzen wir in dem ursprünglichen Problem

$$\frac{d x_1}{X_1} = \frac{d x_2}{X_2} = \cdots = \frac{d x_n}{X_n} = \frac{d x}{X} = d t$$

und vollziehen den Übergang von den Veränderlichen $x_1, x_2, \ldots, x_n, x$ zu $a_1, a_2, \ldots, a_{n-1}, x_n, x$. Nach dem Hilfssatz ist dann

$$\frac{\partial X_1}{\partial x_1} + \frac{\partial X_2}{\partial x_2} + \cdots + \frac{\partial X_n}{\partial x_n} + \frac{\partial X}{\partial x} = \Delta \left\{ \frac{\partial}{\partial x_n} \left(\frac{X_n'}{\Delta'} \right) + \frac{\partial}{\partial x} \left(\frac{X'}{\Delta'} \right) \right\};$$

daher genügt die Größe M, die eine Lösung der Gleichung

$$\frac{1}{M} \frac{dM}{dt} + \frac{\partial X_1}{\partial x_1} + \frac{\partial X_2}{\partial x_2} + \cdots + \frac{\partial X_n}{\partial x_n} + \frac{\partial X}{\partial x} = 0$$

ist, der Gleichung

$$\frac{1}{\Delta M} \frac{dM}{dt} + \frac{\partial}{\partial x_n} \left(\frac{X_n'}{\Delta'} \right) + \frac{\partial}{\partial x} \left(\frac{X'}{\Delta'} \right) = 0$$

oder

$$\frac{\partial}{\partial x_n} \left(\frac{X_n' M'}{\Delta'} \right) + \frac{\partial}{\partial x} \left(\frac{X' M'}{\Delta'} \right) = 0.$$

Letztere zeigt, daß

$$\frac{M'}{\Delta'}(X'\,d\,x_n - X'_n\,d\,x)$$

das vollständige Differential einer Funktion von x_n und x darstellt, womit der Satz vom letzten Multiplikator bewiesen ist.

Die hydrodynamische Darstellung des letzten Multiplikators nach Boltzmann und Larmor.

Der Satz vom letzten Multiplikator kann auch mit Hilfe physikalischer Überlegungen abgeleitet werden. Zur Vereinfachung beschränken wir die Zahl der Veränderlichen auf drei, so daß die Differentialgleichungen die Gestalt

$$\frac{dx}{u} = \frac{dy}{v} = \frac{dz}{w}$$

annehmen, wo u, v, w gegebene Funktionen von x, y, z sind und der letzte Multiplikator der Gleichung genügt

$$\frac{\partial}{\partial x}(Mu) + \frac{\partial}{\partial y}(Mv) + \frac{\partial}{\partial z}(Mw) = 0\,.$$

Diese Gleichung lehrt, daß in dem hydrodynamischen Problem der stationären Flüssigkeitsbewegung mit den Geschwindigkeitskomponenten u, v, w im Punkt (x, y, z) die Kontinuitätsbedingung erfüllt ist, wenn M als die Dichte der Flüssigkeit im Punkt (x, y, z) gedeutet wird.

Nun sei

$$\varphi(x, y, z) = C$$

ein Integral der Differentialgleichungen. Dann verläuft die Strömung zwischen den Flächen der durch diese Gleichung dargestellten Schar. Es genügt daher, die Strömung in der durch zwei benachbarte Flächen C und $C + \delta C$ begrenzten zweidimensionalen Schicht zu betrachten. Die Strömung durch den Zwischenraum zwischen zwei beliebigen gegebenen Punkten P und Q auf C muß für alle P und Q auf der Fläche verbindenden Kurvenbogen gleich groß sein. Da die Strömung durch die Bogenstücke PR und RQ zusammengenommen geradeso groß ist wie die Strömung durch den Bogen PQ, so läßt sich die Strömung durch ein beliebiges Bogenstück PQ in der Gestalt $f(Q) - f(P)$ darstellen. Bedeutet also ds ein Bogenelement, τ die (veränderliche) Dicke der Schicht, so daß

$$\tau = \{(\partial\varphi/\partial x)^2 + (\partial\varphi/\partial y)^2 + (\partial\varphi/\partial z)^2\}^{-\frac{1}{2}}\delta C$$

ist, und ξ die Geschwindigkeitskomponente senkrecht zu ds, so ist

$$\int\limits_P^Q M\,\xi\,\tau\,d\,s = f(Q) - f(P)\,,$$

also $M\,\xi\,\tau\,d\,s$ das vollständige Differential einer Ortsfunktion. Man erkennt leicht, daß dieser Ausdruck sich in der Form $M\,\delta C\,(v\,d\,x - u\,d\,y)/(\partial\varphi/\partial z)$ schreiben läßt. Infolgedessen ist

$$\frac{M(v\,d\,x - u\,d\,y)}{\partial\varphi/\partial z}$$

ein vollständiges Differential. Dies ist der Satz vom letzten Multiplikator für den vorliegenden Fall.

Für $\xi\,d\,s$ finden wir leicht den Wert

$$(\varphi_x^2 + \varphi_y^2 + \varphi_z^2)^{-\frac{1}{2}}\begin{vmatrix} d\,x & d\,y & d\,z \\ u & v & w \\ \varphi_x & \varphi_y & \varphi_z \end{vmatrix}.$$

So besagt der Satz tatsächlich, daß $M(\varphi_x^2 + \varphi_y^2 + \varphi_z^2)^{-\frac{1}{2}}$ ein *integrierender Faktor* der Gleichung

$$\begin{vmatrix} dx & dy & dz \\ u & v & w \\ \varphi_x & \varphi_y & \varphi_z \end{vmatrix} = 0$$

ist. Dies ist, wie Appell: *Comptes Rendus* Bd. 155, S. 878. 1912, bemerkte, eine symmetrische Form des Satzes vom letzten Multiplikator.

§ 120. Ableitung eines Integrals aus zwei Multiplikatoren.

Wir nehmen an, daß wir zwei verschiedene Lösungen M und N der partiellen Differentialgleichung für den letzten Multiplikator gefunden haben, so daß

$$\left(X_1 \frac{\partial}{\partial x_1} + X_2 \frac{\partial}{\partial x_2} + \dots + X_n \frac{\partial}{\partial x_n} + X \frac{\partial}{\partial x}\right) \log M$$
$$+ \frac{\partial X_1}{\partial x_1} + \frac{\partial X_2}{\partial x_2} + \dots + \frac{\partial X_n}{\partial x_n} + \frac{\partial X}{\partial x} = 0$$

und

$$\left(X_1 \frac{\partial}{\partial x_1} + X_2 \frac{\partial}{\partial x_2} + \dots + X_n \frac{\partial}{\partial x_n} + X \frac{\partial}{\partial x}\right) \log N$$
$$+ \frac{\partial X_1}{\partial x_1} + \frac{\partial X_2}{\partial x_2} + \dots + \frac{\partial X_n}{\partial x_n} + \frac{\partial X}{\partial x} = 0$$

ist.

Die Subtraktion dieser Gleichungen ergibt

$$\left(X_1 \frac{\partial}{\partial x_1} + X_2 \frac{\partial}{\partial x_2} + \dots + X_n \frac{\partial}{\partial x_n} + X \frac{\partial}{\partial x}\right) \log \frac{M}{N} = 0 .$$

Dies ist aber die Bedingung dafür, daß die Gleichung

$$\log(M/N) = \text{konst.}$$

ein Integral des Systems

$$\frac{dx_1}{X_1} = \frac{dx_2}{X_2} = \dots = \frac{dx_n}{X_n} = \frac{dx}{X}$$

darstellt. Wir haben daher den Satz: *Der Quotient zweier letzter Multiplikatoren eines Systems von Differentialgleichungen ist ein Integral des Systems.*

Der mit der Theorie der infinitesimalen Transformationen vertraute Leser wird ohne Schwierigkeit beweisen können, daß, wenn die Gleichung

$$X_1 \frac{\partial f}{\partial x_1} + X_2 \frac{\partial f}{\partial x_2} + \dots + X_n \frac{\partial f}{\partial x_n} + X \frac{\partial f}{\partial x} = 0$$

die infinitesimalen Transformationen

$$\xi_{i1} \frac{\partial f}{\partial x_1} + \xi_{i2} \frac{\partial f}{\partial x_2} + \dots + \xi_{in} \frac{\partial f}{\partial x_n} + \xi_i \frac{\partial f}{\partial x} \qquad (i = 1, 2, \dots, n)$$

zuläßt, der reziproke Wert der Determinante

$$\begin{vmatrix} X_1 & X_2 & \dots & X_n & X \\ \xi_{11} & \xi_{12} & \dots & \xi_{1n} & \xi_1 \\ \dots & \dots & \dots & \dots & \dots \\ \dots & \dots & \dots & \dots & \dots \\ \xi_{n1} & \xi_{n2} & \dots & \xi_{nn} & \xi_n \end{vmatrix}$$

ein letzter Multiplikator ist.

§ 121. Anwendung der Theorie des letzten Multiplikators auf Hamiltonsche Systeme; Benutzung eines einzigen bekannten Integrals.

Ist das betrachtete System von Differentialgleichungen ein Hamiltonsches, so ist offenbar $\sum_r \partial X_r / \partial x_r = 0$, also $M = 1$ eine Lösung der partiellen Differentialgleichung zur Bestimmung des letzten Multiplikators. *Der letzte Multiplikator eines Hamiltonschen Gleichungssystems ist mithin die Einheit.*

Aus diesem Ergebnis können wir einen Satz herleiten, der die vollständige Integration eines konservativen holonomen dynamischen Systems mit zwei Freiheitsgraden auszuführen gestattet, wenn neben dem Energieintegral ein weiteres Integral bekannt ist.

Das System sei

$$\frac{dq_1}{\frac{\partial H}{\partial p_1}} = \frac{dq_2}{\frac{\partial H}{\partial p_2}} = \frac{dp_1}{-\frac{\partial H}{\partial q_1}} = \frac{dp_2}{-\frac{\partial H}{\partial q_2}} = dt,$$

und außer dem Energieintegral $H(q_1, q_2, p_1, p_2) = h$ sei ein Integral $V(q_1, q_2, p_1, p_2) = c$ bekannt. Nach dem Satz vom letzten Multiplikator ist

$$\int \frac{1}{\frac{\partial(V, H)}{\partial(p_1, p_2)}} \left\{ \frac{\partial H}{\partial p_2} dq_1 - \frac{\partial H}{\partial p_1} dq_2 \right\} = \text{konst.}$$

ein weiteres Integral. Dabei sollen in dem Integranden p_1 und p_2 durch ihre aus den bekannten Integralen H und V gewonnenen Werte als Funktionen von q_1 und q_2 ausgedrückt sein.

Wenn aber die Auflösung der Gleichungen $H = h$ und $V = c$ nach p_1 und p_2 die Gleichungen

$$p_1 = f_1(q_1, q_2, h, c),$$
$$p_2 = f_2(q_1, q_2, h, c)$$

ergibt, so gilt identisch

$$\frac{\partial H}{\partial p_1}\frac{\partial f_1}{\partial c} + \frac{\partial H}{\partial p_2}\frac{\partial f_2}{\partial c} = 0,$$

$$\frac{\partial V}{\partial p_1}\frac{\partial f_1}{\partial c} + \frac{\partial V}{\partial p_2}\frac{\partial f_2}{\partial c} = 1$$

und daher

$$\frac{\partial f_1}{\partial c} = \frac{\partial H / \partial p_2}{\frac{\partial (V, H)}{\partial (p_1, p_2)}}, \qquad \frac{\partial f_2}{\partial c} = \frac{-\partial H / \partial p_1}{\frac{\partial (V, H)}{\partial (p_1, p_2)}}.$$

Der Satz vom letzten Multiplikator ist also gleichwertig mit der Behauptung, daß

$$\int \left(\frac{\partial f_1}{\partial c} d q_1 + \frac{\partial f_2}{\partial c} d q_2 \right)$$

ein Integral ist.

Dies Ergebnis führt unmittelbar zu dem schon erwähnten Satz, den wir folgendermaßen aussprechen[1]): *Hat das durch die Gleichungen*

$$\frac{d q_r}{d t} = \frac{\partial H}{\partial p_r}, \qquad \frac{d p_r}{d t} = - \frac{\partial H}{\partial q_r} \qquad (r = 1, 2)$$

definierte dynamische System das Energieintegral $H(q_1, q_2, p_1, p_2) = h$ *und ein weiteres Integral* $V(q_1, q_2, p_1, p_2) = c$, *das die Zeit nicht explizit enthält, so ist der Ausdruck* $p_1 d q_1 + p_2 d q_2$, *in dem* p_1, p_2 *die aus diesen Integralen berechneten Werte haben, das vollständige Differential einer Funktion* $\vartheta (q_1, q_2, h, c)$, *und die beiden anderen Integrale des Systems sind*

$$\frac{\partial \vartheta}{\partial c} = \text{konst.}, \qquad \frac{\partial \vartheta}{\partial h} = t + \text{konst.}$$

Dieser Satz besagt: Wird eine einfach unendliche Schar von Bahnkurven ausgewählt (z. B. die von einem Punkt $q_1 = \alpha_1$, $q_2 = \alpha_2$ ausgehenden Bahnkurven), die die gleiche Energie besitzen, so daß jedem Punkt (q_1, q_2) bestimmte Werte p_1, p_2 zugeordnet sind (nämlich die Werte p_1, p_2, die der durch den Punkt (q_1, q_2) gehenden und der Schar angehörenden Bahnkurve entsprechen), so ist der Wert des über eine beliebige Verbindungskurve zweier bestimmter Punkte (q_{10}, q_{20}) und (q_{11}, q_{21}) erstreckten Integrals $\int (p_1 d q_1 + p_2 d q_2)$ unabhängig von dem Weg.

Zur Vervollständigung des Beweises leiten wir durch Differentiation der Gleichungen $H = h$, $V = c$ die Gleichungen ab

$$\frac{\partial H}{\partial q_1} + \frac{\partial H}{\partial p_1} \frac{\partial f_1}{\partial q_1} + \frac{\partial H}{\partial p_2} \frac{\partial f_2}{\partial q_1} = 0,$$

$$\frac{\partial V}{\partial q_1} + \frac{\partial V}{\partial p_1} \frac{\partial f_1}{\partial q_1} + \frac{\partial V}{\partial p_2} \frac{\partial f_2}{\partial q_1} = 0.$$

---

[1]) Dieser Satz ist nichts anderes als eine Anwendung der bekannten Lösungsmethode für partielle Differentialgleichungen erster Ordnung. Die Gleichungen des dynamischen Systems sind nämlich die Gleichungen der Charakteristiken der partiellen Differentialgleichung. Als Satz der Dynamik wurde er von Jacobi 1836: *Comptes Rendus* Bd. 3, S. 59, zunächst für einen Spezialfall (Bewegung eines einzelnen Massenpunktes) ausgesprochen, in der obigen allgemeinen Form von Poisson 1837: *Journ. de Math.* Bd. 2, S. 317, und Liouville 1840: *Journ. de Math.* Bd. 5, S. 351.

Aus ihnen folgt

$$\frac{\partial f_2}{\partial q_1} = \frac{\dfrac{\partial(V,H)}{\partial(q_1,p_1)}}{\dfrac{\partial(V,H)}{\partial(p_1,p_2)}}, \qquad \frac{\partial f_1}{\partial q_2} = \frac{\dfrac{\partial(V,H)}{\partial(p_2,q_2)}}{\dfrac{\partial(V,H)}{\partial(p_1,p_2)}}.$$

Da aber $V = c$ ein Integral ist, haben wir

$$\frac{\partial V}{\partial q_1}\dot q_1 + \frac{\partial V}{\partial p_1}\dot p_1 + \frac{\partial V}{\partial q_2}\dot q_2 + \frac{\partial V}{\partial p_2}\dot p_2 = 0$$

oder

$$\frac{\partial(V,H)}{\partial(q_1,p_1)} + \frac{\partial(V,H)}{\partial(q_2,p_2)} = 0,$$

daher

$$\frac{\partial f_2}{\partial q_1} - \frac{\partial f_1}{\partial q_2} = 0.$$

Diese Gleichung lehrt, daß $f_1\,d q_1 + f_2\,d q_2$ das vollständige Differential einer Funktion $\vartheta\,(q_1, q_2, h, c)$ ist, und das oben aus der Theorie des letzten Multiplikators abgeleitete Ergebnis zeigt dann, daß $\partial\vartheta/\partial c =$ konst. ein Integral ist.

Überdies ist

$$dt = \frac{d q_1}{\partial H/\partial p_1} = \frac{d q_2}{\partial H/\partial p_2}$$

und daher

$$dt = \frac{\dfrac{\partial V}{\partial p_2}\,d q_1 - \dfrac{\partial V}{\partial p_1}\,d q_2}{\dfrac{\partial(V,H)}{\partial(p_2,p_1)}}.$$

Wenn wir $\partial f_1/\partial h$ und $\partial f_2/\partial h$ in der gleichen Weise ausrechnen wie $\partial f_1/\partial c$ und $\partial f_2/\partial c$, so erhalten wir

$$\frac{\partial f_1}{\partial h} = \frac{\partial V}{\partial p_2}\Big/\frac{\partial(V,H)}{\partial(p_2,p_1)}, \qquad \frac{\partial f_2}{\partial h} = \frac{\partial V}{\partial p_1}\Big/\frac{\partial(V,H)}{\partial(p_1,p_2)}.$$

Folglich ist

$$dt = \frac{\partial f_1}{\partial h}\,d q_1 + \frac{\partial f_2}{\partial h}\,d q_2$$

oder

$$t = \frac{\partial\vartheta}{\partial h} + \text{konst.},$$

womit der Beweis des Satzes vollständig geführt ist.

Aufgabe. In dem Problem der zwei Anziehungszentren (§ 53) seien r, r' die Radienvektoren nach den Kraftzentren, ϑ, ϑ' die Winkel, die r, r' mit der Verbindungslinie der Zentren bilden. Man leite das Integral

$$r^2 r'^2\,\dot\vartheta\,\dot\vartheta' - 2c\,(\mu\cos\vartheta + \mu'\cos\vartheta') = \text{konst.}$$

ab und vervollständige die Lösung mit Hilfe des obigen Satzes.

§ 122. Integralinvarianten, deren Ordnung gleich der Ordnung des Systems ist.

Die Theorie des letzten Multiplikators eines Differentialgleichungssystems hängt zusammen mit der Theorie der Integralinvarianten, deren Ordnung mit der Ordnung des Systems übereinstimmt.

Es sei

$$\frac{dx_r}{dt} = X_r \qquad (r = 1, 2, \ldots, k),$$

wo $X_1, X_2, \ldots, X_k$ gegebene Funktionen von $x_1, x_2, \ldots, x_k, t$ sind, ein System gewöhnlicher Differentialgleichungen. Unter welcher Bedingung ist

$$\int \ldots \int M\, \delta x_1\, \delta x_2 \ldots \delta x_k,$$

wo M eine Funktion der Veränderlichen ist, eine Integralinvariante?

Es sei $c_1, c_2, \ldots, c_k$ ein beliebiges System von Integrationskonstanten dieser Gleichungen, so daß nach Auflösung der Gleichungen $x_1, x_2, \ldots, x_k$ als Funktionen der $c_1, c_2, \ldots, c_k, t$ dargestellt werden können. Dann haben wir

$$\int \ldots \int M\, \delta x_1\, \delta x_2 \ldots \delta x_k = \int \ldots \int M \frac{\partial(x_1, x_2, \ldots, x_k)}{\partial(c_1, c_2, \ldots, c_k)}\, \delta c_1\, \delta c_2 \ldots \delta c_k.$$

Die Bedingung für Integralinvarianz lautet daher

$$\frac{d}{dt}\left\{M \frac{\partial(x_1, x_2, \ldots, x_k)}{\partial(c_1, c_2, \ldots, c_k)}\right\} = 0$$

oder

$$\frac{dM}{dt} \frac{\partial(x_1, x_2, \ldots, x_k)}{\partial(c_1, c_2, \ldots, c_k)} + M \sum_{r=1}^{k} \frac{\partial(x_1, x_2, \ldots, x_{r-1}, X_r, x_{r+1}, \ldots, x_k)}{\partial(c_1, c_2, \ldots, c_k)} = 0$$

oder

$$\frac{dM}{dt} \frac{\partial(x_1, x_2, \ldots, x_k)}{\partial(c_1, c_2, \ldots, c_k)} + M \sum_{r=1}^{k} \frac{\partial X_r}{\partial x_r} \frac{\partial(x_1, x_2, \ldots, x_k)}{\partial(c_1, c_2, \ldots, c_k)} = 0$$

oder

$$\frac{dM}{dt} + M \sum_{r=1}^{k} \frac{\partial X_r}{\partial x_r} = 0.$$

Die letzte Gleichung besagt, daß M ein letzter Multiplikator des Gleichungssystems sein muß.

Dies Ergebnis führt unmittelbar auf den Satz: *Ist die Bewegung eines dynamischen Systems bestimmt durch die Gleichungen*

$$\frac{dq_r}{dt} = \frac{\partial H}{\partial p_r}, \qquad \frac{dp_r}{dt} = -\frac{\partial H}{\partial q_r} \qquad (r = 1, 2, \ldots, n),$$

wo H eine willkürliche Funktion von $q_1, q_2, \ldots, q_n, p_1, p_2, \ldots, p_n, t$ *ist, so ist der Ausdruck*

$$\int \ldots \int \delta q_1\, \delta q_2 \ldots \delta q_n\, \delta p_1\, \delta p_2 \ldots \delta p_n$$

eine Integralinvariante des Systems. Der letzte Multiplikator ist in diesem Falle nämlich gleich Eins. Dieser Satz ist wichtig bei der Anwendung der Dynamik auf die Thermodynamik.

Aufgabe. In einem System mit zwei Freiheitsgraden habe das nach p_1 aufgelöste Energieintegral die Form

$$H'(q_1, q_2, p_2, h) + p_1 = 0.$$

Man zeige, daß für alle zu demselben Wert der Energiekonstanten gehörigen Bahnkurven die Größe

$$\frac{\partial H'}{\partial h}\, \delta q_1\, \delta q_2\, \delta p_2$$

unabhängig von t und auch von der Wahl der Koordinaten ist. Ferner zeige man, daß die Systembahnen sich deuten lassen als Stromlinien der stationären Bewegung einer Flüssigkeit mit der Dichte $\partial H'/\partial h$.

§ 123. Reduktion von Differentialgleichungen auf die Lagrangesche Form.

Ein weiteres Problem, in dem die Theorie des letzten Multiplikators Anwendung findet, ist das folgende: Unter welchen Bedingungen ist ein gegebenes System gewöhnlicher Differentialgleichungen zweiter Ordnung $\ddot{q}_k = f_k(\dot{q}_1, \dot{q}_2, \ldots, \dot{q}_n, q_1, q_2, \ldots, q_n)$ $(k = 1, 2, \ldots, n)$ einem Lagrangeschen System

$$\frac{d}{dt}\left(\frac{\partial L}{\partial \dot{q}_r}\right) - \frac{\partial L}{\partial q_r} = 0 \qquad (r = 1, 2, \ldots, n)$$

äquivalent, in dem L eine Funktion von $\dot{q}_1, \dot{q}_2, \ldots, \dot{q}_n, q_1, q_2, \ldots, q_n, t$ bedeutet?

Sind die beiden Systeme äquivalent, so müssen sich die Gleichungen

$$\sum_{k=1}^{n}\left(\frac{\partial^2 L}{\partial \dot{q}_r\, \partial \dot{q}_k}\ddot{q}_k + \frac{\partial^2 L}{\partial \dot{q}_r\, \partial q_k}\dot{q}_k\right) + \frac{\partial^2 L}{\partial \dot{q}_r\, \partial t} - \frac{\partial L}{\partial q_r} = 0 \quad (r = 1, 2, \ldots, n)$$

offenbar auf Identitäten reduzieren, wenn die Größen $\ddot{q}_k$ durch f_k ersetzt werden. *Daher besteht die gesuchte Bedingung in der Existenz einer Funktion L, die den simultanen partiellen Differentialgleichungen*

$$\sum_{k=1}^{n}\left(\frac{\partial^2 L}{\partial \dot{q}_r\, \partial \dot{q}_k} f_k + \frac{\partial^2 L}{\partial \dot{q}_r\, \partial q_k}\dot{q}_k\right) + \frac{\partial^2 L}{\partial \dot{q}_r\, \partial t} - \frac{\partial L}{\partial q_r} = 0 \quad (r = 1, 2, \ldots, n)$$

genügt, wo $\dot{q}_1, \dot{q}_2, \ldots, \dot{q}_n,\ q_1, q_2, \ldots, q_n, t$ *die unabhängigen Veränderlichen sind.*

Für $n = 1$ läßt sich diese Aufgabe mit Hilfe des letzten Multiplikators lösen. Denn L muß dann der Gleichung genügen:

$$\frac{\partial^2 L}{\partial \dot{q}^2} f + \frac{\partial^2 L}{\partial \dot{q}\, \partial q} \dot{q} + \frac{\partial^2 L}{\partial \dot{q}\, \partial t} - \frac{\partial L}{\partial q} = 0\,;$$

aus ihr folgt

$$-\frac{\partial}{\partial \dot{q}}\left(\frac{\partial^2 L}{\partial \dot{q}^2} f\right) = \frac{\partial}{\partial \dot{q}}\left(\frac{\partial^2 L}{\partial \dot{q}\, \partial q} \dot{q} + \frac{\partial^2 L}{\partial \dot{q}\, \partial t} - \frac{\partial L}{\partial q}\right)$$

$$= \frac{\partial^3 L}{\partial \dot{q}^2\, \partial q} \dot{q} + \frac{\partial^3 L}{\partial \dot{q}^2\, \partial t}\,.$$

Setzen wir also $\partial^2 L/\partial \dot{q}^2 = M$, so genügt M der Gleichung

$$\frac{\partial}{\partial \dot{q}}(M f) + \frac{\partial}{\partial q}(M \dot{q}) + \frac{\partial M}{\partial t} = 0\,.$$

Diese aber definiert den letzten Multiplikator M des Gleichungssystems

$$dt = \frac{dq}{\dot{q}} = \frac{d\dot{q}}{f(\dot{q}, q, t)}\,.$$

Für $n = 1$ ist also die Bestimmung der Funktion L auf die Bestimmung des letzten Multiplikators des Systems zurückgeführt.

§ 124. Der Spezialfall, daß die kinetische Energie eine quadratische Funktion der Geschwindigkeiten ist.

Für $n > 1$ ist der wichtigste Fall der, daß jede der Funktionen f zusammengesetzt ist aus einer homogenen quadratischen Funktion F_r in $\dot{q}_1, \dot{q}_2, \ldots, \dot{q}_n$ und einer von $\dot{q}_1, \dot{q}_2, \ldots, \dot{q}_n$ unabhängigen Funktion G_r. Es ist also zu untersuchen, ob die Gleichungen

$$\ddot{q}_r = F_r + G_r \qquad (r = 1, 2, \ldots, n)$$

einem System

$$\frac{d}{dt}\left(\frac{\partial T}{\partial \dot{q}_r}\right) - \frac{\partial T}{\partial q_r} = Q_r \qquad (r = 1, 2, \ldots, n)$$

äquivalent sind, wo T eine homogene quadratische Funktion von $\dot{q}_1, \dot{q}_2, \ldots, \dot{q}_n$ ist, deren Koeffizienten von den Veränderlichen $q_1, q_2, \ldots, q_n$ abhängen, und $Q_1, Q_2, \ldots, Q_n$ Funktionen von $q_1, q_2, \ldots, q_n$ allein sind.

Offenbar hängt T nicht von $G_1, G_2, \ldots, G_n$ ab; daher können wir annehmen, daß $G_1, G_2, \ldots, G_n$ alle Null sind, und das Problem untersuchen: Eine Funktion T zu bestimmen derart, daß die Gleichungen

$$\ddot{q}_r = F_r \qquad (r = 1, 2, \ldots, n)$$

dem System

$$\frac{d}{dt}\left(\frac{\partial T}{\partial \dot{q}_r}\right) - \frac{\partial T}{\partial q_r} = 0 \qquad (r = 1, 2, \ldots, n)$$

äquivalent sind.

Die Bedingung dafür ist das Vorhandensein einer Funktion T, die den partiellen Differentialgleichungen genügt

$$\sum_{k=1}^{n} \frac{\partial^2 T}{\partial \dot{q}_r\, \partial \dot{q}_k} F_k + \sum_{k=1}^{n} \frac{\partial^2 T}{\partial \dot{q}_r\, \partial q_k} \dot{q}_k - \frac{\partial T}{\partial q_r} = 0 \qquad (r = 1, 2, \ldots, n).$$

Da F_k homogen ist, so ist $\sum_{s=1}^{n} \dot{q}_s \, \partial F_k / \partial \dot{q}_s = 2 F_k$, also

$$\sum_{k=1}^{n} \frac{\partial^2 T}{\partial \dot{q}_r \partial \dot{q}_k} F_k = \frac{1}{2} \sum_{s=1}^{n} \sum_{k=1}^{n} \dot{q}_s \frac{\partial F_k}{\partial \dot{q}_s} \frac{\partial^2 T}{\partial \dot{q}_r \partial \dot{q}_k}$$

$$= \sum_{s=1}^{n} \dot{q}_s \frac{\partial}{\partial \dot{q}_r} \left(\frac{1}{2} \sum_{k=1}^{n} \frac{\partial F_k}{\partial \dot{q}_s} \frac{\partial T}{\partial \dot{q}_k} \right) - \sum_{s=1}^{n} \dot{q}_s \frac{1}{2} \sum_{k=1}^{n} \frac{\partial^2 F_k}{\partial \dot{q}_s \partial \dot{q}_r} \frac{\partial T}{\partial \dot{q}_k} \qquad (r = 1, 2, \ldots, n).$$

Da aber $\partial F / \partial \dot{q}_r$ homogen vom ersten Grade ist, haben wir

$$\frac{\partial F_k}{\partial \dot{q}_r} = \sum_{s=1}^{n} \dot{q}_s \frac{\partial^2 F_k}{\partial \dot{q}_r \partial \dot{q}_s},$$

also

$$\sum_{k=1}^{n} \frac{\partial^2 T}{\partial \dot{q}_r \partial \dot{q}_k} F_k = \sum_{s=1}^{n} \dot{q}_s \frac{\partial}{\partial \dot{q}_r} \left(\frac{1}{2} \sum_{k=1}^{n} \frac{\partial F_k}{\partial \dot{q}_s} \frac{\partial T}{\partial \dot{q}_k} \right) - \frac{1}{2} \sum_{s=1}^{n} \frac{\partial F_k}{\partial \dot{q}_r} \frac{\partial T}{\partial \dot{q}_k}.$$

Die Gleichungen, denen T genügen muß, können folglich die Gestalt erhalten

$$\sum_{s=1}^{n} \dot{q}_s \frac{\partial}{\partial \dot{q}_r} \left(\frac{1}{2} \sum_{k=1}^{n} \frac{\partial F_k}{\partial \dot{q}_s} \frac{\partial T}{\partial \dot{q}_k} \right) - \frac{1}{2} \sum_{k=1}^{n} \frac{\partial F_k}{\partial \dot{q}_r} \frac{\partial T}{\partial \dot{q}_k} + \sum_{s=1}^{n} \frac{\partial^2 T}{\partial \dot{q}_r \partial q_s} \dot{q}_s - \frac{\partial T}{\partial q_r} = 0$$

$$(r = 1, 2, \ldots, n)$$

oder

$$\sum_{s=1}^{n} \dot{q}_s \frac{\partial}{\partial \dot{q}_r} \left(\frac{1}{2} \sum_{k=1}^{n} \frac{\partial F_k}{\partial \dot{q}_s} \frac{\partial T}{\partial \dot{q}_k} + \frac{\partial T}{\partial q_s} \right) - \left(\frac{1}{2} \sum_{k=1}^{n} \frac{\partial F_k}{\partial \dot{q}_r} \frac{\partial T}{\partial \dot{q}_k} + \frac{\partial T}{\partial q_r} \right) = 0$$

$$(r = 1, 2, \ldots, n).$$

Sie können offenbar ersetzt werden durch

$$\frac{1}{2} \sum_{k=1}^{n} \frac{\partial F_k}{\partial \dot{q}_r} \frac{\partial T}{\partial \dot{q}_k} + \frac{\partial T}{\partial q_r} = 0 \qquad (r = 1, 2, \ldots, n).$$

Setzen wir dann wieder $f_r = G_r + F_r$, so haben wir den Satz: *Läßt sich das Gleichungssystem*

$$\ddot{q}_r = f_r \qquad (r = 1, 2, \ldots, n),$$

wo f_r aus einem homogenen in den Geschwindigkeiten quadratischen Teil und aus einem von den Geschwindigkeiten unabhängigen Teil besteht, in die Form

$$\frac{d}{dt} \left(\frac{\partial T}{\partial \dot{q}_r} \right) - \frac{\partial T}{\partial q_r} = Q_r \qquad (r = 1, 2, \ldots, n)$$

überführen, so ist T notwendig ein Integral des Systems

$$\frac{1}{2} \sum_{k=1}^{n} \frac{\partial f_k}{\partial \dot{q}_r} \frac{\partial T}{\partial \dot{q}_k} + \frac{\partial T}{\partial q_r} = 0 \qquad (r = 1, 2, \ldots, n).$$

Übungsaufgaben.

1. In dem Problem der zwei Anziehungszentren ist der Abstand der beiden Zentren gleich $2c$, und die großen Halbachsen der beiden durch den bewegten Massenpunkt gehenden in bezug auf die Zentren konfokalen Kegelschnitte haben die Größen q_1, q_2. Man setze

$$p_1 = \frac{q_1^2 - q_2^2}{q_1^2 - c^2} \frac{d q_1}{d t}, \qquad p_2 = \frac{q_1^2 - q_2^2}{c^2 - q_2^2} \frac{d q_2}{d t}$$

und beweise, daß die Bewegungsgleichungen lauten

$$\frac{dq_r}{dt} = \frac{\partial H}{\partial p_r}, \qquad \frac{dp_r}{dt} = -\frac{\partial H}{\partial q_r} \qquad (r = 1, 2),$$

wo

$$H = \frac{1}{2}\frac{q_1^2 - c^2}{q_1^2 - q_2^2} p_1^2 + \frac{1}{2}\frac{c^2 - q_2^2}{q_1^2 - q_2^2} p_2^2 - \frac{\mu_1}{q_1 - q_2} - \frac{\mu_2}{q_1 + q_2}$$

ist und μ_1, μ_2 Konstanten sind.

2. Man zeige, daß

$$\iiiint \sum \delta q_i \, \delta p_i \, \delta q_j \, \delta p_j,$$

wo die Summation über die $\frac{1}{2} n (n-1)$ Kombinationen der Indizes i, j erstreckt wird, eine Integralvariante eines beliebigen Hamiltonschen Systems mit den Veränderlichen $q_1, q_2, \ldots, q_n, p_1, p_2, \ldots, p_n$ ist. (Poincaré.)

3. Man zeige, daß das durch die Gleichungen

$$\frac{dq_r}{dt} = \frac{\partial H}{\partial p_r}, \qquad \frac{dp_r}{dt} = -\frac{\partial H}{\partial q_r} \qquad (r = 1,2)$$

definierte Problem, für das

$$H = q_1 p_1 - q_2 p_2 - a q_1^2 + b q_2^2$$

ist, ein Integral

$$\frac{p_2 - b q_2}{q_1} = \text{konst.}$$

besitzt; daß ferner nach § 127 die beiden anderen Integrale lauten

$$q_1 q_2 = \text{konst.},$$

$$\log q_1 = t + \text{konst.}$$

4. M sei ein letzter Multiplikator eines Systems von Differentialgleichungen

$$\frac{dx_1}{X_1} = \frac{dx_2}{X_2} = \cdots = \frac{dx_n}{X_n} = \frac{dx}{X},$$

für das

$$f(x_1, x_2, \ldots, x_n, x) = \text{konst.}$$

ein bekanntes Integral ist. Ein Akzent an einer Funktion von $x_1, x_2, \ldots, x_n, x$ besage, daß x_n in der Funktion durch seinen aus dem obigen Integral berechneten Wert ersetzt ist. Man beweise, daß alsdann $M'/(\partial f/\partial x_n')$ ein letzter Multiplikator des reduzierten Systems

$$\frac{dx_1}{X_1'} = \frac{dx_2}{X_2'} = \cdots = \frac{dx_{n-1}}{X_{n-1}'} = \frac{dx}{X'}$$

ist. (Jacobi.)

5. Es sei $\vartheta_1 = \text{konst.}, \vartheta_2 = \text{konst.}, \ldots, \vartheta_n = \text{konst.}$ ein System von Integralen der Gleichungen

$$\frac{dx}{X} = \frac{dx_1}{X_1} = \frac{dx_2}{X_2} = \cdots = \frac{dx_n}{X_n}.$$

Man zeige, daß

$$\frac{1}{X}\frac{\partial(\vartheta_1, \vartheta_2, \ldots, \vartheta_n)}{\partial(x_1, x_2, \ldots, x_n)}$$

ein letzter Multiplikator ist.

6. $u_1, u_2, \ldots, u_n$ seien n abhängige Veränderliche, $I_1, I_2, \ldots, I_n$ lineare Differentialausdrücke, die definiert sind durch die Gleichungen

$$I_r = \sum_{k=1}^{n} \{p_{rk}(t)\, u_k + q_{rk}(t)\, \dot{u}_k + r_{rk}(t)\, \ddot{u}_k\} \qquad (r = 1, 2, \ldots, n).$$

Es seien $v_1, v_2, \ldots, v_n$ solche Funktionen von t, daß

$$v_1 I_1 + v_2 I_2 + \ldots + v_n I_n$$

ein vollständiges Differential wird. Man zeige, daß die Funktionen $v_1, v_2, \ldots, v_n$ alsdann einem System von n linearen Differentialgleichungen genügen, das dem System der linearen Differentialgleichungen

$$I_r = 0 \qquad (r = 1, 2, \ldots, n)$$

adjungiert genannt wird.

Es bezeichne F_r die Größe

$$\frac{d}{dt}\left(\frac{\partial L}{\partial \dot{q}_r}\right) - \frac{\partial L}{\partial q_r} \qquad (r = 1, 2, \ldots, n),$$

wo L irgend eine gegebene Funktion von $\dot{q}_1, \dot{q}_2, \ldots, \dot{q}_n, q_1, q_2, \ldots, q_n, t$ ist; man beweise, daß das System linearer Differentialgleichungen

$$\sum_k \left(\frac{\partial F_r}{\partial q_k} u_k + \frac{\partial F_r}{\partial \dot{q}_k} \dot{u}_k + \frac{\partial F_r}{\partial \ddot{q}_k} \ddot{u}_k\right) = 0 \qquad (r = 1, 2, \ldots, n)$$

sich selbst adjungiert ist.

Man beweise, daß auch die Umkehrung dieses Satzes gilt. (Hirsch.)

Elftes Kapitel.

Die Transformationstheorie der Dynamik.

§ 125. Hamiltons charakteristische Funktion; Berührungstransformationen.

Wir haben gesehen[1]), daß die Integration eines durch Quadraturen lösbaren dynamischen Problems im allgemeinen dadurch auszuführen ist, daß man das System in ein anderes mit weniger Freiheitsgraden transformiert. In dem vorliegenden Kapitel entwickeln wir nun die allgemeine Theorie, die diesem Verfahren und darüber hinaus jeder Lösung dynamischer Probleme zugrunde liegt.

Ihren Ausgang nahm diese Theorie von der berühmten Abhandlung über Optik, die Hamilton im Jahre 1824 der Kgl. Irischen Akademie vorlegte[2]). Die dort entwickelten Prinzipien übertrug ihr Entdecker später auf das Gebiet der Dynamik.

Um Hamiltons Gedankengang folgen zu können, müssen wir auf die Zusammenhänge von Dynamik und Optik eingehen, Zusammenhänge, die heute wohl weniger deutlich zutage liegen als zu Hamiltons Zeit, in der die Korpuskulartheorie des Lichtes noch in weitem Umfang aufrechterhalten wurde. Die Bahn eines Lichtstrahles in einem optisch heterogenen, aber isotropen Medium mit dem Brechungsindex μ im Punkt (x, y, z) läßt sich nach dem Fermatschen Prinzip[3]) bestimmen: Das Integral

$$\int \mu(x, y, z)\, ds$$

hat einen stationären Wert, wenn die Integration über die wirkliche Lichtbahn zwischen zwei gegebenen Grenzpunkten erstreckt wird, verglichen mit allen Nachbarkurven durch dieselben beiden Punkte. Anderseits kann die Bahn eines freien Massenpunktes der Masse 1 in einem konservativen Kraftfeld mit der potentiellen Energie $\varphi(x, y, z)$

---

[1]) Vgl. drittes Kapitel, §§ 38—42.

[2]) *Trans. R. Irish Acad.* Bd. 15, S. 69. 1828; Bd. 16, S. 4, 93. 1830; Bd. 17, S. 1. 1837.

[3]) Vgl. des Verfassers *History of the Theories of Aether and Electricity* S. 9—10, 102—103.

und der Energiekonstanten h mit Hilfe des Prinzips der kleinsten Wirkung (§ 100) bestimmt werden, das in diesem Falle besagt: Das Integral

$$\int \{h - \varphi(x, y, z)\}^{\frac{1}{2}}\, ds$$

hat einen stationären Wert für die wirkliche Bahnkurve im Vergleich mit allen Nachbarkurven durch den gleichen Anfangs- und Endpunkt. Der Vergleich dieser beiden Sätze ergibt: *Die Bahnkurven des Massenpunktes des dynamischen Problems fallen zusammen mit den Lichtbahnen des optischen Problems,* wenn eine geeignete Beziehung

$$\mu = (h - \varphi)^{\frac{1}{2}}$$

zwischen der potentiellen Energie des einen und dem Brechungsindex des anderen Problems hergestellt wird.

Die Korpuskulartheorie des Lichtes glaubte aus dieser Tatsache eine *Erklärung* der optischen Erscheinungen zu erhalten, da sie ja den Lichtstrahl als eine Aufeinanderfolge schnell bewegter Massenteilchen auffaßte. Das obige Gesetz besteht aber, gleichviel welche Hypothese über die Natur des Lichtes zugrunde gelegt wird; so ermöglicht es also eine Verknüpfung der Dynamik auch mit der *Wellentheorie* des Lichtes. Dieser Gedanke stellt den Ausgangspunkt der Hamiltonschen Theorie dar.

Legen wir die Wellentheorie zugrunde, so können wir die Fortpflanzung des Lichtes auf zwei verschiedene Weisen mathematisch behandeln: durch die Betrachtung von *Lichtstrahlen* oder von *Wellenfronten.* Die letztere von Huygens 1690 eingeführte Methode läßt sich folgendermaßen darstellen:

Eine Wellenfront, der Ort der Erregung eines optischen Mediums zu einer bestimmten Zeit t, habe die Gestalt einer Fläche σ. Jedes Element dieser Wellenfront kann als Quelle einer sich nach außen verbreitenden Sekundärwelle angesehen werden, so daß in einem späteren Zeitpunkt t' die aus einem Punkt (x, y, z) der ursprünglichen Wellenfront herrührende Erregung über eine Fläche ausgebreitet ist. Um die Gleichung dieser Fläche aufzustellen, bemerken wir, daß die Dauer der Ausbreitung des Lichtes von einem willkürlichen Punkt (x, y, z) zu einem anderen willkürlichen Punkt (x', y', z') des Mediums nur von den sechs Größen x, y, z, x', y', z' abhängt. Sie werde mit $V(x, y, z, x', y', z')$ bezeichnet. Diese Funktion $V(x, y, z, x', y', z')$ nannte Hamilton die *charakteristische Funktion* des betreffenden Mediums. Eine von dem Punkt (x, y, z) der ursprünglichen Wellenfront zur Zeit t ausgehende Erregung wird also zur Zeit t' über die Fläche ausgebreitet sein, deren Gleichung in den Koordinaten x', y', z' lautet:

$$V(x, y, z, x', y', z') = t' - t\,. \tag{1}$$

Nach dem Huygensschen Prinzip der Wellenausbreitung wird nun die Gesamterregung zur Zeit t' dargestellt durch die Wellenfront, die die Einhüllende der von den verschiedenen Elementen der ursprünglichen Wellenfront ausgehenden Sekundärwellen ist. Wir bezeichnen sie mit Σ, die Richtungskosinus der Normalen der Wellenfront σ im Punkt (x, y, z) mit l, m, n, diejenigen der Normalen der Wellenfront Σ in dem zugeordneten[1]) Punkt (x', y', z') mit l', m', n'. Sie sind die Richtungskosinus der Lichtstrahlen in (x, y, z) bzw. (x', y', z'), da in isotropen Medien der Strahl auf der Wellenfront senkrecht steht[2]). Da Σ die Einhüllende der Flächen V ist, die den Punkten auf σ entsprechen, so muß die Gleichung

$$\frac{\partial V}{\partial x} d x + \frac{\partial V}{\partial y} d y + \frac{\partial V}{\partial z} d z = 0$$

für alle diejenigen Werte $dx : dy : dz$ erfüllt sein, die Richtungen in der Tangentialebene an σ entsprechen, d. h. für solche, die der Gleichung genügen

$$l dx + m dy + n dz = 0.$$

Daher haben wir

$$\frac{1}{l} \frac{\partial V}{\partial x} = \frac{1}{m} \frac{\partial V}{\partial y} = \frac{1}{n} \frac{\partial V}{\partial z}. \tag{2}$$

Da l', m', n' die Richtungskosinus der Normalen der Fläche V im Punkte (x', y', z') sind, so ist überdies

$$\frac{1}{l'} \frac{\partial V}{\partial x'} = \frac{1}{m'} \frac{\partial V}{\partial y'} = \frac{1}{n'} \frac{\partial V}{\partial z'}. \tag{3}$$

Nun geht ein Lichtstrahl, der zur Zeit t in dem Punkt (x, y, z) die Richtung (l, m, n) hat, zur Zeit t' durch den Punkt (x', y', z') in der Richtung (l', m', n'). Die Gleichungen (1), (2), (3) zusammen mit der Gleichung

$$l'^2 + m'^2 + n'^2 = 1 \tag{4}$$

sind sechs Gleichungen zur Bestimmung der sechs Größen x', y', z', l', m', n' als Funktionen von x, y, z, l, m, n. *Durch diese Gleichungen wird das Verhalten des Lichtstrahles in dem Medium mit Hilfe einer einzigen Funktion $V(x, y, z, x', y', z')$ vollständig charakterisiert.* Man beachte, daß es keine Differentialgleichungen sind, sondern daß sie die Änderung eines Strahlensystems nach einer endlichen Zeit der Ausbreitung in dem Medium in integrierter Form wiedergeben. Offenbar erfordert also jedes optische Problem die Bestimmung der Hamiltonschen charakteristischen Funktion für das Medium oder das System von Medien, in dem die Strahlen sich ausbreiten.

---

[1]) Der Punkt (x', y', z') heißt dem Punkt (x, y, z) zugeordnet, wenn die von (x, y, z) ausgehende Sekundärwelle die Einhüllende Σ in (x', y', z') berührt.

[2]) Zur Vereinfachung nehmen wir ja an, daß das Medium zwar optisch heterogen, aber isotrop ist. Hamilton untersuchte auch den allgemeineren Fall eines kristallinischen Mediums.

Vom rein mathematischen Standpunkt aus betrachten wir den Übergang von dem System der Veränderlichen x, y, z, l, m, n zu dem System x', y', z', l', m', n' oder (geometrisch gesprochen) den Übergang von den Flächen σ zu den Flächen Σ als eine *Transformation*. Die Funktion V bestimmt also gleichsam eine Transformation des Raumes, bei der jede Fläche σ in eine neue Fläche Σ übergeführt wird. Berühren sich zwei Flächen σ, σ' in einem Punkt, so berühren sich offenbar auch die entsprechenden transformierten Flächen Σ, Σ' in dem zugeordneten Punkt. Aus diesem Grunde hat S. Lie diese Transformation als Berührungstransformation bezeichnet. *Eine Funktion $V(x, y, z, x', y', z')$ definiert somit eine Berührungstransformation, die jede Wellenfront σ in diejenige Wellenfront Σ überführt, die aus ihr durch die Ausbreitung der Erregung in dem Medium in dem Zeitintervall $t' - t$ hervorgeht.*

Ein einfaches Beispiel einer Berührungstransformation ist die bekannte geometrische sogenannte *Polarentransformation*. Um die Polare einer gegebenen Fläche σ in bezug auf eine gegebene Fläche zweiten Grades zu gewinnen, ordnen wir jedem Punkt (x, y, z) auf σ eine Ebene zu, nämlich die Polarebene von (x, y, z) in bezug auf die Fläche zweiten Grades. Nimmt der Punkt (x, y, z) auf σ jede mögliche Lage an, so umhüllt die Ebene eine Fläche Σ, die die Polare von σ ist. Der Übergang von σ zu Σ stellt offenbar eine Berührungstransformation dar. In diesem Fall ist die Hamiltonsche Funktion V linear in x, y, z und auch in x', y', z'.

Wir fahren nunmehr in der Darstellung der Hamiltonschen Theorie fort und geben den Gleichungen (2) und (3) die Form

$$\frac{\partial V}{\partial x} = \varkappa l, \quad \frac{\partial V}{\partial y} = \varkappa m, \quad \frac{\partial V}{\partial z} = \varkappa n,$$

$$\frac{\partial V}{\partial x'} = \lambda l', \quad \frac{\partial V}{\partial y'} = \lambda m', \quad \frac{\partial V}{\partial z'} = \lambda n',$$

wo die Größen $\varkappa, \lambda$ bisher noch unbestimmt sind. Ihre Bestimmung läßt sich jedoch leicht ausführen: Die Gleichungen lassen sich in der Form schreiben

$$(5) \qquad dV = \varkappa(l\,dx + m\,dy + n\,dz) + \lambda(l'dx' + m'dy' + n'dz').$$

Beim Fortschreiten aus (x', y', z') in Richtung des Strahles um ein Bahnelement ds' wächst V um die Zeit, die das Licht zum Zurücklegen der Strecke ds' braucht. Wählen wir aber die Einheiten so, daß die Lichtgeschwindigkeit im freien Äther gleich 1 ist, so hat die Lichtgeschwindigkeit im Punkt (x', y', z') den Wert $1/\mu'$, wo μ' den Brechungsindex des Mediums in dem Punkt (x', y', z') bedeutet. Das Licht legt also die Strecke ds' in der Zeit

$$\mu' ds' = \mu'(l'^2 + m'^2 + n'^2)\,ds' = \mu'(l'dx' + m'dy' + n'dz')$$

zurück. Der Vergleich mit (5) ergibt $\lambda = \mu'$. Ähnlich folgt $\varkappa = -\mu$, wo μ den Brechungsindex im Punkt (x, y, z) bedeutet. Demnach lautet Hamiltons allgemeine Formel

$$dV = \mu'(l'dx' + m'dy' + n'dz') - \mu(l\,dx + m\,dy + n\,dz).$$

Setzen wir

$$\mu l = \xi, \quad \mu m = \eta, \quad \mu n = \zeta, \quad \mu' l' = \xi', \quad \mu' m' = \eta', \quad \mu' n' = \zeta',$$

so nimmt sie die Form an

$$dV = \xi' dx' + \eta' dy' + \zeta' dz' - \xi dx - \eta dy - \zeta dz. \tag{6}$$

Die Größen $\xi, \eta, \zeta, \xi', \eta', \zeta'$ heißen nach Hamilton die *Komponenten der normalen Langsamkeit der Wellenausbreitung* in (x, y, z) und (x', y', z').

Nunmehr betrachten wir den besonderen Fall, daß das Zeitintervall $t' - t$ zwischen den Lagen σ und Σ der gleichen Wellenfront klein ist. Es sei mit Δt bezeichnet. Die zugehörige Berührungstransformation heißt dann *infinitesimal*. Wir setzen

$$\begin{aligned} &x' = x + \alpha \Delta t, \quad && y' = y + \beta \Delta t, \quad && z' = z + \gamma \Delta t, \\ &\xi' = \xi + u \Delta t, && \eta' = \eta + v \Delta t, && \zeta' = \zeta + w \Delta t, \\ & && V = W \Delta t. && \end{aligned} \tag{7}$$

Gleichung (6) geht dann über in

$$\begin{aligned} dW\Delta t &= (\xi + u\Delta t)(dx + d\alpha \Delta t) + (\eta + v\Delta t)(dy + d\beta \Delta t) \\ &\quad + (\zeta + w\Delta t)(dz + d\gamma \Delta t) - \xi dx - \eta dy - \zeta dz \\ &= u\Delta t dx + v\Delta t dy + w\Delta t dz + \xi \Delta t d\alpha + \eta \Delta t d\beta + \zeta \Delta t d\gamma \end{aligned}$$

oder

$$dW = u dx + v dy + w dz + \xi d\alpha + \eta d\beta + \zeta d\gamma$$

oder

$$d(\xi\alpha + \eta\beta + \zeta\gamma - W) = \alpha d\xi + \beta d\eta + \gamma d\zeta - u dx - v dy - w dz.$$

Bezeichnen wir also die Funktion $\xi\alpha + \eta\beta + \zeta\gamma - W$ mit H und fassen wir H als Funktion von $x, y, z, \xi, \eta, \zeta$ auf, so erhalten wir

$$dH = \alpha d\xi + \beta d\eta + \gamma d\zeta - u dx - v dy - w dz. \tag{8}$$

Nun wird in der Grenze offenbar $u = \frac{d\xi}{dt}$, $\alpha = \frac{dx}{dt}$ usw. Demnach wird

$$dH = \frac{dx}{dt} d\xi + \frac{dy}{dt} d\eta + \frac{dz}{dt} d\zeta - \frac{d\xi}{dt} dx - \frac{d\eta}{dt} dy - \frac{d\zeta}{dt} dz.$$

Die zeitlichen Ableitungen der sechs Größen $x, y, z, \xi, \eta, \zeta$ sind daher gegeben durch

$$\begin{aligned} &\frac{dx}{dt} = \frac{\partial H}{\partial \xi}, \quad && \frac{dy}{dt} = \frac{\partial H}{\partial \eta}, \quad && \frac{dz}{dt} = \frac{\partial H}{\partial \zeta}, \\ &\frac{d\xi}{dt} = -\frac{\partial H}{\partial x}, && \frac{d\eta}{dt} = -\frac{\partial H}{\partial y}, && \frac{d\zeta}{dt} = -\frac{\partial H}{\partial z}. \end{aligned} \tag{9}$$

Dies ist aber ein Hamiltonsches System von Differentialgleichungen, wie wir es aus der Dynamik kennen. Unsere Untersuchung hat erwiesen, daß es als analytischer Ausdruck einer infinitesimalen Berührungstransformation aufgefaßt werden kann, d. h. der Bewegung einer Wellenfron aus einer Lage in die benachbarte. Die Integrale dieses Hamiltonschen Systems sind die obigen Gleichungen (1), (2), (3), (4). Sie stellen eine endliche Berührungstransformation dar, d. h. die Bewegung einer Wellenfront aus einer Lage in diejenige, die sie nach einem endlichen Zeitintervall einnimmt. *Hamilton konnte also mit Hilfe der Wellentheorie des Lichtes an Stelle der Differentialgleichungen eine integrierte Form der Gleichungen angeben, in der sie von einer einzigen unbekannten Funktion abhängen.*

§ 126. Berührungstransformationen im Raum von beliebig vielen Dimensionen.

In dem noch verbleibenden Teil des Kapitels behandeln wir die Anwendung der im vorhergehenden entwickelten Hamiltonschen Gedanken auf den allgemeinen Fall eines dynamischen Systems von beliebig vielen Freiheitsgraden und den Zusammenhang der Ergebnisse mit gewissen Sätzen von Lagrange, Poisson, Pfaff und Jacobi.

Wir definieren zunächst eine Berührungstransformation im n-dimensionalen Raum und bedienen uns dazu einer Verallgemeinerung der Gleichung (6) des vorigen Paragraphen.

Es seien

$$q_1, q_2, \ldots, q_n, \; p_1, p_2, \ldots, p_n$$

$2n$ Veränderliche, $Q_1, Q_2, \ldots, Q_n$, $P_1, P_2, \ldots, P_n$ $2n$ weitere Veränderliche, die durch $2n$ Gleichungen als Funktionen der ersteren definiert sind. Die Transformation der Veränderlichen $q_1, q_2, \ldots, q_n$, $p_1, p_2, \ldots, p_n$ in $Q_1, Q_2, \ldots, Q_n$, $P_1, P_2, \ldots, P_n$ heißt eine *Berührungstransformation*, wenn die verbindenden Gleichungen der beiden Systeme von Veränderlichen von der Art sind, daß die Differentialform

$$P_1 dQ_1 + P_2 dQ_2 + \ldots + P_n dQ_n - p_1 dq_1 - p_2 dq_2 - \ldots - p_n dq_n$$

als Funktion der Größen $q_1, q_2, \ldots, q_n$, $p_1, p_2, \ldots, p_n$ und ihrer Differentiale das vollständige Differential einer Funktion von $q_1, q_2, \ldots, q_n$, $p_1, p_2, \ldots p_n$ wird.

Beiläufig sei bemerkt, daß diese Definition von derjenigen abweicht, die man im Hinblick auf die Anwendungen der Berührungstransformationen in der Geometrie und der Theorie der partiellen Differentialgleichungen gewöhnlich gibt. Letztere lautet nämlich so: Als Berührungstransformation wird eine Transformation von $2n + 1$ Veränderlichen $q_1, q_2, \ldots, q_n$, $p_1, p_2, \ldots, p_n, z$ in die Veränderlichen $Q_1, Q_2, \ldots, Q_n$, $P_1, P_2, \ldots, P_n, Z$ bezeichnet, für die die Gleichung

$$dZ - P_1 dQ_1 - P_2 dQ_2 - \ldots - P_n dQ_n = \varrho(dz - p_1 dq_1 - p_2 dq_2 - \ldots - p_n dq_n)$$

erfüllt ist, wobei ϱ eine Funktion von $q_1, q_2, \ldots, q_n$, $p_1, p_2, \ldots, p_n, z$ bedeutet.

Sind die n Veränderlichen $Q_1, Q_2, \ldots, Q_n$ Funktionen von $q_1, q_2, \ldots, q_n$ allein, so heißt die Berührungstransformation, die $q_1, q_2, \ldots, q_n$, $p_1, p_2, \ldots, p_n$ in $Q_1, Q_2, \ldots, Q_n$, $P_1, P_2, \ldots, P_n$ überführt, eine *erweiterte Punkttransformation*; die Gleichungen, die $q_1, q_2, \ldots, q_n$ mit $Q_1, Q_2, \ldots, Q_n$ verbinden, werden in diesem Fall als *Punkttransformation* bezeichnet.

Aus der Definition ist ersichtlich, daß zwei nacheinander ausgeführte Berührungstransformationen eine Transformation der Veränderlichen hervorbringen, die wieder eine Berührungstransformation ist. Geschieht der Übergang von $q_1, q_2, \ldots, q_n, p_1\ p_2, \ldots, p_n$ zu $Q_1, Q_2, \ldots, Q_n, P_1, P_2, \ldots, P_n$ durch eine Berührungstransformation, so vollzieht sich offenbar auch der Übergang von $Q_1, Q_2, \ldots, Q_n, P_1, P_2, \ldots, P_n$ zu $q_1, q_2, \ldots, q_n, p_1, p_2, \ldots, p_n$ durch eine Berührungstransformation. Diese Tatsache spricht man gewöhnlich so aus: *Die Inverse einer Berührungstransformation ist wieder eine Berührungstransformation.* Mit dem Vorhergehenden zusammengenommen zeigt dies: *Die Berührungstransformationen besitzen die Gruppeneigenschaft.*

Aufgabe 1. Man zeige, daß die durch die Gleichungen

$$Q = (2q)^{\frac{1}{2}} e^k \cos p\,,$$
$$P = (2q)^{\frac{1}{2}} e^{-k} \sin p$$

definierte Transformation eine Berührungstransformation ist.

Hier ist nämlich

$$P\,dQ - p\,dq = (2q)^{\frac{1}{2}} \sin p\,\{(2q)^{-\frac{1}{2}} \cos p\,dq - (2q)^{\frac{1}{2}} \sin p\,dp\} - p\,dq$$
$$= d(q \sin p \cos p - q\,p)$$

ein vollständiges Differential.

Aufgabe 2. Man zeige, daß die Transformation

$$Q = \log\left(\frac{1}{q} \sin p\right),$$
$$P = q \operatorname{ctg} p$$

eine Berührungstransformation ist.

Aufgabe 3. Man zeige, daß die Transformation

$$Q = \log(1 + q^{\frac{1}{2}} \cos p)\,,$$
$$P = 2(1 + q^{\frac{1}{2}} \cos p)\, q^{\frac{1}{2}} \sin p$$

eine Berührungstransformation ist.

Wir entwickeln nunmehr die explizite analytische Darstellung einer Berührungstransformation.

Der Übergang von den Veränderlichen $q_1, q_2, \ldots, q_n, p_1, p_2, \ldots, p_n$ zu $Q_1, Q_2, \ldots, Q_n, P_1, P_2, \ldots, P_n$ sei eine Berührungstransformation, so daß also

$$\sum_{r=1}^{n} (P_r\,dQ_r - p_r\,dq_r) = dW$$

ist, wo dW ein vollständiges Differential bedeutet.

Möglicherweise kann man aus den Gleichungen, die $Q_1, Q_2, \ldots, Q_n, P_1, P_2, \ldots, P_n$ als Funktionen von $q_1, q_2, \ldots, q_n, p_1, p_2, \ldots, p_n$ definieren, die Größen $P_1, P_2, \ldots, P_n, p_1, p_2, \ldots, p_n$ vollständig eliminieren, so daß man eine oder mehrere Gleichungen zwischen $Q_1, Q_2, \ldots, Q_n$, $q_1, q_2, \ldots, q_n$ erhält; ihre Anzahl sei k, und sie seien bezeichnet durch

(A) $$\Omega_r(q_1, q_2, \ldots, q_n, Q_1, Q_2, \ldots, Q_n) = 0 \quad (r = 1, 2, \ldots, k).$$

Die Bedeutung dieser Gleichungen können wir dadurch erläutern, daß wir für den Augenblick zu der geometrischen Theorie der Berührungstransformationen im gewöhnlichen dreidimensionalen Raum zurückkehren, wo drei Fälle zu unterscheiden sind.

α) Es besteht nur eine Gleichung zwischen den alten und neuen Veränderlichen, etwa

$$\Omega(x, y, z, x', y', z') = 0.$$

Sind x, y, z gegeben, so stellt sie, als Funktion von x', y', z' betrachtet, eine Fläche dar; jeder Punkt (x, y, z) geht also in eine *Fläche* über, die wir als Ω-Fläche bezeichnen wollen. Eine willkürliche Fläche σ wird demnach in eine Fläche Σ übergeführt, die die Einhüllende der zu den einzelnen Punkten von σ gehörenden Ω-Flächen ist. Dies ist der allgemeine Fall, und ihn allein haben wir in § 125 behandelt.

β) Es bestehen zwei Gleichungen der Art, etwa

$$\Omega_1(x, y, z, x', y', z') = 0, \qquad \Omega_2(x, y, z, x', y', z') = 0.$$

Sind x, y, z gegeben, so stellen diese Gleichungen in x', y', z' eine Kurve dar. Jeder Punkt (x, y, z) geht also in eine *Kurve* über, die wir als K-Kurve bezeichnen wollen. Eine willkürliche Fläche σ wird demnach in eine Fläche Σ übergeführt, die die Einhüllende der den einzelnen Punkten von σ entsprechenden K-Kurven ist.

γ) Es bestehen drei derartige Gleichungen, etwa

$$\Omega_1(x, y, z, x', y', z') = 0, \qquad \Omega_2(x, y, z, x', y', z') = 0, \qquad \Omega_3(x, y, z, x', y', z') = 0.$$

Jeder Punkt (x, y, z) wird dann in einen *Punkt* (x', y', z') übergeführt, eine willkürliche Fläche σ in eine Fläche Σ, die der Ort aller den einzelnen Punkten von σ entsprechenden Punkte ist.

Da die Variationen $dq_1, dq_2, \ldots, dq_n$, $dQ_1, dQ_2, \ldots, dQ_n$ in der Gleichung

$$\sum (P_r dQ_r - p_r dq_r) = dW$$

einzig den Bedingungen

$$\frac{\partial \Omega_r}{\partial q_1} dq_1 + \frac{\partial \Omega_r}{\partial q_2} dq_2 + \cdots + \frac{\partial \Omega_r}{\partial q_n} dq_n$$
$$+ \frac{\partial \Omega_r}{\partial Q_1} dQ_1 + \cdots + \frac{\partial \Omega_r}{\partial Q_n} dQ_n = 0 \quad (r = 1, 2, \ldots, k)$$

unterworfen sind, so ist notwendig

(B) $$\begin{aligned} P_r &= \frac{\partial W}{\partial Q_r} + \lambda_1 \frac{\partial \Omega_1}{\partial Q_r} + \cdots + \lambda_k \frac{\partial \Omega_k}{\partial Q_r}, \\ p_r &= -\frac{\partial W}{\partial q_r} - \lambda_1 \frac{\partial \Omega_1}{\partial q_r} - \cdots - \lambda_k \frac{\partial \Omega_k}{\partial q_r} \end{aligned} \qquad (r = 1, 2, \ldots, n),$$

wo $\lambda_1, \lambda_2, \ldots, \lambda_k$ unbestimmte Multiplikatoren sind, W eine Funktion von $q_1, q_2, \ldots, q_n$, $Q_1, Q_2, \ldots, Q_n$ ist. Die Gleichungen (A) und

(B) zusammen bilden ein System von $2n+k$ Gleichungen zur Bestimmung der $2n+k$ Größen $Q_1, Q_2, \ldots, Q_n, P_1, P_2, \ldots, P_n, \lambda_1, \lambda_2, \ldots, \lambda_k$ als Funktionen von $q_1, q_2, \ldots, q_n, p_1, p_2, \ldots, p_n$. *Diese Gleichungen können demnach als explizite analytische Darstellung der Berührungstransformation mit Hilfe der für sie charakteristischen Funktionen $W, \Omega_1, \Omega_2, \ldots, \Omega_k$ angesehen werden.*

Sind umgekehrt $k+1$ beliebige Funktionen $W, \Omega_1, \Omega_2, \ldots, \Omega_k$ der Veränderlichen $q_1, q_2, \ldots, q_n, Q_1, Q_2, \ldots, Q_n$ gegeben, wo $k \leqq n$ ist, und sind $Q_1, Q_2, \ldots, Q_n, P_1, P_2, \ldots, P_n, \lambda_1, \lambda_2, \ldots, \lambda_k$ als Funktionen von $q_1, q_2, \ldots, q_n, p_1, p_2, \ldots, p_n$ definiert vermöge der Gleichungen [1])

$$\Omega_r(q_1, q_2, \ldots, q_n, Q_1, Q_2, \ldots, Q_n) = 0 \qquad (r = 1, 2, \ldots, k),$$

$$P_r = \frac{\partial W}{\partial Q_r} + \lambda_1 \frac{\partial \Omega_1}{\partial Q_r} + \cdots + \lambda_k \frac{\partial \Omega_k}{\partial Q_r} \qquad (r = 1, 2, \ldots, n),$$

$$p_r = -\frac{\partial W}{\partial q_r} - \lambda_1 \frac{\partial \Omega_1}{\partial q_r} - \cdots - \lambda_k \frac{\partial \Omega_k}{\partial q_r} \qquad (r = 1, 2, \ldots, n),$$

so ist *der Übergang von $q_1, q_2, \ldots, q_n, p_1, p_2, \ldots, p_n$ zu $Q_1, Q_2, \ldots, Q_n, P_1, P_2, \ldots, P_n$ eine Berührungstransformation.* Denn die Größe

$$\sum_{r=1}^{n} (P_r\, dQ_r - p_r\, dq_r)$$

wird infolge dieser Gleichungen gleich dW, also ein vollständiges Differential.

Aufgabe. Es sei

$$Q = (2q)^{\frac{1}{2}} k^{-\frac{1}{2}} \cos p\,, \qquad P = (2q)^{\frac{1}{2}} k^{\frac{1}{2}} \sin p\,.$$

Man zeige, daß

$$P = \frac{\partial W}{\partial Q}, \qquad p = -\frac{\partial W}{\partial q}$$

ist, wo

$$W = \tfrac{1}{2} Q (2qk - k^2 Q^2)^{\frac{1}{2}} - q \arccos \left\{k^{\frac{1}{2}} Q/(2q)^{\frac{1}{2}}\right\},$$

daß also der Übergang von q, p zu Q, P eine Berührungstransformation ist.

§ 127. Die bilineare Kovariante einer allgemeinen Differentialform.

Wir betrachten eine Differentialform

$$X_1\, dx_1 + X_2\, dx_2 + \cdots + X_n\, dx_n,$$

in den n Veränderlichen $x_1, x_2, \ldots, x_n$, in der $X_1, X_2, \ldots, X_n$ willkürliche Funktionen von $x_1, x_2, \ldots, x_n$ bedeuten. Eine derartige Form

[1]) Diese Gleichungen finden sich erstmalig in Jacobis *Vorlesungen über Dynamik* 1866, S. 470, wo ihre Bedeutung für die Transformation der partiellen Differentialgleichungen erster Ordnung (auf die sich die dynamischen Probleme zurückführen lassen) entwickelt wird. Ihre Bedeutung für die Theorie der Berührungstransformationen entdeckte Lie.

wird als *Pfaffscher Ausdruck* [1]) in den Veränderlichen $x_1, x_2, \ldots, x_n$ bezeichnet. Wir gebrauchen dafür das Symbol ϑ_d und setzen

$$\vartheta_\delta = X_1 \delta x_1 + X_2 \delta x_2 + \ldots + X_n \delta x_n,$$

wo δ das Symbol für ein unabhängiges System von Variationen ist. Dann haben wir

$$\begin{aligned}\delta \vartheta_d - d\vartheta_\delta = \delta (X_1 dx_1 + X_2 dx_2 + \ldots + X_n dx_n) \\ - d(X_1 \delta x_1 + X_2 \delta x_2 + \ldots + X_n \delta x_n), \\ = \delta X_1 dx_1 + \ldots + \delta X_n dx_n + X_1 \delta dx_1 + \ldots + X_n \delta dx_n \\ - dX_1 \delta x_1 - \ldots - dX_n \delta x_n - X_1 d\delta x_1 - \ldots - X_n d\delta x_n.\end{aligned}$$

Benutzen wir die Beziehungen $\delta dx_r = d\delta x_r$, die infolge der Unabhängigkeit der Variationen d und δ bestehen, und ersetzen wir dX_r, δX_r durch

$$\frac{\partial X_r}{\partial x_1} dx_1 + \ldots + \frac{\partial X_r}{\partial x_n} dx_n \quad \text{bzw.} \quad \frac{\partial X_r}{\partial x_1} \delta x_1 + \ldots + \frac{\partial X_r}{\partial x_n} \delta x_n,$$

so erhalten wir

$$\delta \vartheta_d - d\vartheta_\delta = \sum_{i=1}^{n} \sum_{j=1}^{n} a_{ij} dx_i \delta x_j,$$

wo a_{ij} die Größe $\partial X_i/\partial x_j - \partial X_j/\partial x_i$ bezeichnet.

Es seien $y_1, y_2, \ldots, y_n$ neue Veränderliche, die aus $x_1, x_2, \ldots, x_n$ durch eine Transformation hervorgehen, und in denen die Differentialform die Gestalt erhält

$$Y_1 dy_1 + Y_2 dy_2 + \ldots + Y_n dy_n.$$

Die Größe $\partial Y_i/\partial y_j - \partial Y_j/\partial y_i$ werde mit b_{ij} bezeichnet. Da nun die Größe $\delta \vartheta_d - d\vartheta_\delta$ offenbar den gleichen Wert hat, in welchen Veränderlichen sie auch dargestellt ist, so haben wir

$$\sum_{i=1}^{n} \sum_{j=1}^{n} a_{ij} dx_i \delta x_j = \sum_{i=1}^{n} \sum_{j=1}^{n} b_{ij} dy_i \delta y_j.$$

Auf Grund dieser Gleichung wird die Größe $\sum a_{ij} dx_i \delta x_j$ die *bilineare Kovariante* der Form $\sum_{r=1}^{n} X_r dx_r$ genannt.

§ 128. Die Bedingungen für eine Berührungstransformation ausgedrückt durch die bilineare Kovariante.

Die Veränderlichen $Q_1, Q_2, \ldots, Q_n, P_1, P_2, \ldots, P_n$ mögen mit $q_1, q_2, \ldots, q_n, p_1, p_2, \ldots, p_n$ durch eine Berührungstransformation zusammenhängen, so daß $\sum_{r=1}^{n} P_r dQ_r$ sich von $\sum_{r=1}^{n} p_r dq_r$ um ein vollständiges Differential unterscheidet.

[1]) Die darauf bezügliche berühmte Abhandlung von Pfaff wurde der Berliner Akademie 1815 vorgelegt. *Abhandl. d. Akad. d. Wiss.* 1814—15, S. 76.

Nach dem vorigen Paragraphen ändert sich die bilineare Kovariante einer Differentialform offenbar nicht, wenn zu der Form ein vollständiges Differential hinzugefügt wird; sie hängt ja nur von den Größen $\partial X_i/\partial x_j - \partial X_j/\partial x_i$ ab, die für ein vollständiges Differential verschwinden. Wir haben ferner gezeigt, daß die bilineare Kovariante einer Form bei einer willkürlichen Transformation in die bilineare Kovariante der transformierten Form übergeht. Daraus folgt, daß die bilinearen Kovarianten der Formen $\sum_{r=1}^{n} P_r\, dQ_r$ und $\sum_{r=1}^{n} p_r\, dq_r$ einander gleich sind, d. h. daß

$$\sum_{r=1}^{n}(\delta P_r\, dQ_r - dP_r\, \delta Q_r) = \sum_{r=1}^{n}(\delta p_r\, dq_r - dq_r\, \delta p_r)$$

ist. *Wenn also der Übergang von $q_1, q_2, \ldots, q_n, p_1, \ldots, p_n$ zu $Q_1, Q_2, \ldots, Q_n, P_1, \ldots, P_n$ eine Berührungstransformation ist, so ist die Größe*

$$\sum_{r=1}^{n}(\delta p_r\, dq_r - dq_r\, \delta p_r)$$

invariant gegenüber dieser Transformation.

Aufgabe. Für die durch die Gleichungen

$$Q = (2q)^{\frac{1}{2}} k^{-\frac{1}{2}} \cos p\,, \qquad P = (2q)^{\frac{1}{2}} k^{\frac{1}{2}} \sin p$$

definierte Transformation ist

$$dP = (2q)^{-\frac{1}{2}} k^{\frac{1}{2}} \sin p\, dq + (2q)^{\frac{1}{2}} k^{\frac{1}{2}} \cos p\, dp\,,$$

$$\delta Q = (2q)^{-\frac{1}{2}} k^{-\frac{1}{2}} \cos p\, \delta q - (2q)^{\frac{1}{2}} k^{-\frac{1}{2}} \sin p\, \delta p\,,$$

$$\delta P = (2q)^{-\frac{1}{2}} k^{\frac{1}{2}} \sin p\, \delta q + (2q)^{\frac{1}{2}} k^{\frac{1}{2}} \cos p\, \delta p\,,$$

$$dQ = (2q)^{-\frac{1}{2}} k^{-\frac{1}{2}} \cos p\, dp - (2q)^{\frac{1}{2}} k^{-\frac{1}{2}} \sin p\, dp\,.$$

Nach Multiplikation ergibt sich

$$\begin{aligned} dP\delta Q - \delta P dQ &= -\sin^2 p\,(dq\,\delta p - \delta q\, dp) + \cos^2 p\,(dp\,\delta q - \delta p\, dq) \\ &= dp\,\delta q - \delta p\, dq\,. \end{aligned}$$

Folglich ist die Transformation eine Berührungstransformation.

§ 129. Die Bedingungen für eine Berührungstransformation dargestellt mit Hilfe der Lagrangeschen Klammerausdrücke.

Wir geben nunmehr den Bedingungen, unter denen der Übergang von den Veränderlichen $q_1, q_2, \ldots, q_n, p_1, \ldots, p_n$ zu den Veränderlichen $Q_1, Q_2, \ldots, Q_n, P_1, \ldots, P_n$ eine Berührungstransformation ist, eine neue Form.

Sind $q_1, q_2, \ldots, q_n, p_1, \ldots, p_n$ beliebige Funktionen der beiden Veränderlichen u, v (und vielleicht noch beliebiger anderer Veränderlicher), so heißt der Ausdruck

$$\sum_{r=1}^{n}\left(\frac{\partial q_r}{\partial u}\frac{\partial p_r}{\partial v} - \frac{\partial p_r}{\partial u}\frac{\partial q_r}{\partial v}\right)$$

ein *Lagrangescher Klammerausdruck*[1]); er wird gewöhnlich durch das Symbol $[u, v]$ bezeichnet.

Sind nun $q_1, q_2, \ldots, q_n, p_1, \ldots, p_n$ beliebige Funktionen von $2n$ Veränderlichen $Q_1, Q_2, \ldots, Q_n, P_1, \ldots, P_n$, so können wir in dem Ausdruck

$$\sum_{r=1}^{n}(d p_r \delta q_r - \delta p_r d q_r)$$

$d p_r$ durch

$$\frac{\partial p_r}{\partial Q_1} d Q_1 + \frac{\partial p_r}{\partial Q_2} d Q_2 + \ldots + \frac{\partial p_r}{\partial Q_n} d Q_n + \frac{\partial p_r}{\partial P_1} d P_1 + \ldots + \frac{\partial p_r}{\partial P_n} d P_n$$

ersetzen; entsprechend auch die übrigen. So erhalten wir zusammenfassend

$$\sum_{r=1}^{n}(d p_r \delta q_r - \delta p_r d q_r) = \sum_{k,l} [u_k, u_l]\,(d u_l \delta u_k - \delta u_l d u_k),$$

wo die Summation auf der rechten Seite über alle Paare von Veränderlichen u_k, u_l des Systems $Q_1, Q_2, \ldots, Q_n, P_1, \ldots, P_n$ erstreckt ist.

Ist aber die Transformation von den Veränderlichen $q_1, q_2, \ldots, q_n, p_1, \ldots, p_n$ in $Q_1, Q_2, \ldots, Q_n, P_1, \ldots, P_n$ eine Berührungstransformation, so ist

$$\sum_{r=1}^{n}(d p_r \delta q_r - \delta p_r d q_r) = \sum_{r=1}^{n}(d P_r \delta Q_r - \delta P_r d Q_r).$$

Dies gilt für alle Arten der Variationen δ und d der Größen. Der Vergleich mit der obigen Gleichung ergibt daher

$$[P_i, P_k] = 0, \qquad [Q_i, Q_k] = 0 \qquad (i, k = 1, 2, \ldots, n),$$
$$[Q_i, P_k] = 0 \qquad (i, k = 1, 2, \ldots, n;\ i \gtrless k),$$
$$[Q_i, P_i] = 1 \qquad (i = 1, 2, \ldots, n).$$

Diese Gleichungen können als diejenigen partiellen Differentialgleichungen aufgefaßt werden, denen $q_1, q_2, \ldots, q_n, p_1, \ldots, p_n$ als Funktionen von $Q_1, Q_2, \ldots, Q_n, P_1, \ldots, P_n$ genügen müssen, damit der Übergang von dem einen System von Veränderlichen zu dem anderen eine Berührungstransformation ist. Diese Gleichungen stellen in expliziter Form die Bedingungen dar, die in der Invarianz des Ausdrucks

$$\sum_{r=1}^{n}(d p_r \delta q_r - \delta p_r d q_r)$$

enthalten sind.

§ 130. Die Poissonschen Klammerausdrücke.

Wir führen noch eine andere Art von Klammerausdrücken ein, die mit den Lagrangeschen eng zusammenhängen.

---

[1]) Lagrange: *Mém. de l'Institut de France* 1808; *Oeuvres* Bd. 6, S. 713.

Sind u, v zwei beliebige Funktionen der Veränderlichen $q_1, q_2, \ldots, q_n$ $p_1, \ldots, p_n$, so heißt die Größe

$$\sum_{r=1}^{n}\left(\frac{\partial u}{\partial q_r}\frac{\partial v}{\partial p_r} - \frac{\partial u}{\partial p_r}\frac{\partial v}{\partial q_r}\right)$$

ein *Poissonscher Klammerausdruck*[1]) für die Funktionen u und v und wird mit dem Symbol (u, v) bezeichnet.

Es seien $u_1, u_2, \ldots, u_{2n}$ $2n$ unabhängige Funktionen der Veränderlichen $q_1, q_2, \ldots, q_n, p_1, \ldots, p_n$, so daß umgekehrt $q_1, q_2, \ldots, q_n, p_1, p_2, \ldots, p_n$ Funktionen von $u_1, u_2, \ldots, u_{2n}$ sind. Offenbar besteht ein Zusammenhang zwischen den Poissonschen und Lagrangeschen Klammerausdrücken $[u_r, u_s]$ bzw. (u_r, u_s), den wir nun aufsuchen.

Es ist

$$\sum_{t=1}^{2n}(u_t, u_r)[u_t, u_s] = \sum_{t=1}^{2n}\sum_{i=1}^{n}\sum_{j=1}^{n}\left(\frac{\partial u_t}{\partial q_i}\frac{\partial u_r}{\partial p_i} - \frac{\partial u_t}{\partial p_i}\frac{\partial u_r}{\partial q_i}\right)\left(\frac{\partial q_j}{\partial u_t}\frac{\partial p_j}{\partial u_s} - \frac{\partial p_j}{\partial u_t}\frac{\partial q_j}{\partial u_s}\right).$$

Wir führen die Multiplikation auf der rechten Seite aus und berücksichtigen, daß

$$\sum_{t=1}^{2n}\frac{\partial u_t}{\partial q_i}\frac{\partial q_j}{\partial u_t} \quad \text{und} \quad \sum_{t=1}^{2n}\frac{\partial u_t}{\partial p_i}\frac{\partial p_j}{\partial u_t}$$

beide Null oder Eins sind, je nachdem $i \gtrless j$ bzw. $i = j$ ist, daß ferner

$$\sum_{t=1}^{2n}\frac{\partial u_t}{\partial q_i}\frac{\partial p_j}{\partial u_t} \quad \text{und} \quad \sum_{t=1}^{2n}\frac{\partial u_t}{\partial p_i}\frac{\partial q_j}{\partial u_t}$$

beide Null sind. Dann geht die Gleichung über in

$$\sum_{t=1}^{2n}(u_t, u_r)[u_t, u_s] = \sum_{i=1}^{n}\left(\frac{\partial u_r}{\partial p_i}\frac{\partial p_i}{\partial u_s} + \frac{\partial u_r}{\partial q_i}\frac{\partial q_i}{\partial u_s}\right)$$

und folglich in

$$\sum_{t=1}^{2n}(u_t, u_r)[u_t, u_s] = 0 \qquad \text{für} \qquad r \gtrless s,$$

und

$$\sum_{t=1}^{2n}(u_t, u_r)[u_t, u_r] = 1.$$

Dies sind aber die Bedingungen dafür, daß die beiden Determinanten

$$\begin{vmatrix} [u_1, u_1] & [u_1, u_2] & \ldots & [u_1, u_{2n}] \\ [u_2, u_1] & [u_2, u_2] & \ldots & [u_2, u_{2n}] \\ \ldots & \ldots & \ldots & \ldots \\ [u_{2n}, u_1] & \ldots & \ldots & [u_{2n}, u_{2n}] \end{vmatrix} \quad \text{und} \quad \begin{vmatrix} (u_1, u_1) & (u_2, u_1) & \ldots & (u_{2n}, u_1) \\ (u_1, u_2) & (u_2, u_2) & \ldots & (u_{2n}, u_2) \\ \ldots & \ldots & \ldots & \ldots \\ (u_1, u_{2n}) & \ldots & \ldots & (u_{2n}, u_{2n}) \end{vmatrix}$$

[1]) Poisson: *Journal de l'Ecole polytechn.* Bd. 8, H. 15, S. 266. 1809.

reziprok sind, d. h. daß jedes Element der einen gleich der Unterdeterminante des entsprechenden Elementes der anderen geteilt durch diese Determinante ist: das Produkt der beiden Determinanten ist nämlich gleich Eins. *Die Lagrangeschen und Poissonschen Klammern hängen also derart zusammen, daß die aus ihnen gebildeten Determinanten reziprok sind.*

Aufgabe 1. Es seien f, φ, ψ drei beliebige Funktionen von $q_1, q_2, \ldots, q_n, p_1, \ldots, p_n$. Man beweise, daß

$$((f, \varphi), \psi) + ((\varphi, \psi), f) + ((\psi, f)\, \varphi) = 0 .$$

Aufgabe 2. Es seien F und Φ Funktionen von $f_1, f_2, \ldots, f_k$, die ihrerseits Funktionen von $q_1, q_2, \ldots, q_n, p_1, p_2, \ldots, p_n$ sind. Man zeige, daß

$$(F, \Phi) = \sum_{r, s} \left(\frac{\partial F}{\partial f_r}\frac{\partial \Phi}{\partial f_s} - \frac{\partial F}{\partial f_s}\frac{\partial \Phi}{\partial f_r}\right)(f_r, f_s)$$

ist, wo die Summation über alle Kombinationen f_r, f_s erstreckt wird.

§ 131. Die Bedingungen für eine Berührungstransformation dargestellt mit Hilfe der Poissonschen Klammerausdrücke.

Nun seien $Q_1, Q_2, \ldots, Q_n, P_1, \ldots, P_n$ $2n$ Funktionen von $2n$ Veränderlichen $q_1, q_2, \ldots, q_n, p_1, \ldots, p_n$. Wir führen den Nachweis, daß *die Bedingungen dafür, daß die Transformation des einen Systems von Veränderlichen in das andere eine Berührungstransformation ist, die Form erhalten können*

$$\begin{aligned} &(P_i, P_j) = 0, \quad (Q_i, Q_j) = 0 && (i, j = 1, 2, \ldots, n),\\ &(Q_i, P_j) = 0 && (i, j = 1, 2, \ldots, n;\ i \lessgtr j),\\ &(Q_i, P_i) = 1 && (i = 1, 2, \ldots, n).\end{aligned}$$

In § 129 haben wir ja die Bedingungen in der Form abgeleitet

$$\begin{aligned} &[P_i, P_j] = 0, \quad [Q_i, Q_j] = 0 && (i, j = 1, 2, \ldots, n),\\ &[Q_i, P_j] = 0 && (i, j = 1, 2, \ldots, n;\ i \lessgtr j),\\ &[Q_i, P_i] = 1 && (i = 1, 2, \ldots, n).\end{aligned}$$

Daher gehen die Gleichungen

$$\sum_{t=1}^{2n} (u_t, u_r)[u_t, u_s] = 0 \qquad (r \gtrless s)$$

des vorigen Paragraphen über in

$$\begin{aligned} &(Q_i, Q_j) = 0, \quad (P_i, P_j) = 0 && (i, j = 1, 2, \ldots, n),\\ &(P_j, Q_i) = 0 && (i, j = 1, 2, \ldots, n;\ i \lessgtr j),\end{aligned}$$

während die Gleichungen

$$\sum_{t=1}^{2n} (u_t, u_r)[u_t, u_r] = 1$$

ergeben:

$$(Q_i, P_i) = 1 \qquad (i = 1, 2, \ldots, n),$$

womit der Satz bewiesen ist.

Aufgabe 1. Es sollen $Q_1, Q_2, \ldots, Q_n, P_1, \ldots, P_n$ mit $q_1, q_2, \ldots, q_n, p_1, \ldots, p_n$ durch eine Berührungstransformation zusammenhängen. Man zeige, daß

$$\sum_{r=1}^{n}\left(\frac{\partial\varphi}{\partial Q_r}\frac{\partial\psi}{\partial P_r}-\frac{\partial\varphi}{\partial P_r}\frac{\partial\psi}{\partial Q_r}\right)=\sum_{r=1}^{n}\left(\frac{\partial\varphi}{\partial q_r}\frac{\partial\psi}{\partial p_r}-\frac{\partial\varphi}{\partial p_r}\frac{\partial\psi}{\partial q_r}\right)$$

ist, so daß also die Poissonschen Klammern zweier beliebiger Funktionen φ, ψ in bezug auf die beiden Systeme von Veränderlichen übereinstimmen.

Aufgabe 2. Es seien $Q_1, Q_2, \ldots, Q_n$ gegebene Funktionen von $q_1, q_2, \ldots, q_n, p_1, \ldots, p_n$, die den partiellen Differentialgleichungen

$$(Q_r, Q_s) = 0 \qquad (r, s = 1, 2, \ldots, n)$$

genügen. Man zeige, daß sich n Funktionen $P_1, P_2, \ldots, P_n$ bestimmen lassen, derart, daß die Transformation von $q_1, q_2, \ldots, q_n, p_1, p_2, \ldots, p_n$ in $Q_1, Q_2, \ldots, Q_n, P_1, \ldots, P_n$ eine Berührungstransformation ist. (Lie.)

§ 132. Die Untergruppen der Mathieuschen Transformationen und erweiterten Punkttransformationen.

Existiert in einer Transformationsgruppe ein System von Transformationen von der Art, daß die Zusammensetzung zweier Transformationen des Systems wieder eine Transformation des Systems ergibt und daß die Umkehrung jeder Transformation des Systems selbst in dem System enthalten ist, so wird dies System von Transformationen als *Untergruppe* der Gruppe bezeichnet.

Eine Untergruppe der allgemeinen Gruppe der Berührungstransformationen wird offenbar von denjenigen Transformationen gebildet, die der Gleichung

$$\sum_{r=1}^{n} P_r\,dQ_r = \sum_{r=1}^{n} p_r\,dq_r$$

genügen. Mathieu[1]) hat diese Transformationen untersucht. Sie stimmen im wesentlichen mit den von Lie als „homogene Berührungstransformationen in $q_1, q_2, \ldots, q_n, p_1, \ldots, p_n$" bezeichneten überein.

Nach § 126 bestimmen sich hier $Q_1, Q_2, \ldots, Q_n, P_1, \ldots, P_n$ durch Elimination von $\lambda_1, \lambda_2, \ldots, \lambda_k$ aus den $2n+k$ Gleichungen

$$\Omega_r(q_1, q_2, \ldots, q_n, Q_1, Q_2, \ldots, Q_n) = 0 \quad (r = 1, 2, \ldots, k),$$

$$P_r = \lambda_1\frac{\partial\Omega_1}{\partial Q_r} + \lambda_2\frac{\partial\Omega_2}{\partial Q_r} + \ldots + \lambda_k\frac{\partial\Omega_k}{\partial Q_r} \quad (r = 1, 2, \ldots, n),$$

$$p_r = -\lambda_1\frac{\partial\Omega_1}{\partial q_r} - \lambda_2\frac{\partial\Omega_2}{\partial q_r} - \ldots - \lambda_k\frac{\partial\Omega_k}{\partial q_r} \quad (r = 1, 2, \ldots, n).$$

Aus der Form dieser Gleichungen erkennt man, daß, wenn $p_1, p_2, \ldots, p_n$ alle mit einer beliebigen Größe μ multipliziert werden, auch die Größen $P_1, P_2, \ldots, P_n$ sich alle mit μ multiplizieren.

---

[1]) *Journal de Math.* Bd. 19, S. 265. 1874.

Daher sind $P_1, P_2, \ldots, P_n$ homogen ersten Grades (nicht notwendig aber ganz) in $p_1, p_2, \ldots, p_n$.

Innerhalb der Gruppe der Mathieuschen Transformationen bilden diejenigen Transformationen eine Untergruppe, für die $P_1, P_2, \ldots, P_n$ nicht nur homogen ersten Grades in $p_1, p_2, \ldots, p_n$, sondern auch ganz, d. h. also linear in $p_1, p_2, \ldots, p_n$ sind. Für sie gelten Gleichungen der Form

$$P_r = \sum_{k=1}^{n} p_k f_{rk}(q_1, q_2, \ldots, q_n) \qquad (r = 1, 2, \ldots, n).$$

Führen wir diese Werte in die Gleichungen

$$\sum_{r=1}^{n} P_r \, dQ_r - \sum_{r=1}^{n} p_r \, dq_r = 0$$

ein und setzen wir die Koeffizienten von p_k gleich Null, so erhalten wir

$$\sum_{r=1}^{n} f_{rk}(q_1, q_2, \ldots, q_n) \, dQ_r = dq_k \qquad (k = 1, 2, \ldots, n);$$

$q_1, q_2, \ldots, q_n$ sind also Funktionen von $Q_1, Q_2, \ldots, Q_n$ allein, und es ist

$$f_{rk} = \partial q_k / \partial Q_r.$$

Folglich erhalten wir derartige Transformationen, wenn wir willkürliche Beziehungen zwischen den Veränderlichen $q_1, q_2, \ldots, q_n$ *und* $Q_1, Q_2, \ldots, Q_n$ *ansetzen und dann* $P_1, P_2, \ldots, P_n$ *aus den Gleichungen*

$$P_r = \sum_{k=1}^{n} p_k \frac{\partial q_k}{\partial Q_r} \qquad (r = 1, 2, \ldots, n)$$

bestimmen. Diese Transformationen sind erweiterte Punkttransformationen (§ 126).

Aufgabe. Es sei

$$\sum_{r=1}^{n} P_r \, dQ_r = \sum_{r=1}^{n} p_r \, dq_r.$$

Man zeige, daß

$$\sum_{k=1}^{n} p_k \frac{\partial Q_r}{\partial p_k} = 0, \qquad \sum_{k=1}^{n} p_k \frac{\partial P_r}{\partial p_k} = P_r.$$

§ 133. Infinitesimale Berührungstransformationen.

Wir gehen nun zu Transformationen über, in denen die neuen Veränderlichen $Q_1, Q_2, \ldots, Q_n, P_1, \ldots, P_n$ sich von den ursprünglichen $q_1, q_2, \ldots, q_n, p_1, \ldots, p_n$ um infinitesimale Größen unterscheiden, die mit $\Delta q_1, \Delta q_2, \ldots, \Delta q_n, \Delta p_1, \ldots, \Delta p_n$ bezeichnet seien, wo

$$\left.\begin{aligned} \Delta q_r &= \varphi_r(q_1, q_2, \ldots, q_n, p_1, p_2, \ldots, p_n) \, \Delta t \\ \Delta p_r &= \psi_r(q_1, q_2, \ldots, q_n, p_1, p_2, \ldots, p_n) \, \Delta t \end{aligned}\right\} \quad (r = 1, 2, \ldots, n)$$

und Δt eine willkürliche infinitesimale Konstante ist. Dann ist also

$$\begin{aligned} Q_r &= q_r + \Delta q_r = q_r + \varphi_r \Delta t \\ P_r &= p_r + \Delta p_r = p_r + \psi_r \Delta t \end{aligned} \qquad (r = 1, 2, \ldots, n),$$

und die Transformation wird bestimmt durch die Funktionen $\varphi_1, \varphi_2, \ldots, \varphi_n, \psi_1, \psi_2, \ldots, \psi_n$.

Nun soll die Transformation eine Berührungstransformation sein. Deshalb ist

$$\sum_{r=1}^{n} (P_r dQ_r - p_r dq_r) = dW,$$

wo W eine beliebige Funktion von $q_1, q_2, \ldots, q_n, p_1, p_2, \ldots, p_n$ ist, oder

$$\sum_{r=1}^{n} \{(p_r + \psi_r \Delta t)(dq_r + d\varphi_r \Delta t) - p_r dq_r\} = dW$$

oder

$$\Delta t \sum_{r=1}^{n} (\psi_r dq_r + p_r d\varphi_r) = dW.$$

Offenbar enthält die Funktion W die Größe Δt als Faktor. Setzen wir $W = U\Delta t$, wo U eine beliebige Funktion von $q_1, q_2, \ldots, q_n, p_1, \ldots, p_n$ ist, so geht die Gleichung über in

$$\sum_{r=1}^{n} (\psi_r dq_r + p_r d\varphi_r) = dU.$$

Daher haben wir

$$\begin{aligned} \sum_{r=1}^{n} (\psi_r dq_r - \varphi_r dp_r) &= d\left(U - \sum_{r=1}^{n} p_r \varphi_r\right) \\ &= -dK(q_1, q_2, \ldots, q_n, p_1, \ldots, p_n), \end{aligned}$$

also

$$\varphi_r = \frac{\partial K}{\partial p_r}, \qquad \psi_r = -\frac{\partial K}{\partial q_r} \qquad (r = 1, 2, \ldots, n).$$

Demnach wird die allgemeinste infinitesimale Berührungstransformation definiert durch die Gleichungen

$$Q_r = q_r + \frac{\partial K}{\partial p_r} \Delta t, \qquad P_r = p_r - \frac{\partial K}{\partial q_r} \Delta t \quad (r = 1, 2, \ldots, n),$$

wo K eine willkürliche Funktion von $q_1, q_2, \ldots, q_n, p_1, \ldots, p_n$ und Δt eine willkürliche, von $q_1, q_2, \ldots, q_n, p_1, \ldots, p_n$ unabhängige infinitesimale Größe ist.

Eine beliebige Funktion $f(q_1, q_2, \ldots, q_n, p_1, p_2, \ldots, p_n)$, deren Argumente $q_1, q_2, \ldots, q_n, p_1, \ldots, p_n$ dieser Transformation unterworfen werden, erfährt den Zuwachs

$$\sum_{r=1}^{n} \left(\frac{\partial f}{\partial q_r}\frac{\partial K}{\partial p_r} - \frac{\partial f}{\partial p_r}\frac{\partial K}{\partial q_r}\right) \Delta t$$

oder

$$(f, K)\Delta t.$$

Aus diesem Grunde bezeichnet man die Poissonsche Klammer (f, K) als das *Symbol* der allgemeinsten infinitesimalen Transformation der unendlichen Gruppe, die aus allen Berührungstransformationen der $2n$ Veränderlichen $q_1 q_2, \ldots, q_n, p_1, \ldots, p_n$ besteht.

§ 134. Die neue Auffassung der Dynamik auf Grund der Berührungstransformationen.

Der im vorigen Paragraphen gewonnene Satz ermöglicht uns, den am Schluß des § 125 für gewisse einfache dynamische Systeme ausgesprochenen Satz auf alle konservativen holonomen Systeme mit einer beliebigen Anzahl von Freiheitsgraden auszudehnen. Denn die Bewegung wird dargestellt (§ 109) durch Gleichungen der Form

$$\frac{dq_r}{dt} = \frac{\partial H}{\partial p_r}, \qquad \frac{dp_r}{dt} = -\frac{\partial H}{\partial q_r} \qquad (r = 1, 2, \ldots, n),$$

und nach dem vorigen Paragraphen lassen sich diese Gleichungen dahin deuten, daß der Übergang von den Werten der Veränderlichen zur Zeit t zu den Werten zur Zeit $t + dt$ eine infinitesimale Berührungstransformation ist. *Der ganze Verlauf der Bewegung eines dynamischen Systems kann daher als ein allmähliches Sich-Entfalten einer Berührungstransformation aufgefaßt werden.* Dieses Ergebnis ist nur eine Verallgemeinerung des Satzes, daß *der Weg der Lichtstrahlen eines Büschels durch das allmähliche Fortschreiten einer Wellenfront bestimmt werden kann.* Zusammen mit der Gruppeneigenschaft der Berührungstransformation bildet dieser Satz die Grundlage der Transformationstheorie dynamischer Systeme.

Daraus folgt sofort: Sind $q_1, q_2, \ldots, q_n, p_1, \ldots, p_n$ die Veränderlichen eines dynamischen Systems, $\alpha_1, \alpha_2, \ldots, \alpha_n, \beta_1, \ldots, \beta_n$ ihre bezüglichen Werte zu einer gewissen Zeit $t = t_0$, so stellen die Gleichungen, die $q_1, q_2, \ldots, q_n, p_1, \ldots, p_n$ als Funktionen von $\alpha_1, \alpha_2, \ldots, \alpha_n, \beta_1, \ldots, \beta_n, t$ ausdrücken (und die die Lösungen der Differentialgleichungen der Bewegung sind), eine Berührungstransformation von $\alpha_1, \alpha_2, \ldots, \alpha_n, \beta_1, \ldots, \beta_n$ in $q_1, q_2, \ldots, q_n, p_1, \ldots, p_n$ dar. Dabei wird t nur als ein Parameter aufgefaßt, der in die Definitionsgleichungen der Transformation eingeht.

§ 135. Der Reziprozitätssatz von Helmholtz.

Da die Werte der Veränderlichen $q_1, q_2, \ldots, q_n, p_1, \ldots, p_n$ eines dynamischen Systems zur Zeit t durch eine Berührungstransformation aus ihren Werten $\alpha_1, \alpha_2, \ldots, \alpha_n, \beta_1, \ldots, \beta_n$ zur Zeit t_0 abgeleitet werden können, ist (§ 128)

$$\sum_{i=1}^{n} (\Delta p_i \, \delta q_i - \delta p_i \, \Delta q_i) = \sum_{i=1}^{n} (\Delta \beta_i \, \delta \alpha_i - \delta \beta_i \, \Delta \alpha_i),$$

wo die Symbole Δ und δ Koordinatenänderungen beim Übergang von einer gegebenen Systembahn zu zwei verschiedenen Nachbarkurven entsprechen.

Nun möge δ den Übergang zu derjenigen Kurve bezeichnen, die definiert ist durch die Werte $\alpha_1, \alpha_2, \ldots, \alpha_n, \beta_1, \beta_2, \ldots, \beta_{r-1}, \beta_r + \delta\beta_r, \beta_{r+1}, \ldots, \beta_n$ zur Zeit t_0, Δ den Übergang zu derjenigen Kurve, die definiert ist durch die Werte $q_1, q_2, \ldots, q_n, p_1, \ldots, p_{s-1}, p_s + \Delta p_s, p_{s+1}, \ldots, p_n$ zur Zeit t_1. Dann geht die obige Gleichung über in

$$\Delta p_s \delta q_s = -\delta\beta_r \Delta\alpha_r.$$

Die Zunahme von q_s bei einer Zunahme von β_r (bei der $\alpha_1, \alpha_2, \ldots, \alpha_n, \beta_1, \ldots, \beta_{r-1}, \beta_{r+1}, \ldots, \beta_n$ nicht variiert werden) ist also entgegengesetzt gleich der Zunahme von α_r, die einer Zunahme von p_s (bei der $q_1, q_2, \ldots, q_n, p_1, \ldots, p_{s-1}, p_{s+1}, \ldots, p_n$ nicht variiert werden) von der Größe der schon erwähnten Zunahme von β_r entspricht.

Helmholtz[1]) bemerkte, daß dieses Ergebnis sich für viele Systeme physikalisch deuten läßt. Ein kleiner dem System erteilter Impuls kann nämlich durch die hervorgerufene Änderung einer der Bewegungsgrößen $p_1, p_2, \ldots, p_n$ gemessen werden, und die Änderung von α_r infolge einer Änderung von p_s läßt sich in der *Umkehrung der Bewegung* realisieren, d. h. in der Bewegung des Systems, die aus einer gegebenen Lage mit den der Lage entsprechenden Geschwindigkeiten — aber alle mit umgekehrtem Vorzeichen — erfolgt, so daß also die Zukunft des Systems mit seiner rückwärts durchlaufenen Vergangenheit übereinstimmt. Wir können das Ergebnis folgendermaßen zusammenfassen: *Die in einem beliebigen Zeitintervall bei der ursprünglichen Bewegung durch eine impulsive Änderung einer anfänglichen Bewegungsgröße β_r hervorgerufene Änderung einer Koordinate q_s, ($s = r$ oder $s \neq r$) ist entgegengesetzt gleich der in dem gleichen Zeitintervall bei der umgekehrten Bewegung durch eine gleich große impulsive Änderung der anfänglichen Bewegungsgröße p_s an der Koordinate α_r hervorgerufenen Änderung*[2]).

Aufgabe. Bei der elliptischen Bewegung mit einem festen Kraftzentrum im Mittelpunkt soll dem Massenpunkt beim Durchgang durch einen der Endpunkte der großen Achse eine kleine Geschwindigkeit δv in Richtung der Normalen erteilt werden. Man zeige, daß er nach einem Viertelumlauf eine tangentiale Abweichung $\mu^{-\frac{1}{2}}\delta v$ erlangt hat, wo μ die Konstante des Kraftgesetzes bedeutet. Ferner zeige man, daß eine Tangentialgeschwindigkeit δv, die dem Massenpunkt in einem Endpunkt der kleinen Achse erteilt wird, nach einem Viertelumlauı eine normale Abweichung von der gleichen Größe $\mu^{-\frac{1}{2}}\delta v$ hervorbringt. (Lamb.)

---

[1]) *Journal f. Math.* Bd. 100. 1886.

[2]) Vgl. Lamb: *Proc. Lond. Math. Soc.* Bd. 19, S. 144. 1898.

§ 136. Der Jacobische Satz von der Transformation eines gegebenen dynamischen Systems in ein anderes dynamisches System.

Aus § 116 ergibt sich, daß bei der Transformation eines Hamiltonschen Differentialgleichungssystems

$$\frac{dq_r}{dt} = \frac{\partial H}{\partial p_r}, \qquad \frac{dp_r}{dt} = -\frac{\partial H}{\partial q_r} \qquad (r = 1, 2, \ldots, n)$$

vermöge einer Transformation der Veränderlichen das neue System von Differentialgleichungen wieder die Hamiltonsche Gestalt

$$\frac{dQ_r}{dt} = \frac{\partial K}{\partial P_r}, \qquad \frac{dP_r}{dt} = -\frac{\partial K}{\partial Q_r} \qquad (r = 1, 2, \ldots, n)$$

hat, wenn die neuen Veränderlichen $Q_1, Q_2, \ldots, Q_n, P_1, \ldots, P_n$ von der Art sind, daß

$$\int P_1 \delta Q_1 + P_2 \delta Q_2 + \ldots + P_n \delta Q_n$$

eine (relative oder absolute) Integralinvariante des ursprünglichen Systems ist.

Eine derartige Transformation ist im allgemeinen *dem betrachteten Problem eigentümlich*, d. h. sie führt zwar das gegebene, nicht aber jedes willkürlich gewählte Hamiltonsche System wieder in ein Hamiltonsches System über. Jedoch sind unter diesen Transformationen solche enthalten, die jedem ihnen unterworfenen dynamischen System die Hamiltonsche Form bewahren. Man kann sie folgendermaßen erhalten.

Nach § 115 ist

$$\int \sum_{r=1}^{n} p_r \delta q_r$$

eine relative Integralinvariante eines jeden Hamiltonschen Systems. Es sei $Q_1, Q_2, \ldots, Q_n, P_1, \ldots, P_n$ ein System von $2n$ Veränderlichen, die aus $q_1, q_2, \ldots, q_n, p_1, \ldots, p_n$ durch eine Berührungstransformation hervorgehen, so daß also

$$\sum_{r=1}^{n} P_r dQ_r - \sum_{r=1}^{n} p_r dq_r = dW$$

ist, wo dW ein vollständiges Differential bedeutet. Die die Transformation definierenden Gleichungen können zwar die Zeit explizit enthalten, so daß $Q_1, Q_2, \ldots, Q_n, P_1, \ldots, P_n$ Funktionen von $q_1, q_2, \ldots, q_n, p_1, \ldots, p_n, t$ sind. Jedoch soll bei der mit d bezeichneten Variation in dieser Gleichung die Zeit nicht mit variiert werden. Wird auch t variiert, so geht die Gleichung über in

$$\sum_{r=1}^{n} P_r dQ_r - \sum_{r=1}^{n} p_r dq_r = dW + U dt,$$

wo U eine beliebige Funktion der Veränderlichen bedeutet.

Nun bedeutet die durch δ bezeichnete Variation in der Integralinvariante den Übergang von einem Punkt einer Bahn zu dem gleichzeitigen Punkt einer Nachbarbahn. Fassen wir also die Veränderlichen als Funktionen von $a_1, a_2, \ldots, a_{2n}, t$ auf, wo $a_1, a_2, \ldots, a_{2n}$ die Integrationskonstanten sind, die in der Lösung der Bewegungsgleichungen auftreten, so vollzieht sich die Variation δ so, daß $a_1, a_2, \ldots, a_{2n}$ sich ändern, t aber ungeändert bleibt. Folglich erhalten wir als Spezialfall der letzten Gleichung

$$\sum_{r=1}^{n} P_r \delta Q_r - \sum_{r=1}^{n} p_r \delta q_r = \delta W;$$

daher ist

$$\int \sum_{r=1}^{n} P_r \delta Q_r$$

eine relative Integralinvariante. Das transformierte Problem der Differentialgleichungen, in denen $Q_1, Q_2, \ldots, Q_n, P_1, \ldots, P_n$ als abhängige Veränderliche aufgefaßt werden, hat also die Hamiltonsche Gestalt und läßt sich in der Form darstellen

$$\frac{dQ_r}{dt} = \frac{\partial K}{\partial P_r}, \qquad \frac{dP_r}{dt} = -\frac{\partial K}{\partial Q_r} \qquad (r = 1, 2, \ldots, n),$$

wo K eine Funktion von $Q_1, Q_2, \ldots, Q_n, P_1, \ldots, P_n, t$ ist.

Eine Berührungstransformation der Veränderlichen $q_1, q_2, \ldots, q_n, p_1, \ldots, p_n$, eines beliebigen dynamischen Systems läßt also die Hamiltonsche Form des Systems ungeändert[1]). Bei einer gewöhnlichen Koordinatentransformation des dynamischen Problems, bei der $Q_1, Q_2, \ldots, Q_n$ Funktionen von $q_1, q_2, \ldots, q_n$ allein sind, ist die Berührungstransformation nur eine erweiterte Punkttransformation.

Aufgabe. Man zeige, daß die durch die Gleichungen

$$q = (2Q)^{\frac{1}{2}} k^{-\frac{1}{2}} \cos P, \qquad p = (2Q)^{\frac{1}{2}} k^{\frac{1}{2}} \sin P$$

definierte Berührungstransformation das System

$$\frac{dq}{dt} = \frac{\partial H}{\partial p}, \qquad \frac{dp}{dt} = -\frac{\partial H}{\partial q},$$

mit

$$H = \tfrac{1}{2}(p^2 + k^2 q^2)$$

in das System

$$\frac{dQ}{dt} = \frac{\partial K}{\partial P}, \qquad \frac{dP}{dt} = -\frac{\partial K}{\partial Q}$$

mit

$$K = kQ$$

überführt.

§ 137. Darstellung eines dynamischen Problems durch eine Differentialform.

Die Bedeutung der Berührungstransformation für die Dynamik tritt klarer hervor, wenn eine gewisse mit dem dynamischen System invariant verbundene Differentialform eingeführt wird.

---

[1]) Dieser wichtige Satz wurde zuerst von Jacobi ausgesprochen: *Comptes Rendus* Bd. 5, S. 61. 1837.

Es sei

$$X_1 dx_1 + X_2 dx_2 + \dots + X_{2n+1} dx_{2n+1}$$

eine beliebige Differentialform in $2n+1$ unabhängigen Veränderlichen $x_1, x_2, \dots, x_{2n+1}$. Nach § 127 ist ihre bilineare Kovariante

$$\sum_{i=1}^{2n+1} \sum_{j=1}^{2n+1} a_{ij}\, dx_i\, \delta x_j,$$

wo a_{ij} die Größe $\partial X_i / \partial x_j - \partial X_j / \partial x_i$ bezeichnet, mit der Form invariant verbunden. Setzen wir die Koeffizienten von $\delta x_1, \delta x_2, \dots, \delta x_{2n+1}$ einzeln gleich Null, so erhalten wir die $2n+1$ Gleichungen

$$\sum_{i=1}^{2n+1} a_{i1}\, dx_i = 0, \quad \sum_{i=1}^{2n+1} a_{i2}\, dx_i = 0, \quad \dots, \quad \sum_{i=1}^{2n+1} a_{i,2n+1}\, dx_i = 0.$$

Da die Determinante der Größen a_{ij} schiefsymmetrisch und von ungerader Ordnung ist, hat sie den Wert Null, und die Gleichungen sind miteinander verträglich. Sie sind als das zu der Differentialform $\sum_{r=1}^{2n+1} X_r\, dx_r$ gehörige *erste Pfaffsche Gleichungssystem* bekannt und sind nach ihrem Bildungsgesetz mit der Form invariant verbunden. Wenn also eine Koordinatentransformation stattfindet derart, daß die neuen Veränderlichen $y_1, y_2, \dots, y_{2n+1}$ gegebene Funktionen von $x_1, x_2, \dots, x_{2n+1}$ sind und die Differentialform dadurch in

$$\sum_{r=1}^{2n+1} Y_r\, dy_r$$

übergeht und

$$\sum_{i=1}^{2n+1} b_{i1}\, dy_i = 0, \quad \sum_{i=1}^{2n+1} b_{i2}\, dy_i = 0, \quad \dots, \quad \sum_{i=1}^{2n+1} b_{i,2n+1}\, dy_i = 0$$

das aus der Differentialform

$$\sum_{r=1}^{2n+1} Y_r\, dy_r$$

abgeleitete erste Pfaffsche System ist, so ist dieses System äquivalent dem System

$$\sum_{i=1}^{2n+1} a_{i1}\, dx_i = 0, \quad \sum_{i=1}^{2n+1} a_{i2}\, dx_i = 0, \quad \dots, \quad \sum_{i=1}^{2n+1} a_{i,2n+1}\, dx_i = 0.$$

Nunmehr betrachten wir die spezielle Differentialform

$$p_1 dq_1 + p_2 dq_2 + \dots + p_n dq_n - H dt$$

in den $2n+1$ Veränderlichen $q_1, q_2, \dots, q_n, p_1, p_2, \dots, p_n, t$, wo H eine beliebige Funktion von $q_1, q_2, \dots, q_n, p_1, p_2, \dots, p_n, t$ ist. Bilden wir die zugehörigen Größen a_{ij}, so ergibt sich für diese Differentialform als erstes Pfaffsches System von Differentialgleichungen

$$-dp_r - \frac{\partial H}{\partial q_r} dt = 0 \qquad (r = 1, 2, \ldots, n),$$

$$dq_r - \frac{\partial H}{\partial p_r} dt = 0 \qquad (r = 1, 2, \ldots, n),$$

$$dH - \frac{\partial H}{\partial t} dt = 0.$$

Die letzte dieser Gleichungen ist eine Folge der anderen; daher können wir an Stelle dieses Systems schreiben

$$\frac{dq_r}{dt} = \frac{\partial H}{\partial p_r}, \qquad \frac{dp_r}{dt} = -\frac{\partial H}{\partial q_r} \qquad (r = 1, 2, \ldots, n).$$

Dies sind aber die Bewegungsgleichungen eines dynamischen Systems, dessen Hamiltonsche Funktion gleich H ist. Daraus folgt: *Das dynamische System mit der Hamiltonschen Funktion H ist invariant verbunden mit der Differentialform*

$$p_1 dq_1 + p_2 dq_2 + \ldots + p_n dq_n - H dt,$$

insofern als die Bewegungsgleichungen des dynamischen Systems in beliebigen Veränderlichen $x_1, x_2, \ldots, x_{2n}, \tau$ das erste Pfaffsche Gleichungssystem der Differentialform

$$X_1 dx_1 + X_2 dx_2 + \ldots + X_{2n} dx_{2n} + T d\tau$$

bilden, die aus der Form

$$p_1 dq_1 + p_2 dq_2 + \ldots + p_n dq_n - H dt$$

durch die Transformation der Veränderlichen $q_1, q_2, \ldots, q_n, p_1, \ldots, p_n, t$ in $x_1, x_2, \ldots, x_{2n}, \tau$ hervorgeht.

§ 138. Die Hamiltonsche Funktion der transformierten Gleichungen.

Aus dem Ergebnis des vorigen Paragraphen folgt ein neuer Beweis des Satzes, daß die Gleichungen der Dynamik

$$\frac{dq_r}{dt} = \frac{\partial H}{\partial p_r}, \qquad \frac{dp_r}{dt} = -\frac{\partial H}{\partial q_r} \qquad (r = 1, 2, \ldots, n)$$

die Hamiltonsche Form bewahren gegenüber allen Berührungstransformationen von $q_1, q_2, \ldots, q_n, p_1, \ldots, p_n$. Überdies können wir daraus die Hamiltonsche Funktion K des neuen Systems finden:

$$\frac{dQ_r}{dt} = \frac{\partial K}{\partial P_r}, \qquad \frac{dP_r}{dt} = -\frac{\partial K}{\partial Q_r} \qquad (r = 1, 2, \ldots, n).$$

Die Berührungstransformation sei nämlich definiert durch die Gleichungen

$$\Omega_r = 0 \qquad (r = 1, 2, \ldots, k),$$

$$P_r = \frac{\partial W}{\partial Q_r} + \lambda_1 \frac{\partial \Omega_1}{\partial Q_r} + \lambda_2 \frac{\partial \Omega_2}{\partial Q_r} + \cdots + \lambda_k \frac{\partial \Omega_k}{\partial Q_r} \qquad (r = 1, 2, \ldots, n),$$

$$p_r = -\frac{\partial W}{\partial q_r} - \lambda_1 \frac{\partial \Omega_1}{\partial q_r} - \lambda_2 \frac{\partial \Omega_2}{\partial q_r} - \cdots - \lambda_k \frac{\partial \Omega_k}{\partial q_r} \quad (r = 1, 2, \ldots, n),$$

wo $\Omega_1, \Omega_2, \ldots, \Omega_k, W$ beliebige Funktionen der Veränderlichen $q_1, q_2, \ldots, q_n, Q_1, Q_2, \ldots, Q_n, t$ sind.

Infolge dieser Gleichungen gilt identisch

$$\sum_{r=1}^{n} p_r\, dq_r = \sum_{r=1}^{n} P_r\, dQ_r - \sum_{r=1}^{n} \left(\frac{\partial W}{\partial q_r} dq_r + \frac{\partial W}{\partial Q_r} dQ_r\right)$$
$$- \sum_{s=1}^{k} \lambda_s \sum_{r=1}^{n} \left(\frac{\partial \Omega_s}{\partial q_r} dq_r + \frac{\partial \Omega_s}{\partial Q_r} dQ_r\right),$$

daher ist (wenn d das Symbol für eine Variation ist, bei der alle Veränderlichen mit Einschluß von t sich ändern):

$$\sum_{r=1}^{n} p_r\, dq_r = \sum_{r=1}^{n} P_r\, dQ_r + \frac{\partial W}{\partial t} dt - dW + \sum_{s=1}^{k} \lambda_s \frac{\partial \Omega_s}{\partial t} dt$$

oder

$$\sum_{r=1}^{n} p_r\, dq_r - H\,dt = \sum_{r=1}^{n} P_r\, dQ_r - \left(H - \frac{\partial W}{\partial t} - \sum_{s=1}^{k} \lambda_s \frac{\partial \Omega_s}{\partial t}\right) dt - dW.$$

Das auf der rechten Seite stehende vollständige Differential dW kann vernachlässigt werden, da es das erste Pfaffsche System der Differentialform nicht beeinflußt. *Daher führt die Berührungstransformation das Gleichungssystem*

$$\frac{dq_r}{dt} = \frac{\partial H}{\partial p_r}, \qquad \frac{dp_r}{dt} = -\frac{\partial H}{\partial q_r} \qquad (r = 1, 2, \ldots, n)$$

in das System

$$\frac{dQ_r}{dt} = \frac{\partial K}{\partial P_r}, \qquad \frac{dP_r}{dt} = -\frac{\partial K}{\partial Q_r} \qquad (r = 1, 2, \ldots, n)$$

über, wo

$$K = H - \frac{\partial W}{\partial t} - \sum_{s=1}^{k} \lambda_s \frac{\partial \Omega_s}{\partial t}$$

und K als Funktion von $Q_1, Q_2, \ldots, Q_n, P_1, \ldots, P_n, t$ aufzufassen ist.

§ 139. Transformationen, bei denen auch die unabhängige Veränderliche transformiert wird.

Das Ergebnis des § 137 ermöglicht ferner die Bestimmung der Transformationen des ganzen Systems der $2n+1$ Veränderlichen $q_1, q_2, \ldots, q_n, p_1, \ldots, p_n, t$ in ein neues System $Q_1, Q_2, \ldots, Q_n, P_1, \ldots, P_n, T$, bei der ein Hamiltonsches System

$$\frac{dq_r}{dt} = \frac{\partial H}{\partial p_r}, \quad \frac{dp_r}{dt} = -\frac{\partial H}{\partial q_r} \qquad (r = 1, 2, \ldots, n)$$

wieder in ein Hamiltonsches System

$$\frac{dQ_r}{dT} = \frac{\partial K}{\partial P_r}, \quad \frac{dP_r}{dT} = -\frac{\partial K}{\partial Q_r} \qquad (r = 1, 2, \ldots, n)$$

übergeht. Dies Problem ist nämlich gleichbedeutend mit demjenigen, die Transformation zu bestimmen, die die Differentialform

$$p_1 dq_1 + p_2 dq_2 + \ldots + p_n dq_n + h\,dt,$$

deren Veränderliche $q_1, q_2, \ldots, q_n, p_1, p_2, \ldots, p_n, t, h$ durch die Gleichung

$$H(q_1, q_2, \ldots, q_n, p_1, \ldots, p_n, t) + h = 0$$

verbunden sind, in die Differentialform

$$P_1 dQ_1 + P_2 dQ_2 + \ldots + P_n dQ_n + k\,dT + \text{vollständiges Differential}$$

überführen, deren Veränderliche $Q_1, Q_2, \ldots, Q_n, P_1, P_2, \ldots, P_n, T, k$ verbunden sind durch die Gleichung

$$K(Q_1, Q_2, \ldots, Q_n, P_1, \ldots P_n, T) + k = 0.$$

Nun erfüllt aber jede Berührungstransformation der $2n+2$ Veränderlichen $q_1, q_2, \ldots, q_n, t, p_1, p_2, \ldots, p_n, h$ in neue Veränderliche $Q_1, Q_2, \ldots, Q_n, T, P_1, P_2, \ldots, P_n, k$ diese Bedingung. Ist diese Transformation aufgestellt, so bestimmt sich K durch Einsetzen der Werte von $q_1, q_2, \ldots, q_n, t, p_1, p_2, \ldots, p_n, h$ als Funktionen von $Q_1, Q_2, \ldots, Q_n, T, P_1, \ldots, P_n, k$ in die Gleichung

$$H(q_1, q_2, \ldots, q_n, p_1, p_2 \ldots, p_n, t) + h = 0$$

und ihre Auflösung nach k. Die Gleichung erhält so die Form

$$K(Q_1, Q_2, \ldots, Q_n, P_1, \ldots, P_n, T) + k = 0,$$

und die gesuchte Transformation ist dadurch vollständig bestimmt.

§ 140. Neue Formulierung des Integrationsproblems.

In § 137 sahen wir, daß bei einer Transformation der Veränderlichen in dem dynamischen System

$$\frac{dq_r}{dt} = \frac{\partial H}{\partial p_r}, \quad \frac{dp_r}{dt} = -\frac{\partial H}{\partial q_r} \qquad (r = 1, 2, \ldots, n)$$

die neuen Differentialgleichungen das erste Pfaffsche System derjenigen Differentialform bilden, die aus

$$p_1 d q_1 + p_2 d q_2 + \ldots + p_n d q_n - H\,dt$$

durch die Transformation hervorgeht.

Wir nehmen an, es sei eine durch ein Gleichungssystem

$$\begin{aligned} q_r &= \varphi_r(Q_1, Q_2, \ldots, Q_n, P_1, \ldots, P_n, t) \\ p_r &= \psi_r(Q_1, Q_2, \ldots, Q_n, P_1, \ldots, P_n, t) \end{aligned} \qquad (r = 1, 2, \ldots, n$$

definierte Transformation gefunden, für die die obige Differentialform als Funktion der neuen Veränderlichen in

$$P_1 d Q_1 + P_2 d Q_2 + \ldots + P_n d Q_n - d\,T$$

übergeht. Dabei ist dT das vollständige Differential einer Funktion der Veränderlichen $Q_1, Q_2, \ldots, Q_n, P_1, P_2, \ldots, P_n, t$. Dann ist das zugehörige erste Pfaffsche Gleichungssystem

$$d Q_r = 0\,, \qquad d P_r = 0 \qquad (r = 1, 2, \ldots, n)\,.$$

Die Integrale dieser Gleichungen sind also

$$Q_r = \text{konst.}, \qquad P_r = \text{konst.} \qquad (r = 1, 2, \ldots, n)\,.$$

Mithin stellen die Gleichungen

$$\begin{aligned} q_r &= \varphi_r(Q_1, Q_2, \ldots, Q_n, P_1, \ldots, P_n, t) \\ p_r &= \psi_r(Q_1, Q_2, \ldots, Q_n, P_1, \ldots, P_n, t) \end{aligned} \qquad (r = 1, 2, \ldots, n)$$

die Lösung des dynamischen Gleichungssystems dar, wenn die Größen $Q_1, Q_2, \ldots, Q_n, P_1, \ldots, P_n$ *als* $2n$ *willkürliche Integrationskonstanten aufgefaßt werden.*

Damit ist das Integrationsproblem zurückgeführt auf die Bestimmung einer Transformation, für die das letzte Glied der Differentialform ein vollständiges Differential wird.

Übungsaufgaben.

1. Man zeige, daß die durch die Gleichungen

$$Q_1 = q_1^2 + \lambda^2 p_1^2\,, \qquad Q_2 = q_2^2 + \lambda^2 p_2^2\,,$$

$$P_1 = \operatorname{arctg}\left(\frac{q_1}{\lambda p_1}\right) - \operatorname{arctg}\left(\frac{q_2}{\lambda p_2}\right), \qquad P_2 = \lambda \operatorname{arctg}\left(\frac{q_2}{\lambda p_2}\right)$$

definierte Transformation eine Berührungstransformation ist, und daß sie das dynamische System mit der Hamiltonschen Funktion $\frac{1}{2}(p_1^2 + p_2^2 + \lambda^{-2} q_1^2 + \lambda^{-2} q_2^2)$ auf das dynamische System mit der Hamiltonschen Funktion Q_2 zurückführt.

2. Es seien $x_1, x_2, \ldots, x_{2n}$ beliebige Funktionen von $q_1, q_2, \ldots, q_n, p_1, \ldots, p_n$. Ferner sei

$$p_1 d q_1 + p_2 d q_2 + \ldots + p_n d q_n = X_1 d x_1 + X_2 d x_2 + \ldots + X_{2n} d x_{2n}\,,$$

und a_{mn} bedeute $\partial X_m/\partial x_n - \partial X_n/\partial x_m$, D die aus a_{mn} gebildete Determinante,

A_{ik} die Unterdeterminante von a_{ik} in D geteilt durch D, u, v seien willkürliche Funktionen der Veränderlichen. Man zeige, daß

$$\sum_{r=1}^{n}\left(\frac{\partial u}{\partial q_r}\frac{\partial v}{\partial p_r} - \frac{\partial u}{\partial p_r}\frac{\partial v}{\partial q_r}\right) = \sum_{i=1}^{n}\sum_{k=1}^{n} A_{ik}\frac{\partial v}{\partial x_i}\frac{\partial u}{\partial x_k}.$$

(Clebsch.)

3. Man zeige, daß für ein beliebiges Hamiltonsches System die Integralinvarianten

$$\int \ldots \int \delta q_1\, \delta q_2 \ldots \delta q_n\, \delta p_1\, \delta p_2 \ldots \delta p_n,$$

$$\int \ldots \int \delta Q_1\, \delta Q_2 \ldots \delta Q_n\, \delta P_1\, \delta P_2 \ldots \delta P_n$$

erstreckt über einander entsprechende Bereiche gleich sind, wenn $q_1, q_2, \ldots, q_n$, $p_1, \ldots, p_n$ und $Q_1, Q_2, \ldots, Q_n, P_1, \ldots, P_n$ durch eine Berührungstransformation verbunden sind.

4. Man beweise, daß die durch die Gleichungen

$$q_1 = \lambda_1^{-\frac{1}{2}}(2\,Q_1)^{\frac{1}{2}}\cos P_1 + \lambda_2^{-\frac{1}{2}}(2\,Q_2)^{\frac{1}{2}}\cos P_2,$$

$$q_2 = -\lambda_1^{-\frac{1}{2}}(2\,Q_1)^{\frac{1}{2}}\cos P_1 + \lambda_2^{-\frac{1}{2}}(2\,Q_2)^{\frac{1}{2}}\cos P_2,$$

$$p_1 = \tfrac{1}{2}(2\,\lambda_1 Q_1)^{\frac{1}{2}}\sin P_1 + \tfrac{1}{2}(2\,\lambda_2 Q_2)^{\frac{1}{2}}\sin P_2,$$

$$p_2 = -\tfrac{1}{2}(2\,\lambda_1 Q_1)^{\frac{1}{2}}\sin P_1 + \tfrac{1}{2}(2\,\lambda_2 Q_2)^{\frac{1}{2}}\sin P_2$$

definierte Berührungstransformation das System

$$\frac{dq_r}{dt} = \frac{\partial H}{\partial p_r}, \qquad \frac{dp_r}{dt} = -\frac{\partial H}{\partial q_r} \qquad (r = 1, 2)$$

mit

$$H = p_1^2 + p_2^2 + \tfrac{1}{8}\lambda_1^2(q_1 - q_2)^2 + \tfrac{1}{8}\lambda_2^2(q_1 + q_2)^2$$

in das System

$$\frac{dQ_r}{dt} = \frac{\partial K}{\partial P_r}, \qquad \frac{dP_r}{dt} = -\frac{\partial K}{\partial Q_r} \qquad (r = 1, 2)$$

mit

$$K = \lambda_1 Q_1 + \lambda_2 Q_2$$

überführt.

Man integriere dieses System und damit das ursprüngliche.

Zwölftes Kapitel.

Die Eigenschaften der Integrale dynamischer Systeme.

§ 141. Reduktion der Ordnung eines Hamiltonschen Systems mit Hilfe des Energieintegrals.

In § 42 haben wir gezeigt, wie die Ordnung der Lagrangeschen Bewegungsgleichungen eines konservativen holonomen Systems mit Hilfe des Energieintegrals des Systems reduziert werden kann. Wir wollen nun den entsprechenden Satz für die Bewegungsgleichungen in der Hamiltonschen Form ableiten.

Die Hamiltonsche Funktion H eines dynamischen Systems mit n Freiheitsgraden enthalte die Zeit nicht explizit, so daß

$$H + h = 0,$$

wo h konstant ist, das Energieintegral des Systems darstellt.

Diese Gleichung möge nach der Veränderlichen p_1 aufgelöst werden, so daß sie lautet

$$K(p_2, p_3, \ldots, p_n, q_1, \ldots, q_n, h) + p_1 = 0.$$

Zu dem System gehört die Differentialform

$$p_1 dq_1 + p_2 dq_2 + \ldots + p_n dq_n + h dt,$$

deren Veränderliche $q_1, q_2, \ldots, q_n, p_1, p_2, \ldots, p_n, h, t$ durch die vorhergehende Gleichung verbunden sind. Die Differentialform läßt sich daher in der Gestalt schreiben

$$p_2 dq_2 + p_3 dq_3 + \ldots + p_n dq_n + h dt - K(p_2, p_3, \ldots, p_n, q_1, \ldots, q_n, h) dq_1,$$

in der wir $q_1, q_2, \ldots, q_n, p_2, \ldots, p_n, h, t$ als die $2n + 1$ Veränderlichen ansehen können.

Zu dieser Form gehören aber (§ 137) die Differentialgleichungen

$$\frac{dq_r}{dq_1} = \frac{\partial K}{\partial p_r}, \qquad \frac{dp_r}{dq_1} = -\frac{\partial K}{\partial q_r} \qquad (r = 2, 3, \ldots, n),$$

$$\frac{dt}{dq_1} = \frac{\partial K}{\partial h}, \qquad \frac{dh}{dq_1} = 0.$$

Das letzte Gleichungspaar kann von den übrigen Gleichungen des Systems getrennt werden, da die $2n - 2$ ersten Gleichungen t nicht enthalten und h konstant ist. *Die ursprünglichen Differentialgleichungen lassen sich demnach ersetzen durch das reduzierte System*

$$\frac{dq_r}{dq_1} = \frac{\partial K}{\partial p_r}, \qquad \frac{dp_r}{dq_1} = -\frac{\partial K}{\partial q_r} \qquad (r = 2, 3, \ldots, n),$$

das nur $n - 1$ Freiheitsgrade hat.

Dieses Ergebnis ist gleichbedeutend mit dem des § 42, wie sich durch direkte Transformation nachweisen läßt.

Aufgabe. Man betrachte das System der Gleichungen

$$\frac{dq_r}{dt} = \frac{\partial H}{\partial p_r}, \qquad \frac{dp_r}{dt} = -\frac{\partial H}{\partial q_r} \qquad (r = 1, 2),$$

wo

$$H = \frac{1}{2} p_2^2 + \frac{1}{2 q_2^2} p_1^2 - \frac{\mu}{2 q_2^2}$$

und μ eine Konstante ist. Es ist leicht zu sehen, daß dies die Bewegungsgleichungen eines Massenpunktes sind, der aus einem festen Zentrum mit einer der dritten Potenz der Entfernung umgekehrt proportionalen Kraft angezogen wird. q_2, q_1 sind die Polarkoordinaten (Radiusvektor bzw. Polarwinkel) des Massenpunktes in bezug auf das Kraftzentrum.

Wir setzen $H = -h$ und führen mit Hilfe des obigen Satzes die Gleichungen auf das System

$$\frac{dq_2}{dq_1} = \frac{\partial K}{\partial p_2}, \qquad \frac{dp_2}{dq_1} = -\frac{\partial K}{\partial q_2}$$

zurück, für das

$$K = -(\mu - q_2^2 p_2^2 - 2 h q_2^2)^{\frac{1}{2}}$$

ist.

Da K die Koordinate q_1 nicht enthält, ist die Gleichung $K = \text{konst.}$ ein Integral des letzteren Systems; daher können wir unser Verfahren wiederholen; wir setzen $K = -k$ und erhalten

$$p_2 = \left(\frac{\mu - k^2}{q_2^2} - 2h\right)^{\frac{1}{2}} = -L.$$

Dann reduziert sich das System auf die einzige Gleichung

$$\frac{dq_1}{dq_2} = \frac{\partial L}{\partial k} = \frac{k}{q_2^2}\left(\frac{\mu - k^2}{q_2^2} - 2h\right)^{-\frac{1}{2}},$$

deren Integral (bei der Annahme $\mu < k^2$) lautet:

$$q_2 = (k^2 - \mu)^{\frac{1}{2}} (-2h)^{-\frac{1}{2}} \frac{1}{\cos\{(1 - \mu/k^2)^{\frac{1}{2}} (q_1 + \varepsilon)\}},$$

wo ε eine willkürliche Konstante bedeutet. Dies ist die Bahngleichung des Massenpunktes in Polarkoordinaten.

§ 142. Die Hamiltonsche partielle Differentialgleichung.

Werden die Veränderlichen eines durch die Gleichungen

$$\frac{dq_r}{dt} = \frac{\partial H}{\partial p_r}, \qquad \frac{dp_r}{dt} = -\frac{\partial H}{\partial q_r} \qquad (r = 1, 2, \ldots, n)$$

definierten dynamischen Systems einer Berührungstransformation unterworfen, die definiert ist durch die Gleichungen

$$P_r = -\frac{\partial W}{\partial Q_r}, \qquad p_r = \frac{\partial W}{\partial q_r} \qquad (r = 1, 2, \ldots, n),$$

wo W eine gegebene Funktion von $q_1, q_2, \ldots, q_n, Q_1, Q_2, \ldots, Q_n, t$ ist, so geht das System nach § 138 über in

$$\frac{dQ_r}{dt} = \frac{\partial K}{\partial P_r}, \qquad \frac{dP_r}{dt} = -\frac{\partial K}{\partial Q_r} \qquad (r = 1, 2, \ldots, n)$$

mit

$$K = H + \partial W/\partial t.$$

Ist diese Funktion K gleich Null, so sagt man, das Problem sei in das *Gleichgewichtsproblem* transformiert. Nun verschwindet die Funktion K, wenn W der Bedingung genügt:

$$\frac{\partial}{\partial t} W(q_1, q_2, \ldots, q_n, Q_1, Q_2, \ldots, Q_n, t) + H(q_1, q_2, \ldots, q_n, p_1, \ldots, p_n, t) = 0,$$

d. h. wenn W als Funktion der Veränderlichen $q_1, q_2, \ldots, q_n, t$ der partiellen Differentialgleichung genügt

$$\frac{\partial W}{\partial t} + H\left(q_1, q_2, \ldots, q_n, \frac{\partial W}{\partial q_1}, \frac{\partial W}{\partial q_2}, \ldots, \frac{\partial W}{\partial q_n}, t\right) = 0.$$

Dies ist die zu dem gegebenen dynamischen System gehörige *Hamiltonsche partielle Differentialgleichung*, die von Hamilton 1834 veröffentlicht wurde[1]). Sie ist die für die Dynamik geltende Verallgemeinerung der von Hamilton zehn Jahre früher im Zusammenhang mit seinen optischen Untersuchungen aufgestellten partiellen Differentialgleichung.

Nun sei ein „vollständiges Integral" dieser Gleichung, d. h. eine Lösung mit n willkürlichen Konstanten neben der additiven Konstanten, bekannt. Die willkürlichen Konstanten seien $\alpha_1, \alpha_2, \ldots, \alpha_n$, so daß die Lösung in der Form geschrieben werden kann

$$W(q_1, q_2, \ldots, q_n, \alpha_1, \alpha_2, \ldots, \alpha_n, t).$$

Dann möge das ursprüngliche dynamische System einer Berührungstransformation von den Veränderlichen $q_1, q_2, \ldots, q_n, p_1, \ldots, p_n$ in $\alpha_1, \alpha_2, \ldots, \alpha_n, \beta_1, \beta_2, \ldots, \beta_n$ unterworfen werden, die definiert wird durch die Gleichungen

$$p_r = \frac{\partial W}{\partial q_r}, \qquad \beta_r = -\frac{\partial W}{\partial \alpha_r} \qquad (r = 1, 2, \ldots, n).$$

---

[1]) *Phil. Trans.* 1834, S. 247; *ebenda* 1835, S. 95.

Da W der Hamiltonschen Gleichung genügt, so ist die Hamiltonsche Funktion des Systems gleich Null, und seine Gleichungen lauten:

$$\frac{d\alpha_r}{dt} = 0, \qquad \frac{d\beta_r}{dt} = 0 \qquad (r = 1, 2, \ldots, n),$$

so daß $\alpha_1, \alpha_2, \ldots, \alpha_n, \beta_1, \ldots, \beta_n$ während der ganzen Bewegung konstant sind. Daraus folgt: *Stellt W ein vollständiges Integral der Hamiltonschen partiellen Differentialgleichung dar, das n willkürliche Konstanten $\alpha_1, \alpha_2, \ldots, \alpha_n$ enthält, so bilden die Gleichungen*

$$\beta_r = -\frac{\partial W}{\partial \alpha_r}, \qquad p_r = \frac{\partial W}{\partial q_r} \qquad (r = 1, 2, \ldots, n)$$

die Lösung des dynamischen Problems, da sie die Veränderlichen $q_1, q_2, \ldots, q_n, p_1, \ldots, p_n$ als Funktionen von t und $2n$ willkürlichen Konstanten $\alpha_1, \alpha_2, \ldots, \alpha_n, \beta_1, \ldots, \beta_n$ darstellen[1]). Auf diese Weise hängt die Integration eines dynamischen Systems mit n Freiheitsgraden ab von der Lösung einer einzigen partiellen Differentialgleichung erster Ordnung mit $n+1$ unabhängigen Veränderlichen.

Es sei erwähnt, daß die Umkehrung dieses Satzes — nämlich der Satz, daß die Lösung einer partiellen Differentialgleichung von der Art der Hamiltonschen abhängt von der Integration eines Systems gewöhnlicher Differentialgleichungen (der Differentialgleichungen der Charakteristiken), die in diesem Spezialfall die Hamiltonsche Form haben — von Pfaff und Cauchy in Weiterführung früherer Untersuchungen von Lagrange und Monge ausgesprochen wurde, bevor Hamilton und Jacobi das Problem von der Dynamik her in Angriff nahmen.

Über die Benutzung eines unvollständigen Integrals der Hamiltonschen partiellen Differentialgleichung (d. h. eines Integrals mit weniger als n willkürlichen Konstanten neben der additiven Konstanten) vgl. Lehmann-Filhés: *Astr. Nachr.* Bd. 165, S. 209. 1904.

Ferner sei noch erwähnt, daß die Hamiltonsche partielle Differentialgleichung in der obigen Form nicht für nicht-holonome Systeme gilt. Über eine für diese Systeme gültige Verallgemeinerung vgl. Quanjel: *Rendiconti di Palermo* Bd. 22, S. 263. 1906.

Die Integration der Hamiltonschen Gleichung durch Trennung der Veränderlichen untersucht F. A. Dall'Acqua: *Math. Ann.* Bd. 66, S. 398. 1908.

Aufgabe. Man betrachte das System

$$\frac{dq}{dt} = \frac{\partial H}{\partial p}, \qquad \frac{dp}{dt} = -\frac{\partial H}{\partial q},$$

wo

$$H = \frac{1}{2}p^2 - \frac{\mu}{q}$$

und μ eine Konstante ist. Zu diesem System gehört die Hamiltonsche Gleichung

$$0 = \frac{\partial W}{\partial t} + \frac{1}{2}\left(\frac{\partial W}{\partial q}\right)^2 - \frac{\mu}{q},$$

für die sich ein vollständiges Integral folgendermaßen finden läßt. Wir setzen an

$$W = f(t) + \varphi(q),$$

[1]) Dieser Satz wurde von Jacobi ausgesprochen: *Journ. f. Math.* Bd. 27, S. 97. 1837; und *Journal de Math.* Bd. 3, S. 60, 161. 1837.

wo f und φ Funktionen der betreffenden Argumente sind. Dann ist

$$0 = f'(t) + \frac{1}{2}\{\varphi'(q)\}^2 - \frac{\mu}{q}.$$

Dieser Gleichung genügen wir durch den Ansatz

$$f'(t) = \mu/q - \tfrac{1}{2}\{\varphi'(q)\}^2 = \mu/\alpha,$$

wo α eine Konstante ist. Sie ergibt

$$f(t) = \mu t/\alpha, \qquad \varphi(q) = (2\mu\alpha)^{\frac{1}{2}} \arcsin (q/\alpha)^{\frac{1}{2}} + \{2\mu q(\alpha - q)/\alpha\}^{\frac{1}{2}},$$
$$W = \mu t/\alpha + (2\mu\alpha)^{\frac{1}{2}} \arcsin (q/\alpha)^{\frac{1}{2}} \{2\mu q(\alpha - q)/\alpha\}^{\frac{1}{2}}.$$

Daher ist die Lösung des ursprünglichen Problems gegeben durch die Gleichungen $\beta = -\partial W/\partial\alpha$, $p = \partial W/\partial q$, wo α, β die beiden Integrationskonstanten sind.

§ 143. Das Hamiltonsche Integral als Lösung der Hamiltonschen partiellen Differentialgleichung.

Die Hamiltonsche partielle Differentialgleichung besitzt unendlich viele vollständige Integrale, deren jedes eine Berührungstransformation der Veränderlichen $q_1, q_2, \ldots, q_n, p_1, \ldots, p_n$ des dynamischen Systems in die Veränderlichen $\alpha_1, \alpha_2, \ldots, \alpha_n, \beta_1, \ldots, \beta_n$ darstellt (die Transformation erstreckt sich auch auf t), so daß die Bewegungsgleichungen des Systems, dargestellt in $\alpha_1, \alpha_2, \ldots, \alpha_n, \beta_1, \ldots, \beta_n$ in die Gleichungen des Gleichgewichtsproblems übergehen, d. h. die Größen $\alpha_1, \alpha_2, \ldots, \alpha_n, \beta_1, \ldots, \beta_n$ konstant sind.

Unter diesen unendlich vielen Transformationen ist eine bestimmte von besonderem Interesse, nämlich diejenige, bei der die Größen $\alpha_1, \alpha_2, \ldots, \alpha_n, \beta_1, \ldots, \beta_n$ mit den *Anfangswerten* von $q_1, q_2, \ldots, q_n, p_1, \ldots, p_n$ übereinstimmen, d. h. mit den Werten in einem Zeitpunkt t_0, von dem ab die Bewegung gerechnet wird. Dann läßt sich eine explizite Form des zugehörigen vollständigen Integrals der Hamiltonschen partiellen Differentialgleichung angeben.

Das Integral des Hamiltonschen Prinzips (§ 99) ist

$$\int_{t_0}^{t} L\,dt,$$

wo L das kinetische Potential des dynamischen Systems ist. δ bedeute eine Variation infolge kleiner Änderungen $\delta\alpha_1, \delta\alpha_2, \ldots, \delta\alpha_n, \delta\beta_1, \delta\beta_2, \ldots, \delta\beta_n$ der Anfangswerte.

Dann ist nach § 99

$$\delta\int_{t_0}^{t} L\,dt = \sum_{r=1}^{n} (p_r\delta q_r - \beta_r\delta\alpha_r).$$

Die Größe $\int_{t_0}^{t} L\,dt$ werde nach Ausführung der Integration als Funktion von $q_1, q_2, \ldots, q_n, \alpha_1, \ldots, \alpha_n, t$ dargestellt. (Wir nehmen an, dies sei möglich, d. h. es sei unmöglich, $\beta_1, \beta_2, \ldots, \beta_n, p_1, \ldots, p_n$ aus den

Verbindungsgleichungen von $\alpha_1, \alpha_2, \ldots, \alpha_n, \beta_1, \ldots, \beta_n, q_1, \ldots, q_n, p_1, \ldots, p_n$ zu eliminieren, so daß Gleichungen zwischen $q_1, \ldots, q_n, \alpha_1, \ldots, \alpha_n$ allein entstehen.) Die so erhaltene Funktion, die Hamilton die *Hauptfunktion* nennt, werde mit $W(q_1, q_2, \ldots, q_n, \alpha_1, \ldots, \alpha_n)$ bezeichnet. Dann erhalten wir

$$\frac{\partial W}{\partial q_r} = p_r, \qquad \frac{\partial W}{\partial \alpha_r} = -\beta_r \qquad (r = 1, 2, \ldots, n).$$

Die Transformation von $q_1, q_2, \ldots, q_n, p_1, \ldots, p_n$ in $\alpha_1, \alpha_2, \ldots, \alpha_n, \beta_1, \ldots \beta_n$ ist demnach eine Berührungstransformation, und das Integral über das kinetische Potential ist die die Transformation bestimmende Funktion[1].

Ferner ist

$$\frac{dW}{dt} = \frac{\partial W}{\partial t} + \sum_{r=1}^{n} \frac{\partial W}{\partial q_r} \frac{dq_r}{dt}$$

oder

$$L = \frac{\partial W}{\partial t} + \sum_{r=1}^{n} p_r \dot{q}_r$$

oder

$$0 = \frac{\partial W}{\partial t} + H.$$

Also genügt das Integral über das kinetische Potential der Gleichung

$$\frac{\partial W}{\partial t} + H\left(q_1, q_2, \ldots, q_n, \frac{\partial W}{\partial q_1}, \ldots, \frac{\partial W}{\partial q_n}, t\right) = 0,$$

d. h. der Hamiltonschen partiellen Differentialgleichung.

Aufgabe. Es seien $\alpha_1, \alpha_2, \ldots, \alpha_n, \beta_1, \ldots, \beta_n$ die Anfangswerte (zur Zeit t_0) von $q_1, q_2, \ldots, q_n, p_1, \ldots, p_n$ des dynamischen Systems, das dargestellt ist durch die Gleichungen

$$\frac{dq_r}{dt} = \frac{\partial H}{\partial p_r}, \qquad \frac{dp_r}{dt} = -\frac{\partial H}{\partial q_r} \qquad (r = 1, 2, \ldots, n).$$

Angenommen, aus den $\alpha_1, \alpha_2, \ldots, \alpha_n, \beta_1, \ldots, \beta_n$ mit $q_1, q_2, \ldots, q_n, p_1, \ldots, p_n$ verbindenden Gleichungen können $\beta_1, \beta_2, \ldots, \beta_n, p_1, \ldots, p_n$ vollständig eliminiert werden, so daß etwa m verschiedene Gleichungen zwischen $q_1, q_2, \ldots, q_n, \alpha_1, \ldots, \alpha_n$ allein bestehen. Diese sollen nach $\alpha_1, \alpha_2, \ldots, \alpha_m$ aufgelöst werden, also übergehen in

$$F_r = f_r(q_1, \ldots, q_n, \alpha_{m+1}, \ldots, \alpha_n, t) - \alpha_r = 0 \qquad (r = 1, 2, \ldots, m).$$

---

[1]) Hamilton: *Phil. Trans.* 1834, S. 307; *ebenda* 1835, S. 95. In seinen ersten dynamischen Untersuchungen benutzt Hamilton eine „charakteristische Funktion“, die der mit so viel Erfolg in die Theorie der Optik eingeführten charakteristischen Funktion genau entspricht, nämlich das Wirkungsintegral als Funktion der Anfangs- und Endwerte der Koordinaten. Er fand jedoch, daß diese Funktion in der Dynamik die Energiekonstante enthält und ersetzte sie deshalb durch die oben eingeführte Hauptfunktion.

V bezeichne das Hamiltonsche Integral $\int_{t_0}^{t} L\,dt$ des Systems als Funktion von $q_1, q_2, \ldots, q_n, \alpha_{m+1}, \ldots, \alpha_n$. Man stelle die Gleichungen auf:

$$p_r = \frac{\partial V}{\partial q_r} + \sum_{k=1}^{m} \lambda_k \frac{\partial F_k}{\partial q_r},$$

$$\beta_r = -\frac{\partial V}{\partial \alpha_r} - \sum_{k=1}^{m} \lambda_k \frac{\partial F_k}{\partial \alpha_r},$$

wo $\lambda_1, \lambda_2, \ldots, \lambda_m$ willkürlich sind, und beweise, daß die Funktion

$$W = V + \sum_{k=1}^{m} \lambda_k f_k$$

ein Integral der partiellen Differentialgleichung

$$\frac{\partial W}{\partial t} + H\left(q_1, q_2 \ldots, q_n, \frac{\partial W}{\partial q_1}, \ldots, \frac{\partial W}{\partial q_n}, t\right) = 0$$

ist.

§ 144. Der Zusammenhang der Integrale mit den infinitesimalen Transformationen des Systems.

Es seien

$$\frac{dq_r}{dt} = \frac{\partial H}{\partial p_r}, \quad \frac{dp_r}{dt} = -\frac{\partial H}{\partial q_r} \qquad (r = 1, 2, \ldots, n)$$

die Gleichungen eines beliebigen dynamischen Systems, und es sei

$$\varphi(q_1, q_2, \ldots, q_n, p_1, \ldots, p_n, t) = \text{konst.}$$

eines seiner Integrale. Wir beweisen nunmehr, daß wir mit Hilfe dieses einen Integrals eine partikuläre Lösung der Variationsgleichungen angeben können (§ 112).

Die Variationsgleichung für δq_r lautet nämlich

$$\frac{d}{dt}\delta q_r = \frac{\partial^2 H}{\partial q_1 \partial p_r}\delta q_1 + \ldots + \frac{\partial^2 H}{\partial q_n \partial p_r}\delta q_n + \frac{\partial^2 H}{\partial p_1 \partial p_r}\delta p_1 + \ldots + \frac{\partial^2 H}{\partial p_n \partial p_r}\delta p_n;$$

es ist aber

$$\frac{\partial^2 H}{\partial q_1 \partial p_r}\frac{\partial \varphi}{\partial p_1} + \ldots + \frac{\partial^2 H}{\partial q_n \partial p_r}\frac{\partial \varphi}{\partial p_n} - \frac{\partial^2 H}{\partial p_1 \partial p_r}\frac{\partial \varphi}{\partial q_1} - \ldots - \frac{\partial^2 H}{\partial p_n \partial p_r}\frac{\partial \varphi}{\partial q_n}$$

$$= \frac{\partial}{\partial p_r}\left(-\sum_{k=1}^{n}\frac{dp_k}{dt}\frac{\partial \varphi}{\partial p_k} - \sum_{k=1}^{n}\frac{dq_k}{dt}\frac{\partial \varphi}{\partial q_k}\right) - \sum_{k=1}^{n}\frac{\partial H}{\partial q_k}\frac{\partial^2 \varphi}{\partial p_k \partial p_r} + \sum_{k=1}^{n}\frac{\partial H}{\partial p_k}\frac{\partial^2 \varphi}{\partial q_k \partial p_r}$$

$$= \frac{\partial}{\partial p_r}\left(-\frac{d\varphi}{dt} + \frac{\partial \varphi}{\partial t}\right) + \frac{d}{dt}\left(\frac{\partial \varphi}{\partial p_r}\right) - \frac{\partial}{\partial t}\left(\frac{\partial \varphi}{\partial p_r}\right)$$

$$= \frac{d}{dt}\left(\frac{\partial \varphi}{\partial p_r}\right).$$

Daher werden die Variationsgleichungen für $\delta q_1, \delta q_2, \ldots, \delta q_n$ befriedigt durch die Werte

$$\delta q_r = \varepsilon \frac{\partial \varphi}{\partial p_r}, \qquad \delta p_r = -\varepsilon \frac{\partial \varphi}{\partial q_r} \qquad (r = 1, 2, \ldots, n),$$

wo ε eine kleine Konstante ist. Entsprechend läßt sich nachweisen, daß dieselben Werte den Variationsgleichungen für $\delta p_1, \delta p_2, \ldots, \delta p_n$ genügen. *Demnach stellen die Gleichungen*

$$\delta q_r = \varepsilon \frac{\partial \varphi}{\partial p_r}, \qquad \delta p_r = -\varepsilon \frac{\partial \varphi}{\partial q_r} \qquad (r = 1, 2, \ldots, n),$$

wo ε eine kleine Konstante und φ ein Integral der ursprünglichen Gleichung ist, eine Lösung der Variationsgleichungen dar.

Offenbar läßt sich dieses Ergebnis so aussprechen: Die infinitesimale Berührungstransformation der Veränderlichen $q_1, q_2, \ldots, q_n, p_1, \ldots, p_n$, die definiert ist durch die Gleichungen

$$\delta q_r = \varepsilon \frac{\partial \varphi}{\partial p_r}, \qquad \delta p_r = -\varepsilon \frac{\partial \varphi}{\partial q_r} \qquad (r = 1, 2, \ldots, n),$$

transformiert jede Bahnkurve in eine benachbarte Bahnkurve, also die Gesamtheit der Bahnkurven in sich selbst. In der Sprache der Gruppentheorie sagen wir, daß das dynamische System diese infinitesimale Berührungstransformation *zuläßt*. Demnach besteht der Satz: *Die Integrale eines dynamischen Systems und die Berührungstransformationen, die das System in sich überführen, sind ihrem Wesensgehalt nach ein und dasselbe. Jedes Integral*

$$\varphi(q_1, q_2, \ldots, q_n, p_1, \ldots, p_n, t) = \text{konst.}$$

entspricht einer infinitesimalen Berührungstransformation, deren Symbol (§ 133) *die Poissonsche Klammer* (φ, f) *ist.*

Offenbar beruht die Reduktion eines dynamischen Systems auf Grund zyklischer Koordinaten auf dem Spezialfall dieses Satzes, in dem das Integral $p_r =$ konst. lautet, wenn q_r die zyklische Koordinate ist. Dazu gehört diejenige Transformation, bei der sich von allen Koordinaten allein q_r ändert.

§ 145. Der Poissonsche Satz.

Das vorstehende Ergebnis führt auf einen von Poisson[1]) 1809 ausgesprochenen Satz, mit dessen Hilfe sich aus zwei bekannten Integralen eines dynamischen Systems ein weiterer Ausdruck gewinnen läßt, der längs jeder Bahnkurve des Systems konstant ist, der somit (wenn er sich als von den bekannten Integralen unabhängig erweist) ein neues Integral des Systems darstellt.

---

[1]) *Journ. de l'Ecole polyt.* Bd. 8, S. 266. 1809.

Die beiden bekannten Integrale seien

$$\varphi(q_1, q_2, \ldots, q_n, p_1, \ldots, p_n, t) = \text{konst.},$$
$$\psi(q_1, q_2, \ldots, q_n, p_1, \ldots, p_n, t) = \text{konst.};$$

wir betrachten die infinitesimale Berührungstransformation mit dem Symbol (f, ψ); da ψ ein Integral ist, führt sie (§ 144) jede Bahnkurve in eine benachbarte über.

Bei dieser Transformation erfährt die Funktion φ den Zuwachs $\varepsilon(\varphi, \psi)$, wo ε eine kleine Konstante ist. Da aber φ ein Integral darstellt, hat φ längs der ursprünglichen Bahnkurve und ihrer Nachbarbahn konstante Werte. Folglich muß der Wert von (φ, ψ) während der ganzen Bewegung konstant sein. Damit erhalten wir den Satz von Poisson: *Sind φ, ψ zwei Integrale des Systems, so ist die Poissonsche Klammer (φ, ψ) während der ganzen Bewegung konstant.*

Reduziert sich der Klammerausdruck (φ, ψ), der eine Funktion der Veränderlichen $q_1, q_2, \ldots, q_n, p_1, \ldots, p_n, t$ ist, nicht auf eine Konstante, und ist er überdies nicht als Funktion von φ, ψ oder anderen bekannten Integralen auszudrücken, *so stellt die Gleichung*

$$(\varphi, \psi) = \text{konst.}$$

ein neues Integral des Systems dar[1]).

Das folgende Beispiel zeigt, wie sich der Poissonsche Satz zur Auffindung neuer Integrale eines dynamischen Systems aus zwei schon bekannten Integralen verwenden läßt.

Wir betrachten die Bewegungen eines Punktes der Masse 1 mit den rechtwinkligen Koordinaten q_1, q_2, q_3 und den Geschwindigkeitskomponenten p_1, p_2, p_3, der sich im Raum unter der Wirkung einer Zentralkraft im Ursprung frei bewegen kann. Die Integrale des Moments der Bewegungsgröße um zwei der Achsen lauten

$$p_3 q_2 - q_3 p_2 = \text{konst.},$$
$$p_1 q_3 - q_1 p_3 = \text{konst.}$$

Wir betrachten sie als die bekannten Integrale φ, ψ; dann wird die Poissonsche Klammer

$$(\varphi, \psi) = \sum_{r=1}^{3} \left(\frac{\partial \varphi}{\partial q_r} \frac{\partial \psi}{\partial p_r} - \frac{\partial \psi}{\partial q_r} \frac{\partial \varphi}{\partial p_r} \right) = p_2 q_1 - q_2 p_1 .$$

In der Tat ist

$$p_2 q_1 - q_2 p_1 = \text{konst.}$$

ein weiteres Integral des Systems, nämlich das Integral des Moments der Bewegungsgröße um die dritte Achse.

---

[1]) Diesen Satz diskutiert Bertrand in Note VII der 3. Auflage von *Lagranges Méc. Anal.* 1853; vgl. *Oeuvres de Lagrange.* Bd. 11, S. 484. Für die Ausdehnung des Poissonschen Satzes auf nicht-holonome Systeme vgl. Dautheville: *Bull. de la Soc. math. de France* Bd. 37, S. 120. 1909.

§ 146. Die Konstanz der Lagrangeschen Klammerausdrücke.

Der Satz von Poisson besitzt, wie zu erwarten ist, ein Analogon in der Theorie der Lagrangeschen Klammerausdrücke.

Die Integrale

$$u_r = a_r \qquad (r = 1, 2, \ldots, 2n)$$

mögen eine vollständige Lösung eines dynamischen Systems mit n Freiheitsgraden darstellen. Dabei sind die Größen u_r gegebene Funktionen der Veränderlichen $q_1, q_2, \ldots, q_n, p_1, p_2, \ldots, p_n, t$ und die a_r willkürliche Konstanten. Vermöge dieser Gleichungen können wir $q_1, q_2, \ldots, q_n, p_1, \ldots, p_n$ als Funktionen von $a_1, a_2, \ldots, a_{2n}, t$ darstellen und die Lagrangeschen Klammerausdrücke $[a_r, a_s]$ bilden, wo a_r, a_s zwei beliebige der Größen $a_1, a_2, \ldots, a_{2n}$ bezeichnen.

Da die Transformation von den Veränderlichen $q_1, q_2, \ldots, q_n, p_1, \ldots, p_n$ zur Zeit t in ihre Werte zur Zeit $t + dt$ eine Berührungstransformation ist, so haben wir (§ 128)

$$\frac{d}{dt} \sum_{r=1}^{n} (\Delta q_r \, \delta p_r - \delta q_r \, \Delta p_r) = 0,$$

wo die Symbole Δ und δ sich auf voneinander unabhängige Übergänge von einer Bahnkurve zu der Nachbarbahn beziehen. Bezeichnen wir nun mit Δ eine Variation, bei der sich von allen Größen $a_1, a_2, \ldots, a_{2n}$ allein a_i ändert, mit δ eine Variation, bei der sich allein a_j ändert, so geht die vorige Gleichung über in

$$\frac{d}{dt} \sum_{r=1}^{n} \left(\frac{\partial q_r}{\partial a_i} \frac{\partial p_r}{\partial a_j} - \frac{\partial q_r}{\partial a_j} \frac{\partial p_r}{\partial a_i} \right) = 0$$

oder

$$\frac{d}{dt} [a_i, a_j] = 0,$$

die besagt: *Der Lagrangesche Klammerausdruck* $[a_i, a_j]$ *ist während der ganzen Bewegung längs jeder Bahnkurve konstant.* Diesen Satz sprach Lagrange 1808 aus.

Lagranges Ergebnis — im Gegensatz zu dem Poissonschen — ermöglicht nicht die Auffindung neuer Integrale; denn es müssen alle Integrale bekannt sein, ehe der Lagrangesche Klammerausdruck aufgestellt werden kann.

§ 147. Involutionssysteme.

Es seien r Funktionen $u_1, u_2, \ldots, u_r$ der $2n$ unabhängigen Veränderlichen $q_1, q_2, \ldots, q_n, p_1, \ldots, p_n$ gegeben. Lassen sich alle Poissonschen Klammern (u_i, u_k) als Funktionen von $u_1, u_2, \ldots, u_r$ darstellen, so bilden die Funktionen $u_1, u_2, \ldots, u_r$ eine sogenannte *Funktionengruppe*[1]). Jede Funktion von $u_1, u_2, \ldots, u_r$ gehört dieser Gruppe an.

Sind alle Größen (u_i, u_k) gleich Null, so heißen die Funktionen $u_1, u_2, \ldots, u_r$ zueinander *involutorisch*, sie bilden ein *Involutionssystem*.

Nun seien $u_1, u_2, \ldots, u_r$ involutorische Funktionen, und die Gleichungen $v = 0$, $w = 0$ mögen als Folgen der Gleichungen

$$u_1 = 0,\ u_2 = 0,\ \ldots,\ u_r = 0$$

bestehen. *Wir beweisen, daß v und w der Gleichung genügen*:

$$(v, w) = 0.$$

Da nämlich $u_1, u_2, \ldots, u_r$ involutorisch sind, so gestattet jede der Gleichungen $u_1 = 0$, $u_2 = 0$, $\ldots$, $u_r = 0$ jede der r infinitesimalen Transformationen mit den Symbolen (u_1, f), (u_2, f), $\ldots$, (u_r, f). Da nun die Gleichung $v = 0$ eine Folge aus diesen Gleichungen darstellt, muß sie ebenfalls die sämtlichen Transformationen zulassen. Das bedeutet, daß

$$(u_k, v) = 0 \qquad (k = 1, 2, \ldots, r)$$

ist. Jede der Gleichungen

$$u_1 = 0,\ u_2 = 0,\ \ldots,\ u_r = 0$$

gestattet also die infinitesimale Transformation mit dem Symbol (v, f). Da nun die Gleichung $w = 0$ eine Folge aus diesen Gleichungen darstellt, muß auch sie diese Transformation zulassen. Daher ist

$$(v, w) = 0,$$

womit die Behauptung bewiesen ist.

Es ergibt sich also: *Sind die Funktionen $u_1, u_2, \ldots, u_r$ involutorisch und die Gleichungen*

$$v_1 = 0,\ v_2 = 0,\ \ldots,\ v_r = 0$$

eine Folge der Gleichungen

$$u_1 = 0,\ u_2 = 0,\ \ldots,\ u_r = 0,$$

so sind auch die Funktionen $v_1, v_2, \ldots, v_r$ involutorisch.

§ 148. Lösung eines dynamischen Problems, von dem die Hälfte der Integrale bekannt ist.

Der in § 121 für Systeme von zwei Freiheitsgraden bewiesene Satz kann nun auf Systeme mit einer beliebigen Anzahl von Freiheitsgraden ausgedehnt werden. Er lautet dann[2]): *Die Gleichungen*

$$\varphi_r(q_1, q_2, \ldots, q_n, p_1, \ldots, p_n, t) = a_r \qquad (r = 1, 2, \ldots, n)$$

[1]) Lie: *Math. Ann.* Bd. 8, S. 215. 1875.

[2]) Dieser Satz enthält im wesentlichen die auf die Hamiltonsche partielle Differentialgleichung angewandte bekannte Methode zur Bestimmung der vollständigen Lösung einer nicht-linearen partiellen Differentialgleichung erster Ordnung. Als Satz der Dynamik wurde er von Liouville ausgesprochen. *Journ. de Math.* Bd. 20, S. 137. 1855.

mit willkürlichen Konstanten $a_1, a_2, \ldots, a_n$ *mögen* n *bekannte unabhängige Integrale des dynamischen Systems*

$$\frac{dq_r}{dt} = \frac{\partial H}{\partial p_r}, \qquad \frac{dp_r}{dt} = -\frac{\partial H}{\partial q_r} \qquad (r = 1, 2, \ldots, n)$$

darstellen, in dem H *eine gegebene Funktion von* $q_1, q_2, \ldots, q_n, p_1, \ldots, p_n, t$ *ist, und die Funktionen* $\varphi_1, \varphi_2, \ldots, \varphi_n$ *seien involutorisch. Löst man die Gleichungen* $\varphi_r = a_r$ *nach* $p_1, p_2, \ldots, p_n$ *auf, so daß sie übergehen in*

$$p_r = f_r(q_1, q_2, \ldots, q_n, a_1, \ldots, a_n, t) \qquad (r = 1, 2, \ldots, n),$$

und führt man $f_1, f_2, \ldots, f_n$ *an Stelle von* $p_1, p_2, \ldots, p_n$ *in den Ausdruck*

$$p_1 dq_1 + p_2 dq_2 + \ldots + p_n dq_n - H dt$$

ein, so geht dieser in ein vollständiges Differential

$$dV(q_1, q_2, \ldots, q_n, a_1, \ldots, a_n, t)$$

über, und die übrigen Integrale des Systems lauten

$$\frac{\partial V}{\partial a_r} = b_r \qquad (r = 1, 2, \ldots, n);$$

wo $b_1, b_2, \ldots, b_n$ *willkürliche Konstanten sind.*

Da nämlich die Funktionen $\varphi_1 - a_1, \varphi_2 - a_2, \ldots, \varphi_n - a_n$ involutorisch sind, gilt nach dem vorigen Paragraphen dasselbe von den Funktionen $p_1 - f_1, p_2 - f_2, \ldots, p_n - f_n$. Daher ist

$$(p_r - f_r, p_s - f_s) = 0 \qquad (r, s = 1, 2, \ldots, n)$$

oder

$$\frac{\partial f_s}{\partial q_r} - \frac{\partial f_r}{\partial q_s} = 0 \qquad (r, s = 1, 2, \ldots, n).$$

Ferner ist

$$-\frac{\partial H}{\partial q_r} = \frac{dp_r}{dt} = \frac{df_r}{dt}$$

$$= \frac{\partial f_r}{\partial t} + \sum_{s=1}^{n} \frac{\partial f_r}{\partial q_s} \frac{dq_s}{dt}$$

$$= \frac{\partial f_r}{\partial t} + \sum_{s=1}^{n} \frac{\partial f_s}{\partial q_r} \frac{\partial H}{\partial p_s}$$

und daher

$$\frac{\partial f_r}{\partial t} = -\frac{\partial H}{\partial q_r} - \sum_{s=1}^{n} \frac{\partial H}{\partial p_s} \frac{\partial f_s}{\partial q_r}$$

$$= -\frac{\partial H_1}{\partial q_r},$$

wo H_1 die als Funktion der Argumente $q_1, q_2, \ldots, q_n, a_1, \ldots, a_n, t$ dargestellte Funktion H bedeutet.

Die Gleichungen

$$\frac{\partial f_s}{\partial q_r} = \frac{\partial f_r}{\partial q_s}, \qquad \frac{\partial f_r}{\partial t} = -\frac{\partial H_1}{\partial q_r}$$

lehren, daß

$$f_1 d q_1 + f_2 d q_2 + \ldots + f_n d q_n - H_1 d t$$

das vollständige Differential einer Funktion $V(q_1, q_2, \ldots, q_n, a_1, \ldots, a_n, t)$ ist, womit der erste Teil der Behauptung bewiesen ist.

Bezeichnet nun d das vollständige Differential der Funktion V in bezug auf alle ihre Argumente, so ist

$$dV = f_1 d q_1 + f_2 d q_2 + \ldots + f_n d q_n - H_1 d t + \sum_r \frac{\partial V}{\partial a_r} d a_r.$$

Werden in dieser Gleichung die Größen a_r durch ihre Werte φ_r ersetzt, so geht sie in eine Identität in $q_1, q_2, \ldots, q_n, p_1, \ldots, p_n, t$ über, nämlich

$$dV - \sum_r \frac{\partial V}{\partial a_r} d\varphi_r = p_1 d q_1 + p_2 d q_2 + \ldots + p_n d q_n - H d t,$$

auf deren linker Seite in dV und $\partial V / \partial a_r$ die Größen $a_1, a_2, \ldots, a_n$ durch ihre Werte $\varphi_1, \varphi_2, \ldots, \varphi_n$ ersetzt sein sollen. Diese Gleichung lehrt, daß die Differentialform

$$p_1 d q_1 + p_2 d q_2 + \ldots + p_n d q_n - H d t$$

dargestellt in $q_1, q_2, \ldots, q_n, \varphi_1, \varphi_2, \ldots, \varphi_n, t$ übergeht in

$$-\sum_{r=1}^{n} \frac{\partial V}{\partial a_r} d\varphi_r + dV,$$

daß also die Differentialgleichungen des ursprünglichen dynamischen Problems gleichwertig sind mit dem ersten Pfaffschen System dieser Differentialform, nämlich mit

$$d(\partial V / \partial a_r) = 0, \qquad d\varphi_r = 0 \qquad (r = 1, 2, \ldots, n).$$

Folglich sind die Größen $\partial V / \partial a_r$ während der ganzen Bewegung konstant, d. h. die Gleichungen

$$\partial V / \partial a_r = b_r \qquad (r = 1, 2, \ldots, n),$$

wo $b_1, b_2, \ldots, b_n$ neue willkürliche Konstanten bedeuten, sind Integrale des Systems. Damit ist der Satz vollständig bewiesen.

Aufgabe. Bei der kräftefreien Bewegung eines Körpers um einen Unterstützungspunkt seien ϑ, φ, ψ die drei Eulerschen Winkel, die die Lage des Körpers gegen willkürliche feste Achsen $OXYZ$ durch den festen Punkt bestimmen, A, B, C die Hauptträgheitsmomente des Körpers um den festen Punkt, während a die Energiekonstante, a_1 das Moment der Bewegungsgröße um die feste Achse OZ, a_2 das Moment der Bewegungsgröße um das Lot auf die invariable Ebene bedeuten.

Ferner sollen $\vartheta_1, \varphi_1, \psi_1$ die Größen $\partial T/\partial\dot{\vartheta}, \partial T/\partial\dot{\varphi}, \partial T/\partial\dot{\psi}$ bezeichnen. Man leite die Gleichungen ab:

$$\vartheta = \operatorname{arctg}\{(a_2^2 - a_1^2 - \vartheta_1^2)^{\frac{1}{2}}/a_1\} - \operatorname{arctg}\{(a_2^2 - \psi_1^2 - \vartheta_1^2)^{\frac{1}{2}}/\psi_1\},$$

$$\varphi_1 = -a_1,$$

$$\frac{\pi}{2} - \psi = \operatorname{arctg}\{\vartheta_1(a_2^2 - \psi_1^2 - \vartheta_1^2)^{-\frac{1}{2}}\} + \operatorname{arctg}\left\{-\frac{A}{B}\frac{(2Ba - a_2^2)C + (C-B)\psi_1^2}{(2Aa - a_2^2)C + (C-A)\psi_1^2}\right\}^{\frac{1}{2}}.$$

Ferner zeige man, daß

$$\vartheta\, d\vartheta_1 + \psi\, d\psi_1 + a_1\, d\varphi$$

das vollständige Differential einer Funktion V ist, und daß die übrigen Integrale des Systems lauten

$$\frac{\partial V}{\partial a} = b - t, \qquad \frac{\partial V}{\partial a_1} = b_1, \qquad \frac{\partial V}{\partial a_2} = b_2,$$

wo b, b_1, b_2 willkürliche Konstanten sind. (Siacci.)

§ 149. Der Satz von Levi-Civita.

Levi-Civita[1]) hat einen Zusammenhang aufgezeigt, der zwischen den Integralen eines dynamischen Systems und gewissen Scharen partikulärer Lösungen der Bewegungsgleichungen besteht.

Wir betrachten zunächst ein System mit einer Anzahl zyklischer Koordinaten, und zwar seien $q_1, q_2, \ldots, q_m$ die zyklischen, $q_{m+1}, q_{m+2}, \ldots, q_n$ die nicht-zyklischen Koordinaten; L sei das kinetische Potential.

Den zyklischen Koordinaten entsprechen die Integrale

$$\partial L/\partial \dot{q}_r = \text{konst.} \qquad (r = 1, 2, \ldots, m);$$

ihnen entspricht eine Schar partikulärer Lösungen des Systems, nämlich die Schar derjenigen *stationären Bewegungen*, bei denen $\dot{q}_1, \dot{q}_2, \ldots, \dot{q}_m$ konstante, willkürlich wählbare Werte haben, während die konstanten Werte von $q_{m+1}, q_{m+2}, \ldots, q_n$ sich aus den Gleichungen bestimmen:

$$\partial L/\partial q_r = 0 \qquad (r = m+1, m+2, \ldots, n).$$

Da die m konstanten Werte $\dot{q}_1, \dot{q}_2, \ldots, \dot{q}_m$ und die m Anfangswerte von $q_1, q_2, \ldots, q_m$ willkürlich angenommen werden können, gibt es ∞^{2m} dieser Partikularlösungen. Der Satz von Levi-Civita, zu dessen Ableitung wir nun übergehen, kann als Verallgemeinerung dieses Ergebnisses gelten.

Es seien

$$\frac{dq_r}{dt} = \frac{\partial H}{\partial p_r}, \qquad \frac{dp_r}{dt} = -\frac{\partial H}{\partial q_r} \qquad (r = 1, 2, \ldots, n)$$

die Bewegungsgleichungen eines dynamischen Systems, dessen Funktion H die Zeit nicht explizit enthalte.

Ferner sei

$$\text{(A)} \qquad F_r(q_1, q_2, \ldots, q_n, p_1, \ldots, p_n) = 0 \qquad (r = 1, 2, \ldots, m)$$

---

[1]) *Rend. della R. Acc. dei Lincei* Bd. 10, S. 3. 1901. Vgl. Burgatti: *ebenda* Bd. 11, S. 309. 1902.

ein System von m Gleichungen, die, nach $p_1, p_2, \ldots, p_m$ aufgelöst, übergehen in

(A₁) $$p_r = f_r(q_1, q_2, \ldots, q_n, p_{m+1}, \ldots, p_n) \qquad (r = 1, 2, \ldots, m)$$

und ***invariant*** sind in bezug auf die Hamiltonschen Gleichungen. (D. h. die Differentiation der Gleichungen (A_1) nach t ergebe Gleichungen, die vermöge der Hamiltonschen Gleichungen und der Gleichungen (A_1) selbst identisch erfüllt sind.) Diese invarianten Gleichungen umfassen insbesondere Integrale des Systems; in diesem Falle enthalten sie willkürliche Konstanten.

Infolge der Invarianz der Gleichungen (A_1) ist

$$-\frac{\partial H}{\partial q_r} = \frac{d f_r}{d t} = -\sum_{j=m+1}^{n} \frac{\partial f_r}{\partial p_j}\frac{\partial H}{\partial q_j} + \sum_{j=1}^{n} \frac{\partial f_r}{\partial q_j}\frac{\partial H}{\partial p_j} \qquad (r = 1, 2, \ldots, m).$$

Setzen wir

$$\{V, W\} = \sum_{j=m+1}^{n}\left(\frac{\partial V}{\partial p_j}\frac{\partial W}{\partial q_j} - \frac{\partial V}{\partial q_j}\frac{\partial W}{\partial p_j}\right),$$

so wird daraus

(1) $$\frac{\partial H}{\partial q_r} + \{H, f_r\} + \sum_{s=1}^{m} \frac{\partial H}{\partial p_s}\frac{\partial f_r}{\partial q_s} = 0 \qquad (r = 1, 2, \ldots, m).$$

Diese Gleichung geht in eine Identität über, wenn für jede der Größen $p_1, p_2, \ldots, p_m$ die entsprechende Funktion f_r eingesetzt wird.

Überdies nehmen wir an, daß die Gleichungen (A) oder (A_1) untereinander involutorisch sind. Diese Bedingung lautet

(2) $$\frac{\partial f_r}{\partial q_s} - \frac{\partial f_s}{\partial q_r} + \{f_r, f_s\} = 0 \qquad (r, s = 1, 2, \ldots, m).$$

Die Funktion H, in der die Größen $p_1, p_2, \ldots, p_m$ durch ihre Werte $f_1, f_2, \ldots, f_m$ ersetzt sind, möge mit K bezeichnet werden. Dann ist also

(3) $$\begin{aligned} \frac{\partial H}{\partial p_r} &= \frac{\partial K}{\partial p_r} - \sum_{s=1}^{m} \frac{\partial H}{\partial p_s}\frac{\partial f_s}{\partial p_r} \\ \frac{\partial H}{\partial q_r} &= \frac{\partial K}{\partial q_r} - \sum_{s=1}^{m} \frac{\partial H}{\partial p_s}\frac{\partial f_s}{\partial q_r} \end{aligned} \qquad (r = m+1, m+2, \ldots, n),$$

(4) $$\frac{\partial H}{\partial q_r} = \frac{\partial K}{\partial q_r} - \sum_{s=1}^{m} \frac{\partial H}{\partial p_s}\frac{\partial f_s}{\partial q_r} \qquad (r = 1, 2, \ldots, m).$$

Aus (3) folgt

$$\{H, f_r\} = \{K, f_r\} + \sum_{s=1}^{m} \frac{\partial H}{\partial p_s}\{f_r, f_s\} \qquad (r = 1, 2, \ldots, m),$$

was mit (4) zusammen ergibt

$$\frac{\partial H}{\partial q_r} + \{H, f_r\} = \frac{\partial K}{\partial q_r} + \{K, f_r\} + \sum_{s=1}^{m} \frac{\partial H}{\partial p_s}\left[-\frac{\partial f_s}{\partial q_r} + \{f_r, f_s\}\right].$$

Führen wir diesen Wert von $\partial H/\partial q_r + \{H, f_r\}$ in (1) ein und benutzen wir (2), so erhalten wir die Gleichungen

$$(5) \qquad \frac{\partial K}{\partial q_r} + \{K, f_r\} = 0 \qquad (r = 1, 2, \ldots, m).$$

Wir zeigen nun, daß das System der Gleichungen

$$\text{(B)} \qquad \begin{aligned} &p_r = f_r(p_{m+1}, p_{m+2}, \ldots, p_n, q_1, \ldots, q_n) \qquad (r = 1, 2, \ldots, m), \\ &\frac{\partial K}{\partial p_r} = 0, \qquad \frac{\partial K}{\partial q_r} = 0 \qquad (r = m+1, m+2, \ldots, n) \end{aligned}$$

invariant ist in bezug auf die Hamiltonschen Gleichungen, d. h. daß

$$\frac{d}{dt}\left(\frac{\partial K}{\partial p_r}\right) \quad \text{und} \quad \frac{d}{dt}\left(\frac{\partial K}{\partial q_r}\right) \qquad (r = m+1, m+2, \ldots, n)$$

Null sind vermöge der Gleichungen (A), (B), (1), (2), (3), (4), (5).

Aus den Hamiltonschen Gleichungen folgt

$$(6) \qquad \begin{aligned} \frac{d}{dt}\left(\frac{\partial K}{\partial p_r}\right) &= \left\{H, \frac{\partial K}{\partial p_r}\right\} + \sum_{s=1}^{m} \frac{\partial^2 K}{\partial p_r\, \partial q_s} \frac{\partial H}{\partial p_s} \\ \frac{d}{dt}\left(\frac{\partial K}{\partial p_r}\right) &= \left\{H, \frac{\partial K}{\partial q_r}\right\} + \sum_{s=1}^{m} \frac{\partial^2 K}{\partial q_r\, \partial q_s} \frac{\partial H}{\partial p_s} \end{aligned} \qquad (r = m+1, \ldots, n).$$

Die Differentiation von (5) unter Benutzung von (B) ergibt

$$(7) \qquad \begin{aligned} &\frac{\partial^2 K}{\partial p_r\, \partial q_s} + \left\{\frac{\partial K}{\partial p_r}, f_s\right\} = 0 \\ &\frac{\partial^2 K}{\partial q_r\, \partial q_s} + \left\{\frac{\partial K}{\partial q_r}, f_s\right\} = 0 \end{aligned} \qquad (s = 1, 2, \ldots, m; r = m+1, m+2, \ldots, n).$$

Unter Berücksichtigung von (B) folgt aus (3):

$$\begin{aligned} \frac{\partial H}{\partial p_r} &= -\sum_{s=1}^{m} \frac{\partial H}{\partial p_s} \frac{\partial f_s}{\partial p_r} \\ \frac{\partial H}{\partial q_r} &= -\sum_{s=1}^{m} \frac{\partial H}{\partial p_s} \frac{\partial f_s}{\partial q_r} \end{aligned} \qquad (r = m+1, m+2, \ldots, n).$$

Daher gehen die Gleichungen (6) über in

$$\begin{aligned} \frac{d}{dt}\left(\frac{\partial K}{\partial p_r}\right) &= \sum_{s=1}^{m} \frac{\partial H}{\partial p_s}\left[\frac{\partial^2 K}{\partial p_r\, \partial q_s} + \left\{\frac{\partial K}{\partial p_r}, f_s\right\}\right] \\ \frac{d}{dt}\left(\frac{\partial K}{\partial q_r}\right) &= \sum_{s=1}^{m} \frac{\partial H}{\partial p_s}\left[\frac{\partial^2 K}{\partial q_r\, \partial q_s} + \left\{\frac{\partial K}{\partial q_r}, f_s\right\}\right] \end{aligned} \qquad (r = m+1, m+2, \ldots, n)$$

oder nach (7) in

$$\frac{d}{dt}\left(\frac{\partial K}{\partial p_r}\right) = 0, \qquad \frac{d}{dt}\left(\frac{\partial K}{\partial q_r}\right) = 0 \qquad (r = m+1, m+2, \ldots, n),$$

womit bewiesen ist, daß das System der Gleichungen (A) und (B) in bezug auf die Hamiltonschen Gleichungen invariant ist.

Nun seien die Veränderlichen $p_1, p_2, \ldots, p_n, q_{m+1}, \ldots, q_n$ vermöge der Gleichungen (A) und (B) als Funktionen von $q_1, q_2, \ldots, q_m$ dargestellt. Auf Grund der Invarianz von (A) und (B) erhalten wir durch Einführen dieser Werte in die Hamiltonschen Gleichungen m voneinander unabhängige Gleichungen, nämlich diejenigen, die $dq_1/dt, dq_2/dt, \ldots, dq_m/dt$ als Funktionen von $q_1, q_2, \ldots, q_m$ darstellen, während die übrigen identisch erfüllt sind. Die allgemeine Lösung dieses Systems, die m willkürliche Konstanten enthält, ergibt ∞^m Partikularlösungen der Hamiltonschen Gleichungen. Die Integration dieses Systems kann unter Benutzung des Energieintegrals auf die Lösung eines Systems der Ordnung $m - 1$ zurückgeführt werden. So ergibt sich der Satz von Levi-Civita: *Jedem involutorischen System von m invarianten Gleichungen, die zu einem Hamiltonschen System gehören, entspricht eine ∞^m-fache Schar partikulärer Lösungen des Hamiltonschen Systems, deren Bestimmung von der Integration eines Systems $(m - 1)^{ter}$ Ordnung abhängt.*

Sind die invarianten Gleichungen (A) Integrale des Systems, so enthalten sie m weitere willkürliche Konstanten. *Einem involutorischen System von m Integralen eines Hamiltonschen Systems entspricht also im allgemeinen eine ∞^{2m}-fache Schar von Partikularlösungen des Systems, die sich durch Integration eines Systems der Ordnung $m - 1$ bestimmen lassen.*

Aufgabe. Man beweise, daß für ein durch die Hamiltonsche Funktion

$$H = q_1 p_1 - q_2 p_2 - a q_1^2 + b q_2^2$$

definiertes dynamisches System die (nach Levi-Civita) dem Integral

$$(p_2 - b q_2)/q_1 = \text{konst.}$$

entsprechenden partikulären Lösungen gegeben sind durch

$$q_1 = 0, \qquad q_2 = e^{-t+\varepsilon}, \qquad p_1 = a e^{-t+\varepsilon}, \qquad p_2 = b e^{-t+\varepsilon},$$

wo ε eine willkürliche Konstante ist.

§ 150. Systeme mit in den Bewegungsgrößen linearen Integralen.

Wir gehen nun zu der Untersuchung solcher Systeme über, die Integrale besonderer Art besitzen.

Das durch die Gleichungen

$$\frac{dq_r}{dt} = \frac{\partial H}{\partial p_r}, \qquad \frac{dp_r}{dt} = -\frac{\partial H}{\partial q_r} \qquad (r = 1, 2, \ldots, n)$$

dargestellte dynamische System habe ein in $p_1, p_2, \ldots, p_n$ lineares homogenes Integral, etwa

$$f_1 p_1 + f_2 p_2 + \ldots + f_n p_n = \text{konst.},$$

wo $f_1, f_2, \ldots, f_n$ gegebene Funktionen von $q_1, q_2, \ldots, q_n$ sind.

Wir betrachten das Gleichungssystem $(n-1)^{\text{ter}}$ Ordnung

$$\frac{d q_1}{f_1} = \frac{d q_2}{f_2} = \ldots = \frac{d q_n}{f_n}.$$

Sein Lösungssystem bestehe aus den $n-1$ Integralen

$$Q_r(q_1, q_2, \ldots, q_n) = \text{konst.} \qquad (r = 1, 2, \ldots, n-1),$$

und eine Funktion Q_n sei definiert durch

$$Q_n = \int \frac{d q_1}{f_1},$$

in der die Veränderlichen $q_2, q_3, \ldots, q_n$ des Integranden vor der Ausführung der Integration durch ihre Werte als Funktionen von $q_1, Q_1, Q_2, \ldots, Q_{n-1}$ ersetzt sein sollen.

Werden die Veränderlichen so variiert, daß $Q_1, Q_2, \ldots, Q_{n-1}$ konstant bleiben und Q_n sich ändert, so ist infolge der obigen Gleichung

$$\frac{d q_1}{f_1} = \frac{d q_2}{f_2} = \ldots = \frac{d q_n}{f_n} = d Q_n.$$

Sehen wir also $Q_1, Q_2, \ldots, Q_n$ als neue Veränderliche an, in denen $q_1, q_2, \ldots, q_n$ sich darstellen lassen, so erhalten wir

$$\partial q_k / \partial Q_n = f_k \qquad (k = 1, 2, \ldots, n).$$

Wir betrachten nun die Berührungstransformation, die die Erweiterung der Punkttransformation von $q_1, q_2, \ldots, q_n$ in $Q_1, Q_2, \ldots, Q_n$ ist, so daß die neuen Veränderlichen $P_1, P_2, \ldots, P_n$ definiert sind (§ 132) durch die Gleichungen

$$P_r = \sum_{k=1}^{n} p_k \frac{\partial q_k}{\partial Q_r} \qquad (r = 1, 2, \ldots, n).$$

Vermöge dieser Transformation gehen die Differentialgleichungen des dynamischen Systems in ein neues Hamiltonsches System

$$\frac{d Q_r}{d t} = \frac{\partial K}{\partial P_r}, \qquad \frac{d P_r}{d t} = -\frac{\partial K}{\partial Q_r} \qquad (r = 1, 2, \ldots, n)$$

über, und das bekannte Integral wird zu

$$P_n = \text{konst.}$$

Da $dP_n/dt = 0$ ist, haben wir $\partial K / \partial Q_n = 0$, die Funktion K enthält also Q_n nicht explizit. So ergibt sich der Satz: *Besitzt ein dynamisches System ein in* $p_1, p_2, \ldots, p_n$ *lineares homogenes Integral, so gibt es eine Punkttransformation der Veränderlichen* $q_1, q_2, \ldots, q_n$ *in neue Veränderliche* $Q_1, Q_2, \ldots, Q_n$ *von der Art, daß die transformierte Hamiltonsche Funktion* Q_n *nicht enthält.* Das transformierte System besitzt also eine zyklische Koordinate, und wir haben den Satz: *In den Bewegungsgrößen lineare Integrale besitzen nur diejenigen dynamischen Systeme, die zyklische Koordinaten haben oder durch eine erweiterte Punkttransformation in Systeme mit zyklischen Koordinaten übergeführt werden können.*

Offenbar gilt auch die Umkehrung des Satzes.

Dieses Ergebnis hätten wir auch dem Satz (§ 144) entnehmen können, daß die Differentialgleichungen der Bewegung die infinitesimale Transformation mit dem Symbol (φ, f) gestatten, wenn

$$\varphi(q_1, q_2, \ldots, q_n, p_1, \ldots, p_n, t) = \text{konst.}$$

ein Integral des Systems ist. Wenn nämlich φ linear und homogen in $p_1, p_2, \ldots, p_n$ ist, so ist diese Transformation (§ 132) eine erweiterte Punkttransformation. Wird diese Punkttransformation durch eine Koordinatentransformation in diejenige mit dem Symbol $\partial f/\partial Q_n$ verwandelt, so kann offenbar die Hamiltonsche Funktion der transformierten Gleichungen Q_n nicht explizit enthalten.

Nun betrachten wir ein spezielles System, dessen kinetisches Potential sich zusammensetzt aus einer kinetischen Energie $T(\dot{q}_1, \dot{q}_2, \ldots, \dot{q}_n, q_1, \ldots, q_n)$, die eine quadratische Funktion der Geschwindigkeiten $\dot{q}_1, \dot{q}_2, \ldots, \dot{q}_n$ ist, und aus einer potentiellen Energie $V(q_1, q_2, \ldots, q_n)$, die von den Geschwindigkeiten nicht abhängt. Damit nun ein in den Geschwindigkeiten lineares Integral vorhanden ist, muß das System eine zyklische Koordinate besitzen oder durch eine Punkttransformation in ein System mit einer zyklischen Koordinate überzuführen sein. In beiden Fällen jedoch gestatten die Funktionen T und V offenbar dieselbe infinitesimale Transformation, nämlich diejenige, die, wenn die Koordinaten so gewählt sind, daß eine von ihnen zyklisch ist, in einer kleinen Änderung der zyklischen Koordinate besteht, während alle übrigen und die Geschwindigkeiten ungeändert bleiben. Umgekehrt: Gestatten T und V die nämliche infinitesimale Transformation, so ist ein in den Geschwindigkeiten lineares Integral vorhanden. Dieses Ergebnis ist bekannt als der *Lévysche Satz,* den Lévy[1]) 1878 veröffentlichte.

Aufgabe 1. Man beweise, daß, wenn die Bewegungsgleichungen eines Massenpunktes ein in den Bewegungsgrößen lineares Integral besitzen, die Wirkungsrichtung der Kraft einem linearen Komplex angehört.

(Cerruti: *Collect. math. in mem. D. Chelini.* Vgl. P. Grossi: *Rend. di Palermo* Bd. 24, S. 25. 1907.)

Aufgabe 2. Die Gleichungen

$$\frac{d}{dt}\left(\frac{\partial T}{\partial \dot{q}_r}\right) - \frac{\partial T}{\partial q_r} = Q_r \qquad (r = 1, 2, \ldots, n),$$

---

1) *Comptes Rendus* Bd. 86.

wo $T = \frac{1}{2}\sum_{i=1}^{n}\sum_{k=1}^{n} a_{ik}\dot{q}_i\dot{q}_k$ ist und $Q_1, Q_2, \ldots, Q_n, a_{11}, a_{12}, \ldots, a_{nn}$ gegebene Funktionen von $q_1, q_2, \ldots, q_n$ sind, mögen ein Integral der Form

$$C_1\dot{q}_1 + C_2\dot{q}_2 + \ldots + C_n\dot{q}_n + C = \text{konst.}$$

besitzen, wo $C_1, C_2, \ldots, C_n, C$ Funktionen von $q_1, q_2, \ldots, q_n$ sind. Man zeige, daß man ein invariables System aus jeder seiner Lagen im Raum S_n, der definiert ist durch die Form

$$ds^2 = \sum_{i=1}^{n}\sum_{k=1}^{n} a_{ik}\, dq_i\, dq_k$$

in einer Richtung verschieben kann.

Man zeige, daß die dazu notwendige und hinreichende Bedingung darin besteht, daß ds^2 sich so transformieren läßt, daß eine der Veränderlichen aus den Koeffizienten verschwindet. (Cerruti und Lévy.)

§ 151. Bestimmung der auf ein System wirkenden Kräfte, wenn ein Integral bekannt ist.

Ehe wir zur Untersuchung der Systeme fortschreiten, die in den Geschwindigkeiten quadratische Integrale besitzen, leiten wir einen von Bertrand ausgesprochenen Satz ab[1]): Bei der Bewegung eines dynamischen Systems von gegebener kinetischer Energie, aber mit unbekannten Kräften (die jedoch nur von den Koordinaten der Angriffspunkte, nicht von ihren Geschwindigkeiten abhängen sollen), lassen sich die unbekannten Kräfte bestimmen, sobald ein Integral bekannt ist. Dieses Integral kann übrigens nicht völlig willkürlich gewählt werden, sondern muß gewissen Bedingungen genügen.

Es seien $q_1, q_2, \ldots, q_n$ die n unabhängigen Lagenkoordinaten des Systems, T sei die kinetische Energie; die unbekannten Kräfte, die nur von $q_1, q_2, \ldots, q_n$ abhängen sollen, mögen mit $Q_1, Q_2, \ldots Q_n$ bezeichnet sein. Dann lauten die Bewegungsgleichungen

$$\frac{d}{dt}\left(\frac{\partial T}{\partial \dot{q}_r}\right) - \frac{\partial T}{\partial q_r} = Q_r \qquad (r = 1, 2, \ldots, n).$$

Es sei

$$\varphi(\dot{q}_1, \dot{q}_2, \ldots, \dot{q}_n, q_1, q_2, \ldots, q_n, t) = \text{konst.}$$

ein Integral des Systems; durch Differentiation erhalten wir daraus

$$\sum_{r=1}^{n}\frac{\partial\varphi}{\partial\dot{q}_r}\ddot{q}_r + \sum_{r=1}^{n}\frac{\partial\varphi}{\partial q_r}\dot{q}_r + \frac{\partial\varphi}{\partial t} = 0.$$

Führen wir in diese Gleichung die Werte von $\ddot{q}_1, \ddot{q}_2, \ldots, \ddot{q}_n$ aus den Bewegungsgleichungen ein, so entsteht eine in $Q_1, Q_2, \ldots, Q_n$ lineare Gleichung. Diese muß eine Identität sein, da sie allein die Größen $\dot{q}_1, \dot{q}_2, \ldots, \dot{q}_n, q_1, q_2, \ldots, q_n, t$ enthält, denen sämtlich willkürliche unabhängige Werte beigelegt werden können. Daher dürfen

---

1) *Journ. de Math.* Bd. 17, S. 121. 1852.

wir sie nach $\dot{q}_1, \dot{q}_2, \ldots, \dot{q}_n$ differenzieren und gewinnen so n neue Gleichungen, die, da auch sie $Q_1, Q_2, \ldots, Q_n$ linear enthalten, im allgemeinen zur Berechnung dieser unbekannten Größen ausreichen. Das Integral gehört nur dann auch wirklich zu einem System, wenn die Größen $Q_1, Q_2, \ldots, Q_n$ der Gleichung genügen

$$\sum_{r=1}^{n} \frac{\partial \varphi}{\partial \dot{q}_r} \ddot{q}_r + \sum_{r=1}^{n} \frac{\partial \varphi}{\partial q_r} \dot{q}_r + \frac{\partial \varphi}{\partial t} = 0.$$

Sind die Gleichungen zur Berechnung von $Q_1, Q_2, \ldots, Q_n$ nicht voneinander unabhängig, so daß $Q_1, Q_2, \ldots, Q_n$ unbestimmt werden, so gehört das Integral zu mehreren voneinander verschiedenen dynamischen Problemen.

Aufgabe. Man beweise, daß ein Integral der Bewegungsgleichungen eines Punktes in einer Ebene, das zu zwei verschiedenen Problemen gehören soll, notwendig die Form hat:

$$F(\varphi', x, y, t) \text{ konst.},$$

wo x, y rechtwinklige Koordinaten sind und φ' die zeitliche Ableitung einer Funktion $\varphi(x, y)$ bedeutet, die, einer Konstanten gleichgesetzt, die Gleichung einer Geradenschar darstellt. (Bertrand.)

§ 152. Anwendung auf das Problem eines Massenpunktes, dessen Bewegungsgleichungen ein in den Geschwindigkeiten quadratisches Integral besitzen.

Als Anwendung der Bertrandschen Methode behandeln wir das folgende Problem: Wie muß die potentielle Energie V beschaffen sein, damit die Bewegungsgleichungen eines Massenpunktes, der sich in der Ebene unter Einwirkung konservativer Kräfte

$$\ddot{x} = -\frac{\partial V}{\partial x}, \qquad \ddot{y} = -\frac{\partial V}{\partial y}$$

frei bewegen kann, neben dem Energieintegral ein Integral der Form

$$P\dot{x}^2 + Q\dot{x}\dot{y} + R\dot{y}^2 + S\dot{y} + T\dot{x} + K = \text{konst.}$$

besitzt, wo P, Q, R, S, T, K Funktionen von x und y sind?

Differenzieren wir die letzte Gleichung und führen wir die Werte von $\ddot{x}, \ddot{y}$ aus den Bewegungsgleichungen ein, so erhalten wir

$$\text{(A)} \left\{ \begin{aligned} &\dot{x}^3 \frac{\partial P}{\partial x} + \dot{y}^3 \frac{\partial R}{\partial y} + \dot{x}^2 \dot{y} \left(\frac{\partial P}{\partial y} + \frac{\partial Q}{\partial x}\right) + \dot{y}^2 \dot{x} \left(\frac{\partial Q}{\partial y} + \frac{\partial R}{\partial x}\right) - 2P\dot{x}\frac{\partial V}{\partial x} \\ &\quad - Q\left(\dot{x}\frac{\partial V}{\partial y} + \dot{y}\frac{\partial V}{\partial x}\right) - 2R\dot{y}\frac{\partial V}{\partial y} + \frac{\partial S}{\partial y}\dot{y}^2 + \frac{\partial T}{\partial x}\dot{x}^2 \\ &\quad + \dot{x}\dot{y}\left(\frac{\partial S}{\partial x} + \frac{\partial T}{\partial y}\right) + \frac{\partial K}{\partial x}\dot{x} + \frac{\partial K}{\partial y}\dot{y} - S\frac{\partial V}{\partial y} - T\frac{\partial V}{\partial x} = 0. \end{aligned} \right.$$

Setzen wir die Glieder dritten Grades in $\dot{x}, \dot{y}$ gleich Null, so folgt

$$\frac{\partial P}{\partial x} = 0, \qquad \frac{\partial R}{\partial y} = 0, \qquad \frac{\partial P}{\partial y} + \frac{\partial Q}{\partial x} = 0, \qquad \frac{\partial Q}{\partial y} + \frac{\partial R}{\partial x} = 0.$$

Daraus ist leicht abzuleiten, daß die quadratischen Glieder des Integrals die Gestalt haben müssen

$$(a y^2 + b y + c)\dot{x}^2 + (a x^2 + b' x + c')\dot{y}^2 + (-2 a x y - b' y - b x + c_1)\dot{x}\dot{y},$$

wo a, b, c, b', c', c_1 Konstanten sind.

Setzen wir die in $\dot{x}, \dot{y}$ quadratischen Glieder in Gleichung (A) gleich Null, so erhalten wir

$$\frac{\partial S}{\partial y} = 0, \qquad \frac{\partial T}{\partial x} = 0, \qquad \frac{\partial S}{\partial x} + \frac{\partial T}{\partial y} = 0.$$

Aus diesen Gleichungen schließen wir

$$S = m x + p, \qquad T = -m y + q,$$

wo m, p, q Konstanten sind.

Setzen wir die von $\dot{x}, \dot{y}$ unabhängigen Glieder in Gleichung (A) gleich Null, so erhalten wir

$$S \frac{\partial V}{\partial y} + T \frac{\partial V}{\partial x} = 0$$

oder

$$\frac{\partial V}{\partial y}(m x + p) - \frac{\partial V}{\partial x}(m y - q) = 0.$$

Diese Gleichung lehrt, daß die Kraft auf ein festes Zentrum mit den Koordinaten $-p/m$ und q/m hin gerichtet ist, wenn m, p, q von Null verschieden sind. Diesen einfachen Fall schließen wir aus; die Konstanten m, p, q sollen also sämtlich verschwinden, das Integral keine in $\dot{x}, \dot{y}$ linearen Glieder enthalten.

Setzen wir die in $\dot{x}, \dot{y}$ linearen Glieder von (A) gleich Null, so erhalten wir

$$-2 P \frac{\partial V}{\partial x} - Q \frac{\partial V}{\partial y} + \frac{\partial K}{\partial x} = 0,$$

$$-2 R \frac{\partial V}{\partial y} - Q \frac{\partial V}{\partial x} + \frac{\partial K}{\partial y} = 0.$$

Werden die Gleichungen nach y bzw. x differenziert und die so erhaltenen Werte von $\partial^2 K / \partial x \partial y$ einander gleichgesetzt, so wird

$$2 P \frac{\partial^2 V}{\partial x \partial y} + 2 \frac{\partial V}{\partial x} \frac{\partial P}{\partial y} + Q \frac{\partial^2 V}{\partial y^2} + \frac{\partial Q}{\partial y} \frac{\partial V}{\partial y}$$

$$= 2 R \frac{\partial^2 V}{\partial x \partial y} + 2 \frac{\partial R}{\partial x} \frac{\partial V}{\partial y} + \frac{\partial Q}{\partial x} \frac{\partial V}{\partial y} + Q \frac{\partial^2 V}{\partial x^2}.$$

Ersetzen wir dann noch P, Q, R durch ihre oben gefundenen Werte, so wird

$$\left(\frac{\partial^2 V}{\partial y^2}-\frac{\partial^2 V}{\partial x^2}\right)(-2axy-b'y-bx+c_1)+2\frac{\partial^2 V}{\partial x\,\partial y}(ay^2-ax^2+by-b'x+c-c')$$

$$+\frac{\partial V}{\partial x}(6ay+3b)+\frac{\partial V}{\partial y}(-6ax-3b')=0.$$

Nach Darboux[1]) läßt sich diese partielle Differentialgleichung für die Funktion V folgendermaßen integrieren.

Sehen wir ab von dem Sonderfall, daß die Konstante a verschwindet, so läßt sich das gegebene Integral durch eine Koordinatentransformation stets in die vereinfachte Form überführen

$$\tfrac{1}{2}(x\dot y-y\dot x)^2+c\dot x^2+c'\dot y^2+k=\text{konst.}$$

Damit gleichbedeutend ist die Annahme, daß

$$a=\tfrac{1}{2},\qquad b=0,\qquad b'=0,\qquad c_1=0$$

ist; ersetzen wir überdies $c-c'$ durch $\frac{1}{2}c^2$, so geht die partielle Differentialgleichung für V über in

$$xy\left(\frac{\partial^2 V}{\partial x^2}-\frac{\partial^2 V}{\partial y^2}\right)+(y^2-x^2+c^2)\frac{\partial^2 V}{\partial x\,\partial y}+3y\frac{\partial V}{\partial x}-3x\frac{\partial V}{\partial y}=0.$$

Zur Integration dieser Gleichung bilden wir die Differentialgleichung der Charakteristiken

$$xy(dy^2-dx^2)+(x^2-y^2-c^2)\,dx\,dy=0.$$

Sehen wir in dieser Gleichung x^2 und y^2 als neue Veränderliche an, so geht sie in eine Clairautsche Gleichung über, hat daher das Integral

$$(m+1)(mx^2-y^2)-mc^2=0,$$

wo m die willkürliche Konstante bedeutet. Nach einer einfachen Änderung der Bezeichnungsweise können wir diesem Integral die Form geben

$$\frac{x^2}{\alpha^2}+\frac{y^2}{\alpha^2-c^2}=1,$$

wo nun α die willkürliche Konstante ist. Diese Form der Gleichung läßt die interessante Tatsache erkennen, daß die Charakteristiken der partiellen Differentialgleichung aus zwei Scharen konfokaler Kegelschnitte bestehen.

Werden die Parameter α, β der konfokalen Ellipsen und Hyperbeln als neue Veränderliche gewählt, so daß

$$x=\frac{\alpha\beta}{c},\qquad y=\frac{1}{c}\{(\alpha^2-c^2)(c^2-\beta^2)\}^{\frac{1}{2}}$$

---

[1]) *Archives Néerlandaises* (2), Bd. 6, S. 371. 1901.

ist, dann geht nach der allgemeinen Theorie die partielle Differentialgleichung über in

$$\frac{\partial^2 V}{\partial\alpha\,\partial\beta} + A\frac{\partial V}{\partial\alpha} + B\frac{\partial V}{\partial\beta} + 0,$$

wo A, B Funktionen von α, β sind. In der Tat erhalten wir beim Übergang zu diesen Veränderlichen die Gleichung

$$(\beta^2 - \alpha^2)\frac{\partial^2 V}{\partial\alpha\,\partial\beta} + 2\beta\frac{\partial V}{\partial\alpha} - 2\alpha\frac{\partial V}{\partial\beta} = 0,$$

die sofort integriert werden kann. Sie ergibt

$$(\alpha^2 - \beta^2)V = f(\alpha) - \varphi(\beta),$$

wo f, φ willkürliche Funktionen ihrer Argumente sind. Daraus folgt: *Die Bewegung eines Massenpunktes in einer Ebene unter Einwirkung konservativer Kräfte hat dann und nur dann neben dem Energieintegral ein in den Geschwindigkeiten quadratisches Integral, wenn die potentielle Energie die Form*

$$V = \frac{f(\alpha) - \varphi(\beta)}{\alpha^2 - \beta^2}$$

hat, wo α, β die Parameter konfokaler Ellipsen und Hyperbeln bedeuten.

Da wir durch Differentiation die Gleichung

$$\dot{x}^2 + \dot{y}^2 = (\alpha^2 - \beta^2)\left(\frac{\dot{\alpha}^2}{\alpha^2 - c^2} + \frac{\dot{\beta}^2}{c^2 - \beta^2}\right)$$

erhalten, so ist die kinetische Energie

$$T = \tfrac{1}{2}(\alpha^2 - \beta^2)\left(\frac{\dot{\alpha}^2}{\alpha^2 - c^2} + \frac{\dot{\beta}^2}{c^2 - \beta^2}\right),$$

und die Gestalt von T und V zeigt, daß derartige Probleme vom Liouvilleschen Typ (§ 43) sind, daher durch Quadraturen integriert werden können.

§ 153. Allgemeine dynamische Systeme mit Integralen, die quadratische Funktionen der Geschwindigkeiten sind.

Die vollständige Bestimmung der expliziten Form des allgemeinsten dynamischen Systems, dessen Bewegungsgleichungen neben dem Energieintegral ein in den Geschwindigkeiten quadratisches Integral besitzen, ist noch nicht durchgeführt worden. Aus § 43 ist jedoch zu sehen, daß alle dynamischen Systeme, die vom Liouvilleschen Typ oder durch eine Punkttransformation darauf zurückführbar sind, derartige Integrale besitzen. Außerdem hat man noch einige allgemeinere Typen mit dieser Eigenschaft gefunden[1]).

Aufgabe 1. Es seien

$$\varphi_{kl}(q_k) \qquad (k, l = 1, 2, \ldots, n)$$

n^2 Funktionen, die allein von den angegebenen Argumenten abhängen, und es bedeute

$$\Phi = \sum_{k=1}^{n} \varphi_{kl}\,\Phi_{kl} \qquad (l = 1, 2, \ldots, n)$$

---

[1]) Vgl. G. di Pirro: *Annali di Mat.* Bd. 24, S. 315. 1896.

die aus diesen Funktionen gebildete Determinante. Man beweise, daß, wenn die kinetische Energie eines dynamischen Systems auf die Form

$$\frac{1}{2}\sum_{k=1}^{n}\frac{\Phi}{\Phi_{k1}}\dot{q}_k^2$$

zurückgeführt werden kann und die potentielle Energie Null ist, nicht allein das Energieintegral

$$\sum_{k=1}^{n}\frac{\Phi}{\Phi_{k1}}\dot{q}_k^2 = \alpha_1$$

vorhanden ist, sondern daß es überdies $n-1$ weitere in den Geschwindigkeiten homogene und quadratische Integrale gibt, nämlich

$$\sum_{k=1}^{n}\frac{\Phi\,\Phi_{kl}}{\Phi_{k1}^2}\dot{q}_k^2 = \alpha_l \qquad (l = 2, 3, \ldots, n),$$

wo $\alpha_1, \alpha_2, \ldots, \alpha_n$ willkürliche Konstanten bedeuten, und daß das Problem durch Quadraturen lösbar ist. (Stäckel.)

Aufgabe 2. Die Bewegungsgleichungen eines dynamischen Systems mit zwei Freiheitsgraden seien

$$\frac{d}{dt}\left(\frac{\partial T}{\partial \dot{q}_r}\right) - \frac{\partial T}{\partial q_r} = 0 \qquad (r = 1, 2),$$

wo

$$T = \tfrac{1}{2}(a\,\dot{q}_1^2 + 2\,h\,\dot{q}_1\dot{q}_2 + b\,\dot{q}_2^2)$$

ist und a, h, b beliebige Funktionen der Koordinaten q_1, q_2 sind. Dieses System besitze ein Integral

$$a'\dot{q}_1^2 + 2\,h'\dot{q}_1\dot{q}_2 + b'\dot{q}_2^2 = \text{konst.},$$

das in den Geschwindigkeiten quadratisch und von dem Energieintegral verschieden ist; a', h', b' sind Funktionen der Koordinaten. Wir setzen $ab - h^2 = \Delta$, $a'b' - h'^2 = \Delta'$, und es sei

$$T' = \frac{1}{2}\left(\frac{\Delta}{\Delta'}\right)^2 (a'q_1'^2 + 2\,h'q_1'\,q_2' + b'q_2'^2),$$

wo $dq_r/dt' = q_r'$ gesetzt ist; man zeige, daß die Gleichungen

$$\frac{d}{dt'}\left(\frac{\partial T'}{\partial q_r'}\right) - \frac{\partial T'}{\partial q_r} = 0 \qquad (r = 1, 2)$$

die nämlichen Beziehungen zwischen den Koordinaten q_1, q_2 herstellen wie die ursprünglichen Bewegungsgleichungen und daß das eine Gleichungssystem sich in das andere überführen läßt durch die Transformation

$$\Delta\,dt = \Delta' dt'.$$

Übungsaufgaben.

1. Ein dynamisches System ist definiert durch seine kinetische Energie

$$\frac{1}{2}\Phi\left(\frac{\dot{q}_1^2}{\Phi_{11}} + \frac{\dot{q}_2^2}{\Phi_{21}} + \cdots + \frac{\dot{q}_n^2}{\Phi_{n1}}\right),$$

(wo Φ die Determinante

$$\begin{vmatrix} \varphi_{11} & \varphi_{12} \cdots \varphi_{1n} \\ \varphi_{21} & \varphi_{22} \cdots \varphi_{2n} \\ \cdots & \cdots \\ \varphi_{n1} & \varphi_{n2} \cdots \varphi_{nn} \end{vmatrix}$$

bedeutet, in der die Elemente der k^{ten} Zeile Funktionen von q_k allein sind und Φ_{kl} die zu φ_{kl} gehörige Unterdeterminante bedeutet) und durch seine potentielle Energie

$$-\frac{\Psi}{\Phi},$$

wo

$$\Psi = \Phi_{11}\psi_1 + \Phi_{21}\psi_2 + \cdots + \Phi_{nn}\psi_n$$

ist und ψ_k eine Funktion von q_k allein bedeutet. Man beweise, daß ein vollständiges Integral der Hamilton-Jacobischen Gleichung

$$\frac{\partial W}{\partial t} + \frac{1}{2\Phi}\left\{\Phi_{11}\left(\frac{\partial W}{\partial q_1}\right)^2 + \Phi_{21}\left(\frac{\partial W}{\partial q_2}\right)^2 + \cdots + \Phi_{n1}\left(\frac{\partial W}{\partial q_n}\right)^2\right\} - \frac{\Psi}{\Phi} = 0$$

lautet

$$W = -\alpha_1 t + \sum_{i=1}^{n}\int\{\alpha_1\varphi_{i1} + \alpha_2\varphi_{i2} + \cdots + \alpha_n\varphi_{in} + 2\psi_i\}^{\frac{1}{2}} d q_i,$$

wo $\alpha_1, \alpha_2, \ldots, \alpha_n$ willkürliche Konstanten sind. (Goursat.)

2. Es sei

$$\varphi(q_1, q_2, \ldots, q_n, p_1, p_2, \ldots, p_n, t) = \text{konst.}$$

ein Integral eines dynamischen Systems mit einem Energieintegral. Man zeige, daß auch

$$\frac{\partial\varphi}{\partial t} = \text{konst.}, \quad \frac{\partial^2\varphi}{\partial t^2} = \text{konst.}, \ldots$$

Integrale sind.

3. Ein Gleichungssystem

$$\left.\begin{aligned}\frac{d q_r}{d t} &= A_r(q_1, q_2, \ldots, q_n, p_1, \ldots, p_n, t)\\ \frac{d p_r}{d t} &= B_r(q_1, q_2, \ldots, q_n, p_1, \ldots, p_n, t)\end{aligned}\right\} \qquad (r = 1, 2, \ldots, n)$$

hat die Eigenschaft, daß die aus zwei beliebigen Integralen φ, ψ gebildete Poissonsche Klammer (φ, ψ) wieder ein Integral ist. Man zeige, daß die Gleichungen die Hamiltonsche Form

$$\frac{d q_r}{d t} = \frac{\partial H}{\partial p_r}, \quad \frac{d p_r}{d t} = -\frac{\partial H}{\partial q_r} \qquad (r = 1, 2, \ldots, n)$$

haben müssen. (Korkin.)

4. Es seien

$$\alpha_1 = \text{konst.}, \quad \alpha_2 = \text{konst.}, \ldots \alpha_k = \text{konst.},$$
$$\beta_1 = \text{konst.}, \quad \beta_2 = \text{konst.}, \ldots \beta_k = \text{konst.}$$

$2k$ beliebige Integrale eines Hamiltonschen Systems von Differentialgleichungen mit den Veränderlichen $q_1, q_2, \ldots, q_n, p_1, \ldots, p_n$. Man zeige, daß auch

$$\sum_{\lambda_1, \ldots, \lambda_k} \pm \frac{\partial\alpha_1}{\partial q_{\lambda_1}}\frac{\partial\alpha_2}{\partial q_{\lambda_2}}\cdots\frac{\partial\alpha_k}{\partial q_{\lambda_k}}\frac{\partial\beta_1}{\partial p_{\lambda_1}}\frac{\partial\beta_2}{\partial p_{\lambda_2}}\cdots\frac{\partial\beta_k}{\partial p_{\lambda_k}}$$

ein Integral ist. (Laurent.)

5. Die Größe

$$(H_1, H_2, \ldots, H_n) = \sum_{i=1}^{\nu}\frac{\partial(H_1, H_2, \ldots, H_n)}{\partial(x_{1i}, x_{2i}, \ldots, x_{ni})},$$

wo $H_1, H_2, \ldots, H_n$ Funktionen der $n\nu$ Veränderlichen x_{ji} $(j = 1, 2, \ldots, n;\ i = 1, 2, \ldots, \nu)$ sind, werde als *Poissonsche Klammer n^{ter} Ordnung* bezeichnet. Es seien $G_1, G_2, \ldots, G_{h\nu}$ $h\nu$ Funktionen von $y_{11}, y_{12}, \ldots, y_{h\nu}; x_{11}, x_{12}, \ldots, x_{k\nu}; a_1, \ldots, a_{h\nu}$, wo $h + k = n$ ist, und es bezeichne

$$P_i(G^n) \qquad \left(i = 1, 2, \ldots, \binom{h\nu}{n}\right)$$

die sämtlichen aus je n Funktionen G gebildeten Poissonschen Klammern. Man zeige, daß

$$P_i(G^n) = 0 \qquad \left(i = 1, 2, \ldots, \binom{h\nu}{n}\right)$$

die notwendigen und hinreichenden Bedingungen dafür sind, daß die Funktionen

$$y_{st} = F_{st}(x_{11}, x_{12}, \ldots, x_{k\nu}, a_1, a_2, \ldots, a_{h\nu}) \qquad (s = 1, 2, \ldots, h, \; t = 1, 2, \ldots, \nu),$$

die durch Auflösung der Gleichungen

$$G_i = 0 \qquad (i = 1, 2, \ldots, h\nu)$$

entstehen, den simultanen partiellen Differentialgleichungen erster Ordnung

$$P_i(y^h, F) = 0 \qquad \left(i = 1, 2, \ldots, \binom{h\nu}{n}\right)$$

genügen, wo $P_i(y^h, F)$ den Ausdruck bedeutet, den wir erhalten, wenn in $P_i(F^n)$ h der Funktionen F durch ebenso viele y ersetzt werden.

6. Ein Punkt der Masse 1, der in bezug auf feste rechtwinklige Achsen die Koordinaten x, y hat, kann sich in einer Ebene unter Einwirkung von Kräften mit der potentiellen Energie $f(x, y)$ bewegen, während h die Gesamtenergie bedeutet. Man beweise, daß, wenn die orthogonalen Trajektorien der Kurven

$$\frac{1}{h - f(x, y)}\left(\frac{\partial^2}{\partial x^2} - \frac{\partial^2}{\partial y^2}\right) \log\{h - f(x, y)\} = \text{konst.}$$

seine Bahnkurven sind, die Bewegungsgleichungen des Massenpunktes ein in den Geschwindigkeiten $\dot{x}, \dot{y}$ lineares homogenes Integral besitzen.

7. Die Bewegungsgleichungen eines freien Systems von m Massenpunkten lauten

$$\frac{d^2 x_s}{d t^2} = X_s \qquad (s = 1, 2, \ldots, 3m).$$

Es bestehe ein Integral der Form

$$\sum_{s=1}^{3m} f_s \dot{x}_s - Ct = \text{konst.},$$

wo $f_1, f_2, \ldots, f_{3m}$ Funktionen von $x_1, x_2, \ldots, x_{3m}$ sind; C sei eine Konstante. Man beweise, daß das Integral die Gestalt erhalten kann

$$\sum_{s=1}^{3m} k_s \dot{x}_s + \sum_{r,s=1}^{3m} a_{rs}(x_s \dot{x}_r - x_r \dot{x}_s) - Ct = \text{konst.},$$

wo die Größen k_s und a_{rs} konstant sind. (Pennacchietti.)

8. Zwei Massenpunkte bewegen sich auf einer Fläche unter Einwirkung verschiedener Kräfte, die bei jedem nur von der Lage abhängen. Ihre Bewegungsgleichungen mögen ein von der Zeit unabhängiges Integral gemeinsam haben. Man zeige, daß die Fläche alsdann auf eine Rotationsfläche abwickelbar ist. (Bertrand.)

Dreizehntes Kapitel.

Die Reduktion des Dreikörperproblems.

§ 154. Einleitung.

Das berühmteste dynamische Problem, das sogenannte *Dreikörperproblem*, läßt sich folgendermaßen aussprechen:

Drei Massenpunkte ziehen einander nach dem Newtonschen Gesetz an, nach dem zwischen je zweien eine Anziehungskraft besteht, die dem Produkt aus den Massen beider Punkte direkt, dem Quadrat ihres Abstandes umgekehrt proportional ist; sie können sich im Raum frei bewegen und sollen ursprünglich in einem beliebigen Bewegungszustand sein. Ihre weitere Bewegung ist zu ermitteln.

Die praktische Bedeutung dieses Problems beruht auf seiner Anwendung in der Himmelsmechanik; die Körper des Sonnensystems ziehen einander nach dem Newtonschen Gesetz an, und da sie näherungsweise die Gestalt von Kugeln haben, deren Dimensionen klein sind verglichen mit ihren gegenseitigen Abständen, so idealisiert man ihr Bewegungsproblem, indem man jeden Körper durch einen in seinem Schwerpunkt befindlichen Punkt von der Gesamtmasse des Körpers ersetzt[1]).

Das Dreikörperproblem läßt sich mit Hilfe der in der Analysis bisher bekannten Funktionen nicht in geschlossener Form integrieren. Diese Schwierigkeit war ein so starker Anreiz für die Forschung, daß seit dem Jahre 1750 über 800 Abhandlungen, die zum Teil von den größten Mathematikern herrühren, über diesen Gegenstand veröffentlicht sind[2]). In dem vorliegenden Kapitel beschäftigen wir uns mit

---

[1]) Die Bewegung der Körper um ihren Schwerpunkt, bei der man ihre Größe und Gestalt natürlich nicht mehr außer acht lassen kann, wird getrennt untersucht, z. B. in der Theorie der Präzession und Nutation. In besonderen Fällen jedoch (z. B. bei den Satelliten der großen Planeten) übt die Abplattung eines der Körper eine so bedeutende Wirkung aus, daß eine derartige Zerlegung des Bewegungsproblems nicht statthaft ist.

[2]) Zur Geschichte des Dreikörperproblems vgl. A. Gautier: *Essai historique sur le problème des trois corps.* Paris 1817; R. Grant: *History of Physical Astronomy from the earliest ages to the middle of the nineteenth century.* London 1852; E. T. Whittaker: *Report on the progress of the solution of the Problem of Three Bodies.* Brit. Ass. Rep. 1899, S. 121; E. O. Lovett: *Quart. Journ. Math.* Bd. 42, S. 252. 1911; der letztere bespricht die Abhandlungen aus den Jahren 1898—1908.

den bekannten Integralen des Systems und ihrer Anwendung zur Reduktion des Problems auf ein dynamisches Problem mit weniger Freiheitsgraden.

§ 155. Die Differentialgleichungen des Problems.

Es seien P, Q, R die drei Massenpunkte, m_1, m_2, m_3 ihre Massen, r_{23}, r_{31}, r_{12} ihre gegenseitigen Entfernungen. Wir wählen ein festes rechtwinkliges Achsensystem $Oxyz$, in dem $q_1, q_2, q_3, q_4, q_5, q_6, q_7, q_8, q_9$ die bezüglichen Koordinaten von P, Q, R seien. Das System hat die kinetische Energie

$$T = \tfrac{1}{2} m_1(\dot{q}_1^2 + \dot{q}_2^2 + \dot{q}_3^2) + \tfrac{1}{2} m_2(\dot{q}_4^2 + \dot{q}_5^2 + \dot{q}_6^2) + \tfrac{1}{2} m_3(\dot{q}_7^2 + \dot{q}_8^2 + \dot{q}_9^2);$$

zwischen m_1 und m_2 wirkt die Anziehungskraft $k^2 m_1 m_2 r_{12}^{-2}$, wo k^2 die Konstante des Anziehungsgesetzes bedeutet; die Einheiten mögen so gewählt werden, daß $k^2 = 1$, die Anziehungskraft also gleich $m_1 m_2 r_{12}^{-1}$ wird. Ihr entspricht in der potentiellen Energie das Glied $-m_1 m_2 r_{12}^{-1}$. Das System hat demnach die potentielle Energie

$$\begin{aligned} V &= -\frac{m_2 m_3}{r_{23}} - \frac{m_3 m_1}{r_{31}} - \frac{m_1 m_2}{r_{12}} \\ &= -m_2 m_3 \{(q_4 - q_7)^2 + (q_5 - q_8)^2 + (q_6 - q_9)^2\}^{-\frac{1}{2}} \\ &\quad - m_3 m_1 \{(q_7 - q_1)^2 + (q_8 - q_2)^2 + (q_9 - q_3)^2\}^{-\frac{1}{2}} \\ &\quad - m_1 m_2 \{(q_1 - q_4)^2 + (q_2 - q_5)^2 + (q_3 - q_6)^2\}^{-\frac{1}{2}} \end{aligned}$$

Die Bewegungsgleichungen des Systems lauten

$$m_k \ddot{q}_r = -\frac{\partial V}{\partial q_r} \qquad (r = 1, 2, \ldots, 9)$$

wo k die größte Zahl $\leqq \frac{1}{3}(r + 2)$ bedeutet. Dieses System umfaßt 9 Differentialgleichungen 2. Ordnung, ist also selbst von der 18. Ordnung.

Setzen wir

$$m_k \dot{q}_r = p_r \qquad (r = 1, 2, \ldots, 9)$$

und

$$H = \sum_{r=1}^{9} \frac{p_r^2}{2m_k} + V,$$

so erhalten die Gleichungen die Hamiltonsche Gestalt

$$\frac{dq_r}{dt} = \frac{\partial H}{\partial p_r}, \qquad \frac{dp_r}{dt} = -\frac{\partial H}{\partial q_r} \qquad (r = 1, 2, \ldots, 9).$$

Damit haben wir 18 Differentialgleichungen 1. Ordnung zur Bestimmung der Veränderlichen $q_1, q_2, \ldots, q_9, p_1, p_2, \ldots, p_9$.

Lagrange[1]) hat nachgewiesen, daß sich dieses System auf ein

---

[1]) *Recueil des pièces qui ont remporté les prix de l'Acad. de Paris* Bd. 9. 1772. Natürlich führte Lagrange das System nicht in die Hamiltonsche Form über. Über eine verbesserte Lagrangesche Reduktion vgl. Bohlin: *Kongl. Sv. Vet.-Handl.* Bd. 42, Nr. 9. 1907.

System 6. Ordnung zurückführen läßt. Daß diese Reduktion möglich sein muß, erhellt aus den folgenden Überlegungen.

Einmal ist, da außer den gegenseitigen Anziehungskräften keine Kräfte wirken, die Bewegung des Schwerpunktes des Systems gleichförmig geradlinig. Diese Tatsache wird ausgesprochen durch die sechs Integrale

$$\begin{aligned}
p_1 + p_4 + p_7 &= a_1,\\
p_2 + p_5 + p_8 &= a_3,\\
p_3 + p_6 + p_9 &= a_5,\\
m_1 q_1 + m_2 q_4 + m_3 q_7 - (p_1 + p_4 + p_7)\, t &= a_2,\\
m_1 q_2 + m_2 q_5 + m_3 q_8 - (p_2 + p_5 + p_8)\, t &= a_4,\\
m_1 q_3 + m_2 q_6 + m_3 q_9 - (p_3 + p_6 + p_9)\, t &= a_6,
\end{aligned}$$

wo $a_1, a_2, \ldots, a_6$ Konstanten sind. Es ist also zu erwarten, daß mit Hilfe dieser Integrale eine Reduktion des Systems von der 18. auf die 12. Ordnung möglich ist.

Ferner sind aber die Momente der Bewegungsgrößen der drei Körper um die Koordinatenachsen während der ganzen Bewegung konstant. Diese Tatsache wird analytisch ausgedrückt durch die Gleichungen

$$\begin{aligned}
q_1 p_2 - q_2 p_1 + q_4 p_5 - q_5 p_4 + q_7 p_8 - q_8 p_7 &= a_7,\\
q_2 p_3 - q_3 p_2 + q_5 p_6 - q_6 p_5 + q_8 p_9 - q_9 p_8 &= a_8,\\
q_3 p_1 - q_1 p_3 + q_6 p_4 - q_4 p_6 + q_9 p_7 - q_7 p_9 &= a_9,
\end{aligned}$$

wo a_7, a_8, a_9 Konstanten sind. Mit Hilfe dieser drei Integrale können wir also voraussichtlich die Ordnung des Systems von der zwölften auf die neunte herabdrücken. Wird aber als eine der Lagenkoordinaten des Systems das Azimut φ eines der Körper in bezug auf eine feste Achse (etwa die z-Achse) gewählt, während die anderen Koordinaten die Lage des Systems gegen die Ebene mit diesem Azimut festlegen, so ist φ eine zyklische Koordinate, und das zugehörige Integral — eines der oben angeführten Integrale des Moments der Bewegungsgröße — kann dazu dienen, die Ordnung des Systems um *zwei* Einheiten herabzudrücken. Auf diese Weise läßt sich das System der Bewegungsgleichungen sicherlich auf die 8. Ordnung bringen. Diese Tatsache, die zwar in der schon angeführten Abhandlung von Lagrange implizit enthalten ist, wurde zuerst von Jacobi [1]) 1843 ausdrücklich ausgesprochen.

---

[1]) *Journ. f. Math.* Bd. 26, S. 115. In der Sprache der Theorie der partiellen Differentialgleichungen können wir die Tatsache so ausdrücken, daß die Integrale der Momente der Bewegungsgrößen Anlaß zu einem Involutionssystem geben, das besteht aus zwei gegenseitig und in bezug auf H involutorischen Funktionen. Deshalb kann die Hamilton-Jacobische partielle Differentialgleichung mit 6 unabhängigen Veränderlichen auf eine partielle Differentialgleichung mit $6 - 2 = 4$ unabhängigen Veränderlichen zurückgeführt werden, nämlich in die Hamilton-Jacobische partielle Differentialgleichung des reduzierten Systems.

Man bezeichnet diese Reduktion gewöhnlich als *Elimination der Knoten.*

Endlich ist es möglich, die Ordnung des Systems wie in § 42 unter Benutzung des Energieintegrals und durch Elimination der Zeit noch um zwei Einheiten zu verringern. *Die Bewegungsgleichungen lassen sich also auf ein System 6. Ordnung zurückführen.*

§ 156. Die Jacobische Gleichung.

Jacobi[1]) hat für die Bewegung einer beliebigen Anzahl im Raume freier Massenpunkte, die einander nach dem Newtonschen Gesetz anziehen, die Funktion

$$\frac{1}{2}\sum_{i,j}\frac{m_i m_j}{M} r_{ij}^2$$

eingeführt, in der m_i, m_j die Massen zweier für das System typischer Punkte, r_{ij} ihre Entfernung zur Zeit t, M die Gesamtmasse der Punkte ist und die Summation sich über alle Punktepaare des Systems erstreckt. Diese Funktion spielt eine Rolle in Untersuchungen über die Stabilität des Systems und wird als die *Jacobische Funktion* Φ bezeichnet.

Der Schwerpunkt des Systems befinde sich in Ruhe. x_i, y_i, z_i seien die Koordinaten des Massenpunktes m_i in bezug auf feste rechtwinklige Achsen mit dem Ursprung im Schwerpunkt. Das System hat die kinetische Energie

$$T = \tfrac{1}{2}\sum_i m_i(\dot x_i^2 + \dot y_i^2 + \dot z_i^2);$$

daher ist

$$2MT = \Big(\sum_i m_i\Big)\cdot\sum_i m_i(\dot x_i^2 + \dot y_i^2 + \dot z_i^2).$$

Nun ist aber

$$\Big(\sum_i m_i\Big)\sum_i m_i \dot x_i^2 - \Big(\sum_i m_i \dot x_i\Big)^2 = \sum_{i,j} m_i m_j(\dot x_i - \dot x_j)^2,$$

wo die Summation auf der rechten Seite über alle Punktepaare des Systems erstreckt wird. Infolge der Schwerpunktseigenschaften ist $\sum_i m_i \dot x_i = 0$.

So ergibt sich

$$T = \frac{1}{2M}\sum_{i,j} m_i m_j\{(\dot x_i - \dot x_j)^2 + (\dot y_i - \dot y_j)^2 + (\dot z_i - \dot z_j)^2\}$$

$$= \frac{1}{2M}\sum_{i,j} m_i m_j v_{ij}^2,$$

wo v_{ij} die Geschwindigkeit des Punktes m_i relativ zu m_j bedeutet.

Entsprechend läßt sich zeigen, daß

$$\tfrac{1}{2}\sum_i m_i(x_i^2 + y_i^2 + z_i^2) = \Phi$$

ist.

Bezeichnet nun V die potentielle Energie des Systems, deren willkürliche Konstante durch die Bedingung bestimmt ist, daß V verschwindet, wenn die Massenpunkte sich in unendlich großem Abstand voneinander befinden, so haben wir

$$V = -\sum_{i,j}\frac{m_i m_j}{r_{ij}}.$$

---

[1]) *Vorlesungen über Dynamik* S. 22.

Die Bewegungsgleichungen des Massenpunktes m_i lauten

$$m_i \ddot{x}_i = -\frac{\partial V}{\partial x_i}, \qquad m_i \ddot{y}_i = -\frac{\partial V}{\partial y_i}, \qquad m_i \ddot{z}_i = -\frac{\partial V}{\partial z_i}.$$

Multiplizieren wir sie bezüglich mit x_i, y_i, z_i, addieren und summieren wir über alle Punkte des Systems, so ergibt sich, da V homogen vom $(-1)^{\text{ten}}$ Grade in den Veränderlichen ist,

$$\sum_i m_i (x_i \ddot{x}_i + y_i \ddot{y}_i + z_i \ddot{z}_i) = V$$

oder

$$\frac{d^2}{dt^2} \frac{1}{2} \sum_i m_i (x_i^2 + y_i^2 + z_i^2) - 2T = V$$

oder

$$\frac{d^2 \Phi}{dt^2} = 2T + V.$$

Dies ist die *Jacobische Gleichung.*

§ 157. Reduktion auf die 12. Ordnung mit Hilfe der Integrale der Schwerpunktsbewegung.

Wir führen nunmehr die erwähnten Reduktionen aus[1]). Dabei erweist es sich, daß die Hamiltonsche Form der Gleichungen bei allen Transformationen bewahrt werden kann.

Nehmen wir die Gleichungen des Dreikörperproblems in der in § 155 abgeleiteten Gestalt

$$\frac{dq_r}{dt} = \frac{\partial H}{\partial p_r}, \qquad \frac{dp_r}{dt} = -\frac{\partial H}{\partial q_r} \qquad (r = 1, 2, \ldots, 9)$$

so haben wir zunächst dieses System mit Hilfe der Integrale der Schwerpunktsbewegung von der 18. auf die 12. Ordnung zurückzuführen. Dazu unterwerfen wir die Veränderlichen der durch die Gleichungen

$$q_r = \frac{\partial W}{\partial p_r}, \qquad p'_r = \frac{\partial W}{\partial q'_r} \qquad (r = 1, 2, \ldots, 9)$$

definierten Berührungstransformation, für die

$$W = p_1 q'_1 + p_2 q'_2 + p_3 q'_3 + p_4 q'_4 + p_5 q'_5 + p_6 q'_6 + (p_1 + p_4 + p_7) q'_7 \\ + (p_2 + p_5 + p_8) q'_8 + (p_3 + p_6 + p_9) q'_9$$

ist.

---

1) Die in § 157 benutzte Berührungstransformation rührt von Poincaré her: *Compt. Rend.* Bd. 123. 1896; diejenige des § 158 von dem Verfasser. Letztere wurde zuerst in der 1. Auflage dieses Buches (1904) veröffentlicht. Sie verdient hervorgehoben zu werden, da sie eine erweiterte Punkttransformation ist, woraus hervorgeht, daß die Reduktion der Gleichungen in der Lagrangeschen Form (im Gegensatz zu den Gleichungen in der Hamiltonschen Form) durch einfache Punkttransformationen allein gelingt. Die zweite Transformation der später behandelten Reduktion (§ 160) ist keine erweiterte Punkttransformation. Eine weitere Reduktionsmethode des Dreikörperproblems gründet sich auf die Liesche Theorie der Involutionssysteme. Vgl. Lie: *Math. Ann.* Bd. 8, S. 282; ferner Woronetz: *Bull. Univ. Kiew* 1907; und Levi-Civita: *Atti del R. Ist. Veneto* Bd. 74, S. 907. 1915.

Die Deutung dieser Gleichungen läßt leicht erkennen, daß q_1', q_2', q_3' die Koordinaten von m_1 relativ zu m_3, q_4', q_5', q_6' diejenigen von m_2 relativ zu m_3, q_7', q_8', q_9' diejenigen von m_3 sind. Ferner bedeuten p_1', p_2', p_3' die Komponenten der Bewegungsgröße von m_1, p_4', p_5', p_6' diejenigen von m_2, p_7', p_8', p_9' diejenigen des ganzen Systems.

Die Differentialgleichungen gehen nun über (§ 138) in

$$\frac{dq_r'}{dt} = \frac{\partial H}{\partial p_r'}, \qquad \frac{dp_r'}{dt} = -\frac{\partial H}{\partial q_r'} \qquad (r = 1, 2, \ldots, 9),$$

aus denen nach Einführung der neuen Veränderlichen an Stelle der alten folgt:

$$\begin{aligned} H = & \left(\frac{1}{2m_1} + \frac{1}{2m_3}\right)(p_1'^2 + p_2'^2 + p_3'^2) + \left(\frac{1}{2m_2} + \frac{1}{2m_3}\right)(p_4'^2 + p_5'^2 + p_6'^2) \\ & + \frac{1}{m_3}\Big\{p_1' p_4' + p_2' p_5' + p_3' p_6' + \frac{1}{2} p_7'^2 + \frac{1}{2} p_8'^2 + \frac{1}{2} p_9'^2 - p_7'(p_1' + p_4') \\ & \qquad - p_8'(p_2' + p_5') - p_9'(p_3' + p_6')\Big\} \\ & - m_2 m_3 \{q_4'^2 + q_5'^2 + q_6'^2\}^{-\frac{1}{2}} - m_3 m_1 \{q_1'^2 + q_2'^2 + q_3'^2\}^{-\frac{1}{2}} \\ & - m_1 m_2 \{(q_1' - q_4')^2 + (q_2' - q_5')^2 + (q_3' - q_6')^2\}^{-\frac{1}{2}}. \end{aligned}$$

Da nun q_7', q_8', q_9' in H nicht auftreten, sind sie zyklische Koordinaten; ihnen entsprechen die Integrale

$$p_7' = \text{konst.}, \qquad p_8' = \text{konst.}, \qquad p_9' = \text{konst.}$$

Ohne Beeinträchtigung der Allgemeinheit können wir diese Integrationskonstanten gleich Null setzen, da dies nur bedeutet, daß der Schwerpunkt ruht. Das auf Grund der zyklischen Koordinaten reduzierte kinetische Potential geht demnach aus dem ursprünglichen dadurch hervor, daß p_7', p_8', p_9' gleich Null gesetzt werden. In gleicher Weise geht die neue Hamiltonsche Funktion aus H hervor. *Das System 12. Ordnung, auf das die Bewegungsgleichungen des Dreikörperproblems nunmehr reduziert sind, läßt sich daher* (wenn die Akzente wieder fortgelassen werden) *in der Form schreiben*:

$$\frac{dq_r}{dt} = \frac{\partial H}{\partial p_r}, \qquad \frac{dp_r}{dt} = -\frac{\partial H}{\partial q_r} \qquad (r = 1, 2, \ldots, 6)$$

mit

$$\begin{aligned} H = & \left(\frac{1}{2m_1} + \frac{1}{2m_3}\right)(p_1^2 + p_2^2 + p_3^2) + \left(\frac{1}{2m_2} + \frac{1}{2m_3}\right)(p_4^2 + p_5^2 + p_6^2) \\ & + \frac{1}{m_3}(p_1 p_4 + p_2 p_5 + p_3 p_6) \\ & - m_2 m_3 \{q_4^2 + q_5^2 + q_6^2\}^{-\frac{1}{2}} - m_3 m_1 \{q_1^2 + q_2^2 + q_3^2\}^{-\frac{1}{2}} \\ & - m_1 m_2 \{(q_1 - q_4)^2 + (q_2 - q_5)^2 + (q_3 - q_6)^2\}^{-\frac{1}{2}}. \end{aligned}$$

Dieses System besitzt ein Energieintegral

$$H = \text{konst.}$$

und drei Integrale des Moments der Bewegungsgröße, nämlich

$$\begin{aligned} q_2 p_3 - q_3 p_2 + q_5 p_6 - q_6 p_5 &= A_1, \\ q_3 p_1 - q_1 p_3 + q_6 p_4 - q_4 p_6 &= A_2, \\ q_1 p_2 - q_2 p_1 + q_4 p_5 - q_5 p_4 &= A_3, \end{aligned}$$

wo A_1, A_2, A_3 Konstanten sind.

§ 158. Reduktion auf die 8. Ordnung mit Hilfe der Integrale des Moments der Bewegungsgröße und der Elimination der Knoten.

Das im vorigen Paragraphen abgeleitete System 12. Ordnung soll nunmehr auf die 8. Ordnung zurückgeführt werden, und zwar mit Hilfe der Integrale des Moments der Bewegungsgröße und der Elimination der Knoten.

Wir unterwerfen die Veränderlichen der Berührungstransformation, die definiert ist durch die Gleichungen

$$q_r = \frac{\partial W}{\partial p_r}, \qquad p'_r = \frac{\partial W}{\partial q'_r} \qquad (r = 1, 2, \ldots, 6),$$

wo

$$\begin{aligned} W = {} & p_1 (q'_1 \cos q'_5 - q'_2 \cos q'_6 \sin q'_5) + p_2 (q'_1 \sin q'_5 + q'_2 \cos q'_6 \cos q'_5) + p_3 q'_2 \sin q'_6 \\ & + p_4 (q'_3 \cos q'_5 - q'_4 \cos q'_6 \sin q'_5) + p_5 (q'_3 \sin q'_5 + q'_4 \cos q'_6 \cos q'_5) + p_6 q'_4 \sin q'_6 \end{aligned}$$

ist.

Die neuen Veränderlichen lassen sich offenbar folgendermaßen physikalisch deuten:

Neben den festen Achsen $Oxyz$ wählen wir ein neues System bewegter Achsen $Ox'y'z'$; Ox' soll der Schnitt oder *Knoten* der Ebene Oxy mit der Ebene der drei Körper sein, Oy' eine dazu Senkrechte in der Ebene der drei Körper, Oz' die Normale auf der Ebene der drei Körper. Dann sind q'_1, q'_2 die Koordinaten von m_1 in bezug auf Achsen durch m_3 parallel zu Ox', Oy'; q'_3, q'_4 sind die Koordinaten von m_2 in bezug auf dieselben Achsen; q'_5 ist der Winkel zwischen Ox' und Ox, q'_6 der Winkel zwischen Oz' und Oz; p'_1 und p'_2 sind die Komponenten der Bewegungsgröße von m_1 in bezug auf die Achsen Ox', Oy'; p'_3, p'_4 sind die Komponenten der Bewegungsgröße von m_2 in bezug auf dieselben Achsen, p'_5, p'_6 die Momente der Bewegungsgrößen des Systems in bezug auf die Achsen Oz und Ox'.

Die Bewegungsgleichungen in den neuen Veränderlichen lauten (§ 138)

$$\frac{dq'_r}{dt} = \frac{\partial H}{\partial p'_r}, \qquad \frac{dp'_r}{dt} = -\frac{\partial H}{\partial q'_r} \qquad (r = 1, 2, \ldots, 6),$$

wo H als Funktion der neuen Veränderlichen definiert ist durch

$$
\begin{aligned}
H = &\left(\frac{1}{2m_1} + \frac{1}{2m_3}\right)\Big[\, p_1'^2 + p_2'^2 + \\
&+ \frac{1}{(q_2'q_3' - q_1'q_4')^2}\left\{(p_1'q_2' - p_2'q_1' + p_3'q_4' - p_4'q_3')\, q_4' \operatorname{ctg} q_6' + \frac{p_5'q_4'}{\sin q_6'} + p_6'q_3'\right\}^2\Big] + \\
&+ \left(\frac{1}{2m_2} + \frac{1}{2m_3}\right)\Big[\, p_3'^2 + p_4'^2 + \\
&+ \frac{1}{(q_2'q_3' - q_1'q_4')^2}\left\{(p_1'q_2' - p_2'q_1' + p_3'q_4' - p_4'q_3')\, q_2' \operatorname{ctg} q_6' + \frac{p_5'q_2'}{\sin q_6'} + p_6'q_1'\right\}^2\Big] + \\
&+ \frac{1}{m_3}\Big[\, p_1'p_3' + p_2'p_4' - \\
&- \frac{1}{(q_2'q_3' - q_1'q_4')^2}\left\{(p_1'q_2' - p_2'q_1' + p_3'q_4' - p_4'q_3')\, q_4' \operatorname{ctg} q_6' + \frac{p_5'q_4'}{\sin q_6'} + p_6'q_3'\right\} \cdot \\
&\cdot \left\{(p_1'q_2' - p_2'q_1' + p_3'q_4' - p_4'q_3')\, q_2' \operatorname{ctg} q_6' + \frac{p_5'q_2'}{\sin q_6'} + p_6'q_1'\right\}\Big] - \\
&- m_2m_3(q_3'^2 + q_4'^2)^{-\frac{1}{2}} - m_3m_1(q_1'^2 + q_2'^2)^{-\frac{1}{2}} - m_1m_2\{(q_1' - q_3')^2 + (q_2' - q_4')^2\}^{-\frac{1}{2}},
\end{aligned}
$$

Nun tritt die Koordinate q_5' in H nicht auf, ist also zyklisch. Ihr entspricht das Integral

$$p_5' = k,$$

wo k konstant ist.

Die Gleichung $dq_5'/dt = \partial H/\partial k$ läßt sich durch einfache Quadratur integrieren, wenn die Integration der übrigen Bewegungsgleichungen geleistet ist; die Gleichungen für q_5' und p_5' fallen daher aus dem System heraus, das sich so auf das System 10. Ordnung

$$\frac{dq_r'}{dt} = \frac{\partial H}{\partial p_r'}, \qquad \frac{dp_r'}{dt} = -\frac{\partial H}{\partial q_r'} \qquad (r = 1, 2, 3, 4, 6)$$

reduziert, wo p_5' in H überall durch die Konstante k zu ersetzen ist.

Wir haben bisher eines der drei Integrale der Momente der Bewegungsgrößen, nämlich $p_5' = k$, und die Elimination der Knoten benutzt. Die beiden übrigen Integrale der Momente der Bewegungsgrößen gehen, in den neuen Veränderlichen geschrieben, über in

$$
\begin{aligned}
&(p_2'q_1' - p_1'q_2' + p_4'q_3' - p_3'q_4')\frac{\sin q_5'}{\sin q_6'} - k \sin q_5' \operatorname{ctg} q_6' + p_6' \cos q_5' = A_1, \\
-&(p_2'q_1' - p_1'q_2' + p_4'q_3' - p_3'q_4')\frac{\cos q_5'}{\sin q_6'} + k \cos q_5' \operatorname{ctg} q_6' + p_6' \sin q_5' = A_2.
\end{aligned}
$$

Die Werte der Konstanten A_1, A_2 hängen von der Lage der festen Achsen $Oxyz$ ab; als Achse Oz nehmen wir die Achse des resultierenden Moments der Bewegungsgröße des Systems; dann verschwinden die Konstanten A_1 und A_2 (§ 69). Die so eingeführte spezielle x-y-Ebene wird als ***invariable Ebene*** des Systems bezeichnet. Die beiden letzten Gleichungen gehen dann über in

$$k \cos q_6' = p_2' q_1' - p_1' q_2' + p_4' q_3' - p_3' q_4', \quad p_6' = 0 .$$

Diese Gleichungen bestimmen q_6' und p_6' als Funktionen der übrigen Veränderlichen, können also in dem System an die Stelle der Gleichungen

$$\frac{d q_6'}{d t} = \frac{\partial H}{\partial p_6'}, \qquad \frac{d p_6'}{d t} = -\frac{\partial H}{\partial q_6'}$$

treten. Das System geht somit über in

$$\frac{d q_r'}{d t} = \frac{\partial H}{\partial p_r'}, \qquad \frac{d p_r'}{d t} = -\frac{\partial H}{\partial q_r'} \qquad (r = 1, 2, 3, 4)$$

mit

$$\begin{aligned} H = &\left(\frac{1}{2 m_1} + \frac{1}{2 m_3}\right)\Big[p_1'^2 + p_2'^2 + \\ &+ \frac{q_4'^2}{(q_2' q_3' - q_1' q_4')^2}\left\{(p_1' q_2' - p_2' q_1' + p_3' q_4' - p_4' q_3') \operatorname{ctg} q_6' + \frac{k}{\sin q_6'}\right\}^2\Big] \\ &+ \left(\frac{1}{2 m_2} + \frac{1}{2 m_3}\right)\Big[p_3'^2 + p_4'^2 + \\ &+ \frac{q_2'^2}{(q_2' q_3' - q_1' q_4')^2}\left\{(p_1' q_2' - p_2' q_1' + p_3' q_4' - p_4' q_3') \operatorname{ctg} q_6' + \frac{k}{\sin q_6'}\right\}^2\Big] \\ &+ \frac{1}{m_3}\Big[p_1' p_3' + p_2' p_4' - \\ &- \frac{q_2' q_4'}{(q_2' q_3' - q_1' q_4')^2}\left\{(p_1' q_2' - p_2' q_1' + p_3' q_4' - p_4' q_3') \operatorname{ctg} q_6' + \frac{k}{\sin q_6'}\right\}^2\Big] \\ &- m_2 m_3 (q_3'^2 + q_4'^2)^{-\frac{1}{2}} - m_3 m_1 (q_1'^2 + q_2'^2)^{-\frac{1}{2}} \\ &- m_1 m_2 \{(q_1' - q_3')^2 + (q_2' - q_4')^2\}^{-\frac{1}{2}} . \end{aligned}$$

Darin ist, *nachdem die Ableitungen von H gebildet sind,* q_6' durch seinen Wert aus der Gleichung

$$k \cos q_6' = p_2' q_1' - p_1' q_2' + p_4' q_3' - p_3' q_4'$$

zu ersetzen.

Nun werde die Funktion H, in die dieser Wert von q_6' eingeführt ist, mit H' bezeichnet. Bedeutet dann s eine der Veränderlichen q_1', q_2', q_3', q_4', p_1', p_2', p_3', p_4', so ist

$$\frac{\partial H'}{\partial s} = \frac{\partial H}{\partial s} + \frac{\partial H}{\partial q_6'} \frac{\partial q_6'}{\partial s} .$$

Da aber $p_6' = 0$ ist, haben wir $\partial H / \partial q_6 = \dot{p}_6' = 0$, also

$$\frac{\partial H'}{\partial s} = \frac{\partial H}{\partial s} .$$

Mit anderen Worten: Wir können den Wert von q_6' in H einführen, *bevor* die Ableitungen von H gebildet werden. Lassen wir die Akzente wieder fort, so sind also die Bewegungsgleichungen des Dreikörperproblems reduziert auf das System 8. Ordnung

$$\frac{dq_r}{dt} = \frac{\partial H}{\partial p_r}, \qquad \frac{dp_r}{dt} = -\frac{\partial H}{\partial q_r} \qquad (r = 1, 2, 3, 4)$$

mit

$$\begin{aligned} H = {} & \left(\frac{1}{2m_1} + \frac{1}{2m_3}\right)(p_1^2 + p_2^2) + \left(\frac{1}{2m_2} + \frac{1}{2m_3}\right)(p_3^2 + p_4^2) + \frac{1}{m_3}(p_1 p_3 + p_2 p_4) \\ & + (q_2 q_3 - q_1 q_4)^{-2}\left\{\left(\frac{1}{2m_1} + \frac{1}{2m_3}\right) q_4^2 + \left(\frac{1}{2m_2} + \frac{1}{2m_3}\right) q_2^2 - \frac{q_2 q_4}{m_3}\right\} \cdot \\ & \cdot \left\{k^2 - (p_2 q_1 - p_1 q_2 + p_4 q_3 - p_3 q_4)^2\right\} - \\ & - m_2 m_3 (q_3^2 + q_4^2)^{-\frac{1}{2}} - m_3 m_1 (q_1^2 + q_2^2)^{-\frac{1}{2}} - m_1 m_2 \left\{(q_1 - q_3)^2 + (q_2 - q_4)^2\right\}^{-\frac{1}{2}}. \end{aligned}$$

Einige der in H auftretenden Größen haben eine einfache physikalische Bedeutung; so ist z. B. $q_2 q_3 - q_1 q_4$ gleich dem doppelten Flächeninhalt des von den Körpern gebildeten Dreiecks. Ferner ist

$$\frac{2m_1 m_2 m_3}{m_1 + m_2 + m_3}\left\{\left(\frac{1}{2m_1} + \frac{1}{2m_3}\right) q_4^2 + \left(\frac{1}{2m_2} + \frac{1}{2m_3}\right) q_2^2 - \frac{1}{m_3} q_2 q_4\right\}$$

das Trägheitsmoment der drei Körper um diejenige Gerade, in der die Ebene der Körper die durch ihren Schwerpunkt gelegte invariable Ebene schneidet.

Es sei noch erwähnt, daß der Wert von H sich von dem Wert von H für verschwindendes k um Glieder unterscheidet, die die Veränderlichen p_1, p_2, p_3, p_4 nicht enthalten. Diese Glieder in H können deshalb als Bestandteil der potentiellen Energie angesehen werden. Das System unterscheidet sich dann von dem entsprechenden System für verschwindendes k nur durch einen abweichenden Wert der potentiellen Energie. Es ist leicht nachzuweisen, daß für verschwindendes k die Bewegung in einer Ebene stattfindet.

§ 159. Reduktion auf die 6. Ordnung.

Eine weitere Reduktion der Bewegungsgleichungen von der 8. auf die 6. Ordnung geschieht nun mit Hilfe des Energieintegrals

$$H = \text{konst.}$$

und der Elimination der Zeit. Nach dem Satz des § 141 kann bei dieser Reduktion die Hamiltonsche Form der Differentialgleichungen erhalten bleiben. Da wir im folgenden die eigentliche Reduktion nicht benutzen, soll sie hier nicht ausführlich entwickelt werden.

Das so erhaltene Hamiltonsche System 6. Ordnung stellt nach dem gegenwärtigen Stand der Theorie das auf die niedrigste Ordnung gebrachte System der Bewegungsgleichungen des allgemeinen Dreikörperproblems dar.

§ 160. Eine andere Methode zur Reduktion des Systems von der 18. auf die 6. Ordnung.

Wir entwickeln nun eine andere Art der Reduktion[1]) des allgemeinen Dreikörperproblems auf ein Hamiltonsches System 6. Ordnung.

Wir unterwerfen das ursprüngliche Hamiltonsche System der Bewegungsgleichungen (§ 155) der Berührungstransformation

$$q'_r = \frac{\partial W}{\partial p'_r}, \qquad p_r = \frac{\partial W}{\partial q_r} \qquad (r = 1, 2, \ldots, 9)$$

mit

$$\begin{aligned} W = {} & p'_1(q_4 - q_1) + p'_2(q_5 - q_2) + p'_3(q_6 - q_3) \\ & + p'_4\left(q_7 - \frac{m_1 q_1 + m_2 q_4}{m_1 + m_2}\right) + p'_5\left(q_8 - \frac{m_1 q_2 + m_2 q_5}{m_1 + m_2}\right) \\ & + p'_6\left(q_9 - \frac{m_1 q_3 + m_2 q_6}{m_1 + m_2}\right) + p'_7(m_1 q_1 + m_2 q_4 + m_3 q_7) \\ & + p'_8(m_1 q_2 + m_2 q_5 + m_3 q_8) + p'_9(m_1 q_3 + m_2 q_6 + m_3 q_9). \end{aligned}$$

Die in den neuen Veränderlichen dargestellten Integrale der Schwerpunktsbewegung lauten

$$q'_7 = q'_8 = q'_9 = p'_7 = p'_8 = p'_9 = 0;$$

das transformierte System ist folglich nur von der 12. Ordnung. Es lautet, wenn die Akzente an den neuen Veränderlichen fortgelassen werden,

$$\frac{dq_r}{dt} = \frac{\partial H}{\partial p_r}, \qquad \frac{dp_r}{dt} = -\frac{\partial H}{\partial q_r} \qquad (r = 1, 2, \ldots, 6)$$

mit

$$\begin{aligned} H = {} & \frac{1}{2\mu}(p_1^2 + p_2^2 + p_3^2) + \frac{1}{2\mu'}(p_4^2 + p_5^2 + p_6^2) - m_1 m_2 (q_1^2 + q_2^2 + q_3^2)^{-\frac{1}{2}} \\ & - m_1 m_3 \left\{q_4^2 + q_5^2 + q_6^2 + \frac{2 m_2}{m_1 + m_2}(q_1 q_4 + q_2 q_5 + q_3 q_6)\right. \\ & \qquad \left. + \left(\frac{m_2}{m_1 + m_2}\right)^2 (q_1^2 + q_2^2 + q_3^2)\right\}^{-\frac{1}{2}} \\ & - m_2 m_3 \left\{q_4^2 + q_5^2 + q_6^2 - \frac{2 m_1}{m_1 + m_2}(q_1 q_4 + q_2 q_5 + q_3 q_6)\right. \\ & \qquad \left. + \left(\frac{m_1}{m_1 + m_2}\right)^2 (q_1^2 + q_2^2 + q_3^2)\right\}^{-\frac{1}{2}} \end{aligned}$$

und

$$\mu = \frac{m_1 m_2}{m_1 + m_2}, \qquad \mu' = \frac{m_3(m_1 + m_2)}{m_1 + m_2 + m_3}.$$

---

[1]) Sie wurde von Radau angegeben: *Annales de l'Ecole Norm. Sup.* Bd. 5, S. 311. 1868.

Die neuen Veränderlichen lassen sich folgendermaßen physikalisch deuten: Es sei G der Schwerpunkt von m_1 und m_2. Dann sind q_1, q_2, q_3 die Projektionen der Strecke $m_1 m_2$ auf die festen Achsen, q_4, q_5, q_6 die Achsenprojektionen von $G m_3$. Ferner ist

$$\mu \frac{dq_r}{dt} = p_r \qquad (r = 1, 2, 3); \qquad \mu' \frac{dq_r}{dt} = p_r \qquad (r = 4, 5, 6).$$

Offenbar stellt das neue Hamiltonsche System die Bewegungsgleichungen zweier Massenpunkte dar, deren einer von der Masse μ sich in dem Punkt mit den Koordinaten q_1, q_2, q_3 befindet, der andere von der Masse μ' im Punkt q_4, q_5, q_6. Die Massenpunkte bewegen sich dabei frei im Raum unter Einwirkung von Kräften mit einer potentiellen Energie, die dargestellt wird durch die von den Größen p unabhängigen Glieder in H. So ist das Dreikörperproblem ersetzt durch das Problem der zwei Körper, die sich unter der Einwirkung dieses bestimmten Kräftesystems bewegen. Die vorstehende Reduktion ist in Jacobis Abhandlung aus dem Jahre 1843[1]) der Idee nach schon enthalten; sie wurde 1852 von Bertrand[2]) zuerst explizit angegeben.

Wir nehmen an, daß die Achsen derart gewählt sind, daß die x-y-Ebene die invariable Ebene für die Bewegung der Massenpunkte μ, μ' ist, d. h. daß die Momente der Bewegungsgrößen der Massenpunkte um alle Geraden der Ebene Oxy verschwinden.

Das Hamiltonsche System 12. Ordnung werde der durch die Gleichungen

$$q_r = \frac{\partial W}{\partial p_r}, \qquad p'_r = \frac{\partial W}{\partial q'_r} \qquad (r = 1, 2, \ldots, 6)$$

definierten Berührungstransformation unterworfen, wo

$$\begin{aligned} W = {} & (p_2 \sin q'_5 + p_1 \cos q'_5)\, q'_1 \cos q'_3 + q'_1 \sin q'_3 \{(p_2 \cos q'_5 - p_1 \sin q'_5)^2 + p_3^2\}^{\frac{1}{2}} \\ & + (p_5 \sin q'_6 + p_4 \cos q'_6)\, q'_2 \cos q'_4 + q'_2 \sin q'_4 \{(p_5 \cos q'_6 - p_4 \sin q'_6)^2 + p_6^2\}^{\frac{1}{2}}. \end{aligned}$$

Man erkennt leicht die folgende physikalische Bedeutung der neuen Veränderlichen. q'_1 bzw. q'_2 ist die Länge des Radiusvektors aus dem Ursprung nach dem Punkt μ bzw. μ'; q'_3 ist der Winkel zwischen q'_1 und dem Schnitt (oder Knoten) der invariablen Ebene mit der Ebene durch zwei aufeinanderfolgende Lagen von q'_1 (die wir als Ebene der momentanen Bewegung von μ bezeichnen), q'_4 ist der Winkel zwischen q'_2 und dem Knoten der invariablen Ebene auf der Ebene der momentanen Bewegung von μ', q'_5 ist der Winkel zwischen Ox und dem ersteren Knoten, q'_6 der Winkel zwischen Ox und dem letzteren Knoten; ferner ist p'_1 gleich $\mu \dot{q}'_1$, p'_2 gleich $\mu' \dot{q}'_2$, p'_3 das Moment der Bewegungsgröße von μ um den Ursprung, p'_4 das Moment der Bewegungsgröße von μ' um den Ursprung, p'_5 das Moment der Bewegungsgröße um das Lot

[1]) *Journ. f. Math.* Bd. 26, S. 115.
[2]) *Journ. de math.* Bd. 17, S. 393.

aus dem Ursprung auf die invariable Ebene, p_6' das Moment der Bewegungsgröße von μ' um dieselbe Gerade.

Die Bewegungsgleichungen lauten in der neuen Gestalt (§ 138)

$$\frac{dq_r'}{dt} = \frac{\partial H}{\partial p_r'}, \qquad \frac{dp_r'}{dt} = -\frac{\partial H}{\partial q_r'} \qquad (r = 1, 2, \ldots, 6),$$

wo H als Funktion der neuen Veränderlichen dargestellt sein soll. Dieses System werde der Berührungstransformation

$$p_r'' = \frac{\partial W}{\partial q_r''}, \qquad q_r' = \frac{\partial W}{\partial p_r'} \qquad (r = 1, 2, \ldots, 6)$$

mit

$$W = q_5''(p_5' - p_6') + q_6''(p_5' + p_6') + q_1'' p_1' + q_2'' p_2' + q_3'' p_3' + q_4'' p_4'$$

unterworfen.

Dann gehen die Bewegungsgleichungen über in

$$\frac{dq_r''}{dt} = \frac{\partial H}{\partial p_r''}, \qquad \frac{dp_r''}{dt} = -\frac{\partial H}{\partial q_r''} \qquad (r = 1, 2, \ldots, 6).$$

H enthält aber q_6'' nicht, wie aus der Darstellung von H mit Hilfe der neuen Veränderlichen oder auch daraus folgt, daß q_6'' von der willkürlich angenommenen Lage der Achse Ox abhängt, von der keine der übrigen Koordinaten abhängig ist. Daher haben wir

$$\dot{p}_6'' = -\partial H / \partial q_6'' = 0, \qquad \text{also} \qquad p_6'' = k,$$

wo k konstant ist. Diese Gleichung ist tatsächlich eines der drei Integrale des Moments der Bewegungsgröße. Führen wir k an Stelle von p_6'' in H ein, so läßt sich die Gleichung

$$\dot{q}_6'' = \partial H / \partial k$$

durch Quadratur lösen, nachdem die übrigen Gleichungen integriert sind. Demnach lassen sich die Gleichungen für p_6'' und q_6'' von dem System abtrennen, das sich somit auf das System 10. Ordnung reduziert:

$$\frac{dq_r''}{dt} = \frac{\partial H}{\partial p_r''}, \qquad \frac{dp_r''}{dt} = -\frac{\partial H}{\partial q_r''} \qquad (r = 1, 2, \ldots, 5).$$

Wir haben noch von den beiden übrigen Integralen des Moments der Bewegungsgröße Gebrauch zu machen. Es ist leicht zu sehen, daß sie in den neuen Veränderlichen lauten

$$q_5'' = 90^\circ, \qquad k p_5'' = p_3''^2 - p_4''^2.$$

Da die x-y-Ebene die invariable Ebene ist, gehen keine willkürlichen Integrationskonstanten darin ein.

Das System läßt sich demnach ersetzen durch diese beiden Gleichungen und die Gleichungen

$$\frac{dq_r''}{dt} = \frac{\partial H}{\partial p_r''}, \qquad \frac{dp_r''}{dt} = -\frac{\partial H}{\partial q_r''} \qquad (r = 1, 2, 3, 4).$$

In diesem letzten System kann q_5'' durch 90° ersetzt werden, bevor die Ableitungen von H gebildet werden, und p_5'' muß durch $(p_3''^2 - p_4''^2)/k$ ersetzt werden, nachdem die Ableitungen von H gebildet sind. H' bedeute die aus H durch diese Substitution für p_5'' hervorgegangene Funktion, s sei eine beliebige der Veränderlichen q_1'', q_2'', q_3'', q_4'', p_1'', p_2'', p_3'', p_4''. Dann ist

$$\frac{\partial H'}{\partial s} = \frac{\partial H}{\partial s} + \frac{\partial H}{\partial p_5''}\frac{\partial p_5''}{\partial s} = \frac{\partial H}{\partial s} + \dot{q}_5''\frac{\partial p_5''}{\partial s} = \frac{\partial H}{\partial s}.$$

Demnach dürfen wir die Substitution für p_5'' in H auch vornehmen, *bevor* die Ableitungen von H gebildet werden. Das System der Bewegungsgleichungen ist damit auf ein System 8. Ordnung zurückgeführt, das — nach Fortlassung der Akzente — dargestellt wird durch

$$\frac{dq_r}{dt} = \frac{\partial H}{\partial p_r}, \qquad \frac{dp_r}{dt} = -\frac{\partial H}{\partial q_r} \qquad (r = 1, 2, 3, 4).$$

Darin ist, wenn die angegebenen Transformationen in H ausgeführt sind,

$$H = \frac{1}{2\mu}\left(p_1^2 + \frac{p_3^2}{q_1^2}\right) + \frac{1}{2\mu'}\left(p_2^2 + \frac{p_4^2}{q_2^2}\right) - m_1 m_2 q_1^{-1}$$
$$- m_1 m_3\left\{q_2^2 - \frac{2m_2 q_1 q_2}{m_1+m_2}\left(\cos q_3 \cos q_4 - \frac{k^2 - p_3^2 - p_4^2}{2p_3 p_4}\sin q_3 \sin q_4\right) + \frac{m_2^2}{(m_1+m_2)^2}q_1^2\right\}^{-\frac{1}{2}}$$
$$- m_2 m_3\left\{q_2^2 + \frac{2m_1 q_1 q_2}{m_1+m_2}\left(\cos q_3 \cos q_4 - \frac{k^2 - p_3^2 - p_4^2}{2p_3 p_4}\sin q_3 \sin q_4\right) + \frac{m_1^2}{(m_1+m_2)^2}q_1^2\right\}^{-\frac{1}{2}}.$$

Nach dem in § 141 angegebenen Verfahren, nämlich mit Hilfe des Energieintegrals und der Elimination der Zeit, lassen sich die Bewegungsgleichungen weiter auf ein System 6. Ordnung zurückführen. Diese Reduktion soll jedoch im einzelnen nicht ausgeführt werden, da wir sie im folgenden nicht benutzen.

§ 161. Das ebene Dreikörperproblem.

Wir wollen nun annehmen, daß die Bewegung der drei Körper nicht im dreidimensionalen Raum, sondern in einer Ebene vor sich geht. Dies ist offenbar immer dann der Fall, wenn die Anfangsgeschwindigkeiten der drei Körper in der Ebene der drei Körper gelegen sind.

Dieser Sonderfall ist unter dem Namen des *ebenen Dreikörperproblems* bekannt. Wir reduzieren nun seine Bewegungsgleichungen auf ein Hamiltonsches System von möglichst niedriger Ordnung.

Es seien q_1, q_2 die Koordinaten von m_1, q_3, q_4 die Koordinaten von m_2, q_5, q_6 die Koordinaten von m_3 in bezug auf ein beliebiges festes Achsensystem Oxy in der Ebene der Bewegung. Ferner sei

$p_r = m_k \dot{q}_r$, wo k die größte ganze Zahl $\leqq \frac{1}{2}(r+1)$ bedeutet. Die Bewegungsgleichungen lauten wie in § 155

$$\frac{dq_r}{dt} = \frac{\partial H}{\partial p_r}, \qquad \frac{dp_r}{dt} = -\frac{\partial H}{\partial q_r} \qquad (r = 1, 2, \ldots, 6)$$

mit

$$H = \frac{1}{2m_1}(p_1^2 + p_2^2) + \frac{1}{2m_2}(p_3^2 + p_4^2) + \frac{1}{2m_3}(p_5^2 + p_6^2)$$
$$- m_2 m_3 \{(q_3 - q_5)^2 + (q_4 - q_6)^2\}^{-\frac{1}{2}} - m_3 m_1 \{(q_5 - q_1)^2 + (q_6 - q_2)^2\}^{-\frac{1}{2}}$$
$$- m_1 m_2 \{(q_1 - q_3)^2 + (q_2 - q_4)^2\}^{-\frac{1}{2}}.$$

Diese Gleichungen werden nun mit Hilfe der vier Integrale der Schwerpunktsbewegung von der 12. auf die 8. Ordnung reduziert. Dazu werden die Veränderlichen der durch die Gleichungen

$$q_r = \frac{\partial W}{\partial p_r}, \qquad p'_r = \frac{\partial W}{\partial q'_r} \qquad (r = 1, 2, \ldots, 6)$$

mit

$$W = p_1 q'_1 + p_2 q'_2 + p_3 q'_3 + p_4 q'_4 + (p_1 + p_3 + p_5) q'_5 + (p_2 + p_4 + p_6) q'_6$$

definierten Berührungstransformation unterworfen.

Man sieht leicht, daß q'_1, q'_2 die Koordinaten von m_1 in bezug auf feste den ursprünglichen parallele Achsen durch m_3 sind, q'_3, q'_4 die Koordinaten von m_2 in bezug auf die gleichen Achsen, q'_5, q'_6 die Koordinaten von m_3 in bezug auf die ursprünglichen Achsen, p'_1, p'_2 die Komponenten der Bewegungsgröße von m_1, p'_3, p'_4 die Komponenten der Bewegungsgröße von m_2, p'_5, p'_6 die Komponenten der Bewegungsgröße des Systems.

Wie in § 157 fallen die Gleichungen für q'_5, q'_6, p'_5, p'_6 aus dem System heraus; werden die Akzente der neuen Veränderlichen wieder fortgelassen, so reduzieren sich die Bewegungsgleichungen auf das System 8. Ordnung

$$\frac{dq_r}{dt} = \frac{\partial H}{\partial p_r}, \qquad \frac{dp_r}{dt} = -\frac{\partial H}{\partial q_r} \qquad (r = 1, 2, 3, 4)$$

mit

$$H = \left(\frac{1}{2m_1} + \frac{1}{2m_3}\right)(p_1^2 + p_2^2) + \left(\frac{1}{2m_2} + \frac{1}{2m_3}\right)(p_3^2 + p_4^2) + \frac{1}{m_3}(p_1 p_3 + p_2 p_4)$$
$$- m_2 m_3 (q_3^2 + q_4^2)^{-\frac{1}{2}} - m_3 m_1 (q_1^2 + q_2^2)^{-\frac{1}{2}} + m_1 m_2 \{(q_1 - q_3)^2 + (q_2 - q_4)^2\}^{-\frac{1}{2}}.$$

Dieses System besitzt, wie wir nun nachweisen werden, eine zyklische Koordinate, die eine Reduktion um weitere zwei Einheiten ermöglicht.

Wir unterwerfen das System der Berührungstransformation, die definiert ist durch die Gleichungen

$$q_r = \frac{\partial W}{\partial p_r}, \qquad p'_r = \frac{\partial W}{\partial q'_r} \qquad (r = 1, 2, 3, 4)$$

mit

$$W = p_1 q_1' \cos q_4' + p_2 q_1' \sin q_4' + p_3 (q_2' \cos q_4' - q_3' \sin q_4') + p_4 (q_2' \sin q_4' + q_3' \cos q_4').$$

Diese Transformation hat folgende physikalische Bedeutung: q_1' ist die Entfernung $m_1 m_3$; q_2', q_3' sind die Projektionen von $m_2 m_3$ auf bzw. senkrecht zu $m_1 m_3$; q_4' ist der Winkel von $m_3 m_1$ mit der x-Achse, p_1' ist die Komponente der Bewegungsgröße von m_1 in Richtung $m_3 m_1$; p_2', p_3' sind die Komponenten der Bewegungsgröße von m_2 parallel bzw. senkrecht zu $m_3 m_1$; p_4' ist das Moment der Bewegungsgröße des Systems.

Die Differentialgleichungen lauten in den neuen Veränderlichen

$$\frac{dq_r'}{dt} = \frac{\partial H}{\partial p_r'}, \quad \frac{dp_r'}{dt} = -\frac{\partial H}{\partial q_r'} \qquad (r = 1, 2, 3, 4)$$

mit

$$H = \left(\frac{1}{2m_1} + \frac{1}{2m_3}\right)\left\{p_1'^2 + \frac{1}{q_1'^2}(p_3' q_2' - p_2' q_3' - p_4')^2\right\} + \left(\frac{1}{2m_2} + \frac{1}{2m_3}\right)(p_2'^2 + p_3'^2)$$

$$+ \frac{1}{m_3}\left\{p_1' p_2' - \frac{p_3'}{q_1'}(p_3' q_2' - p_2' q_3' - p_4')\right\} - m_2 m_3 (q_2'^2 + q_3'^2)^{-\frac{1}{2}}$$

$$- m_3 m_1 q_1'^{-1} - m_1 m_2 \{(q_1' - q_2')^2 + q_3'^2\}^{-\frac{1}{2}}.$$

Da die Koordinate q_4' in H nicht enthalten ist, ist sie zyklisch. Ihr entspricht das Integral $p_4' = k$, wo k konstant ist; es läßt sich als Integral des Moments der Bewegungsgröße des Systems deuten. Die Gleichung $\dot{q}_4' = \partial H / \partial p_4'$ kann durch Quadratur gelöst werden, wenn die Integration der übrigen Gleichungen geleistet ist. So fallen die Gleichungen für p_4' und q_4' aus dem System heraus.

Schreiben wir die neuen Veränderlichen nun wieder ohne Akzente, so lauten die Bewegungsgleichungen

$$\frac{dq_r}{dt} = \frac{\partial H}{\partial p_r}, \quad \frac{dp_r}{dt} = -\frac{\partial H}{\partial q_r} \qquad (r = 1, 2, 3)$$

mit

$$H = \left(\frac{1}{2m_1} + \frac{1}{2m_3}\right)\left\{p_1^2 + \frac{1}{q_1^2}(p_3 q_2 - p_2 q_3 - k)^2\right\} + \left(\frac{1}{2m_2} + \frac{1}{2m_3}\right)(p_2^2 + p_3^2)$$

$$+ \frac{1}{m_3}\left\{p_1 p_2 - \frac{p_3}{q_1}(p_3 q_2 - p_2 q_3 - k)\right\} - m_2 m_3 (q_2^2 + q_3^2)^{-\frac{1}{2}}$$

$$- m_3 m_1 q_1^{-1} - m_1 m_2 \{(q_1 - q_2)^2 + q_3^2\}^{-\frac{1}{2}}.$$

Dieses System 6. Ordnung läßt sich nach dem Verfahren des § 141, also mit Hilfe des Integrals der Energie und der Elimination der Zeit, auf die 4. Ordnung zurückführen.

§ 162. Das eingeschränkte Dreikörperproblem.

Ein weiterer Spezialfall des Dreikörperproblems, der in neueren Untersuchungen einen bedeutenden Raum einnimmt, ist das sogenannte *eingeschränkte Dreikörperproblem.*

Zwei Körper S und J[1]) umlaufen auf Kreisbahnen ihren gemeinsamen Schwerpunkt O unter dem Einfluß ihrer gegenseitigen Anziehungskraft. Ein dritter Körper P, der masselos, d. h. so beschaffen ist, daß er selbst zwar von S und J angezogen wird, aber ihre Bahnen nicht beeinflußt, bewegt sich in der gleichen Ebene wie S und J. Das eingeschränkte Dreikörperproblem besteht darin, die Bewegung des Körpers P, des sogenannten *Planetoiden,* zu bestimmen.

Es seien m_1, m_2 die Massen von S und J. Wir setzen

$$F = \frac{m_1}{SP} + \frac{m_2}{JP}.$$

In der Ebene der Bewegung legen wir feste rechtwinklige Achsen OX, OY durch den Punkt O. P habe dann die Koordinaten X, Y und die Geschwindigkeitskomponenten U, V. Die Bewegungsgleichungen lauten

$$\frac{d^2X}{dt^2} = \frac{\partial F}{\partial X}, \quad \frac{d^2Y}{dt^2} = \frac{\partial F}{\partial Y}$$

oder in Hamiltonscher Form:

$$\frac{dX}{dt} = \frac{\partial H}{\partial U}, \quad \frac{dY}{dt} = \frac{\partial H}{\partial V}, \quad \frac{dU}{dt} = -\frac{\partial H}{\partial X}, \quad \frac{dV}{dt} = -\frac{\partial H}{\partial Y}$$

mit

$$H = \tfrac{1}{2}(U^2 + V^2) - F.$$

Da F eine Funktion nicht nur von X und Y, sondern auch von t ist, so ist die Gleichung $H =$ konst. *kein* Integral des Systems.

Wir unterwerfen die Veränderlichen der Berührungstransformation, die definiert ist durch die Gleichungen

$$X = \frac{\partial W}{\partial U}, \quad Y = \frac{\partial W}{\partial V}, \quad u = \frac{\partial W}{\partial x}, \quad v = \frac{\partial W}{\partial y}$$

wo

$$W = U(x \cos n t - y \sin n t) + V(x \sin n t + y \cos n t)$$

und n die Winkelgeschwindigkeit von SJ ist. Die Gleichungen gehen über in

$$\frac{dx}{dt} = \frac{\partial K}{\partial u}, \quad \frac{dy}{dt} = \frac{\partial K}{\partial v}, \quad \frac{du}{dt} = -\frac{\partial K}{\partial x}, \quad \frac{dv}{dt} = -\frac{\partial K}{\partial y}$$

[1]) Die Bezeichnung erinnert daran, daß der ganze Ansatz darauf abzielt, die Bewegung eines Planeten von sehr kleiner Masse unter dem Einfluß der Anziehung von Sonne und Jupiter zu ermitteln, wobei die Störungen durch die übrigen Planeten und die Abweichungen der Sonne und des Jupiter von der Kreisbewegung vernachlässigt werden.

mit (§ 138)

$$K = H - \frac{\partial W}{\partial t} = \frac{1}{2}(u^2 + v^2) + n\,(u\,y - v\,x) - F\,.$$

Man erkennt sogleich, daß x, y die Koordinaten des Planetoiden in bezug auf die mitbewegte Gerade OJ als x-Achse und eine zu ihr senkrechte durch O als y-Achse sind. F ist nun eine Funktion von x und y allein, so daß t in K nicht explizit enthalten und

$$K = \text{konst.}$$

ein Integral des Systems ist, das sogenannte *Jacobische Integral*[1]) des eingeschränkten Dreikörperproblems.

Wir erhalten noch eine andere Form der Bewegungsgleichungen, wenn wir auf das letzte System die Berührungstransformation

$$x = \frac{\partial W}{\partial u}\,, \qquad y = \frac{\partial W}{\partial v}\,, \qquad p_1 = \frac{\partial W}{\partial q_1}\,, \qquad p_2 = \frac{\partial W}{\partial q_2}$$

mit

$$W = q_1(u\cos q_2 + v\sin q_2)\,,$$

ausüben.

Die neuen Veränderlichen können direkt definiert werden durch die Gleichungen

$$q_1 = OP\,, \qquad q_2 = POJ\,, \qquad p_1 = \frac{d}{dt}(OP)\,, \qquad p_2 = (OP)^2\frac{d}{dt}(POX)\,,$$

und die Bewegungsgleichungen gehen über in

$$\frac{dq_r}{dt} = \frac{\partial H}{\partial p_r}\,, \qquad \frac{dp_r}{dt} = -\frac{\partial H}{\partial q_r} \qquad (r = 1, 2)$$

mit

$$H = \frac{1}{2}\left(p_1^2 + \frac{p_2^2}{q_1^2}\right) - n\,p_2 - F\,.$$

Eine andere Form[2]) nehmen sie an, wenn die letzten Gleichungen der Berührungstransformation

$$p_r = \frac{\partial W}{\partial q_r}\,, \qquad q'_r = \frac{\partial W}{\partial p'_r} \qquad (r = 1, 2)$$

mit

$$W = p'_2 q_2 + \int\limits_{p'_1\{p'_1 - (p'^2_1 - p'^2_2)^{\frac{1}{2}}\}}^{q_1} \left\{-\frac{p'^2_2}{u^2} + \frac{2}{u} - \frac{1}{p'^2_1}\right\}^{\frac{1}{2}} du$$

[1]) Jacobi: *Comptes Rendus* Bd. 3, S. 59. 1836.

[2]) In dieser Form finden sie sich in Poincarés *Méthodes Nouvelles de la Méc. Céleste.*

unterworfen werden, in der u die Integrationsveränderliche bezeichnet. Diese Gleichungen lassen sich auch so schreiben:

$$p_1 = \left(-\frac{p_2'^2}{q_1^2} + \frac{2}{q_1} - \frac{1}{p_1'^2}\right)^{\frac{1}{2}}, \qquad p_2 = p_2',$$

$$q_1' = \arccos\left\{\frac{1 - \frac{q_1}{p_1'^2}}{\left(1 - \frac{p_2'^2}{p_1'^2}\right)^{\frac{1}{2}}}\right\} - \left(-\frac{p_2'^2}{p_1'^2} + \frac{2q_1}{p_1'^2} - \frac{q_1^2}{p_1'^4}\right)^{\frac{1}{2}},$$

$$q_2' = q_2 - \arccos\left\{\frac{\frac{p_2'^2}{q_1} - 1}{\left(1 - \frac{p_2'^2}{p_1'^2}\right)^{\frac{1}{2}}}\right\}.$$

Man erkennt dann leicht, daß q_1' die mittlere Anomalie des Planetoiden in der Ellipse bedeutet, die er um einen im Raume festen Körper der Masse 1 in O beschreiben würde, wenn er aus seiner momentanen Lage mit seiner momentanen Geschwindigkeit geworfen würde. q_2' ist die von OJ aus gemessene Apsidenlänge dieser Ellipse, p_1' ist gleich $a^{\frac{1}{2}}$, p_2' ist gleich $\{a(1-e^2)\}^{\frac{1}{2}}$, wo a die große Halbachse, c die Exzentrizität der Ellipse bedeutet. H enthält t nicht explizit; daher ist $H =$ konst. ein Integral der Bewegungsgleichungen, die nun lauten:

$$\frac{dq_r'}{dt} = \frac{\partial H}{\partial p_r'}, \qquad \frac{dp_r'}{dt} = -\frac{\partial H}{\partial q_r'} \qquad (r = 1, 2).$$

Setzen wir die Summe der Massen von S und J gleich 1 und bezeichnen diese mit $1-\mu$ bzw. μ, so erhalten wir

$$H = \frac{1}{2}\left(p_1^2 + \frac{p_2^2}{q_1^2}\right) - n p_2 - \frac{1-\mu}{SP} - \frac{\mu}{JP}.$$

Diese analytische Funktion von $p_1', p_2', q_1', q_2', \mu$ ist in q_1', q_2' periodisch mit der Periode 2π. Um nun das von μ unabhängige Glied in H zu finden, setzen wir $\mu = 0$; da SP dann gleich q_1 wird, ist

$$H = \frac{1}{2}\left(\frac{2}{q_1} - \frac{1}{p_1'^2}\right) - n p_2' - \frac{1}{q_1} = -\frac{1}{2p_1'^2} - n p_2'.$$

Werden die Akzente wieder fortgelassen, so können also die Bewegungsgleichungen des eingeschränkten Dreikörperproblems in der Form

$$\frac{dq_r}{dt} = \frac{\partial H}{\partial p_r}, \qquad \frac{dp_r}{dt} = -\frac{\partial H}{\partial q_r} \qquad (r = 1, 2)$$

angenommen werden, wo H in eine Potenzreihe nach μ:

$$H = H_0 + \mu H_1 + \mu^2 H_2 + \cdots$$

entwickelt werden kann und

$$H_0 = -\frac{1}{2p_1^2} - n p_2$$

ist, während $H_1, H_2, \ldots$ in q_1, q_2 periodische Funktionen mit der Periode 2π sind.

Die Gleichungen dieses Systems 4. Ordnung lassen sich auf ein Hamiltonsches System 2. Ordnung zurückführen unter Benutzung des Integrals $H =$ konst. und Elimination der Zeit wie in § 141.

§ 163. Übertragung auf das n-Körperproblem.

Ein Teil der in dem vorliegenden Kapitel zur Reduktion des Dreikörperproblems benutzten Transformationen kann so erweitert werden, daß sie auf das allgemeine Problem der n Körper übertragbar sind, die einander nach dem Newtonschen Gesetz anziehen. In ihrer ursprünglichen Fassung bilden die Gleichungen des n-Körperproblems ein System $6n^{\text{ter}}$ Ordnung. Dieses läßt sich mit Hilfe der sechs Integrale der Schwerpunktsbewegung, der drei Integrale des Moments der Bewegungsgröße, des Energieintegrals, der Elimination der Zeit und der Elimination der Knoten auf ein System $(6n - 12)^{\text{ter}}$ Ordnung zurückführen.

Die Reduktion wurde ausgeführt von T. L. Bennett: *Mess. of Math.* (2) Bd. 44, S. 113. 1904.

Übungsaufgaben.

1. In dem Dreikörperproblem seien die Einheiten so gewählt, daß das Energieintegral lautet

$$\frac{1}{2}(v_1^2 + v_2^2 + v_3^2) = \frac{1}{r_{23}} + \frac{1}{r_{31}} + \frac{1}{r_{12}} - \frac{1}{r}$$

wo r_{12} die Entfernung der zwei Körper mit den Geschwindigkeiten v_1 und v_2, r eine positive Konstante bedeutet. Man zeige, daß das Moment der Bewegungsgröße des Systems um den Schwerpunkt nie größer als $3\sqrt{r/2}$ ist.

(Camb. Math. Tripos, Part I. 1893.)

2. Es sei Φ die Jacobische Funktion des Dreikörperproblems, Ω der Winkel einer bestimmten Geraden der invariablen Ebene mit dem Knoten der Ebene der drei Körper auf der invariablen Ebene, i die Neigung der Ebene der drei Körper gegen die invariable Ebene, η der Flächeninhalt des durch die drei Körper bestimmten Dreiecks. Man beweise, daß

$$\frac{d\Omega}{dt} = \frac{k}{\Phi}, \qquad \frac{1}{\sin i}\frac{di}{dt} = k\left\{\frac{M}{m_1 m_2 m_3 \eta^2} - \frac{1}{\Phi^2}\right\}^{\frac{1}{2}}$$

ist, wo k das Moment der Bewegungsgröße des Systems um das Lot auf die invariable Ebene ist. (De Gasparis.)

3. Das Dreikörperproblem werde wie in § 160 ersetzt durch das Problem der zwei Körper μ und μ'. q_1, q_2 seien die Entfernungen von μ und μ' vom Nullpunkt, q_3, q_4 seien die Winkel zwischen q_1, q_2 und dem Schnitt der Körperebene mit der invariablen Ebene. p_1, p_2 mögen bezüglich $\mu\dot{q}_1, \mu'\dot{q}_2$ bezeichnen, p_3, p_4 die Kom-

ponenten des Moments der Bewegungsgröße von μ bzw. μ' in der Ebene durch die Körper und den Ursprung sein. Man zeige, daß man den Bewegungsgleichungen die Form geben kann

$$\frac{dq_r}{dt} = \frac{\partial H}{\partial p_r}, \qquad \frac{dp_r}{dt} = -\frac{\partial H}{\partial q_r} \qquad (r = 1, 2, 3, 4),$$

wo $H =$ konst. das Energieintegral ist. (Bour.)

4. Man unterwerfe das Hamiltonsche System 18. Ordnung, das (§ 155) die Bewegung der drei Körper bestimmt, der durch die Gleichungen

$$\begin{aligned}
q_1' &= \{(q_4 - q_7)^2 + (q_5 - q_8)^2 + (q_6 - q_9)^2\}^{\frac{1}{2}}, \\
q_2' &= \{(q_7 - q_1)^2 + (q_8 - q_2)^2 + (q_9 - q_3)^2\}^{\frac{1}{2}}, \\
q_3' &= \{(q_1 - q_4)^2 + (q_2 - q_5)^2 + (q_3 - q_6)^2\}^{\frac{1}{2}}, \\
q_4' &= b_1(q_1 + i q_2) + b_2(q_4 + i q_5) + b_3(q_7 + i q_8), \\
q_5' &= c_1 q_3 + c_2 q_6 + c_3 q_9, \\
q_6' &= m_1 q_1 + m_2 q_4 + m_3 q_7, \\
q_7' &= m_1 q_2 + m_2 q_5 + m_3 q_8, \\
q_8' &= m_1 q_3 + m_2 q_6 + m_3 q_9, \\
q_0' &= \frac{a_1(q_1 + i q_2) + a_2(q_4 + i q_5) + a_3(q_7 + i q_8)}{b_1(q_1 + i q_2) + b_2(q_4 + i q_5) + b_3(q_7 + i q_8)}, \\
p_r &= \sum_{k=0}^{8} p_k' \frac{\partial q_k'}{\partial q_r} \qquad (r = 0, 1, 2, \ldots, 8)
\end{aligned}$$

definierten Berührungstransformation, wo $i = \sqrt{-1}$ ist und $a_1, a_2, a_3, b_1, b_2, b_3, c_1, c_2, c_3$ neun beliebige, den Gleichungen

$$a_1 + a_2 + a_3 = 0, \quad b_1 + b_2 + b_3 = 0, \quad c_1 + c_2 + c_3 = 0, \quad a_2 b_3 - a_3 b_2 = 1$$

genügende Konstanten sind.

Man zeige, daß die Integrale der Schwerpunktsbewegung lauten

$$q_6' = q_7' = q_8' = p_6' = p_7' = p_8' = 0.$$

Ferner zeige man, daß, wenn die invariable Ebene zur x-y-Ebene gemacht wird, die Veränderliche p_5' gleich Null wird und das Integral des Moments der Bewegungsgröße um das Lot auf die invariable Ebene die Gestalt

$$p_4' q_4' = k$$

annimmt, wo k konstant ist.

Dann zeige man noch, daß die Bewegungsgleichungen sich auf das System 8. Ordnung

$$\frac{dq_r'}{dt} = \frac{\partial H}{\partial p_r'}, \qquad \frac{dp_r'}{dt} = -\frac{\partial H}{\partial q_r'} \qquad (r = 0, 1, 2, 3)$$

reduzieren, wo

$$\begin{aligned}
H = {} & \sum p_1'^2 q_1'^2 \frac{m_2 + m_3}{2 m_2 m_3} + \sum \frac{p_2' p_3'}{q_2' q_3'} \frac{q_2'^2 + q_3'^2 - q_1'^2}{2 m_1} \\
& + \sum \frac{1}{m_1} \{p_0'(a_1 - b_1 q_0') + k b_1\} \left\{\frac{p_3'}{q_3'}(a_3 - b_3 q_0') - \frac{p_2'}{q_2'}(a_2 - b_2 q_0')\right\} - \sum \frac{m_2 m_3}{q_1'}.
\end{aligned}$$

Man führe dieses System mit Hilfe des Satzes aus § 141 auf ein System 6. Ordnung zurück. (Bruns.)

Vierzehntes Kapitel.

Die Sätze von Bruns und Poincaré.

§ 164. Der Satz von Bruns.

I. Formulierung des Satzes.

Wir sahen (§ 155), daß man für das Dreikörperproblem zehn Integrale angeben kann, nämlich die sechs Integrale der Schwerpunktsbewegung, die drei Integrale des Moments der Bewegungsgröße und das Energieintegral, die sogenannten *klassischen* Integrale des Problems. Sie sind sämtlich *algebraische* Integrale, d. h. sie haben die Form

$$f(q_1, q_2, \ldots, q_9, p_1, p_2, \ldots, p_9, t) = \text{konst.},$$

wo f eine algebraische Funktion der Koordinaten $q_1, q_2, \ldots, q_9$, $p_1, p_2, \ldots, p_9$ und der Zeit t ist.

Man hat zahlreiche aber erfolglose Versuche gemacht, weitere von diesen unabhängige (d. h. nicht aus ihnen zusammengesetzte) algebraische Integrale des Dreikörperproblems zu finden. Bruns[1]) hat dann 1887 nachgewiesen, daß es keine weiteren algebraischen Integrale gibt. Mit anderen Worten: *Die klassischen Integrale sind die einzigen unabhängigen algebraischen Integrale des Dreikörperproblems.*

Es sei noch bemerkt[2]), daß das Nichtvorhandensein algebraischer Integrale nicht notwendig eine große Kompliziertheit des Systems bedingt. Eine der einfachsten Differentialgleichungen, nämlich die lineare Differentialgleichung mit konstanten Koeffizienten

$$\ddot{x} - (\mu_1 + \mu_2)\,\dot{x} + \mu_1 \mu_2 x = 0$$

hat kein algebraisches Integral, außer wenn μ_1/μ_2 eine rationale Zahl ist. In diesem Falle läßt sich das erste Integral

$$\frac{(\dot{x} - \mu_2 x)^{\mu_2}}{(\dot{x} - \mu_1 x)^{\mu_1}} = \text{konst.}$$

in ein algebraisches Integral überführen.

---

[1]) *Berichte der Kgl. Sächs. Ges. d. Wiss.* 1887, S. 1, 55; *Acta Math.* Bd. 11, S. 25. Vgl. auch Forsyth: *Theory of Differential Equations* Bd. 3, Kap. 17. 1900.

[2]) Vgl. K. Bohlin: *Astron. Jakttagelser och Unders. å Stockholms Observ.* Bd. 9, Nr. 1. 1908.

2. Darstellung eines Integrals als Funktion der wesentlichen Koordinaten des Systems.

Wir gehen nun zu einem Beweise des Brunsschen Satzes über, bei dem wir zunächst diejenigen Integrale betrachten, die t nicht explizit enthalten.

Die Bewegungsgleichungen des Problems können (§ 160) in der Form

$$(1) \qquad \frac{d q_r}{d t} = \frac{\partial H}{\partial p_r}, \qquad \frac{d p_r}{d t} = -\frac{\partial H}{\partial q_r} \qquad (r = 1, 2, \ldots, 6)$$

geschrieben werden mit

$$H = T - U,$$

$$T = \frac{1}{2\mu}(p_1^2 + p_2^2 + p_3^2) + \frac{1}{2\mu'}(p_4^2 + p_5^2 + p_6^2),$$

$$\begin{aligned} U = {} & m_1 m_2 (q_1^2 + q_2^2 + q_3^2)^{-\frac{1}{2}} \\ & + m_1 m_3 \left\{ q_4^2 + q_5^2 + q_6^2 + \frac{2 m_2}{m_1 + m_2}(q_1 q_4 + q_2 q_5 + q_3 q_6) \right. \\ & \qquad \left. + \left(\frac{m_2}{m_1 + m_2}\right)^2 (q_1^2 + q_2^2 + q_3^2) \right\}^{-\frac{1}{2}} \\ & + m_2 m_3 \left\{ q_4^2 + q_5^2 + q_6^2 - \frac{2 m_1}{m_1 + m_2}(q_1 q_4 + q_2 q_5 + q_3 q_6) \right. \\ & \qquad \left. + \left(\frac{m_1}{m_1 + m_2}\right)^2 (q_1^2 + q_2^2 + q_3^2) \right\}^{-\frac{1}{2}}, \end{aligned}$$

$$\mu = \frac{m_1 m_2}{m_1 + m_2}, \qquad \mu' = \frac{m_3 (m_1 + m_2)}{m_1 + m_2 + m_3}.$$

Wir setzen

$$\mu_1 = \mu_2 = \mu_3 = \mu, \qquad \mu_4 = \mu_5 = \mu_6 = \mu',$$

so daß

$$T = \sum_{r=1}^{6} \frac{p_r^2}{2\mu_r}$$

wird. Die Koordinaten der drei Körper seien (q_1', q_2', q_3'), (q_4', q_5', q_6'), (q_7', q_8', q_9'), und es sei $m_k \dot{q}_r' = p_r'$, wo k die größte ganze Zahl $\leqq \frac{1}{3}(r + 2)$ bedeutet. Die Integrale, deren Existenz wir untersuchen wollen, haben die Gestalt

$$\varphi(q_1', q_2', \ldots, q_9', p_1', \ldots, p_9') = a,$$

wo a eine willkürliche Konstante und φ eine algebraische Funktion ihrer Argumente ist. Die Formeln des § 160 erlauben die Darstellung der Veränderlichen $q_1', q_2', \ldots, q_9', p_1', \ldots, p_9'$ als lineare Funktionen von $q_1, q_2, \ldots, q_6, p_1, \ldots, p_6$. Wenn wir diese Werte in das Integral einführen, erhalten wir daher eine Gleichung

$$(2) \qquad f(q_1, q_2, \ldots, q_6, p_1, \ldots, p_6) = a.$$

Ist das Integral φ aus den Integralen der Schwerpunktsbewegung zusammengesetzt, so reduziert sich f offenbar auf eine Konstante; andernfalls ist f eine algebraische Funktion der Veränderlichen $q_1, q_2, \ldots, q_6, p_1, \ldots, p_6$. Wir haben also zu untersuchen, ob die Gleichungen (1) Integrale der Form (2) besitzen.

3. Die Integrale enthalten die Bewegungsgrößen.

Zunächst beweisen wir, daß ein Integral der Form (2) Größen p enthalten muß, d. h. keine Funktion von $q_1, q_2, \ldots, q_6$ allein sein kann.

Denn angenommen, das Integral

$$f(q_1, q_2, \ldots, q_6) = a$$

enthalte $p_1, p_2, \ldots, p_6$ nicht. Die Differentiation nach t ergibt

$$0 = \sum_{r=1}^{6} \frac{\partial f}{\partial q_r} \dot{q}_r = \sum_{r=1}^{6} \frac{\partial f}{\partial q_r} \frac{p_r}{\mu_r}.$$

Daher müssen die Gleichungen

$$\frac{\partial f}{\partial q_r} = 0 \qquad (r = 1, 2, \ldots, 6)$$

identisch erfüllt sein, d. h. f enthält auch $q_1, q_2, \ldots, q_6$ nicht, ist also eine Konstante.

4. Nur eine Irrationalität tritt in dem Integral auf.

Da die gegenseitigen Entfernungen der Körper irrationale Funktionen von $q_1, q_2, \ldots, q_6$ sind, ist die Funktion U eine irrationale Funktion dieser Veränderlichen. Bezeichnet man die Summe der drei gegenseitigen Abstände mit s, so läßt sich, wie man leicht sieht, jede der Entfernungen als rationale Funktion der sieben Größen $q_1, q_2, \ldots, q_6, s$ darstellen, mit anderen Worten: die in den Entfernungen enthaltenen Irrationalitäten können alle durch die Irrationalität s ausgedrückt werden. Daher dürfen wir annehmen, daß U als rationale Funktion von $q_1, q_2, \ldots, q_6, s$ dargestellt ist.

Nun ist die Funktion f algebraisch, aber nicht notwendig rational in den Veränderlichen $q_1, q_2, \ldots, q_6, p_1, \ldots, p_6$. Die Gleichung (2) werde auf eine rationale Form gebracht und die resultierende Gleichung nach Potenzen von a geordnet, so daß sie übergeht in

$$\begin{aligned} &a^m + a^{m-1}\varphi_1(q_1, q_2, \ldots, q_6, p_1, \ldots, p_6) + a^{m-2}\varphi_2(q_1, q_2, \ldots, q_6, p_1, \ldots, p_6) + \cdots \\ &+ \varphi_m(q_1, \ldots, q_6, p_1, \ldots, p_6) = 0, \end{aligned} \tag{3}$$

wo $\varphi_1, \varphi_2, \ldots, \varphi_m$ rationale Funktionen von $q_1, q_2, \ldots, q_6, p_1, \ldots, p_6$ sind. Ist die linke Seite dieser Gleichung reduzibel in den Veränderlichen

$q_1, q_2, \ldots, q_6, p_1, \ldots, p_6, s$, d. h. läßt sie sich in Faktoren zerlegen, die alle die Gestalt haben

$$(4)\quad a^l + a^{l-1}\psi_1(q_1, q_2, \ldots, q_6, p_1, \ldots, p_6, s) + \ldots + \psi_l(q_1, \ldots, q_6, p_1, \ldots, p_6, s) = 0$$

wo $\psi_1, \psi_2, \ldots, \psi_l$ rationale Funktionen von $q_1, \ldots, q_6, p_1, \ldots, p_6, s$ sind, so ergibt eine der letzteren Gleichungen den Wert von a, der der Gleichung (2) entspricht, und wir betrachten diese Gleichung an Stelle der Gleichung (3). Da der durch (4) dargestellte Gleichungstyp den durch (3) dargestellten als Sonderfall mit umfaßt, können wir annehmen, daß a durch eine in $q_1, \ldots, q_6, p_1, \ldots, p_6, s$ irreduzible Gleichung der Form (4) gegeben ist.

Differenzieren wir nach t und benutzen wir die Gleichung (1), so erhalten wir

$$(5)\qquad a\,l^{-1}(\psi_1, H) + a^{l-2}(\psi_2, H) + \ldots + (\psi_l, H) = 0\,,$$

wo (ψ_r, H) wie gewöhnlich die Poissonsche Klammer von ψ_r und H bedeutet.

Zunächst nehmen wir an, daß die Ausdrücke (ψ_r, H), die rationale Funktionen von $q_1, \ldots, q_6, p_1, \ldots, p_6, s$ sind, nicht sämtlich verschwinden. Dann haben die Gleichungen (4) und (5) mindestens eine gemeinsame Wurzel a; infolgedessen ist Gleichung (4) reduzibel in $q_1, q_2, \ldots, q_6, p_1, \ldots, p_6, s$. Da diese Gleichung aber irreduzibel ist, führt die Annahme zu einem Widerspruch; die Ausdrücke (ψ_r, H) müssen also sämtlich verschwinden. Das bedeutet, daß alle Koeffizienten $\psi_1, \psi_2, \ldots, \psi_l$ der Gleichung (4) Integrale der Gleichungen (1) sind. *Das Integral f läßt sich somit algebraisch zusammensetzen aus anderen Integralen, die rationale Funktionen von $q_1, q_2, \ldots, q_6, p_1, \ldots, p_6, s$ sind.*

5. Darstellung eines Integrals als Quotient von zwei reellen Polynomen.

Von nun an können wir uns also auf die Betrachtung von Integralen des Typs

$$(6)\qquad f(q_1, q_2, \ldots, q_6, p_1, \ldots, p_6, s) = a$$

beschränken, wo f eine rationale Funktion der angegebenen Argumente ist. Die Form von f läßt sich mit Hilfe der folgenden Überlegungen noch näher bestimmen. Ersetzen wir in den Bewegungsgleichungen q_r, p_r, t bezüglich durch $q_r k^2$, $p_r k^{-1}$, $t k^3$, wo k eine Konstante ist, so bleiben die Gleichungen ungeändert. Führt man diese Substitutionen in der Gleichung (6) aus, so bleibt diese Gleichung immer ein Integral des Systems, wie k auch gewählt sein mag.

Nun ist f eine rationale Funktion der Argumente, läßt sich demnach als Quotient von zwei Polynomen in $q_1, q_2, \ldots, q_6, p_1, \ldots, p_6, s$ darstellen. Ersetzen wir in diesen Polynomen q_r, p_r, s bezüglich durch

$q_r k^2$, $p_r k^{-1}$, $s k^2$, so erhält die Funktion f (nachdem Zähler und Nenner mit einer geeigneten Potenz von k multipliziert sind) die Gestalt

$$f = \frac{A_0 k^p + A_1 k^{p-1} + \ldots + A'p}{B_0 k^q + B_1 k^{q-1} + \ldots + Bq},$$

wo $A_0, A_1, \ldots, B_q$ Polynome in $q_1, \ldots, q_6, p_1, \ldots, p_6, s$ sind. Da $df/dt = 0$ ist, haben wir

$$(B_0 k^q + B_1 k^{q-1} + \ldots + B_q)\left(\frac{dA_0}{dt} k^p + \ldots + \frac{dA_p}{dt}\right)$$
$$- (A_0 k^p + A_1 k^{p-1} + \ldots + A_p)\left(\frac{dB_0}{dt} k^q + \ldots + \frac{dB_q}{dt}\right) = 0.$$

Nun ist k willkürlich; daher müssen die Koeffizienten der einzelnen Potenzen von k in dieser Gleichung verschwinden. Also ist

$$0 = B_0 \frac{dA_0}{dt} - A_0 \frac{dB_0}{dt},$$

$$0 = B_1 \frac{dA_0}{dt} + B_0 \frac{dA_1}{dt} - A_1 \frac{dB_0}{dt} - A_0 \frac{dB_1}{dt},$$

. . . .

$$0 = B_q \frac{dA_p}{dt} - A_p \frac{dB_q}{dt}.$$

Diese $q + p + 1$ Gleichungen sind gleichwertig mit dem System

$$\frac{1}{A_0}\frac{dA_0}{dt} = \frac{1}{A_1}\frac{dA_1}{dt} = \ldots = \frac{1}{A_p}\frac{dA_p}{dt} = \frac{1}{B_0}\frac{dB_0}{dt} = \ldots = \frac{1}{B_q}\frac{dB_q}{dt},$$

woraus hervorgeht, daß jede der Größen

$$\frac{A_1}{A_0}, \frac{A_2}{A_0}, \ldots, \frac{A_p}{A_0}, \frac{B_0}{A_0}, \ldots, \frac{B_q}{A_0}$$

ein Integral ist. Damit haben wir den Satz: *Jedes Integral der Gestalt f kann aus anderen Integralen der Gestalt*

$$\frac{G_2(q_1, q_2, \ldots, q_6, p_1, \ldots, p_6, s)}{G_1(q_1, q_2, \ldots, q_6, p_1, \ldots, p_6, s)} = \text{konst.}$$

zusammengesetzt werden, in denen die Funktionen G_1, G_2 Polynome in den Argumenten sind, die sich nur mit einer Potenz von k multiplizieren, wenn die Veränderlichen q_r, p_r, s bezüglich durch $q_r k^2$, $p_r k^{-1}$, $s k^2$ ersetzt werden. Wir brauchen also nur Integrale dieser Form zu untersuchen.

Weiter bemerkt man, daß die Funktionen G_1, G_2 ohne Beschränkung der Allgemeinheit als reell angenommen werden können. Bezeichnen nämlich P und iQ den reellen und imaginären Teil eines Integrals

$$P + iQ = \text{konst.},$$

so ist

$$\frac{dP}{dt} + i\frac{dQ}{dt} = 0$$

identisch erfüllt.

Da die Differentialgleichungen keine imaginären Glieder enthalten, müssen auch dP/dt und dQ/dt reell sein. Daher verschwinden dP/dt und dQ/dt einzeln; P und Q sind also selbst Integrale, und jedes komplexe Integral läßt sich aus reellen Integralen zusammensetzen. Daher nehmen wir künftig G_1/G_2 als reell an.

6. Ableitung von Integralen aus Zähler und Nenner des Quotienten.

Wir zerlegen die Funktion G_1 in ein Produkt unzerlegbarer Polynome in $p_1, p_2, \ldots, p_6$, deren Koeffizienten rationale Funktionen von $q_1, q_2, \ldots, q_6, s$ sind. ψ sei ein derartiges Polynom, das λ-mal in G_1 als Faktor vorkommt, während χ das Produkt der übrigen Faktoren von G_1 bedeutet, so daß

$$G_1 = \psi^\lambda \chi .$$

Ist G_1 irreduzibel, so ist natürlich $G_1 = \psi$ und $\chi = 1$.

Die Gleichung

$$\frac{d}{dt}\left(\frac{G_1}{G_2}\right) = 0$$

ergibt

$$\frac{\lambda}{\psi}\frac{d\psi}{dt} + \frac{1}{\chi}\frac{d\chi}{dt} - \frac{1}{G_2}\frac{dG_2}{dt} = 0$$

oder

$$\frac{d\psi}{dt} = \psi\left(\frac{1}{\lambda G_2}\frac{dG_2}{dt} - \frac{1}{\lambda\chi}\frac{d\chi}{dt}\right).$$

Nun ist $d\psi/dt$ ganz rational in $p_1, \ldots, p_6$; auch ψ ist ganz rational in $p_1, \ldots, p_6$, aber von einem um 1 niedrigeren Grade als $d\psi/dt$. Ferner hat ψ mit G_2 oder χ keinen Faktor gemein. Daraus folgt, daß

$$\frac{1}{\lambda G_2}\frac{dG_2}{dt} - \frac{1}{\lambda\chi}\frac{d\chi}{dt}$$

ganz rational 1. Ordnung in $p_1, \ldots, p_6$ ist. Wir bezeichnen dieses Polynom mit ω. Dann haben wir

$$\frac{d\psi}{dt} = \omega\psi .$$

In gleicher Weise läßt sich zeigen, daß alle übrigen irreduziblen Faktoren von G_1 einer derartigen Gleichung genügen. Bezeichnen wir die verschiedenen Faktoren von G_1 mit $\psi', \psi'', \ldots$ derart, daß

$$G_1 = \psi'^{\mu} \psi''^{\nu} \ldots$$

ist, und sind die Gleichungen, denen sie genügen:

$$\frac{1}{\psi'}\frac{d\psi'}{dt} = \omega', \qquad \frac{1}{\psi''}\frac{d\psi''}{dt} = \omega'', \ldots,$$

so haben wir

$$\frac{1}{G_1}\frac{dG_1}{dt} = \frac{\mu}{\psi'}\frac{d\psi'}{dt} + \frac{\nu}{\psi''}\frac{d\psi''}{dt} + \ldots = \mu\,\omega' + \nu\,\omega'' + \ldots = \omega,$$

wo die Funktion ω ganz rational 1. Ordnung in $p_1, \ldots, p_6$ und rational in $q_1, q_2, \ldots, q_6, s$ ist. Somit genügt G_1 der Gleichung

$$\frac{dG_1}{dt} = \omega\, G_1,$$

und, da G_1/G_2 ein Integral ist, genügt auch G_2 der Gleichung

$$\frac{dG_2}{dt} = \omega\, G_2.$$

Da G_1 und G_2 dieselbe Differentialgleichung befriedigen, bezeichnen wir künftig beide Funktionen mit demselben Buchstaben φ; φ bedeutet also ein reelles Polynom in $p_1, \ldots, p_6, q_1, \ldots, q_6, s$, das der Gleichung $\dot\varphi = \omega\,\varphi$ genügt.

Nun multipliziert sich φ nur mit einer Potenz von k, wenn q_r, p_r, s bezüglich durch $q_r k^2$, $p_r k^{-1}$, $s k^2$ ersetzt werden. Da nun

$$\omega = \frac{1}{\varphi}\frac{d\varphi}{dt} = \sum_{r=1}^{6} \frac{1}{\varphi}\left(\frac{\partial\varphi}{\partial q_r}\frac{p_r}{\mu} + \frac{\partial\varphi}{\partial p_r}\,\frac{\partial U}{\partial q_r}\right)$$

ist, multipliziert sich ω bei dieser Substitution mit k^{-3}. Folglich kann ω kein von $p_1, \ldots, p_6$ unabhängiges Glied enthalten; denn ein solches würde sich mit einer geraden Potenz von k multiplizieren; ω hat demnach die Form

$$\omega = \omega_1 p_1 + \omega_2 p_2 + \cdots + \omega_6 p_6,$$

wo jede der Größen ω_r homogen von $(-1)^{\text{ten}}$ Grade in $q_1, \ldots, q_6, s$ ist.

Ferner sei eines der Glieder von φ in $p_1, \ldots, p_6$ von m^{ter} Ordnung, in $q_1, \ldots, q_6, s$ von n^{ter} Ordnung, während ein anderes Glied in $p_1, \ldots, p_6$ von der Ordnung m' und in $q_1, \ldots, q_6, s$ von der Ordnung n' ist. Da sich diese Glieder bei der obigen Substitution mit der gleichen Potenz von k multiplizieren, ist

$$-m + 2n = -m' + 2n',$$

also $m - m'$ eine gerade Zahl. Folglich kann φ so geordnet werden:

$$\varphi = \varphi_0 + \varphi_2 + \varphi_4 + \cdots,$$

wo φ_0 die Glieder höchster Ordnung in $p_1, \ldots, p_6$, ferner φ_2 die Glieder von einer um 2 niedrigeren Ordnung usw. bezeichnen. Jede dieser Größen φ_r ist ein Polynom in $p_1, \ldots, p_6, q_1, \ldots, q_6, s$, das in $p_1, \ldots, p_6$ und auch in $q_1, \ldots, q_6, s$ homogen ist.

Wir beweisen nunmehr: *Kommt s in φ_0 nicht vor, so kann φ durch Multiplikation mit einer geeigneten rationalen Funktion von $q_1, \ldots, q_6$ in ein Integral verwandelt werden.*

Denn angenommen, φ_0 enthalte s nicht, dann ergibt die Gleichung

$$\frac{d\varphi}{dt} = \omega\varphi$$

oder

$$\frac{d\varphi_0}{dt} + \frac{d\varphi_2}{dt} + \cdots = (\omega_1 p_1 + \omega_2 p_2 + \cdots + \omega_6 p_6)(\varphi_0 + \varphi_2 + \cdots)$$

durch Vergleich der Glieder höchsten Grades in $p_1, \ldots, p_6$:

$$\sum_{r=1}^{6} \frac{p_r}{\mu_r} \frac{\partial \varphi_0}{\partial q_r} = (\omega_1 p_1 + \omega_2 p_2 + \cdots + \omega_6 p_6)\varphi_0 .$$

Nun kann φ_0 die Größe p_6 als Faktor enthalten; um dieser Möglichkeit Rechnung zu tragen, setzen wir $\varphi_0 = p_6^k \varphi_0'$, wo φ_0' nun p_6 nicht mehr als Faktor enthält, und wo insbesondere $k = 0$, $\varphi_0' = \varphi_0$ sein kann. Führen wir $p_6^k \varphi_0'$ an Stelle von φ_0 in die Differentialgleichung ein, so geht sie über in

$$\sum_{r=1}^{6} \frac{p_r}{\mu_r} \frac{\partial \varphi_0'}{\partial q_r} = (\omega_1 p_1 + \cdots + \omega_6 p_6)\varphi_0' .$$

Mit φ_0'' seien die Glieder von φ_0' bezeichnet, die p_6 nicht enthalten. Setzen wir die von p_6 unabhängigen Glieder auf beiden Seiten der Gleichung einander gleich, so erhalten wir

$$\sum_{r=1}^{5} \frac{p_r}{\mu_r} \frac{\partial \varphi_0''}{\partial q_r} = (\omega_1 p_1 + \cdots + \omega_5 p_5)\varphi_0'' .$$

Ist φ_0'' eine Funktion von $q_1, q_2, \ldots, q_6$ allein, so bezeichnen wir sie mit R. Dann ist

$$\frac{1}{\mu_r} \frac{\partial R}{\partial q_r} = \omega_r R \qquad (r = 1, 2, \ldots, 5)$$

oder

$$\mu_r \omega_r = \frac{1}{R} \frac{\partial R}{\partial q_r} \qquad (r = 1, 2, \ldots, 5),$$

daher

$$\frac{\partial}{\partial q_s}(\mu_r \omega_r) = \frac{\partial}{\partial q_r}(\mu_s \omega_s) \qquad (r, s = 1, 2, \ldots, 5).$$

Enthält aber φ_0'' Größen $p_1, \ldots, p_5$, so nehmen wir an, es trete etwa p_5 als Faktor auf, und setzen $\varphi_0'' = p_5^\lambda \varphi_0'''$, wo φ_0''' keinen Faktor p_5 enthält. Die Gleichung geht dann über in

$$\sum_{r=1}^{5} \frac{p_r}{\mu_r} \frac{\partial \varphi_0'''}{\partial q_r} = (\omega_1 p_1 + \qquad + \omega_5 p_5)\varphi_0''' .$$

Mit φ_0^{IV} seien die Glieder von φ_0''' bezeichnet, die p_5 nicht enthalten. Setzen wir die von p_5 freien Glieder auf beiden Seiten der Gleichung einander gleich, so erhalten wir

$$\sum_{r=1}^{4} \frac{p_r}{\mu_r} \frac{\partial \varphi_0^{\mathrm{IV}}}{\partial q_r} = (\omega_1 p_1 + \dots + \omega_4 p_4)\, \varphi_0^{\mathrm{IV}}.$$

Fahren wir in dieser Weise fort, so ergibt sich endlich die Alternative, daß entweder

$$\frac{\partial}{\partial q_1} (\mu_2 \omega_2) = \frac{\partial}{\partial q_2} (\mu_1 \omega_1)$$

ist, oder daß eine Funktion ψ existiert, die ein Polynom in $q_1, \dots, q_6, p_1, p_2$, und zwar homogen in $q_1, \dots, q_6$ wie in p_1, p_2 ist und keine Faktoren enthält, die lediglich Potenzen von p_1 und p_2 sind, und die der Differentialgleichung genügt

$$\frac{p_1}{\mu_1} \frac{\partial \psi}{\partial q_1} + \frac{p_2}{\mu_2} \frac{\partial \psi}{\partial q_2} = (\omega_1 p_1 + \omega_2 p_2)\, \psi.$$

Es sei nun

$$\psi = a\, p_1^l + b\, p_2^l + c\, p_1^{l-1} p_2 + \dots;$$

setzen wir die Koeffizienten von p_1^{l+1} und p_2^{l+1} auf beiden Seiten der letzten Gleichung einander gleich, so ergibt sich

$$\omega_1 = \frac{1}{\mu_1 a} \frac{\partial a}{\partial q_1}, \qquad \omega_2 = \frac{1}{\mu_2 b} \frac{\partial b}{\partial q_2}.$$

Die Größen $a, b, c, \dots$ sind Polynome in $q_1, \dots, q_6$. Sie können ein Polynom Q als gemeinsamen Faktor enthalten, so daß also

$$a = a' Q, \qquad b = b' Q, \ \dots$$

ist.

Es sei

$$\psi' = a' p_1^l + b' p_2^l + c' p_1^{l-1} p_2 + \dots,$$

also

$$\psi = Q\, \psi'.$$

Dann ist

$$\frac{1}{\psi'} \left(\frac{p_1}{\mu_1} \frac{\partial \psi'}{\partial q_1} + \frac{p_2}{\mu_2} \frac{\partial \psi'}{\partial q_2} \right) = \frac{1}{\psi} \left(\frac{p_1}{\mu_1} \frac{\partial \psi}{\partial q_1} + \frac{p_2}{\mu_2} \frac{\partial \psi}{\partial q_2} \right) - \frac{1}{Q} \left(\frac{p_1}{\mu_1} \frac{\partial Q}{\partial q_1} + \frac{p_2}{\mu_2} \frac{\partial Q}{\partial q_2} \right)$$

$$= \left(\omega_1 - \frac{1}{Q \mu_1} \frac{\partial Q}{\partial q_1} \right) p_1 + \left(\omega_2 - \frac{1}{Q \mu_2} \frac{\partial Q}{\partial q_2} \right) p_2$$

$$= \omega_1' p_1 + \omega_2' p_2$$

mit

$$\omega_1' = \frac{1}{\mu_1 a'} \frac{\partial a'}{\partial q_1}, \qquad \omega_2' = \frac{1}{\mu_2 b'} \frac{\partial b'}{\partial q_2},$$

also

$$\frac{p_1}{\mu_1}\frac{\partial\psi'}{\partial q_1} + \frac{p_2}{\mu_2}\frac{\partial\psi'}{\partial q_2} = (\omega_1' p_1 + \omega_2' p_2)\,\psi'.$$

Die linke Seite dieser Gleichung ist ganz rational in $q_1, q_2, \ldots, q_6, p_1, p_2$. Enthält aber a' auch q_1, so enthält ω_1' auch a' oder einen Faktor von a' im Nenner. Daher muß ψ' entweder a' oder einen Faktor von a' als Faktor besitzen. Dies ist aber unvereinbar mit der Voraussetzung, daß $a', b', \ldots$ keinen gemeinsamen Faktor besitzen. Daher kann a' nicht q_1 enthalten, d. h. ω_1' ist Null. Entsprechend folgt, daß ω_2' gleich Null ist.

So ist

$$\omega_1 = \frac{1}{Q\mu_1}\frac{\partial Q}{\partial q_1}, \qquad \omega_2 = \frac{1}{Q\mu_2}\frac{\partial Q}{\partial q_2},$$

daher

$$\frac{\partial}{\partial q_2}(\mu_1\omega_1) = \frac{\partial}{\partial q_1}(\mu_2\omega_2).$$

Die zweite Möglichkeit der Alternative ist somit auf die erste zurückgeführt; d. h. die letzte Gleichung gilt in jedem Fall.

Endlich läßt sich allgemein zeigen, daß

$$\frac{\partial}{\partial q_r}(\mu_s\omega_s) = \frac{\partial}{\partial q_s}(\mu_r\omega_r)$$

ist. Wir dürfen also schreiben

$$\mu_r\omega_r = \frac{1}{R}\frac{\partial R}{\partial q_r},$$

wo R eine rationale Funktion von $q_1, \ldots, q_6$ ist.

So erhalten wir

$$\omega_1 p_1 + \omega_2 p_2 + \ldots + \omega_6 p_6 = \sum_{r=1}^{6}\frac{p_r}{\mu_r}\frac{1}{R}\frac{\partial R}{\partial q_r}$$
$$= \sum_{r=1}^{6}\frac{1}{R}\frac{\partial R}{\partial q_r}\frac{dq_r}{dt}$$

oder

$$\frac{1}{\varphi}\frac{d\varphi}{dt} = \frac{1}{R}\frac{dR}{dt},$$

daher

$$\frac{\varphi}{R} = \text{konst.}$$

φ läßt sich demnach durch Multiplikation mit einer geeigneten rationalen Funktion, nämlich $1/R$, in eine Konstante überführen, womit die Behauptung bewiesen ist.

Tritt s in den Gliedern φ_0 von G_1 und G_2 nicht auf, so können wir also G_1 und G_2 durch Multiplikation mit passend gewählten rationalen Funktionen von $q_1, q_2, \ldots, q_6$ in Integrale verwandeln. Daher erhalten wir, wenn sich noch nachweisen läßt, daß die Glieder φ_0 von G_1 und G_2 die Größe s nicht enthalten, den Satz, daß jedes algebraische Integral des Dreikörperproblems sich zusammensetzen läßt aus Integralen, die Polynome in $p_1, p_2, \ldots, p_6$ und rational in $q_1, q_2, \ldots, q_6, s$ sind.

7. Nachweis, daß φ_0 die Irrationalität s nicht enthält.

Die obige Untersuchung berücksichtigt nicht den Fall, daß s in φ_0 enthalten ist. Wir werden aber nun nachweisen, daß keine reelle Funktion φ_0, die einer Gleichung

$$\sum_{r=1}^{6} \frac{p_r}{\mu_r} \frac{\partial \varphi_0}{\partial q_r} = (\omega_1 p_1 + \ldots + \omega_6 p_6)\, \varphi_0$$

genügt, s enthalten kann, daß also die Funktionen φ_0 unseres Problems s nicht enthalten, so daß das vorstehende Ergebnis ganz allgemein gilt.

Wir nehmen an, es gäbe eine Funktion φ_0, die s enthält und der obigen Differentialgleichung genügt. Werden die acht verschiedenen Werte von s nacheinander in φ_0 eingesetzt, so nimmt φ_0 eine Reihe verschiedener Werte an, die wir durch $\varphi_0', \varphi_0'', \ldots$ bezeichnen wollen; sie genügen Gleichungen der Form

$$\sum_{r=1}^{6} \frac{p_r}{\mu_r} \frac{\partial \varphi_0'}{\partial q_r} = \omega' \varphi_0', \qquad \sum_{r=1}^{6} \frac{p_r}{\mu_r} \frac{\partial \varphi_0''}{\partial q_r} = \omega'' \varphi_0'', \ldots,$$

wo $\omega', \omega'', \ldots$ die Werte von ω sind, die durch Substitution der den Werten $\varphi_0', \varphi_0'', \ldots$ entsprechenden s-Werte entstehen.

Es sei

$$\Phi = \varphi_0' \varphi_0'' \varphi_0''' \ldots$$

Dann haben wir

$$\begin{aligned}\frac{1}{\Phi} \sum_{r=1}^{6} \frac{p_r}{\mu_r} \frac{\partial \Phi}{\partial q_r} &= \sum_{r=1}^{6} \frac{p_r}{\mu_r}\left(\frac{1}{\varphi_0'} \frac{\partial \varphi_0'}{\partial q_r} + \frac{1}{\varphi_0''} \frac{\partial \varphi_0''}{\partial q_r} + \ldots\right) \\ &= \omega' + \omega'' + \ldots \\ &= \Omega,\end{aligned}$$

wo Ω eine lineare Funktion von $p_1, p_2, \ldots, p_6$ ist, deren Koeffizienten rationale Funktionen von $q_1, q_2, \ldots, q_6$ sind.

Nun ist die Funktion Ω nach ihrem Bildungsgesetz rational in $q_1, q_2, \ldots, q_6$ und enthält s nicht. Ferner ist sie offenbar ein Polynom in $p_1, p_2, \ldots, p_6$. Somit lassen sich auf Φ die schon erlangten Ergebnisse anwenden, die besagen, daß (wenn Φ mit einer rationalen

Funktion von $q_1, q_2, \ldots, q_6$ multipliziert wird) Ω gleich Null ist, und daß Φ daher der Gleichung genügt

$$\sum_{r=1}^{6} \frac{p_r}{\mu_r} \frac{\partial \Phi}{\partial q_r} = 0 .$$

Für diese partielle Differentialgleichung in Φ mit sechs unabhängigen Veränderlichen lassen sich fünf unabhängige Lösungen sofort angeben, nämlich

$$\frac{q_2 p_1}{\mu_1} - \frac{q_1 p_2}{\mu_2}, \ldots, \frac{q_6 p_1}{\mu_1} - \frac{q_1 p_6}{\mu_6}.$$

Folglich ist Φ eine Funktion der Größen

$$\frac{q_2 p_1}{\mu_1} - \frac{q_1 p_2}{\mu_2}, \ldots, \frac{q_6 p_1}{\mu_1} - \frac{q_1 p_6}{\mu_6}, \quad p_1, p_2, \ldots, p_6$$

allein.

Nun unterscheiden sich die Faktoren von Φ nur dadurch voneinander, daß zu ihrer Bildung verschiedene Wurzeln s verwandt sind. Besteht also ein solcher Zusammenhang zwischen $q_1, q_2, \ldots, q_6$, daß zwei der Wurzeln s einander gleich werden, so stimmen auch zwei Faktoren von Φ miteinander überein. Wird $\Phi = 0$ als Gleichung in p_1 aufgefaßt, so werden also wenigstens zwei Wurzeln einander gleich. Besteht diese Beziehung

$$f(q_1, q_2, \ldots, q_6) = 0$$

zwischen $q_1, q_2, \ldots, q_6$, so ist daher $\partial \Phi / \partial p_1 = 0$, und entsprechend verschwinden $\partial \Phi / \partial p_2, \ldots, \partial \Phi / \partial p_6$ sämtlich.

Da Φ in $p_1, p_2, \ldots, p_6$ homogen ist, so ist die Gleichung

$$p_1 \frac{\partial \Phi}{\partial p_1} + p_2 \frac{\partial \Phi}{\partial p_2} + \cdots + p_6 \frac{\partial \Phi}{\partial p_6} = 0$$

gleichwertig mit $\Phi = 0$. Folglich stellt $\Phi = 0$ keine von den Gleichungen $\partial \Phi / \partial p_1 = 0, \ldots, \partial \Phi / \partial p_6 = 0$ unabhängige Gleichung dar.

Erteilt man den Veränderlichen, die der Gleichung $\Phi = 0$ genügen, kleine Änderungen, so sind diese letzteren untereinander verbunden durch die Gleichung

$$\sum_{r=1}^{6} \left(\frac{\partial \Phi}{\partial q_r} \delta q_r + \frac{\partial \Phi}{\partial p_r} \delta p_r \right) = 0 .$$

Genügen aber $q_1, q_2, \ldots, q_6, p_1, \ldots, p_6$ den Gleichungen $\partial \Phi / \partial p_r = 0$, so geht diese Gleichung über in

$$\sum_{r=1}^{6} \frac{\partial \Phi}{\partial q_r} \delta q_r = 0 .$$

Daher muß diese Beziehung zwischen den Änderungen δq_r gleichbedeutend sein mit der Relation

$$\sum_{r=1}^{6} \frac{\partial f}{\partial q_r} \delta q_r = 0 .$$

Folglich sind die Gleichungen

$$\frac{\partial f / \partial q_1}{\partial \Phi / \partial q_1} = \frac{\partial f / \partial q_2}{\partial \Phi / \partial q_2} = \dots = \frac{\partial f / \partial q_6}{\partial \Phi / \partial q_6}$$

Folgerungen aus den Gleichungen $\partial \Phi / \partial p_r = 0$, und, da $\sum_{r=1}^{6} \frac{p_r}{\mu_r} \frac{\partial \Phi}{\partial q_r} = 0$ ist, erhalten wir für Wertsysteme $q_1, q_2, \dots, q_6, p_1, \dots, p_6$, die diesen Gleichungen genügen,

$$\sum_{r=1}^{6} \frac{p_r}{\mu_r} \frac{\partial f}{\partial q_r} = 0 .$$

Demnach sind die Gleichungen $f = 0$ und $\sum_{r=1}^{6} \frac{p_r}{\mu_r} \frac{\partial f}{\partial q_r} = 0$ algebraisch aus den Gleichungen $\partial \Phi / \partial p_r = 0$ ableitbar. Nun sind die wirklichen Werte von $q_1, \dots, q_6$ bei dieser algebraischen Elimination bedeutungslos. Wir können q_r also in allen Gleichungen durch $(q_r + p_r t / \mu_r)$ ersetzen. Daraus ist ersichtlich, daß die Gleichungen

$$f\left(q_1 + \frac{p_1}{\mu_1} t, \dots, q_6 + \frac{p_6}{\mu_6} t\right) = 0 ,$$

$$\sum_{r=1}^{6} \frac{p_r}{\mu_r} \frac{\partial}{\partial q_r} f\left(q_1 + \frac{p_1}{\mu_1} t, \dots, q_6 + \frac{p_6}{\mu_6} t\right) = 0$$

algebraische Folgerungen aus den Gleichungen

$$\frac{\partial}{\partial p_r} \Phi(q_1, q_2, \dots, q_6, p_1, \dots, p_6) - \frac{t}{\mu_r} \frac{\partial}{\partial q_r} \Phi(q_1, \dots, q_6, p_1, \dots, p_6) = 0$$
$$(r = 1, 2, \dots, 6)$$

darstellen.

Das Ergebnis der Elimination von t zwischen den Gleichungen

$$f\left(q_1 + \frac{p_1}{\mu_1} t, \dots, q_6 + \frac{p_6}{\mu_6} t\right) = 0 ,$$

$$\frac{\partial}{\partial t} f\left(q_1 + \frac{p_1}{\mu_1} t, \dots, q_6 + \frac{p_6}{\mu_6} t\right) = 0$$

muß deshalb eine algebraische Kombination der Gleichungen

$$\frac{\partial}{\partial p_r} \Phi(q_1, \dots, q_6, p_1, \dots, p_6) - \frac{t}{\mu_r} \frac{\partial}{\partial q_r} \Phi(q_1, \dots, q_6, p_1, \dots, p_6) = 0$$
$$(r = 1, 2, \dots, 6)$$

sein.

Eine derartige algebraische Kombination dieser Gleichungen ist nun

$$\Phi(q_1, \ldots, q_6, p_1, \ldots, p_6) = 0,$$

denn sie entsteht dadurch, daß die Gleichungen bezüglich mit $p_1, \ldots, p_6$ multipliziert und addiert werden. Wir weisen nach, daß sie gerade das erwähnte Eliminationsresultat darstellt.

Dieses sei etwa mit Ψ bezeichnet; dann muß die Gleichung

$$\sum_{r=1}^{6}\left(\frac{\partial \Psi}{\partial q_r}\delta q_r + \frac{\partial \Psi}{\partial p_r}\delta p_r\right) = 0$$

eine Kombination der Gleichungen

$$\sum_{r=1}^{6}\frac{\partial f}{\partial q_r}\left(\delta q_r + \frac{t}{\mu_r}\delta p_r\right) = 0$$

und

$$\sum_{r=1}^{6}\frac{1}{\mu_r}\frac{\partial f}{\partial q_r}\delta p_r + \sum_{r=1}^{6}\sum_{s=1}^{6}\frac{p_r}{\mu_r}\frac{\partial^2 f}{\partial q_r \partial q_s}\left(\delta q_s + \frac{t}{\mu_s}\delta p_s + \frac{p_s}{\mu_s}\delta t\right) = 0$$

sein.

Da die letztere Gleichung δt enthält, kann sie offenbar in die Kombination nicht eingehen; so ist

$$\frac{\partial \Psi / \partial q_1}{\partial f / \partial q_1} = \frac{\partial \Psi / \partial q_2}{\partial f / \partial q_2} = \cdots = \frac{\partial \Psi / \partial q_6}{\partial f / \partial q_6}, \quad \frac{\partial \Psi}{\partial p_r} = \frac{t}{\mu_r}\frac{\partial \Psi}{\partial q_r} \quad (r = 1, 2, \ldots, 6).$$

Die Übereinstimmung dieser Gleichungen mit den schon gefundenen für Φ zeigt, daß die Gleichungen $\Phi = 0$ und $\Psi = 0$ gleichwertig sind. Also ist $\Phi = 0$ das Eliminationsresultat der Gleichungen

$$f\left(q_1 + \frac{p_1}{\mu_1}t, \ldots, q_6 + \frac{p_6}{\mu_6}t\right) = 0,$$

$$\frac{\partial}{\partial t}f\left(q_1 + \frac{p_1}{\mu_1}t, \ldots, q_6 + \frac{p_6}{\mu_6}t\right) = 0.$$

Nun lassen sich die Gleichungen $f(q_1, q_2, \ldots, q_6) = 0$, die Bedingungen dafür, daß die Gleichung für s mehrfache Wurzeln hat, leicht angeben. Dieses Ergebnis wiederum ermöglicht uns die Auffindung aller möglichen Polynome Φ und damit zugleich — durch Zerlegung von Φ in Faktoren — aller möglichen Polynome φ_0.

Die acht Wurzeln s sind die acht Werte des Ausdrucks $\pm r_1 \pm r_2 \pm r_3$, wo r_1, r_2, r_3 die gegenseitigen Abstände bedeuten. Daher können wir zwei übereinstimmende Wurzeln s als Folge jeder der Gleichungen

$$r_1 = 0,\ r_2 = 0,\ r_3 = 0,\ r_2 = \pm r_3,\ r_3 = \pm r_1,\ r_1 = \pm r_2,\ r_1 \pm r_2 \pm r_3 = 0$$

auffassen.

Die Gleichung $r_1 = 0$ ergibt

$$q_1^2 + q_2^2 + q_3^2 = 0,$$

und das Eliminationsresultat von

$$\left(q_1 + \frac{p_1}{\mu_1} t\right)^2 + \left(q_2 + \frac{p_2}{\mu_2} t\right)^2 + \left(q_3 + \frac{p_3}{\mu_3} t\right)^2 = 0$$

und

$$\frac{d}{dt}\left\{\left(q_1 + \frac{p_1}{\mu_1} t\right)^2 + \left(q_2 + \frac{p_2}{\mu_2} t\right)^2 + \left(q_3 + \frac{p_3}{\mu_3} t\right)^2\right\} = 0$$

ist

$$(q_1^2 + q_2^2 + q_3^2)\left(\frac{p_1^2}{\mu_1^2} + \frac{p_2^2}{\mu_2^2} + \frac{p_3^2}{\mu_3^2}\right) = \left(\frac{q_1 p_1}{\mu_1} + \frac{q_2 p_2}{\mu_2} + \frac{q_3 p_3}{\mu_3}\right)^2.$$

Der in diesem Zusammenhang gewonnene Wert von Φ ist somit

$$\Phi = \left(\frac{q_1 p_2}{\mu_2} - \frac{q_2 p_1}{\mu_1}\right)^2 + \left(\frac{q_2 p_3}{\mu_3} - \frac{q_3 p_2}{\mu_2}\right)^2 + \left(\frac{q_3 p_1}{\mu_1} - \frac{q_1 p_3}{\mu_3}\right)^2.$$

Dieser Ausdruck ist nicht in reelle Faktoren zerlegbar, so daß sich hier kein reelles Polynom φ_0 ergibt.

Ein ähnliches Ergebnis kann im Zusammenhang mit den Gleichungen $r_2 = 0$ und $r_3 = 0$ abgeleitet werden.

Wir betrachten nun die Gleichung

$$r_2 = \pm r_3,$$

die sich in der Form schreiben läßt:

$$q_4^2 + q_5^2 + q_6^2 + \frac{2m_2}{m_1 + m_2}(q_1 q_4 + q_2 q_5 + q_3 q_6) + \left(\frac{m_2}{m_1 + m_2}\right)^2 (q_1^2 + q_2^2 + q_3^2)$$

$$= q_4^2 + q_5^2 + q_6^2 - \frac{2m_1}{m_1 + m_2}(q_1 q_4 + q_2 q_5 + q_3 q_6) + \left(\frac{m_1}{m_1 + m_2}\right)^2 (q_1^2 + q_2^2 + q_3^2)$$

oder

$$2(q_1 q_4 + q_2 q_5 + q_3 q_6) - \frac{m_1 - m_2}{m_1 + m_2}(q_1^2 + q_2^2 + q_3^2) = 0.$$

Ersetzen wir q_r durch $(q_r + p_r t / \mu_r)$ und bilden wir die Diskriminante der so erhaltenen Gleichung in bezug auf t, so finden wir

$$\Phi = \left\{2(q_1 q_4 + q_2 q_5 + q_3 q_6) + \frac{m_1 - m_2}{m_1 + m_2}(q_1^2 + q_2^2 + q_3^2)\right\} \cdot$$

$$\cdot \left\{2\left(\frac{p_1 p_4}{\mu_1 \mu_4} + \frac{p_2 p_5}{\mu_2 \mu_5} + \frac{p_3 p_6}{\mu_3 \mu_6}\right) + \frac{m_1 - m_2}{m_1 + m_2}\left(\frac{p_1^2}{\mu_1^2} + \frac{p_2^2}{\mu_2^2} + \frac{p_3^2}{\mu_3^2}\right)\right\}$$

$$- \left\{\frac{q_1 p_4}{\mu_4} + \frac{q_4 p_1}{\mu_1} + \frac{q_2 p_5}{\mu_5} + \frac{q_5 p_2}{\mu_2} + \frac{q_3 p_6}{\mu_6} + \frac{q_6 p_3}{\mu_3}\right.$$

$$\left. + \frac{m_1 - m_2}{m_1 + m_2}\left(\frac{q_1 p_1}{\mu_1} + \frac{q_2 p_2}{\mu_2} + \frac{q_3 p_3}{\mu_3}\right)\right\}^2.$$

Dieser Ausdruck läßt sich nicht in Polynome φ_0 zerlegen, die linear in $p_1, p_2, \ldots, p_6$ sind. Hier ergeben sich also keine Funktionen φ_0.

Ähnlich läßt sich nachweisen, daß in Verbindung mit den Gleichungen $r_3 = \pm r_1$, $r_1 = \pm r_2$ keine Polynome φ_0 hervorgehen können.

Endlich lauten die Gleichungen

$$r_1 \pm r_2 \pm r_3 = 0$$

in rationaler Form

$$(r_3^2 - r_2^2 + r_1^2)^2 - 4 r_3^2 r_1^2 = 0 .$$

Für $r_1 = 0$ geht dieser Fall in den zuletzt besprochenen über; da das Polynom Φ in diesem Spezialfall unzerlegbar war, gilt das gleiche für den allgemeinen Fall.

Es gibt also keine reellen, s enthaltenden Polynome φ_0.

Zusammenfassend können wir sagen: Wir haben bisher nachgewiesen, daß jedes von t unabhängige algebraische Integral der Differentialgleichungen eine algebraische Funktion von Integralen φ ist, deren jedes sich in der Form

$$\varphi_0 + \varphi_2 + \varphi_4 + \cdots$$

darstellen läßt, wo φ_0 ein homogenes Polynom etwa k^{ten} Grades in den Veränderlichen p und eine homogene algebraische Funktion etwa l^{ten} Grades in den Veränderlichen q ist; φ_2 ist ein homogenes Polynom $(k-2)^{\text{ten}}$ Grades in den Veränderlichen p und eine homogene algebraische Funktion $(l-1)^{\text{ten}}$ Grades in den Veränderlichen q; φ_4 ist ein homogenes Polynom $(k-4)^{\text{ten}}$ Grades in den p und eine Funktion $(l-2)^{\text{ten}}$ Grades in den q usw.

8. Nachweis, daß die Funktion φ_0 nur von den Bewegungsgrößen und den Integralen der Momente der Bewegungsgrößen abhängt.

Wir führen nun den Nachweis, daß ein durch diese Eigenschaften gekennzeichnetes Integral eine algebraische Funktion der klassischen Integrale ist.

Ersetzt man in der Gleichung

$$\frac{d\varphi}{dt} = 0 \qquad \text{oder} \qquad \sum_{r=1}^{6} \left(\frac{p_r}{\mu_r} \frac{\partial \varphi}{\partial q_r} + \frac{\partial U}{\partial q_r} \frac{\partial \varphi}{\partial p_r} \right) = 0$$

φ durch $\varphi_0 + \varphi_2 + \varphi_4 + \ldots$ und setzt die Glieder vom selben Grade einander gleich, so ergibt sich

$$0 = \sum_{r=1}^{6} \frac{\partial \varphi_0}{\partial q_r} \frac{p_r}{\mu_r},$$

$$0 = \sum_{r=1}^{6} \frac{\partial \varphi_2}{\partial q_r} \frac{p_r}{\mu_r} + \frac{\partial \varphi_0}{\partial p_r} \frac{\partial U}{\partial q_r},$$

. . . .

$$0 = \sum_{r=1}^{6} \frac{\partial \varphi_k}{\partial q_r} \frac{p_r}{\mu_r} + \frac{\partial \varphi_{k-2}}{\partial p_r} \frac{\partial U}{\partial q_r},$$

$$0 = \sum_{r=1}^{6} \frac{\partial \varphi_k}{\partial q_r} \frac{\partial U}{\partial q_r}.$$

Die erste dieser Gleichungen ist eine sogleich lösbare lineare partielle Differentialgleichung für φ_0; sie ergibt

$$\varphi_0 = f_0(P_2, P_3, \ldots, P_6, p_1, p_2, \ldots, p_6)$$

mit

$$P_r = \frac{q_r p_1}{\mu_1} - \frac{p_r q_1}{\mu_r} \qquad (r = 2, 3, \ldots, 6).$$

φ_2 sei in den Veränderlichen $q_1, P_2, \ldots, P_6, p_1, \ldots, p_6$ dargestellt durch

$$\varphi_2 = f_2(q_1, P_2, P_3, \ldots, P_6, p_1, \ldots, p_6).$$

Es ist

$$\frac{\partial f_2}{\partial q_1} = \frac{\partial \varphi_2}{\partial q_1} + \sum_{r=2}^{6} \frac{\partial \varphi_2}{\partial q_r}\frac{\partial q_r}{\partial q_1} \qquad \left(q_r = \frac{\mu_1 P_r}{p_1} + \frac{\mu_1 p_r q_1}{\mu_r p_1}\right)$$

$$= \frac{\partial \varphi_2}{\partial q_1} + \sum_{r=2}^{6} \frac{\partial \varphi_2}{\partial q_r}\frac{\mu_1 p_r}{\mu_r p_1}$$

oder

$$\frac{p_1}{\mu_1}\frac{\partial f_2}{\partial q_1} = \sum_{r=1}^{6} \frac{p_r}{\mu_r}\frac{\partial \varphi_2}{\partial q_r} = -\sum_{r=1}^{6} \frac{\partial \varphi_0}{\partial p_r}\frac{\partial U}{\partial q_r}.$$

Durch Integration finden wir

$$f_2 = \chi(P_2, P_3, \ldots, P_6, p_1, \ldots, p_6) - \int \frac{\mu_1}{p_1}\sum_{r=1}^{6} \frac{\partial \varphi_0}{\partial p_r}\frac{\partial U}{\partial q_r}\, d q_1.$$

Daher können in $\int X\, d q_1$ keine logarithmischen Glieder enthalten sein, wo X die durch

$$X = \sum_{r=1}^{6} \frac{\partial \varphi_0}{\partial p_r}\frac{\partial U}{\partial q_r}$$

$$= \left(\frac{\partial f_0}{\partial p_1} + \sum_{s=2}^{6} \frac{\partial f_0}{\partial P_s}\frac{q_s}{\mu_1}\right)\frac{\partial U}{\partial q_1} + \sum_{r=2}^{6}\left(\frac{\partial f_0}{\partial p_r} - \frac{\partial f_0}{\partial P_r}\frac{q_1}{\mu_r}\right)\frac{\partial U}{\partial q_r}$$

$$= \sum_{r=1}^{6} \frac{\partial f_0}{\partial p_r}\frac{\partial U}{\partial q_r} + \sum_{r=2}^{6} \frac{\partial f_0}{\partial P_r}\left(\frac{q_r}{\mu_1}\frac{\partial U}{\partial q_1} - \frac{q_1}{\mu_r}\frac{\partial U}{\partial q_r}\right)$$

definierte Funktion von $q_1, P_2, \ldots, P_6, p_1, \ldots, p_6$ bedeutet.

Bezeichnet V die in den Veränderlichen $q_1, P_2, \ldots, P_6, p_1, \ldots p_6$, dargestellte Funktion U, so ist

$$\frac{\partial U}{\partial q_r} = \frac{p_1}{\mu_1}\frac{\partial V}{\partial P_r}\,(r > 1) \qquad \text{und} \qquad \frac{\partial U}{\partial q_1} = \frac{\partial V}{\partial q_1} - \sum_{r=2}^{6} \frac{\partial V}{\partial P_r}\frac{p_r}{\mu_r}.$$

Man erkennt, daß diejenigen Glieder von X, die Anlaß zu logarithmischen Gliedern in $\int X d q_1$ geben könnten, lauten:

$$\sum_{r=2}^{6} \frac{\partial f_0}{\partial P_r}\left\{\frac{p_r V}{\mu_r p_1} + \frac{p_r q_1}{\mu_r p_1}\sum_{s=2}^{6} \frac{\partial V}{\partial P_s}\frac{p_s}{\mu_s} + \frac{q_1 p_1}{\mu_r \mu_1}\frac{\partial V}{\partial P_r}\right\}.$$

Daher sind die Glieder, die in $\int X\,dq_1$ logarithmisch sein könnten,

$$\sum_{r=2}^{6}\frac{p_r}{\mu_r p_1}\frac{\partial f_0}{\partial P_r}\int V\,dq_1+\sum_{r=2}^{6}\sum_{s=2}^{6}\frac{\partial f_0}{\partial P_r}\frac{p_r p_s}{\mu_r\mu_s p_1}\frac{\partial}{\partial P_s}\int q_1 V\,dq_1$$
$$+\sum_{r=2}^{6}\frac{\partial f_0}{\partial P_r}\frac{p_1}{\mu_r\mu_1}\frac{\partial}{\partial P_r}\int q_1 V\,dq_1\,.$$

Nun ist V die Summe dreier Glieder, deren jedes die Form $(A+Bq_1+Cq_1^2)^{-\frac{1}{2}}$ hat. Nehmen wir diese Glieder einzeln, so erhalten wir für den transzendenten Teil des letzten Ausdrucks

$$\sum_{r=2}^{6}\frac{\partial f_0}{\partial P_r}\frac{p_r}{\mu_r p_1}\frac{1}{\sqrt{-C}}\arcsin\frac{2Cq_1+B}{(B^2-4AC)^{\frac{1}{2}}}$$
$$-\sum_{r=2}^{6}\sum_{s=2}^{6}\frac{\partial f_0}{\partial P_r}\frac{p_r p_s}{\mu_r\mu_s p_1}\frac{1}{2C\sqrt{-C}}\frac{\partial B}{\partial P_s}\arcsin\frac{2Cq_1+B}{(B^2-4AC)^{\frac{1}{2}}}$$
$$-\sum_{r=2}^{6}\frac{\partial f_0}{\partial P_r}\frac{p_1}{\mu_r\mu_1}\frac{1}{2C\sqrt{-C}}\frac{\partial B}{\partial P_r}\arcsin\frac{2Cq_1+B}{(B^2-4AC)^{\frac{1}{2}}}\,.$$

Daher muß für jeden der Brüche $(A+Bq_1+Cq_1^2)^{-\frac{1}{2}}$ gelten

$$C\sum_{r=2}^{6}\frac{\partial f_0}{\partial P_r}\frac{p_r}{\mu_r p_1}-\sum_{r=2}^{6}\sum_{s=2}^{6}\frac{\partial f_0}{\partial P_r}\frac{p_r p_s}{\mu_r\mu_s p_1}\frac{1}{2}\frac{\partial B}{\partial P_s}-\sum_{r=2}^{6}\frac{\partial f_0}{\partial P_r}\frac{p_1}{\mu_r\mu_1}\frac{1}{2}\frac{\partial B}{\partial P_r}=0\,.$$

Nun haben wir für den ersten dieser Brüche, nämlich $(q_1^2+q_2^2+q_3^2)^{-\frac{1}{2}}$, die Beziehungen

$$A=\frac{\mu_1^2}{p_1^2}(P_2^2+P_3^2)\,,\qquad \frac{1}{2}B=\frac{\mu_1^2P_2p_2}{\mu_2p_1^2}+\frac{\mu_1^2P_3p_3}{\mu_3p_1^2}\,,$$
$$C=1+\frac{\mu_1^2p_2^2}{\mu_2^2p_1^2}+\frac{\mu_1^2p_3^2}{\mu_3^2p_1^2}\,.$$

Deshalb lautet die erste der drei Gleichungen

$$\left(1+\frac{\mu_1^2p_2^2}{\mu_2^2p_1^2}+\frac{\mu_1^2p_3^2}{\mu_3^2p_1^2}\right)\sum_{r=2}^{6}\frac{\partial f_0}{\partial P_r}\frac{p_r}{\mu_r p_1}-\sum_{r=2}^{6}\frac{\partial f_0}{\partial P_r}\frac{p_r}{\mu_r p_1}\left(\frac{\mu_1^2p_2^2}{\mu_2^2p_1^2}+\frac{\mu_1^2p_3^2}{\mu_3^2p_1^2}\right)$$
$$-\left(\frac{\partial f_0}{\partial P_2}\frac{\mu_1p_2}{\mu_2^2p_1}+\frac{\partial f_0}{\partial P_3}\frac{\mu_1p_3}{\mu_3^2p_1}\right)=0$$

oder

$$\sum_{r=2}^{6}\frac{\partial f_0}{\partial P_r}\frac{p_r}{\mu_r}-\left(\frac{\partial f_0}{\partial P_2}\frac{\mu_1p_2}{\mu_2^2}+\frac{\partial f_0}{\partial P_3}\frac{\mu_1p_3}{\mu_3^2}\right)=0$$

oder (da $\mu_1 = \mu_2 = \mu_3$ ist):

$$\sum_{r=4}^{6} p_r \frac{\partial f_0}{\partial P_r} = 0, \tag{A}$$

und die Auflösung dieser Gleichung lehrt, daß f_0 eine Funktion von

$$p_1, p_2, \ldots, p_6, \; P_2, P_3, \; p_4 q_5 - p_5 q_4, \; p_4 q_6 - p_6 q_4$$

ist.

Da die drei Ausdrücke $(A + B q_1 + C q_1^2)$ lineare Funktionen der drei Größen $(q_1^2 + q_2^2 + q_3^2)$, $(q_1 q_4 + q_2 q_5 + q_3 q_6)$, $(q_4^2 + q_5^2 + q_6^2)$ sind, können wir sie für den gegenwärtigen Zweck durch diese drei Größen ersetzen. Als zweiten Ausdruck $(A + B q_1 + C q_1^2)$ wählen wir daher etwa $(q_1 q_4 + q_2 q_5 + q_3 q_6)$ oder

$$q_1\left(\frac{\mu P_4}{p_1} + \frac{\mu p_4}{\mu' p_1} q_1\right) + \left(\frac{\mu P_2}{p_1} + \frac{p_2 q_1}{p_1}\right)\left(\frac{\mu P_5}{p_1} + \frac{\mu p_5 q_1}{\mu' p_1}\right)$$
$$+ \left(\frac{\mu P_3}{p_1} + \frac{p_3 q_1}{p_1}\right)\left(\frac{\mu P_6}{p_1} + \frac{\mu p_6 q_1}{\mu' p_1}\right).$$

Für ihn gilt also

$$B = \frac{\mu P_4}{p_1} + \frac{\mu P_5 p_2}{p_1^2} + \frac{\mu^2 P_2 p_5}{\mu' p_1^2} + \frac{\mu P_6 p_3}{p_1^2} + \frac{\mu^2 P_3 p_6}{\mu' p_1^2},$$

$$C = \frac{\mu p_4}{\mu' p_1} + \frac{\mu p_2 p_5}{\mu' p_1^2} + \frac{\mu p_3 p_6}{\mu' p_1^2},$$

und die zugehörige Gleichung lautet

$$\frac{\partial f_0}{\partial P_2}(p_2 p_4 - p_1 p_5) + \frac{\partial f_0}{\partial P_3}(p_3 p_4 - p_1 p_6) + \frac{\partial f_0}{\partial P_4}\left(\frac{\mu p_4^2}{\mu'} - p_1^2\right)$$
$$+ \frac{\partial f_0}{\partial P_5}\left(\frac{\mu p_4 p_5}{\mu'} - p_2 p_1\right) + \frac{\partial f_0}{\partial P_6}\left(\frac{\mu p_4 p_6}{\mu'} - p_1 p_3\right) = 0. \tag{B}$$

Als dritten Ausdruck $(A + B q_1 + C q_1^2)$ können wir $q_4^2 + q_5^2 + q_6^2$ annehmen; es zeigt sich, daß die zugehörige Gleichung mit der Gleichung (A) übereinstimmt, also vernachlässigt werden kann. So brauchen wir nur die Gleichungen (A) und (B) zu betrachten; vereinfachen wir (B) mit Hilfe von (A), so lassen sie sich in der Form schreiben

$$p_4 \frac{\partial f_0}{\partial P_4} + p_5 \frac{\partial f_0}{\partial P_5} + p_6 \frac{\partial f_0}{\partial P_6} = 0.$$

$$(p_2 p_4 - p_1 p_5)\frac{\partial f_0}{\partial P_2} + (p_4 p_3 - p_1 p_6)\frac{\partial f_0}{\partial P_3}$$
$$- p_1\left(p_1 \frac{\partial f_0}{\partial P_4} + p_2 \frac{\partial f_0}{\partial P_5} + p_3 \frac{\partial f_0}{\partial P_6}\right) = 0.$$

Diese Gleichungen sind offenbar algebraisch unabhängig, und die Jacobischen Existenzbedingungen sind für sie identisch erfüllt, da die Koeffizienten der Ableitungen $\partial f_0/\partial P$ die Größen P nicht enthalten. Die beiden Gleichungen bilden daher ein vollständiges System mit fünf unabhängigen Veränderlichen P_2, P_3, P_4, P_5, P_6. Sie müssen also $5 - 2 = 3$ unabhängige Integrale besitzen, und jedes weitere Integral ist eine Funktion von diesen drei Integralen und $p_1, p_2, \ldots, p_6$.

Man verifiziert leicht, daß drei unabhängige Lösungen gegeben sind durch

$$\begin{aligned} &P_2 p_3 - P_3 p_2 + P_5 p_6 - P_6 p_5, \\ &P_3 p_1 \qquad\quad + P_6 p_4 - P_4 p_6, \\ &\qquad - P_2 p_1 + P_4 p_5 - P_5 p_4, \end{aligned}$$

oder

$$p_1 L/\mu, \qquad p_1 M/\mu, \qquad p_1 N/\mu,$$

wo

$$\begin{aligned} L &= q_2 p_3 - q_3 p_2 + q_5 p_6 - q_6 p_5, \\ M &= q_3 p_1 - q_1 p_3 + q_6 p_4 - q_4 p_6, \\ N &= q_1 p_2 - q_2 p_1 + q_4 p_5 - q_5 p_4 \end{aligned}$$

ist. Die drei Gleichungen

$$L = \text{konst.}, \qquad M = \text{konst.}, \qquad N = \text{konst.}$$

sind die drei Integrale des Moments der Bewegungsgröße des Systems. Damit haben wir gefunden, daß φ_0 eine Funktion von $L, M, N, p_1, p_2, \ldots, p_6$ allein ist.

9. Nachweis, daß φ_0 eine Funktion von T, L, M, N ist.

Da φ_0 als Funktion von $q_1, q_2, \ldots, q_6, p_1, \ldots, p_6$ ganz rational in $p_1, p_2, \ldots, p_6$ ist, so ist φ_0 offenbar eine ganze rationale Funktion der Argumente $L, M, N, p_1, p_2, \ldots, p_6$. Wir setzen

$$\varphi_0 = G(L, M, N, p_1, \ldots, p_6),$$

so daß wir haben:

$$\frac{d\varphi_0}{dt} = \sum_{r=1}^{6} \frac{\partial G}{\partial p_r} \frac{dp_r}{dt} = \sum_{r=1}^{6} \frac{\partial G}{\partial p_r} \frac{\partial U}{\partial q_r};$$

und die Gleichung für f_2 lautet

$$f_2 = \chi(P_2, \ldots, P_6, p_1, \ldots, p_6) - \frac{\mu_1}{p_1} \sum_{r=1}^{6} \frac{\partial G}{\partial p_r} \int Y_r \, dq_1,$$

wo Y_r die als Funktion von $q_1, P_2, \ldots, P_6, p_1, \ldots, p_6$ dargestellte Größe $\partial U/\partial q_r$ bezeichnet. Daher haben wir

$$\frac{\mu_1}{p_1}\sum_{r=1}^{6}\frac{\partial G}{\partial p_r}\int Y_r\,dq_1$$
$$=\int\frac{\mu_1}{p_1}\left\{\frac{\partial G}{\partial p_1}\left(\frac{\partial V}{\partial q_1}-\sum\frac{\partial V}{\partial P_r}\frac{p_r}{\mu_r}\right)+\frac{p_1}{\mu_1}\frac{\partial V}{\partial P_2}\frac{\partial G}{\partial p_2}+\dots+\frac{p_1}{\mu_1}\frac{\partial V}{\partial P_6}\frac{\partial G}{\partial p_6}\right\}dq_1$$
$$=\frac{\mu_1}{p_1}\frac{\partial G}{\partial p_1}\int\frac{\partial V}{\partial q_1}dq_1+\sum_{r=2}^{6}\int\frac{\partial V}{\partial P_r}\left(\frac{\partial G}{\partial p_r}-\frac{\mu_1}{\mu_r}\frac{p_r}{p_1}\frac{\partial G}{\partial p_1}\right)dq_1$$
$$=\frac{\mu_1}{p_1}\frac{\partial G}{\partial p_1}V+\sum_{r=2}^{6}\left(\frac{\partial G}{\partial p_r}-\frac{\mu_1 p_r}{\mu_r p_1}\frac{\partial G}{\partial p_1}\right)\frac{\partial}{\partial P_r}\int V\,dq_1$$
$$=\frac{\mu_1}{p_1}\frac{\partial G}{\partial p_1}\sum_A\frac{m_1 m_2}{(A+Bq_1+Cq_1^2)^{\frac{1}{2}}}$$
$$+\sum_{r=2}^{6}\left(\frac{\partial G}{\partial p_r}-\frac{\mu_1 p_r}{\mu_r p_1}\frac{\partial G}{\partial p_1}\right)\sum_A\frac{m_1 m_2\left(-2A\frac{\partial B}{\partial P_r}-q_1 B\frac{\partial B}{\partial P_r}+B\frac{\partial A}{\partial P_r}+2Cq_1\frac{\partial A}{\partial P_r}\right)}{(B^2-4AC)(A+Bq_1+Cq_1^2)^{\frac{1}{2}}},$$

wo $\sum$ die Summation über die drei Werte des Ausdrucks $A+Bq_1+Cq_1^2$ bedeutet.

Nun können aus $\chi(P_2,\dots,P_6,p_1,\dots,p_6)$ keine Glieder hervorgehen, die $A+Bq_1+Cq_1^2$ im Nenner enthalten. Daher müssen alle mit dem Ausdruck $(A+Bq_1+Cq_1^2)^{\frac{1}{2}}$ zu multiplizierenden Glieder den gleichen Charakter wie φ_2 haben, d. h. sie müssen als Funktionen von $q_1, q_2,\dots,q_6, p_1,\dots,p_6$ ganz rational in $p_1,\dots,p_6$ sein. Also ist der Ausdruck

$$\frac{\mu_1}{p_1}\frac{\partial G}{\partial p_1}+2\sum_{r=2}^{6}\left(\frac{\partial G}{\partial p_r}-\frac{\mu_1 p_r}{\mu_r p_1}\frac{\partial G}{\partial p_1}\right)\frac{-A\frac{\partial B}{\partial P_r}-\frac{1}{2}q_1 B\frac{\partial B}{\partial P_r}+\frac{1}{2}B\frac{\partial A}{\partial P_r}+Cq_1\frac{\partial A}{\partial P_r}}{B^2-4AC}$$

als Funktion von $p_1,\dots,p_6, q_1,\dots,q_6$ ganz rational in $p_1,\dots,p_6$. Setzen wir zuerst $A+Bq_1+Cq_1^2=q_1^2+q_2^2+q_3^2$, so geht der Ausdruck über in

$$\frac{\mu_1}{p_1}\frac{\partial G}{\partial p_1}-\sum_{r=2}^{3}\left(\frac{\partial G}{\partial p_r}-\frac{\mu_1 p_r}{\mu_r p_1}\frac{\partial G}{\partial p_1}\right)$$
$$\cdot\frac{-p_r\{\mu(P_2^2+P_3^2)+q_1(P_2p_2+P_3p_3)\}+P_r\{\mu(P_2p_2+P_3p_3)+q_1(p_1^2+p_2^2+p_3^2)\}}{2\{p_1^2P_2^2+p_1^2P_3^2+(p_2P_3-p_3P_2)^2\}}$$

oder (wenn ein Faktor μ fortgelassen wird)

$$\frac{1}{p_1}\frac{\partial G}{\partial p_1}-\sum_{r=2}^{3}\left(\frac{\partial G}{\partial p_r}-\frac{\mu_1 p_r}{\mu_r p_1}\frac{\partial G}{\partial p_1}\right)$$
$$\cdot\frac{-p_r\{p_1(q_2^2+q_3^2)-p_2q_1q_2-p_3q_1q_3\}+(q_rp_1-p_rq_1)(p_1q_1+p_2q_2+p_3q_3)}{2p_1\{(q_2p_1-p_2q_1)^2+(q_3p_1-p_3q_1)^2+(p_2q_3-p_3q_2)^2\}}$$

oder

$$\frac{1}{p_1}\frac{\partial G}{\partial p_1} - \frac{\left(\frac{\partial G}{\partial p_2} - \frac{\mu_1 p_2}{\mu_2 p_1}\frac{\partial G}{\partial p_1}\right)(-p_2 q_3^2 - p_2 q_1^2 + p_1 q_1 q_2 + p_3 q_2 q_3)}{2\{(q_2 p_1 - q_1 p_2)^2 + (q_3 p_1 - q_1 p_3)^2 + (q_3 p_2 - q_2 p_3)^2\}}$$
$$- \frac{\left(\frac{\partial G}{\partial p_3} - \frac{\mu_1 p_3}{\mu_3 p_1}\frac{\partial G}{\partial p_1}\right)(-p_3 q_2^2 - p_3 q_1^2 + q_3 q_1 p_1 + q_3 q_2 p_2)}{2\{(q_2 p_1 - q_1 p_2)^2 + (q_3 p_1 - q_1 p_3)^2 + (q_3 p_2 - q_2 p_3)^2\}}.$$

Der letzte Bruch stellt ein Polynom in $p_1, p_2, \ldots, p_6$ dar. Der Zähler muß also durch den Nenner teilbar sein.

Nun ist G ein Polynom in L, M, N, so daß also

$$\frac{\partial G}{\partial p_2} - \frac{\mu_1 p_2}{\mu_2 p_1}\frac{\partial G}{\partial p_1} \quad \text{und} \quad \frac{\partial G}{\partial p_3} - \frac{\mu_1 p_3}{\mu_3 p_1}\frac{\partial G}{\partial p_1}$$

ganze rationale Funktionen in L, M, N sind, wobei q_1, q_2, q_3 nur in L, M, N auftreten. Sie enthalten also entweder überhaupt keine Glieder in q_1, q_2, q_3 — und dann kann der Nenner kein Teiler des Zählers sein — oder sie enthalten von q_1, q_2, q_3 freie Glieder —, dann kann der Nenner ebenfalls kein Teiler des Zählers sein. Die Bedingung ist also nur zu erfüllen durch die Annahme, daß

$$\frac{\partial G}{\partial p_2} - \frac{\mu_1 p_2}{\mu_2 p_1}\frac{\partial G}{\partial p_1} = 0, \qquad \frac{\partial G}{\partial p_3} - \frac{\mu_1 p_3}{\mu_3 p_1}\frac{\partial G}{\partial p_1} = 0.$$

Wie man schon aus Symmetriegründen erwartet, ergeben die aus den anderen Wertsystemen von A, B, C abgeleiteten Bedingungen

$$\frac{\partial G}{\partial p_r} - \frac{\mu_1 p_r}{\mu_r p_1}\frac{\partial G}{\partial p_1} = 0 \qquad (r = 4, 5, 6).$$

Daher genügt die Funktion G diesen fünf Gleichungen, die offenbar ein vollständiges System von fünf unabhängigen Gleichungen mit sechs unabhängigen Veränderlichen bilden, deshalb nur eine unabhängige Lösung besitzen. Sie ergibt sich leicht zu

$$\sum_{s=1}^{6} \frac{p_s^2}{2\mu_s} \qquad \text{oder} \qquad T.$$

Die Funktion G enthält daher $p_1, p_2, \ldots, p_6$ nur vermöge der Funktion T; da G ein Polynom in $p_1, p_2, \ldots, p_6$ ist, muß G auch ein Polynom in T sein.

Da φ_0 in $q_1, q_2, \ldots, q_6$ wie auch in $p_1, p_2, \ldots, p_6$ homogen ist und die Ausdrücke L, M, N alle in $q_1, \ldots, q_6$ linear sind, während T die Veränderlichen $q_1, \ldots, q_6$ nicht enthält und in $p_1, \ldots, p_6$ vom 2. Grade ist, muß T in φ_0 offenbar — sofern es darin überhaupt enthalten ist — als Faktor auftreten. Daher können wir setzen

$$\varphi_0 = h(L, M, N)\, T^m,$$

wo h eine homogene ganze rationale Funktion der Argumente ist.

10. Beweis des Brunsschen Satzes für von der Zeit *t* unabhängige Integrale.

Die Gleichung zur Bestimmung der Funktion f_2 lautet

$$f_2 = \chi(P_2, \ldots, P_6, p_1, \ldots, p_6) - \frac{\mu_1}{p_1}\frac{\partial G}{\partial p_1} U.$$

Es ist aber

$$\frac{\mu_1}{p_1}\frac{\partial G}{\partial p_1} = \frac{\mu_1}{p_1}\frac{\partial G}{\partial T}\frac{\partial T}{\partial p_1} = m\,h(L, M, N)\,T^{m-1},$$

also

$$f_2 = \chi(P_2, \ldots, P_6, p_1, \ldots, p_6) - m\,h(L, M, N)\,T^{m-1}\,U.$$

So ergibt sich

$$\begin{aligned}\varphi &= \varphi_0 + \varphi_2 + \varphi_4 + \cdots\\ &= h(L, M, N)(T^m - m\,T^{m-1}U) + \chi(P_2, \ldots, P_6, p_1, \ldots, p_6) + \varphi_4 + \varphi_6 + \cdots\end{aligned}$$

Das Integral φ läßt sich daher aus zwei anderen Integralen zusammensetzen, nämlich aus

1. dem Integral $h(L, M, N)\,(T - U)^m$, das selbst aus den klassischen Integralen zusammengesetzt ist, und
2. dem Integral φ', wo

$$\begin{aligned}\varphi' &= \varphi_0' + \varphi_2' + \varphi_4' + \cdots,\\ \varphi_0' &= \chi(P_2, \ldots, P_6, p_1, \ldots, p_6),\\ \varphi_2' &= \varphi_4 - \frac{m(m-1)}{2!}\,h(L, M, N)\,T^{m-2}\,U^2,\\ \varphi_4' &= \varphi_6 + \frac{m(m-1)(m-2)}{3!}\,h(L, M, N)\,T^{m-3}\,U^3,\\ &\cdots\cdots\cdots\cdots\end{aligned}$$

Das Integral φ' hat aber den gleichen Charakter wie φ, abgesehen davon, daß sein höchstes Glied, φ_0', in $p_1, \ldots, p_6$ einen um zwei Einheiten niedrigeren Grad hat als das höchste Glied φ_0 von φ. Nun haben wir gezeigt, daß φ sich aus den klassischen Integralen und dem Integral φ' zusammensetzen läßt. Ähnlich läßt sich φ' zusammensetzen aus den klassischen Integralen und einem Integral φ'', das den nämlichen Charakter wie φ hat, dessen Ordnung in den Veränderlichen p aber um vier Einheiten geringer als die Ordnung von φ ist. Fahren wir so fort, so erweist sich φ als zusammengesetzt aus den klassischen Integralen und einem Integral $\varphi^{(n)}$, das in $p_1, \ldots, p_6$ von der Ordnung 1 oder 0 ist. Ist $\varphi^{(n)}$ in $p_1, \ldots, p_6$ von der Ordnung 1, so muß in der Gleichung

$$\varphi^{(n)} = \varphi_0^{(n)} = h(L, M, N)\,T^k$$

offenbar $k = 0$ sein. In diesem Fall setzt sich also $\varphi^{(n)}$ aus den klassischen Integralen zusammen. Hat dagegen die Funktion $\varphi^{(n)}$ in

$p_1, \ldots, p_6$ die Ordnung 0, so ist sie eine Funktion von $q_1, \ldots, q_6$ allein. Wir haben aber schon gezeigt, daß es solche Integrale nicht gibt. φ kann daher immer aus den klassischen Integralen algebraisch zusammengesetzt werden. Damit ist der Satz von Bruns bewiesen: *Jedes die Zeit nicht enthaltende algebraische Integral der Differentialgleichungen des Dreikörperproblems läßt sich rein algebraisch aus den klassischen Integralen zusammensetzen.*

11. Erweiterung des Brunsschen Satzes auf Integrale, die die Zeit enthalten.

Wir gehen nunmehr zur Betrachtung solcher algebraischer Integrale des Dreikörperproblems über, die die Zeit explizit enthalten.

Zu diesem Zweck nehmen wir die Bewegungsgleichungen als ein System 18. Ordnung an (§ 155); wir haben also Integrale der Form

$$f(q_1, q_2, \ldots, q_9, p_1, \ldots, p_9, t) = a$$

zu untersuchen, wo f eine algebraische Funktion der Argumente, a eine Konstante ist.

Die Funktion f ist nicht notwendig rational in den Argumenten. Die letzte Gleichung sei in eine rationale Form in bezug auf t gebracht, so daß sie sich folgendermaßen schreiben läßt:

$$a^m + a^{m-1}\varphi_1(q_1, \ldots, q_9, p_1 \ldots, p_9, t) + a^{m-2}\varphi_2(q_1, \ldots, q_9, p_1, \ldots, p_9, t) + \ldots$$
$$+ \varphi_m(q_1, \ldots, q_9, p_1, \ldots, p_9, t) = 0,$$

wo die Funktionen φ rational in t und algebraisch in den übrigen Argumenten $q_1, \ldots, q_9, p_1, \ldots, p_9$ sind. Diese Gleichung kann als in t irreduzibel angenommen werden, d. h. sie kann nicht in Faktoren zerlegt werden, die von niedrigerem Grad in a und in t rational sind. Wäre sie reduzibel, so könnte sie durch denjenigen ihrer irreduziblen Faktoren ersetzt werden, der der ursprünglichen Gleichung $f = a$ entspricht.

Die Differentiation nach t ergibt

$$a^{m-1}\frac{d\varphi_1}{dt} + a^{m-2}\frac{d\varphi_2}{dt} + \ldots + \frac{d\varphi_m}{dt} = 0.$$

Nun sind die Größen $d\varphi_r/dt$ als Funktionen von $q_1, \ldots, q_9, p_1, \ldots, p_9, t$ rationale Funktionen von t. Die ursprüngliche Gleichung müßte also in t reduzibel sein, wenn diese letztere Gleichung nicht identisch erfüllt wäre. Daher ist

$$\frac{d\varphi_r}{dt} = 0 \qquad (r = 1, 2, \ldots, m).$$

Demnach sind die Größen φ_r selbst Integrale. *Das Integral f läßt sich also zusammensetzen aus anderen Integralen φ, die rationale Funktionen von t und algebraische Funktionen von $q_1, \ldots, q_9, p_1, \ldots, p_9$ sind.*

Ein derartiges Integral sei in Faktoren 1. Grades in t zerlegt, so daß es sich darstellt als

$$\frac{P(t-\varphi_1)^{m_1}(t-\varphi_2)^{m_2}\ldots(t-\varphi_k)^{m_k}}{(t-\psi_1)^{m_1}(t-\psi_2)^{m_2}\ldots(t-\psi_l)^{n_l}},$$

wo $P, \varphi_1, \varphi_2, \ldots, \varphi_k, \psi_1, \ldots, \psi_l$ algebraische Funktionen von $q_1, \ldots, q_9, p_1, \ldots, p_9$ sind. Da dieser Ausdruck ein Integral ist, so haben wir

$$\frac{1}{p}\frac{dP}{dt}+\frac{m_1}{t-\varphi_1}\left(1-\frac{d\varphi_1}{dt}\right)+\ldots+\frac{m_k}{t-\varphi_k}\left(1-\frac{d\varphi_k}{dt}\right)-\frac{n_1}{t-\psi_1}\left(1-\frac{d\psi_1}{dt}\right)$$
$$-\ldots-\frac{n_l}{t-\psi_l}\left(1-\frac{d\psi_l}{dt}\right)=0.$$

Werden $\frac{dP}{dt}, \frac{d\varphi_1}{dt}, \ldots, \frac{d\varphi_k}{dt}, \frac{d\psi_1}{dt}, \ldots, \frac{d\psi_l}{dt}$ durch ihre Werte (P, H), (φ_1, H), $\ldots$, $(\psi_l H)$ ersetzt, so muß diese Gleichung in eine Identität übergehen. Das ist aber nur möglich, wenn

$$\frac{dP}{dt}=0, \qquad 1-\frac{d\varphi_1}{dt}=0, \ldots, 1-\frac{d\varphi_k}{dt}=0,$$
$$1-\frac{d\psi_1}{dt}=0, \ldots, 1-\frac{d\psi_l}{dt}=0$$

ist, d. h. wenn die Ausdrücke

$$P,\ t-\varphi_1, t-\varphi_2, \ldots, t-\varphi_k,\ t-\psi_1, \ldots, t-\psi_l$$

sämtlich Integrale sind. *Folglich läßt sich jedes algebraische Integral des Dreikörperproblems, das t enthält, zusammensetzen*

1. *aus algebraischen Integralen, die t nicht enthalten,*
2. *aus Integralen der Form*

$$t-\varphi=\text{konst.},$$

wo φ eine algebraische Funktion von $q_1, \ldots, q_9, p_1, \ldots, p_9$ ist.

Nun ist bekanntlich

$$t-\frac{m_1q_1+m_2q_4+m_3q_7}{p_1+p_4+p_7}=\text{konst.}$$

ein Integral. Daher kann jedes algebraische Integral des Problems, das t enthält, zusammengesetzt werden aus

1. algebraischen Integralen, die t nicht enthalten,
2. Integralen der Form

$$\varphi-\frac{m_1q_1+m_2q_4+m_3q_7}{p_1+p_4+p_7}=\text{konst.},$$

wo φ eine algebraische Funktion von $q_1, \ldots, q_9, p_1, \ldots, p_9$ ist,

3. dem klassischen Integral

$$t-\frac{m_1q_1+m_2q_4+m_3q_7}{p_1+p_4+p_7}.$$

Die Integrale unter (1) und (2) sind jedoch algebraische Integrale, die die Zeit nicht enthalten. Mithin sind sie nach dem früher Bewiesenen Kombinationen der klassischen Integrale.

So haben wir endlich bewiesen: *Jedes algebraische Integral des Dreikörperproblems, mag es die Zeit enthalten oder nicht, läßt sich aus den klassischen Integralen zusammensetzen.*

Der Satz von Bruns wurde erweitert durch Painlevé[1]), der nachwies, daß jedes Integral des n-Körperproblems, das die Geschwindigkeiten algebraisch enthält, gleichviel ob die Koordinaten algebraisch eingehen oder nicht, eine Kombination der klassischen Integrale ist.

§ 165. Der Satz von Poincaré.

Wir beweisen nun einen zweiten Satz über die Nichtexistenz gewisser Integraltypen des Dreikörperproblems, der in mancher Hinsicht ein Analogon zu dem Satz von Bruns darstellt. Er wurde 1889 von Poincaré[2]) gefunden.

1. Die Bewegungsgleichungen des eingeschränkten Dreikörperproblems.

Für das eingeschränkte Dreikörperproblem lassen sich die Bewegungsgleichungen des Planetoiden (§ 162) in der Form schreiben

$$\frac{dq_r}{dt} = \frac{\partial H}{\partial p_r}, \qquad \frac{dp_r}{dt} = -\frac{\partial H}{\partial q_r} \qquad (r = 1, 2),$$

wo

$$H = H_0 + \mu H_1 + \mu^2 H_2 + \dots,$$

$$H_0 = -\frac{1}{2p_1^2} - n p_2$$

ist und $H_1, H_2, \dots$ periodische Funktionen von q_1, q_2 mit der Periode 2π sind.

Die Hessesche Determinante

$$\begin{vmatrix} \frac{\partial^2 H_0}{\partial p_1^2} & \frac{\partial^2 H_0}{\partial p_1 \partial p_2} \\ \frac{\partial^2 H_0}{\partial p_1 \partial p_2} & \frac{\partial^2 H_0}{\partial p_2^2} \end{vmatrix}$$

ist offenbar gleich Null; da dieser Umstand beim Beweise des Poincaréschen Satzes hinderlich sein würde, formen wir die Gleichungen derart um, daß die Hessesche Determinante des Systems nicht mehr verschwindet.

---

[1]) *Bull. Astr.* Bd. 15, S. 81. 1898.

[2]) *Acta Math.* Bd. 13, S. 259. 1890; *Méth. Nouv. de la Méc. Cél.* Bd. 1, S. 233. 1892.

Wir setzen $H^2 = K$; $H = h$ sei das Energieintegral. Dann ist

$$\frac{dq_r}{dt} = \frac{1}{2h}\frac{\partial K}{\partial p_r}, \qquad \frac{dp_r}{dt} = -\frac{1}{2h}\frac{\partial K}{\partial q_r} \qquad (r = 1, 2).$$

Wählen wir nun $K/2h$ als neue Funktion H, so können wir den Differentialgleichungen des eingeschränkten Dreikörperproblems die Form geben

$$\frac{dq_r}{dt} = \frac{\partial H}{\partial p_r}, \qquad \frac{dp_r}{dt} = -\frac{\partial H}{\partial q_r} \qquad (r = 1, 2),$$

wobei sich H für genügend kleine Werte μ in eine Potenzreihe nach dem Parameter μ entwickeln läßt:

$$H = H_0 + \mu H_1 + \mu^2 H_2 + \ldots,$$

wo

$$2hH_0 = \frac{1}{4p_1^4} + \frac{np_2}{p_1^2} + n^2 p_2^2$$

ist, die Hessesche Determinante von H_0 nun nicht mehr verschwindet und $H_1, H_2, \ldots$ periodische Funktionen von q_1, q_2 mit der Periode 2π sind.

2. Formulierung des Satzes von Poincaré.

Es sei Φ eine Funktion von q_1, q_2, p_1, p_2, μ, die eindeutig und regulär ist für alle reellen Werte von q_1 und q_2, für unterhalb einer festen Grenze gelegene Werte μ und für Werte p_1, p_2, die einem beliebig kleinen Bereich D angehören; ferner sei Φ periodisch in q_1, q_2 mit der Periode 2π. Unter diesen Bedingungen läßt sich Φ in eine Potenzreihe nach μ entwickeln, etwa in

$$\Phi = \Phi_0 + \mu\Phi_1 + \mu^2\Phi_2 + \ldots,$$

wo $\Phi_0, \Phi_1, \Phi_2, \ldots$ eindeutige analytische Funktionen von q_1, q_2, p_1, p_2 und periodisch in q_1, q_2 sind. Der Satz von Poincaré besagt: *Es gibt kein Integral des eingeschränkten Dreikörperproblems (mit Ausnahme des Jacobischen und gleichwertiger Integrale) von der Form*

$$\Phi = \text{konst.},$$

wo Φ eine Funktion der angegebenen Art ist. Der folgende Beweis gilt für jedes dynamische Problem, dessen Bewegungsgleichungen vom nämlichen Typ sind wie die Gleichungen des eingeschränkten Dreikörperproblems.

Die notwendige und hinreichende Bedingung dafür, daß $\Phi = $ konst. ein Integral ist, wird durch das Verschwinden der Poissonschen Klammer (H, Φ) ausgedrückt, so daß also

$$(H_0, \Phi_0) + \mu\{(H_1, \Phi_0) + (H_0, \Phi_1)\} + \mu^2\{(H_2, \Phi_0) + (H_1, \Phi_1) + (H_0, \Phi_2)\} + \ldots = 0$$

und daher

$$(H_0, \Phi_0) = 0, \qquad (H_1, \Phi_0) + (H_0, \Phi_1) = 0$$

ist.

3. Nachweis, daß Φ_0 keine Funktion von H_0 ist.

Wir zeigen zunächst, daß Φ_0 keine Funktion von H_0 sein kann. Denn angenommen, es bestände eine Relation $\Phi_0 = \psi(H_0)$, so erhalten wir aus der Gleichung $H_0 = H_0(p_1, p_2)$ durch Auflösung nach p_1 eine Gleichung der Form $p_1 = \vartheta(H_0, p_2)$, wo ϑ eine eindeutige Funktion der beiden Argumente ist, wenn $\partial H_0/\partial p_1$ in dem Bereich D von Null verschieden ist. Ersetzen wir p_1 in der Funktion $\Phi(q_1, q_2, p_1, p_2)$ durch seinen Wert ϑ, so erhalten wir eine Gleichung der Gestalt

$$\Phi_0(q_1, q_2, p_1, p_2) = \psi(q_1, q_2, H_0, p_2),$$

und da Φ_0 eindeutig ist, wird ψ eine eindeutige Funktion von q_1, q_2, H_0, p_2. Nach Voraussetzung hängt aber ψ nur von H_0 ab; folglich ist ψ eine eindeutige Funktion von H_0, solange die Veränderlichen p_1, p_2 auf den Bereich D beschränkt sind und $\partial H_0/\partial p_1$ in D von Null verschieden ist oder, allgemeiner, eine der Ableitungen $\partial H_0/\partial p_1$, $\partial H_0/\partial p_2$ in D von Null verschieden ist, eine Bedingung, die im allgemeinen offenbar erfüllt sein wird. Da ψ eine eindeutige Funktion ist, stellt die Gleichung $\psi(H) = \text{konst.}$ ein eindeutiges Integral der Differentialgleichungen dar. Damit ist auch

$$\Phi - \psi(H) = \text{konst.}$$

ein eindeutiges Integral, das sich in eine Potenzreihe nach μ entwickeln läßt. Überdies ist es durch μ teilbar, da $\Phi_0 - \psi(H_0) = 0$ ist. Setzen wir demgemäß:

$$\Phi - \psi(H) = \mu\Phi',$$

so ist $\Phi' = \text{konst.}$ ein eindeutiges analytisches Integral. Setzen wir

$$\Phi' = \Phi_0' + \mu\Phi_1' + \mu^2\Phi_2' + \dots,$$

so ist die Funktion Φ_0' im allgemeinen keine Funktion von H_0. Ist sie jedoch eine Funktion von H_0, so wiederholen wir das Verfahren und erhalten ein drittes eindeutiges analytisches Integral, dessen von μ unabhängiger Teil im allgemeinen keine Funktion von H_0 ist, usw. Offenbar gelangen wir auf diese Weise endlich zu einem Integral, das sich für verschwindendes μ nicht auf eine Funktion von H_0 reduziert, außer wenn Φ eine Funktion von H ist; dann sind aber die Integrale Φ und H nicht unabhängig.

Gibt es also ein eindeutiges analytisches, von H verschiedenes Integral Φ, für das aber Φ_0 eine Funktion von H_0 ist, so läßt sich aus Φ stets ein neues Integral von gleichem Charakter ableiten, das sich jedoch für verschwindendes μ nicht auf eine Funktion von H_0 reduziert. Daher können wir von vornherein annehmen, daß Φ_0 keine Funktion von H_0 ist.

4. Nachweis, daß Φ_0 die Veränderlichen q_1, q_2 nicht enthält.

Enthält die Funktion Φ_0 die Veränderlichen q_1, q_2, so können wir Φ_0 als periodische Funktion dieser Veränderlichen in der Form schreiben

$$\Phi_0 = \sum_{m_1, m_2} A_{m_1, m_2} e^{i(m_1 q_1 + m_2 q_2)} = \sum_{m_1, m_2} A_{m_1, m_2} \zeta,$$

wobei m_1, m_2 positive oder negative ganze Zahlen sind, $i = \sqrt{-1}$ ist, die Größen A_{m_1, m_2} von p_1, p_2 abhängen und ζ den Exponentialfaktor von A_{m_1, m_2} bedeutet. H_0 enthält q_1, q_2 nicht; daher haben wir

$$-(H_0, \Phi_0) = \frac{\partial H_0}{\partial p_1} \frac{\partial \Phi_0}{\partial q_1} + \frac{\partial H_0}{\partial p_2} \frac{\partial \Phi_0}{\partial q_2}.$$

Es ist aber

$$\partial \Phi_0 / \partial q_r = \sum_{m_1, m_2} i\, m_r A_{m_1, m_2} \zeta;$$

daher geht die Gleichung $(H_0, \Phi_0) = 0$ über in

$$\sum_{m_1, m_2} A_{m_1, m_2} \left(m_1 \frac{\partial H_0}{\partial p_1} + m_2 \frac{\partial H_0}{\partial p_2} \right) \zeta = 0;$$

da diese Gleichung eine Identität ist, so gilt

$$A_{m_1, m_2} \left(m_1 \frac{\partial H_0}{\partial p_1} + m_2 \frac{\partial H_0}{\partial p_2} \right) = 0.$$

Daher ist entweder

$$A_{m_1, m_2} = 0 \qquad \text{oder} \qquad m_1 \partial H_0 / \partial p_1 + m_2 \partial H_0 / \partial p_2 = 0.$$

Das letztere ist aber nur dann möglich, wenn m_1, m_2 beide verschwinden, oder wenn die Hessesche Determinante von H_0 gleich Null ist, was nicht der Fall ist. Folglich sind alle Koeffizienten A_{m_1, m_2} mit Ausnahme von $A_{0,0}$ gleich Null; Φ_0 enthält also die Veränderlichen q_1, q_2 nicht.

5. Nachweis, daß die Existenz eines eindeutigen Integrals mit dem Ergebnis von 3. im allgemeinen Fall unverträglich ist.

Wir betrachten nun die Gleichung

$$(H_1, \Phi_0) + (H_0, \Phi_1) = 0$$

oder

$$\sum_{r=1}^{2} \frac{\partial \Phi_0}{\partial p_r} \frac{\partial H_1}{\partial q_r} - \sum_{r=1}^{2} \frac{\partial H_0}{\partial p_r} \frac{\partial \Phi_1}{\partial q_r} = 0.$$

Da die Funktionen H_1 und Φ_1 in q_1, q_2 periodisch sind, gestatten sie die Reihenentwicklungen

$$H_1 = \sum_{m_1, m_2} B_{m_1, m_2} e^{i(m_1 q_1 + m_2 q_2)} = \sum_{m_1, m_2} B_{m_1, m_2} \zeta,$$

$$\Phi = \sum_{m_1, m_2} C_{m_1, m_2} e^{i(m_1 q_1 + m_2 q_2)} = \sum_{m_1, m_2} C_{m_1, m_2} \zeta,$$

wo m_1, m_2 positive oder negative ganze Zahlen und die Koeffizienten B_{m_1,m_2} und C_{m_1,m_2} nur von p_1, p_2 abhängig sind. Wir haben daher

$$\frac{\partial H_1}{\partial q_r} = i \sum_{m_1, m_2} B_{m_1,m_2} m_r \zeta, \qquad \frac{\partial \Phi_1}{\partial q_r} = i \sum_{m_1, m_2} C_{m_1,m_2} m_r \zeta;$$

also geht die Gleichung

$$\sum_{r=1}^{2} \frac{\partial \Phi_0}{\partial p_r} \frac{\partial H_1}{\partial q_r} - \sum_{r=1}^{2} \frac{\partial H_0}{\partial p_r} \frac{\partial \Phi_1}{\partial q_r} = 0$$

über in

$$\sum_{m_1, m_2} B_{m_1,m_2} \zeta \left(\sum_{r=1}^{2} m_r \frac{\partial \Phi_0}{\partial p_r} \right) - \sum_{m_1, m_2} C_{m_1,m_2} \zeta \left(\sum_{r=1}^{2} m_r \frac{\partial H_0}{\partial p_r} \right) = 0$$

oder (da diese Gleichung eine Identität ist) in

$$B_{m_1,m_2} \left(m_1 \frac{\partial \Phi_0}{\partial p_1} + m_2 \frac{\partial \Phi_0}{\partial p_2} \right) = C_{m_1,m_2} \left(m_1 \frac{\partial H_0}{\partial p_1} + m_2 \frac{\partial H_0}{\partial p_2} \right).$$

Diese Gleichung gilt für alle Werte p_1, p_2; daher ist für Werte von p_1, p_2, die der Gleichung

$$m_1 \frac{\partial H_0}{\partial p_1} + m_2 \frac{\partial H_0}{\partial p_2} = 0$$

genügen, entweder

$$B_{m_1,m_2} = 0 \qquad \text{oder} \qquad m_1 \frac{\partial \Phi_0}{\partial p_1} + m_2 \frac{\partial \Phi_0}{\partial p_2} = 0.$$

Wir sagen, daß der Koeffizient B_{m_1,m_2} *säkular* wird, wenn p_1, p_2 Werte annehmen, für die $m_1 \partial H_0 / \partial p_1 + m_2 \partial H_0 / \partial p_2 = 0$ wird.

Da die Funktion H gegeben ist, sind die Koeffizienten B_{m_1,m_2} gegeben. In dem durch Differentialgleichungen der betrachteten Art dargestellten allgemeinen Fall dynamischer Systeme verschwindet keiner der Koeffizienten, wenn er säkular wird. Diesen Fall betrachten wir zuerst. Die Gleichung

$$m_1 \frac{\partial \Phi_0}{\partial p_1} + m_2 \frac{\partial \Phi_0}{\partial p_2} = 0$$

ist dann eine Folge der Gleichung $m_1 \partial H_0 / \partial p_1 + m_2 \partial H_0 / \partial p_2 = 0$.

Nun seien k_1, k_2 zwei ganze Zahlen. Wir erteilen p_1 und p_2 solche Werte, daß die Gleichung

$$\frac{1}{k_1} \frac{\partial H_0}{\partial p_1} = \frac{1}{k_2} \frac{\partial H_0}{\partial p_2}$$

gilt. Dann lassen sich unendlich viele Paare ganzer Zahlen m_1, m_2 bestimmen, so daß $m_1 k_1 + m_2 k_2 = 0$ ist. Für jedes dieser Systeme ganzer Zahlen ist $m_1 \partial H_0 / \partial p_1 + m_2 \partial H_0 / \partial p_2 = 0$; folglich ist auch

$$m_1 \frac{\partial \Phi_0}{\partial p_1} + m_2 \frac{\partial \Phi_0}{\partial p_2} = 0 .$$

Der Vergleich dieser beiden Gleichungen lehrt, daß

$$\frac{\partial H_0 / \partial p_1}{\partial \Phi_0 / \partial p_1} = \frac{\partial H_0 / \partial p_2}{\partial \Phi_0 / \partial p_2}$$

ist. Die Jacobische Determinante $\partial(H_0, \Phi_0) / \partial(p_1, p_2)$ ist also gleich Null für alle Werte p_1, p_2, für die $\partial H_0 / \partial p_1$ und $\partial H_0 / \partial p_2$ in rationalem Verhältnis stehen. Folglich gibt es in jedem noch so kleinen Bereich unendlich viele Wertsysteme (p_1, p_2), für die die Jacobische Determinante verschwindet; da sie aber eine stetige Funktion ist, muß sie identisch Null sein, d. h. Φ_0 ist eine Funktion von H_0. Das widerspricht aber dem Ergebnis von 3.; daher muß die grundlegende Annahme über die Existenz des Integrals Φ irrig sein, d. h. die Hamiltonschen Gleichungen haben außer $H = h$ kein eindeutiges analytisches Integral, vorausgesetzt daß keiner der Koeffizienten B_{m_1, m_2} verschwindet, wenn er säkular wird.

6. Aufhebung der Beschränkungen für die Koeffizienten B_{m_1, m_2}.

Es bleibt nun noch der Fall zu untersuchen, daß wenigstens ein Koeffizient B_{m_1, m_2} verschwindet, wenn er säkular wird. Wir bezeichnen zwei Paare von Indizes (m_1, m_2), (m_1', m_2') als zur selben *Klasse* gehörig, wenn sie der Relation genügen: $m_1 / m_1' = m_2 / m_2'$; dann sollen auch die Koeffizienten B_{m_1, m_2} und $B_{m_1', m_2'}$ als zur selben Klasse gehörig bezeichnet werden.

Wir beweisen zunächst, daß das Ergebnis von 5. über das Nichtvorhandensein eines eindeutigen Integrals auch dann gilt, wenn in jeder Klasse mindestens *ein* Koeffizient B_{m_1, m_2} enthalten ist, der nicht verschwindet, wenn er säkular wird. — Wir nehmen an, der Koeffizient B_{m_1, m_2} sei gleich Null, aber der Koeffizient $B_{m_1', m_2'}$ ungleich Null. Für Werte von p_1, p_2, für die $m_1 \partial H_0 / \partial p_1 + m_2 \partial H_0 / \partial p_2$ verschwindet, ist $m_1' \partial H_0 / \partial p_1 + m_2' \partial H_0 / \partial p_2 = 0$, folglich

$$B_{m_1, m_2} \left(m_1 \frac{\partial \Phi_0}{\partial p_1} + m_2 \frac{\partial \Phi_0}{\partial p_2} \right) = 0 , \qquad B_{m_1', m_2'} \left(m_1 \frac{\partial \Phi_0}{\partial p_1} + m_2 \frac{\partial \Phi_0}{\partial p_2} \right) = 0 ;$$

obgleich die Relation $m_1 \partial \Phi_0 / \partial p_1 + m_2 \partial \Phi_0 / \partial p_2 = 0$ aus der ersten dieser Gleichungen nicht geschlossen werden kann, läßt sie sich doch aus der zweiten folgern. Sonst verläuft der Beweis ganz wie in 5.

Nun wird eine Klasse durch das Verhältnis der Indizes m_1/m_2 vollständig bestimmt. Es sei λ eine rationale Zahl und C die Klasse der Indizes, für die $m_1/m_2 = \lambda$ ist. Wir sagen kurz, daß die Klasse C zu einem gegebenen Bereich gehört oder in diesem Bereich liegt, wenn sich in dem Bereich ein Wertsystem p_1, p_2 finden läßt, für das

$$\lambda \frac{\partial H_0}{\partial p_1} + \frac{\partial H_0}{\partial p_2} = 0 .$$

Wir beweisen, daß der Satz auch dann noch gilt, wenn es in jedem noch so kleinen Teilbereich δ von D unendlich viele Klassen gibt, für die nicht alle Koeffizienten verschwinden, wenn sie säkular werden.

Es sei nämlich p_1, p_2 ein Wertsystem derart, daß

$$\lambda \frac{\partial H_0}{\partial p_1} + \frac{\partial H_0}{\partial p_2} = 0$$

ist, und es werde angenommen, λ sei rational und für die zu diesem Wert λ gehörige Klasse verschwinden nicht sämtliche Koeffizienten, wenn sie säkular werden. Dann lassen sich die früheren Überlegungen auf dieses Wertsystem anwenden; für diese Werte p_1, p_2 ist also die Jacobische Determinante $\partial(H_0, \Phi_0)/\partial(p_1, p_2)$ gleich Null. Nach Voraussetzung gibt es aber für jeden in D enthaltenen, noch so kleinen Bereich δ unendlich viele derartige Wertsysteme von p_1, p_2. Folglich verschwindet die Jacobische Determinante in allen Punkten von D, und Φ_0 ist eine Funktion von H_0. Es gibt also auch in diesem Falle kein von H verschiedenes eindeutiges Integral.

7. Beweis des Satzes von Poincaré.

In den vier voraufgehenden Abschnitten haben wir Gleichungen vom Typ

$$\frac{dq_r}{dt} = \frac{\partial H}{\partial p_r}, \qquad \frac{dp_r}{dt} = -\frac{\partial H}{\partial q_r} \qquad (r = 1, 2)$$

untersucht, wo H die Gestalt hat

$$H = H_0 + \mu H_1 + \mu^2 H_2 + \dots$$

und die Hessesche Determinante von H_0 in bezug auf p_1, p_2 nicht verschwindet, H_0 die Veränderlichen q_1, q_2 nicht enthält und $H_1, H_2, \dots$ periodische Funktionen von q_1, q_2 sind. Wir haben dann nachgewiesen, daß kein von dem Energieintegral verschiedenes Integral existiert, das eindeutig und regulär für alle reellen Werte q_1, q_2 und für Werte μ unter einer bestimmten Schranke und für Werte p_1, p_2 ist, die einen Bereich D bilden. Dabei wird vorausgesetzt, daß in jedem noch so kleinen Teilbereich von D unendlich viele Quotienten m_1/m_2 vorhanden sind, für die nicht alle entsprechenden Koeffizienten B_{m_1, m_2} verschwinden, wenn sie säkular werden.

Dieses Ergebnis läßt sich unmittelbar auf das eingeschränkte Dreikörperproblem anwenden; denn wir haben in 1. gesehen, daß die Bewegungsgleichungen dieses Problems von der obigen Art sind, und bei der Bestimmung der Funktion H_1 durch eine wirkliche Reihenentwicklung zeigt sich, daß die letzte Bedingung auch erfüllt ist. *Damit ist der Satz von Poincaré bewiesen.*

Der Satz von Poincaré stellt das Nichtvorhandensein von Integralen fest, die eindeutig in bezug auf die *Keplerschen Veränderlichen* sind, worin die Eindeutigkeit in der Umgebung aller Bahnkurven mit einbegriffen ist, die eine gemeinsame oskulierende Ellipse besitzen. Damit ist aber nicht die Existenz von Integralen ausgeschlossen, die in Bereichen anderer Art eindeutig sind. Vgl. Levi-Civita: *Acta Math.* Bd. 30, S. 305. 1905.

Poincaré hat den Satz auf das allgemeine Dreikörperproblem ausgedehnt. Vgl. *Méth. Nouv. de la Méc. Cél.* Bd. 1, S. 253; auch Painlevé hat ihn erweitert: *Compt. Rend.* Bd. 130, S. 1699. 1900.

Fünfzehntes Kapitel.

Allgemeine Theorie der Bahnkurven.

§ 166. Einleitung.

Wir untersuchen nunmehr allgemein Gestalt und Charakter der Bahnkurven dynamischer Systeme. Um der Einfachheit willen betrachten wir in diesem Kapitel hauptsächlich die Bewegung eines Massenpunktes in einer Ebene unter der Einwirkung konservativer Kräfte. Doch lassen sich viele der Ergebnisse unmittelbar auf allgemeinere dynamische Systeme übertragen.

In § 104 haben wir schon darauf hingewiesen, daß die Bestimmung der Bewegung eines Massenpunktes mit zwei Freiheitsgraden unter der Wirkung konservativer Kräfte sich auf das Problem zurückführen läßt, die geodätischen Linien einer Fläche mit gegebenem Bogenelement zu bestimmen. Eine Darstellung der Eigenschaften geodätischer Linien scheint daher wohl in den Rahmen unserer Untersuchungen zu gehören. Jedoch haben manche der Eigenschaften für unseren gegenwärtigen Zweck keine Bedeutung. Da überdies eine vollständige Theorie der geodätischen Linien in zahlreichen Lehrbüchern der Differentialgeometrie enthalten ist, beschränken wir uns hier auf Sätze, die von allgemeinem Interesse für die Dynamik sind.

Die wichtigsten bisher erlangten Ergebnisse betreffen periodische Bahnkurven (§§ 167—171), die Stabilität einer gegebenen (insbesondere periodischen) Bahnkurve bei kleinen Verrückungen aus ihr (§§ 172 bis 176) und die Stabilität einer gegebenen Bahnkurvenschar in bezug auf die Zeit, d. h. die Frage, wie weit die Bahnkurven im Verlauf eines langen Zeitabschnitts ihren allgemeinen Charakter bewahren (§§ 177 bis 179).

§ 167. Periodische Lösungen.

In den letzten Jahren hat man mit besonderem Interesse die speziellen Bewegungsformen derjenigen dynamischen Systeme untersucht, bei denen die gleiche Konfiguration sich nach regelmäßigen Zeitabschnitten wiederholt, die Bewegung also rein periodisch ist. Diese Bewegungsformen werden als *periodische Lösungen* bezeichnet. Von periodischer

Lösung spricht man auch dann, wenn eine relative, nicht eine absolute Konfiguration sich periodisch wiederholt; im Dreikörperproblem z. B. heißt eine Lösung periodisch, wenn die gegenseitigen Entfernungen der Körper periodische Funktionen der Zeit sind, obwohl die Körper zu Ende des Zeitabschnitts nicht notwendig die gleiche Lage im Raum zu haben brauchen wie zu Anfang.

Bei der Bewegung eines Massenpunktes in einer Ebene oder auf einer ruhenden glatten Fläche unter der Einwirkung konservativer Kräfte wird es offenbar in der Umgebung jeder stabilen Gleichgewichtslage des Massenpunktes eine Schar periodischer Bahnkurven geben, nämlich die den Normalschwingungen des Massenpunktes um diese Gleichgewichtslage entsprechenden Bahnen. Für eine labile Gleichgewichtslage können die Perioden *beider* Arten von Normalschwingungen imaginär sein, so daß es in der Umgebung keine periodischen Bahnkurven gibt, oder die Periode *einer* der Normalschwingungen kann reell sein, so daß diese reellen Normalschwingungen eine Schar periodischer Bahnkurven ergeben. Letztere sind jedoch offenbar labil, während die Bahnkurven in der Umgebung einer stabilen Gleichgewichtslage stabil sind.

§ 168. Poincarés Normalkoordinaten für eine bekannte periodische Bahnkurve.

Die Definitionsgleichungen einer periodischen Bahnkurve stellen sich am bequemsten in einer von Poincaré[1]) angegebenen Form dar.

Die Bewegung des betrachteten dynamischen Systems sei definiert durch die Gleichungen

$$\frac{dq_r}{dt} = \frac{\partial H}{\partial p_r}, \qquad \frac{dp_r}{dt} = -\frac{\partial H}{\partial q_r} \qquad (r = 1, 2),$$

wo die Funktion H die Zeit t nicht explizit enthält;

$$q_1 = \varphi_1(t), \qquad q_2 = \varphi_2(t), \qquad p_1 = \psi_1(t), \qquad p_2 = \psi_2(t)$$

seien die Definitionsgleichungen einer bekannten periodischen Bahnkurve dieses Systems. Offenbar beschränken wir die Allgemeinheit nicht durch die Annahme, daß die Veränderlichen q_1, q_2, p_1 nach dem Ablauf einer Periode zu ihren Anfangswerten zurückkehren, während p_2 um 2π gewachsen ist.

Aus diesen Gleichungen läßt sich t eliminieren; das Ergebnis der Elimination werde dargestellt in der Form

$$q_1 = \vartheta_1(p_2), \qquad q_2 = \vartheta_2(p_2), \qquad p_1 = \vartheta_3(p_2),$$

so daß die Funktionen $\vartheta_1, \vartheta_2, \vartheta_3$ die Periode 2π besitzen[2]).

---

[1]) *Méth. Nouv. de la Méc. Cél.* Bd. 2, S. 369.

[2]) Die Funktionen $\vartheta_1, \vartheta_2, \vartheta_3$ werden nur dann eindeutig, wenn p_2 dauernd zu- oder abnimmt; doch läßt sich dies im allgemeinen durch eine vorhergehende Transformation erreichen.

Wir unterwerfen das System der Berührungstransformation, die definiert ist durch

$$q_r = \frac{\partial W}{\partial p_r}, \qquad P_r = \frac{\partial W}{\partial Q_r} \qquad (r = 1, 2)$$

mit

$$W = Q_2 p_2 + Q_1 p_1 + p_1 \vartheta_1(p_2) - Q_1 \vartheta_3(p_2) + \int \left\{ \vartheta_2(p_2) - \vartheta_3(p_2) \frac{d\vartheta_1(p_2)}{dp_2} \right\} dp_2 .$$

Diese Transformationsgleichungen lassen sich in der Form schreiben

$$\begin{aligned} Q_1 &= q_1 - \vartheta_1(p_2), \\ Q_2 &= q_2 - \vartheta_2(p_2) + \{q_1 - \vartheta_1(p_2)\} \frac{d\vartheta_3(p_2)}{dp_2} - \{p_1 - \vartheta_3(p_2)\} \frac{d\vartheta_1(p_2)}{dp_2}, \\ P_1 &= p_1 - \vartheta_3(p_2), \\ P_2 &= p_2 . \end{aligned}$$

In den neuen Veränderlichen lauten die Bewegungsgleichungen des dynamischen Systems

$$\frac{dQ_r}{dt} = \frac{\partial H}{\partial P_r}, \qquad \frac{dP_r}{dt} = -\frac{\partial H}{\partial Q_r} \qquad (r = 1, 2).$$

Aus den obigen Transformationsgleichungen geht hervor, daß die periodische Lösung nun dargestellt wird durch die Gleichung

$$Q_1 = 0, \qquad Q_2 = 0, \qquad P_1 = 0, \qquad P_2 = \psi_2(t).$$

Diese Form der Bahngleichungen wird als die *Poincarésche Normalform* bezeichnet.

§ 169. Ein Kriterium zur Auffindung periodischer Bahnkurven.

Wir zeigen nun, daß sich die Existenz und Lage periodischer Bahnkurven mit Hilfe eines Analogons derjenigen Sätze untersuchen läßt[1]), die die Lage der Wurzeln einer algebraischen Gleichung auf Grund der Vorzeichen von Ausdrücken bestimmen, die aus der Gleichung entnommen werden. Zur Vereinfachung nehmen wir als dynamisches Problem die Bewegung eines Punktes der Masse 1 in einer Ebene unter der Einwirkung konservativer Kräfte; das Ergebnis läßt sich ohne Schwierigkeit auf allgemeinere Systeme übertragen[2]).

Es seien x, y die auf beliebige feste rechtwinklige Achsen in der

[1]) Whittaker: *Monthly Notices R. A. S.* Bd. 62, S. 186. 1902. Vgl. A. Signorini: *Rend. d. Lincei* Bd. 21, S. 36. 1912; *Rend. d. Palermo* Bd. 33, S. 187. 1912; L. Tonelli: *Rend. d. Lincei* Bd. 21, S. 251, 332. 1912.

[2]) Zur Übertragung auf das eingeschränkte Dreikörperproblem vgl. *Monthly Notices R. A. S.* Bd. 62, S. 346. 1902.

Ebene bezogene Koordinaten des Massenpunktes zur Zeit t, und $V(x, y)$ sei die potentielle Energie, so daß die Energiegleichung lautet

$$\tfrac{1}{2}(\dot{x}^2 + \dot{y}^2) + V(x, y) = h,$$

wo h die Energiekonstante ist.

Die Differentialgleichungen der Bewegung des Massenpunktes bilden ein System 4. Ordnung; ihre allgemeine Lösung enthält folglich vier willkürliche Konstanten. Eine dieser Konstanten jedoch tritt rein additiv zu t, bestimmt also den Beginn der Zeitrechnung auf der Bahnkurve; es gibt daher in Wirklichkeit nur ∞^3 verschiedene Bahnkurven. Faßt man die Bahnkurven mit demselben Wert der Energiekonstanten h zusammen, so ordnet sich die dreifach unendliche Mannigfaltigkeit von Bahnkurven in ein einfach unendliches System zweifach unendlicher Kurvenscharen. Eine derartige zweifach unendliche Schar kann analytisch mit Hilfe des Prinzips der kleinsten Wirkung (§ 100) definiert werden, das besagt, daß die Bahnkurve zwischen zwei gegebenen Punkten (x_0, y_0) und (x_1, y_1) die Eigenschaft hat, dem Integral

$$\int \{h - V(x, y)\}^{\frac{1}{2}} \{(dx)^2 + (dy)^2\}^{\frac{1}{2}}$$

einen stationären Wert im Vergleich mit anderen Kurven zwischen den Endpunkten (x_0, y_0) und (x_1, y_1) zu erteilen[1]).

Wir betrachten eine einfache geschlossene Kurve C in der x-y-Ebene und zeichnen eine zweite C umschließende und sich nur wenig von ihr unterscheidende einfache geschlossene Kurve C'. Die Kurve C' möge definiert werden durch eine Gleichung der Form

$$\delta p = \varphi(\gamma);$$

dabei ist δp der auf der von C nach außen gerichteten Normalen gemessene und daher stets positive Abstand der Kurven C und C', γ die Neigung der Normalen gegen die x-Achse. Ist dann I der Wert des über die Kurve C erstreckten Integrals

$$\int \{h - V(x, y)\}^{\frac{1}{2}} \{dx^2 + dy^2\}^{\frac{1}{2}}$$

$I + \delta I$ der Wert des über die Kurve C' erstreckten Integrals (so daß also δI den Zuwachs beim Übergang von C zu C' bedeutet), so haben wir

$$\delta I = \int \{dx^2 + dy^2\}^{\frac{1}{2}} \delta\{h - V(x, y)\}^{\frac{1}{2}} + \int \{h - V(x, y)\}^{\frac{1}{2}} \delta\{dx^2 + dy^2\}^{\frac{1}{2}}.$$

Nun ist aber

$$\begin{aligned} \delta\{h - V(x, y)\}^{\frac{1}{2}} &= -\frac{1}{2}\{h - V(x, y)\}^{-\frac{1}{2}} \left(\frac{\partial V}{\partial x}\delta x + \frac{\partial V}{\partial y}\delta y\right) \\ &= -\frac{1}{2}\{h - V(x, y)\}^{-\frac{1}{2}} \left(\frac{\partial V}{\partial x}\cos\gamma + \frac{\partial V}{\partial y}\sin\gamma\right)\delta p \end{aligned}$$

---

[1]) Nach Painlevé: *Journal de math.* (4) Bd. 10. 1894, bezeichnet man eine Schar von Bahnkurven mit der gleichen Energiekonstanten häufig als *natürliche* Schar.

und

$$\delta\{dx^2 + dy^2\}^{\frac{1}{2}} = \delta p \cdot d\gamma = \frac{\delta p}{\varrho}\{dx^2 + dy^2\}^{\frac{1}{2}},$$

wo ϱ den Krümmungsradius der Kurve C im Punkt (x, y) bedeutet. Demnach erhalten wir

$$\delta I = \int \frac{\{dx^2 + dy^2\}^{\frac{1}{2}}}{\{h - V(x, y)\}^{\frac{1}{2}}} \left\{\frac{h - V(x, y)}{\varrho} - \frac{1}{2}\cos\gamma \frac{\partial V}{\partial x} - \frac{1}{2}\sin\gamma \frac{\partial V}{\partial y}\right\} \delta p\,.$$

Diese Gleichung lehrt, daß δI negativ ist, wenn die Größe

$$\frac{h - V(x, y)}{\varrho} - \frac{1}{2}\cos\gamma \frac{\partial V}{\partial x} - \frac{1}{2}\sin\gamma \frac{\partial V}{\partial y}$$

in allen Punkten von C negativ ist. Das Integral I wird also kleiner, wenn an Stelle von C irgend eine C umschließende Nachbarkurve als Integrationsweg gewählt wird.

Angenommen, es läßt sich eine einfache geschlossene C umgebende Kurve D finden, in deren sämtlichen Punkten die Größe

$$\frac{h - V}{\varrho} - \frac{1}{2}\left(\cos\gamma \frac{\partial V}{\partial x} + \sin\gamma \frac{\partial V}{\partial y}\right)$$

positiv ist; dann können wir in gleicher Weise zeigen, daß das Integral I kleiner wird, wenn an Stelle von D irgend eine einfache geschlossene, von D umschlossene Nachbarkurve zum Integrationsweg gemacht wird.

Betrachten wir also die Gesamtheit der einfachen geschlossenen Kurven in dem durch C und D begrenzten ringförmigen Bereich — in dem keine Singularität der Funktion $V(x, y)$ enthalten sein möge —, so kann die den kleinsten Wert von I ergebende Kurve offenbar weder C oder D sein noch mit C oder D stückweise zusammenfallen. Unter den einfachen geschlossenen Kurven der Gesamtheit gibt es daher eine oder mehrere Kurven K, für die I einen kleineren Wert annimmt als für alle übrigen Kurven der Gesamtheit. Da K mit C oder D nicht stückweise zusammenfällt, gehören alle Nachbarkurven von K der Gesamtheit an; K ergibt also einen stationären Wert von I im Vergleich mit allen Nachbarkurven, ist demnach eine Bahnkurve des dynamischen Systems. Damit haben wir den Satz bewiesen: *Begrenzen zwei geschlossene Kurven ein ringförmiges Gebiet, und ist die Größe*

$$\frac{h - V(x, y)}{\varrho} - \frac{1}{2}\cos\gamma \frac{\partial V}{\partial x} - \frac{1}{2}\sin\gamma \frac{\partial V}{\partial y}$$

negativ in allen Punkten der inneren, positiv in allen Punkten der äußeren Randkurve, so liegt in dem ringförmigen Bereich eine zu dem Wert h der Energiekonstanten gehörige periodische Bahnkurve des dynamischen Systems. Die Größe

$$\frac{h - V(x, y)}{\varrho} - \frac{1}{2}\cos\gamma \frac{\partial V}{\partial x} - \frac{1}{2}\sin\gamma \frac{\partial V}{\partial y}$$

läßt sich für alle Punkte der Kurven C und D unmittelbar berechnen, da sie nur von der potentiellen Energie und den Kurven selbst abhängt; der Satz ermöglicht also unter Umständen, das Vorhandensein periodischer Bahnkurven zu behaupten.

§ 170. Lagranges drei Massenpunkte.

Wir behandeln nun insbesondere einige periodische Lösungen des Dreikörperproblems.

Eine wertvolle Zusammenstellung von Sätzen über Scharen periodischer Bahnkurven des eingeschränkten Dreikörperproblems gibt F. R. Moulton: *Proc. Internat. Cong. of Math. Cambridge* Bd. 2, S. 182. 1912.

Die Beziehungen periodischer Bahnen zu den *Stoßbahnen*, bei denen zwei der Körper in einem Zeitpunkt die gleiche Lage einnehmen, untersucht Moulton: *Proc. L. M. S.* (2) Bd. 11, S. 367. 1912.

Eine Klasse nicht-ebener periodischer Bahnkurven des Dreikörperproblems behandelt Pavanini: *Annali di Mat.* (3) Bd. 13, S. 179. 1906.

Wir nehmen die Bewegungsgleichungen des Problems in der in § 160 hergeleiteten reduzierten Form und fragen zunächst, ob sie eine partikuläre Lösung besitzen, bei der die gegenseitigen Entfernungen der Körper während der ganzen Bewegung invariant sind.

Die gegenseitigen Entfernungen sind

$$q_1, \left\{q_2^2 - \frac{2m_2 q_1 q_2}{m_1+m_2}\left(\cos q_3 \cos q_4 - \frac{k^2-p_3^2-p_4^2}{2p_3p_4}\sin q_3 \sin q_4\right) + \frac{m_2^2}{(m_1+m_2)^2}q_1^2\right\}^{\frac{1}{2}},$$

$$\left\{q_2^2 + \frac{2m_1 q_1 q_2}{m_1+m_2}\left(\cos q_3 \cos q_4 - \frac{k^2-p_3^2-p_4^2}{2p_3p_4}\sin q_3 \sin q_4\right) + \frac{m_1^2}{(m_1+m_2)^2}q_1^2\right\}^{\frac{1}{2}}.$$

Daraus folgt, daß für die betrachtete partikuläre Lösung die Größen

$$q_1,\ q_2,\ \cos q_3 \cos q_4 - \frac{k^2-p_3^2-p_4^2}{2p_3p_4}\sin q_3 \sin q_4$$

und folglich die Funktionen U, $\partial U/\partial q_1$, $\partial U/\partial q_2$, wo $U = \sum m_1 m_2 r_{12}^{-1}$ ist, konstant sein müssen.

Die Gleichungen

$$0 = \dot q_1 = \frac{\partial H}{\partial p_1} = \frac{p_1}{\mu}, \qquad 0 = \dot q_2 = \frac{\partial H}{\partial p_2} = \frac{p_2}{\mu'}$$

lehren, daß p_1, p_2 ständig Null, die Gleichungen

$$0 = \dot p_1 = -\frac{\partial H}{\partial q_1} = \frac{p_3^2}{\mu q_1^3} + \frac{\partial U}{\partial q_1}, \qquad 0 = \dot p_2 = -\frac{\partial H}{\partial q_2} = \frac{p_4^2}{\mu' q_2^3} + \frac{\partial U}{\partial q_2},$$

daß p_3, p_4 konstant sein müssen.

Überdies zeigen die Gleichungen

$$0 = \dot p_3 = -\frac{\partial H}{\partial q_3}, \qquad 0 = \dot p_4 = -\frac{\partial H}{\partial q_4},$$

daß die Ausdrücke

$$\frac{\partial}{\partial q_3}\left(\cos q_3 \cos q_4 - \frac{k^2 - p_3^2 - p_4^2}{2 p_3 p_4} \sin q_3 \sin q_4\right),$$
$$\frac{\partial}{\partial q_4}\left(\cos q_3 \cos q_4 - \frac{k^2 - p_3^2 - p_4^2}{2 p_3 p_4} \sin q_3 \sin q_4\right)$$

Null sind. Daher haben wir

$$\operatorname{tg} q_3 \operatorname{ctg} q_4 = \operatorname{ctg} q_3 \operatorname{tg} q_4 = \frac{p_3^2 + p_4^2 - k^2}{2 p_3 p_4},$$

also

$$p_3^2 + p_4^2 - k^2 = \pm 2 p_3 p_4$$

oder

$$k^2 = (p_3 \pm p_4)^2.$$

Diese Gleichung läßt erkennen, daß die Ebenen der momentanen Bewegung der Körper μ und μ' mit der Ebene durch diese Körper und den Ursprung zusammenfallen; mit anderen Worten: μ und μ' bewegen sich in einer Ebene; *demnach findet auch die Bewegung von* m_1, m_2, m_2 *in einer Ebene statt.*

Nehmen wir an, daß der Schwerpunkt O des Systems ruht, so folgt also, daß die Massenpunkte m_1, m_2, m_3 die mit P, Q, R bezeichnet seien, Kreisbahnen um O beschreiben. Wir haben nun noch zu untersuchen, ob eine derartige Bewegung möglich ist.

Notwendig erfüllt sein muß offenbar die Bedingung, daß die resultierende Anziehung zweier Massenpunkte auf den dritten in die Verbindungsgerade des dritten mit dem Schwerpunkt fällt. Das ist einmal der Fall, wenn die drei Massenpunkte in einer Geraden liegen. Tun sie dies nicht, so ergibt die Bedingung:

$$\frac{m_1}{PR^2} \sin PRO = \frac{m_2}{QR^2} \sin QRO$$

und zwei entsprechende Gleichungen.

Da aber O der Schwerpunkt des Systems ist, so gilt

$$\frac{m_1 \sin PRO}{m_2 \sin QRO} = \frac{\sin QPR}{\sin PQR} = \frac{QR}{PR}.$$

Aus dieser und der vorangehenden Gleichung folgt $PR = QR$; ähnlich ergibt sich $PR = PQ$.

Die Körper müssen also entweder auf einer Geraden liegen oder ein gleichseitiges Dreieck bilden.

Wir betrachten zunächst den ersten Fall. a_1, a_2, a_3 seien die in derselben Richtung positiv gerechneten Abstände der Körper von dem Schwerpunkt. Ohne Beeinträchtigung der Allgemeinheit können wir annehmen, daß $a_1 < a_2 < a_3$ ist. Da die auf P wirkende Kraft einer Kreisbewegung um O entsprechen muß, ist

$$n^2 a_1 = -m_2 (a_2 - a_1)^{-2} - m_3 (a_3 - a_1)^{-2},$$

wo n die Winkelgeschwindigkeit der Geraden PQR bedeutet; entsprechend ergibt sich

$$n^2 a_2 = -m_3 (a_3 - a_2)^{-2} + m_1 (a_2 - a_1)^{-2},$$
$$n^2 a_3 = m_1 (a_3 - a_1)^{-2} + m_2 (a_3 - a_2)^{-2}.$$

Aus diesen Gleichungen folgt unmittelbar

$$m_1 k^2 \{(1+k)^3 - 1\} + m_2 (1+k)^2 (k^3 - 1) + m_3 \{k^3 - (1+k)^3\} = 0,$$

wo k den Quotienten $(a_3 - a_2)/(a_2 - a_1)$ bedeutet.

Dies ist eine Gleichung fünften Grades in k mit reellen Koeffizienten. Da die linke Seite der Gleichung für $k = 0$ negativ, für $k = +\infty$ positiv ist, besitzt sie mindestens eine positive reelle Wurzel. Eine derartige Wurzel bestimmt eindeutig reelle Werte der Verhältnisse $a_1 : a_2 : a_3$; ist n gegeben, so lassen sich die Abstände a_1, a_2, a_3 vollständig berechnen. *Es gibt also unendlich viele Lösungen des Dreikörperproblems, bei denen die Körper in konstanten Abständen auf einer Geraden verharren; die Gerade rotiert gleichförmig; ist ihre Winkelgeschwindigkeit (willkürlich) vorgegeben, so sind die gegenseitigen Abstände der Körper dadurch bestimmt.*

Nun betrachten wir den Fall, daß die Körper ein gleichseitiges Dreieck mit der Seitenlänge a und der Winkelgeschwindigkeit n bilden. Da die auf m_3 wirkende Kraft einer Kreisbewegung um O entspricht, so ist

$$\frac{m_1}{a^2} \cos PRO + \frac{m_2}{a^2} \cos QRO = n^2 OR.$$

Diese Bedingung reduziert sich auf

$$m_1 + m_2 + m_3 = n^2 a^3.$$

Auf dieselbe Beziehung führen die Bedingungen für die Bewegung von Q und R. Daher ist eine Bewegung dieser Art möglich, wenn n und a durch diese Beziehung verbunden sind. *Es gibt somit unendlich viele Lösungen des Dreikörperproblems, bei denen das von den Körpern gebildete Dreieck gleichseitig und von konstanter Größe bleibt und in der Ebene der Bewegung gleichförmig rotiert; aus der willkürlich vorzugebenden Winkelgeschwindigkeit der Rotation bestimmt sich die Größe des Dreiecks.*

Man bezeichnet diese beiden besonderen Bewegungsformen als die der *Lagrangeschen kollinearen* bzw. *äquidistanten Massenpunkte*[1]).

[1]) Lagrange fand sie 1772: *Oeuvres de Lagrange* Bd. VI, S. 229. Zur Literatur über die Erweiterung dieser Ergebnisse auf das n-Körperproblem vgl. man den Artikel des Verfassers in der *Enzyklopädie d. math. Wiss.* Bd. VI 2, 12, S. 529. Neben den dort erwähnten Abhandlungen seien noch genannt: E. O. Lovett: *Annali di Mat.* (3) Bd. 11, S. 1. 1904; W. R. Longley: *Bull. Amer. Math. Soc.* Bd. 13, S. 324. 1907; F. R. Moulton: *Annals of Math.* Bd. 12, S. 1. 1910.

Länger als ein Jahrhundert legte man der Lagrangeschen Entdeckung nur theoretische Bedeutung bei. 1906 fand man jedoch, daß ein neuer kleiner Planet, 588 Achilles, einen ebenso großen mittleren Abstand hat wie Jupiter. In der Tat ließ sich nachweisen, daß Sonne, Jupiter und Achilles wenigstens angenähert ein Beispiel für die Lagrangesche gleichseitige Dreieckskonfiguration bilden. Kurz darauf erfolgte die Entdeckung von drei weiteren Asteroiden, 617 Patroklus, 624 Hektor, 659 Nestor, für die das gleiche gilt[1]). Von dieser „Trojaner-Gruppe" hat Patroklus die Länge -60°, während die drei anderen die Länge $+60^\circ$ haben, von Jupiter aus gemessen.

Aufgabe. Man zeige, daß es partikuläre Lösungen des Dreikörperproblems gibt, bei denen die Körper immer kollinear oder immer äquidistant sind, obwohl die gegenseitigen Entfernungen nicht konstant, sondern periodische Funktionen der Zeit sind.

Sie sind offenbar *periodische Lösungen* des Problems und enthalten die Lagrangeschen Massenpunkte als Grenzfälle.

§ 171. Die Stabilität der Lagrangeschen Massenpunkte; benachbarte periodische Bahnen.

In § 167 haben wir bemerkt, daß es in der Umgebung einer jeden stabilen Gleichgewichtslage oder stationären Bewegungsform im allgemeinen eine Schar periodischer Lösungen gibt, nämlich die Normalschwingungen um die Gleichgewichtslage oder den stationären Bewegungszustand. Wir folgen diesem Gedanken in dem Fall der auf das eingeschränkte Dreikörperproblem angewandten Lagrangeschen Dreieckslösung des eingeschränkten Dreikörperproblems und erhalten so gewisse Scharen periodischer Bahnkurven des Planetoiden.

Es seien S und J die Körper endlicher Masse m_1 und m_2, O sei ihr Schwerpunkt, n die Winkelgeschwindigkeit von SJ; x, y seien die Koordinaten des Planetoiden P in bezug auf O als Ursprung und OJ als x-Achse. Die Bewegungsgleichungen des Planetoiden lauten (§ 162)

$$\frac{dx}{dt} = \frac{\partial K}{\partial u}, \qquad \frac{dy}{dt} = \frac{\partial K}{\partial v}, \qquad \frac{du}{dt} = -\frac{\partial K}{\partial x}, \qquad \frac{dv}{dt} = -\frac{\partial K}{\partial y},$$

wo

$$K = \tfrac{1}{2}(u^2 + v^2) + n(uy - vx) - m_1/SP - m_2/JP.$$

Es seien a, b die Werte von x, y in der betrachteten relativen Gleichgewichtslage; für den kollinearen Fall gilt dann: $b = 0$, für den äquidistanten Fall: $a = \frac{1}{2}(m_1 - m_2)\,l/(m_1 + m_2)$, $b = \frac{1}{2}\sqrt{3}\,l$, wo l den Abstand SJ bedeutet, so daß (§ 46)

$$m_1 + m_2 = n^2 l^3$$

ist.

Man sieht leicht, daß u, v in der relativen Gleichgewichtslage die Werte $-nb$ bzw. na haben.

Wir setzen

$$x = a + \xi, \qquad y = b + \eta, \qquad u = -nb + \vartheta, \qquad v = na + \varphi,$$

---

[1]) Vgl. F. J. Linders: *Arkiv för Math.* Bd. 4, Nr. 20. 1908.

wo $\xi, \eta, \vartheta, \varphi$ klein sein sollen. Unter Vernachlässigung eines konstanten Gliedes erhalten wir:

$$K = \tfrac{1}{2}(\vartheta^2 + \varphi^2) + n(\eta\vartheta - \xi\varphi) - n^2(a\xi + b\eta)$$
$$- m_1\left\{\left(a + \frac{m_2 l}{m_1 + m_2} + \xi\right)^2 + (b + \eta)^2\right\}^{-\frac{1}{2}}$$
$$- m_2\left\{\left(a - \frac{m_1 l}{m_1 + m_2} + \xi\right)^2 + (b + \eta)^2\right\}^{-\frac{1}{2}}.$$

Entwickeln wir und vernachlässigen wir dabei Glieder höheren als zweiten Grades in den kleinen Größen, so erhalten wir einen Ausdruck für K, mit dessen Hilfe sich die Gleichungen für die Schwingungen um die relative Gleichgewichtslage aufstellen lassen. Wir betrachten etwa den Fall der Schwingungen um die äquidistante Konfiguration; dann wird

$$K = \frac{1}{2}(\vartheta^2 + \varphi^2) + n(\eta\vartheta - \xi\varphi)$$
$$- \frac{n^2}{8(m_1 + m_2)}\left\{4(m_1 + m_2)(\xi^2 + \eta^2) - 3m_1\left(\xi + \sqrt{3}\,\eta\right)^2 - 3m_2\left(\xi - \sqrt{3}\,\eta\right)^2\right\}.$$

Die Bewegungsgleichungen lauten

$$\dot{\xi} = \frac{\partial K}{\partial \vartheta}, \qquad \dot{\eta} = \frac{\partial K}{\partial \varphi}, \qquad \dot{\vartheta} = -\frac{\partial K}{\partial \xi}, \qquad \dot{\varphi} = -\frac{\partial K}{\partial \eta}.$$

Lösen wir diese Gleichungen nach dem im 7. Kapitel angegebenen Verfahren, so bestimmt sich die Periode einer Normalschwingung zu $2\pi/\lambda$; dabei ist λ eine Wurzel der Gleichung

$$\lambda^4 - n^2\lambda^2 + \left(\frac{27}{16} - k^2\right)n^4 = 0, \qquad \text{wo} \quad k = \frac{3\sqrt{3}}{4}\,\frac{m_1 - m_2}{m_1 + m_2}.$$

Die beiden durch diese Gleichung gegebenen Werte von λ^2 sind, falls sie reell sind, positiv, da $\left(\frac{27}{16} - k^2\right)$ positiv ist; sie sind aber reell, wenn $4\left(\frac{27}{16} - k^2\right) < 1$ oder $(m_1 + m_2)^2 > 27\, m_1 m_2$ ist. Diese Bedingung wiederum ist erfüllt, sobald eine der Massen S, J genügend groß gegen die andere ist. *Wenn diese Bedingung erfüllt ist, gibt es zwei Scharen periodischer Bahnkurven des Planetoiden in der Umgebung seiner äquidistanten Konfiguration relativen Gleichgewichtes.* Die Perioden sind in erster Annäherung $2\pi/\lambda_1$ und $2\pi/\lambda_2$, wobei λ_1^2, λ_2^2 die Wurzeln der Gleichung in λ^2

$$\lambda^4 - n^2\lambda^2 + \left(\frac{27}{16} - k^2\right)n^4 = 0$$

bedeuten.

Eine ähnliche Überlegung führt zu dem Ergebnis, *daß die kollineare Anordnung der Lagrangeschen Massenpunkte labil ist. Die Gleichung für die Perioden der Normalschwingungsformen hat jedoch immer eine reelle Wurzel; daher gibt es in der Umgebung einer relativen Gleichgewichtslage des Planetoiden auf der Geraden SJ eine Schar labiler periodischer Bahnkurven*[1]).

Aufgabe. Man beweise, daß die Konstante der relativen Energie für eine der Normalschwingungsformen des Planetoiden in der Umgebung der äquidistanten Konfiguration größer als in der relativen Gleichgewichtslage ist, während sie für die andere Schwingungsform kleiner ist. (Charlier.)

---

[1]) Für weitere Literatur über Bahnkurven in der Nähe der Lagrangeschen Lösungen vgl. die in dem *Enzyklopädieartikel* des Verfassers angeführten Abhandlungen (S. 530); ferner Lovett: *Astr. Nachr.* Bd. 159, S. 281. 1902; Strömgren: *Astr. Nachr.* Bd. 168, S. 105. 1905; Moulton: *Math. Ann.* Bd. 73, S. 441. 1912.

§ 172. Die Differentialgleichung der Normalverrückung aus einer Bahnkurve.

Wir untersuchen nun allgemein die Stabilität der Bahnkurven.

Angenommen, wir kennen eine partikuläre Lösung der Bewegungsgleichungen eines Punktes der Masse 1 in einer Ebene unter der Wirkung von Kräften, die aus einem gegebenen Potential V hergeleitet sind. Dann betrachten wir eine der bekannten Lösung unmittelbar benachbarte mit dem gleichen Wert der Energiekonstanten.

P und Q seien die Lagen des Massenpunktes auf der bekannten und der benachbarten Bahn zur Zeit t. QN sei das Lot auf die bekannte Bahn, und es sei $PN = \xi$, $NQ = u$, O ein fest gewählter Nullpunkt auf der bekannten Bahn. Es sei der Bogen $OP = \sigma$, der Bogen $ON = s$, also $s - \sigma = \xi$, ferner ϱ der Krümmungsradius der Bahn in P. Durch die Größen u und s bestimmen wir die Lage jedes Punktes der Nachbarkurve.

Die kinetische Energie des Massenpunktes beim Durchlaufen der Nachbarbahn ist

$$T = \tfrac{1}{2}\dot{u}^2 + \tfrac{1}{2}(1 + u/\varrho)^2 \dot{s}^2.$$

Seine Lagrangeschen Bewegungsgleichungen lauten daher

$$\ddot{u} - \left(1 + \frac{u}{\varrho}\right)\frac{\dot{s}^2}{\varrho} = -\frac{\partial V}{\partial u},$$

$$\left(1 + \frac{u}{\varrho}\right)^2 \ddot{s} + \frac{2}{\varrho}\left(1 + \frac{u}{\varrho}\right)\dot{u}\dot{s} - \left(1 + \frac{u}{\varrho}\right)\frac{u\,\dot{s}^2}{\varrho^2}\frac{d\varrho}{ds} = -\frac{\partial V}{\partial s}.$$

Man kennt ein Integral dieser Gleichungen, nämlich das Energieintegral

$$\frac{1}{2}\dot{u}^2 + \frac{1}{2}\left(1 + \frac{u}{\varrho}\right)^2 \dot{s}^2 + V = h,$$

wo h konstant ist.

Aus der ersten Lagrangeschen Gleichung und dem Integral folgt

$$\ddot{u} - \frac{u\dot{\sigma}^2}{\varrho^2} - \frac{(\dot{\sigma} + \dot{\xi})^2}{\varrho_P + \xi\dfrac{d\varrho}{d\sigma}} = -\left\{\left(\frac{\partial V}{\partial u}\right)_P + \xi\left(\frac{\delta^2 V}{\partial u\,\partial\sigma}\right)_P + u\left(\frac{\partial^2 V}{\partial u^2}\right)_P\right\},$$

$$\frac{1}{2}\left(1 + \frac{2u}{\varrho}\right)(\dot{\sigma}^2 + 2\dot{\sigma}\dot{\xi}) + V_P + \xi\left(\frac{\partial V}{\partial\sigma}\right)_P + u\left(\frac{\partial V}{\partial u}\right)_P = h.$$

Da

$$\frac{\dot{\sigma}^2}{\varrho_P} = \left(\frac{\partial V}{\partial u}\right)_P$$

und

$$\tfrac{1}{2}\dot{\sigma}^2 + V_P = h$$

ist, gehen die beiden letzten Gleichungen über in

$$\ddot{u} - \frac{u\dot{\sigma}^2}{\varrho^2} - \frac{2(\dot{\sigma}\dot{\xi} - \xi\ddot{\sigma})}{\varrho} = -u\left(\frac{\partial^2 V}{\partial u^2}\right)_P,$$

$$\dot{\sigma}\dot{\xi} - \xi\ddot{\sigma} + \frac{2u\dot{\sigma}^2}{\varrho} = 0.$$

Durch Elimination von $\dot{\sigma}\dot{\xi} - \xi\ddot{\sigma}$ erhalten wir die Gleichung

$$\ddot{u} + \left\{\left(\frac{\partial^2 V}{\partial u^2}\right)_P + \frac{3\dot{\sigma}^2}{\varrho^2}\right\} u = 0$$

oder, wenn wir s an Stelle von t als unabhängige Veränderliche einführen und v an Stelle von $\dot{\sigma}$ schreiben,

$$\frac{d^2 u}{d s^2} + \frac{1}{v}\frac{d v}{d s}\frac{d u}{d s} + \left\{\frac{1}{v^2}\left(\frac{\partial^2 V}{\partial u^2}\right)_P + \frac{3}{\varrho^2}\right\} u = 0.$$

Damit haben wir die Differentialgleichung der benachbarten Bahn.

Aus dieser Gleichung lassen sich sofort Schlüsse über die Stabilität der bekannten Bahn ziehen. Der Sturmsche Satz [1]) besagt nämlich: Liegt für eine Differentialgleichung der Form

$$\frac{d^2 u}{d t^2} + I(t)\, u = 0$$

die Größe $I(t)$ für einen bestimmten Wertbereich von t zwischen zwei reellen positiven Größen a^2 und b^2, so hat jede Lösung n, die für einen Wert t_0 des Bereichs verschwindet, eine weitere Nullstelle für einen Wert t des Bereichs, wobei $t - t_0$ zwischen π/a und π/b liegt, wenn der Bereich so groß ist, daß er dieses Intervall einschließt. Daraus folgt, daß die bekannte Bahn *stabil* ist, wenn $(\partial^2 V/\partial u^2)_P + 3v^2/\varrho^2$ in allen Bahnpunkten positiv ist [2]); d. h. jede Nachbarbahn, die sie einmal schneidet, bleibt in ihrer Nähe und schneidet sie unendlich oft. Der Ausdruck $(\partial^2 V/\partial u^2)_P + 3v^2/\varrho^2$ kann daher als *Stabilitätskoeffizient* der Bahn bezeichnet werden.

§ 173. Der Satz von Korteweg.

Die bekannte Bahn, von der aus die Normalverrückung u gemessen wird, sei eine periodische Bahn mit dem Umfang S; ist dann $u = \varphi(s)$

---

[1]) Vgl. Darboux: *Th. gén. des Surfaces* Bd. 3.

[2]) In den Stabilitätsuntersuchungen der §§ 172—176 sind bei der Aufstellung der Differentialgleichungen der Nachbarbahnen alle höheren als ersten Potenzen der Verrückung vernachlässigt. Levi-Civita: *Annali di Mat.* Bd. 5, S. 221. 1901, hat den Einfluß der vernachlässigten Glieder auf die Stabilität untersucht und gefunden, daß sie in gewissen Fällen, die bei Berücksichtigung von Gliedern ausschließlich 1. Ordnung stabil erscheinen, Instabilität verursachen. Dies tritt ein, wenn $\alpha T/2\pi i$ eine rationale Zahl ist, wobei α der charakteristische Exponent, T die Periode der Lösung ist. Vgl. ferner A. R. Cigala: *Annali di Mat.* Bd. 11, S. 67. 1904.

die Gleichung einer Nachbarbahn, so ist offenbar $u = \varphi(s + nS)$, wo n irgend eine ganze Zahl ist, ebenfalls die Gleichung einer Nachbarbahn. Die durch diese beiden Gleichungen dargestellten Bahnen fallen tatsächlich zusammen; aber die zugeordneten, die Bahnen durchlaufenden Punkte haben einen Abstand von einer oder mehreren Perioden.

Für eine der gegebenen benachbarte Bahn bezeichne u_n, u_{n+1}, u_{n+2} (wo n eine ganze Zahl ist) die Normalverrückung aus demselben Bahnpunkt in der n^{ten}, $(n+1)^{\text{ten}}$, $(n+2)^{\text{ten}}$ Periode. Wir können also setzen

$$u_n = \varphi[s + (n-1)S], \quad u_{n+1} = \varphi(s + nS), \quad u_{n+2} = \varphi[s + (n+1)S],$$

wo $u = \varphi(s)$ eine Lösung der Gleichung

$$\frac{d^2u}{ds^2} + \frac{1}{v}\frac{dv}{ds}\frac{du}{ds} + \left\{\frac{1}{v^2}\left(\frac{\partial^2 V}{\partial u^2}\right)_0 + \frac{3}{\varrho^2}\right\} u = 0$$

bedeutet.

Da u_n, u_{n+1}, u_{n+2} drei Lösungen dieser linearen Differentialgleichung sind, stehen sie in einer Beziehung der Form:

$$u_{n+2} = k\,u_{n+1} + k_1 u_n,$$

wo k und k_1 von s unabhängig sind.

Wir zeigen zunächst, daß die Konstanten k und k_1 von der Wahl der Nachbarbahn und der Zahl n unabhängig sind, daß sie also auch zu einem beliebigen anderen System

$$u'_m = \psi[s + (m-1)S], \quad u'_{m+1} = \psi(s + mS), \quad u'_{m+2} = \psi[s + (m+1)S]$$

gehören.

Denn u'_m ist eine lineare Funktion der Lösungen u_n und u_{n+1}, etwa

$$u'_m = c_1 u_n + c_2 u_{n+1}.$$

Fügen wir zu dem Argument s Perioden hinzu, so erhalten wir daher

$$u'_{m+1} = c_1 u_{n+1} + c_2 u_{n+2}, \qquad u'_{m+2} = c_1 u_{n+2} + c_2 u_{n+3}.$$

Aber aus den Gleichungen

$$u_{n+2} = k\,u_{n+1} + k_1 u_n, \qquad u_{n+3} = k\,u_{n+2} + k_1 u_{n+1}$$

folgt

$$c_1 u_{n+2} + c_2 u_{n+3} = k(c_1 u_{n+1} + c_2 u_{n+2}) + k_1(c_1 u_n + c_2 u_{n+1}).$$

Daher ist

$$u'_{m+2} = k\,u'_{m+1} + k_1 u'_m.$$

Also treten in der linearen Beziehung zwischen u'_{m+2}, u'_{m+1}, u'_m die gleichen Konstanten auf wie in der linearen Beziehung zwischen u_{n+2}, u_{n+1}, u_n.

Sodann bestimmen wir den Wert der Konstanten k_1. Aus den Gleichungen

$$\frac{d^2 u_n}{ds^2} + \frac{1}{v}\frac{dv}{ds}\frac{du_n}{ds} + \left\{\frac{1}{v^2}\left(\frac{\partial^2 V}{\partial u^2}\right)_0 + \frac{3}{\varrho^2}\right\} u_n = 0,$$

$$\frac{d^2 u_{n+1}}{ds^2} + \frac{1}{v}\frac{dv}{ds}\frac{du_{n+1}}{ds} + \left\{\frac{1}{v^2}\left(\frac{\partial^2 V}{\partial u^2}\right)_0 + \frac{3}{\varrho_2}\right\} u_{n+1} = 0$$

folgt

$$u_{n+1}\frac{d^2 u_n}{ds^2} - u_n\frac{d^2 u_{n+1}}{ds^2} + \frac{1}{v}\frac{dv}{ds}\left(u_{n+1}\frac{du_n}{ds} - u_n\frac{du_{n+1}}{ds}\right) = 0.$$

Die Integration ergibt daher

$$u_{n+1}\frac{du_n}{ds} - u_n\frac{du_{n+1}}{ds} = \frac{c}{v},$$

wo c konstant ist.

Ersetzen wir s durch $s+S$, so erhalten wir

$$u_{n+2}\frac{du_{n+1}}{ds} - u_{n+1}\frac{du_{n+2}}{ds} = \frac{c}{v},$$

also ist

$$\begin{aligned} u_{n+1}\frac{du_n}{ds} - u_n\frac{du_{n+1}}{ds} &= u_{n+2}\frac{du_{n+1}}{ds} - u_{n+1}\frac{du_{n+2}}{ds} \\ &= (k u_{n+1} + k_1 u_n)\frac{du_{n+1}}{ds} - u_{n+1}\left(k\frac{du_{n+1}}{ds} + k_1\frac{du_n}{ds}\right) \\ &= k_1\left(u_n\frac{du_{n+1}}{ds} - u_{n+1}\frac{du_n}{ds}\right). \end{aligned}$$

Demnach hat k_1 den Wert -1. Damit ist der Satz[1]) bewiesen: *Sind u_n, u_{n+1}, u_{n+2} die Normalverrückungen der Nachbarbahn einer bekannten periodischen Bahn bei drei aufeinanderfolgenden Durchlaufungen, so hat der Quotient $k = (u_{n+2} + u_n)/u_{n+1}$ einen konstanten, für alle Nachbarbahnen übereinstimmenden Wert.*

§ 174. Der Stabilitätsindex.

Der konstante Wert $k = (u_{n+2} + u_n)/u_{n+1}$, wo u_n, u_{n+1}, u_{n+2} Normalverrückungen aus einer periodischen Bahn bei drei aufeinanderfolgenden Durchlaufungen sind, heißt aus Gründen, die wir nun darlegen wollen, der *Stabilitätsindex* der periodischen Bahn.

Die Natur der Lösung der Differenzengleichung

$$u_{n+2} - k u_{n+1} + u_n = 0$$

---

[1]) Korteweg: *Wiener Sitzungsber.* Bd. 93. 1886.

hängt bekanntlich davon ab, ob die Wurzeln der quadratischen Gleichung

$$\lambda^2 - k\lambda + 1 = 0$$

reell sind oder nicht, d. h. davon, ob $|k| > 2$ oder $|k| < 2$ ist.

Es sei zunächst k positiv und größer als 2; wir setzen $k = 2\operatorname{Cos}\alpha$. Dann hat die quadratische Gleichung die Wurzeln e^{α} und $e^{-\alpha}$, und zwei unabhängige Lösungen der Differenzengleichungen haben bekanntlich die Form

$$u = e^{\frac{\alpha s}{S}}\varphi(s), \qquad u = e^{-\frac{\alpha s}{S}}\psi(s),$$

wo $\varphi(s)$ und $\psi(s)$ Funktionen von s mit der Periode S sind. Wählt man diese Funktionen derart, daß die Lösungen u der Gleichung

$$\frac{d^2u}{ds^e} + \frac{1}{v}\frac{dv}{ds}\frac{du}{ds} + \left\{\frac{1}{v^2}\left(\frac{\partial^2 V}{\partial u^2}\right)_0 + \frac{3}{\varrho^2}\right\}u = 0$$

genügen (woraus sich lineare Differentialgleichungen 2. Ordnung für die Funktionen φ und ψ ergeben), so erhalten wir zwei unabhängige Lösungen der Differenzengleichung, aus denen sich die allgemeine Lösung linear zusammensetzt. Folglich hat die allgemeine Gleichung der Nachbarbahnen der bekannten Bahnkurve für $k > 2$ die Gestalt

$$u = K_1 e^{\frac{\alpha s}{S}}\varphi(s) + K_2 e^{-\frac{\alpha s}{S}}\psi(s),$$

wo K_1, K_2 willkürliche Konstanten sind, $\varphi(s)$ und $\psi(s)$ die Periode S besitzen.

Ähnlich ergibt sich für $k < -2$, wenn $k = -2\operatorname{Cos}\alpha$ gesetzt wird, die allgemeine Gleichung der Nachbarbahnen der bekannten Bahnkurve in der nämlichen Form

$$u = K_1 e^{\frac{\alpha s}{S}}\varphi(s) + K_2 e^{-\frac{\alpha s}{S}}\psi(s),$$

wo K_1, K_2 willkürliche Konstanten, φ und ψ Funktionen von s sind, die der Gleichung genügen

$$\varphi(s + S) = -\varphi(s), \qquad \psi(s + S) = -\psi(s).$$

Endlich nehmen wir an, daß $|k| < 2$, also $-2 < k < 2$ ist; wir setzen $k = 2\cos\alpha$. Dann finden wir in derselben Weise, daß die allgemeine Gleichung der Nachbarbahnen der bekannten Bahn lautet

$$u = K\cos\left(\frac{s\alpha}{S} + A\right)\varphi(s) + K\sin\left(\frac{s\alpha}{S} + A\right)\psi(s),$$

wo K und A willkürliche Konstanten, φ und ψ Funktionen von s mit der Periode S sind.

Aus diesen Ergebnissen lassen sich wichtige Schlüsse über die Stabilität der bekannten periodischen Bahnkurve ziehen. Denn für $|k| > 2$ schließt man aus den für u erhaltenen Ausdrücken, daß die

Abweichung von der periodischen Bahnkurve (oder, wenn φ und ψ reelle Nullstellen haben, die Schwingungen um die Bahn) mit wachsendem s immer größer werden; dagegen wird für $|k| < 2$ die Normalverrückung durch Kreisfunktionen mit reellen Argumenten dargestellt, bleibt also innerhalb fester Grenzen. So erhalten wir den Satz: *Eine periodische Bahnkurve ist stabil oder labil, je nachdem der zugehörige Stabilitätsindex absolut genommen kleiner oder größer als 2 ist.*

Die Ergebnisse des vorstehenden Paragraphen sind im Einklang mit dem folgenden Satz, aus dem sie sich auch herleiten lassen. Die allgemeine Lösung einer Differentialgleichung des Typus

$$\frac{d^2 u}{d s^2} + \left(a_0 + a_1 \cos\frac{2\pi s}{S} + a_2 \cos\frac{4\pi s}{S} + \ldots\right) u = 0$$

hat die Gestalt

$$u = a\,e^{cs}\,\varphi(s) + b\,e^{-cs}\,\psi(s)\,,$$

wo a, b willkürliche Konstanten sind, c eine bestimmte Konstante ist, φ und ψ periodische Funktionen mit der Periode S sind. Vgl. Whittaker and Watson: *Modern Analysis* Kap. XIX.

Aufgabe. Man untersuche den Grenzfall, daß der Stabilitätsindex einen der Werte ± 2 hat, und zeige, daß die Gleichung der Nachbarbahnen eine der Formen erhält

$$u = K_1\,\{\varphi(s) + s\,\psi(s)\} + K_2\,\psi(s)\,,$$
$$u = K_1\,\varphi(s) \quad + K_2\,\psi(s)\,,$$

wo φ und ψ entweder die Periode S haben oder den Gleichungen genügen

$$\varphi(s+S) = -\varphi(s)\,, \qquad \psi(s+S) = -\psi(s)\,,$$

und daß die bekannte Bahnkurve stabil oder labil sein kann. (Korteweg.)

§ 175. Charakteristische Exponenten.

Die Stabilität der Bewegungsformen allgemeinerer dynamischer Systeme läßt sich mit Hilfe gewisser Konstanten untersuchen, die Poincaré als *charakteristische Exponenten*[1]) bezeichnet.

Für ein System von Differentialgleichungen

$$\frac{d x_i}{d t} = X_i \qquad (i = 1, 2, \ldots, n),$$

wo $X_1, X_2, \ldots, X_n$ Funktionen von $x_1, x_2, \ldots, x_n$ und möglicherweise auch von t sind, die in t eine Periode T besitzen, sei eine periodische Lösung bekannt, die definiert ist durch die Gleichungen

$$x_i = \varphi_i(t) \qquad (i = 1, 2, \ldots, n),$$

wo

$$\varphi_i(t+T) = \varphi_i(t) \qquad (i = 1, 2, \ldots, n).$$

---

[1]) *Acta Math.* Bd. 13, S. 1. 1890; *Méth. Nouv. de la Méc. Cél.* Für das allgemeine Stabilitätsproblem sei verwiesen auf die ausführliche Abhandlung von A. Liapunow, die erstmalig 1892 von der *Math. Ges. in Charkow* veröffentlicht und von E. Davaux ins Französische übersetzt wurde: *Annales de Toulouse* (2) Bd. 9, S. 203. 1907.

Zur Untersuchung der benachbarten Lösungen setzen wir

$$x_i = \varphi_i(t) + \xi_i \qquad (i = 1, 2, \ldots, n),$$

wo $\xi_1, \xi_2, \ldots, \xi_n$ klein sein sollen und durch die Variationsgleichungen (§ 112)

$$\frac{d\xi_i}{dt} = \sum_{k=1}^{n} \xi_k \frac{\partial X_i}{\partial x_k} \qquad (i = 1, 2, \ldots, n)$$

bestimmt sind.

Für diese linearen Differentialgleichungen mit in der unabhängigen Veränderlichen t periodischen Koeffizienten hat nach der allgemeinen Theorie der linearen Differentialgleichungen eine jede Veränderliche ξ_i die Gestalt

$$\sum_{k=1}^{n} e^{\alpha_k t} S_{ik},$$

wo die Funktionen S_{ik} in t die Periode T haben und die Größen α_k Konstanten, nämlich die sogenannten *charakteristischen Exponenten* der periodischen Lösung sind.

Sind alle charakteristischen Exponenten rein imaginär, so lassen sich die Funktionen $\xi_1, \xi_2, \ldots, \xi_n$ offenbar als Summen und Produkte rein periodischer Glieder darstellen, was nicht der Fall ist, wenn die charakteristischen Exponenten nicht sämtlich rein imaginär sind. *Die Stabilitätsbedingung für die periodische Bahn besteht also darin, daß alle charakteristischen Exponenten rein imaginär sind.*

Wir stellen nunmehr die Gleichung zur Bestimmung der charakteristischen Exponenten einer gegebenen Lösung auf.

Für eine der gegebenen periodischen Bahn benachbarte Bahnkurve seien $\beta_1, \beta_2, \ldots, \beta_n$ die Anfangswerte von $\xi_1, \xi_2, \ldots, \xi_n$ und $\beta_i + \psi_i$ die Werte von ξ_i nach Verlauf einer Periode. Da die Größen $\psi_1, \psi_2, \ldots, \psi_n$ eindeutige Funktionen von $\beta_1, \beta_2, \ldots, \beta_n$ sind, die verschwinden, wenn $\beta_1, \beta_2, \ldots, \beta_n$ sämtlich Null sind, so ist unter Vernachlässigung der Glieder zweiten Grades in $\beta_1, \beta_2, \ldots, \beta_n$ nach dem Taylorschen Satz

$$\psi_i = \frac{\partial \psi_i}{\partial \beta_1}\beta_1 + \frac{\partial \psi_i}{\partial \beta_2}\beta_2 + \cdots + \frac{\partial \psi_i}{\partial \beta_n}\beta_n \qquad (i = 1, 2, \ldots, n).$$

Ist α_k einer der charakteristischen Exponenten, so wird eine der benachbarten Bahnkurven definiert durch Gleichungen der Gestalt

$$\xi_1 = e^{\alpha_k t} S_{1k}, \qquad \xi_2 = e^{\alpha_k t} S_{2k}, \ldots, \qquad \xi_n = e^{\alpha_k t} S_{nk},$$

so daß

$$\beta_i + \psi_i = e^{\alpha_k T} S_{ik}(0) = e^{\alpha_k T}\beta_i \qquad (i = 1, 2, \ldots, n)$$

ist. Folglich existiert ein Wertsystem $\beta_1, \beta_2, \ldots, \beta_n$, für das die Gleichungen

$$\frac{\partial \psi_i}{\partial \beta_1}\beta_1 + \frac{\partial \psi_i}{\partial \beta_2}\beta_2 + \cdots + \left(\frac{\partial \psi_i}{\partial \beta_i} + 1 - e^{\alpha_k T}\right)\beta_i + \cdots + \frac{\partial \psi_i}{\partial \beta_n}\beta_n = 0$$

$$(i = 1, 2, \ldots, n)$$

erfüllt sind; die Größe α_k ist also eine Wurzel der Gleichung in α:

$$\begin{vmatrix} \frac{\partial\psi_1}{\partial\beta_1}+1-e^{\alpha T} & \frac{\partial\psi_1}{\partial\beta_2} & \dots & \frac{\partial\psi_1}{\partial\beta_n} \\ \frac{\partial\psi_2}{\partial\beta_1} & \frac{\partial\psi_2}{\partial\beta_2}+1-e^{\alpha T} & \dots & \frac{\partial\psi_2}{\partial\beta_n} \\ \dots & \dots & \dots & \dots \\ \frac{\partial\psi_n}{\partial\beta_1} & \frac{\partial\psi_n}{\partial\beta_2} & \dots & \frac{\partial\psi_n}{\partial\beta_n}+1-e^{\alpha T} \end{vmatrix} = 0\,.$$

Die charakteristischen Exponenten sind somit die Wurzeln dieser Determinantengleichung.

§ 176. Eigenschaften der charakteristischen Exponenten.

Tritt t in den Funktionen $X_1, X_2, \dots, X_n$ nicht explizit auf, so ist offenbar, wenn

$$x_i = \varphi_i(t) \qquad (i = 1, 2, \dots, n)$$

eine Lösung der Gleichungen ist, auch

$$x_i = \varphi_i(t+\varepsilon) \qquad (i = 1, 2, \dots, n)$$

eine Lösung, wo ε eine willkürliche Konstante bedeutet. Die Gleichungen

$$\xi_i = \frac{\partial}{\partial\varepsilon}\varphi_i(t+\varepsilon) \qquad (i = 1, 2, \dots, n)$$

definieren mithin eine partikuläre Lösung der Variationsgleichungen; da aber $\partial\varphi_i(t+\varepsilon)/\partial\varepsilon$ offenbar eine periodische Funktion von t ist, reduziert sich in diesem Fall der Koeffizient $e^{\alpha_k t}$ auf 1. *Tritt also t in den ursprünglichen Differentialgleichungen nicht explizit auf, so verschwindet für jede periodische Lösung ein charakteristischer Exponent.*

Wir nehmen nun an, daß das System ein Integral der Form

$$F(x_1, x_2, \dots, x_n) = \text{konst.}$$

besitzt, wo F eine eindeutige Funktion von $x_1, x_2, \dots, x_n$ ist, die t nicht enthält. In der Bezeichnungsweise des letzten Paragraphen ist

$$F\{\varphi_i(0) + \beta_i + \psi_i\} = F\{\varphi_i(0) + \beta_i\}\,,$$

wo $F(x_1, x_2, \dots, x_n)$ kurz durch $F(x_i)$ bezeichnet ist. Die Differentiation dieser Gleichung nach β_i ergibt

$$\frac{\partial F}{\partial x_1}\frac{\partial\psi_1}{\partial\beta_i} + \frac{\partial F}{\partial x_2}\frac{\partial\psi_2}{\partial\beta_1} + \dots + \frac{\partial F}{\partial x_n}\frac{\partial\psi_n}{\partial\beta_i} = 0 \qquad (i = 1, 2, \dots, n),$$

wo die Größen $x_1, x_2, \dots, x_n$ in $\partial F/\partial x_1, \partial F/\partial x_2, \dots, \partial F/\partial x_n$ durch $\varphi_1(0), \varphi_2(0), \dots, \varphi_n(0)$ zu ersetzen sind. Aus diesen Gleichungen folgt, daß entweder die Funktionaldeterminante $\partial(\psi_1, \psi_2, \dots, \psi_n)/\partial(\beta_1, \beta_2, \dots, \beta_n)$ gleich Null ist oder alle Größen $\partial F/\partial x_1, \partial F/\partial x_2, \dots, \partial F/\partial x_n$ für $t = 0$

verschwinden. Trifft das letztere zu, so sehen wir, daß, da der zeitliche Nullpunkt willkürlich gewählt werden kann, die Gleichungen

$$\partial F/\partial x_1 = 0, \quad \partial F/\partial x_2 = 0, \ldots, \partial F/\partial x_n = 0$$

in allen Punkten der periodischen Bahnkurve erfüllt sein müssen. Da dies offenbar ein sehr spezieller Fall ist, wird im allgemeinen die erstere Möglichkeit zutreffen. Verschwindet aber die Funktionaldeterminante, so wird die Determinantengleichung für die charakteristischen Exponenten offenbar durch den Wert $e^{\alpha T} = 1$, d. h. $\alpha = 0$ befriedigt. Einer der charakteristischen Exponenten ist dann also gleich Null. *Besitzen also die Differentialgleichungen ein eindeutiges Integral, so verschwindet einer der charakteristischen Exponenten.*

Der Vergleich der §§ 173, 174 mit der Theorie der charakteristischen Exponenten lehrt, daß bei der Bewegung eines Massenpunktes in einer Ebene unter der Einwirkung konservativer Kräfte die charakteristischen Exponenten einer beliebigen periodischen Bahnkurve die Werte $0, 0, \alpha, -\alpha$ haben, wobei der charakteristische Exponent α mit dem Stabilitätsindex k und der Periode T durch die Gleichung

$$k = 2 \operatorname{Cos} \alpha T$$

verknüpft ist. Die Bahn ist stabil oder labil, je nachdem α rein imaginär ist oder nicht.

Aufgabe 1. Die Differentialgleichungen mögen die Zeit nicht explizit enthalten und p eindeutige von t unabhängige Integrale $F_1, F_2, \ldots, F_p$ besitzen. Man beweise, daß dann entweder $p + 1$ charakteristische Exponenten verschwinden oder alle in der Matrix

$$\left\| \frac{\partial F_i}{\partial x_k} \right\| \qquad (i = 1, 2, \ldots, p; k = 1, 2, \ldots, n)$$

enthaltenen Determinanten in allen Punkten der betrachteten periodischen Bahnkurve verschwinden. (Poincaré.)

Aufgabe 2. Die Differentialgleichungen mögen ein Hamiltonsches System bilden; man zeige, daß die charakteristischen Exponenten einer beliebigen periodischen Bahnkurve sich paarweise anordnen lassen, so daß die Exponenten eines jeden Paares von gleicher Größe, aber entgegengesetztem Vorzeichen sind. (Poincaré.)

§ 177. Anziehende und abstoßende Bereiche eines Kraftfeldes.

Den allgemeinen Charakter der Bewegung eines konservativen holonomen Systems erläutert ein Satz, den Hadamard[1]) 1897 veröffentlicht hat. Zur Vereinfachung nehmen wir an, daß das System aus einem Punkt der Masse 1 besteht, der sich auf einer gegebenen glatten Fläche unter der Einwirkung von Kräften bewegen kann, die ein Potential V besitzen. Für kompliziertere Systeme läßt sich ein ähnlicher Satz leicht ableiten.

Die Parameter u, v mögen die Lage des Massenpunktes auf der Fläche festlegen, deren Bogenelement gegeben sei durch

$$ds^2 = E\,du^2 + 2F\,du\,dv + G\,dv^2,$$

---

[1]) *Journ. de Math.* (5) Bd. 3, S. 331.

wo E, F, G gegebene Funktionen von u und v sind. Der Massenpunkt hat die kinetische Energie

$$T = \tfrac{1}{2}(E\dot{u}^2 + 2F\dot{u}\dot{v} + G\dot{v}^2),$$

und die Lagrangeschen Bewegungsgleichungen lauten

$$\frac{d}{dt}\left(\frac{\partial T}{\partial \dot{u}}\right) - \frac{\partial T}{\partial u} = -\frac{\partial V}{\partial u}, \quad \frac{d}{dt}\left(\frac{\partial T}{\partial \dot{v}}\right) - \frac{\partial T}{\partial v} = -\frac{\partial V}{\partial v}.$$

Sie können auf die Form gebracht werden

$$\begin{aligned}(EG - F^2)\ddot{u} = & -G\frac{\partial V}{\partial u} + F\frac{\partial V}{\partial v} + \dot{u}^2\left(F\frac{\partial F}{\partial u} - \frac{1}{2}G\frac{\partial E}{\partial u} - \frac{1}{2}F\frac{\partial E}{\partial v}\right) \\ & + \dot{u}\dot{v}\left(F\frac{\partial G}{\partial u} - G\frac{\partial E}{\partial v}\right) + \dot{v}^2\left(\frac{1}{2}G\frac{\partial G}{\partial u} + \frac{1}{2}F\frac{\partial G}{\partial v} - G\frac{\partial F}{\partial v}\right),\end{aligned}$$

$$\begin{aligned}(EG - F^2)\ddot{v} = & F\frac{\partial V}{\partial u} - E\frac{\partial V}{\partial v} + \dot{u}^2\left(\frac{1}{2}E\frac{\partial E}{\partial v} + \frac{1}{2}F\frac{\partial E}{\partial u} - E\frac{\partial F}{\partial u}\right) \\ & + \dot{u}\dot{v}\left(F\frac{\partial E}{\partial v} - E\frac{\partial G}{\partial u}\right) + \dot{v}^2\left(F\frac{\partial F}{\partial v} - \frac{1}{2}E\frac{\partial G}{\partial v} - \frac{1}{2}F\frac{\partial G}{\partial u}\right).\end{aligned}$$

Durch Differentiation ergibt sich

$$\dot{V} = \frac{\partial V}{\partial u}\dot{u} + \frac{\partial V}{\partial v}\dot{v},$$

$$\ddot{V} = \frac{\partial V}{\partial u}\ddot{u} + \frac{\partial V}{\partial v}\ddot{v} + \frac{\partial^2 V}{\partial u^2}\dot{u}^2 + 2\frac{\partial^2 V}{\partial u\,\partial v}\dot{u}\dot{v} + \frac{\partial^2 V}{\partial v^2}\dot{v}^2.$$

Führen wir für $\ddot{u}$ und $\ddot{v}$ ihre Werte aus den vorhergehenden Gleichungen ein, so ergibt sich

$$\ddot{V} = -(EG - F^2)^{-1}\left\{E\left(\frac{\partial V}{\partial v}\right)^2 - 2F\frac{\partial V}{\partial u}\frac{\partial V}{\partial v} + G\left(\frac{\partial V}{\partial u}\right)^2\right\} + \Phi(\dot{u}, \dot{v}),$$

wo

$$\begin{aligned}\Phi(\dot{u}, \dot{v}) = & \left[\frac{\partial^2 V}{\partial u^2} + (EG - F^2)^{-1}\left\{\frac{\partial V}{\partial u}\left(F\frac{\partial F}{\partial u} - \frac{1}{2}G\frac{\partial E}{\partial u} - \frac{1}{2}F\frac{\partial E}{\partial v}\right)\right.\right. \\ & \left.\left. + \frac{\partial V}{\partial v}\left(\frac{1}{2}E\frac{\partial E}{\partial v} + \frac{1}{2}F\frac{\partial E}{\partial u} - E\frac{\partial F}{\partial u}\right)\right\}\right]\dot{u}^2 \\ & + \left[2\frac{\partial^2 V}{\partial u\,\partial v} + (EG - F^2)^{-1}\left\{\frac{\partial V}{\partial u}\left(F\frac{\partial G}{\partial u} - G\frac{\partial F}{\partial v}\right)\right.\right. \\ & \left.\left. + \frac{\partial V}{\partial v}\left(F\frac{\partial E}{\partial v} - E\frac{\partial G}{\partial u}\right)\right\}\right]\dot{u}\dot{v} \\ & + \left[\frac{\partial^2 V}{\partial v^2} + (EG - F^2)^{-1}\left\{\frac{\partial V}{\partial u}\left(\frac{1}{2}G\frac{\partial G}{\partial u} + \frac{1}{2}F\frac{\partial G}{\partial v} - G\frac{\partial F}{\partial v}\right)\right.\right. \\ & \left.\left. + \frac{\partial V}{\partial v}\left(F\frac{\partial F}{\partial v} - \frac{1}{2}E\frac{\partial G}{\partial v} - \frac{1}{2}F\frac{\partial G}{\partial u}\right)\right\}\right]\dot{v}^2\end{aligned}$$

gesetzt ist.

Die in diesen Gleichungen auftretenden Größen lassen sich als Funktionen von *Biegungsinvarianten* darstellen[1]). Die Hauptbiegungsinvarianten einer Fläche mit dem Bogenelement

$$ds^2 = E du^2 + 2F du dv + G dv^2$$

sind die Differentialparameter

$$\Delta(\varphi, \psi) = (EG - F^2)^{-1}\left\{E \frac{\partial\varphi}{\partial v}\frac{\partial\psi}{\partial v} - F\left(\frac{\partial\varphi}{\partial u}\frac{\partial\psi}{\partial v} + \frac{\partial\varphi}{\partial v}\frac{\partial\psi}{\partial u}\right) + G\frac{\partial\varphi}{\partial u}\frac{\partial\psi}{\partial u}\right\},$$

$$\Delta_1(\varphi) = (EG - F^2)^{-1}\left\{E\left(\frac{\partial\varphi}{\partial v}\right)^2 - 2F\frac{\partial\varphi}{\partial u}\frac{\partial\varphi}{\partial v} + G\left(\frac{\partial\varphi}{\partial u}\right)^2\right\},$$

$$\Delta_2(\varphi) = (EG - F^2)^{-\frac{1}{2}}\left[\frac{\partial}{\partial u}\left\{(EG - F^2)^{\frac{1}{2}}\left(G\frac{\partial\varphi}{\partial u} - F\frac{\partial\varphi}{\partial v}\right)\right\}\right.$$
$$\left. + \frac{\partial}{\partial v}\left\{(EG - F^2)^{\frac{1}{2}}\left(-F\frac{\partial\varphi}{\partial u} + E\frac{\partial\varphi}{\partial v}\right)\right\}\right],$$

wo φ und ψ willkürliche Funktionen der Veränderlichen u und v sind.

In dieser Bezeichnungsweise geht die letzte Gleichung über in

$$\ddot{V} = -\Delta_1(V) + \Phi(\dot{u}, \dot{v}).$$

Benutzen wir die Energiegleichung

$$E\dot{u}^2 + 2F\dot{u}\dot{v} + G\dot{v}^2 = 2(h - V)$$

und beachten wir, daß der Ausdruck

$$\frac{\Phi(\dot{u}, \dot{v})}{E\dot{u}^2 + 2F\dot{u}\dot{v} + G\dot{v}^2} - \frac{\Phi(\partial V/\partial v, -\partial V/\partial u)}{E(\partial V/\partial v)^2 - 2F(\partial V/\partial v)(\partial V/\partial u) + G(\partial V/\partial u)^2}$$

die Größe $\dot{u}\,\partial V/\partial u + \dot{v}\,\partial V/\partial v$ als Faktor enthält, so können wir schreiben

$$\ddot{V} = -\Delta_1(V) + \frac{2(h - V)I_V}{\Delta_1(V)} + (\lambda\dot{u} + \mu\dot{v})\dot{V},$$

wo λ und μ nur die Größe

$$E\left(\frac{\partial V}{\partial v}\right)^2 - 2F\frac{\partial V}{\partial v}\frac{\partial V}{\partial u} + G\left(\frac{\partial V}{\partial u}\right)^2$$

im Nenner enthalten und I_V den Ausdruck

$$\Phi(\partial V/\partial v, -\partial V/\partial u)/(EG - F^2)$$

bedeutet; wir finden dann leicht, daß I_V sich darstellen läßt in der Form

$$I_V = \Delta_1(V)\Delta_2(V) - \tfrac{1}{2}\Delta\{V, \Delta_1(V)\}.$$

Wir betrachten auf der Bahnkurve des Massenpunktes einen Punkt, in dem V ein Minimum hat; dort ist $\dot{V} = 0$ und $\ddot{V}$ positiv. Da $\Delta_1(V)$ wesentlich positiv ist (das Bogenelement der Fläche ist ja eine positiv

[1]) Die Biegungsinvarianten sind in der Fußnote auf S. 116 definiert.

definite Form), so folgt, daß $I_V \geqq 0$ ist, und zwar gilt das Gleichheitszeichen nur dann, wenn $\Delta_1(V)$ gleich Null ist, d. h. für eine Gleichgewichtslage.

Während der Massenpunkt eine Bahnkurve durchläuft, nimmt die Funktion V entweder nacheinander unendlich viele Maxima und Minima an (dies ist der allgemeine Fall), oder aber (in speziellen Fällen) die Funktion V ändert sich von einem bestimmten Punkt der Bahnkurve an immer in demselben Sinne. Wir nehmen zunächst an, das erstere sei der Fall. Zerlegen wir dann die gegebene Fläche in zwei Gebiete, in denen I_V positiv bzw. negativ ist, so folgt aus dem oben Bewiesenen, daß das erstere dieser Gebiete alle Punkte der Bahn enthält, in denen V einen Minimalwert annimmt, d. h. es enthält im allgemeinen unendlich viele verschiedene Stücke der Bahnkurve, alle von endlicher Länge; dagegen kann der Massenpunkt in dem anderen Gebiet, in dem I_V negativ ist, nicht dauernd bleiben. Diese beiden Teile der Fläche werden aus diesem Grunde als der *Anziehungs-* und *Abstoßungsbereich* bezeichnet. Im allgemeinen sind beide Gebiete vorhanden; denn man erkennt leicht, daß jeder isolierte Punkt der Fläche, in dem V ein Minimum ist, d. h. jeder Punkt, in dem stabiles Gleichgewicht möglich ist, in einem Anziehungsbereich liegt, jeder Punkt, in dem V ein Maximum ist, in einem Abstoßungsbereich.

Es ist von Interesse, dieses Ergebnis mit dem entsprechenden für die Bewegung eines Massenpunktes mit einem Freiheitsgrad zu vergleichen, z. B. eines Massenpunktes, der sich auf einer Kurve unter der Wirkung einer Kraft bewegen kann, die allein von seiner Lage abhängt. In diesem Falle legt der Massenpunkt entweder eine unendlich große Entfernung in einer Richtung zurück oder er schwingt um eine stabile Gleichgewichtslage. Das Anziehungsgebiet bei der Bewegung mit zwei Freiheitsgraden entspricht der stabilen Gleichgewichtslage bei der Bewegung mit einem Freiheitsgrad.

Wir machen nun die entgegengesetzte Annahme, nämlich, daß von einem bestimmten Zeitpunkt ab V sich im gleichen Sinne ändert. Wir nehmen an, daß die Fläche keine sich ins Unendliche erstreckenden Mäntel besitzt und in allen Punkten regulär ist, und daß V eine durchweg reguläre Ortsfunktion auf der Fläche ist. Da sich V ständig im gleichen Sinne ändert, muß V also gegen einen festen endlichen Grenzwert streben, während $\dot V$ und $\ddot V$ gegen Null gehen. Aus der Gleichung

$$\ddot V = -\Delta_1(V) + 2(h - V) I_V / \Delta_1(V) + (\lambda \dot u + \mu \dot v)\dot V$$

sehen wir, daß λ und μ endlich sind und das letzte Glied auf der rechten Seite unendlich klein ist, wenn $\Delta_1(V)$ nicht sehr klein ist. Folglich gibt es entweder beliebig große Werte t, für die I_V positiv ist (dann überschreitet die Länge des in das Anziehungsgebiet fallenden Stückes der Bahnkurve jede angebbare Größe), oder aber $\Delta_1(V)$ strebt gegen Null. Letzteres kann nur dann der Fall sein, wenn $\partial V/\partial u$ und $\partial V/\partial v$ verschwinden. Gibt es also (was im allgemeinen der Fall ist) nur endlich viele Gleichgewichtslagen auf der Fläche, so nähert sich der Massenpunkt mit gegen Null strebender Geschwindigkeit einer dieser Gleichgewichtslagen. Eine solche asymptotisch angenäherte Gleichgewichtslage kann aber nicht stabil sein; denn bei der Umkehrung dieser asymptotischen Bewegung bleibt der Massenpunkt, der ursprünglich in der Nähe der Gleichgewichtslage eine kleine Geschwindigkeit hatte, nicht in ihrer Umgebung. Dies ist aber im Widerspruch mit der Definition der Stabilität.

So ergibt sich endlich der Satz von Hadamard, den wir folgendermaßen aussprechen: *Kann sich ein Massenpunkt auf einer durchweg regulären Fläche frei bewegen, die keine ins Unendliche verlaufenden Mäntel besitzt, und auf der die potentielle Energie überall regulär ist und nur endlich viele Maxima und Minima besitzt, so ist entweder die Länge des in den Anziehungsbereich fallenden Stückes der Bahnkurve größer als jede angebbare Zahl, oder aber die Bahnkurve strebt asymptotisch gegen eine Lage labilen Gleichgewichtes.*

Aufgabe. Man beweise, daß, wenn alle Werte von t von $-\infty$ bis $+\infty$ berücksichtigt werden, ein Teil der Bahnkurve des Massenpunktes in das Anziehungsgebiet fällt.

§ 178. Anwendung des Energieintegrals auf das Stabilitätsproblem.

In vielen Fällen kann man mit Hilfe der Energiegleichung den Charakter einer gegebenen Bewegungsform eines dynamischen Systems einfach bestimmen. Für einen einzelnen Punkt der Masse 1, der sich in einer Ebene unter der Einwirkung von Kräften mit einem Potential $V(x, y)$ bewegt, lautet die Energiegleichung

$$\tfrac{1}{2}(\dot{x}^2 + \dot{y}^2) = h - V(x, y).$$

Nun zerlegen die Zweige der Kurve $V(x, y) = h$ die Ebene in Gebiete, in denen $V(x, y) - h$ bezüglich positiv und negativ ist. Da aber $\dot{x}^2 + \dot{y}^2$ wesentlich positiv ist, kann eine Bahnkurve mit der Gesamtenergie h nur in den Gebieten verlaufen, in denen $V(x, y) < h$ ist. Befindet sich also der Massenpunkt zu irgendeiner Zeit innerhalb eines geschlossenen Zweiges der Kurve $V(x, y) = h$, so muß er in diesem Gebiet verbleiben. *Stabil* nennt man häufig Bewegungsformen, bei denen der bewegte Massenpunkt auf bestimmte begrenzte Gebiete beschränkt ist. In diesem Sinne können wir also die fragliche Bewegung des Massenpunktes als stabil bezeichnen.

Die vorstehende Methode wurde von Hill [1]), Bohlin [2]) und Darwin [3]) hauptsächlich beim eingeschränkten Dreikörperproblem benutzt.

---

[1]) *Amer. J. of Math.* Bd. 1, S. 75. 1878.

[2]) *Acta Math.* Bd. 10, S. 109. 1887.

[3]) *Acta Math.* Bd. 21, S. 99. 1897.

§ 179. Verwertung von Integralinvarianten für Stabilitätsuntersuchungen.

In abweichendem Sinne bezeichnet Poisson ein System als *stabil*, wenn es im Lauf der Zeit seiner Ausgangslage unendlich oft beliebig nahekommt, während die inzwischen erfolgenden Abweichungen von endlicher Größe sind. Poincaré hat gezeigt, daß sich die Theorie der Integralinvarianten für die Untersuchung der Poissonschen Stabilität verwerten läßt.

Wir betrachten das System der Differentialgleichungen

$$\frac{d x_r}{d t} = X_r(x_1, x_2, \ldots, x_n) \qquad (r = 1, 2, \ldots, n),$$

das die Integralinvariante

$$\int \ldots \int \delta x_1 \delta x_2 \ldots \delta x_n$$

besitzt, als Definitionsgleichungen der Bahnkurve eines Punktes P mit den Koordinaten $x_1, x_2, \ldots, x_n$ im n-dimensionalen Raum. Haben die Bahnkurven keine ins Unendliche verlaufenden Zweige, so läßt sich zeigen[1]), daß es zu einem beliebigen kleinen Gebiet R des Raumes Bahnkurven gibt, die R unendlich oft durchsetzen; in der Tat ist die Wahrscheinlichkeit dafür, daß eine von einem Punkt von R ausgehende Bahnkurve das Gebiet nicht unendlich oft durchsetzt, gleich Null, wie klein R auch gewählt sein mag. Poincaré hat diese Methode nach verschiedenen Richtungen hin erweitert und nachgewiesen, daß sie sich unter gewissen Bedingungen auf das eingeschränkte Dreikörperproblem anwenden läßt.

Übungsaufgaben.

1. Man beweise, daß die Bewegung des Massenpunktes auf einer Ellipse unter der Einwirkung von zwei festen Newtonschen Kraftzentren stabil ist. (Nowikow.)

2. Ein Punkt der Masse 1 kann sich in einer Ebene unter der Wirkung mehrerer Kraftzentren frei bewegen, die ihn nach dem Newtonschen Gesetz umgekehrt proportional dem Quadrat des Abstandes anziehen. $V(x, y)$ sei die resultierende potentielle Energie des Punktes. Man zeige, daß das Integral

$$\frac{1}{2\pi} \iint \left[\left(\frac{\partial^2}{\partial x^2} + \frac{\partial^2}{\partial y^2}\right) \log\{h - V(x, y)\}\right] dx\, dy,$$

erstreckt über das Innere einer periodischen Bahnkurve mit der Energiekonstanten h (wobei die Kraftzentren durch Kreise von beliebig kleinem Radius aus dem Integrationsbereich auszuschließen sind), gleich der um zwei verminderten Anzahl der von der Bahnkurve umschlossenen Kraftzentren ist.

(*Monthly Notices R. A. S.* Bd. 62, S. 186.)

3. Eine Schar ebener Bahnkurven sei definiert durch eine Differentialgleichung

$$\frac{d^2 y}{d x^2} = \varphi(x, y),$$

wo x, y die laufenden rechtwinkligen Koordinaten eines Punktes auf einer Bahn der Schar sind, und es sei δ_n der Normalabstand des Punktes (x, y) von einer bestimmten Nachbarbahn der Schar. Man zeige, daß δ_n der Gleichung

$$\frac{d^2 \delta n}{d t^2} + I\, \delta n = 0$$

genügt, wo

$$I = \left\{1 + \left(\frac{dy}{dx}\right)^2\right\}\left(-\frac{\partial \varphi}{\partial y} + \frac{dy}{dx}\frac{\partial \varphi}{\partial x}\right) + \{\varphi(x, y)\}^2$$

---

[1]) Poincaré: *Acta Math.* Bd. 13, S. 67. 1890; *Méth. Nouv. de la Méc. Cel.* Bd. 3, Kap. 27; Carathéodory: *Berl. Sitzungsber.* 1920, S. 580.

ist und die Veränderliche t definiert wird durch die Gleichung

$$\frac{dx}{dt} = 1 + \left(\frac{dy}{dx}\right)^2.$$

(Sheepshanks Astron. Exam.)

4. Ein Massenpunkt bewegt sich unter der Einwirkung einer abstoßenden Kraft aus einem festen Zentrum. Man zeige, daß die Bahn stets hyperbolischen Charakter hat und das Kraftzentrum niemals einschließt; daß ferner die Asymptoten nicht durch das Zentrum gehen, wenn eine endlich große Arbeit gegen die Kraft geleistet werden muß, um den Massenpunkt aus dem Unendlichen an seinen Ort zu bringen; daß aber, wenn diese Arbeit unendlich groß ist, die Asymptoten durch das Zentrum gehen und die Dauer der ganzen Bewegung endlich sein kann.

(Schouten.)

5. Man beweise, daß bei der Bewegung eines Massenpunktes auf einer ruhenden glatten Fläche unter dem Einfluß der Schwerkraft die Grenzkurve der Anziehungs- und Abstoßungsgebiete der Fläche sich zusammensetzt aus dem Umriß der Fläche bei senkrechter Projektion und dem Ort der Punkte mit einer wagerechten Asymptotenrichtung.

6. Ein Massenpunkt bewegt sich frei im Raum unter der Einwirkung von zwei Newtonschen Anziehungszentren. Man beweise, daß der Punkt, wenn die Energiekonstante negativ ist, eine Spirale um die Verbindungsgerade der Zentren beschreibt, die in einem von zwei Rotationsellipsoiden und zwei Rotationshyperboloiden mit den Brennpunkten in den Kraftzentren begrenzten röhrenförmigen Bereich verläuft. Man zeige ferner, daß der Punkt, wenn die Energiekonstante Null oder positiv ist, eine Spirale beschreibt, die innerhalb eines von einem Ellipsoid und zwei ins Unendliche verlaufenden Schalen von Hyperboloiden desselben konfokalen Systems begrenzten Gebietes verbleibt. (Bonacini.)

7. Die notwendige und hinreichende Bedingung dafür, daß eine durch eine Differentialgleichung

$$y'' = \varphi(x, y, y')$$

definierte zweiparametrige Kurvenschar ein System von Bahnkurven mit der gleichen Energiekonstanten ist, besteht darin, daß

$$\left(\frac{\partial \varphi}{\partial y'} - 3\,\frac{\varphi y'}{1 + y'^2}\right) dx$$

ein vollständiges Differential ist. Die potentielle Energie ist dann ein konstantes Vielfaches von

$$e^{-2\int\left(\frac{\partial \varphi}{\partial y'} - \frac{3\varphi y'}{1+y'^2}\right)dx}.$$

(P. Frank.)

8. Bei der ebenen Bewegung eines Massenpunktes unter Einwirkung von Kräften, die nur von der Lage abhängen, erhält man eine einparametrige Schar von Bahnkurven, wenn man Massenpunkte aus einem gegebenen Punkte in einer gegebenen Richtung mit allen möglichen Geschwindigkeiten schleudert. Man beweise, daß der Ort der Brennpunkte der oskulierenden Parabeln ein durch den Punkt gehender Kreis ist. Man zeige, daß, wenn die Anfangsrichtung variiert wird, der Ort der Mittelpunkte der resultierenden einfach unendlichen Kreisschar ein Kegelschnitt mit dem gegebenen Punkt als Brennpunkt ist, der im Fall konservativer Kräfte in eine doppelt überdeckte Gerade ausartet.

9. Damit ein fünffach unendliches System von Raumkurven, von denen durch jeden Punkt in jeder Richtung eine einfach unendliche Schar geht, die Schar der Bahnkurven eines Massenpunktes in einem willkürlichen Lagenkraftfeld darstellen kann, ist es notwendig (aber nicht hinreichend), daß das System die folgenden Eigenschaften besitzt:

α) Die Schmiegungsebenen der durch einen gegebenen Punkt gehenden zweifach unendlichen Kurvenschar bilden ein Büschel, d. h. sie gehen durch eine feste Gerade.

β) Die Schmiegungskugeln der durch einen gegebenen Punkt in einer gegebenen Richtung gehenden einfach unendlichen Kurvenschar bilden ein Büschel, d. h. ihre Mittelpunkte liegen auf einer Geraden.

10. Man zeige, daß die zweifach unendlich vielen Kurven einer natürlichen Schar, die eine beliebige Fläche orthogonal durchsetzen, ∞^1 Flächen orthogonal durchsetzen, d. h. eine Normalenkongruenz bilden. (Die fraglichen Flächen sind die Flächen gleicher Aktion.) (Hamilton.)

11. Man beweise, daß die in Aufgabe 10 erwähnte Eigenschaft nur den natürlichen Scharen zukommt.

12. Eine vierfach unendliche Raumkurvenschar ist dann und nur dann eine natürliche Schar von Bahnkurven, wenn

α) die Schmiegungskreise in einem Punkt p aller durch den Punkt gehenden Kurven der Schar einen zweiten Punkt P der Schar gemein haben, also ein Bündel bilden. Infolgedessen haben drei Kreise eines solchen Bündels eine vierpunktige Berührung mit den zugehörigen Kurven;

β) wenn diese drei hyperoskulierenden Kreise einander unter rechten Winkeln schneiden.

13. Die einzigen Punkttransformationen, die jede natürliche Schar in eine natürliche Schar überführen, sind diejenigen der konformen Gruppe.

(Die Aufgaben 8, 9, 11, 12, 13 sind Abhandlungen von E. Kasner in den *Transactions of the Amer. Math. Soc.* 1906/09 entnommen. Für weitere Literatur in dieser Richtung sei verwiesen auf Kasners *Princeton Colloquium Lectures: Differential Geometric Aspects of Dynamics.*)

14. Zwei einfach unendliche ebene Kurvenscharen, die ein Orthogonalsystem bilden, seien Bahnkurven eines gewissen konservativen Kraftfeldes. Es sei U die Aktion eines Massenpunktes in einem Punkt (x, y) bei seiner Bewegung auf einer Kurve der ersten Schar, V die Aktion in (x, y) bei seiner Bewegung auf einer Kurve der zweiten Schar. Man beweise, daß U und V konjugierte Funktionen von x und y, und daß die Kurvenscharen $U =$ konst., $V =$ konst. mit den Bahnkurven identisch sind. (P. G. Tait und K. Ogura.)

Sechzehntes Kapitel.

Integration durch trigonometrische Reihen.

§ 180. Reihen, die für alle Werte der Zeit konvergieren; Poincarésche Reihen.

In § 32 haben wir schon hervorgehoben, daß die Differentialgleichungen der Bewegung eines dynamischen Systems sich durch Reihen integrieren lassen, die nach steigenden Potenzen der von einem bestimmten Augenblick an gerechneten Zeit fortschreiten. Im allgemeinen konvergieren diese Reihen für Werte von t innerhalb eines endlichen Konvergenzkreises der t-Ebene, geben infolgedessen die Werte der Koordinaten nur für ein begrenztes Zeitintervall. Mittels analytischer Fortsetzung[1]) könnte man aus diesen Reihen aufeinanderfolgende Systeme neuer Potenzreihen ableiten, die für Werte der Zeit außerhalb dieses Intervalls konvergieren. Für die Praxis ist das Verfahren der analytischen Fortsetzung jedoch zu umständlich, und die dabei erhaltenen Reihen gewähren keine Einsicht in den allgemeinen Charakter der Bewegung des Systems und keinen Aufschluß über den ferneren Verlauf. Die Bemühungen der Forscher haben sich deshalb dem Problem zugewandt, die Koordinaten eines dynamischen Systems durch Reihenentwicklungen darzustellen, die für alle Werte der Zeit konvergieren. Eine Methode[2]) erreicht dieses Ziel vermöge einer Transformation der t-Ebene. Nimmt man an, daß die Bewegung des Systems durchweg regulär ist (d. h. daß keine Zusammenstöße oder andere Unstetigkeiten vorhanden und die Koordinaten immer endlich sind), so treten in den Punkten der reellen Achse der t-Ebene keine Singularitäten des Systems auf. Die nach einem gewissen Zeitintervall auftretende Divergenz der Potenzreihen in $t - t_0$ hat daher ihren Grund im Vorhandensein von Singularitäten der Lösung in dem im Endlichen, aber außerhalb der reellen Achse gelegenen Teil der t-Ebene. Die der reellen Achse nächst-

---

[1]) Vgl. Whittaker and Watson: *Modern Analysis* § 5, 5.

[2]) Diese Methode wurde entwickelt von Poincaré: *Acta Math.* Bd. 4, S. 211. 1884.

gelegene Singularität[1]) habe von ihr den Abstand h, und eine neue Veränderliche τ sei definiert durch die Gleichung

$$t - t_0 = \frac{2h}{\pi} \log \frac{1+\tau}{1-\tau}.$$

Ein Streifen der Breite h, der sich symmetrisch auf beiden Seiten der reellen Achse der t-Ebene erstreckt, entspricht offenbar dem Innern des Kreises $|\tau| = 1$ der τ-Ebene. Die Koordinaten des dynamischen Systems sind daher in allen Punkten innerhalb dieses Kreises reguläre Funktionen von τ, lassen sich folglich in Potenzreihen nach τ entwickeln, die im Innern dieses Kreises konvergieren. Diese Reihen konvergieren demnach für alle reellen Werte von τ zwischen -1 und $+1$, d. h. für alle reellen Werte von t zwischen $-\infty$ und $+\infty$. *Diese Reihenentwicklungen gelten somit für alle Werte von t.*

§ 181. Die Regularisierung des Dreikörperproblems.

In dem vorigen Paragraphen machten wir den Vorbehalt, daß für reelle Werte von t keine Zusammenstöße oder andere Unstetigkeiten auftreten sollten. Painlevé[2]) hat zuerst auf die Bedeutung der Zusammenstöße für die mathematische Theorie des Dreikörperproblems hingewiesen. Er zeigte, daß die Bewegung der Körper für alle Werte der Zeit regulär ist (d. h. daß ihre Koordinaten reguläre Funktionen von t sind), falls die Anfangsbedingungen den Fall ausschließen, daß zwei der Körper nach einem endlichen Zeitintervall zusammenstoßen. Die Beziehungen, die zwischen den Anfangswerten der Veränderlichen bestehen müssen, damit schließlich ein Zusammenstoß von zweien der drei Körper stattfindet, hat Levi-Civita[3]) für das eingeschränkte Dreikörperproblem untersucht, wo eine derartige Beziehung vorhanden ist, Bisconcini[4]) für das allgemeine Problem, wo zwei derartige Beziehungen vorhanden sind. Diese sind analytisch, aber durch ziemlich komplizierte unendliche Reihen dargestellt und nur dann unmittelbar zu gebrauchen, wenn das Zeitintervall zwischen dem Beginn der Bewegung und dem Zusammenstoß hinreichend klein ist.

Es war ein beträchtlicher Fortschritt, als K. F. Sundman[5]) bewies, daß die einem Zusammenstoß zweier Körper in den Differential-

---

[1]) Es wird angenommen, daß die Singularitäten der reellen Achse nicht beliebig nahekommen.

[2]) *Leçons sur la théorie anal. d. éq. diff.* S. 583. Paris 1897.

[3]) *Annali di Mat.* (3) Bd. 9, S. 1. 1903; *Comptes Rendus* Bd. 136, S. 82, 221. 1903.

[4]) *Acta Math.* Bd. 30, S. 49. 1905. Vgl. ferner H. Block: *Medd. från Lunds Obs.*, Serie II, Nr. 6. 1909; *Arkiv f. Math.; Astr. och Fys.* Bd. 5, Nr. 9. 1909.

[5]) *Acta Math.* Bd. 36, S. 105. 1912. Der Hauptinhalt der Abhandlung wurde zuerst veröffentlicht in *Acta Societatis Scient. Fennicae* 1906, 1909.

gleichungen entsprechende Singularität keine wesentliche ist, sondern sich durch eine geeignete Transformation der unabhängigen Veränderlichen völlig beseitigen läßt. Mit anderen Worten: Die die Bewegung charakterisierenden Veränderlichen und die unabhängige Veränderliche lassen sich derart wählen, daß die Differentialgleichungen der Bewegung auch dann regulär sind, wenn zwei der drei Körper die gleiche Lage im Raum einnehmen [1]). So erhalten wir eine reelle Fortsetzung der Bewegung über den Zusammenstoß hinaus [2]); die Koordinaten lassen sich für alle Werte der Zeit t von $-\infty$ bis $+\infty$ berechnen, gleichviel ob Zusammenstöße stattfinden oder nicht, und für die beiden größeren der gegenseitigen Entfernungen findet sich eine positive untere Schranke l. Dabei ist nur ein Fall auszunehmen, nämlich der des gleichzeitigen Zusammenstoßes der drei Körper. Dieser kann aber nur bei der sehr speziellen Bewegungsform eintreten, daß alle Konstanten der Momente der Bewegungsgrößen gleichzeitig verschwinden [3]).

Sundman, der den Fall des dreifachen Zusammenstoßes beiseite läßt, führt eine neue unabhängige Veränderliche ein vermöge der Gleichung

$$dt = \left(1 - e^{-\frac{r_0}{l}}\right)\left(1 - e^{-\frac{r_1}{l}}\right)\left(1 - e^{-\frac{r_2}{l}}\right) dw \text{ [4]),}$$

wo r_0, r_1, r_2 die drei gegenseitigen Abstände bedeuten, l die schon erwähnte untere Schranke ist. Die Koordinaten der Körper und die Zeit sind alsdann reguläre Funktionen von w innerhalb eines Streifens der w-Ebene von endlicher Breite 2Ω, der begrenzt wird durch zwei Parallelen zur reellen Achse, die auf verschiedenen Seiten von ihr verlaufen. Es besteht eine stetige eindeutige Zuordnung zwischen den reellen Werten von w und den reellen Werten von t, derart, daß w zugleich mit t von $-\infty$ bis $+\infty$ geht.

Endlich benutzt Sundman die Poincarésche Transformation

$$w = \frac{2\Omega}{\pi} \log \frac{1+\tau}{1-\tau},$$

um den Streifen der w-Ebene in den Einheitskreis der Ebene einer neuen Veränderlichen τ überzuführen. Die Koordinaten der drei Körper und

[1]) Levi-Civita beseitigte die Singularitäten der Differentialgleichungen des eingeschränkten Dreikörperproblems durch eine elementare Transformation. Vgl. *Acta Math.* Bd. 30, S. 306. 1906. In einer späteren Abhandlung: *Rend. d. Lincei* Bd. 24, S. 61. 1915, übertrug er sein Verfahren auf das ebene Dreikörperproblem.

[2]) Die Veränderlichen lassen sich nach steigenden Potenzen von $(t_1 - t)^{\frac{1}{3}}$ entwickeln, wo t_1 den Augenblick des Zusammenstoßes bedeutet; die Bahnkurven weisen im Punkt des Zusammenstoßes Spitzen auf.

[3]) Diese letztere Tatsache war Weierstraß bekannt. Vgl. *Acta Math.* Bd. 36, S. 55. Die Bewegung findet dann in einer Ebene statt.

[4]) Für das eingeschränkte Dreikörperproblem gab C. Armellini eine einfachere Gleichung: *Comptes Rendus* Bd. 158, S. 253. 1914.

die Zeit werden dadurch reguläre Funktionen von τ im Innern des Einheitskreises der τ-Ebene. *Sie können daher für alle reellen Werte der Zeit in konvergente Potenzreihen nach τ entwickelt werden, gleichviel ob Zusammenstöße stattfinden oder nicht*; dabei ist einzig der Fall des dreifachen Zusammenstoßes auszunehmen.

§ 182. Trigonometrische Reihen.

Gegen alle in den vorangehenden Paragraphen auftretenden Reihen läßt sich der Einwand erheben, daß sie keine offenkundigen Angaben über den Charakter der Bewegung des Systems nach Ablauf eines großen Zeitintervalls enthalten; auch werfen sie kein Licht auf die Anzahl und Art der verschiedenen für das System möglichen Bewegungsformen; endlich ist die wirkliche Ausführung der beschriebenen Prozesse mit großen Schwierigkeiten verknüpft. Deshalb untersuchen wir nun Reihenentwicklungen von ganz anderer Art.

Betrachten wir die oszillatorische Lösung des Problems des mathematischen Pendels (§ 44) und ersetzen wir die elliptische Funktion durch eine trigonometrische Reihenentwicklung[1]), so erhalten wir

$$\sin\frac{1}{2}\vartheta = \frac{2\pi}{K}\sum_{s=1}^{\infty}\frac{q^{\frac{1}{2}(2s-1)}}{1-q^{2s-1}}\sin\frac{(2s-1)\pi\mu(t-t_0)}{2K},$$

wo ϑ die Neigung des Pendels gegen die Senkrechte zur Zeit t bedeutet, K und t_0 als die beiden willkürlichen Konstanten des Integrals betrachtet werden können und μ eine bestimmte Konstante ist, während q gleich $e^{-\pi K/K'}$ ist, wo K' das zu K komplementäre vollständige elliptische Integral ist. Diese Entwicklung, in der jedes Glied eine trigonometrische Funktion von t ist, gilt für alle Werte der Zeit. Ist die Konstante q nicht groß, so ergeben schon die ersten Glieder der Reihe eine gute Annäherung der Bewegung für alle Werte von t. Ähnlich kann auch die Kreisbewegung des Pendels durch eine trigonometrische Reihe von dem gleichen allgemeinen Charakter dargestellt werden.

In der Himmelsmechanik gelten trigonometrische Reihen schon lange als das geeignetste Mittel zur Darstellung der Koordinaten der Glieder des Sonnensystems. Sie sind vom Typus

$$\sum a_{n_1, n_2, \ldots, n_k}\cos(n_1\vartheta_1 + n_2\vartheta_2 + \ldots + n_k\vartheta_k),$$

wo die Summation über positive und negative ganzzahlige Werte von $n_1, n_2, \ldots, n_k$ erstreckt wird, ϑ_r die Form $\lambda_r t + \varepsilon_r$ hat und die Größen a, λ, ε Konstanten sind. Delaunay[2]) bewies 1860, daß die Koordinaten des Mondes sich derartig darstellen lassen; Newcomb[3]) erhielt 1874 ein

[1]) Vgl. Whittaker and Watson: *Modern Analysis* § 22, 6.

[2]) *Théorie du mouvement de la lune.* Paris 1860.

[3]) *Smithsonian Contributions* 1874.

ähnliches Resultat für die Koordinaten der Planeten, und verschiedene spätere Autoren[1]) haben Verfahren zur Lösung des allgemeinen Dreikörperproblems auf diesem Wege angegeben. Diese Verfahren lassen sich auch auf andere dynamische Systeme anwenden, deren Bewegungsgleichungen von ähnlichem Typus sind wie die des Dreikörperproblems. In den folgenden Paragraphen entwickeln wir eine Methode[2]), die sich auf alle dynamischen Systeme anwenden läßt und auf Lösungen in Gestalt trigonometrischer Reihen führt. Wie sich zeigen wird, besteht sie hauptsächlich in der wiederholten Ausführung von Berührungstransformationen, die das Problem endlich auf das Gleichgewichtsproblem zurückführen.

§ 183. Beseitigung von Gliedern 1. Grades aus der Energiefunktion.

Wir betrachten nun ein dynamisches System mit den Bewegungsgleichungen

$$\frac{dq_r}{dt} = \frac{\partial H}{\partial p_r}, \qquad \frac{dp_r}{dt} = -\frac{\partial H}{\partial q_r} \qquad (r = 1, 2, \ldots, n),$$

dessen Energiefunktion H die Zeit t nicht explizit enthält.

Die algebraische Lösung der $2n$ simultanen Gleichungen

$$\frac{\partial H}{\partial p_r} = 0, \qquad \frac{\partial H}{\partial q_r} = 0 \qquad (r = 1, 2, \ldots, n)$$

liefert im allgemeinen ein oder mehrere Wertsysteme $a_1, a_2, \ldots, a_n$, $b_1, b_2, \ldots, b_n$ der Veränderlichen $q_1, q_2, \ldots, q_n, p_1, \ldots, p_n$, und ein jedes dieser Wertsysteme entspricht einer Gleichgewichtslage oder (wenn die obigen Gleichungen zu einem reduzierten System gehören) einem stationären Bewegungszustand des Systems.

Wir greifen eines dieser Wertsysteme $a_1, a_2, \ldots, a_n$, $b_1, \ldots, b_n$ heraus und zeigen, wie sich Reihenentwicklungen zur Darstellung der Lösung des Problems finden lassen, wenn die Bewegung von dem Typus ist, dessen Grenzform dieser Gleichgewichtszustand oder stationäre Bewegungszustand ist. Betrachten wir z. B. beim mathematischen Pendel den Gleichgewichtszustand, bei dem das Pendel senkrecht herabhängt, so ist unser Ziel die Aufstellung von Reihen, die die Lösung des Pendelproblems für den oszillatorischen Fall darstellen.

In den neuen Veränderlichen $q'_1, q'_2, \ldots, q'_n, p'_1, p'_2, \ldots, p'_n$, die definiert sind durch die Gleichungen

$$q_r = a_r + q'_r, \qquad p_r = b_r + p'_r \qquad (r = 1, 2, \ldots, n),$$

lauten die Bewegungsgleichungen

$$\frac{dq'_r}{dt} = \frac{\partial H}{\partial p'_r}, \qquad \frac{dp'_r}{dt} = -\frac{\partial H}{\partial q'_r} \qquad (r = 1, 2, \ldots, n).$$

---

[1]) Z. B. Lindstedt, Tisserand und Poincaré.

[2]) Whittaker: *Proc. Lond. Math. Soc.* Bd. 34, S. 206. 1902.

Für genügend kleine Werte der neuen Veränderlichen läßt sich die Funktion H in eine Potenzreihe der Form

$$H = H_0 + H_1 + H_2 + H_3 + \dots$$

entwickeln, wo H_k ein homogenes Polynom k^{ten} Grades in den Veränderlichen $q_1', q_2', \dots, q_n', p_1', \dots, p_n'$ bezeichnet.

Da H_0 keine der Veränderlichen enthält, kann es fortgelassen werden, und die Tatsache, daß die Differentialgleichungen befriedigt sind, wenn $q_1', q_2', \dots, q_n', p_1', \dots, p_n'$ dauernd Null sind, zeigt, daß H_1 identisch verschwindet. Die Entwicklung von H beginnt daher mit dem Gliede H_2, das sich (unter Fortlassung der Akzente der neuen Veränderlichen) in der Form schreiben läßt

$$H_2 = \tfrac{1}{2}\sum (a_{rr} q_r^2 + 2 a_{rs} q_r q_s) + \sum b_{rs} q_r p_s + \tfrac{1}{2}\sum (c_{rr} p_r^2 + 2 c_{rs} p_r p_s),$$

wo

$$a_{rs} = a_{sr}, \qquad c_{rs} = c_{sr},$$

aber b_{rs} nicht notwendig gleich b_{sr} ist. Werden die Glieder $H_3, H_4, \dots$ gegen H_2 vernachlässigt, so geht die Gleichung in diejenige eines Schwingungsproblems über (7. Kap.).

§ 184. Bestimmung der Normalkoordinaten durch eine Berührungstransformation.

Wir unterwerfen das System nunmehr einer Berührungstransformation, um H_2 einfacher auszudrücken[1]), genauer, um Veränderliche zu erhalten, die den Normalkoordinaten bei kleinen Schwingungen des Systems entsprechen.

Wir betrachten das System der $2n$ Gleichungen

$$\left.\begin{aligned} s y_r + \frac{\partial}{\partial x_r} H_2(x_1, x_2, \dots, x_n, y_1, \dots, y_n) &= 0, \\ -s x_r + \frac{\partial}{\partial y_r} H_2(x_1, x_2, \dots, x_n, y_1, \dots, y_n) &= 0 \end{aligned}\right\} \qquad (r = 1, 2, \dots, n)$$

oder

$$\left.\begin{aligned} -s y_r &= a_{r1} x_1 + a_{r2} x_2 + \dots + a_{rn} x_n + b_{r1} y_1 + \dots + b_{rn} y_n, \\ s x_r &= b_{1r} x_1 + b_{2r} x_2 + \dots + b_{nr} x_n + c_{r1} y_1 + \dots + c_{rn} y_n \end{aligned}\right\} \quad (r = 1, 2, \dots, n).$$

Die Auflösung dieser Gleichungen ergibt für s die Determinantengleichung, die in § 84 durch $f(s) = 0$ bezeichnet wurde; wir nehmen H_2 als positiv definite Form an und nennen die Wurzeln der Gleichung $\pm i s_1, \pm i s_2, \dots, \pm i s_n$; die Größen $s_1, s_2, \dots, s_n$ sind sämtlich reell, und zur Vereinfachung nehmen wir an, daß sie alle voneinander verschieden sind.

---

[1]) Die Transformation dieses Paragraphen ist nach einem Verfahren abgeleitet, zu dem der Verfasser von Herrn Bromwich angeregt wurde, und das die Transformation direkter liefert als das ursprünglich benutzte.

Jeder Wurzel entspricht ein Wertsystem für die Verhältnisse der Größen $x_1, x_2, \ldots, x_n, y_1, \ldots, y_n$; das der Wurzel $i s_r$ entsprechende Wertsystem werde mit ${}_r x_1, {}_r x_2, \ldots, {}_r x_n, {}_r y_1, \ldots, {}_r y_n$, das der Wurzel $-i s_r$ entsprechende mit ${}_{-r} x_1, {}_{-r} x_2, \ldots, {}_{-r} x_n, {}_{-r} y_1, \ldots, {}_{-r} y_n$ bezeichnet. Dann haben wir

$$-i s_r\, {}_r y_p = a_{p1}\, {}_r x_1 + a_{p2}\, {}_r x_2 + \cdots + a_{pn}\, {}_r x_n + b_{p1}\, {}_r y_1 + \cdots + b_{pn}\, {}_r y_n\,,$$
$$i s_r\, {}_r x_p = b_{1p}\, {}_r x_1 + b_{2p}\, {}_r x_2 + \cdots + b_{np}\, {}_r x_n + c_{p1}\, {}_r y_1 + \cdots + c_{pn}\, {}_r y_n\,.$$

Multiplizieren wir diese Gleichungen bezüglich mit ${}_k x_p$ und ${}_k y_p$, addieren sie und summieren über p, so erhalten wir die Gleichung

$$i s_r \sum_{p=1}^{n} ({}_r x_p\, {}_k y_p - {}_k x_p\, {}_r y_p) = H(r, k)\,,$$

wo

$$H(r, k) = a_{11}\, {}_r x_1\, {}_k x_1 + a_{12} ({}_r x_1\, {}_k x_2 + {}_k x_1\, {}_r x_2) + \cdots$$
$$+ b_{11} ({}_r x_1\, {}_k y_1 + {}_k x_1\, {}_r y_1) + \cdots + c_{11}\, {}_r y_1\, {}_k y_1 + \cdots$$

ist, so daß $H(r, k)$ in r und k symmetrisch ist.

Die Vertauschung von r und k ergibt

$$i s_k \sum_{p=1}^{n} ({}_k x_p\, {}_r y_p - {}_r x_p\, {}_k y_p) = H(r, k)\,;$$

daher ist

$$(s_r + s_k) \sum_{p=1}^{n} ({}_k x_p\, {}_r y_p - {}_r x_p\, {}_k y_p) = 0\,.$$

So erhalten wir, falls $s_r + s_k \neq 0$ ist,

$$\sum_{p=1}^{n} ({}_r x_p\, {}_k y_p - {}_k x_p\, {}_r y_p) = 0\,.$$

Folglich ist $H(r, k) = 0$. Ist $s_r + s_k = 0$, so ist

$${}_k x_p = {}_{-r} x_p\,, \qquad {}_k y_p = {}_{-r} y_p\,,$$

daher

$$i s_r \sum_{p=1}^{n} ({}_r x_p\, {}_{-r} y_p - {}_{-r} x_p\, {}_r y_p) = H(r, -r)\,.$$

Definieren wir nun neue Veränderliche $q_1', q_2', \ldots, q_n', p_1', \ldots, p_n'$ durch die Gleichungen

$$\begin{aligned} q_r &= {}_1 x_r\, q_1' + {}_2 x_r\, q_2' + \cdots + {}_n x_r\, q_n' + {}_{-1} x_r\, p_1' + \cdots + {}_{-n} x_r\, p_n'\,, \\ p_r &= {}_1 y_r\, q_1' + {}_2 y_r\, q_2' + \cdots + {}_n y_r\, q_n' + {}_{-1} y_r\, p_1' + \cdots + {}_{-n} y_r\, p_n'\,, \end{aligned} \quad (r = 1, 2, \ldots, n),$$

und bezeichnen wir mit δ und Δ zwei beliebige unabhängige Arten der Variation, so ist offenbar der Koeffizient von $\delta q_r' \Delta p_k'$ in $\sum_{l=1}^{n} (\delta q_l \Delta p_l - \Delta q_l \delta p_l)$ gleich $\sum_{l=1}^{n} ({}_r x_l\, {}_{-k} y_l - {}_{-k} x_l\, {}_r y_l)$ und verschwindet daher, wenn r von k verschieden ist. Demnach enthält

$$\sum_{l=1}^{n} (\delta q_l \Delta p_l - \Delta q_l \delta p_l)$$

nur Glieder der Gestalt $\delta q'_r \Delta p'_r - \Delta q'_r \delta p'_r$, und der Koeffizient dieses Gliedes lautet

$$\sum_{l=1}^{n} ({}_r x_l \, {}_{-r} y_l - {}_{-r} x_l \, {}_r y_l) \,.$$

Nun sind die wirklichen Werte von ${}_r x_l$, ${}_r y_l$ bisher nicht festgelegt, sondern nur ihre Verhältnisse aus den Definitionsgleichungen bestimmt. Die Werte selbst können demnach so gewählt werden, daß

$$\sum_{l=1}^{n} ({}_r x_l \, {}_{-r} y_l - {}_{-r} x_l \, {}_r y_l) = 1 \qquad (r = 1, 2, \ldots, n)$$

ist; dann erhalten wir

$$\sum_{l=1}^{n} (\delta q_l \Delta p_l - \Delta q_l \delta p_l) = \sum_{r=1}^{n} (\delta q'_r \Delta p'_r - \Delta q'_r \delta p'_r) \,.$$

Die Transformation der Veränderlichen $q_1, q_2, \ldots, q_n, p_1, \ldots, p_n$ in die Veränderlichen $q'_1, q'_2, \ldots, q'_n, p'_1, \ldots, p'_n$ ist also (§ 128) eine Berührungstransformation. Führen wir in H_2 die Werte von $q_1, q_2, \ldots, q_n$, $p_1, \ldots, p_n$ als Funktionen von $q'_1, q'_2, \ldots, q'_n, p'_1, \ldots, p'_n$ ein, so erhalten wir überdies

$$H_2 = \sum_{r=1}^{n} H(r, -r) \, q'_r p'_r$$

oder

$$H_2 = i \sum_{r=1}^{n} s_r \, q'_r p'_r \,.$$

Nunmehr unterwerfen wir die Veränderlichen $q'_1, q'_2, \ldots, q'_n, p'_1, \ldots, p'_n$, der Berührungstransformation, die definiert ist durch die Gleichungen

$$q''_r = \frac{\partial W}{\partial p''_r}, \qquad p'_r = \frac{\partial W}{\partial q'_r} \qquad (r = 1, 2, \ldots, n),$$

wo

$$W = \sum_{r=1}^{n} \left(p''_r q'_r + \frac{1}{2} \frac{i \, p''^2_r}{s_r} - \frac{1}{4} i \, s_r \, q'^2_r \right)$$

ist. Daraus folgt

$$H_2 = \tfrac{1}{2} \sum_{r=1}^{n} (p''^2_r + s_r^2 \, q''^2_r) \,.$$

Da alle ausgeführten Transformationen linear sind, ergeben sich $H_3, H_4, \ldots$ als homogene Polynome 3., 4., ... Grades in den neuen Veränderlichen. Lassen wir die Akzente wieder fort, so haben wir also das Ergebnis: *Die Bewegungsgleichungen des dynamischen Systems sind auf die Form*

$$\frac{d q_r}{d t} = \frac{\partial H}{\partial p_r}, \qquad \frac{d p_r}{d t} = -\frac{\partial H}{\partial q_r} \qquad (r = 1, 2, \ldots, n)$$

gebracht, wo

$$H = H_2 + H_3 + H_4 + \ldots$$

ist und H_r ein homogenes Polynom r^{ten} Grades in den Veränderlichen bedeutet; dabei ist insbesondere

$$H_2 = \tfrac{1}{2} \sum_{r=1}^{n} (p_r^2 + s_r^2 q_r^2) .$$

Vernachlässigen wir $H_3, H_4, \ldots$ gegen H_2 und integrieren wir die Gleichungen, so ist die Lösung offenbar identisch mit derjenigen des § 84.

§ 185. Transformation von *H* in die trigonometrische Form.

Das System wird nun einer Berührungstransformation der Veränderlichen $q_1, q_2, \ldots, q_n, p_1, \ldots, p_n$ in neue Veränderliche $q_1', q_2', \ldots, q_n', p_1', \ldots, p_n'$ unterworfen, die definiert ist durch die Gleichungen

$$p_r' = \frac{\partial W}{\partial q_r'}, \qquad q_r = \frac{\partial W}{\partial p_r} \qquad (r = 1, 2, \ldots, n),$$

wo

$$W = \sum_{r=1}^{n} \left[q_r' \arcsin \frac{p_r}{(2 s_r q_r')^{\frac{1}{2}}} + \frac{p_r}{2 s_r} \{2 s_r q_r' - p_r^2\}^{\frac{1}{2}} \right]$$

ist, so daß

$$p_r = (2 s_r q_r')^{\frac{1}{2}} \sin p_r', \qquad q_r = (2 q_r')^{\frac{1}{2}} s_r^{-\frac{1}{2}} \cos p_r' \qquad (r = 1, 2, \ldots, n)$$

wird.

Die Differentialgleichungen gehen über in

$$\frac{d q_r'}{d t} = \frac{\partial H}{\partial p_r'}, \qquad \frac{d p_r'}{d t} = - \frac{\partial H}{\partial q_r'} \qquad (r = 1, 2, \ldots, n),$$

wo

$$H = s_1 q_1' + s_2 q_2' + \ldots + s_n q_n' + H_3 + H_4 + \ldots$$

ist und H_r Glieder umfaßt, die in den Größen q_r' homogen vom Grad $\frac{1}{2} r$ und in den Größen $\cos p_r'$, $\sin p_r'$ homogen vom Grade r sind.

Da ein Potenzprodukt von $\cos p_r'$, $\sin p_r'$ als Summe von Sinus und Kosinus von Winkeln der Form $n_1 p_1' + n_2 p_2' + \ldots + n_n p_n'$ dargestellt werden kann, wo $n_1, n_2, \ldots, n_n$ ganze Zahlen oder Null sind, so läßt sich H_r als Summe endlich vieler Glieder ausdrücken, deren jedes die Gestalt hat

$$q_1'^{m_1} q_2'^{m_2} \ldots q_n'^{m_n} \begin{matrix}\sin\\ \cos\end{matrix} (n_1 p_1' + n_2 p_2' + \ldots + n_n p_n') ,$$

wo

$$m_1 + m_2 + \ldots + m_n = \tfrac{1}{2} r , \qquad |n_r| \leqq 2 m_r$$

und folglich

$$|n_1| + |n_2| + \ldots + |n_n| \leqq r$$

ist.

Für die Funktion H erhalten wir so die Darstellung

$$H = \sum A_{n_1, n_2, \ldots, n_n}^{m_1, m_2, \ldots, m_n} q_1'^{m_1} q_2'^{m_2} \ldots, q_n'^{m_n} \begin{matrix}\sin\\ \cos\end{matrix} (n_1 p_1' + n_2 p_2' + \ldots + n_n p_n') ,$$

wo für jedes Glied

$$|n_1| + |n_2| + \ldots + |n_n| \leqq 2\,(m_1 + m_2 + \ldots + m_n)$$

ist. Offenbar konvergiert die Reihe absolut für alle Werte von $p_1', p_2', \ldots, p_n'$, solange $q_1', q_2', \ldots, q_n'$ gewisse Grenzen nicht überschreiten. Infolge der absoluten Konvergenz können die Glieder willkürlich umgeordnet werden. Fassen wir alle Glieder gleichen Argumentes $n_1 p_1' + n_2 p_2' + \ldots + n_n p_n'$ zusammen, so erhält H die Gestalt

$$H = a_{0,0,\ldots,0} + \sum a_{n_1, n_2, \ldots, n_n} \cos(n_1 p_1' + n_2 p_2' + \ldots + n_n p_n')$$
$$+ \sum b_{n_1, n_2, \ldots, n_n} \sin(n_1 p_1' + n_2 p_2' + \ldots + n_n p_n') \,.$$

Dabei sind die Koeffizienten a und b Funktionen von $q_1', q_2', \ldots, q_n'$, und die Entwicklung von $a_{n_1, n_2, \ldots, n_n}$ oder $b_{n_1, n_2, \ldots, n_n}$ nach Potenzen von $q_1', q_2', \ldots, q_n'$ enthält keine Glieder niedrigerer Ordnung als $\frac{1}{2}\{|n_1| + |n_2| + \ldots + |n_n|\}$; die Summation ist über alle ganzzahligen Werte von $n_1, n_2, \ldots, n_n$ zu erstrecken, ausgenommen die Kombination

$$n_1 = n_2 = \ldots = n_n = 0 \,.$$

Überdies beginnt die Entwicklung von $a_{0,0,\ldots,0}$, des sogenannten *nicht-periodischen* Teiles der Funktion, deren übrige Glieder als der *periodische* Teil bezeichnet werden, mit den Gliedern

$$s_1 q_1' + s_2 q_2' + \ldots + s_n q_n' \,.$$

Dies sind die wichtigsten Glieder von H, wenn $q_1', q_2', \ldots, q_n'$ klein sind, da sie von $q_1', q_2', \ldots, q_n'$ unabhängige Glieder für die Differentialgleichungen ergeben.

Wir werden häufig $q_1', q_2', \ldots, q_n'$ als „klein" bezeichnen, um eine bestimmte Vorstellung von der relativen Bedeutung der auftretenden Glieder zu erhalten. Dabei ist nicht gemeint, daß $q_1', q_2', \ldots, q_n'$ infinitesimal sind. Tatsächlich ist ihre Größe nicht weiter beschränkt, als zur Sicherung der Konvergenz der auftretenden Reihen nötig ist.

Zur Vereinfachung vernachlässigen wir die Glieder

$$\sum b_{n_1, n_2, \ldots, n_n} \sin(n_1 p_1' + \ldots + n_n p_n')$$

von H, da sie sich in derselben Weise wie die Glieder

$$\sum a_{n_1, n_2, \ldots, n_n} \cos(n_1 p_1' + \ldots + n_n p_n')$$

behandeln lassen und die späteren Entwicklungen nur komplizieren, aber nicht wesentlich abändern.

Nach Fortlassung der Akzente hat das Problem somit die Form erhalten: *Die Bewegungsgleichungen lauten*

$$\frac{dq_r}{dt} = \frac{\partial H}{\partial p_r}, \qquad \frac{dp_r}{dt} = -\frac{\partial H}{\partial q_r} \qquad (r = 1, 2, \ldots, n),$$

wo

$$H = a_{0,0,\ldots,0} + \sum a_{n_1, n_2, \ldots, n_n} \cos(n_1 p_1 + n_2 p_2 + \ldots + n_n p_n)$$

ist und die Koeffizienten a Funktionen von $q_1, q_2, \ldots, q_n$ *allein sind. Überdies ist der periodische Teil von H klein gegen den nicht-periodischen Teil* $a_{0,0,\ldots,0}$. *Der Koeffizient* $a_{n_1,n_2,\ldots,n_n}$ *eines Gliedes vom Argument* $n_1 p_1 + n_2 p_2 + \ldots + n_n p_n$ *hat in den kleinen Größen* $q_1, q_2, \ldots, q_n$ *mindestens die Ordnung* $\frac{1}{2}\{|n_1| + |n_2| + \ldots + |n_n|\}$, *und die Entwicklung von* $a_{0,0,\ldots,0}$ *beginnt mit den Gliedern* $s_1 q_1 + s_2 q_2 + \ldots + s_n q_n$.

Daraus folgt, daß die Veränderlichen $q_1, q_2, \ldots, q_n$ sich sehr langsam ändern, wenn sie klein sind, während die Veränderlichen $p_1, p_2, \ldots, p_n$ ungefähr der Zeit proportional variieren.

§ 186. Andere Bewegungstypen, die auf Gleichungen derselben Form führen.

Wir haben gezeigt, daß die zuletzt aufgestellten Gleichungen für Bewegungsformen gelten, die von einem stationären Bewegungszustand oder einem Gleichgewichtszustand nicht stark abweichen, z. B. für die oszillatorische Bewegung des mathematischen Pendels oder die in § 171 untersuchten Bewegungen beim Dreikörperproblem. Diese Gleichungen sind aber auch für Bewegungen ganz anderer Art zu verwenden, insbesondere für die Bewegung der Planeten um die Sonne oder des Mondes um die Erde[1]).

Wir gehen etwa aus von den Bewegungsgleichungen des Dreikörperproblems in der Gestalt des § 160 und unterwerfen sie der Berührungstransformation, die definiert ist durch die Gleichungen

$$p_r = \frac{\partial W}{\partial q_r}, \qquad p'_r = -\frac{\partial W}{\partial q'_r} \qquad (r = 1, 2, 3, 4),$$

wo

$$W = q'_1 q_3 + q'_2 q_4 + \int^{q_1} \left\{ -\frac{\mu^2 m_1^2 m_2^2}{q_3'^2} + \frac{2\mu m_1 m_2}{q_1} - \frac{q_1'^2}{q_1^2} \right\}^{\frac{1}{2}} d q_1$$
$$+ \int^{q_2} \left\{ -\frac{\mu'^2 m_1^2 m_3^2}{q_4'^2} + \frac{2\mu' m_1 m_3}{q_2} - \frac{q_2'^2}{q_2^2} \right\}^{\frac{1}{2}} d q_2$$

ist. Die neuen Veränderlichen lassen sich folgendermaßen deuten. Angenommen, im Augenblick t hören alle am Massenpunkt angreifenden Kräfte auf zu wirken mit Ausnahme einer auf den Ursprung hin gerichteten Kraft der Größe $m_1 m_2 / q_1^2$; es sei a die große Halbachse, e die Exzentrizität der von diesem Augenblick an durchlaufenen Ellipse. Dann ist

$$q'_1 = \{m_1 m_2 \mu a (1 - e^2)\}^{\frac{1}{2}}, \qquad q'_3 = \{m_1 m_2 \mu a\}^{\frac{1}{2}}.$$

Werden die unteren Grenzen der Integrale geeignet gewählt, so ist $p'_1 + q_3$ die wahre Anomalie, $-p'_3$ die mittlere Anomalie von μ in

[1]) Delaunay: *Théorie de la Lune*; Tisserand: *Annales de l'Obs. de Paris, Mémoires* Bd. 18. 1885.

der Ellipse. Die Veränderlichen q'_2, q'_4, p'_2, p'_4 stehen in entsprechender Beziehung zu dem Massenpunkt μ'.

Die Bewegungsgleichungen erhalten nunmehr die Gestalt

$$\frac{dq'_r}{dt} = \frac{\partial H}{\partial p'_r}, \qquad \frac{dp'_r}{dt} = -\frac{\partial H}{\partial q'_r} \qquad (r = 1, 2, 3, 4).$$

Haben die Punkte m_2 und m_3 kleine Massen im Vergleich mit m_1, und beschreiben sie Bahnkurven vom Charakter der Planetenbahnen um m_1, so kann H, wie man leicht erkennt, als Funktion der neuen Veränderlichen in der Form

$$H = a_{0,0,0,0} + \sum a_{n_1, n_2, n_3, n_4} \cos(n_1 p'_1 + n_2 p'_2 + n_3 p'_3 + n_4 p'_4)$$

dargestellt werden. Dabei sind die Koeffizienten a Funktionen von q'_1, q'_2, q'_3, q'_4 allein; die Summation erstreckt sich über positive und negative ganzzahlige und verschwindende Werte von n_1, n_2, n_3, n_4, und der Koeffizient $a_{0,0,0,0}$ ist das wichtigste Glied der Reihe. Da diese Entwicklung für H den gleichen Charakter wie diejenige des § 185 hat, so folgt, daß die in den nächsten Paragraphen dargestellte Lösungsmethode anwendbar ist für Bewegungen sowohl vom Typus der Planetenbewegung als auch von dem in § 171 untersuchten Typus.

§ 187. Beseitigung eines periodischen Gliedes aus *H*.

Wir unterwerfen das System nun einer neuen Berührungstransformation, die eines der periodischen Glieder aus H beseitigt. Dadurch wird die schon erwähnte Tatsache noch stärker betont, daß der nichtperiodische Teil von H den periodischen Teil an Bedeutung weit übertrifft[1]).

Ein periodisches Glied von H sei herausgegriffen, etwa

$$a_{n_1, n_2, \ldots, n_n} \cos(n_1 p_1 + n_2 p_2 + \cdots + n_n p_n).$$

Wir setzen

$$H = a_{0,0,\ldots,0} + a_{n_1, n_2, \ldots, n_n} \cos(n_1 p_1 + n_2 p_2 + \cdots + n_n p_n) + R,$$

so daß R die übrigen periodischen Glieder von H bezeichnet. Wollen wir die Argumente hervortreten lassen, von denen $a_{n_1, n_2, \ldots, n_n}$ abhängt, so schreiben wir

$$a_{n_1, n_2, \ldots, n_n}(q_1, q_2, \ldots, q_n).$$

Wir unterwerfen das System der Berührungstransformation, die definiert ist durch die Gleichungen

$$p'_r = \frac{\partial W}{\partial q'_r}, \qquad q_r = \frac{\partial W}{\partial p_r} \qquad (r = 1, 2, \ldots, n),$$

---

[1]) Der mit der Himmelsmechanik vertraute Leser wird die Ähnlichkeit dieses Verfahrens mit dem der Delaunayschen Mondtheorie erkennen. Die Rechnung ist von derjenigen Delaunays verschieden, aber der Grundgedanke ist im wesentlichen derselbe.

wo

$$W = q_1' p_1 + q_2' p_2 + \dots + q_n' p_n + f(q_1', q_2', \dots, q_n', \vartheta)$$

und

$$\vartheta = n_1 p_1 + n_2 p_2 + \dots + n_n p_n$$

ist. Dabei nehmen wir f als eine vorläufig unbestimmte Funktion der angegebenen Argumente an. Das Problem wird nun ausgedrückt durch die Gleichungen

$$\frac{d q_r'}{d t} = \frac{\partial H}{\partial p_r'}, \qquad \frac{d p_r'}{d t} = -\frac{\partial H}{\partial q_r'} \qquad (r = 1, 2, \dots, n),$$

wo

$$H = a_{0,0,\dots,0}\left(q_1' + n_1 \frac{\partial f}{\partial \vartheta}, \dots, q_n' + n_n \frac{\partial f}{\partial \vartheta}\right)$$
$$+ a_{n_1, n_2, \dots, n_n}\left(q_1' + n_1 \frac{\partial f}{\partial \vartheta}, \dots, q_n' + n_n \frac{\partial f}{\partial \vartheta}\right) \cos\vartheta + R$$

ist und ϑ und R als Funktionen der neuen Veränderlichen vermöge der Transformationsgleichungen

$$p_r' = p_r + \frac{\partial f}{\partial q_r'}, \qquad q_r = q_r' + n_r \frac{\partial f}{\partial \vartheta} \qquad (r = 1, 2, \dots, n)$$

dargestellt sind.

Die bisher unbestimmte Funktion f steht noch zu unserer Verfügung. Wir wählen sie so, daß ϑ aus dem Ausdruck

$$a_{0,0,\dots,0}\left(q_1' + n_1 \frac{\partial f}{\partial \vartheta}, \dots, q_n' + n_n \frac{\partial f}{\partial \vartheta}\right)$$
$$+ a_{n_1, n_2, \dots, n_n}\left(q_1' + n_1 \frac{\partial f}{\partial \vartheta}, \dots, q_n' + n_n \frac{\partial f}{\partial \vartheta}\right) \cos\vartheta$$

identisch verschwindet, dieser also eine Funktion von $q_1', q_2', \dots, q_n'$ allein, etwa

$$a_{0,0,\dots,0}'(q_1', q_2', \dots, q_n')$$

wird. Dann bestimmt die Gleichung

$$a_{0,0,\dots,0}\left(q_1' + n_1 \frac{\partial f}{\partial \vartheta}, \dots, q_n' + n_n \frac{\partial f}{\partial \vartheta}\right)$$
$$+ a_{n_1, n_2, \dots, n_n}\left(q_1' + n_1 \frac{\partial f}{\partial \vartheta}, \dots, q_n' + n_n \frac{\partial f}{\partial \vartheta}\right) \cos\vartheta = a_{0,0,0,\dots,0}'$$

$\partial f / \partial \vartheta$ als Funktion von $q_1', q_2', \dots, q_n', a_{0,0,\dots,0}$ und $\cos\vartheta$.

Angenommen, die Lösung dieser Gleichung für $\partial f / \partial \vartheta$ sei in Form einer Reihe dargestellt, die nach den Kosinus der Vielfachen des Winkels ϑ fortschreitet (was z. B. durch sukzessive Näherung geschehen kann), so daß

$$\frac{\partial f}{\partial \vartheta} = c_0 + \sum_{k=1}^{\infty} c_k \cos k\vartheta$$

ist, wo $c_0, c_1, \dots$ bekannte Funktionen von $q_1', q_2', \dots, q_n', a_{0,0,\dots,0}'$ sind

Nun können wir über die bisher unbestimmte Größe $a'_{0,0,\ldots,0}$ noch verfügen. Verlangen wir, daß c_0 verschwinden soll, so wird dadurch $a'_{0,0,\ldots,0}$ als Funktion von $q'_1, q'_2, \ldots, q'_n$ bestimmt; führen wir diesen Wert in die Reihe für $\partial f/\partial \vartheta$ ein, so wird

$$\partial f/\partial \vartheta = \sum_{k=1}^{\infty} c_k \cos k\vartheta,$$

wo $c_1, c_2, c_3, \ldots$ nun bekannte Funktionen von $q'_1, q'_2, \ldots, q'_n$ sind. Integrieren wir diese Gleichung nach ϑ und nehmen für unsere Zwecke die Integrationskonstante gleich Null an, so erhalten wir

$$f = \sum_{k=1}^{\infty} \frac{c_k}{k} \sin k\vartheta.$$

Die Definitionsgleichungen der Transformation gehen nun über in

$$\left.\begin{aligned} p'_r &= p_r + \sum_{k=1}^{\infty} \frac{1}{k} \frac{\partial c_k}{\partial q'_r} \sin k\vartheta \\ q_r &= q'_r + n_r \sum_{k=1}^{\infty} c_k \cos k\vartheta \end{aligned}\right\} \qquad (r = 1, 2, \ldots, n).$$

Wir multiplizieren das erste dieser Gleichungssysteme bezüglich mit $n_1, n_2, \ldots, n_n$ und addieren; setzen wir

$$n_1 p'_1 + n_2 p'_2 + \ldots + n_n p'_n = \vartheta',$$

so wird

$$\vartheta' = \vartheta + \sum_{k=1}^{\infty} \frac{1}{k} \left(n_1 \frac{\partial c_k}{\partial q'_1} + n_2 \frac{\partial c_k}{\partial q'_2} + \ldots + n_n \frac{\partial c_k}{\partial q'_n}\right) \sin k\vartheta.$$

Die Umkehrung dieser Reihe ergibt

$$\vartheta = \vartheta' + \sum_{k=1}^{\infty} d_k \sin k\vartheta',$$

wo $d_1, d_2, \ldots$ bekannte Funktionen von $q'_1, q'_2, \ldots, q'_n$ sind. Führen wir diesen Wert von ϑ in die Transformationsgleichungen ein, so gehen sie über in

$$\left.\begin{aligned} p_r &= p'_r + \sum_{k=1}^{\infty} {}_r e_k \sin k\vartheta' \\ q_r &= q'_r + n_r \sum_{k=1}^{\infty} g_k \cos k\vartheta' \end{aligned}\right\} \qquad (r = 1, 2, \ldots, n),$$

wo alle Koeffizienten ${}_r e_k$ und g_k bekannte Funktionen von $q'_1, q'_2, \ldots, q'_n$ sind.

Nun war die Funktion R vor der Transformation eine Summe der Gestalt

$$R = \sum a_{m_1, m_2, \ldots, m_n} \cos(m_1 p_1 + \ldots + m_n p_n).$$

In diesen Ausdruck führen wir die für $q_1, q_2, \ldots, q_n, p_1, \ldots, p_n$ gefundenen Werte ein und ersetzen in der Reihe die Potenzen und Produkte trigonometrischer Funktionen von $p_1', p_2', \ldots, p_n'$ durch Kosinus von Summen von Vielfachen von $p_1', p_2', \ldots, p_n'$. Dann geht R offenbar in eine Summe von der Gestalt

$$R = \sum a'_{m_1, m_2, \ldots, m_n} \cos(m_1 p_1' + m_2 p_2' + \ldots + m_n p_n')$$

über, wo die Koeffizienten a' bekannte Funktionen von $q_1', q_2', \ldots, q_n'$ sind.

Lassen wir die Akzente wieder fort, so haben wir das Ergebnis: *Nach Ausführung der Transformation wird das System wiederum durch Gleichungen der Form*

$$\frac{dq_r}{dt} = \frac{\partial H}{\partial p_r}, \qquad \frac{dp_r}{dt} = -\frac{\partial H}{\partial q_r} \qquad (r = 1, 2, \ldots, n)$$

dargestellt, wobei

$$H = a'_{0,0,\ldots,0} + \sum a'_{m_1, m_2, \ldots, m_n} \cos(m_1 p_1 + m_2 p_2 + \ldots + m_n p_n)$$

ist und die Koeffizienten a' bekannte Funktionen von $q_1, q_2, \ldots, q_n$ sind.

Überblicken wir rückschauend die ganze Wirkung der Transformation, so hat die Differentialgleichung der Bewegung die gleiche allgemeine Form wie vorher; aber aus der Gleichung

$$a_{0,0,\ldots,0} + a_{n_1, n_2, \ldots, n_n} \cos(n_1 p_1 + n_2 p_2 + \ldots + n_n p_n) = a'_{0,0,\ldots,0}$$

erkennen wir, daß ein Glied aus dem periodischen Teil von H in den nicht-periodischen Teil übergeführt ist. Der periodische Teil von H ist, verglichen mit dem nicht-periodischen Teil, weniger wichtig als vor der Transformation.

§ 188. Beseitigung weiterer periodischer Glieder aus H.

Nachdem so ein periodisches Glied von dem nicht-periodischen Teil von H aufgenommen worden ist, führen wir durch eine Wiederholung des Verfahrens ein periodisches Glied der neuen Entwicklung von H in den nicht-periodischen Teil über. Auf diese Weise können wir den nicht-periodischen Teil von H auf Kosten des periodischen Teiles ständig vergrößern; letzterer wird, nachdem die Transformation mehrmals ausgeführt ist, so unbedeutend, daß wir ihn vernachlässigen können. Die Endtransformation führe auf die Veränderlichen $\alpha_1, \alpha_2, \ldots, \alpha_n, \beta_1, \ldots, \beta_n$; dann lauten die Bewegungsgleichungen

$$\frac{d\alpha_r}{dt} = \frac{\partial H}{\partial \beta_r}, \qquad \frac{d\beta_r}{dt} = -\frac{\partial H}{\partial \alpha_r} \qquad (r = 1, 2, \ldots, n),$$

wo die Funktion H, die nur noch aus dem nicht-periodischen Teil besteht, von $\alpha_1, \alpha_2, \ldots, \alpha_n$ allein abhängt. Daher ist

$$\frac{d\alpha_r}{dt} = 0, \qquad \beta_r = -\int \frac{\partial H}{\partial \alpha_r} dt \qquad (r = 1, 2, \ldots, n),$$

woraus folgt, daß die Größen α Konstanten und die Größen β von der Form

$$\beta_r = \mu_r t + \varepsilon_r, \qquad \mu_r = -\frac{\partial H}{\partial \alpha_r} \qquad (r = 1, 2, \ldots, n)$$

sind, wo die Größen ε_r willkürliche Konstanten bedeuten und der von $\alpha_1, \alpha_2, \ldots, \alpha_n$ unabhängige Teil von μ_r gleich $-s_r$ ist.

§ 189. Rückkehr zu den ursprünglichen Koordinaten.

Nachdem wir die Bewegungsgleichungen in ihrer endgültigen Form gelöst haben, sind noch die ursprünglichen Veränderlichen als Funktionen der letzten Koordinaten $\alpha_1, \alpha_2, \ldots, \alpha_n, \beta_1, \ldots, \beta_n$ darzustellen. Da die Zusammensetzung einer beliebigen Zahl von Berührungstransformationen wieder eine Berührungstransformation ergibt, so erkennt man leicht, daß die zu Ende des § 185 benutzten Veränderlichen $q_1, q_2, \ldots, q_n, p_1, \ldots, p_n$ sich als Funktionen von $\alpha_1, \alpha_2, \ldots, \alpha_n, \beta_1 \ldots, \beta_n$ darstellen lassen vermöge der Gleichungen

$$\beta_r = p_r + \sum \frac{\partial k_{m_1, m_2, \ldots, m_n}}{\partial \alpha_r} \sin(m_1 p_1 + m_2 p_2 + \cdots + m_n p_n),$$
$$q_r = \alpha_r + \sum_{m_r} k_{m_1, m_2, \ldots, m_n} \cos(m_1 p_1 + m_2 p_2 + \cdots + m_n p_n)$$
$$(r = 1, 2, \ldots, n),$$

oder

$$q_r = f_r(\alpha_1, \alpha_2, \ldots, \alpha_n) + \sum_r a_{m_1, m_2, \ldots, m_n} \cos(m_1 \beta_1 + m_2 \beta_2 + \cdots + m_n \beta_n),$$
$$p_r = \beta_r + \sum_r b_{m_1, m_2, \ldots, m_n} \sin(m_1 \beta_1 + m_2 \beta_2 + \cdots m_n \beta_n)$$
$$(r = 1, 2, \ldots, n)$$

wo die Koeffizienten a und b Funktionen von $\alpha_1, \alpha_2, \ldots, \alpha_n$ sind.

Daraus folgt, daß die Veränderlichen $q_1, q_2, \ldots, q_n, p_1, \ldots, p_n$ des § 183, in denen die Konfiguration des dynamischen Systems ursprünglich dargestellt war, die Gestalt trigonometrischer Reihen erhalten, die nach Sinus und Kosinus von Summen von Vielfachen der n Winkel $\beta_1, \beta_2, \ldots, \beta_n$ fortschreiten. Diese Winkel sind lineare Funktionen der Zeit von der Form $\mu_r t + \varepsilon_r$. Die Größen ε_r sind n der $2n$ willkürlichen Integrationskonstanten, während die Größen μ_r die Form

$$\mu_r = -s_r + \sum_{k_1, k_2, \ldots} c_{k_1, k_2, \ldots, k_n} \alpha_1^{k_1} \alpha_2^{k_2} \ldots \alpha_n^{k_n}$$

haben, wo die Koeffizienten c von den Integrationskonstanten unabhängig sind. Die Koeffizienten der trigonometrischen Reihen sind Funktionen der willkürlichen Konstanten $\alpha_1, \alpha_2, \ldots, \alpha_n$ allein.

Die so erhaltenen Entwicklungen stellen eine Schar von Lösungen des dynamischen Systems dar, deren Grenzglied die Gleichgewichtslage oder der stationäre Bewegungszustand ist, von denen wir ausgingen.

Offenbar erhalten wir durch Anwendung des Integrationsverfahrens der §§ 187—189 auf die Bewegungsgleichungen des § 186 für den Fall der Bewegung nach Art der Planeten eine Lösung des Dreikörperproblems in trigonometrischen Reihen der angegebenen Art.

Für weitere Ausführungen über die Theorie des vorliegenden Kapitels in Verbindung mit dem Dreikörperproblem sei auf Abhandlungen über Himmelsmechanik verwiesen; insbesondere enthält der zweite Band von Poincarés *Méthodes Nouvelles de la Mécanique Céleste* eine Zusammenstellung verschiedener Methoden zur Reihengewinnung nebst einer Untersuchung der Konvergenz der Reihen. Die neuesten Untersuchungen über diesen Gegenstand finden sich in einer Abhandlung des Verfassers: *On the Adelphic Integral of the Differential Equations of Dynamics* (*Proc. Roy. Soc. Edin.*, Nov. 1916).

Übungsaufgaben.

1. Es sei φ eine Funktion der Veränderlichen $q_1, q_2, \ldots, q_n\ p_1, \ldots, p_n$ eines dynamischen Systems mit dem Energieintegral $H(q_1, q_2, \ldots, q_n, p_1, \ldots, p_n) = \text{konst.}$, $a_1, a_2, \ldots, a_n, b_1, \ldots, b_n$ seien die Werte von $q_1, q_2, \ldots, q_n, p_1, \ldots, p_n$ zur Zeit $t = t_0$, und es sei $\{f, g\}$ der Wert der Poissonschen Klammer (f, g), wenn darin die Größen $q_1, q_2, \ldots, q_n, p_1, \ldots, p_n$ bezüglich durch $a_1, a_2, \ldots, a_n, b_1, \ldots, b_n$ ersetzt sind.

Man beweise, daß

$$\varphi(q_1, q_2, \ldots, q_n, p_1, \ldots, p_n) = \varphi(a_1, a_2, \ldots, a_n, b_1, \ldots, b_n) + (t - t_0)\{\varphi, H\} + \frac{(t-t_0)^2}{2!}\{\{\varphi, H\}, H\} + \ldots$$

2. Man beweise, daß das dynamische System mit den Bewegungsgleichungen

$$\frac{dq}{dt} = \frac{\partial H}{\partial p}, \qquad \frac{dp}{dt} = -\frac{\partial H}{\partial q},$$

wo

$$H = \frac{1}{2}p^2 + \frac{l^4 k^2}{2q^2} - \frac{l^3 k^2}{q}$$

ist, eine Schar von Lösungen besitzt, die, unter Vernachlässigung von Gliedern von höherer Ordnung als $a^{\frac{3}{2}}$ dargestellt werden durch

$$q = l + \frac{3\alpha}{kl} + \left(\frac{2\alpha}{k}\right)^{\frac{1}{2}}\cos\beta - \frac{3\alpha}{2kl}\cos 2\beta,$$

wo

$$\beta = -\left(k + \frac{a\alpha}{2b^2}\right)t + \varepsilon$$

ist und α und ε willkürliche Konstanten sind.

Namenverzeichnis.

Die Zahlen geben die Seiten an.

Sachverzeichnis.

Die Zahlen geben die Seiten an.

GPSR Compliance

The European Union's (EU) General Product Safety Regulation (GPSR) is a set of rules that requires consumer products to be safe and our obligations to ensure this.

If you have any concerns about our products, you can contact us on ProductSafety@springernature.com

In case Publisher is established outside the EU, the EU authorized representative is:

Springer Nature Customer Service Center GmbH
Europaplatz 3
69115 Heidelberg, Germany

Batch number: 10704711

Printed by Printforce, the Netherlands